HIGH TOP 내신 탑티어

중학교 과학 1-1
QR북

쪽지 시험 추가 문제	수행평가 예상 문제	과학 용어 사전	미니북

대단원	중단원	탐구 영상	보충 설명 영상	고난도 문제풀이 영상
Ⅰ. 과학과 인류의 지속가능한 삶	01. 과학과 인류의 지속가능한 삶			개념 학습서 16쪽
Ⅱ. 생물의 구성과 다양성	01. 생물의 구성	동물 세포와 식물 세포 관찰하기 → 개념 학습서 24쪽	세포의 구조와 생물의 구성 단계 분석하기 → 개념 학습서 25쪽	개념 학습서 30~31쪽
	02. 생물의 다양성		환경과 생물다양성의 관계 이해하기 → 개념 학습서 38쪽	개념 학습서 44~45쪽
			생물분류체계 한 눈에 정리하기 → 개념 학습서 39쪽	
	03. 생물다양성 보전		생물다양성보전의 필요성 이해하기 → 개념 학습서 48쪽	개념 학습서 51쪽
Ⅲ. 열	01. 열의 이동	온도가 다른 두 물체가 접촉할 때 온도 변화 관찰하기 → 개념 학습서 62쪽	열의 이동 방법 그림으로 정리하기 → 개념 학습서 64쪽	개념 학습서 70~71쪽
		물체에서 열의 전도 비교하기 → 개념 학습서 63쪽		
	02. 비열과 열팽창	여러 가지 액체의 비열 비교하기 → 개념 학습서 74쪽		개념 학습서 80~81쪽
		액체의 열팽창 관찰하기 → 개념 학습서 75쪽		
Ⅳ. 물질의 상태 변화	01. 입자의 운동과 상태 변화	증발과 확산 현상 관찰하기 → 개념 학습서 92쪽		개념 학습서 100~101쪽
		물의 상태 변화 관찰하기 → 개념 학습서 94쪽		
		상태 변화 시 질량과 부피 변화 측정하기 → 개념 학습서 95쪽		
	02. 상태 변화와 열에너지	물을 가열할 때의 온도 변화 측정하기 → 개념 학습서 106쪽	물질의 가열·냉각 곡선 분석하기 → 개념 학습서 108쪽	개념 학습서 114~115쪽
		같은 주제 다른 탐구 얼음이 녹을 때의 온도 변화 측정하기 → 개념 학습서 106쪽		
		로르산이 응고할 때의 온도 변화 측정하기 → 개념 학습서 107쪽		

HIGH TOP

내신 탑티어

중학교 **과학 1-1**

개념
학습서

과학, 개념에 응용을 더하여 한 권으로 끝내자!
개념 학습서로 차근차근 공부하고,
시험 대비서로 복습하면 과학 내신이 완벽해져!

HIGH TOP 내신 탑티어 활용법

개념 학습서 + **시험 대비서** + **정답과 해설** + **학습 도움 자료**

교과서 개념 정리와 시험에 잘 출제되는 문제로 개념 다지기!

핵심 개념을 다시 확인하고 실전 문제 풀이로 내신 대비하기!

자세하고 친절한 해설로 틀린 문제를 정확하게 이해하기!

탐구 및 문제풀이 영상, 과학 용어 사전 등으로 실력 완성하기!

개념 학습서

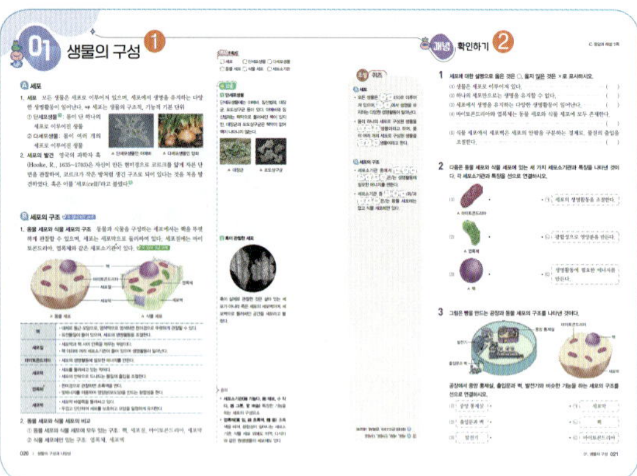

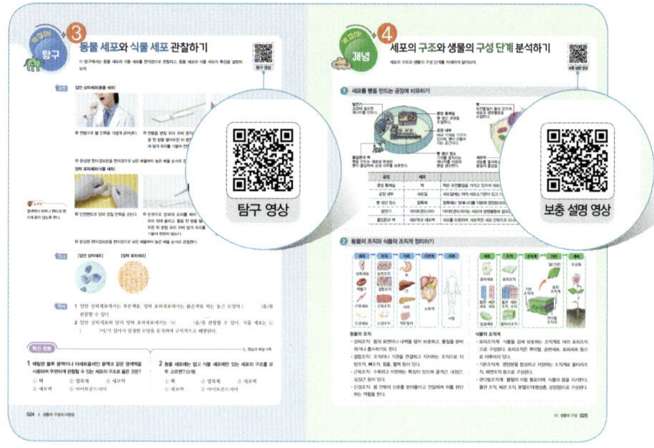

❶ 교과서 **내용 정리**를 꼼꼼히 읽고 **개념**을 **이해**해 보자.
❷ **개념 확인**하기로 학습한 내용을 바로 확인해.

❸ 시험에 잘 나오는 **탐구**는 **동영상**을 보면서 꽉 잡아!
❹ 어려운 **개념** 또는 **자료**는 동영상을 보면서 한 번 더 체크!

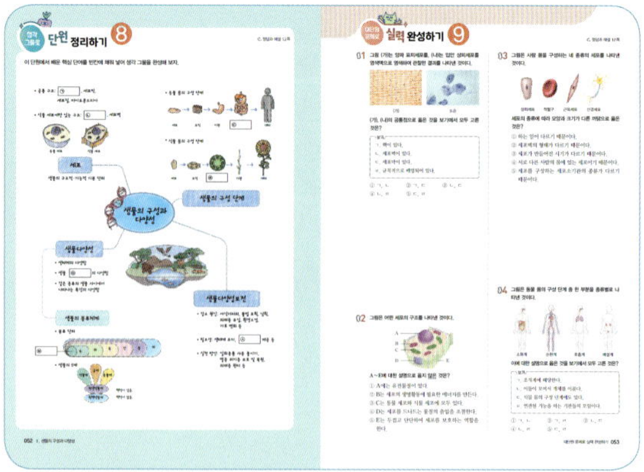

❺ **기출 문제**로 내 **실력**을 **확인**해 보고.
❻ **서술형**은 **단계별** 문제로 **연습**해 보자.
❼ 실력을 더 올리고 싶다면 **고난도 문제**를 풀어 봐. 어렵다면 **문제풀이 영상**을 참고해.

❽ **생각 그물**로 단원 내용을 차분하게 **정리**해 보자.
❾ **대단원 문제**까지 푼다면 **실력 완성**!

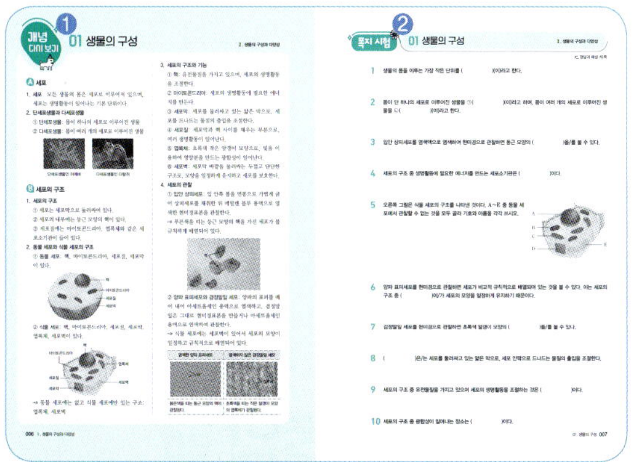

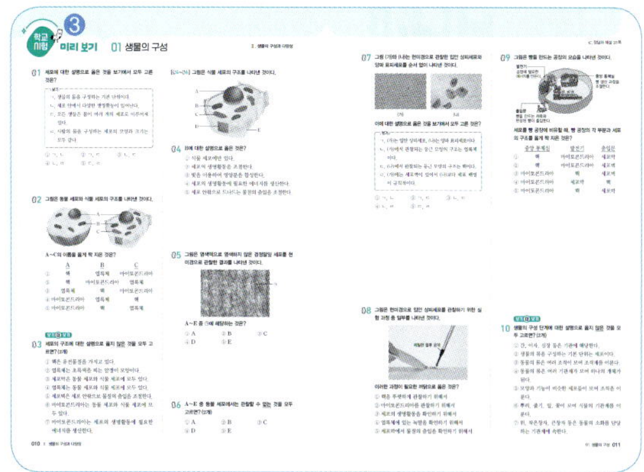

① 시험 준비를 위해 **핵심 개념**을 다시 한번 정리해 보자.

② **쪽지 시험** 문제를 풀면서 **개념을 확인**해 봐.

③ **학교 시험 미리 보기**를 풀면서 **실전 연습**을 해 보자!

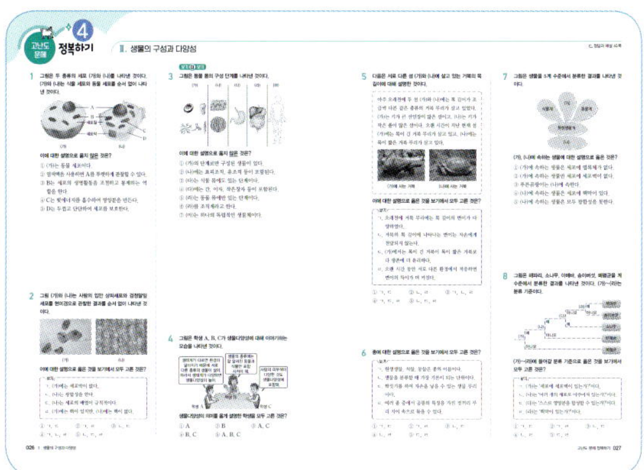

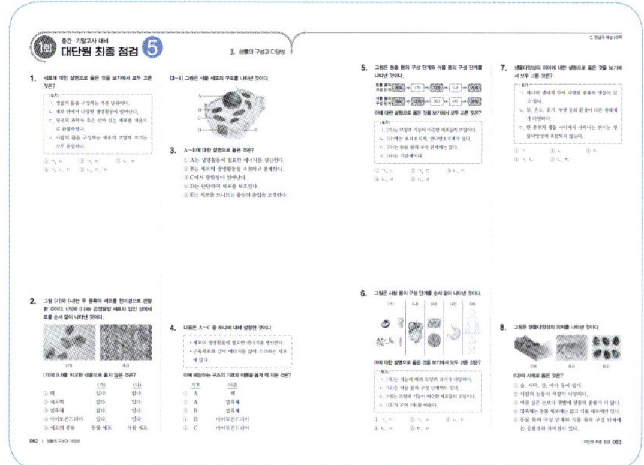

④ **1등급**을 목표로 **고난도 문제**를 정복해 봐.

⑤ **시험 직전**에는 대단원 **최종 점검** 문제를 풀면서 **대비**하기!

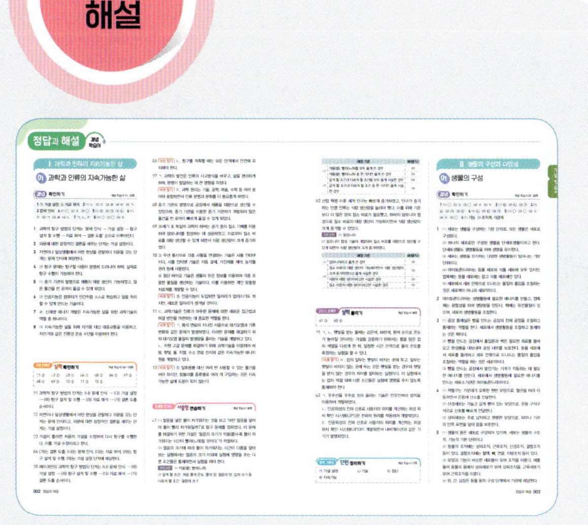

틀린 문제는 **자세하고 친절한 해설**을 읽고 **바로 알기!**

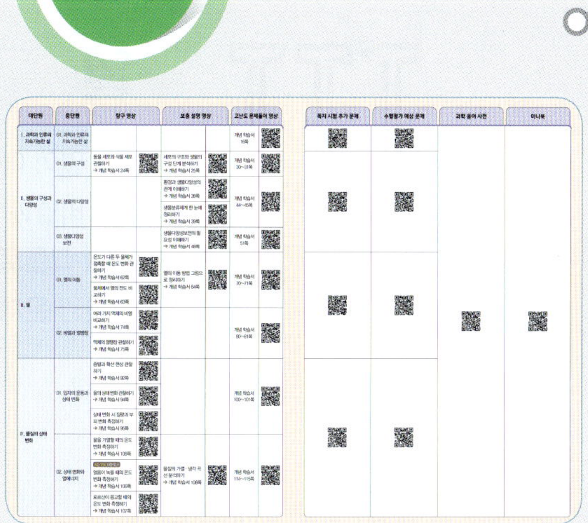

쉿! QR 코드로 나만을 위한 **학습 도움 자료**를 받아 봐.

HIGH TOP 내신 탑티어

차례

I. 과학과 인류의 지속가능한 삶

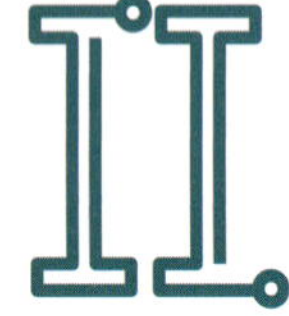

II. 생물의 구성과 다양성

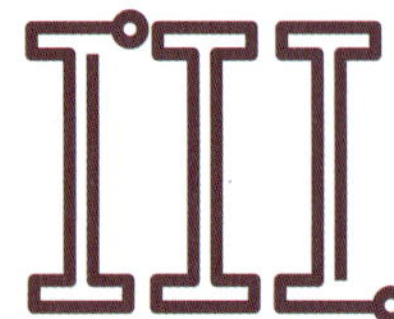

III. 열

IV 물질의 상태 변화

중1-2 미리 보기

V 힘의 작용	01 여러 가지 힘 02 힘과 운동
VI 기체의 성질	01 기체의 압력과 부피 02 기체의 온도와 부피
VII 태양계	01 태양계의 구성 02 지구와 달

내 교과서의 **출판사 이름**과 **배우는 내용**을 확인하고,
HIGH TOP 내신 탑티어에서 **해당 쪽수**를 찾아 공부해 보자.

비상교육	미래엔	천재교과서(임)	천재교과서(정)	지학사	와이비엠
14~19 22~31	14~31	12~23	10~27	14~31	12~23
42~49	38~45	34~41	34~44	42~49	33~40
52~63	50~63	46~57	50~65	54~63	43~53
66~72	64~69	58~61	66~73	64~70	57~63
84~93	82~91	76~83	84~92	84~93	75~83
96~103	96~103	88~95	98~105	98~105	87~93
114~119 122~132	116~131	110~125	116~122	118~135	105~110 113~118
136~146	136~143	130~137	128~143	136~141	121~127

I

과학과 인류의 지속가능한 삶

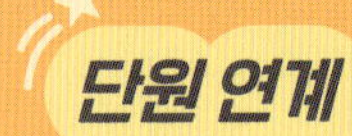

단원 연계

초등학교

4학년에서는
- 기후 변화 사례, 기후 위기 대응에 대해 배웠어요.

5학년에서는
- 자원의 종류, 자원의 효율적인 이용, 지속가능한 에너지 이용에 대해 배웠어요.

중학교

1학년에서는
- 과학적 탐구 방법에 대해 배워요.
- 과학의 발전이 인류 문명에 미친 영향, 첨단 과학기술이 가져올 미래 사회의 변화, 인류의 지속가능한 삶에 대해 배워요.

고등학교

통합과학2에서는
- 미래 사회 문제 해결에서 과학의 필요성, 과학기술의 발전이 미래 사회에 미치는 유용성과 한계 등에 대해 배울 거예요.

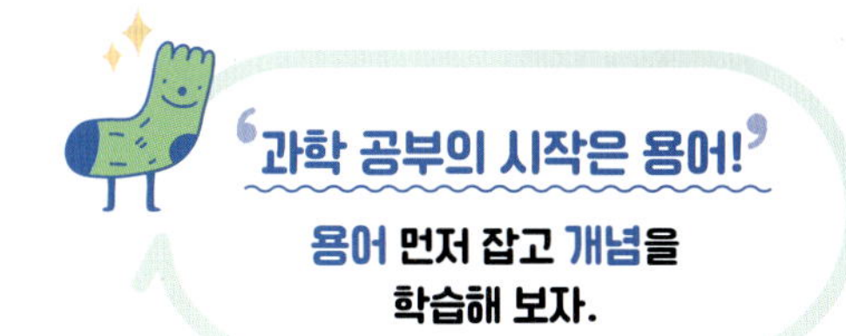

기억해! 초등 용어

초4 — ① ☐☐ 변화 ······ 기온, 강수량 등의 기후 요소가 평년값에 비해 현저히 높거나 낮아서 가뭄, 폭설, 폭염, 한파, 홍수 등이 나타나는 현상

초5 — ② ☐☐ 에너지 ······ 태양 에너지, 풍력, 수력, 해양 에너지, 지열 에너지, 바이오 에너지 등

답 ① 기후 ② 재생

중요해! 단원 핵심 용어

가설 (假 거짓, 說 말하다)	인공지능(AI)	지속가능한 삶

탐구 문제에 대한 잠정적인 결론

예 각기병에 걸렸던 닭이 현미를 먹고 나은 것을 보고 '현미에 각기병을 낫게 하는 물질이 있을 것이다.'라는 가설을 세웠다.

컴퓨터가 인간처럼 학습하고 일을 처리할 수 있게 만드는 기술

현재의 삶을 발전시키면서도 미래 세대가 이용할 환경과 자연을 훼손하지 않는 삶

01 과학과 인류의 지속가능한 삶

A 과학 탐구

1. 과학적 탐구 방법 문제를 해결하기 위해 가설을 설정하여 탐구하는 방법 ❶

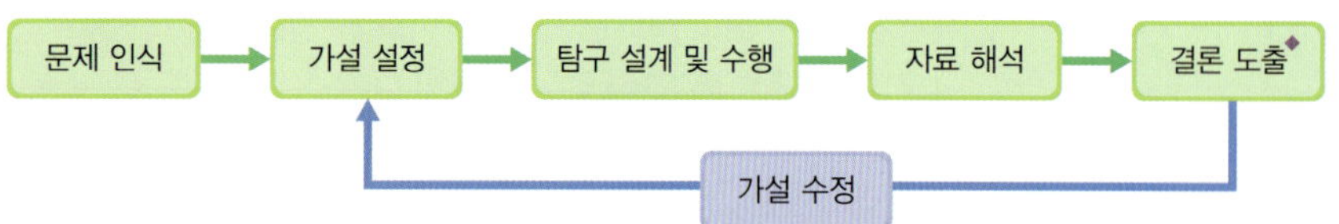

가설이 틀리면 처음의 가설을 수정하여 다시 탐구를 수행한다.

단계	정의	예시(에이크만의 각기병 ❷ 연구)
문제 인식	자연이나 일상생활에서 어떤 현상을 관찰하다 의문을 갖는 단계	각기병에 걸렸던 닭이 나은 것을 보고 '닭이 어떻게 나았을까?' 하는 의문을 가졌다.
가설 설정	의문에 대한 잠정적인 결론인 가설을 세우는 단계	닭이 현미를 먹은 것을 보고 '현미에는 각기병을 치료하는 물질이 들어 있을 것이다.'라는 가설을 세웠다.
탐구 설계 및 수행	가설을 확인하기 위해 탐구를 계획하고 수행하는 단계	닭을 두 집단으로 나누어 한 집단은 백미를, 다른 집단은 현미를 먹여 길렀다.
자료 해석	탐구를 통해 얻은 자료를 정리하고 분석하여 결과를 얻는 단계	백미를 먹은 닭은 각기병에 걸렸지만, 현미를 먹은 닭은 건강하였다. 또, 각기병에 걸린 닭에게 현미를 주었더니 건강해졌다.
결론 도출	실험 결과를 종합하여 가설이 맞는지 판단하고 결론을 내리는 단계	'현미에는 각기병을 치료하는 물질이 들어 있다.'라는 결론을 내렸다.

2. 탐구를 계획하는 방법

① 탐구 문제 정하기: 주변의 현상을 살펴보고 의문이 생기거나 자세히 알고 싶은 현상을 골라, 다음을 참고하여 탐구 문제를 만든다.

[탐구 문제를 정할 때 고려할 점]
- 탐구할 내용이 분명하게 드러나야 한다.
- 탐구는 구체적이고 범위가 좁아야 한다.
- 실제로 탐구 수행이 가능해야 한다.
- 정해진 기간 내에 끝낼 수 있어야 한다.
- 우리 몸에 해로운 영향을 주지 않아야 한다.

탐구 계획서		
탐구 문제		
가설		
탐구 기간	탐구 장소	
준비물		
실험 과정		
실험 조건	다르게 할 조건	
	같게 할 조건	
주의할 점		

▲ 탐구 계획서 예시

② 탐구 계획하기: 다양한 변인을 고려하여 같게 할 조건, 다르게 할 조건을 구분하여 계획한다. ❸

③ 탐구 계획서 작성하기: 탐구 문제, 가설, 탐구 기간 및 장소, 준비물, 실험 과정, 실험 조건, 주의할 점 등을 포함하여 탐구 계획서를 작성한다.

---

❶ 또 다른 과학적 탐구 방법

가설 설정의 단계 없이 관찰한 사실을 종합하고 분석한 뒤, 규칙성을 찾아내 결론을 내리는 탐구 방법도 있다.
⑩ 관찰을 통해 달의 모습이 한 달을 주기로 변한다는 사실을 알아낸다.

❷ 각기병

다리가 심하게 아프고 부어서 제대로 걸을 수 없는 병으로, 바이타민 B1이 부족하면 생긴다.

❸ 변인 통제

실험을 할 때는 같게 할 조건과 다르게 할 조건을 확인하고, 다른 조건들이 실험에 영향을 주지 않도록 통제하면서 실험을 해야 한다.

용어

- **설정**(設 세우다, 定 정하다) 새로 만들어 정하는 것
- **도출**(導 이끌다, 出 나가다) 판단이나 결론 따위를 이끌어 내는 것
- **변인**(變 변하다, 因 인하다) 실험에 관계된 모든 요인으로, 변수라고도 한다.

초성 퀴즈

Ⓐ 과학 탐구

- ⬜ⓩ○ⓢ : 자연이나 일상생활에서 어떤 현상을 관찰하다 의문을 갖는 단계
- ㄱㅅ : 의문에 대한 잠정적인 결론
- ㅈㄹㅎㅅ : 탐구를 통해 얻은 자료를 정리하고 분석하여 결과를 얻는 단계
- ㄱㄹㄷㅊ : 실험 결과를 종합하여 가설이 맞는지 판단하고 결론을 내리는 단계

1 다음은 과학적 탐구 방법의 단계를 나타낸 것이다. ㉠, ㉡에 해당하는 단계를 각각 쓰시오.

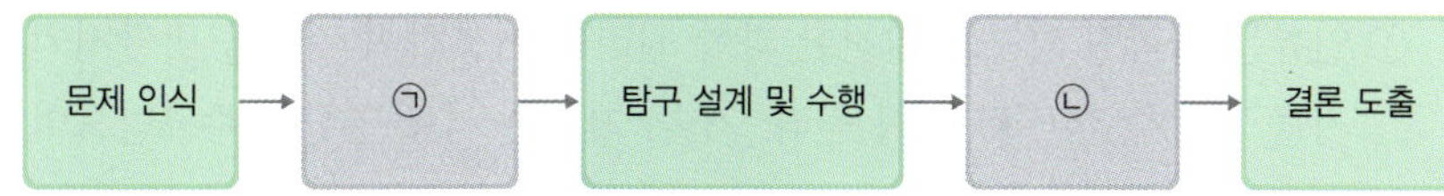

2 다음 설명에 해당하는 과학적 탐구 방법의 단계를 보기에서 골라 기호를 쓰시오.

> 보기
> ㄱ. 문제 인식　　　ㄴ. 가설 설정　　　ㄷ. 탐구 설계 및 수행
> ㄹ. 자료 해석　　　ㅁ. 결론 도출

(1) 의문에 대한 잠정적인 결론을 세운다. ────────── (　　)
(2) 가설을 확인하기 위해 탐구를 계획하고 수행한다. ──── (　　)
(3) 탐구를 통해 얻은 자료를 정리하고 분석하여 결과를 얻는다. ─ (　　)
(4) 실험 결과를 종합하여 가설이 맞는지 판단하고 결론을 내린다. ── (　　)
(5) 자연이나 일상생활에서 어떤 현상을 관찰하다 의문을 갖는다. ── (　　)

3 다음은 에이크만의 각기병 연구 과정 중 일부를 나타낸 것이다.

> 에이크만은 각기병에 걸렸던 닭이 나은 것을 보고 '닭이 어떻게 나았을까?' 하는 의문을 가졌다.

이에 해당하는 과학적 탐구 방법의 단계를 쓰시오.

4 탐구를 계획하는 방법으로 옳은 것은 ○, 옳지 <u>않은</u> 것은 ×로 표시하시오.

(1) 탐구 문제를 정할 때는 탐구할 내용이 분명하게 드러나야 한다. ── (　　)
(2) 탐구를 실제로 수행할 수는 없어도 아이디어가 좋으면 된다. ──── (　　)
(3) 탐구를 계획할 때는 다양한 변인을 고려하여 같게 할 조건과 다르게 할 조건을 구분하여 계획한다. ─────────── (　　)

정답 초성
Ⓐ 문제 인식, 가설, 자료 해석, 결론 도출

01 과학과 인류의 지속가능한 삶

B 과학과 인류 문명

1. 과학의 발전이 인류 문명에 미친 영향

① 인류는 과학적 탐구로 발견한 과학 원리를 이용하여 기술을 발달시키고 기기를 발명하였다. ➡ 과학 원리, 기술, 기기는 서로 영향을 주고받으며 발전

과학 원리 발견	• 태양 중심설은 지구가 우주의 중심이라는 인류의 생각을 바꾸는 계기가 되었다. • 백신의 원리가 발견되어 질병을 치료할 수 있게 되면서 인류의 평균 수명이 크게 늘어났다.	▲ 백신의 원리 발견
기술 발달	• 암모니아 합성 기술이 개발되어 질소 비료가 대량 생산되면서 식량 생산량이 크게 증가하였다. • 인터넷의 발달로 수많은 정보를 쉽고 빠르게 접할 수 있게 되었다.	▲ 인터넷의 발달
기기 발명	• 증기 기관의 발명으로 제품의 대량 생산이 가능해졌고, 많은 물건을 먼 곳까지 옮길 수 있게 되었다. • 컴퓨터의 발명으로 수집한 정보를 처리하는 속도가 빨라졌다.	▲ 증기 기관의 발명

② 과학 원리는 기술, 공학, 예술, 수학 등 여러 분야와 융합하면서 인류 문명과 문화를 더 풍요롭게 하였다. ④

2. 첨단 과학기술과 미래 사회
현재 가장 앞선 과학기술 또는 미래 사회에 큰 영향을 줄 과학기술을 첨단 과학기술이라고 한다.

인공지능(AI)	컴퓨터가 인간처럼 학습하고 일을 처리할 수 있게 만드는 기술로, 로봇, 대화 프로그램, 자율주행 자동차 ⑤ 등에 사용된다.
첨단 바이오	생물의 유전 정보를 이용하여 각종 유용한 물질을 생산하는 기술로, 개인 맞춤형 치료제를 개발할 수 있다.
사물 인터넷	무선 통신으로 각종 사물을 연결하는 기술로, 자동 결제, 가전제품 제어, 농작물 관리 등에 사용된다.
증강 현실	실제 현실 사진 및 영상에 가상의 이미지를 겹쳐 하나의 영상으로 만드는 기술이다.

C 지속가능한 삶

1. 지속가능한 삶
현재의 삶을 발전시키면서도 미래 세대가 이용할 환경과 자연을 훼손하지 않는 삶이다.

2. 지속가능한 삶을 위한 과학기술의 역할

① 지속가능한 삶을 위협하는 문제: 에너지 자원 고갈, 환경오염, 기후 변화 등

② 지속가능한 삶을 위한 과학기술의 역할 ⑥: 태양, 바람, 수소 등을 이용한 신재생 에너지 개발, 대기 중의 이산화 탄소 제거 기술 개발 등

3. 지속가능한 삶을 위한 활동 방안

① 개인적 차원: 재활용 및 분리배출, 에너지 절약, 대중교통 이용, 자전거와 같은 친환경 운송 수단 이용, 사용하지 않는 물건 나누기 등

② 사회적 차원: 국제 협력, 녹지 및 생태 공원 조성, 친환경 제품 생산 등

---

④ 과학과 다른 분야의 융합 사례
• 과학과 기술, 공학: 아치 모양의 구조물, 태양 전지판, 디지털 카메라, 스마트폰 등
• 과학과 예술: 미디어 아트, 불꽃놀이, 음악 분수 등
• 과학과 수학: 과학 원리를 표현한 수식, 감염병 확산 속도 예측 등

⑤ 자율주행 자동차
인공지능이 활용되어 운전자가 조작하지 않아도 주변 상황에 스스로 대처하여 주행이 가능한 자동차이다.

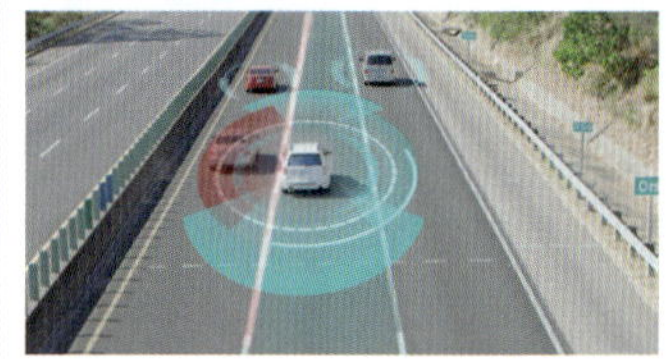

⑥ 지속가능발전목표
국제사회는 지속가능한 삶을 위해 17개의 지속가능발전목표를 세워 과학기술의 역할을 강조하고 있다.

예

용어
◆ 증기 기관(蒸 찌다, 氣 기운, 機 기계, 關 관계하다) 증기(기체 상태로 되어 있는 물)의 압력으로 기계를 움직이는 장치
◆ 고갈(枯 시들다, 渴 마르다) 어떤 일의 바탕이 되는 물자가 다하여 없어짐을 뜻한다.

초성 퀴즈

B 과학과 인류 문명

• 과학의 발전: 과학 ⬚⬚(ㅇㄹ), 기술, ⬚⬚(ㄱㄱ)은/는 서로 영향을 주고받으며 발전

• ⬚⬚(ㅊㄷ) 과학기술: 현재 가장 앞선 과학기술 또는 미래 사회에 큰 영향을 줄 과학기술

C 지속가능한 삶

• ⬚⬚⬚⬚(ㅈㅅㄱㄴ)한 삶: 현재의 삶을 발전시키면서도 미래 세대가 이용할 환경과 자연을 훼손하지 않는 삶

---

5 과학의 발전이 인류 문명에 미친 영향을 선으로 연결하시오.

(1) 
▲ 증기 기관의 발명

(2) 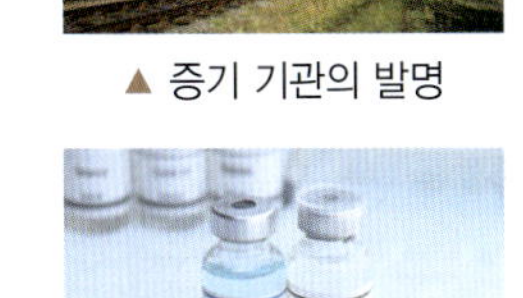
▲ 백신의 원리 발견

(3) 
▲ 인터넷의 발달

• ㉠ 질병 예방

• ㉡ 빠른 정보 수집

• ㉢ 제품의 대량 생산

---

6 다음 설명에 해당하는 첨단 과학기술을 보기에서 골라 기호를 쓰시오.

보기
ㄱ. 인공지능　　　ㄴ. 증강 현실　　　ㄷ. 사물 인터넷　　ㄹ. 첨단 바이오

(1) 무선 통신으로 각종 사물을 연결하는 기술 ·············· (　　)
(2) 컴퓨터가 인간처럼 학습하고 일을 처리할 수 있게 만드는 기술 ····· (　　)
(3) 생물의 유전 정보를 이용하여 각종 유용한 물질을 생산하는 기술 (　　)
(4) 실제 현실 사진 및 영상에 가상의 이미지를 겹쳐 하나의 영상으로 만드는 기술 ··············· (　　)

---

7 지속가능한 삶을 위협하는 문제로 옳은 것을 보기에서 모두 고르시오.

보기
ㄱ. 환경오염　　　ㄴ. 기후 변화　　　ㄷ. 자원 고갈　　ㄹ. 신재생 에너지 개발

---

8 지속가능한 삶을 위한 활동 방안으로 옳은 것은 ○, 옳지 **않은** 것은 ×로 표시하시오.

(1) 재활용 및 분리배출을 한다. ·············· (　　)
(2) 녹지 및 생태 공원을 조성한다. ·············· (　　)
(3) 대중교통 대신 자가용을 이용한다. ·············· (　　)

정답 B 응용, 기기, 첨단
C 지속가능

A 과학 탐구

01 다음은 과학적 탐구 방법의 단계를 순서 없이 나타낸 것이다.

> (가) 결론 도출　　(나) 문제 인식
> (다) 가설 설정　　(라) 자료 해석
> (마) 탐구 설계 및 수행

(가)~(마)를 순서대로 옳게 나열한 것은?

① (가) → (나) → (다) → (라) → (마)
② (나) → (다) → (마) → (라) → (가)
③ (나) → (마) → (라) → (다) → (가)
④ (라) → (마) → (가) → (나) → (다)
⑤ (마) → (가) → (나) → (라) → (다)

02 다음은 과학적 탐구 방법의 단계 중 무엇에 대한 설명인가?

> 자연이나 일상생활에서 어떤 현상을 관찰하다 의문이 생겼을 때, 관찰 결과나 경험을 바탕으로 의문에 대한 잠정적인 결론을 세우는 단계이다.

① 문제 인식　　　　② 가설 설정
③ 결론 도출　　　　④ 자료 해석
⑤ 탐구 설계 및 수행

03 과학적 탐구 방법에서 탐구 수행을 통해 얻은 결론이 가설과 일치하지 않을 때, 해야 할 내용으로 가장 적절한 것은?

① 가설이 맞지 않으므로 가설을 수정한다.
② 결론이 잘못되었으므로 결론을 내리지 않는다.
③ 자료 해석이 잘못되었으므로 자료 수집을 다시 한다.
④ 탐구 설계가 잘못되었으므로 탐구 설계를 다시 한다.
⑤ 탐구가 처음부터 잘못되었으므로 탐구를 무효로 한다.

[04~05] 다음은 에이크만이 각기병을 치료하는 물질을 찾아내는 과정을 순서 없이 나열한 것이다.

> (가) 현미에는 각기병을 치료하는 물질이 들어 있다고 결론을 내렸다.
> (나) 에이크만은 각기병에 걸린 닭이 건강을 되찾은 것을 보고 의문을 가졌다.
> (다) 백미를 준 A 집단의 닭은 각기병에 걸렸지만, 현미를 준 B 집단의 닭은 건강하였다.
> (라) 건강한 닭을 두 집단으로 나누어 A 집단에는 백미를 주고, B 집단에는 현미를 주어 길렀다.
> (마) 닭의 먹이가 백미에서 현미로 바뀐 것을 알아내고, '현미에는 닭의 각기병을 치료하는 물질이 들어 있을 것이다.'라는 가설을 세웠다.

04 (가)~(마) 중 결론 도출에 해당하는 단계는?

① (가)　　　　② (나)　　　　③ (다)
④ (라)　　　　⑤ (마)

05 에이크만의 탐구 과정을 순서대로 옳게 나열한 것은?

① (가) → (나) → (다) → (라) → (마)
② (나) → (가) → (마) → (다) → (라)
③ (나) → (마) → (라) → (다) → (가)
④ (다) → (마) → (라) → (나) → (가)
⑤ (마) → (가) → (나) → (라) → (다)

06 탐구를 계획하는 방법에 대한 설명으로 옳은 것을 보기에서 모두 고른 것은?

> **보기**
> ㄱ. 탐구 범위는 좁고 구체적인 것이 좋다.
> ㄴ. 탐구를 계획하는 단계에서는 안전을 고려하지 않아도 된다.
> ㄷ. 다양한 변인을 고려하여 같게 할 조건과 다르게 할 조건을 구분하여 계획한다.

① ㄱ　　　　② ㄴ　　　　③ ㄱ, ㄷ
④ ㄴ, ㄷ　　　⑤ ㄱ, ㄴ, ㄷ

B 과학과 인류 문명

07 과학의 발전에 대한 설명으로 옳은 것을 보기에서 모두 고른 것은?

> **보기**
> ㄱ. 과학의 발전은 인류의 문명이 발달하는 데 큰 영향을 미쳤다.
> ㄴ. 과학 원리, 기술, 기기는 서로 영향을 주고받으며 발전하였다.
> ㄷ. 과학 원리는 공학, 예술, 수학 등 다른 분야와는 융합하지 않았다.

① ㄱ 　② ㄴ 　③ ㄱ, ㄴ
④ ㄱ, ㄷ 　⑤ ㄱ, ㄴ, ㄷ

중요해!

08 인류 문명에 다음과 같은 영향을 준 과학의 발전 사례로 옳은 것은?

> • 공장에서 이용되면서 제품의 대량 생산이 가능해졌다.
> • 기차, 자동차 등에 사용되면서 많은 물건을 먼 곳까지 옮길 수 있게 되었다.

① 태양 중심설 발견 　② 인터넷의 발달
③ 백신의 원리 발견 　④ 증기 기관의 발명
⑤ 인쇄 기술의 발달

09 다음 중 첨단 과학기술의 사례가 아닌 것은?

① 인공지능 　② 증강 현실
③ 첨단 바이오 　④ 사물 인터넷
⑤ 암모니아 합성 기술

10 첨단 과학기술이 가져올 미래 사회의 변화에 대한 설명으로 옳지 않은 것은?

① 새로운 직업이 생길 것이다.
② 많은 사람들이 우주 여행을 할 수 있을 것이다.
③ 무선 통신으로 많은 사물이 연결되어 편리해질 것이다.
④ 첨단 바이오 기술로 개인 맞춤형 치료제가 개발될 것이다.
⑤ 인공지능이 도입되면 사람들의 일자리가 모두 사라질 것이다.

C 지속가능한 삶

중요해!

11 지속가능한 삶과 과학기술에 대한 설명으로 옳은 것을 보기에서 모두 고른 것은?

> **보기**
> ㄱ. 과학기술이 발달하면서 환경오염이 발생하였으므로 과학기술의 발전을 잠시 멈추어야 한다.
> ㄴ. 자원 고갈로 인한 문제는 과학기술로 해결할 수 없으므로 자원의 사용을 일시 중지해야 한다.
> ㄷ. 과학기술은 지속가능한 삶을 위한 해결 방안을 제시할 수 있으므로 과학기술을 더욱 발전시켜야 한다.

① ㄱ 　② ㄴ 　③ ㄷ
④ ㄱ, ㄴ 　⑤ ㄱ, ㄷ

12 지속가능한 삶을 위해 개인이 노력해야 할 일로 옳지 않은 것은?

① 음식물 쓰레기를 줄인다.
② 사람이 없는 빈방에는 불을 끈다.
③ 재활용품을 버릴 때는 분리배출을 한다.
④ 자전거와 같은 친환경 운송 수단을 이용한다.
⑤ 텀블러를 종류별로 여러 개 구입하여 사용한다.

단계별 문제로 서술형 연습하기

↪ 정답과 해설 2쪽

01 얼음을 넣은 물이 차가워지는 것을 보고, '어떤 얼음을 넣어야 물이 빨리 차가워질까?'라는 의문이 생겼다.

(1) 이러한 의문을 해결하기 위한 가설을 쓰시오.

↳ 얼음의 크기가 (   )수록 물이 차가워지는 시간이

(   )질 것이다.

(2) 위의 가설을 검증하기 위한 실험을 설계할 때, 같게 할 조건과 다르게 할 조건을 각각 서술하시오.

- 같게 할 조건:
- 다르게 할 조건:

02 다음은 과학기술이 인류 문명의 발달에 영향을 미친 사례이다.

> 20세기 초 독일의 과학자 하버는 공기 중의 질소 기체를 이용하여 '이것'을 합성하는 데 성공하였고, '이것'을 이용하여 질소 비료를 생산할 수 있게 되었다.

(1) 하버가 합성한 '이것'은 무엇인지 쓰시오.

↳ 하버는 공기 중의 질소 기체를 이용하여 (   )를 합성하

는 데 성공하였다.

(2) 하버의 연구가 인류 문명의 발달에 어떤 영향을 미쳤는지 서술하시오.

고난도 문제로 실력 올리기

↪ 정답과 해설 3쪽

01 다음은 어떤 탐구 계획서의 일부를 나타낸 것이다.

탐구 계획서	
탐구 문제	물체가 햇빛을 받을 때 물체의 색깔에 따라 온도 변화가 다를까?
가설	물체가 햇빛을 받으면 검은색, 파란색, 흰색 순으로 온도가 높아질 것이다.
실험 과정	컵의 색깔에 따른 물의 온도 변화 측정하기 1. 2.
다르게 할 조건	
같게 할 조건	

이 탐구 활동에 대한 설명으로 옳은 것을 보기에서 모두 고른 것은?

┌ 보기 ┐
ㄱ. 컵의 색깔은 각각 다르게 해야 한다.
ㄴ. 컵에 든 물의 온도를 일정한 시간 간격으로 측정해야 한다.
ㄷ. 컵의 일부는 햇빛이 비치는 곳에 두고, 일부는 햇빛이 비치지 않는 곳에 두어야 한다.

① ㄱ ② ㄷ ③ ㄱ, ㄴ
④ ㄴ, ㄷ ⑤ ㄱ, ㄴ, ㄷ

02 인공위성은 과학 원리, 기술, 기기가 서로 영향을 주고받으며 발전한 사례 중 하나이다.

인공위성과 관련된 과학 발전의 사례로 옳은 것을 보기에서 모두 고른 것은?

┌ 보기 ┐
ㄱ. 천체가 물체를 당기는 힘의 원리를 적용하여 인공위성을 우주로 쏘아 올리는 기술을 개발하였다.
ㄴ. 전파의 원리를 적용하여 위성 위치 확인 시스템(GPS)을 개발하였다.
ㄷ. 위성 위치 확인 시스템(GPS)을 활용하여 내비게이션과 같은 기기가 개발되었다.

① ㄱ ② ㄷ ③ ㄱ, ㄴ
④ ㄴ, ㄷ ⑤ ㄱ, ㄴ, ㄷ

↩ 정답과 해설 3쪽

이 단원에서 배운 핵심 단어를 빈칸에 채워 넣어 생각 그물을 완성해 보자.

문제 인식 → ⑦ [   ] → 탐구 설계 및 수행 → 자료 해석 → 결론 도출

가설 수정

과학적 탐구 방법

탐구 계획

같게 할 조건, 다르게 할 조건 등을 구분하여 실험을 구체적으로 계획

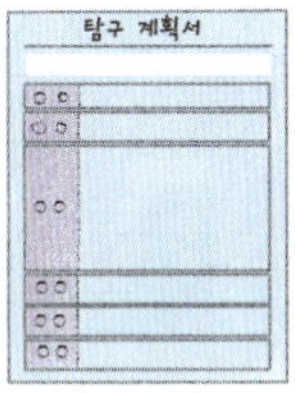

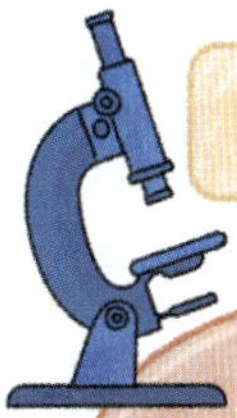

과학 탐구

과학과 인류의 지속가능한 삶

과학과 인류 문명

지속가능한 삶

- 과학기술의 발전으로 자원 고갈, 환경오염, 기후 변화 등의 다양한 문제 발생

- 현재 삶을 발전시키면서도 미래 세대가 이용할 환경과 자연을 훼손하지 않는 지속가능한 삶이 필요

- ② [   ] 한 삶을 위해 과학 기술의 역할, 개인과 사회의 실천이 중요

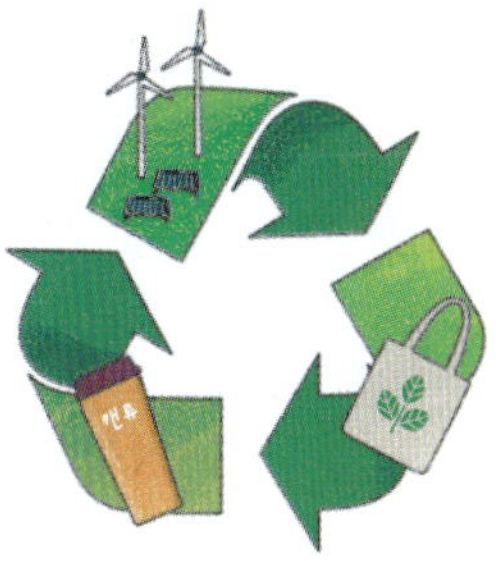

과학 발전

- 과학 원리, ⑥ [   ], 기기는 서로 영향을 주고받으며 발전

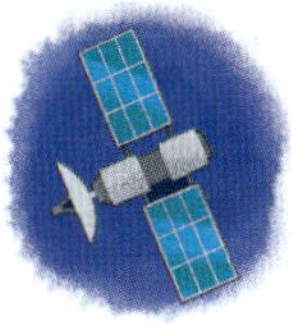

- 과학 원리는 기술, 공학, 예술, 수학 등 여러 분야와 융합

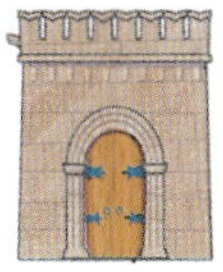

아치 모양의 구조물
(과학 + 기술, 공학)

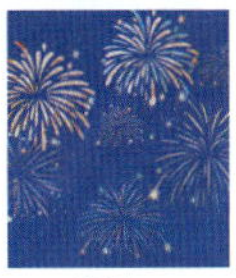

불꽃놀이
(과학 + 예술)

ⓒ [   ] **과학기술**

- 인공지능
- 첨단 바이오
- 사물 인터넷
- 증강 현실

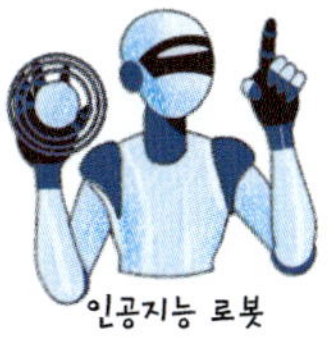

인공지능 로봇

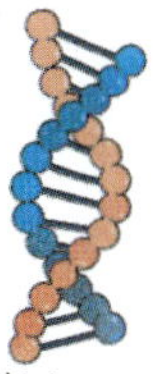

첨단 바이오

II. 생물의 구성과 다양성

단원 연계

초등학교

3~4학년에서는
- 동물의 생활, 식물의 생활, 다양한 생물과 우리 생활, 생물과 환경에 대해 배웠어요.

5~6학년에서는
- 식물의 구조와 기능, 우리 몸의 구조와 기능에 대해 배웠어요.

중학교

1학년에서는
- 생물의 구성에 대해 배워요.
- 생물다양성과 생물분류에 대해 배워요.
- 생물다양성보전에 대해 배워요.

고등학교

통합과학1에서는
- 시스템과 상호작용에 대해 배울 거예요.

통합과학2에서는
- 변화와 다양성에 대해 배울 거예요.

과학 어휘력 키우기

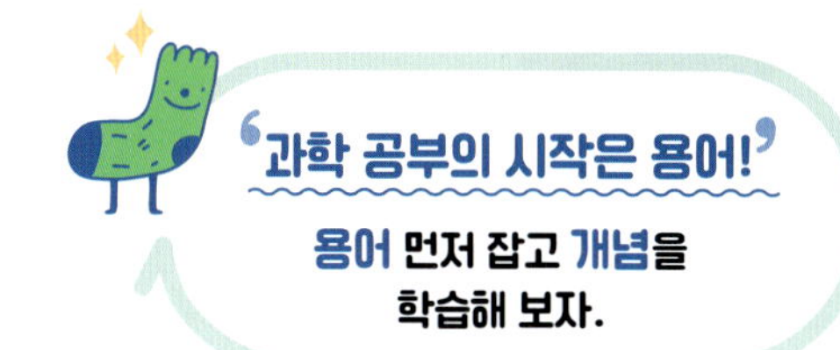

기억해! 초등 용어

초4

① 어떤 장소에서 서로 영향을 주고 받는 생물과 환경

② 생태계의 구성요소 중 살아 있는 것

③ 생태계의 구성요소 중 살아 있지 않은 것

④ 생물요소들의 먹고 먹히는 관계를 그물 모양으로 나타낸 것

초6

⑤ 생물을 이루는 기본 단위

⑥ 빛을 이용하여 살아가는 데 필요한 영양분을 만드는 과정

답 ① 생태계 ② 생물요소 ③ 비생물요소 ④ 먹이그물 ⑤ 세포 ⑥ 광합성

중요해! 단원 핵심 용어

변이 (變 변하다, 異 다르다)	종 (種 혈통)	분류체계 (分 나누다, 類 무리, 體 몸, 系 잇다)
		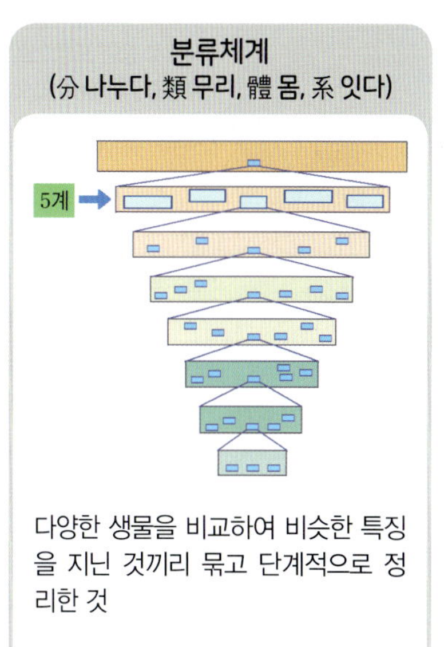
같은 종류의 생물 사이에서 나타나는 특징이 조금씩 다른 것	생물을 분류하는 단위 중 가장 기본이 되는 단위로, 자연 상태에서 짝짓기를 하여 번식 능력이 있는 자손을 낳을 수 있는 생물 무리	다양한 생물을 비교하여 비슷한 특징을 지닌 것끼리 묶고 단계적으로 정리한 것

01 생물의 구성

핵심 키워드
☐ 세포 ☐ 단세포생물 ☐ 다세포생물
☐ 동물 세포 ☐ 식물 세포 ☐ 세포소기관

A 세포

1. **세포** 모든 생물은 세포로 이루어져 있으며, 세포에서 생명을 유지하는 다양한 생명활동이 일어난다. ➡ 세포는 생물의 구조적, 기능적 기본 단위
   ① 단세포생물[1]: 몸이 단 하나의 세포로 이루어진 생물
   ② 다세포생물: 몸이 여러 개의 세포로 이루어진 생물

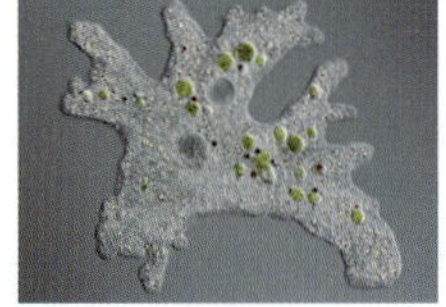

▲ 단세포생물인 아메바

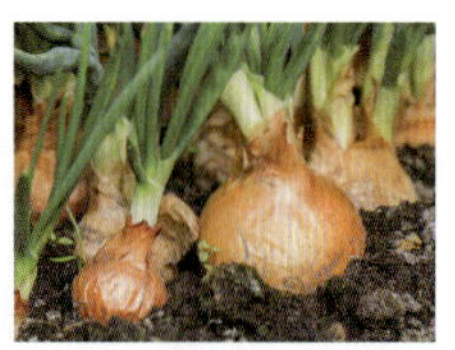

▲ 다세포생물인 양파

2. **세포의 발견** 영국의 과학자 훅(Hooke, R., 1635~1703)은 자신이 만든 현미경으로 코르크를 얇게 자른 단면을 관찰하여, 코르크가 작은 방처럼 생긴 구조로 되어 있다는 것을 처음 발견하였다. 훅은 이를 '세포(cell)'라고 불렀다.[2]

B 세포의 구조 ✔ 꽉 잡아! 탐구 24쪽

1. **동물 세포와 식물 세포의 구조** 동물과 식물을 구성하는 세포에서는 핵을 뚜렷하게 관찰할 수 있으며, 세포는 세포막으로 둘러싸여 있다. 세포질에는 마이토콘드리아, 엽록체와 같은 세포소기관◆이 있다. ✔ 꽉 잡아! 개념 25쪽

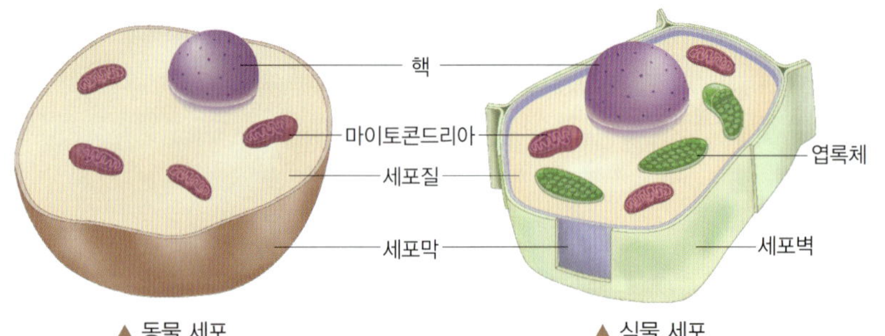

▲ 동물 세포 ▲ 식물 세포

핵	• 대체로 둥근 모양으로, 염색액으로 염색하면 현미경으로 뚜렷하게 관찰할 수 있다. • 유전물질이 들어 있으며, 세포의 생명활동을 조절한다.
세포질	• 세포막과 핵 사이 안쪽을 채우는 부분이다. • 핵 이외에 여러 세포소기관이 들어 있으며 생명활동이 일어난다.
마이토콘드리아	• 세포의 생명활동에 필요한 에너지를 만든다.
세포막	• 세포를 둘러싸고 있는 막이다. • 세포의 안팎으로 드나드는 물질의 출입을 조절한다.
엽록체◆	• 현미경으로 관찰하면 초록색을 띤다. • 빛에너지를 이용하여 영양분(포도당)을 만드는 광합성을 한다.
세포벽	• 세포막 바깥쪽을 둘러싸고 있다. • 두껍고 단단하여 세포를 보호하고 모양을 일정하게 유지한다.

2. **동물 세포와 식물 세포의 비교**
   ① 동물 세포와 식물 세포에 모두 있는 구조: 핵, 세포질, 마이토콘드리아, 세포막
   ② 식물 세포에만 있는 구조: 엽록체, 세포벽

+ 보충

1 단세포생물
단세포생물에는 아메바, 짚신벌레, 대장균, 포도상구균 등이 있다. 아메바와 짚신벌레는 핵막으로 둘러싸인 핵이 있지만, 대장균과 포도상구균은 핵막이 없어 핵이 나타나지 않는다.

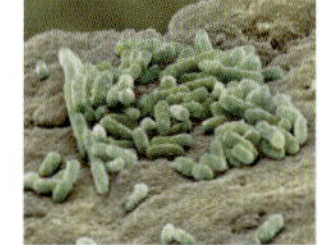

▲ 대장균

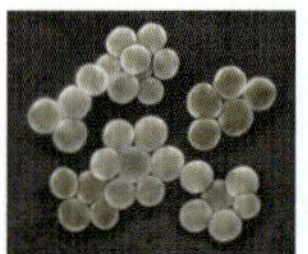

▲ 포도상구균

2 훅이 관찰한 세포

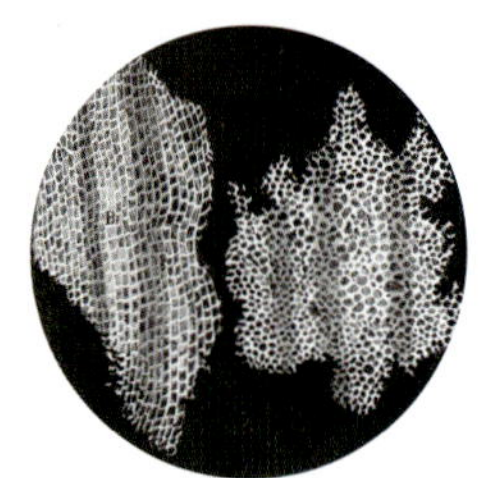

훅이 실제로 관찰한 것은 살아 있는 세포가 아니라 죽은 세포의 세포벽이며, 세포벽으로 둘러싸인 공간을 세포라고 불렀다.

용어
◆ **세포소기관(細 가늘다, 胞 태보, 小 작다, 器 그릇, 官 벼슬)** 특정한 기능을 하는 세포의 구성요소
◆ **엽록체(葉 잎, 綠 초록색, 體 몸)** 초록색을 띠며, 광합성이 일어나는 세포소기관. 식물 세포 외에도 미역, 다시마와 같은 원생생물의 세포에도 있다.

초성 퀴즈

A 세포

• 모든 생물은 ㅅㅍ (으)로 이루어져 있으며, ㅅㅍ 에서 생명을 유지하는 다양한 생명활동이 일어난다.

• 몸이 하나의 세포로 구성된 생물을 ㄷㅅㅍ 생물이라고 하며, 몸이 여러 개의 세포로 구성된 생물을 ㄷㅅㅍ 생물이라고 한다.

B 세포의 구조

• 세포소기관 중에서 ㅁㅇㅌ ㅋㄷㄹㅇ 은/는 생명활동에 필요한 에너지를 만든다.

• 세포소기관 중 ㅇㄹㅊ 와/과 ㅅㅍㅂ 은/는 동물 세포에는 없고 식물 세포에만 있다.

1 세포에 대한 설명으로 옳은 것은 ○, 옳지 <u>않은</u> 것은 ×로 표시하시오.

(1) 생물은 세포로 이루어져 있다. ⋯⋯⋯⋯⋯⋯⋯⋯⋯⋯⋯⋯ (　　)

(2) 하나의 세포만으로는 생명을 유지할 수 없다. ⋯⋯⋯⋯⋯⋯ (　　)

(3) 세포에서 생명을 유지하는 다양한 생명활동이 일어난다. ⋯ (　　)

(4) 마이토콘드리아와 엽록체는 동물 세포와 식물 세포에 모두 존재한다.
⋯⋯⋯⋯⋯⋯⋯⋯⋯⋯⋯⋯⋯⋯⋯⋯⋯⋯⋯⋯⋯⋯⋯⋯⋯⋯⋯⋯ (　　)

(5) 식물 세포에서 세포벽은 세포의 안팎을 구분하는 경계로, 물질의 출입을 조절한다. ⋯⋯⋯⋯⋯⋯⋯⋯⋯⋯⋯⋯⋯⋯⋯⋯⋯⋯⋯ (　　)

2 다음은 동물 세포와 식물 세포에 있는 세 가지 세포소기관과 특징을 나타낸 것이다. 각 세포소기관과 특징을 선으로 연결하시오.

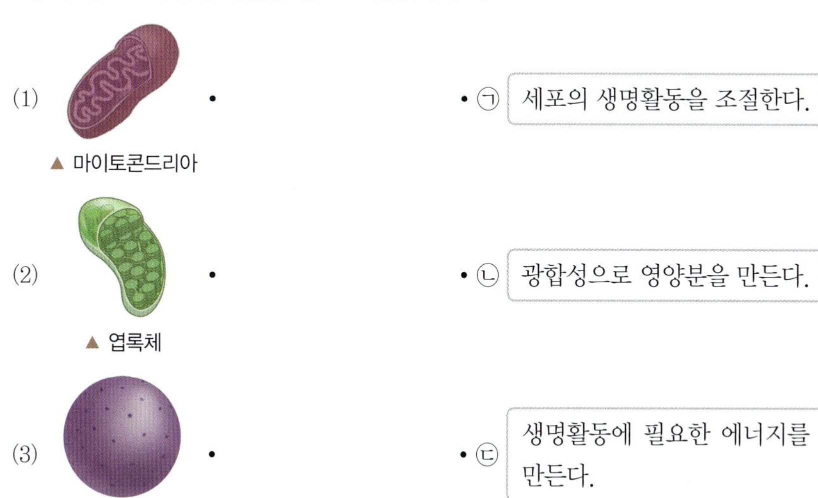

3 그림은 빵을 만드는 공장과 동물 세포의 구조를 나타낸 것이다.

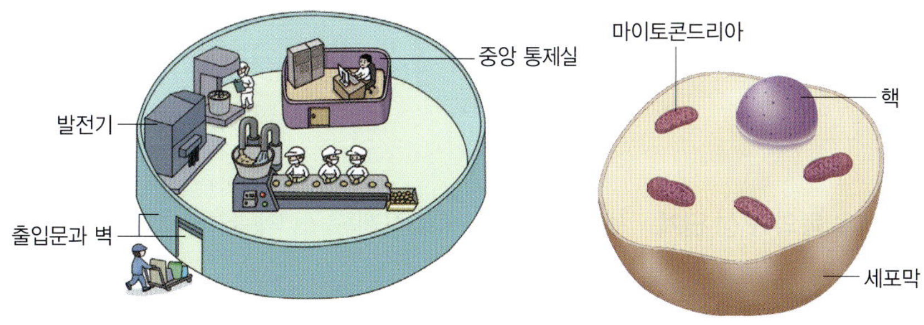

공장에서 중앙 통제실, 출입문과 벽, 발전기와 비슷한 기능을 하는 세포의 구조를 선으로 연결하시오.

(1) 중앙 통제실 　　　　　 ㉠ 세포막

(2) 출입문과 벽 　　　　　 ㉡ 핵

(3) 발전기 　　　　　 ㉢ 마이토콘드리아

01 생물의 구성

C 세포의 종류와 기능

다세포생물의 몸에는 다양한 종류의 세포가 있으며, 세포의 종류에 따라 하는 일이 서로 다르다.

	신경세포	적혈구	상피세포	공변세포 ❸
종류				
모양	가늘고 길게 뻗은 모양	가운데가 오목한 원반 모양	주로 납작하고 편평한 모양	반달 모양
기능	몸 안팎에서 발생하는 신호를 받아들이고 전달한다.	혈관을 따라 이동하면서 온몸으로 산소를 운반한다.	피부나 기관의 안쪽 표면을 이루고, 외부로부터 몸을 보호한다.	기공을 통해 산소, 이산화 탄소와 같은 기체의 출입을 조절한다.

D 생물의 구성 단계

1. 생물 몸의 구성 단계

① 다세포생물의 몸은 여러 종류의 세포들이 단순히 모여 있는 것이 아니라 세포, 조직, 기관, 개체의 단계를 거쳐 유기적 ❹으로 구성된다.

② 모양과 기능이 비슷한 세포들이 모여 조직을 이루고, 여러 조직이 모여 고유한 모양과 기능을 하는 기관을 이루며, 여러 기관이 모여 독립된 생물체인 개체를 이룬다.

2. 동물 몸의 구성 단계   세포 → 조직 → 기관 → 기관계 ❺ → 개체 ✔ 꽉 잡아! 개념 25쪽

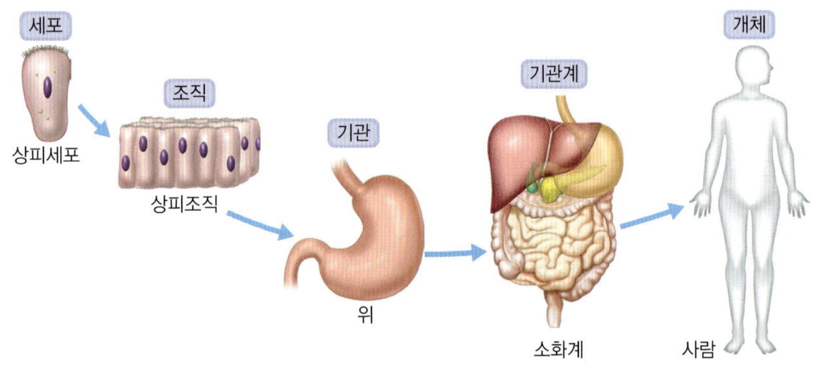

3. 식물 몸의 구성 단계   세포 → 조직 → 조직계 ❻ → 기관 → 개체

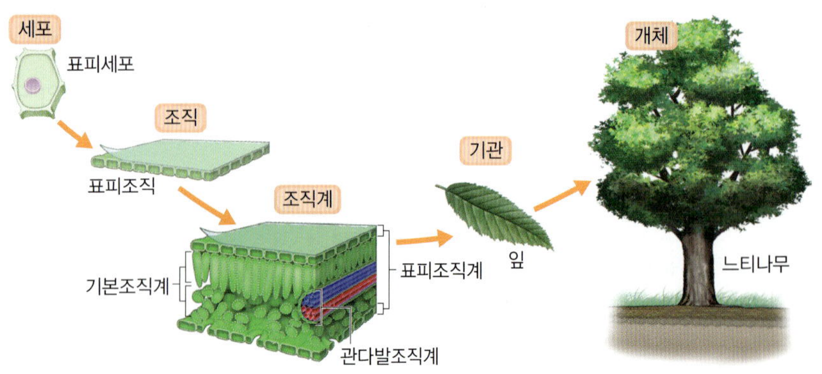

---

❸ 공변세포

식물의 잎, 줄기 등의 표피에 있는 특수한 식물 세포로, 2개의 공변세포가 모여 기공을 형성한다. 식물은 기공을 열고 닫음으로써 기체가 드나드는 것을 조절한다.

❹ 유기적

생물의 몸처럼 전체를 구성하고 있는 각 부분이 서로 영향을 주고받으며 밀접하게 관련되어 있어 떼어 낼 수 없는 것이다.

❺ 동물의 기관과 기관계

• 기관: 상피조직, 결합조직, 근육조직, 신경조직 등의 여러 조직이 모여 위, 심장, 간과 같은 기관을 이룬다.

• 기관계: 관련된 기능을 하는 기관들이 모여 기관계를 이루며, 사람의 기관계에는 소화계, 순환계, 호흡계, 배설계 등이 있다.

❻ 식물의 조직과 조직계

• 조직: 표피조직, 물관 조직, 체관 조직, 울타리조직, 해면조직 등이 있다.

• 조직계: 몇 개의 조직이 모여 식물 전체에 연결되어 일정한 기능을 하는 조직계를 이루며 기본조직계, 관다발조직계, 표피조직계가 있다.

➤ 용어

◆ **조직(組 끈, 織 베를 짜다)** 모양과 기능이 비슷한 세포들의 모임

◆ **기관(器 그릇, 官 벼슬)** 일정한 형태를 이루며 고유한 기능을 담당하는 생물체의 부분. 폐, 방광, 심장, 위, 간, 잎, 줄기, 뿌리, 꽃 등이 있다.

초성 퀴즈

C 세포의 종류와 기능

• ㅈㅎㄱ : 가운데가 오목한 원반 모양으로 온몸에 산소를 운반하는 기능을 한다.

• ㅅㄱㅅㅍ : 가늘고 길게 뻗은 모양으로 몸 안팎에서 발생하는 신호를 전달하는 기능을 한다.

D 생물의 구성 단계

• 식물 몸의 구성 단계에는 몇 가지 조직이 모여 일정한 기능을 하는 ㅈㅈㄱ 이/가 있다.

• 동물 몸의 구성 단계에는 관련된 기능을 하는 기관들이 모여 이루어진 ㄱㄱㄱ 이/가 있다.

4 다음은 세 가지 세포와 기능을 나타낸 것이다. 각 세포와 기능을 선으로 연결하시오.

(1) 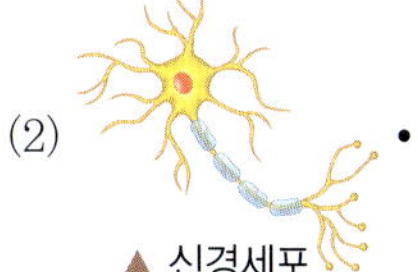
▲ 적혈구

(2) ▲ 신경세포

(3) ▲ 상피세포

• ㉠ 피부나 기관의 안쪽 표면을 덮어 보호한다.

• ㉡ 온몸으로 산소를 운반한다.

• ㉢ 몸 곳곳에 신호를 전달한다.

5 생물의 구성 단계에 대한 설명으로 옳은 것은 ○, 옳지 <u>않은</u> 것은 ×로 표시하시오.

(1) 생물의 몸을 구성하는 기본 단위는 세포이다. ⋯⋯⋯⋯⋯⋯⋯ ( )

(2) 동물의 조직에는 상피조직, 근육조직 등이 있다. ⋯⋯⋯⋯⋯ ( )

(3) 모양과 기능이 비슷한 세포들이 모여 기관을 이룬다. ⋯⋯⋯⋯ ( )

(4) 위, 간, 심장은 동물 몸의 구성 단계에서 기관계에 해당한다. ⋯⋯ ( )

(5) 식물 몸의 구성 단계에는 몇 가지 조직이 모여 일정한 기능을 하는 조직계가 있다. ⋯⋯⋯⋯⋯⋯⋯⋯⋯⋯⋯⋯⋯⋯⋯⋯⋯⋯⋯⋯⋯ ( )

6 ( ) 안에 알맞은 말을 쓰시오.

(1) 신경세포는 가늘고 길게 뻗은 모양으로, 여러 방향에서 오는 신호를 받아들이고 다른 곳으로 신호를 빠르게 전달하는 데 알맞다. 상피세포는 몸 표면이나 몸속 기관의 안쪽 표면을 덮고 있으며 주로 납작하고 편평한 모양으로, 몸을 보호하는 데 알맞다. 적혈구는 가운데가 오목한 원반 모양으로, 혈관을 따라 몸속을 이동하면서 산소를 운반하는 데 알맞다. 이처럼 세포의 모양은 세포의 ( )와/과 관련이 있다.

(2) 생물의 몸은 일정한 단계를 거쳐 유기적으로 구성된다. 모양과 기능이 비슷한 세포들이 모여 조직을 이루고, 여러 조직이 모여 고유한 모양과 기능을 하는 기관을 이루며, 여러 기관이 모여 하나의 독립된 개체가 된다. 식물 몸의 구성 단계에는 몇 가지 조직이 모여 이루어진 ( )이/가 있고, 동물 몸의 구성 단계에는 관련된 기능을 하는 기관들로 이루어진 ( )이/가 있다.

동물 세포와 식물 세포 관찰하기

탐구 영상

이 탐구에서는 동물 세포와 식물 세포를 현미경으로 관찰하고, 동물 세포와 식물 세포의 특징을 설명해 보자.

과정

입안 상피세포(동물 세포)

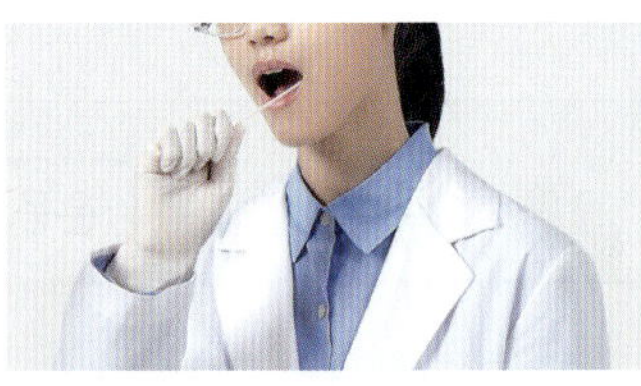

❶ 면봉으로 볼 안쪽을 가볍게 긁어낸다.

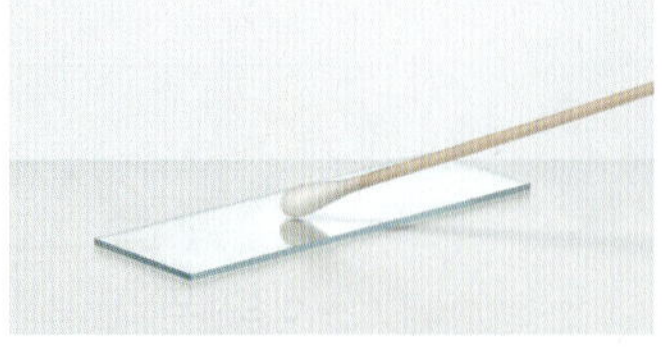

❷ 면봉을 받침 유리 위에 문지르고, 물을 한 방울 떨어뜨린 뒤 받침 유리 위에 덮개 유리를 기울여 천천히 덮는다.

❸ 덮개 유리 한쪽에 염색액(메틸렌 블루 용액)을 한 방울 떨어뜨린 뒤 반대쪽에 거름종이를 대고 염색액을 흡수시킨다.

❹ 완성된 현미경표본을 현미경으로 낮은 배율부터 높은 배율 순서로 관찰한다.

양파 표피세포(식물 세포)

유의점

염색액이 피부나 현미경 렌즈에 묻지 않도록 한다.

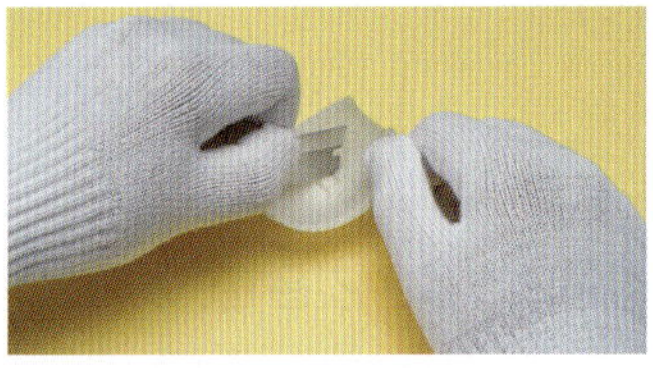

❶ 안전면도로 양파 껍질 안쪽을 긋는다.

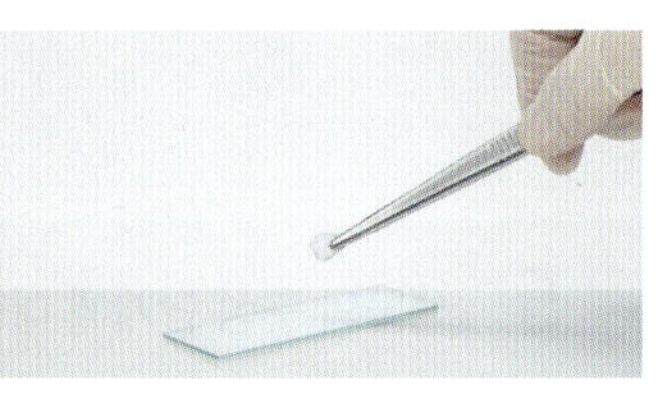

❷ 핀셋으로 양파의 표피를 떼어 받침 유리 위에 올리고, 물을 한 방울 떨어뜨린 뒤 받침 유리 위에 덮개 유리를 기울여 천천히 덮는다.

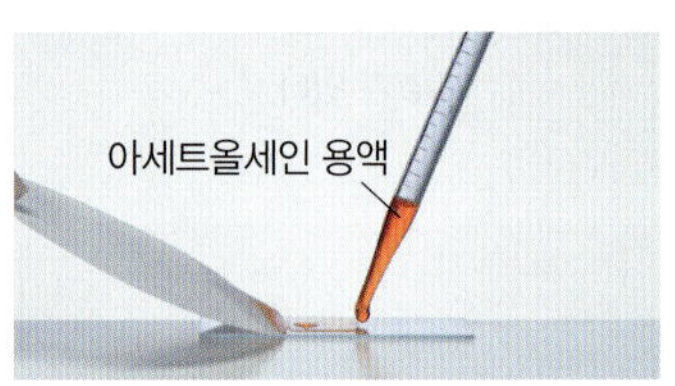

❸ 덮개 유리 한쪽에 염색액(아세트올세인 용액 또는 아세트산 카민 용액)을 한 방울 떨어뜨린 뒤 반대쪽에 거름종이를 대고 염색액을 흡수시킨다.

❹ 완성된 현미경표본을 현미경으로 낮은 배율부터 높은 배율 순서로 관찰한다.

결과

[입안 상피세포]
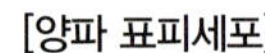
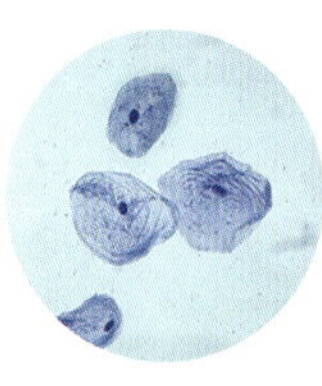

[양파 표피세포]
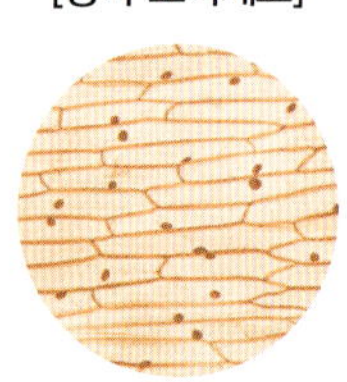

정리

1 입안 상피세포에서는 푸른색을, 양파 표피세포에서는 붉은색을 띠는 둥근 모양의 (　　　)을/를 관찰할 수 있다.

2 입안 상피세포와 달리 양파 표피세포에서는 ㉠(　　　)을/를 관찰할 수 있다. 식물 세포는 ㉡ (　　　)이/가 있어서 일정한 모양을 유지하며 규칙적으로 배열된다.

확인 문제

정답과 해설 4쪽

1 메틸렌 블루 용액이나 아세트올세인 용액과 같은 염색액을 사용하여 뚜렷하게 관찰할 수 있는 세포의 구조로 옳은 것은?

① 핵　　　② 엽록체　　　③ 세포막
④ 세포벽　　　⑤ 마이토콘드리아

2 동물 세포에는 없고 식물 세포에만 있는 세포의 구조를 모두 고르면? (2개)

① 핵　　　② 엽록체　　　③ 세포벽
④ 세포막　　　⑤ 마이토콘드리아

세포의 **구조**와 생물의 **구성 단계** 분석하기

세포의 구조와 생물의 구성 단계를 자세하게 알아보자.

보충 설명 영상

1 세포를 빵을 만드는 공장에 비유하기

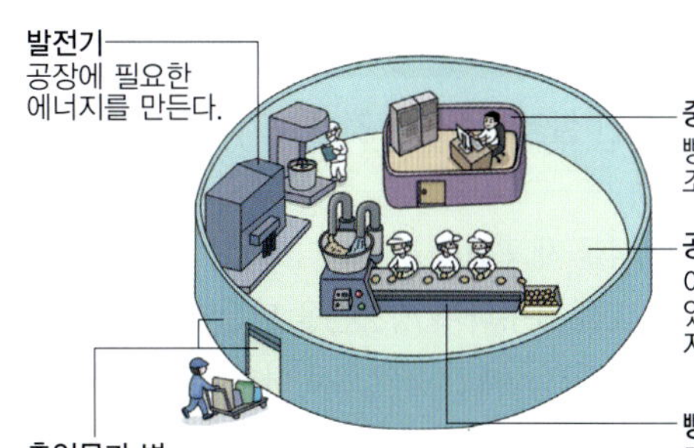

공장	세포	까닭
중앙 통제실	핵	핵은 유전물질을 가지고 있으며 세포의 생명활동을 조절한다.
공장 내부	세포질	세포질에는 여러 세포소기관이 있고 다양한 생명활동이 일어난다.
빵 생산 장소	엽록체	엽록체는 빛에너지를 이용해 영양분(포도당)을 합성한다.
발전기	마이토콘드리아	마이토콘드리아는 세포의 생명활동에 필요한 에너지를 생산한다.
출입문과 벽	세포막과 세포벽	세포를 보호하며, 세포막은 세포 안팎으로 드나드는 물질의 출입을 조절한다.

2 동물의 조직과 식물의 조직계 정리하기

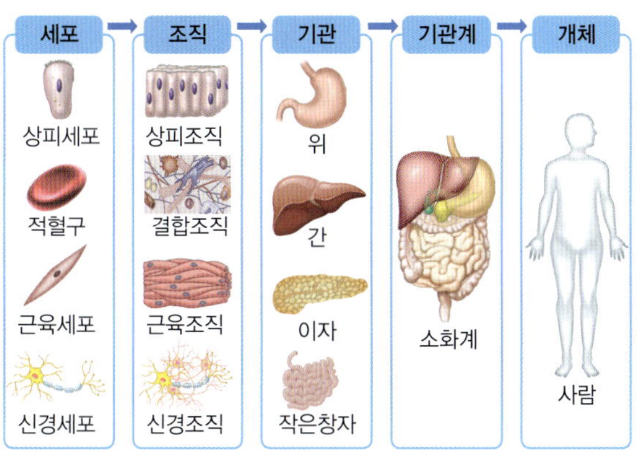

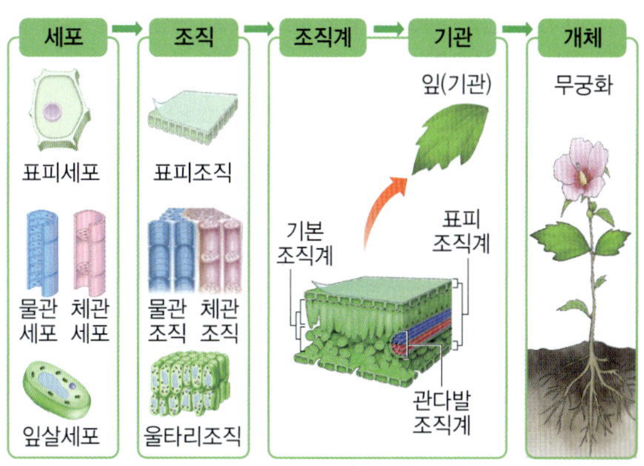

동물의 조직

- 상피조직: 몸의 표면이나 내벽을 덮어 보호하고, 물질을 분비하거나 흡수하기도 한다.
- 결합조직: 조직이나 기관을 연결하고 지지하는 조직으로 지방조직, 뼈조직, 힘줄, 혈액 등이 있다.
- 근육조직: 수축하고 이완하는 특징이 있으며 골격근, 내장근, 심장근 등이 있다.
- 신경조직: 몸 안팎의 신호를 받아들이고 전달하며 이를 판단하는 역할을 한다.

식물의 조직계

- 표피조직계: 식물을 감싸 보호하는 조직계로 여러 표피조직으로 구성된다. 표피조직은 뿌리털, 공변세포, 표피세포 등으로 이루어져 있다.
- 기본조직계: 영양분을 합성하고 저장하는 조직계로 울타리조직, 해면조직 등으로 구성된다.
- 관다발조직계: 물질의 이동 통로이며, 식물의 몸을 지지한다. 물관 조직, 체관 조직, 분열조직(형성층, 성장점)으로 구성된다.

A 세포

01 ( ) 안에 공통으로 들어갈 말을 쓰시오.

> 생명활동을 하는 모든 생물의 몸은 ( )
> (으)로 이루어져 있다. ( )은/는 생명활동
> 이 일어나는 기본적인 단위이자, 생물의 몸을 이
> 루는 가장 작은 단위이다.

B 세포의 구조

02 다음은 입안 상피세포의 현미경표본을 만드는 과정이다.

> (가) 면봉으로 볼 안쪽을 가볍게 긁어낸다.
> (나) 면봉을 받침 유리에 문지르고 물을 한 방울
>   떨어뜨린 뒤 덮개 유리로 덮는다.
> (다) 덮개 유리 한쪽에 염색액을 한 방울 떨어뜨린
>   뒤 반대쪽에 거름종이를 대고 염색액을 흡수
>   시킨다.

(다) 과정은 세포의 구조 중 무엇을 관찰하기 위해 필요
한 과정인가?

① 핵 ② 세포벽
③ 엽록체 ④ 세포막
⑤ 마이토콘드리아

03 그림은 동물 세포의 구조를 나타낸 것이다.

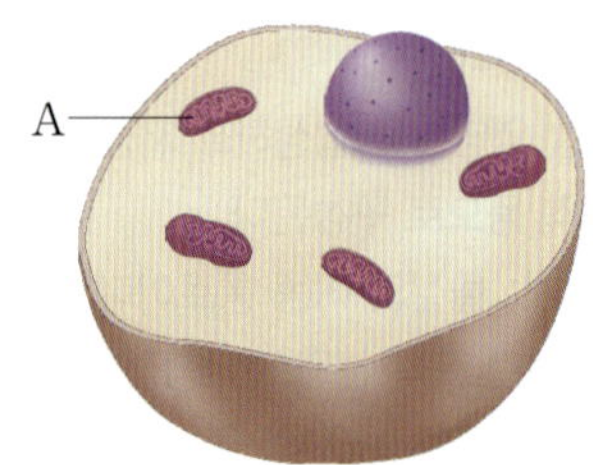

A의 이름을 쓰시오.

04 그림은 검정말잎을 현미경으로 관찰한 결과를 나타낸
것이다.

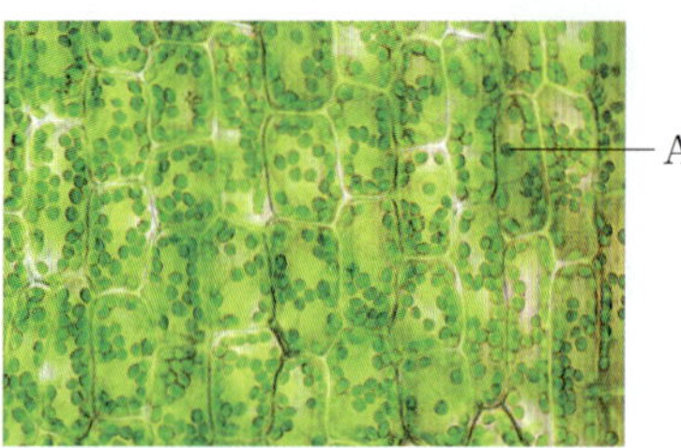

A에 대한 설명으로 옳은 것을 보기에서 모두 고른 것은?

> 보기
> ㄱ. 식물 세포에서 관찰된다.
> ㄴ. 빛을 흡수하여 영양분을 만든다.
> ㄷ. 아세트올세인 용액으로 붉게 염색된다.
> ㄹ. 세포소기관 중에서 가장 크고 동그란 모양이다.

① ㄱ, ㄴ ② ㄱ, ㄷ ③ ㄱ, ㄹ
④ ㄴ, ㄷ ⑤ ㄴ, ㄹ

[05~06] 그림은 식물 세포의 구조를 나타낸 것이다.

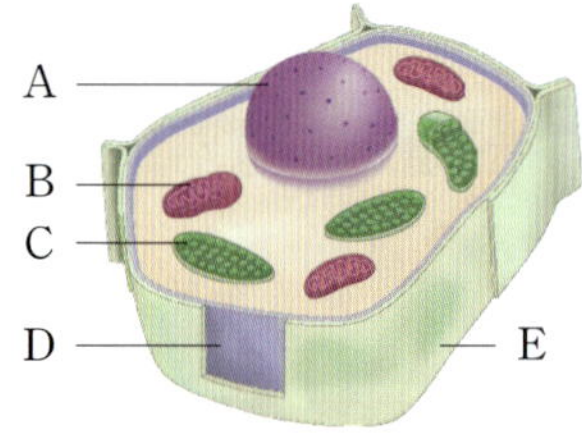

05 식물 세포가 일정한 모양을 유지하고 규칙적으로 배열
할 수 있는 것과 관련이 깊은 것은?

① A ② B ③ C
④ D ⑤ E

06 동물 세포에서는 관찰할 수 <u>없는</u> 세포의 구조를 모두
고르면? (2개)

① A ② B ③ C
④ D ⑤ E

중요해!

07 세포의 구조와 기능에 대한 설명으로 옳지 <u>않은</u> 것은?

① 엽록체는 광합성으로 영양분을 합성한다.
② 세포벽은 세포의 모양을 유지하고 보호한다.
③ 핵은 세포를 드나드는 물질의 출입을 조절한다.
④ 마이토콘드리아는 생명활동에 필요한 에너지를 생산한다.
⑤ 세포질은 핵과 세포막 사이 안쪽을 채우는 부분으로, 여러 세포소기관이 들어 있다.

[08~09] 그림은 세포 (가)와 (나)의 구조를 나타낸 것이다. (가)와 (나)는 동물 세포와 식물 세포를 순서 없이 나타낸 것이다.

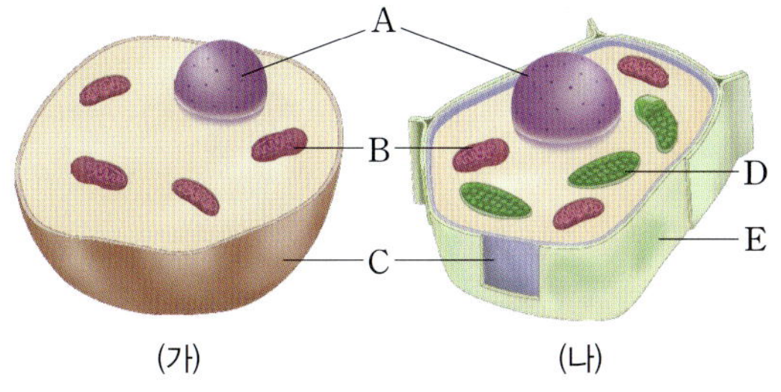

08 다음은 어떤 세포의 구조에 대해 설명한 것이다.

- 초록색을 띤다.
- 빛에너지를 이용하여 영양분을 합성한다.

이에 해당하는 세포 구조의 기호와 이름을 쓰시오.

09 빵 공장의 중앙 통제실과 비슷한 기능을 하는 세포의 구조로 옳은 것은?

① A ② B ③ C
④ D ⑤ E

10 그림은 사람의 몸을 구성하는 세 종류의 세포 (가)~(다)를 나타낸 것이다. (가)~(다)는 상피세포, 적혈구, 신경세포를 순서 없이 나타낸 것이다.

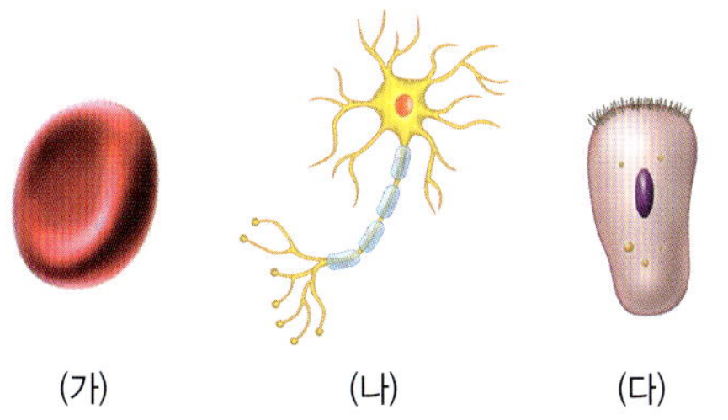

이에 대한 설명으로 옳은 것을 보기에서 모두 고른 것은?

보기

ㄱ. (가)는 산소를 운반하기에 적합하다.
ㄴ. (나)는 몸 표면을 덮어서 보호하는 역할을 한다.
ㄷ. (다)는 몸 곳곳에 신호를 전달하기에 적합하다.
ㄹ. 세포의 모양은 세포의 기능과 관련이 깊다.

① ㄱ, ㄷ ② ㄱ, ㄹ ③ ㄴ, ㄷ
④ ㄴ, ㄹ ⑤ ㄷ, ㄹ

11 그림은 세포의 다양한 모양과 기능에 대해 이야기하는 학생 A, B, C의 모습을 나타낸 것이다.

㉠~ⓒ에 들어갈 세포를 옳게 짝 지은 것은?

	㉠	㉡	㉢
①	적혈구	상피세포	신경세포
②	적혈구	신경세포	상피세포
③	신경세포	상피세포	적혈구
④	상피세포	적혈구	신경세포
⑤	상피세포	신경세포	적혈구

↻ 정답과 해설 4쪽

D 생물의 구성 단계

중요해!

[12~13] 그림은 사람 몸의 구성 단계 중 일부를 나타낸 것이다.

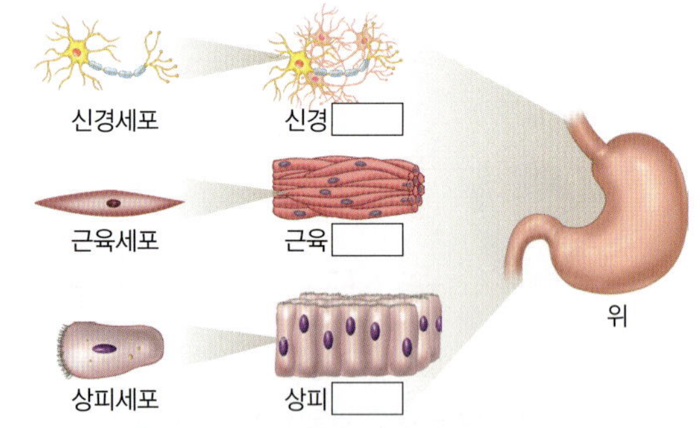

12 그림의 빈칸에 공통으로 들어갈 말을 쓰시오.

13 그림의 위는 사람 몸의 구성 단계에서 어느 단계에 해당하는지 쓰시오.

14 그림은 식물 몸의 구성 단계를 나타낸 것이다.

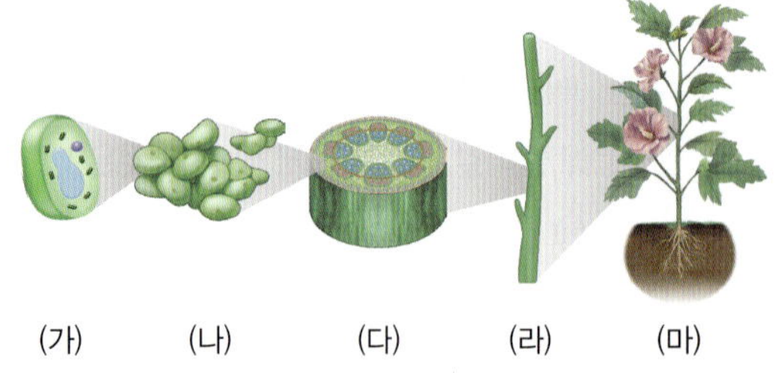

동물 몸의 구성 단계에서는 관찰할 수 <u>없는</u> 단계는?

① (가)   ② (나)   ③ (다)
④ (라)   ⑤ (마)

15 그림은 동물 몸의 구성 단계와 식물 몸의 구성 단계를 나타낸 것이다.

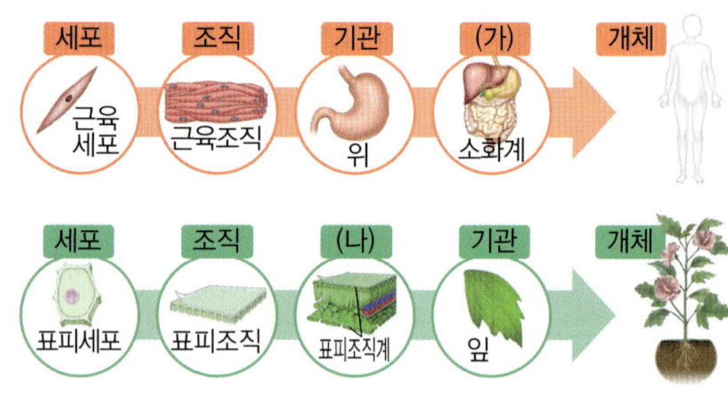

(가), (나)에 알맞은 구성 단계를 각각 쓰시오.

16 그림은 사람 몸의 구성 단계 중 한 부분을 종류별로 나타낸 것이다.

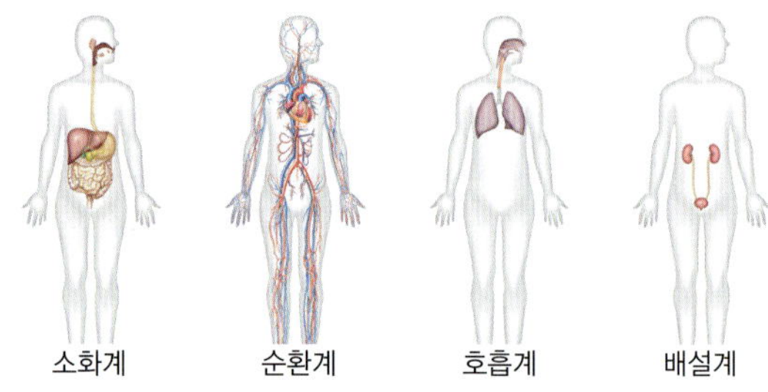

이에 해당하는 구성 단계로 옳은 것은?

① 세포   ② 조직   ③ 기관
④ 조직계   ⑤ 기관계

17 생물의 구성 단계에 대한 설명으로 옳은 것을 보기에서 모두 고른 것은?

┌─ 보기 ─────────────────────────
ㄱ. 하나의 세포만으로 개체를 구성할 수 없다.

ㄴ. 동물의 상피세포가 모여 상피조직을 이룬다.

ㄷ. 동물의 위와 식물의 잎은 모두 기관에 해당한다.

ㄹ. 식물은 몇 개의 조직이 모여 식물 전체에 걸쳐
　　 연결되어 공통의 기능을 하는 기관계를 이룬다.
└────────────────────────────

① ㄱ, ㄴ   ② ㄱ, ㄷ   ③ ㄱ, ㄹ
④ ㄴ, ㄷ   ⑤ ㄴ, ㄷ, ㄹ

01 그림은 양파 표피세포와 입안 상피세포를 현미경으로 관찰한 결과를 나타낸 것이다.

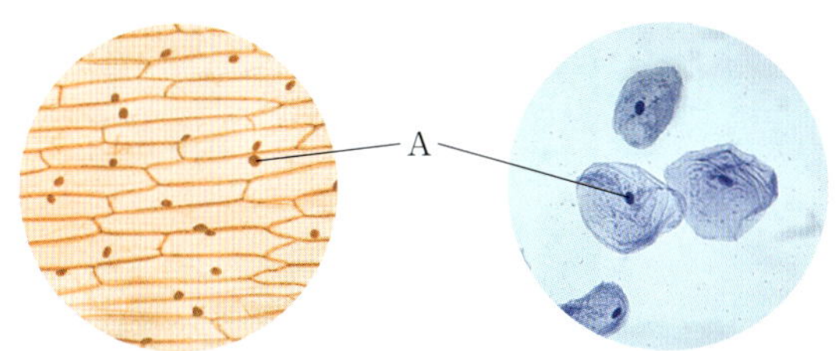

(1) 양파 표피세포와 입안 상피세포에서 공통으로 관찰되는 A의 이름을 쓰고, 기능을 서술하시오.

↳ A는 (   )(이)다. (   )은/는 유전물질을 가지며, 세포의

(   )을/를 조절한다.

(2) 현미경을 사용하여 A를 뚜렷하게 관찰하려면 어떤 과정이 필요한지 서술하시오.

____

____

02 그림은 두 종류의 세포 (가)와 (나)를 나타낸 것이다. (가)와 (나)는 동물 세포와 식물 세포를 순서 없이 나타낸 것이다.

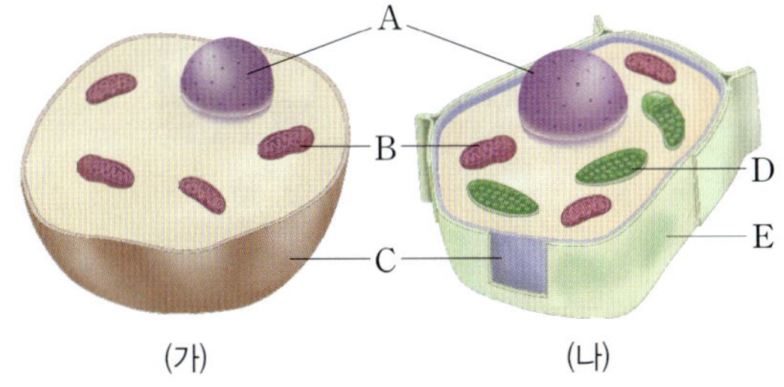

(가)   (나)

(1) A~E의 이름을 각각 쓰시오.

↳ A는 (   ), B는 (   ), C는 (   ), D는

(   ), E는 (   )이다.

(2) (가)와 (나) 중 식물 세포는 어느 것인지 쓰고, 그렇게 판단한 근거를 서술하시오.

____

____

03 그림은 우리 몸을 구성하는 세 종류의 세포 (가)~(다)를 나타낸 것이다. (가)~(다)는 상피세포, 적혈구, 신경세포를 순서 없이 나타낸 것이다.

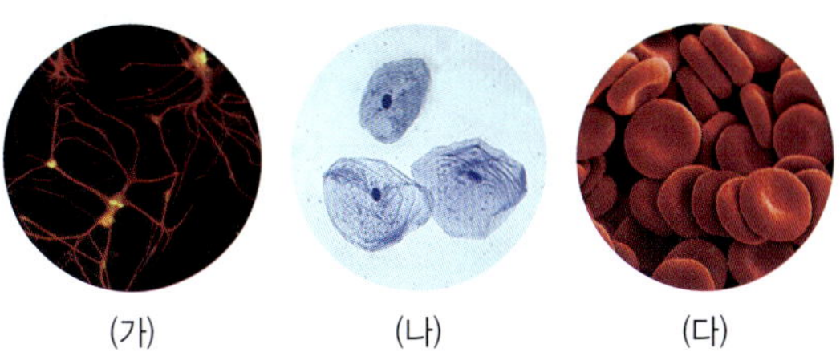

(가)   (나)   (다)

(1) (가)~(다)는 각각 어떤 세포인지 특징을 근거로 서술하시오.

↳ (가)는 몸 곳곳에 뻗어 있는 모양으로 신호를 전달하기에 알맞

은 (   )이다. (나)는 얇게 퍼진 모양으로 몸의 표면을 덮고

있는 (   )이다. (다)는 가운데가 오목한 원반 모양으로 혈액

에 있는 (   )이다.

(2) 우리 몸을 구성하는 세포인 (가)~(다)의 모양과 크기가 서로 다른 까닭을 서술하시오.

____

____

04 그림은 동물 몸의 구성 단계와 식물 몸의 구성 단계를 나타낸 것이다.

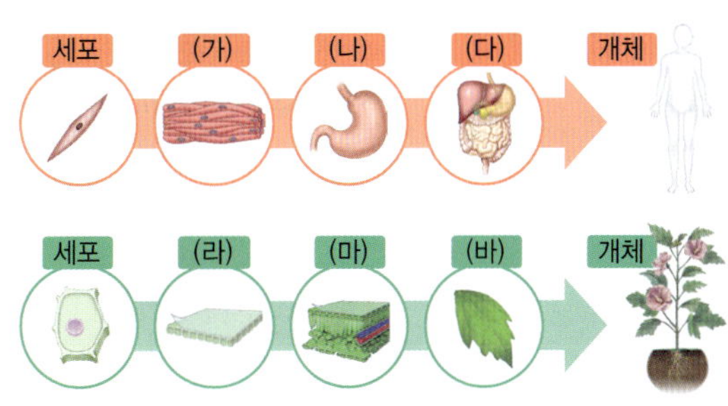

(1) (가)~(바)에 알맞은 단계를 각각 쓰고, 순환계가 (가)~(바) 중 어느 단계에 해당하는지 서술하시오.

↳ (가)는 (   ), (나)는 (   ), (다)는 (   ), (라)는

(   ), (마)는 (   ), (바)는 (   )이다. 순환계는 기관계

로, 그림에서 기관계에 해당하는 것은 (   )이다.

(2) 동물 몸의 구성 단계와 식물 몸의 구성 단계에서 나타나는 차이점을 서술하시오.

____

____

01 그림은 동물 세포와 식물 세포의 구조를 나타낸 것이다.

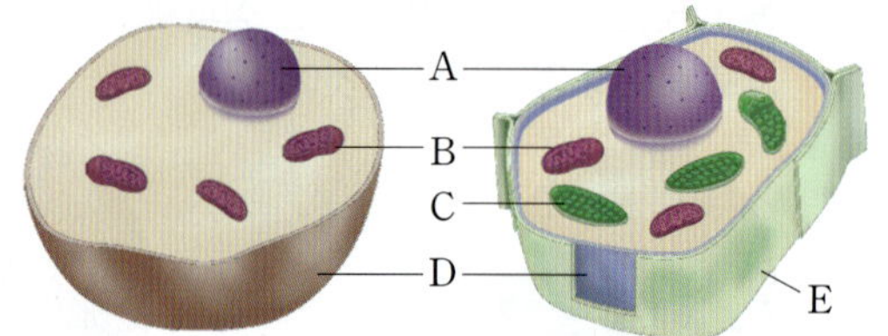

A~E에 대한 설명으로 옳지 <u>않은</u> 것은?

① A는 세포의 생명활동을 조절한다.
② B는 생명활동에 필요한 에너지를 만든다.
③ C는 광합성을 하여 영양분을 만든다.
④ D는 세포를 둘러싸고 있는 얇은 막이다.
⑤ E는 물질의 출입을 조절한다.

02 그림은 기준에 따라 세포의 구조를 분류하는 과정을 나타낸 것이다.

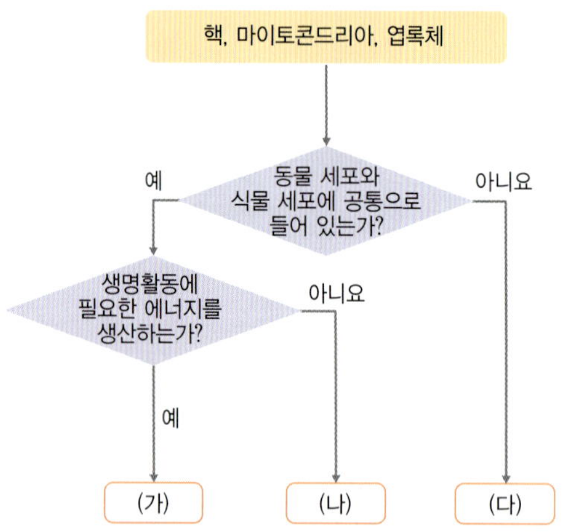

(가)~(다)에 들어갈 세포의 구조를 옳게 짝 지은 것은?

	(가)	(나)	(다)
①	핵	마이토콘드리아	엽록체
②	엽록체	핵	마이토콘드리아
③	엽록체	마이토콘드리아	핵
④	마이토콘드리아	핵	엽록체
⑤	마이토콘드리아	엽록체	핵

03 그림은 검정말잎 세포를 현미경으로 관찰한 결과를 나타낸 것이다.

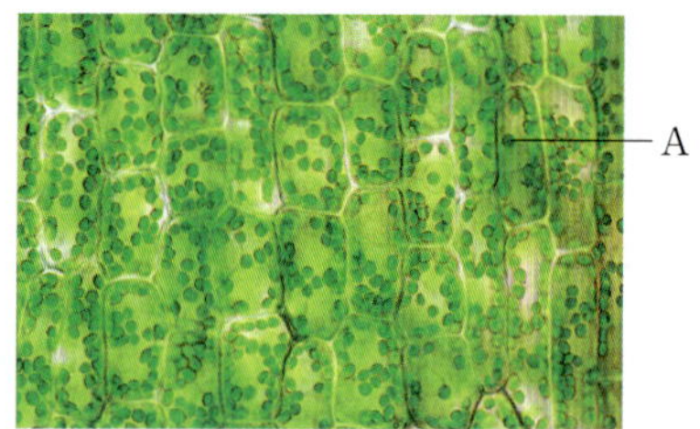

A의 이름과 기능에 대한 설명으로 옳은 것은?

① 핵: 세포의 생명활동을 조절한다.
② 핵: 빛을 흡수하여 영양분을 합성한다.
③ 엽록체: 빛을 흡수하여 영양분을 합성한다.
④ 엽록체: 생명활동에 필요한 에너지를 생산한다.
⑤ 마이토콘드리아: 빛을 흡수하여 영양분을 합성한다.

04 그림은 빵 공장의 구조를 나타낸 것이다.

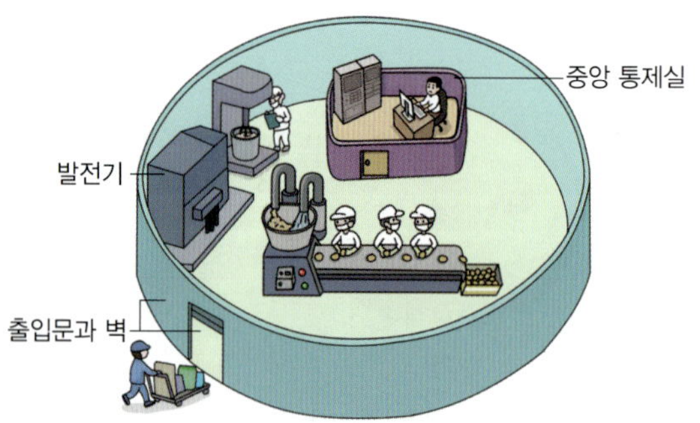

발전기, 출입문과 벽, 중앙 통제실과 비슷한 기능을 하는 세포의 구조를 옳게 짝 지은 것은?

	발전기	출입문과 벽	중앙 통제실
①	핵	세포막	엽록체
②	엽록체	핵	마이토콘드리아
③	엽록체	마이토콘드리아	핵
④	마이토콘드리아	세포막	핵
⑤	마이토콘드리아	핵	세포벽

05 그림은 사람의 몸에서 관찰할 수 있는 상피세포, 신경세포, 적혈구를 나타낸 것이다.

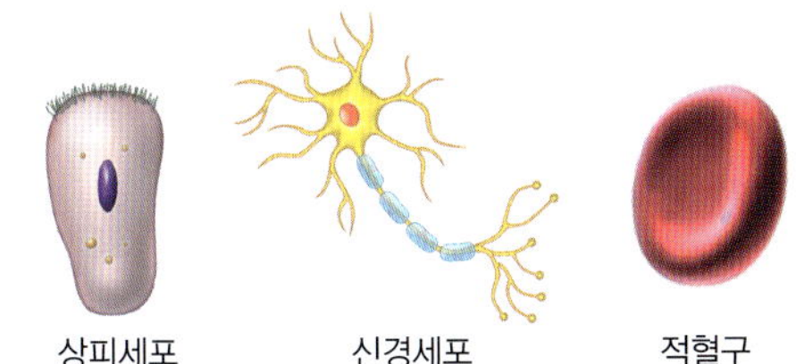

이에 대한 설명으로 옳은 것을 보기에서 모두 고른 것은?

보기
ㄱ. 사람의 몸은 세포로 구성되어 있다.
ㄴ. 세포는 기능이 달라도 모양과 크기가 같다.
ㄷ. 다양한 모양과 기능을 가진 세포가 각각의 위치에서 역할을 수행한다.

① ㄱ
② ㄴ
③ ㄱ, ㄷ
④ ㄴ, ㄷ
⑤ ㄱ, ㄴ, ㄷ

06 그림은 생물의 구성 단계에 대해 이야기하는 학생 A, B, C의 모습을 나타낸 것이다.

옳게 설명한 학생을 모두 고른 것은?

① A
② C
③ A, B
④ B, C
⑤ A, B, C

07 그림은 식물 몸의 구성 단계를 나타낸 것이다.

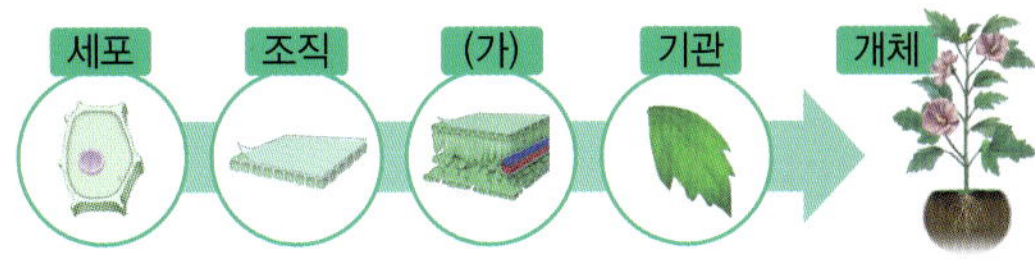

이에 대한 설명으로 옳은 것을 보기에서 모두 고른 것은?

보기
ㄱ. (가)는 기관계이다.
ㄴ. 줄기, 뿌리는 (가)에 속한다.
ㄷ. 표피세포들이 모여 표피조직을 구성한다.
ㄹ. (가)는 몸 전체에 걸쳐 연속적으로 연결되어 있다.

① ㄱ, ㄴ
② ㄱ, ㄹ
③ ㄴ, ㄷ
④ ㄴ, ㄹ
⑤ ㄷ, ㄹ

08 그림은 식물 몸의 구성 단계와 동물 몸의 구성 단계를 나타낸 것이다.

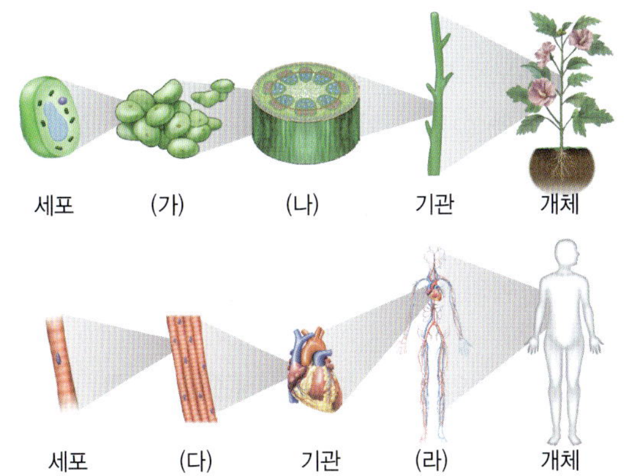

이에 대한 설명으로 옳은 것을 보기에서 모두 고른 것은?

보기
ㄱ. 모양과 기능이 비슷한 세포들이 모여 (가), (다)와 같은 조직을 이룬다.
ㄴ. 상피조직, 결합조직 등이 모여 (나)가 된다.
ㄷ. (라)는 식물 몸의 구성 단계에 없는 단계이다.

① ㄱ
② ㄴ
③ ㄱ, ㄷ
④ ㄴ, ㄷ
⑤ ㄱ, ㄴ, ㄷ

02 생물의 다양성

A 생물다양성

1. **생물다양성의 의미** 어떤 지역에 살고 있는 생물의 다양한 정도를 뜻하며, 생물다양성은 생태계의 다양함(생태계다양성) **1**, 생물 종류의 다양함(종다양성) **2**, 같은 종류의 생물 사이에서 나타나는 특징의 다양함(유전적 다양성) **3**을 모두 포함한다.

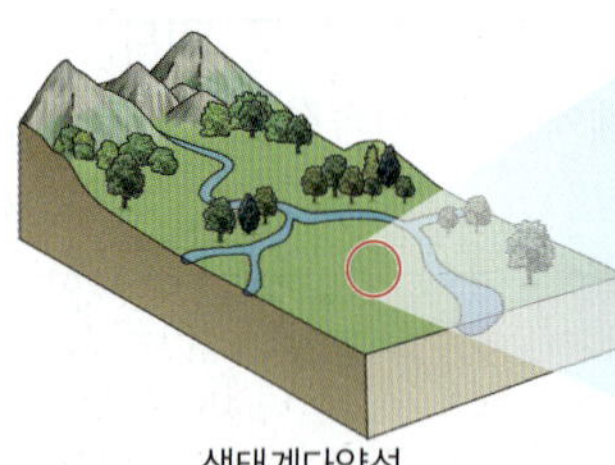
생태계다양성

종다양성

유전적 다양성

2. **생물다양성의 유지** 일정한 지역에 다양한 생태계가 있고, 생물의 종류가 많으며, 같은 종류의 생물 사이에 나타나는 특징이 다양할수록 생물다양성이 높고 잘 유지된다. ✓ 꽉 잡아! 자료 38쪽

B 변이와 생물다양성

1. **변이** 같은 종류의 생물 사이에서 나타나는 특징이 조금씩 다른 것

▲ 바지락 껍데기의 무늬와 색깔

▲ 무궁화의 꽃 색깔

▲ 사람의 피부색

① 부모로부터 물려받은 특징 또는 생활 환경의 차이로 나타난다.
② 생물이 살고 있는 환경의 빛, 온도, 물, 먹이 관계 등에 적응하면서 변이의 차이는 더 커질 수 있다. **4**

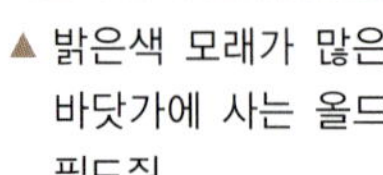
▲ 밝은색 모래가 많은 바닷가에 사는 올드필드쥐

▲ 어두운색 흙이 많은 산림 지대에 사는 올드필드쥐

2. **생물이 다양해지는 과정** ✓ 꽉 잡아! 자료 38쪽

① 한 종류의 생물 무리에는 다양한 변이가 있다.
② 환경 적응에 적합한 변이를 지닌 생물이 더 많이 살아남아 자손을 남긴다.
③ 이 과정이 오랜 세월 동안 반복되면 새로운 종류의 생물이 나타날 수 있다.
➡ 생물의 종류가 다양해지면 생물다양성이 증가한다.

A 생물다양성

• 어떤 지역에 살고 있는 생물의 다양한 정도를 ㅅㅁㄷㅇㅅ (이)라고 한다.

• 일정한 지역에 다양한 ㅅㅌㄱ 이/가 있고, 살고 있는 생물의 종류가 많으며, 같은 종류의 생물 사이에서 나타나는 특징이 다양할수록 생물다양성이 잘 유지된다.

B 변이와 생물다양성

• 같은 종류의 생물 사이에서 나타나는 서로 다른 특징을 ㅂㅇ(이)라고 한다.

• 생물이 살고 있는 ㅎㄱ에 적응하면서 변이의 차이는 더 커질 수 있다.

1 생물다양성의 예시와 그림에서 설명하는 의미를 선으로 연결하시오.

(1)  무당벌레마다 겉날개의 색깔과 무늬가 다르다. •

• ㉠ 생태계의 다양함

(2)  습지에는 여러 종류의 생물이 살고 있다. •

• ㉡ 생물 종류의 다양함

(3) 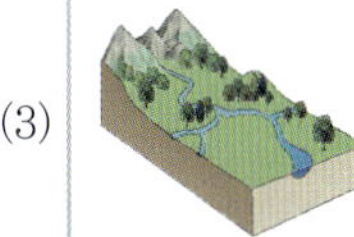 어떤 지역에는 습지, 숲, 초원 등의 생태계가 있다. •

• ㉢ 같은 종류의 생물 사이에 나타나는 특징의 다양함

2 변이와 생물다양성에 대한 설명으로 옳은 것은 ○, 옳지 않은 것은 ×로 표시하시오.

(1) 환경이 달라지더라도 변이의 차이는 변하지 않는다. ⋯⋯⋯⋯ (　　)

(2) 치타와 표범의 털색과 무늬가 다른 것은 변이에 해당한다. ⋯⋯⋯ (　　)

(3) 같은 종류의 생물에서 변이가 다양할수록 생물다양성은 높다. ⋯⋯ (　　)

(4) 얼룩말의 줄무늬 색깔과 간격이 조금씩 다른 것은 변이에 해당한다.
⋯⋯⋯⋯⋯⋯⋯⋯⋯⋯⋯⋯⋯⋯⋯⋯⋯⋯⋯⋯⋯⋯⋯⋯ (　　)

(5) 주어진 환경에서 살아남기에 알맞은 변이를 지닌 생물이 더 많이 살아남아 자손을 남긴다. ⋯⋯⋯⋯⋯⋯⋯⋯⋯⋯⋯⋯⋯⋯⋯⋯⋯ (　　)

3 그림은 부리의 모양과 크기에 다양한 변이가 있는 한 종류의 새 무리가 환경이 서로 다른 섬 (가)와 (나)에서 살아가며 변하는 과정을 나타낸 것이다.

(가), (나)에서 살아남기에 적합한 변이를 선으로 연결하시오.

(1) (가)에서 살아남기에 적합한 변이 •

• ㉠ 가늘고 긴 부리

(2) (나)에서 살아남기에 적합한 변이 •

• ㉡ 크고 두꺼운 부리

02 생물의 다양성

C 생물분류

1. **생물분류** 지구에 사는 다양한 생물을 분류 기준에 따라 공통의 특징을 가지는 것끼리 무리를 지어 나누는 것

생물분류의 기준	몸의 생김새, 한살이, 번식 방법, 광합성 여부 등 생물 고유의 특징
생물분류의 목적	• 생물들 사이의 멀고 가까운 관계 5 를 파악하기 위해서 • 새로운 생물을 발견하였을 때 여러 생물과 비교하여 그 생물이 어떤 무리에 속하는지 판단하기 위해서 • 멸종 위기종을 복원하기 위해서 • 생물다양성을 이해하기 위해서

2. **종** 자연 상태에서 짝짓기를 하여 번식 능력이 있는 자손을 낳을 수 있는 생물 무리 ➡ 생물을 분류할 때 가장 기본이 되는 단위

까투리(암컷)와 장끼(수컷)는 짝짓기를 하여 자손을 낳을 수 있으며, 그 자손은 번식 능력이 있다.
➡ 까투리와 장끼는 같은 종(꿩)이다.

말(암컷)과 당나귀(수컷)는 짝짓기를 하여 자손(노새)을 낳을 수 있지만, 그 자손은 번식 능력이 없다.
➡ 말과 당나귀는 서로 다른 종이다.

치타와 표범은 자연 상태에서 짝짓기를 하지 않는다.
➡ 치타와 표범은 서로 다른 종이다.

D 분류체계

1. **생물의 분류체계** 다양한 생물을 비교하여 비슷한 특징을 지닌 것끼리 묶고 단계적으로 정리한 것
   ① 18세기 린네 6 가 제안한 이후, 과학의 발달에 따라 변화를 거쳤다.
   ② 분류체계에 따라 생물을 분류하면 생물을 체계적으로 연구할 수 있고 생물다양성을 이해하는 데 도움이 된다.

2. **생물분류의 단위** 생물은 작은 단위부터 종, 속, 과, 목, 강, 문, 계로 분류한다.

✔ 꽉 잡아! 개념 39쪽

C 생물분류

- 분류 기준으로 삼을 수 있는 생물 고유의 특징으로는 몸의 생김새, 광합성 여부, ㅂㅅㅂㅂ 등이 있다.

- 생물을 분류하는 가장 기본이 되는 단위를 ㅈ(이)라고 한다.

D 분류체계

- 생물을 종 단위에서부터 점차 큰 단위로 무리를 짓는 것을 ㅂㄹㅊㄱ(이)라고 한다.

- 생물분류의 단위에는 작은 단위부터 ㅈ, 속, 과, 목, 강, 문, ㄱ이/가 있다.

4 생물분류에 대한 설명으로 옳은 것은 ○, 옳지 <u>않은</u> 것은 ×로 표시하시오.

(1) 짝짓기를 할 수 있는 두 생물은 같은 종이다. ⟶ ( )

(2) 개, 보리, 강아지풀, 고래는 광합성 여부에 따라 두 무리로 분류할 수 있다.
⟶ ( )

(3) 생물이 가지는 고유한 특징으로는 몸의 생김새, 한살이, 번식 방법, 광합성 여부 등이 있다. ⟶ ( )

(4) 박쥐, 까치, 다람쥐 사이에서 박쥐는 까치처럼 날개가 있으므로 박쥐와 까치는 박쥐와 다람쥐보다 더 가까운 관계이다. ⟶ ( )

(5) 집에서 키울 수 있는 것과 키울 수 없는 것과 같이 편의에 따른 기준으로 생물을 분류해도 사람마다 분류 결과가 같다. ⟶ ( )

5 그림은 까투리와 장끼, 말과 당나귀, 표범과 치타가 같은 종인지 확인하는 과정을 나타낸 것이다.

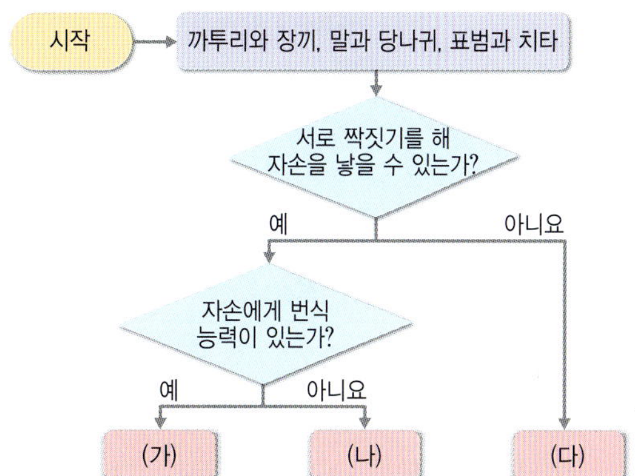

(가)~(다)에 알맞은 생물을 각각 쓰시오.

6 그림은 7종의 생물을 분류하여 나타낸 것이다.

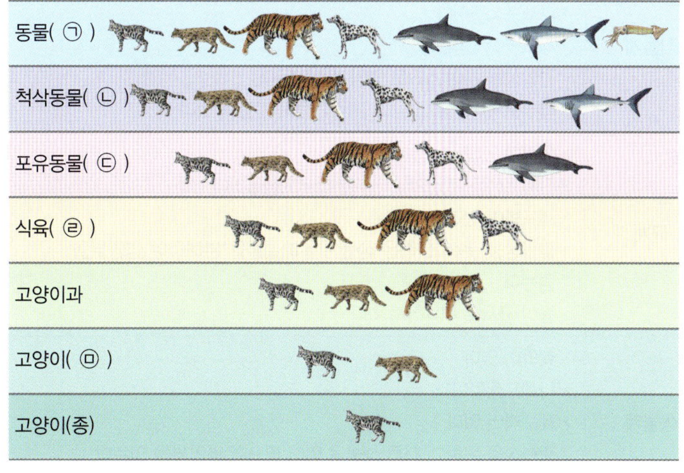

㉠~㉤에 알맞은 분류의 단위를 각각 쓰시오.

생물의 다양성

E 생물의 5계 ❼

1. **계 수준에서 생물을 분류하는 기준** 핵막의 유무 ❽, 세포벽의 유무, 영양분을 얻는 방법, 기관의 발달 정도 등이 있다.

2. **5계** 지구에 사는 생물은 원핵생물계, 원생생물계 ❾, 식물계, 균계, 동물계로 분류할 수 있다. ✔ 꽉 잡아! 개념 39쪽

5계	특징	예
원핵생물계	• 핵막이 없다. • 단세포생물이다. • 세포벽이 있다. • 광합성을 하는 것도 있고 못하는 것도 있다.	젖산균, 폐렴균, 살모넬라, 남세균
원생생물계	• 핵막이 있다. • 단세포생물도 있고 다세포생물도 있으나, 다세포생물의 경우 기관이 제대로 발달하지 않았다. • 세포벽이 있는 것도 있고 없는 것도 있다. • 광합성을 하는 것도 있고 못하는 것도 있다.	아메바, 짚신벌레, 미역, 다시마
식물계	• 핵막이 있다. • 다세포생물이다. • 세포벽이 있다. • 광합성을 하여 스스로 영양분을 만든다. • 대부분 뿌리, 줄기, 잎과 같은 기관이 발달해 있다.	우산이끼, 잔디, 개나리, 소나무
균계	• 핵막이 있다. • 단세포생물도 있으나 대부분 다세포생물이다. • 세포벽이 있다. • 광합성을 못하고, 죽은 생물이나 배설물을 분해하여 영양분을 얻는다. • 몸이 균사로 이루어져 있다.	표고버섯, 푸른곰팡이, 효모
동물계	• 핵막이 있다. • 다세포생물이다. • 세포벽이 없다. • 광합성을 못하고, 다른 생물을 먹어 필요한 영양분을 얻는다. • 대부분의 생물이 발달된 기관을 가진다.	거미, 호랑이, 오징어

+ 보충

❼ 분류체계의 변화

18세기 린네는 생물을 동물계와 식물계로만 분류하였다. 이후 미생물을 발견하여 생물은 3계를 거쳐 5계로 분류되었으며, 현재에도 과학이 발달함에 따라 분류 기준이 변하고 그에 따라 분류체계도 변하고 있다.

❽ 핵막의 유무

핵막이 있어서 핵이 뚜렷하게 관찰되는지에 따라 원핵생물과 진핵생물로 구분할 수 있다. 원핵생물에는 원핵생물계에 속하는 세균 등이 있고, 진핵생물에는 원생생물계, 식물계, 균계, 동물계에 속하는 생물이 해당된다.

❾ 원생생물계

진핵생물 중에서 식물계, 균계, 동물계에 속하지 않는 생물로 분류하고 있으나, 계통이 복잡하여 분류체계가 가장 많이 변하고 있는 생물 무리이다.

➤ 용어

- ◆ **계(界 경계)** 종, 속, 과, 목, 강, 문, 계의 생물분류 단위 중 가장 큰 단위
- ◆ **핵막(核 씨, 膜 막)** 세포의 핵을 둘러싸고 있는 얇은 막. 핵막이 있는 세포는 유전물질이 핵 안에 있고, 핵막이 없는 세포는 유전물질이 세포질에 있다.
- ◆ **균사(菌 버섯, 絲 실)** 균계에 속하는 생물의 몸을 이루는 실 모양의 구조

E 생물의 5계

- 세포에 핵막이 없어서 핵을 관찰할 수 없는 생물은 ⬚ㅇ⬚ㅎ⬚ㅅ⬚ㅁ 계에 속한다.

- 식물계에 속하는 생물은 ⬚ㄱ⬚ㅎ⬚ㅅ 을/를 하여 스스로 영양분을 만든다.

- 사람은 생물의 5계 중 ⬚ㄷ⬚ㅁ 계에 속한다.

- 균계에 속하는 생물은 몸이 가는 실 모양의 ⬚ㄱ⬚ㅅ (으)로 이루어져 있다.

- 핵막이 있는 생물 중에서 동물계, 식물계, 균계에 속하지 않는 생물은 ⬚ㅇ⬚ㅅ⬚ㅅ⬚ㅁ 계에 포함된다.

7 생물의 5계에 대한 설명으로 옳은 것은 ○, 옳지 <u>않은</u> 것은 ×로 표시하시오.

(1) 미역과 다시마는 식물계에 속한다. ⟶ ( )

(2) 대장균, 남세균과 같은 세균은 세포에 핵막이 없다. ⟶ ( )

(3) 식물계와 균계에 속하는 생물은 광합성으로 영양분을 얻는다. ⟶ ( )

(4) 원생생물계에 속하는 생물에는 광합성을 하는 것도 있고 못하는 것도 있다. ⟶ ( )

(5) 식물계에 속하는 생물의 세포에는 세포벽이 있지만, 균계와 동물계에 속하는 생물의 세포에는 세포벽이 없다. ⟶ ( )

8 그림은 생물을 5계로 분류하는 과정을 나타낸 것이다.

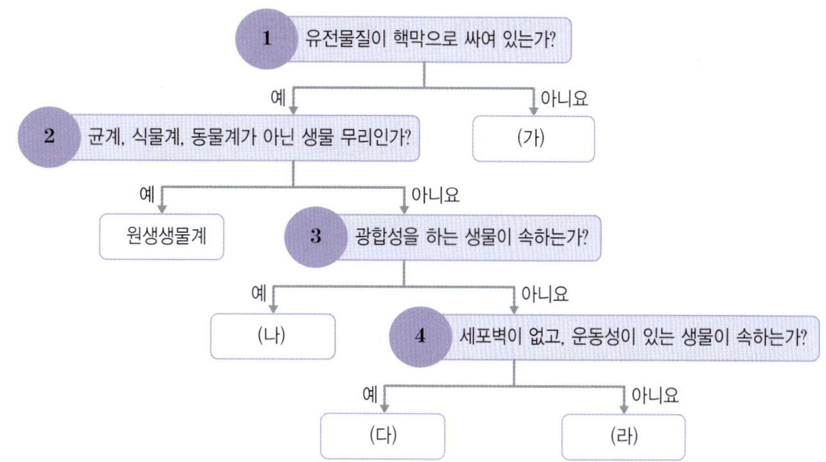

(가)~(라)에 알맞은 계의 이름을 각각 쓰시오.

9 생물과 각 생물이 속하는 계를 선으로 연결하시오.

(1)   (2)   (3)   (4)   (5)

ⓐ 원생생물계   ⓑ 식물계   ⓒ 동물계   ⓓ 원핵생물계   ⓔ 균계

환경과 생물다양성의 관계 이해하기

변이가 생물다양성에 미치는 영향과 생물이 다양해지는 과정을 살펴보고 환경과 생물다양성의 관계에 대해 알아보자.

1 변이와 생물다양성 이해하기

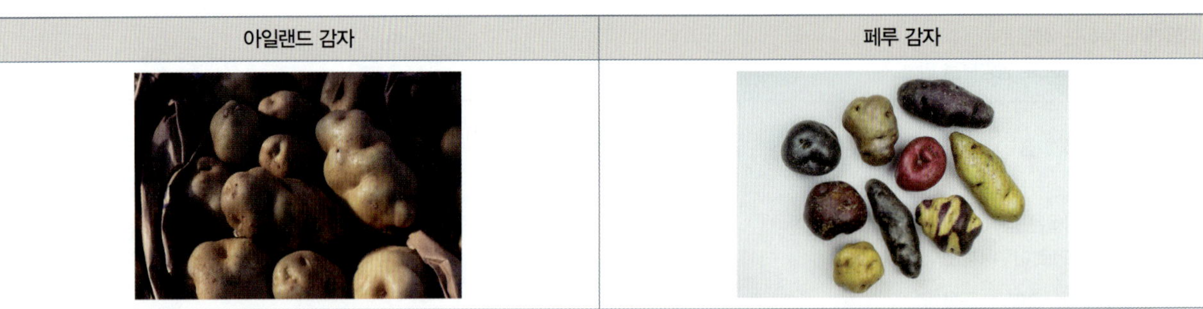

아일랜드 감자	페루 감자
모양, 크기, 색깔이 비슷한 한 종류의 감자	모양, 크기, 색깔이 다양한 4000여 종류의 감자

과거 아일랜드에서는 주식으로 먹던 '럼퍼'라는 한 종류의 감자만 재배하였다. 1847년부터 감자역병이 발생하자 이 병에 매우 취약한 럼퍼 감자가 썩어버렸다. 그 결과 주식인 감자가 부족해 아일랜드 사람들은 굶주림에 고통받았다. 이처럼 변이가 다양하지 않으면 급격한 환경 변화나 전염병에 살아남을 가능성이 낮아 멸종 가능성이 높아진다.

➡ 변이가 다양할수록 생물다양성은 높게 유지된다.

2 생물이 다양해지는 과정 정리하기

변이는 같은 종류의 생물 사이에서 나타나는 서로 다른 특징으로 자손에게 전달될 수 있다. 다양한 변이를 가진 한 종류의 생물이 서식지가 나뉘는 등의 변화로 두 무리로 나뉘어 서로 다른 환경에서 살게 되었을 때, 각각의 환경에 적합한 변이를 가진 생물이 더 많이 살아남아 자손을 남긴다. 이러한 과정이 오랫동안 누적되면, 생물 사이의 차이가 커진다. 두 생물 무리가 나중에 같은 지역에서 살게 되더라도 번식 능력이 있는 자손을 낳을 수 없게 되면서 서로 다른 종류의 생물로 나누어질 수 있다.

➡ 변이와 환경에 적응하는 과정을 통해 생물의 종류가 다양해진다.

다양한 변이를 가진 한 종류의 토끼가 있었다.

서식지가 나누어져 토끼가 두 무리로 나뉘어 살게 되었다.

각 환경에서 생존에 유리한 토끼가 살아남아 자손을 남겼다.

매우 오랜 시간이 지나 강이 사라지고 두 무리가 만나게 되었지만, 이미 서로 다른 종류의 토끼가 되었다.

오랜 시간이 지나 두 무리의 차이가 커져 서로 다른 종류의 토끼가 되었다.

생물분류체계 한 눈에 정리하기

생물을 분류하는 단위가 어떻게 구성되며 각 단위로 무리 지은 생물들은 어떤 관계인지 살펴보고, 계 수준에서의 분류 기준과 특징을 통해 생물분류체계를 정리해 보자.

❶ 생물분류의 단위와 생물 사이의 가깝고 먼 관계 알아보기

⑩ 호랑이, 고래, 상어 비교

생김새를 비교하면 고래는 호랑이보다 상어와 더 비슷해서 더 가까운 관계로 생각할 수 있다. 하지만 호랑이와 고래는 포유동물강에 같이 묶이고 고래와 상어는 척삭동물문에 같이 묶이므로, 고래와 호랑이 사이의 관계가 고래와 상어 사이의 관계보다 더 가깝다.

❷ 5계의 분류 기준과 특징 정리하기

구분	핵막	균사	세포벽	기관	광합성	세포 수
원핵생물계	없다.	없다.	있다.	없다.	대부분 못한다.	단세포
원생생물계	있다.	없다.	있다. / 없다.	없다.	한다. / 못한다.	대부분 단세포
식물계	있다.	없다.	있다.	있다.	한다.	다세포
균계	있다.	있다.	있다.	없다.	못한다.	대부분 다세포
동물계	있다.	없다.	없다.	대부분 있다.	못한다.	다세포

생물은 핵막의 유무, 균사의 유무, 세포벽의 유무, 기관의 발달 정도, 광합성 여부, 몸을 이루는 세포의 수 등에 따라 5계로 분류할 수 있다.

원생생물계에는 세포벽이 있는 생물도, 없는 생물도 있으며 광합성을 하는 생물도, 못하는 생물도 있다.

➡ 원핵생물계, 식물계, 균계에 속하는 생물은 세포벽이 있고, 동물계에 속하는 생물은 세포벽이 없다. 또 식물계에 속하는 생물은 광합성을 하고, 균계와 동물계에 속하는 생물은 광합성을 못한다.

A 생물다양성

01 ( ) 안에 공통으로 들어갈 말을 쓰시오.

> 어떤 지역에 살고 있는 생물의 다양한 정도를 ( )(이)라고 한다. ( )은/는 생태계의 다양함, 생물 종류의 다양함, 같은 종류의 생물 사이에서 나타나는 특징의 다양함을 모두 포함한다.

중요해!
02 생물다양성이 잘 유지될 수 있는 조건으로 옳은 것을 보기에서 모두 고른 것은?

> 보기
> ㄱ. 생물의 종류가 많다.
> ㄴ. 단일 환경이 넓게 펼쳐져 있다.
> ㄷ. 한 생태계에 한 종류의 생물만 존재한다.
> ㄹ. 같은 종류의 생물 사이에서 다양한 특징이 나타난다.

① ㄱ, ㄴ　　② ㄱ, ㄷ　　③ ㄱ, ㄹ
④ ㄴ, ㄷ　　⑤ ㄴ, ㄹ

03 그림은 어떤 지역 (가), (나)에 살고 있는 나무를 나타낸 것이다.

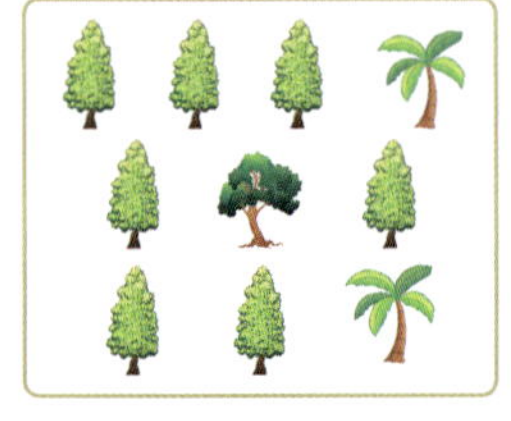

(가)　　　　　　　(나)

생물다양성이 더 높은 지역을 쓰시오.

B 변이와 생물다양성

04 그림은 우리나라 동물원에서 태어난 호랑이 3남매의 모습을 나타낸 것이다.

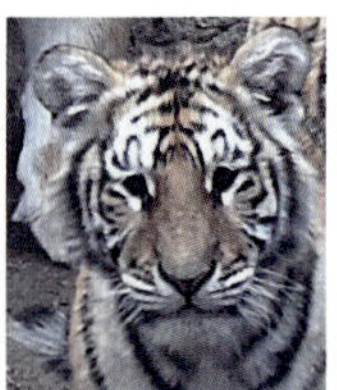

우리, 나라, 강산은 같은 종류의 호랑이인데도 불구하고 줄무늬와 털색이 조금씩 다르다. 이러한 차이를 무엇이라고 하는지 쓰시오.

중요해!
05 변이의 사례로 옳은 것을 모두 고르면? (2개)

① 개미와 거미의 다리 수는 서로 다르다.
② 사람은 피부색에서 조금씩 차이가 있다.
③ 상어는 알을 낳고 고래는 새끼를 낳는다.
④ 알에서 깬 애벌레가 자라서 어른벌레가 된다.
⑤ 바지락은 껍데기의 무늬와 색깔이 서로 다르다.

06 그림은 선인장이 많은 섬에 사는 선인장핀치와 단단한 씨가 많은 섬에 사는 큰땅핀치를 나타낸 것이다.

선인장핀치　　　　　　큰땅핀치

두 핀치의 부리 모양이 다른 까닭과 관련이 깊은 것은?

① 섬의 크기　　　　② 먹이의 종류
③ 짝짓기 방식　　　④ 바람의 세기
⑤ 주위 환경의 밝기

07 그림은 두 지역에서 나는 감자 (가), (나)를 나타낸 것이다.

(가) (나)

다음은 감자 (가), (나)에 대해 이야기하는 학생 A, B, C의 모습을 나타낸 것이다.

옳게 설명한 학생을 모두 고른 것은?

① A   ② C   ③ A, B
④ B, C   ⑤ A, B, C

C 생물분류

08 생물을 분류하는 기준으로 옳지 <u>않은</u> 것은?

① 광합성을 할 수 있는가?
② 몸을 이루는 세포의 수가 한 개인가?
③ 알을 낳는가? 또는 새끼를 낳는가?
④ 땅 위에서 사는가? 또는 물속에서 사는가?
⑤ 세포 속의 유전물질이 핵막으로 둘러싸여 있는가?

09 생물을 분류하는 단위 중 가장 작은 단위를 무엇이라고 하는지 쓰시오.

10 그림은 진돗개와 풍산개 사이에서 태어난 풍진개, 말과 당나귀 사이에서 태어난 노새를 나타낸 것이다.

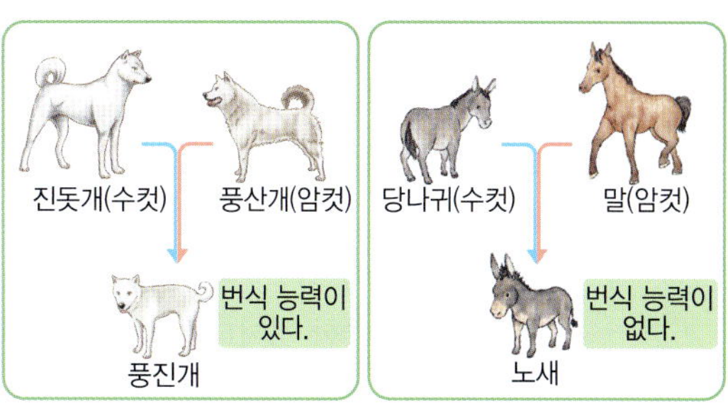

진돗개와 풍산개, 당나귀와 말 중에서 같은 종으로 분류할 수 있는 것을 쓰시오.

중요해!
11 종의 개념에 포함되는 내용을 보기에서 모두 고른 것은?

┌ 보기 ┐
ㄱ. 몸의 생김새가 비슷하다.
ㄴ. 같은 지역에서 살고 있다.
ㄷ. 자연 상태에서 짝짓기를 할 수 있다.
ㄹ. 번식 능력이 있는 자손을 낳을 수 있다.

① ㄱ, ㄴ   ② ㄱ, ㄷ   ③ ㄴ, ㄷ
④ ㄴ, ㄹ   ⑤ ㄷ, ㄹ

D 분류체계

12 그림은 7종의 동물을 분류한 결과를 나타낸 것이다.

모래고양이와 공통된 특징을 가장 많이 공유하는 생물을 쓰시오.

↻ 정답과 해설 7쪽

13 생물의 분류체계에 대한 설명으로 옳지 <u>않은</u> 것은?

① 강은 목보다 큰 단위이다.
② 18세기 린네가 처음 제안하였다.
③ 종에서 계로 갈수록 작은 단위이다.
④ 같은 속에 포함되는 생물들은 모두 같은 과에 포함된다.
⑤ 다양한 생물을 비교하여 비슷한 특징이 있는 것끼리 묶어서 정리한 것이다.

14 그림은 생물의 분류체계에서 개, 범고래, 상어, 문어의 위치를 나타낸 것이다.

이에 대한 설명으로 옳은 것을 보기에서 모두 고른 것은?

보기
ㄱ. (가)는 동물계이다.
ㄴ. 개와 범고래는 문어와 같은 문에 속한다.
ㄷ. 범고래와 개는 범고래와 상어보다 더 가까운 관계이다.
ㄹ. 상어와 문어는 상어와 범고래보다 더 가까운 관계이다.

① ㄱ, ㄴ　　② ㄱ, ㄷ　　③ ㄱ, ㄹ
④ ㄴ, ㄷ　　⑤ ㄴ, ㄹ

E 생물의 5계

[15~16] 그림은 생물의 5계를 나타낸 것이다.

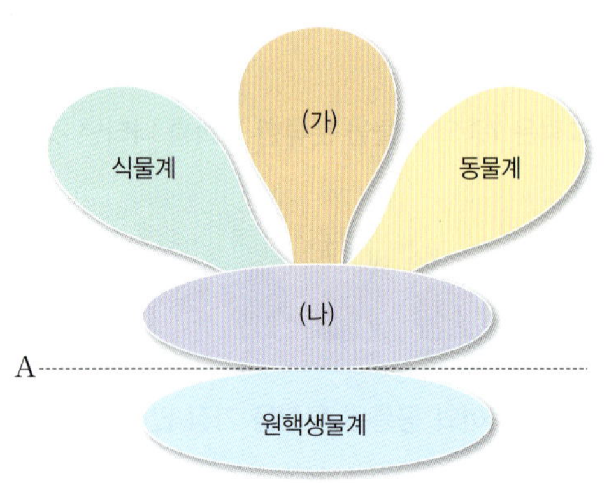

15 (가)와 (나)에 알맞은 계의 이름을 각각 쓰시오.

16 A에 들어갈 분류 기준으로 알맞은 것은?

① 번식 방법　　② 핵막의 유무
③ 광합성 여부　　④ 세포벽의 유무
⑤ 기관의 발달 정도

17 그림은 보리, 젖산균, 고양이, 푸른곰팡이를 기준에 따라 분류하는 과정을 나타낸 것이다.

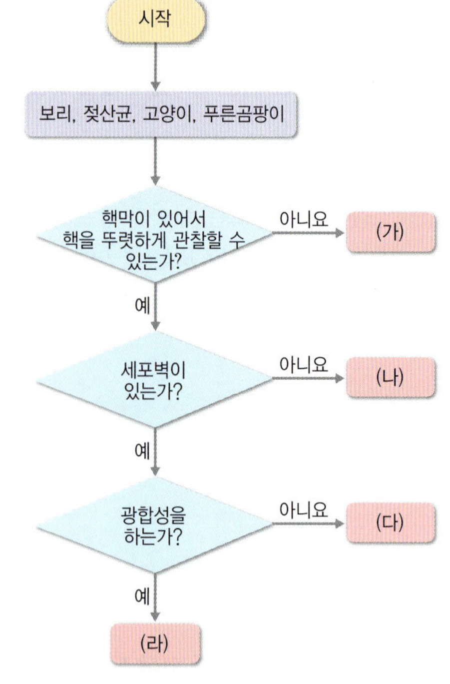

(가)~(라)에 알맞은 생물을 각각 쓰시오.

서술형 연습하기

01 그림은 부리의 모양과 크기에 대한 변이가 있는 한 종류의 새 무리가 환경이 서로 다른 섬 (가), (나)에서 살아가며 변하는 과정을 나타낸 것이다.

(1) 오랜 시간이 지난 뒤 (가), (나)에 사는 새가 서로 다른 종류가 된 원인을 서술하시오.

↘ (　　　)이/가 다양한 한 종류의 생물 무리가 먹이의 종류 등이 서로 다른 (　　　)에서 살게 되면, 각각의 환경에서 생존하기 유리한 (　　　)을/를 지닌 생물이 더 많이 살아남아 자손을 남긴다. 이러한 과정이 오랜 시간 동안 반복되면 생물 무리 사이에 차이가 커져서 서로 다른 종류의 생물이 될 수 있다.

(2) 생물의 종류가 다양해지는 과정을 다음의 단어를 모두 포함하여 서술하시오.

> 환경, 변이, 적응

02 다음은 수컷 당나귀와 암컷 말 사이에서 태어난 노새의 특징을 정리한 것이다.

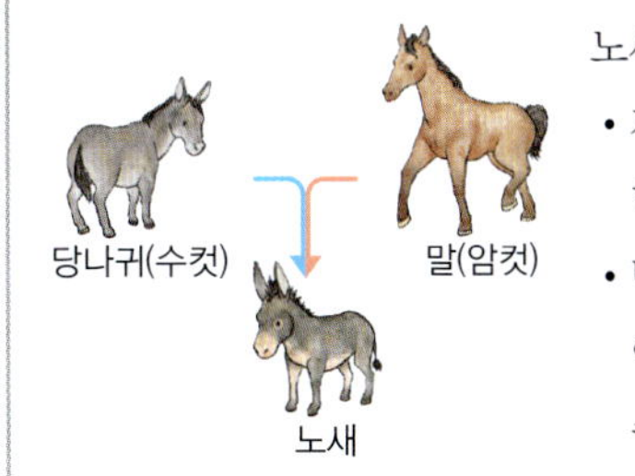

(1) 당나귀와 말은 같은 종인지, 다른 종인지 서술하시오.

↘ 당나귀와 말은 서로 (　　　) 종이다.

(2) (1)과 같이 판단한 근거를 서술하시오.

03 그림은 생물의 분류체계를 나타낸 것이다.

(1) 생물분류체계는 어떻게 이루어지는지 가장 작은 단위와 가장 큰 단위를 포함하여 서술하시오.

↘ 가장 기본이 되는 단위는 (　　　)이며, 특징이 비슷한 종끼리 묶어 더 큰 단위인 (　　　)(으)로 분류할 수 있다. 같은 방식으로 점차 더 큰 분류 단위로 묶어 (　　　)까지 나타낼 수 있다.

(2) 박새와 너구리 중에서 돼지와 더 가까운 생물은 무엇인지 분류체계를 근거로 들어 서술하시오.

04 그림은 생물의 5계를 나타낸 것이다.

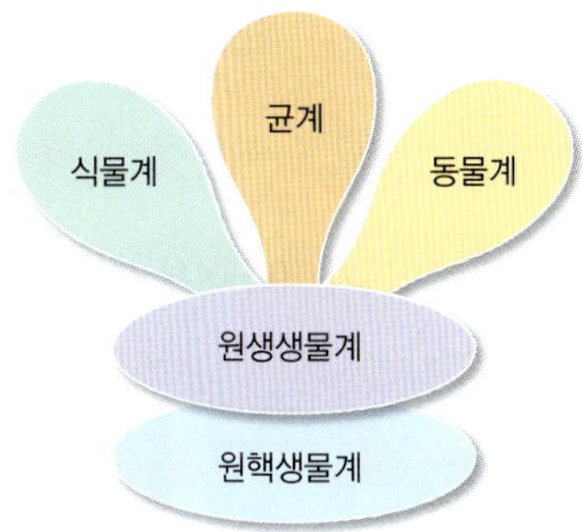

(1) 원핵생물계에 속하는 생물의 특징 중 다른 네 가지 계에 속하는 생물과 다른 것은 무엇인지 서술하시오.

↘ 원핵생물계에 속하는 생물은 세포에 유전물질을 둘러싸고 있는 (　　　)이/가 없어서 (　　　)이/가 관찰되지 않는다.

(2) 송이버섯과 느타리버섯은 어떤 계에 속하는지 쓰고, 이 계의 특징을 세포벽과 엽록체의 유무, 영양 방식, 몸의 구성을 포함하여 서술하시오.

문제풀이 영상

01 다음은 생물다양성의 의미를 설명한 것이다.

> • 숲, 강, 바다, 갯벌과 같은 (㉠)가 다양하다.
> • 어떤 지역에 살고 있는 생물의 (㉡)가 다양하다.
> • 같은 종류의 생물 사이에 나타나는 (㉢)가 다양하다.

㉠~㉢에 들어갈 말을 옳게 짝 지은 것은?

	㉠	㉡	㉢
①	변이	종류	생태계
②	변이	생태계	종류
③	종류	변이	생태계
④	종류	생태계	변이
⑤	생태계	종류	변이

02 그림은 두 지역 (가), (나)에서 식물이 자라는 모습을 나타낸 것이다.

(가)   (나)

이에 대한 설명으로 옳은 것을 보기에서 모두 고른 것은?

> **보기**
> ㄱ. (가)는 (나)보다 생물다양성이 높다.
> ㄴ. 생물의 종류는 (가)보다 (나)에서 더 많다.
> ㄷ. 전염병이 발생할 때, (가)의 생태계는 (나)보다 안정적으로 유지될 수 있다.

① ㄱ   ② ㄴ   ③ ㄱ, ㄷ
④ ㄴ, ㄷ   ⑤ ㄱ, ㄴ, ㄷ

03 그림은 무당벌레, 코스모스, 바지락을 나타낸 것이다.

무당벌레   코스모스   바지락

이에 대한 설명으로 옳은 것을 보기에서 모두 고른 것은?

> **보기**
> ㄱ. 같은 종류의 생물에서 나타나는 변이에 해당한다.
> ㄴ. 변이의 다양함은 생물다양성에 영향을 미치지 않는다.
> ㄷ. 어떤 생물 무리에서 생물의 색깔과 무늬가 다양한 것은 서로 다른 종류의 생물이 섞여 있을 때에만 나타나는 현상이다.

① ㄱ   ② ㄴ   ③ ㄱ, ㄷ
④ ㄴ, ㄷ   ⑤ ㄱ, ㄴ, ㄷ

04 그림은 원래 한 종류였지만 여러 섬에 흩어져 살면서 오랜 시간이 지나 서로 다른 종류가 된 갈라파고스핀치들을 나타낸 것이다.

이에 대한 설명으로 옳은 것을 보기에서 모두 고른 것은?

> **보기**
> ㄱ. 핀치가 한 종류였을 때에는 부리의 변이가 없었다.
> ㄴ. 변이와 환경에 대한 적응에 의해 생물다양성이 증가한다.
> ㄷ. 원래 한 종류였던 핀치들이 오랜 시간 동안 서로 다른 환경에 살면서 변이의 차이가 커졌다.

① ㄱ   ② ㄴ   ③ ㄱ, ㄷ
④ ㄴ, ㄷ   ⑤ ㄱ, ㄴ, ㄷ

빠른 정리

미니북

HIGH TOP
내신 탑티어
중학교 과학 1-1

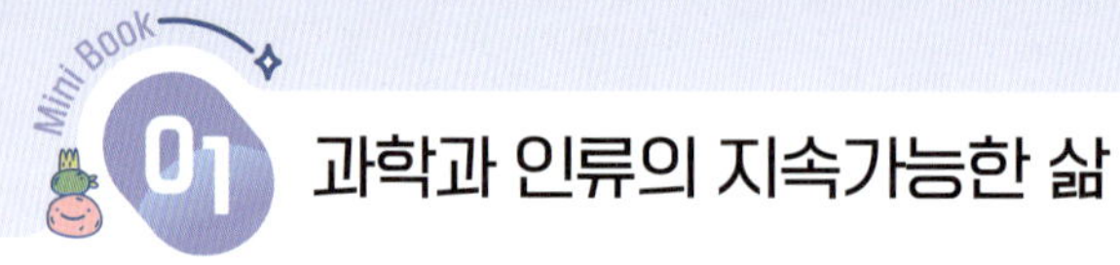

01 과학과 인류의 지속가능한 삶

핵심 기출 ① 과학적 탐구 방법

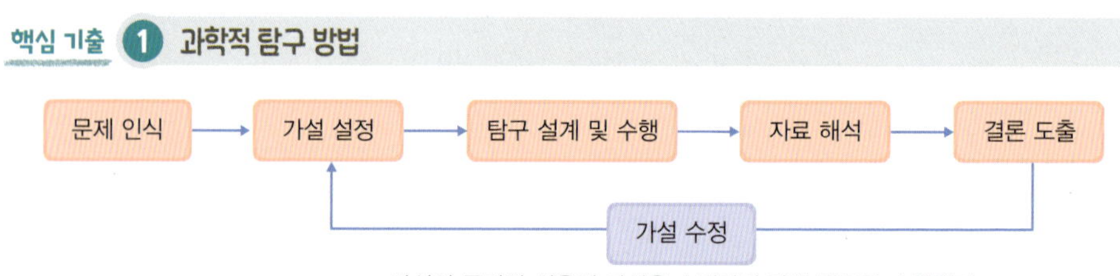

가설이 틀리면 처음의 가설을 수정하여 다시 탐구를 수행한다.

탐구 단계	정의
문제 인식	자연이나 일상생활에서 어떤 현상을 관찰하다 의문을 갖는 단계
가설 설정	의문에 대한 잠정적인 결론인 가설을 세우는 단계
탐구 설계 및 수행	가설을 확인하기 위해 탐구를 계획하고 수행하는 단계
자료 해석	탐구를 통해 얻은 자료를 정리하고 분석하여 결과를 얻는 단계
결론 도출	실험 결과를 종합하여 가설이 맞는지 판단하고 결론을 내리는 단계

핵심 기출 ② 과학의 발전이 인류 문명에 미친 영향

구분		설명
과학 원리 발견	태양 중심설	지구가 우주의 중심이라는 인류의 생각을 바꾸었다.
	백신의 원리	질병을 치료할 수 있게 되어 인류의 평균 수명이 크게 증가하였다.
기술 발달	암모니아 합성 기술	질소 비료를 대량으로 생산하게 되어 식량 생산량이 크게 증가하였다.
	인터넷의 발달	수많은 정보를 쉽고 빠르게 접할 수 있게 되었다.
기기 발명	증기 기관 발명	제품의 대량 생산이 가능해졌고, 많은 물건을 먼 곳까지 옮길 수 있게 되었다.
	컴퓨터 발명	수집한 정보를 처리하는 속도가 빨라졌다.

핵심 기출 ③ 지속가능한 삶

1. 지속가능한 삶: 현재의 삶을 발전시키면서도 미래 세대가 이용할 환경과 자연을 훼손하지 않는 삶

2. 지속가능한 삶을 위협하는 문제: 에너지 자원 고갈, 환경오염, 기후 변화 등

3. 지속가능한 삶을 위한 활동 방안

　① 개인적 차원: 재활용 및 분리배출, 대중교통 이용, 에너지 절약 등

　② 사회적 차원: 국제 협력, 녹지 및 생태 공원 조성, 친환경 제품 생산 등

01 생물의 구성

핵심 기출 ❶ 세포의 구조

1. **세포**: 생물을 구성하는 구조적, 기능적 기본 단위

2. **동물 세포와 식물 세포의 구조**

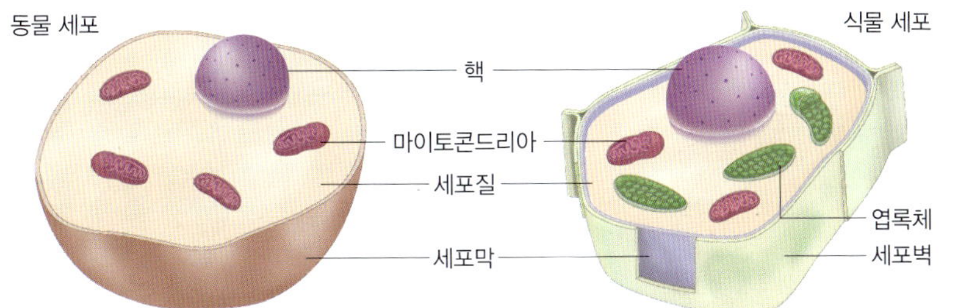

동물 세포와 식물 세포의 공통 구조	식물 세포에만 있는 구조
• 핵: 유전정보를 저장하고 있으며 세포의 생명활동을 조절한다.	• 엽록체: 빛에너지를 이용해 영양분을 만드는 광합성을 한다.
• 세포막: 세포를 둘러싸고 있는 막으로 물질 출입을 조절한다.	• 세포벽: 두껍고 단단하여 세포를 보호하고 세포의 모양을 일
• 마이토콘드리아: 세포의 생명활동에 필요한 에너지를 만든다.	정하게 유지한다.

핵심 기출 ❷ 생물의 구성 단계

여러 세포로 구성된 생물의 몸은 세포, 조직, 기관, 개체의 단계를 거쳐 유기적으로 구성된다.

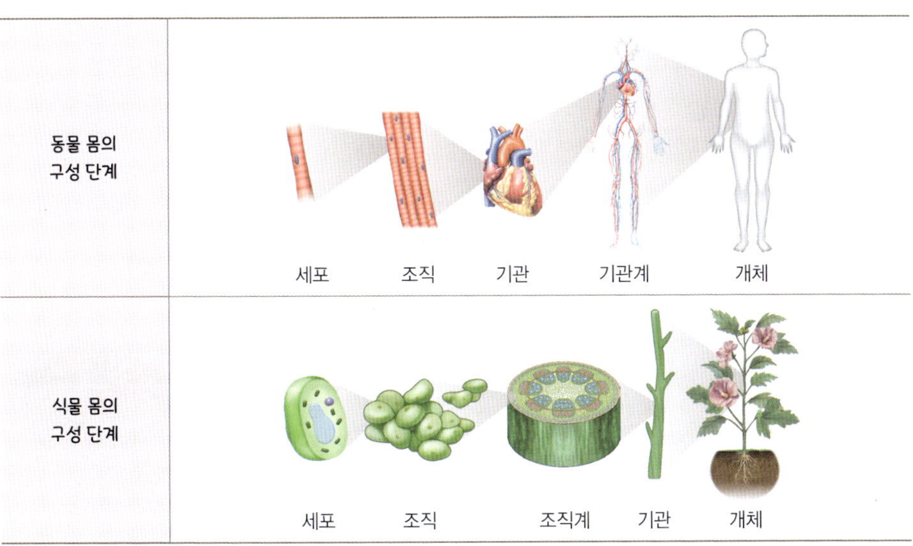

02 생물의 다양성

핵심 기출 ① 생물다양성의 의미

1. 생물다양성: 어떤 지역에 살고 있는 생물의 다양한 정도

→ 생물다양성은 생태계의 다양함(**생태계다양성**), 한 생태계에서 살고 있는 생물 종류의 다양함(**종다양성**), 같은 종류의 생물 사이에서 나타나는 특징의 다양함(**유전적 다양성**)을 모두 포함한다.

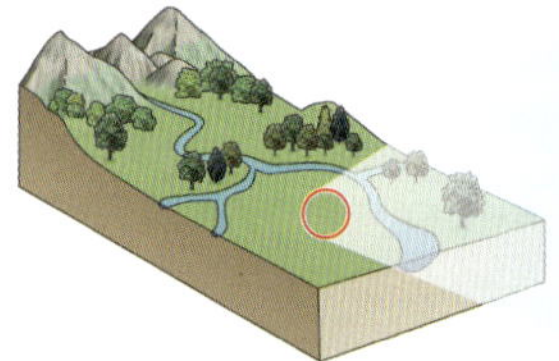
생태계다양성

종다양성

유전적 다양성

핵심 기출 ② 변이와 생물다양성

1. 변이: 같은 종류의 생물 사이에서 나타나는 특징이 조금씩 다른 것

⟮예⟯ 바지락 껍데기의 무늬와 색깔, 무궁화의 꽃 색깔, 사람의 피부색과 눈 색깔, 동물의 털색과 무늬

▲ 바지락 껍데기의 무늬와 색깔

▲ 무궁화의 꽃 색깔

▲ 사람의 피부색

2. 생물이 다양해지는 과정

다양한 변이를 가진 한 종류의 생물이 환경에 적응하는 과정을 통해 생물의 종류가 다양해진다.

① 변이가 다양한 한 종류의 생물 무리가 서로 다른 환경에 살게 되면 각각의 환경에 적합한 변이를 가진 생물이 더 많이 살아남아 자손을 남긴다.

② 이 과정이 오랜 시간 반복되면 생물 사이의 차이가 커져서 서로 다른 종류의 생물 무리로 나누어질 수 있다.

1. 종: 자연 상태에서 짝짓기를 하여 번식 능력이 있는 자손을 낳을 수 있는 생물 무리 → 생물분류의 기본 단위

같은 종인 경우	다른 종인 경우	
	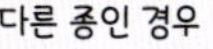	
서로 짝짓기를 하여 번식 능력이 있는 자손을 낳을 수 있다.	서로 짝짓기를 하여 자손을 낳을 수 있지만, 그 자손은 번식 능력이 없다.	서로 짝짓기를 할 수 없어 자손을 낳을 수 없다.
→ 까투리와 장끼는 같은 종이다.	→ 말과 당나귀는 서로 다른 종이다.	→ 치타와 표범은 서로 다른 종이다.

1. 생물분류: 다양한 생물을 공통의 기준으로 무리 짓는 것

2. 생물분류체계: 다양한 생물을 비교하여 비슷한 특징을 지닌 것끼리 묶고 단계적으로 정리한 것

3. 생물분류의 단위: 종＜속＜과＜목＜강＜문＜계

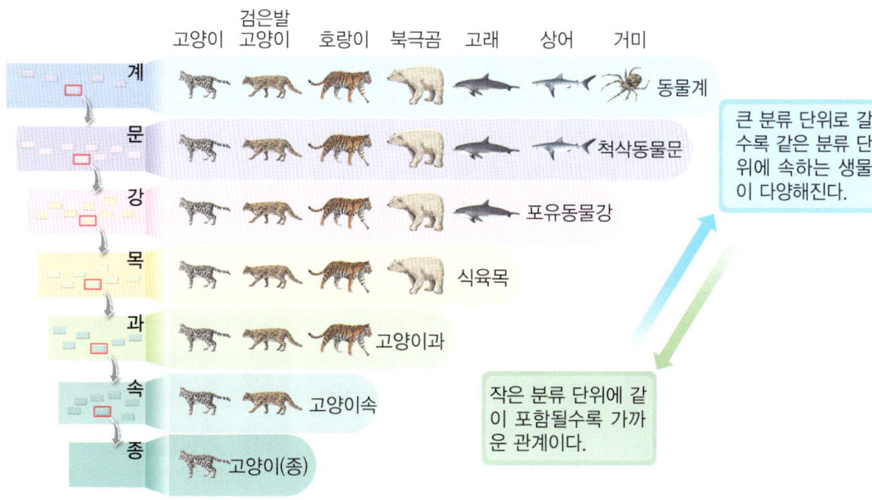

II 생물의 구성과 다양성

1. 생물을 5계로 분류하는 기준: 핵막의 유무, 세포벽의 유무, 몸을 이루는 세포 수, 영양분을 얻는 방법(광합성 여부), 기관의 발달 정도 등

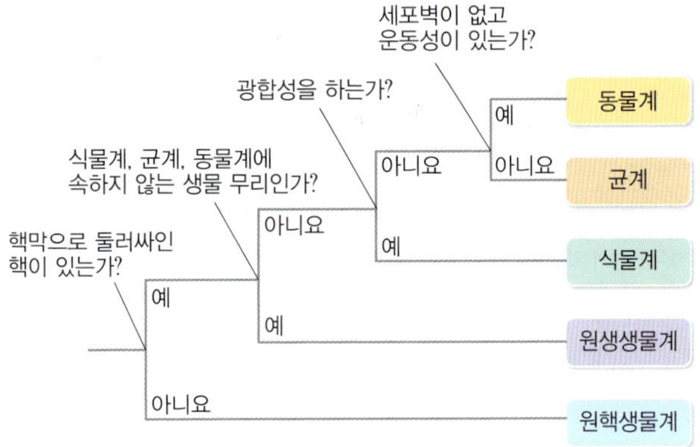

2. 5계

지구에 사는 다양한 생물은 원핵생물계, 원생생물계, 식물계, 균계, 동물계의 5계로 분류할 수 있다.

구분	원핵생물계	원생생물계	식물계	균계	동물계
핵막	없다.	있다.	있다.	있다.	있다.
세포벽	있다.	있다. / 없다.	있다.	있다.	없다.
세포 수	단세포	대부분 단세포	다세포	대부분 다세포	다세포
광합성	대부분 못한다.	한다. / 못한다.	한다.	못한다.	못한다.
그 외	남세균은 광합성을 한다.	핵이 있는 생물 중 식물계, 균계, 동물계에 속하지 않는 생물 무리이다.	운동성이 없고, 대부분 기관이 발달해 있다.	대부분 몸이 균사로 이루어져 있다.	대부분 운동성이 있고, 기관이 발달해 있다.
예시	젖산균, 폐렴균, 남세균, 황색포도상구균 황색포도상구균	아메바, 짚신벌레, 미역, 해캄 해캄	우산이끼, 고사리, 잔디, 소나무 소나무	표고버섯, 송이버섯, 푸른곰팡이, 효모 송이버섯	거미, 오징어, 호랑이, 박새 박새

03 생물다양성보전

핵심 기출 ① 생물다양성보전의 필요성

1. 생태계 유지: 생물다양성이 높으면 생태계가 안정적으로 유지된다.

생물다양성이 낮은 생태계	생물다양성이 높은 생태계
먹이 관계가 단순해서 어떤 생물이 멸종하면 그 생물을 먹고 살아가는 생물도 멸종할 위험이 크다.	먹이 관계가 복잡해서 어떤 생물이 멸종해도 이를 대신할 수 있는 생물이 있어서 생태계가 안정적으로 유지된다.

2. 생물자원 제공: 식량, 섬유, 목재, 의약품, 산업 재료, 아이디어 등

핵심 기출 ② 생물다양성 감소의 원인

서식지파괴	외래종 유입	불법 포획과 남획	환경오염과 기후 변화
도로 건설, 작물 재배 등을 위해 숲을 파괴하여 생물의 서식지 면적이 감소하고 있다.	큰입배스와 같은 외래종은 다른 생물을 지나치게 많이 잡아먹어 우리나라의 생물다양성을 위협한다.	특정 생물을 불법 포획하거나 무분별하게 잡으면 특정 생물이 멸종될 수 있다.	환경오염과 기후 변화로 많은 생물이 멸종 위기에 처해 있다.

핵심 기출 ③ 생물다양성보전을 위한 실천 방안

1. 개인적 차원의 노력: 다회용품 사용, 재활용품 분리배출, 야생생물 채집 및 사육 지양, 쓰레기 줍기 등

2. 사회적, 국가적 차원의 노력: 생태통로 설치, 멸종 위기 생물 복원 사업 참여, 불법 포획 및 거래 단속, 종자은행 운영, 국립공원 지정 등

3. 국제적 차원의 노력: 생물다양성협약, 람사르 협약, 국제 기후 협약 등의 국제 협약 체결 등

01 열의 이동

핵심 기출 ① 온도와 입자 운동

1. **온도**: 물질을 구성하는 입자 운동의 활발한 정도를 나타낸 것 [단위: ℃(섭씨도) 등]

2. **물질을 구성하는 입자**: 물질을 구성하는 입자는 끊임없이 운동하고 있다. → 온도에 따라 입자 운동이 활발한 정도가 다르다.

3. **온도와 입자 운동**: 온도가 높을수록 물체를 구성하는 입자 운동이 활발하다.

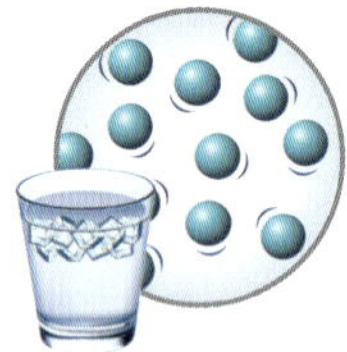

▲ 온도가 낮은 물체　　▲ 온도가 높은 물체

물체	입자의 운동	입자 사이의 거리
온도가 낮은 물체	둔하다.	가깝다.
온도가 높은 물체	활발하다.	멀다.

핵심 기출 ② 열평형

1. **열**: 온도가 높은 물체에서 온도가 낮은 물체로 이동하는 에너지

2. **열평형**: 온도가 다른 두 물체가 접촉할 때 온도가 높은 물체에서 온도가 낮은 물체로 열이 이동하여 두 물체의 온도가 같아진 상태

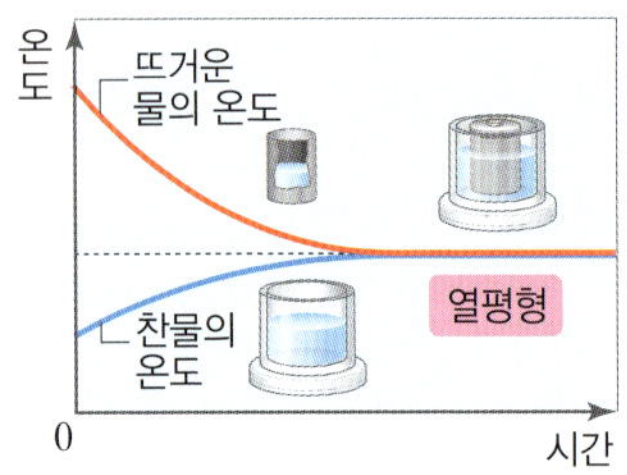

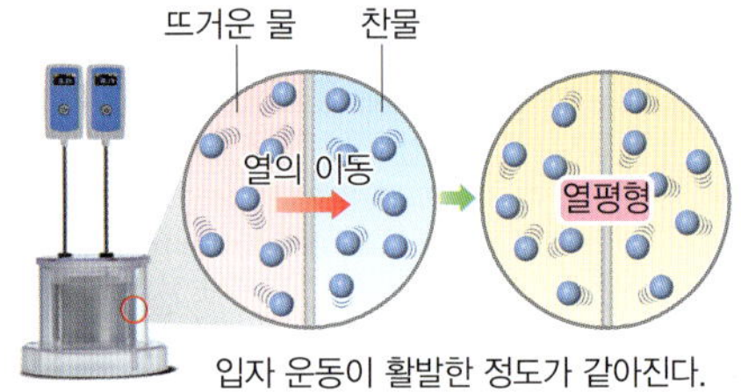

3. **열평형에 이르기까지 온도와 입자 운동의 변화**

물체	온도 변화	열의 이동	입자의 운동	입자 사이의 거리
온도가 낮은 물체	높아진다.	열을 얻는다.	활발해진다.	멀어진다.
온도가 높은 물체	낮아진다.	열을 잃는다.	둔해진다.	가까워진다.

4. **열평형의 이용**: 냉장고에 음식을 넣어 두면 냉장고 속 공기와 열평형을 이루어 음식이 차가워진다. 접촉식 온도계는 접촉한 물체와의 열평형을 이용하여 물체의 온도를 측정한다. 등

1. 전도: 물질을 구성하는 **입자의 운동이 다른** 이웃한 입자에 **차례대로 전달되어 열이 이동**하는 현상

전도에 의해 열이 이동하는 모습	전도에 의해 열이 전달되는 예
 입자의 운동이 전달된다.	● 전기장판에 누우면 몸이 따뜻해진다. ● 뜨거운 국에 담가 둔 숟가락 전체가 뜨거워진다. ● 프라이팬의 한쪽만 가열해도 프라이팬 전체가 뜨거워진다.

2. 물질의 종류에 따른 열이 전도되는 정도: 열이 전도되는 정도는 **물질의 종류에 따라** 다르다.

구분	예	이용
열을 빠르게 전달하는 물질	구리, 알루미늄과 같은 금속	냄비와 같은 조리 도구의 몸체 부분
열을 느리게 전달하는 물질	유리, 나무, 플라스틱 등	냄비와 같은 조리 도구의 손잡이

1. 대류: 기체나 액체에서 **입자가 직접 이동하면서 열이 이동**하는 현상

대류에 의해 열이 이동하는 모습	대류에 의해 열이 전달되는 예
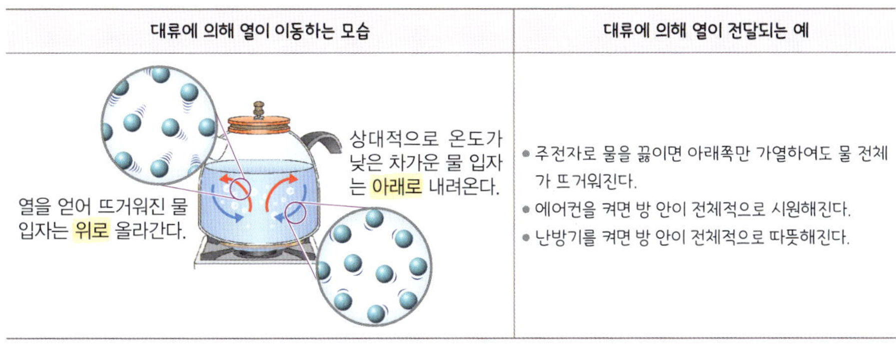 	● 주전자로 물을 끓이면 아래쪽만 가열하여도 물 전체가 뜨거워진다. ● 에어컨을 켜면 방 안이 전체적으로 시원해진다. ● 난방기를 켜면 방 안이 전체적으로 따뜻해진다.

1. 복사: 열이 **물질의 도움 없이 직접** 이동하는 현상

2. 복사에 의해 열의 이동하는 예: 태양의 열이 지구에 전달된다. 그늘진 곳보다 햇빛이 드는 곳이 더 따뜻하다. 열화상 카메라로 물체에서 복사의 형태로 이동하는 열을 감지한다. 등

02 비열과 열팽창

1. **열량**: 온도가 다른 물체 사이에서 온도 차에 의해 이동하는 열의 양 [단위: J(줄), kcal(킬로칼로리) 등]

2. **비열**: 어떤 물질 1 kg의 온도를 1 ℃ 높이는 데 필요한 열량 [단위: J/(kg·℃), kcal/(kg·℃) 등]
   → 물질의 특성으로, 물질마다 고유한 값을 가진다.

3. **비열과 온도 변화**: 비열 $=\dfrac{\text{열량}}{\text{질량} \times \text{온도 변화}}$ → 열량 $=$ 비열 $\times$ 질량 $\times$ 온도 변화

질량이 같은 물질을 같은 온도만큼 높일 때	질량이 같은 물질에 같은 열량을 가할 때
물 1 kg의 온도를 1 ℃ 높이는 데 필요한 열량 **>** 콩기름 1 kg의 온도를 1 ℃ 높이는 데 필요한 열량	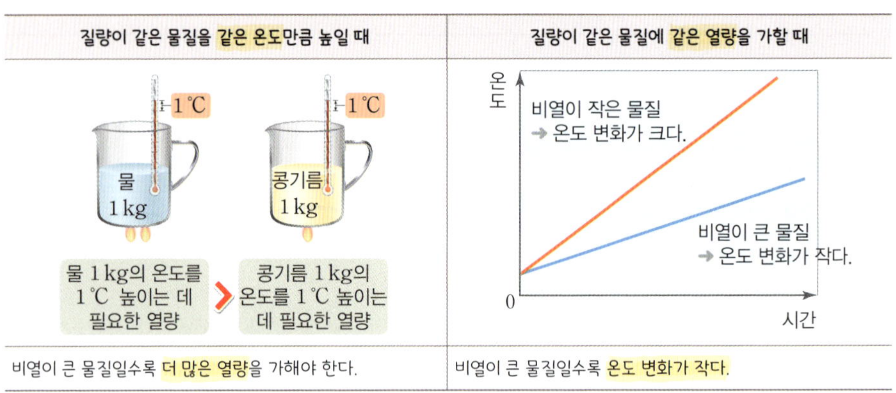
비열이 큰 물질일수록 더 많은 열량을 가해야 한다.	비열이 큰 물질일수록 온도 변화가 작다.

1. **물의 비열에 의한 현상**: 물은 다른 물질에 비해 비열이 매우 커서 온도 변화가 작다.
   ① 사람의 체온은 잘 변하지 않는다.
   ② 물은 모래보다 비열이 크다. → 해안 지방이 내륙 지방보다 일교차가 작다.

2. **비열의 활용**

비열이 큰 물질을 활용하는 예	비열이 작은 물질을 활용하는 예
• 비열이 커서 온도가 잘 변하지 않는 물을 냉각수, 찜질팩, 난방용 보일러 등에 이용한다. • 뜨거운 상태를 오래 유지해야 하는 음식을 요리할 때 비열이 큰 뚝배기를 사용한다.	• 음식을 빠르게 조리하고 싶을 때 비열이 작은 금속으로 만든 프라이팬을 사용한다. • 난방용 온수관은 비열이 작은 물질로 만들어 따뜻한 물이 지나가면서 열을 빠르게 전달하도록 한다.

1. **열팽창**: 물질의 온도가 높아질 때 **물질의 길이나 부피가 증가하는 현상**

2. 물질의 특성으로, 고체나 액체의 경우 **물질에 따라 열팽창 정도가 다르다.** 일반적으로 액체가 고체보다 열팽창 정도가 크다.

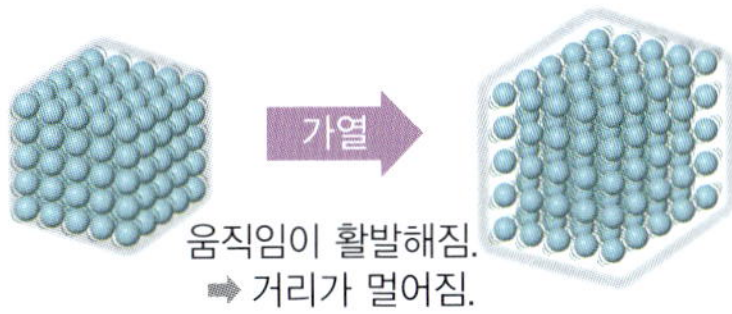

1. **열팽창에 의한 현상과 활용**

   ① 액체의 열팽창으로 음료수 병이 깨지거나 액체가 흘러넘치는 것을 막기 위해 병에 액체를 가득 채우지 않는다.

   ② 다리의 이음매 부분에 틈을 두어 온도 변화에 따라 다리가 휘거나 갈라지는 것을 막는다.

   ③ 알코올 온도계는 에탄올의 열팽창을 활용하여 온도를 측정한다.

   ④ 치아 치료용 충전재는 치아와 열팽창 정도가 비슷한 물질을 사용한다.

   ⑤ 가스관은 중간에 구부러진 부분을 만들어 열팽창에 의한 사고를 예방한다.

2. **바이메탈**: 열팽창 정도가 다른 두 금속을 붙여 놓은 장치

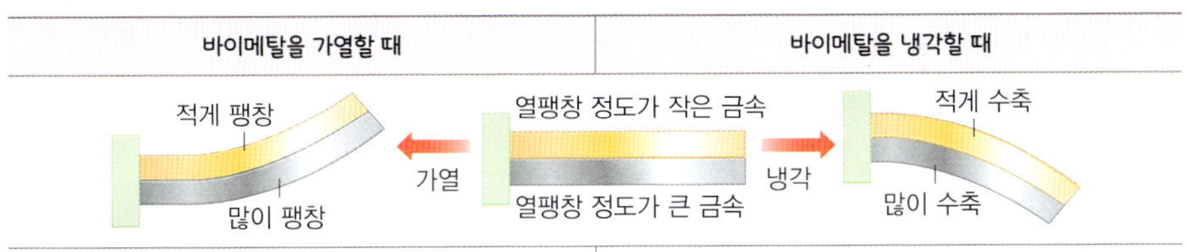

바이메탈을 가열할 때	바이메탈을 냉각할 때
열팽창 정도가 큰 금속이 많이 팽창한다. ➡ 열팽창 정도가 작은 금속 쪽으로 휘어진다.	열팽창 정도가 큰 금속이 많이 수축한다. ➡ 열팽창 정도가 큰 금속 쪽으로 휘어진다.

3. **바이메탈의 활용**

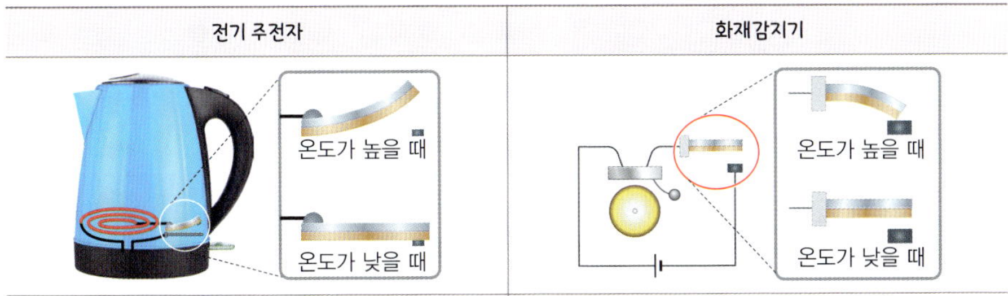

전기 주전자	화재감지기
전원을 연결하여 온도가 높아지면 바이메탈이 휘어진다. ➡ 전원이 차단되어 더 이상 온도가 높아지지 않는다.	화재가 발생하여 온도가 높아지면 바이메탈이 휘어진다. ➡ 회로가 연결되어 경보가 울린다.

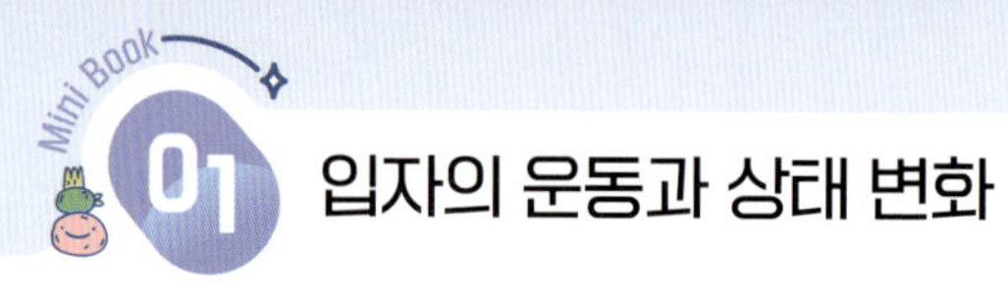

01 입자의 운동과 상태 변화

1. 증발과 확산

구분	증발	확산
정의	물질을 이루는 입자가 스스로 운동하여 액체 표면에서 액체가 기체로 변하는 현상  ▲ 거름종이에 떨어뜨린 에탄올의 증발	물질을 이루는 입자가 스스로 운동하여 퍼져 나가는 현상 ▲ 향수의 증발
예	• 과일을 말린다. • 젖은 빨래가 마른다. • 동물의 젖은 털을 바람에 말린다. • 염전에서 바닷물을 증발시켜 소금을 얻는다.	• 음식 냄새가 주변으로 퍼진다. • 전기 모기향을 피워 모기를 쫓는다. • 뜨거운 물에 티백을 넣으면 차 성분이 퍼져 나간다. • 탐지견이 냄새를 맡아 마약, 폭발물 등을 찾아낸다.

2. 입자 운동: 물질을 이루는 입자가 가만히 정지해 있지 않고 스스로 끊임없이 운동하는 것 → 입자 운동의 증거: 증발, 확산

상태	고체	액체	기체
입자 모형			
모양	일정함.	변함.	변함.
부피	일정함.	일정함.	변함.
압축되는 정도	압축 안 됨.	거의 압축 안 됨.	압축됨.
입자 배열	규칙적임.	불규칙적임.	매우 불규칙적임.
입자 사이의 거리	매우 가까움.	비교적 가까움.	매우 멂.
입자의 운동성	매우 둔함.	비교적 활발함.	매우 활발함.

1. 물질의 상태 변화: 물질이 한 가지 상태에서 다른 상태로 변하는 것

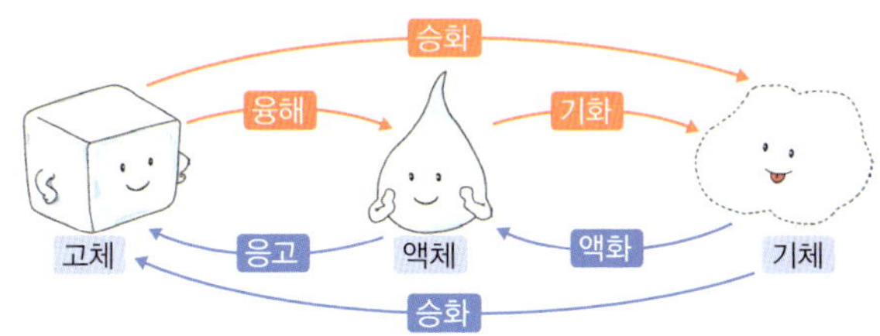

2. 상태 변화의 예

융해: 고체가 액체로 변하는 현상	응고: 액체가 고체로 변하는 현상
● 아이스크림이 녹는다. ● 고드름(얼음)이 녹는다. ● 양초가 녹아 촛농이 생긴다.	● 흘러내린 촛농이 굳는다. ● 물이 얼어 고드름(얼음)이 생긴다. ● 쇳물이 식어 단단한 철이 된다.
기화: 액체가 기체로 변하는 현상	액화: 기체가 액체로 변하는 현상
● 물이 끓는다. ● 젖은 빨래가 마른다. ● 손에 바른 손 소독제가 마른다.	● 새벽녘 풀잎에 이슬이 맺힌다. ● 차가운 컵 표면에 물방울이 맺힌다. ● 겨울철 실내에 들어가면 안경에 김이 서린다.
승화: 고체가 바로 기체로 변하는 현상	승화: 기체가 바로 고체로 변하는 현상
● 영하의 온도에서 언 명태가 마른다. ● 드라이아이스의 크기가 점점 작아진다. ● 냉동실에 넣어 둔 얼음이 점점 작아진다.	● 추운 겨울, 나뭇잎에 서리가 생긴다. ● 추운 겨울, 창에 성에가 낀다.

3. 상태 변화에 따른 입자 및 부피, 질량, 성질의 변화

구분	융해, 기화, 승화(고체 → 기체)가 일어날 때	응고, 액화, 승화(기체 → 고체)가 일어날 때
입자의 운동성	활발해짐.	둔해짐.
입자 배열	불규칙적으로 변함.	규칙적으로 변함.
입자 사이의 거리	멀어짐.	가까워짐.
물질의 부피	증가함. → 입자 사이의 거리가 멀어지기 때문 (단, 물은 예외)	감소함. → 입자 사이의 거리가 가까워지기 때문 (단, 물은 예외)
물질의 질량, 성질	일정함. → 물질의 상태가 변하더라도 입자의 종류, 개수, 크기는 변하지 않기 때문	

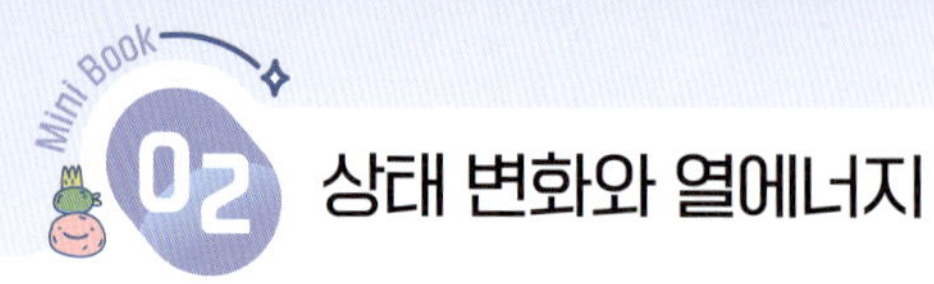

02 상태 변화와 열에너지

핵심 기출 ❶ 열에너지를 흡수하는 상태 변화

1. 물질을 가열할 때의 온도 변화

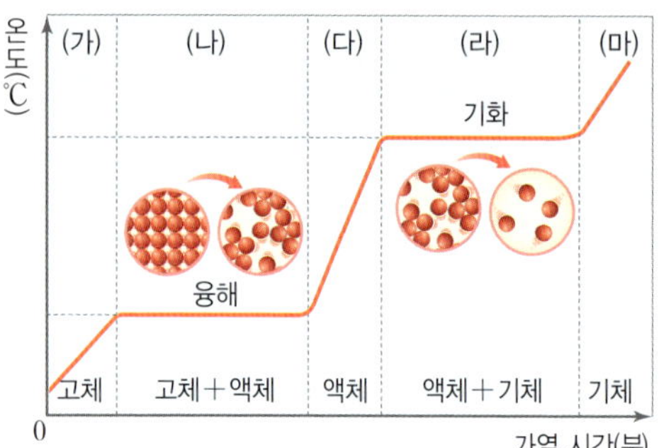

- (가), (다), (마): 온도가 높아진다. → 가해 준 열에너지가 온도를 높이는 데 사용되기 때문
- (나), (라): 온도가 일정하게 유지된다. → 가해 준 열에너지가 상태 변화에 사용되기 때문

2. 물질을 가열하는 동안 입자의 변화

열에너지		입자의 운동성	입자 배열	입자 사이의 거리
흡수	→	활발해짐.	불규칙적으로 변함.	멀어짐.

핵심 기출 ❷ 열에너지를 방출하는 상태 변화

1. 물질을 냉각할 때의 온도 변화

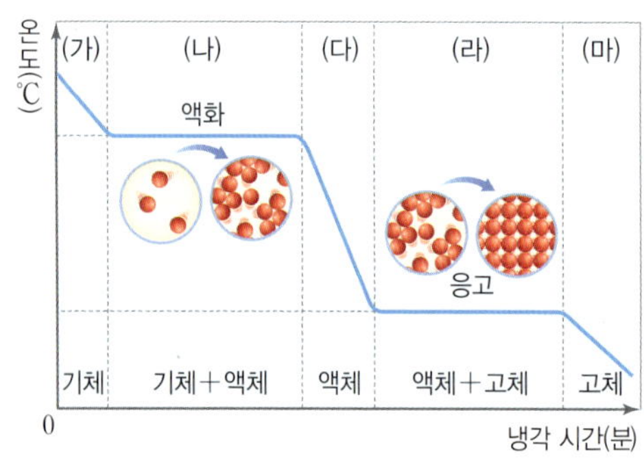

- (가), (다), (마): 온도가 낮아진다. → 열에너지를 잃기 때문
- (나), (라): 온도가 일정하게 유지된다. → 상태 변화가 일어나는 동안 방출되는 열에너지가 온도가 낮아지는 것을 막아 주기 때문

2. 물질을 냉각하는 동안 입자의 변화

열에너지		입자의 운동성	입자 배열	입자 사이의 거리
방출	→	둔해짐.	규칙적으로 변함.	가까워짐.

1. 열에너지를 흡수하는 상태 변화: 융해, 기화, 고체에서 기체로의 승화가 일어날 때는 열에너지를 흡수하므로 주위의 온도가 낮아진다.

융해	• 음료수에 얼음을 넣어 차갑게 만든다. • 신선 식품을 보관할 때 얼음 팩과 함께 넣는다. • 아이스박스에 얼음을 채우고 음식물을 보관한다.
기화	• 더운 여름철 도로나 선로에 물을 뿌리면 시원해진다. • 몸에 열이 날 때 물수건으로 몸을 닦으면 열이 내린다. • 더운 사막에서 시원한 물을 마시기 위해 양가죽 물통에 물을 담는다. • 운동 후 땀이 마를 때나 샤워 후 몸에 묻은 물기가 마를 때 시원함을 느낀다.
승화(고체 → 기체)	• 아이스크림 포장을 할 때 드라이아이스를 함께 넣어 주면 아이스크림이 잘 녹지 않는다.

2. 열에너지를 방출하는 상태 변화: 응고, 액화, 기체에서 고체로의 승화가 일어날 때는 열에너지를 방출하므로 주위의 온도가 높아진다.

응고	• 액체 파라핀에 손을 넣고 따뜻한 찜질을 한다. • 겨울철 과일나무에 물을 뿌리면 냉해를 막을 수 있다. • 이누이트족은 얼음집 안에 물을 뿌려 내부를 따뜻하게 한다. • 겨울철 과일 창고에 물이 담긴 그릇을 놓아두면 과일이 얼지 않는다.
액화	• 증기 오븐을 이용하여 식품을 조리한다. • 커피 추출 기계의 스팀 분출 장치로 우유를 데운다.
승화(기체 → 고체)	• 눈이 내릴 때는 날씨가 포근해진다.

핵심 기출 ❹ 열에너지가 출입하는 상태 변화의 이용

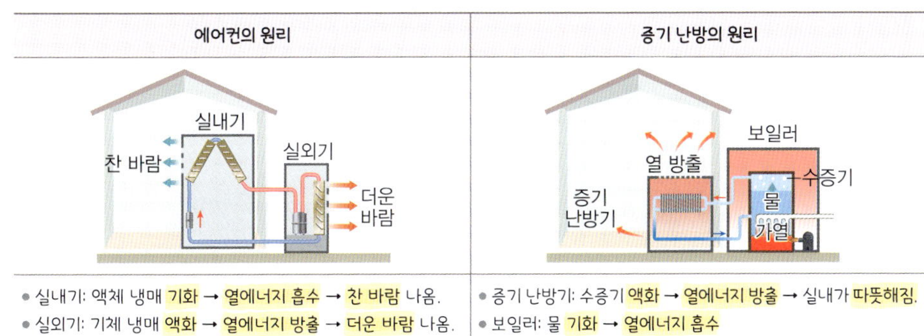

에어컨의 원리	증기 난방의 원리
• 실내기: 액체 냉매 기화 → 열에너지 흡수 → 찬 바람 나옴. • 실외기: 기체 냉매 액화 → 열에너지 방출 → 더운 바람 나옴.	• 증기 난방기: 수증기 액화 → 열에너지 방출 → 실내가 따뜻해짐. • 보일러: 물 기화 → 열에너지 흡수

IV 물질의 상태 변화

MEMO

05 표는 여러 생물의 짝짓기 여부와 자손의 특징을 정리한 것이다.

표범과 치타	• 짝짓기를 하지 않는다. • 자손을 낳을 수 없다.
말과 당나귀	• 짝짓기를 하여 자손을 낳는다. • 자손은 번식 능력이 없다.
풍산개와 진돗개	• 짝짓기를 하여 자손을 낳는다. • 자손은 번식 능력이 있다.

그림은 이 자료에 대해 이야기하는 학생 A, B, C의 모습을 나타낸 것이다.

옳게 설명한 학생을 모두 고른 것은?

① A ② B ③ A, C
④ B, C ⑤ A, B, C

06 그림은 생물의 분류체계를 나타낸 것이다.

이에 대한 설명으로 옳은 것은?

① 모래고양이와 들고양이는 서로 다른 속에 속한다.
② 같은 강에 속하는 생물은 모두 같은 목에 속한다.
③ (가)는 생물분류에서 가장 기본적인 단위로 계이다.
④ 비슷한 특징을 가진 강을 모아 문으로 묶을 수 있다.
⑤ 큰 단위에서 같은 무리로 묶이는 생물일수록 작은 단위에서 같은 무리로 묶이는 생물보다 공통된 특징이 많다.

07 그림은 생물의 5계를 나타낸 것이다.

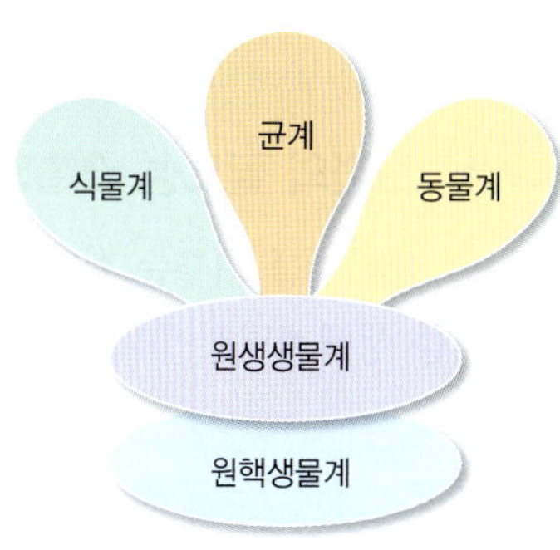

이에 대한 설명으로 옳은 것은?

① 짚신벌레는 동물계에, 파래는 식물계에 속한다.
② 고착 생활을 하는 산호와 말미잘은 동물계에 속한다.
③ 미역과 민들레는 광합성을 할 수 있으므로 모두 식물계에 속한다.
④ 생물을 구성하는 모든 세포에는 핵막이 있어서 핵이 뚜렷하게 관찰된다.
⑤ 식물계와 동물계에 속하는 생물은 세포에 핵막이 있으며 세포막 바깥쪽에 세포벽이 있다.

08 표는 여러 생물을 고유한 특징을 기준으로 (가), (나)로 분류한 결과를 나타낸 것이다.

(가)	(나)
젖산균 대장균 남세균	효모 해캄 지렁이 우산이끼

(가)와 (나)로 나눈 분류 기준으로 옳은 것은?

① 광합성 여부
② 핵막의 유무
③ 세포벽의 유무
④ 운동성의 유무
⑤ 몸을 구성하는 세포의 수

03 생물다양성보전

A 생물다양성보전의 필요성 ✔ 꽉 잡아! 자료 48쪽

1. **생태계 유지**   생태계를 이루는 환경, 생물의 종류와 수 등이 크게 변하지 않는 안정된 상태를 생태계평형이라고 하며, 이는 생물다양성이 높을수록 더 잘 유지된다.

생물다양성이 낮은 생태계	생물다양성이 높은 생태계
먹이 관계 ❶ 가 단순하다. ➡ 어떤 생물이 멸종하면 그 생물을 먹고 살아가는 생물도 멸종할 위험이 크다.	먹이 관계가 복잡하다. ➡ 어떤 생물이 멸종해도 이를 대신할 수 있는 생물이 있어서 생태계가 안정적으로 유지된다.

2. **자연환경과 건강 유지**   맑은 공기, 깨끗한 물, 비옥한 토양, 휴식과 여가 생활의 공간을 제공한다.
3. **생물자원 제공**   식량, 의약품, 섬유, 목재 등 사람이 살아가는 데 필요한 자원, 산업 재료나 발명품과 로봇 제작을 위한 아이디어 등을 얻는다.

B 생물다양성 유지와 실천 방안

1. **생물다양성의 감소 원인**   사람의 과도한 활동과 밀접한 관련이 있다.
   ① 서식지파괴: 도로 건설, 작물 재배 등으로 생물이 서식지를 잃게 된다.
   ② 외래종 ❷ 유입: 일부 외래종은 토종 생물을 위협하여 생물다양성을 감소시킨다.
   ③ 불법 포획과 남획: 특정 생물을 불법 포획하거나 무분별하게 잡으면 그 생물이 멸종할 수 있다.
   ④ 기후 변화와 환경오염: 기후 변화와 환경오염이 생물의 생존을 위협한다.
2. **생물다양성보전을 위한 실천 방안**

개인적 차원	• 일회용품의 사용을 줄이고 재활용품을 분리배출한다. • 야생동물을 함부로 채집하거나 기르지 않는다. • 달리면서 쓰레기를 줍는 플로깅에 참여한다.
사회적, 국가적 차원	• 생태통로를 건설한다. ✔ 꽉 잡아! 자료 48쪽 • 생물다양성의 중요성을 알리는 캠페인이나 교육을 진행한다. • 특정 생물의 포획과 거래를 금지하는 법률을 제정한다. • 무분별한 외래종 유입을 단속한다. • 멸종 위기종을 지정하고 복원 사업을 실시한다. • 고유 식물의 씨를 종자은행 ❸ 에 보관하고 관리한다. • 국립공원을 지정하여 관리한다.
국제적 차원	• 생물다양성협약이나 람사르 협약, 기후 변화 협약과 같은 국제 협약을 맺어 실행한다.

▲ 붉은귀거북

▲ 돼지풀

▲ 뉴트리아

▲ 큰입배스

1 오른쪽 그림은 생물다양성이 다른 생태계 (가)와 (나)를 나타낸 것이다.

(1) 생물다양성이 더 높은 생태계의 기호를 쓰시오.

(2) 아델리펭귄이 사라졌을 때 범고래도 사라질 가능성이 높은 생태계의 기호를 쓰시오.

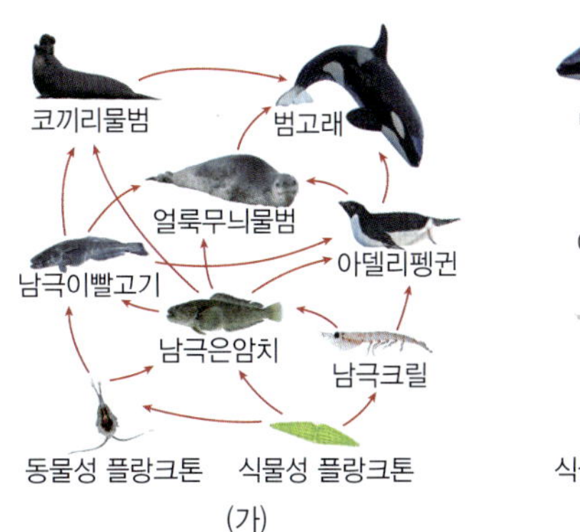

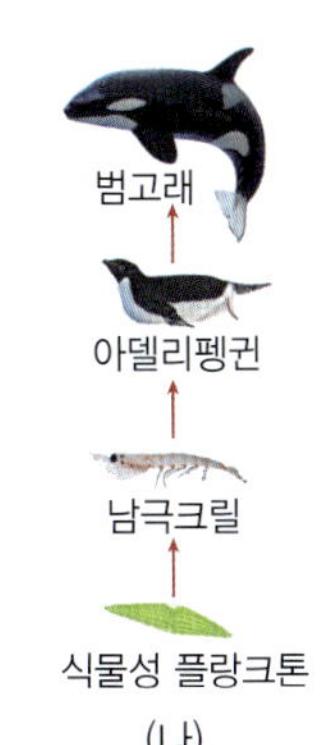

2 생물자원과 각 생물자원에서 우리가 얻을 수 있는 것을 선으로 연결하시오.

(1) 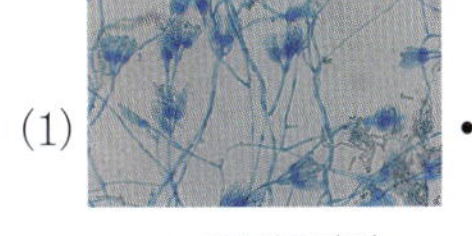
▲ 푸른곰팡이

(2) 
▲ 누에고치

(3) 
▲ 편백

(4) 
▲ 고양이 눈(빛 반사)

(5) 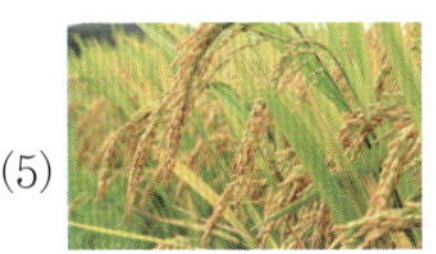
▲ 벼

· ㉠ 식량

· ㉡ 아이디어

· ㉢ 섬유

· ㉣ 목재

· ㉤ 의약품

3 생물다양성보전에 대한 설명으로 옳은 것은 ○, 옳지 <u>않은</u> 것은 ×로 표시하시오.

(1) 외래종의 유입으로 생물다양성이 증가한다. ······················· (　　)

(2) 급격한 기후 변화는 생물다양성을 증가시킨다. ··················· (　　)

(3) 도로 건설로 인해 생물들은 서식지를 잃을 수 있다. ············· (　　)

(4) 숲에서 발견한 멸종 위기 식물은 직접 온실로 옮겨 보호해야 한다. (　　)

(5) 생물다양성이 감소하는 주된 원인은 사람의 과도한 활동이다. ····· (　　)

생물다양성보전의 필요성 이해하기

생물다양성이 생태계 유지에 미치는 영향에 대해 알아보자.

1 생물다양성이 낮은 생태계와 생물다양성이 높은 생태계 비교하기

생물다양성이 낮은 생태계	생물다양성이 높은 생태계

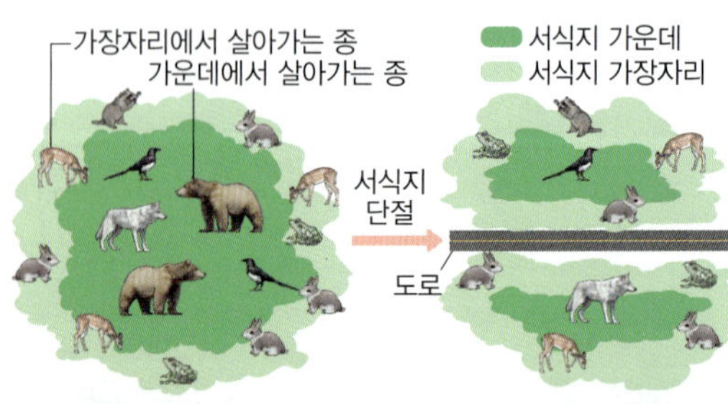

생물다양성이 낮은 생태계	생물다양성이 높은 생태계
• 생물의 종류가 적어 먹이 관계가 단순하다. • 한 종류의 생물이 사라지면 그 생물을 먹고 사는 다른 생물도 사라질 가능성이 커진다. ➡ 생태계가 파괴될 가능성이 높다. 예 뒤쥐가 사라지면 수리부엉이는 먹이가 없어서 멸종될 수 있다.	• 생물의 종류가 많아 먹이 관계가 복잡하다. • 한 종류의 생물이 사라지더라도 그 생물을 대신할 수 있는 생물이 있다. ➡ 생태계가 안정적으로 유지된다. 예 뒤쥐가 사라져도 수리부엉이는 생쥐, 참새, 오리를 먹을 수 있으므로 멸종되지 않는다.

2 서식지 단절과 생물다양성 알아보기

▲ 생태통로

서식지 단절	넓게 이어져 있던 서식지가 도로, 철도, 주택 등의 건설로 인해 작은 영역으로 나누어졌다.

문제점	• 생물의 이동, 먹이 활동, 번식 활동 등에 영향을 끼쳐 개체수가 점점 줄어든다. • 로드킬이 발생하기도 한다. • 넓은 면적을 필요로 하는 생물이나 깊은 숲에서 살아야 하는 생물이 사라질 수 있다. ➡ 생물다양성이 감소한다.

해결 방안	생태통로를 설치하면 단절된 서식지를 이어서 생물의 이동을 도울 수 있다.

A 생물다양성보전의 필요성

01 생물다양성보전의 필요성에 대한 설명으로 옳은 것을 보기에서 모두 고른 것은?

> **보기**
> ㄱ. 생물다양성이 높으면 생태계평형을 안정적으로 유지할 수 있다.
> ㄴ. 다양한 생물로부터 맑은 공기, 비옥한 토양, 식량 등을 얻을 수 있다.
> ㄷ. 휴식처와 여가 생활 공간의 제공은 사람의 활동에 의한 것으로 생물다양성과 무관하다.

① ㄱ   ② ㄷ   ③ ㄱ, ㄴ
④ ㄴ, ㄷ   ⑤ ㄱ, ㄴ, ㄷ

중요해!

02 그림은 두 종류의 생태계 (가), (나)를 나타낸 것이다.

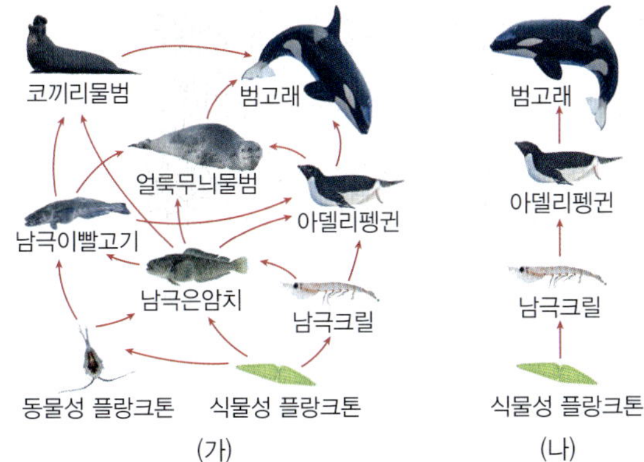

이에 대한 설명으로 옳은 것을 보기에서 모두 고른 것은?

> **보기**
> ㄱ. (가)는 (나)보다 생물다양성이 높다.
> ㄴ. (나)는 먹이 관계가 단순해서 (가)보다 안정적으로 유지될 수 있다.
> ㄷ. (나)에서 아델리펭귄이 사라질 경우 범고래도 멸종할 가능성이 높다.

① ㄱ   ② ㄴ   ③ ㄷ
④ ㄱ, ㄷ   ⑤ ㄴ, ㄷ

03 생물다양성의 가치에 해당하지 않는 것은?

① 산업 재료와 관광자원을 제공한다.
② 생태계를 안정적으로 유지할 수 있다.
③ 잘 알려진 생물만 높은 가치를 가진다.
④ 맑은 공기, 비옥한 토양, 깨끗한 물을 제공한다.
⑤ 사람에게 필요한 식량, 목재, 의약품을 제공한다.

04 생물다양성이 주는 혜택으로 옳지 않은 것은?

① 목화로부터 솜을 얻는다.
② 호두나무로 가구를 만든다.
③ 러브버그가 폭발적으로 증가한다.
④ 주목에서 추출한 물질로 항암제를 만든다.
⑤ 우엉의 열매를 보고 벨크로를 개발하였다.

05 그림은 생물다양성보전의 필요성에 대해 이야기하는 학생 A, B, C의 모습을 나타낸 것이다.

옳게 설명한 학생을 모두 고른 것은?

① A   ② C   ③ A, B
④ A, C   ⑤ B, C

B 생물다양성 유지와 실천 방안

중요해!

06 생물다양성을 감소시키는 사람의 활동에 해당하지 않는 것은?

① 산을 깎아 도로를 만든다.
② 사슴을 보호하기 위해 늑대를 제거한다.
③ 많은 쓰레기가 바다로 흘러 들어가도록 한다.
④ 낚시할 때 크기가 작은 어린 물고기도 잡는다.
⑤ 외래종이 무분별하게 들어오지 않도록 관리한다.

07 다음은 생물다양성이 감소하는 여러 가지 원인 중 하나에 대해 설명한 것이다.

> 도시, 철도, 주택 등의 개발로 생물의 (   ) 이/가 사라지거나 작은 면적으로 나누어졌다.

(   ) 안에 알맞은 말을 쓰시오.

08 다음은 우리나라에서 볼 수 있는 여러 생물을 나열한 것이다.

목화	가시박	뉴트리아
큰입배스	서양민들레	붉은귀거북

이 생물들의 공통점으로 옳은 것은?

① 보호종　　　　② 외래종
③ 토종 생물　　　④ 멸종 위기종
⑤ 생태계 교란종

09 그림은 도로 위를 가로지르는 구조물을 나타낸 것이다.

이러한 구조물을 무엇이라고 하는지 쓰시오.

10 생물다양성보전을 위해 개인적으로 실천할 수 있는 방안을 보기에서 모두 고른 것은?

> **보기**
> ㄱ. 학교 화단을 가꾸는 활동에 참여한다.
> ㄴ. 국립공원과 같은 보호구역을 지정한다.
> ㄷ. 투명 페트병을 따로 모아 분리배출한다.
> ㄹ. 멸종 위기 생물의 복원 사업을 진행한다.

① ㄱ, ㄴ　　　② ㄱ, ㄷ　　　③ ㄴ, ㄷ
④ ㄴ, ㄹ　　　⑤ ㄷ, ㄹ

11 오른쪽 그림은 사람이 사는 집을 짓기 위해 숲을 갈아엎는 과정을 나타낸 것이다. 생물다양성을 감소시키는 원인 중 이 활동과 관련이 깊은 것은?

① 남획　　　　② 환경오염
③ 기후 변화　　④ 서식지파괴
⑤ 외래종 유입

01 그림은 숲을 가로지르는 도로가 건설된 뒤 숲에 사는 생물의 변화를 나타낸 것이다.

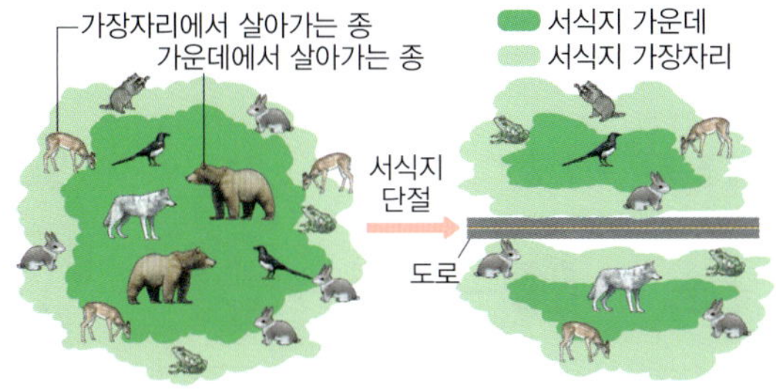

(1) 도로가 건설된 뒤에 생물다양성은 어떻게 변하였는지 서술하시오.

↳ 도로가 건설되기 전보다 건설된 뒤에 생물의 수와 (　　　　)이/가

모두 줄어든 것으로 보아 도로 건설로 인해 생물다양성은 (　　　　)

하였음을 알 수 있다.

(2) 도로 건설로 인해 생물다양성이 변하는 까닭을 서식지와 관련지어 서술하시오.

02 그림은 도로를 건설할 때 함께 설치된 구조물이다.

(1) 이러한 구조물의 이름과 역할에 대해 서술하시오.

↳ 도로 건설로 인해 단절된 (　　　　)을/를 연결하기 위해 설치

하는 구조물을 (　　　　)(이)라고 한다. 이는 생물의 원활한 이동

과 번식 활동을 돕고, 생물이 도로를 건너면서 발생하는 로드킬을

예방하는 데 도움이 된다.

(2) 이러한 구조물이 생물다양성보전에 어떤 영향을 미치는지 근거를 들어 서술하시오.

---

01 생태계가 안정적으로 유지되기 위해 필요한 조건으로 옳은 것을 보기에서 모두 고른 것은?

┌ 보기 ┐
ㄱ. 생물의 종류가 다양하다.
ㄴ. 한 종류의 생물만 월등히 많다.
ㄷ. 먹이그물이 복잡하지 않고 하나의 먹이사슬로만 연결되어 있다.
ㄹ. 어떤 종류의 생물이 사라지더라도 대체할 수 있는 생물이 있다.

① ㄱ, ㄷ　　　② ㄱ, ㄹ　　　③ ㄴ, ㄷ
④ ㄴ, ㄹ　　　⑤ ㄷ, ㄹ

02 생물다양성이 잘 보존된 생태계를 통해 얻을 수 있는 혜택으로 옳지 <u>않은</u> 것은?

① 홍수를 예방할 수 있다.
② 깨끗한 물과 공기를 얻을 수 있다.
③ 의식주에 필요한 재료를 얻을 수 있다.
④ 잘 알려진 생물로부터만 혜택을 얻을 수 있다.
⑤ 의약품 원료를 얻어 질병 치료에 이용할 수 있다.

03 생물다양성을 유지하는 실천 방안으로 적절하지 <u>않은</u> 것은?

① 일회용컵보다 다회용컵을 사용한다.
② 달리기를 하면서 쓰레기를 줍는 플로깅에 참여한다.
③ 사용하지 않는 전기기구는 전원을 연결하지 않는다.
④ 유리창에 새들이 부딪히지 않도록 붙임딱지를 붙인다.
⑤ 애완용 생물을 기를 때에는 멸종 위기 생물을 선택하여 구입한다.

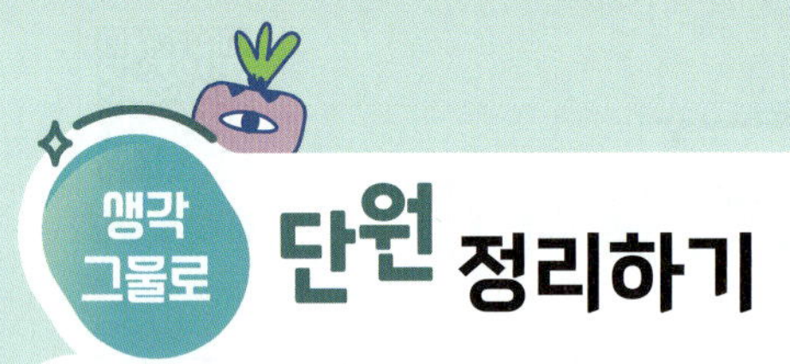

생각 그물로 단원 정리하기

정답과 해설 12쪽

이 단원에서 배운 핵심 단어를 빈칸에 채워 넣어 생각 그물을 완성해 보자.

생물의 구성과 다양성

세포

생물의 구조적·기능적 기본 단위

- 공통 구조: ㉠ [ ], 세포막, 세포질, 마이토콘드리아
- 식물 세포에만 있는 구조: ㉡ [ ], 세포벽

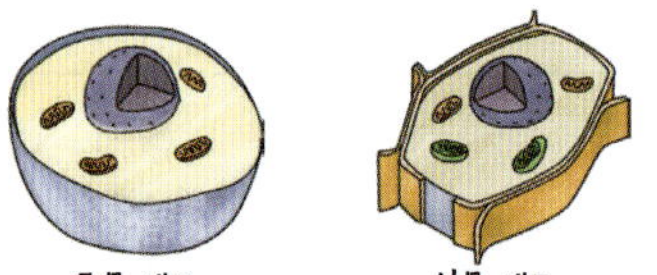

동물 세포 / 식물 세포

생물의 구성 단계

- 동물 몸의 구성 단계

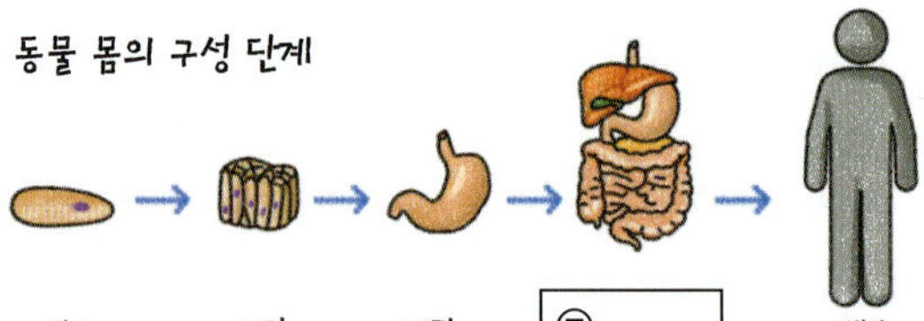

세포 → 조직 → 기관 → ㉢ [ ] → 개체

- 식물 몸의 구성 단계

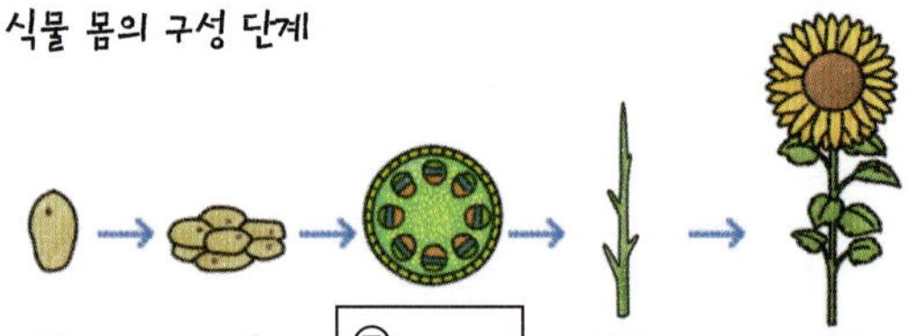

세포 → 조직 → ㉣ [ ] → 기관 → 개체

생물다양성

- 생태계의 다양함
- 생물 ㉤ [ ] 의 다양함
- 같은 종류의 생물 사이에서 나타나는 특징의 다양함

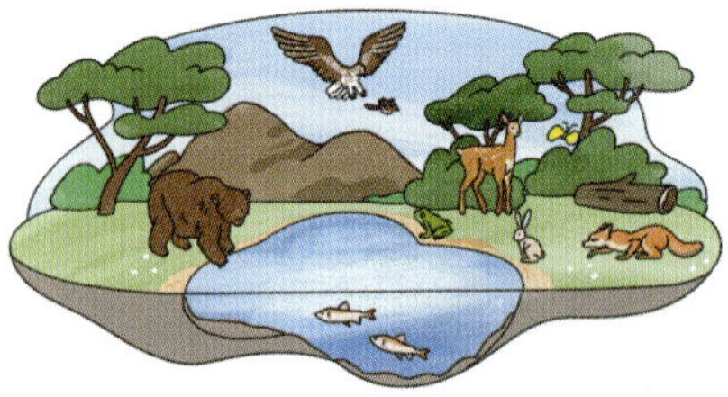

생물의 분류체계

- 분류 단위

㉥ [ ]

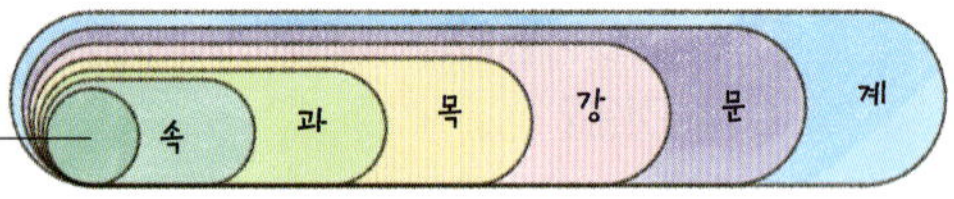

- 생물의 5계

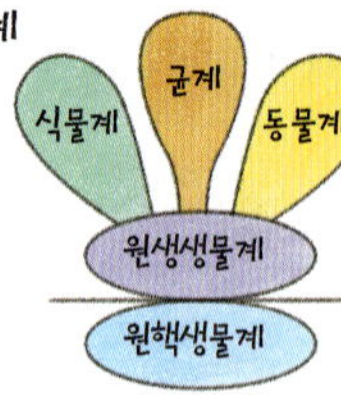

핵막이 있음.
핵막이 없음.

생물다양성보전

- 감소 원인: 서식지파괴, 불법 포획, 남획, 외래종 유입, 환경오염, 기후 변화 등
- 필요성: 생태계 유지, ㉦ [ ] 제공 등
- 실천 방안: 일회용품 사용 줄이기, 멸종 위기종 보호 및 복원, 외래종 관리 등

01 그림 (가)는 양파 표피세포를, (나)는 입안 상피세포를 염색액으로 염색하여 관찰한 결과를 나타낸 것이다.

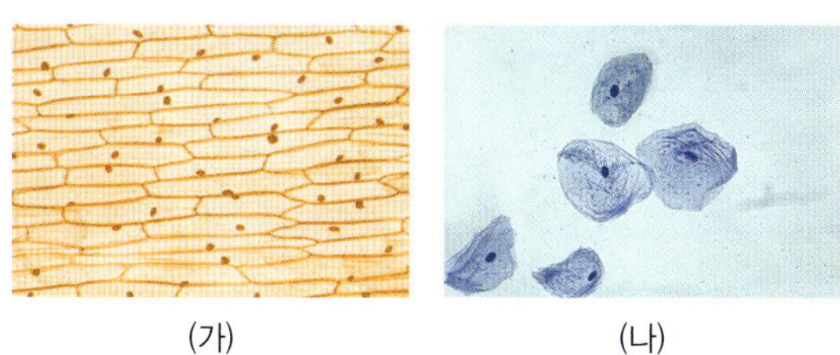

(가)　　　　　　　　　(나)

(가), (나)의 공통점으로 옳은 것을 보기에서 모두 고른 것은?

> **보기**
> ㄱ. 핵이 있다.
> ㄴ. 세포벽이 있다.
> ㄷ. 세포막이 있다.
> ㄹ. 규칙적으로 배열되어 있다.

① ㄱ, ㄴ　　　② ㄱ, ㄷ　　　③ ㄴ, ㄷ
④ ㄴ, ㄹ　　　⑤ ㄷ, ㄹ

02 그림은 어떤 세포의 구조를 나타낸 것이다.

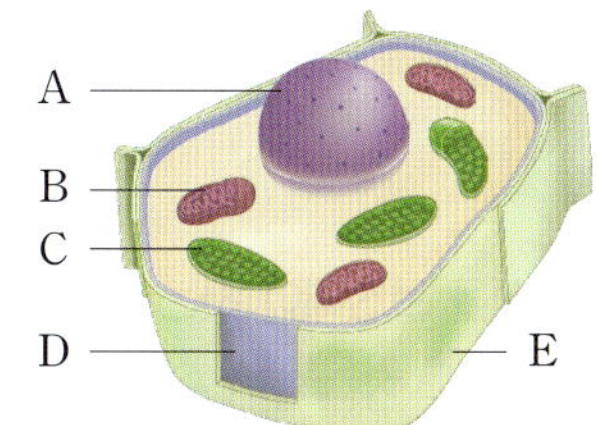

A~E에 대한 설명으로 옳지 않은 것은?

① A에는 유전물질이 있다.
② B는 세포의 생명활동에 필요한 에너지를 만든다.
③ C는 동물 세포와 식물 세포에 모두 있다.
④ D는 세포를 드나드는 물질의 출입을 조절한다.
⑤ E는 두껍고 단단하여 세포를 보호하는 역할을 한다.

03 그림은 사람 몸을 구성하는 네 종류의 세포를 나타낸 것이다.

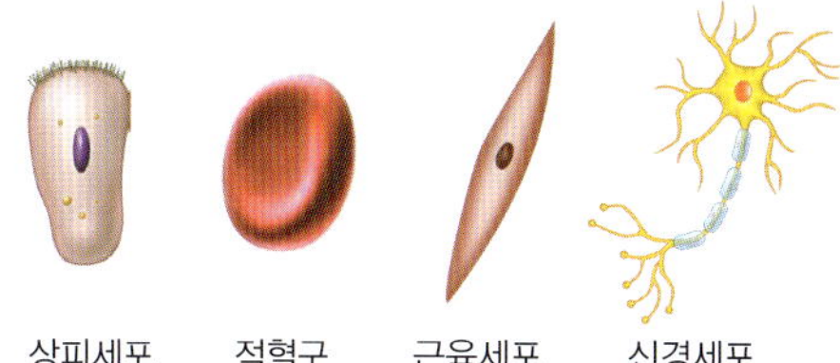

세포의 종류에 따라 모양과 크기가 다른 까닭으로 옳은 것은?

① 하는 일이 다르기 때문이다.
② 세포벽의 형태가 다르기 때문이다.
③ 세포가 만들어진 시기가 다르기 때문이다.
④ 서로 다른 사람의 몸에 있는 세포이기 때문이다.
⑤ 세포를 구성하는 세포소기관의 종류가 다르기 때문이다.

04 그림은 동물 몸의 구성 단계 중 한 부분을 종류별로 나타낸 것이다.

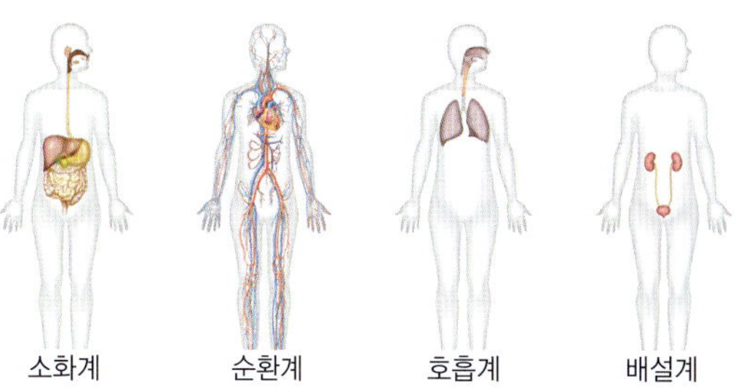

이에 대한 설명으로 옳은 것을 보기에서 모두 고른 것은?

> **보기**
> ㄱ. 조직계에 해당한다.
> ㄴ. 이들이 모여서 개체를 이룬다.
> ㄷ. 식물 몸의 구성 단계에도 있다.
> ㄹ. 연관된 기능을 하는 기관들의 모임이다.

① ㄱ, ㄴ　　　② ㄱ, ㄹ　　　③ ㄴ, ㄷ
④ ㄴ, ㄹ　　　⑤ ㄷ, ㄹ

05 그림은 식물 몸의 구성 단계를 나타낸 것이다.

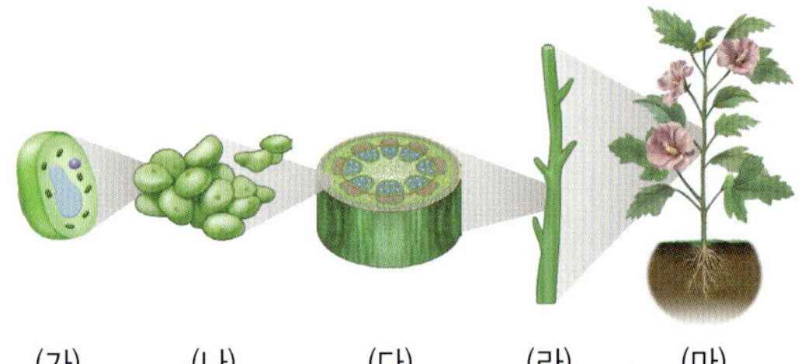

다음에서 설명하는 구성 단계로 옳은 것은?

> • 몇 개의 조직이 모여 이룬다.
> • 뿌리에서 잎까지 식물의 몸 전체에 걸쳐 연속적으로 연결되어 있다.

① (가)　　② (나)　　③ (다)
④ (라)　　⑤ (마)

06 그림은 생물다양성의 의미를 나타낸 것이다.

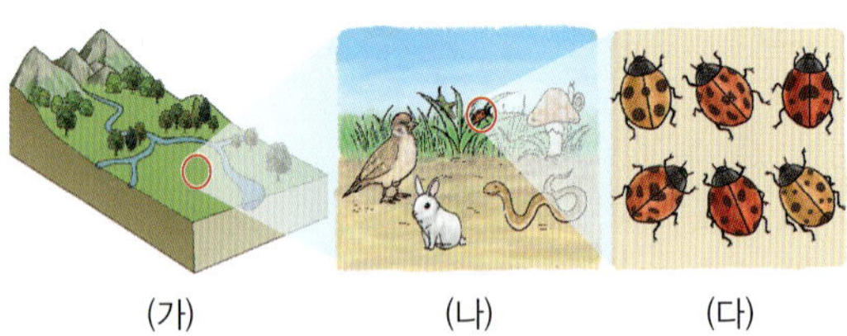

이에 대한 설명으로 옳지 <u>않은</u> 것은?

① (가)는 생태계의 다양함을 나타낸다.
② 벼를 심은 논의 경우 (나)가 높다.
③ (나)는 생물 종류의 다양함을 나타낸다.
④ 사람의 피부색이 다양한 것은 (다)에 해당한다.
⑤ (가), (나), (다)가 높을 때 생물다양성은 잘 유지된다.

07 생물분류에 대한 설명으로 옳지 <u>않은</u> 것은?

① 생물을 분류하는 기본 단위는 계이다.
② 생물을 고유한 특징을 기준으로 분류한다.
③ 같은 무리에 속하는 생물은 공통의 특징이 있다.
④ 생물 사이의 멀고 가까운 관계를 파악할 수 있다.
⑤ 특정 생물의 특징을 확인하면 그 생물이 어느 무리에 속하는지 판단할 수 있다.

08 그림은 대장균, 포도상구균, 젖산균을 현미경으로 관찰한 것이다.

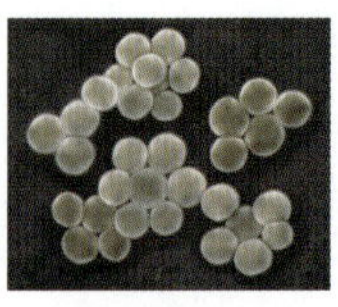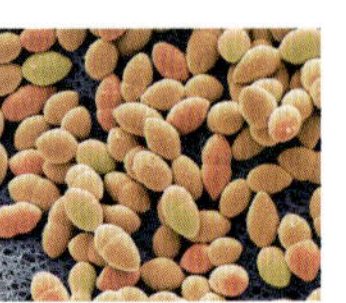

이 생물들이 속하는 계로 옳은 것은?

① 균계　　　　② 동물계　　　　③ 식물계
④ 원생생물계　　⑤ 원핵생물계

09 다음은 어떤 생물 무리의 특징을 기록한 것이다.

> • 세포벽이 없다.
> • 광합성을 못한다.
> • 유전물질이 핵막으로 싸여 있다.
> • 대부분의 생물이 운동성을 가진다.

이와 같은 특징을 가지는 생물로 옳은 것은?

① 해캄　　　　② 민들레　　　　③ 해파리
④ 송이버섯　　⑤ 콜레라균

10 생물다양성을 보전해야 하는 까닭으로 옳은 것을 보기에서 모두 고른 것은?

> **보기**
> ㄱ. 인류에게 다양한 생물자원을 제공하므로
> ㄴ. 특정 지역에 사는 생물을 제한할 수 있으므로
> ㄷ. 생물다양성이 높을수록 생태계를 안정적으로 유지할 수 있으므로

① ㄱ　　　　② ㄴ　　　　③ ㄱ, ㄷ
④ ㄴ, ㄷ　　⑤ ㄱ, ㄴ, ㄷ

11 다음은 두꺼비 서식지에서 일어난 사례이다.

> 두꺼비가 알을 낳으려고 이동하는 길에 도로가 생기면서 두꺼비가 길을 건너다 자동차 등에 치여 죽는 사고가 자주 일어나게 되었다.

이에 대한 설명으로 옳은 것을 보기에서 모두 고른 것은?

> **보기**
> ㄱ. 두꺼비를 대체할 수 있는 외래종을 도입해야 한다.
> ㄴ. 생물의 서식지파괴는 대부분 사람의 활동과 관련이 깊다.
> ㄷ. 생태통로를 만들어 두꺼비의 이동 경로를 확보해야 한다.

① ㄱ
② ㄴ
③ ㄱ, ㄷ
④ ㄴ, ㄷ
⑤ ㄱ, ㄴ, ㄷ

12 생물다양성을 유지하기 위한 실천 방안으로 옳지 <u>않은</u> 것은?

① 일회용 컵 대신 다회용 컵을 사용한다.
② 종자은행에서 토종 식물의 씨를 보존한다.
③ 등산하면서 함부로 식물을 채집하지 않는다.
④ 자가용보다는 자전거나 대중교통을 이용한다.
⑤ 남획한 생물로 의약품을 만들어 질병 치료에 사용한다.

13 그림은 검정말잎 세포를 관찰한 결과를 나타낸 것이다.

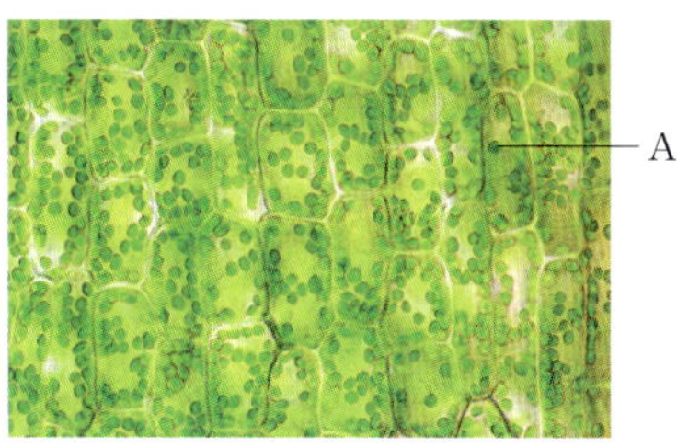

A의 이름을 쓰고, 세포에서 어떤 일을 하는지 서술하시오.

14 그림은 환경이 다른 두 지역에서 살고 있는 올드필드쥐를 나타낸 것이다.

밝은색 모래가 많은 바닷가에 사는 올드필드쥐 / 어두운색 흙이 많은 산림 지대에 사는 올드필드쥐

같은 종류였던 두 올드필드쥐가 각각 바닷가와 산림 지대에 살며 털색이 달라진 과정을 서술하시오.

15 그림은 생물의 분류체계를 나타낸 것이다.

(가)~(다)에 알맞은 분류 단위를 각각 쓰시오.

16 다음은 어떤 생물 무리의 특징을 기록한 것이다.

> • 대부분 몸이 여러 개의 세포로 이루어져 있다.
> • 세포에는 핵막으로 둘러싸인 핵이 있으며, 세포벽이 있다.
> • 몸이 균사로 되어 있으며, 광합성을 못하고 죽은 생물이나 배설물을 분해하여 영양분을 얻는다.

생물의 5계 중 이에 해당하는 계의 이름을 쓰시오.

III.

열

단원 연계

초등학교	중학교	고등학교
5학년에서는	**1학년**에서는	**물리학**에서는
• 온도, 열의 이동, 단열에 대해 배웠어요.	• 온도와 입자 운동, 열평형에 대해 배워요. • 열의 이동 방법인 전도, 대류, 복사에 대해 배워요. • 비열, 열팽창에 대해 배워요.	• 열과 에너지 전환, 에너지 보존에 대해 배울 거예요.

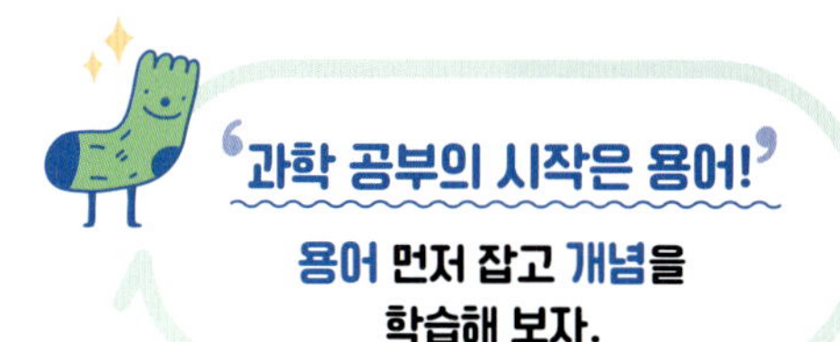

기억해! 초등 용어

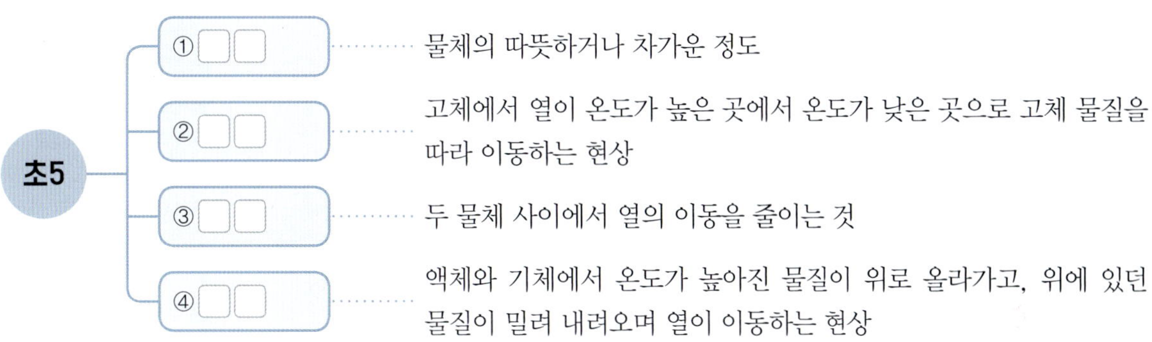

답 ① 온도 ② 전도 ③ 단열 ④ 대류

중요해! 단원 핵심 용어

열평형 (熱 덥다, 平 평평하다, 衡 저울대)	비열 (比 견주다, 熱 덥다)	열팽창 (熱 덥다, 膨 부풀다, 脹 배부르다)
	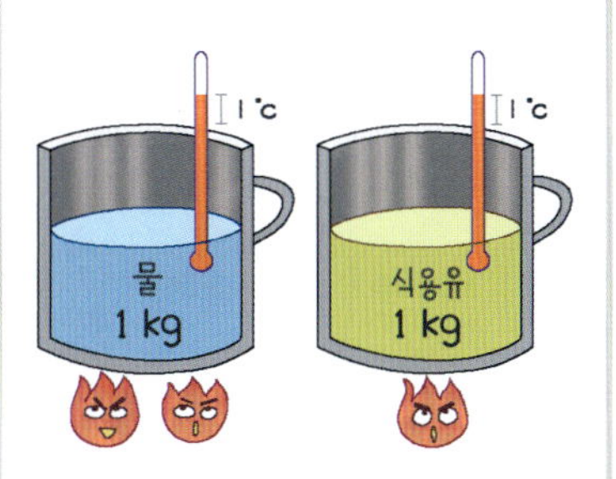	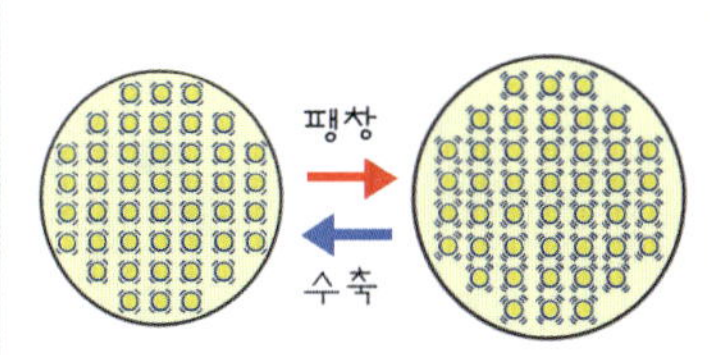
온도가 다른 두 물체가 접촉할 때 온도가 높은 물체에서 온도가 낮은 물체로 열이 이동하여 두 물체의 온도가 같아진 상태	어떤 물질 1 kg의 온도를 1 ℃ 높이는 데 필요한 열량	물질이 열을 얻어 온도가 높아질 때 물질의 길이나 부피가 증가하는 현상

01 열의 이동

Ⓐ 온도와 입자 운동

1. **온도** 물질의 뜨겁고 차가운 정도를 숫자로 나타낸 것으로, 물질을 구성하는 입자의 운동(움직임)이 활발한 정도를 나타낸다. [단위: ℃(섭씨도) 등]
   • 온도의 측정: 온도계, 열화상 카메라 **1** 등으로 측정한다.

2. **물질을 구성하는 입자 2** 모든 물질은 눈에 보이지 않는 작은 입자로 이루어져 있으며, 물질을 구성하는 입자는 끊임없이 움직이고 있다. ➡ 온도에 따라 입자 운동이 활발한 정도가 다르다.

3. **온도와 입자 운동** 온도가 높을수록 물체를 이루는 입자 운동이 활발하다.

물체	입자의 운동	입자 사이의 거리
온도가 낮은 물체	입자의 운동이 둔하다.	입자 사이의 거리가 가깝다.
온도가 높은 물체	입자의 운동이 활발하다.	입자 사이의 거리가 멀다.

Ⓑ 열평형

1. **열** 온도가 높은 물체에서 온도가 낮은 물체로 이동하는 에너지

2. **열평형** 온도가 다른 두 물체가 접촉할 때 온도가 높은 물체에서 온도가 낮은 물체로 열이 이동하여 두 물체의 온도가 같아진 상태 **3** ✔ 꽉 잡아! 탐구 62쪽

3. **열평형에 이르기까지 물체의 온도와 입자 운동의 변화 4**

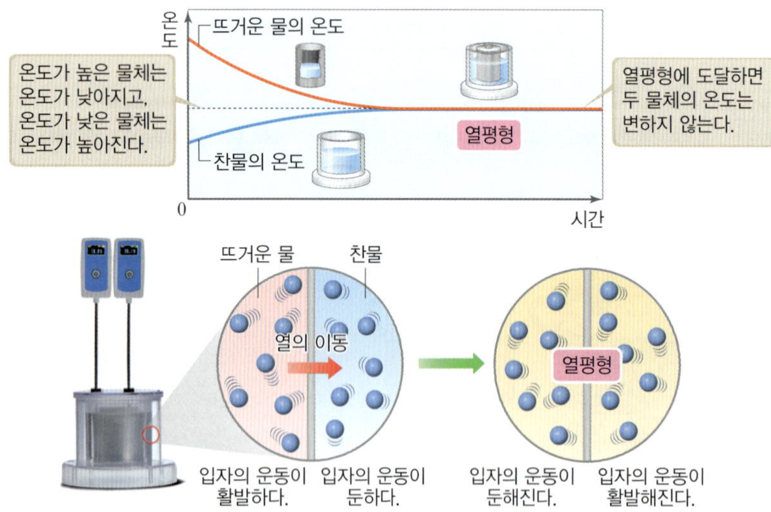

물체	열의 이동	입자의 움직임	입자 사이의 거리
온도가 낮은 물체	열을 얻는다.	활발해진다.	멀어진다.
온도가 높은 물체	열을 잃는다.	둔해진다.	가까워진다.

---

1 열화상 카메라

물체로부터 나오는 열을 감지해 온도에 따라 여러 가지 색깔로 나타내는 카메라이다. 물체에 직접 접촉해서 온도를 측정하기 어려울 때 주로 사용한다.

2 입자 모형

물질을 구성하는 보이지 않는 입자를 설명하기 위해 공이나 구슬과 같은 모형을 이용한다. 입자 운동의 활발한 정도는 주로 꼬리의 개수 차이로 나타낸다.

낮은 온도의 입자		입자의 운동이 둔하다.
높은 온도의 입자		입자의 운동이 활발하다.

3 열평형의 이용

• 냉장고에 음식을 넣어 두면 냉장고 속 공기와 열평형을 이루어 음식이 차가워진다.
• 접촉식 온도계는 접촉한 물체와 열평형을 이루어 물체의 온도를 측정한다.
• 갓 삶은 뜨거운 달걀을 찬물에 담가 두면 달걀과 물이 모두 미지근해진다.

4 두 물체 사이에서 이동하는 열의 양

• 두 물체의 온도 차가 클수록 이동하는 열의 양이 많다. 따라서 시간이 지날수록 이동하는 열의 양은 점점 감소한다.
• 외부와의 열 출입이 없다면 온도가 높은 물체가 잃은 열의 양과 온도가 낮은 물체가 얻은 열의 양은 같다.

➤ 용어

◆ **입자**(낱알 粒, 아들 子) 물질을 구성하는 미세한 크기의 물체

A 온도와 입자 운동

• ㅇㄷ : 물질을 구성하는 입자의 운동이 활발한 정도를 나타낸 것

• ㅇㅈ : 물질을 구성하는 미세한 크기의 물체로, 끊임없이 움직이고 있다.

B 열평형

• ㅇ : 온도가 높은 물체에서 온도가 낮은 물체로 이동하는 에너지

• ㅇㅍㅎ : 온도가 다른 두 물체가 접촉할 때 온도가 높은 물체에서 온도가 낮은 물체로 열이 이동하여 두 물체의 온도가 같아진 상태

1 온도와 입자에 대한 설명으로 옳은 것은 ○, 옳지 <u>않은</u> 것은 ×로 표시하시오.

(1) 온도의 단위로 ℃(섭씨도)를 사용한다. ⸺⸺⸺⸺⸺ ( )

(2) 물질을 구성하는 입자는 항상 정지해 있다. ⸺⸺⸺⸺ ( )

(3) 온도는 물질을 구성하는 입자의 운동이 활발한 정도를 나타낸 것이다.
⸺⸺⸺⸺⸺⸺⸺⸺⸺⸺⸺⸺⸺⸺⸺⸺ ( )

(4) 물질을 구성하는 입자의 움직임이 활발할수록 입자 사이의 거리가 가깝다.
⸺⸺⸺⸺⸺⸺⸺⸺⸺⸺⸺⸺⸺⸺⸺⸺ ( )

(5) 같은 종류의 물체라면 온도가 달라도 물체를 이루는 입자 운동의 활발한 정도는 같다. ⸺⸺⸺⸺⸺⸺⸺⸺⸺⸺⸺⸺⸺ ( )

2 오른쪽 그림 (가)와 (나)는 온도가 서로 다르고 같은 물질로 이루어진 물체의 입자 운동을 나타낸 것이다.

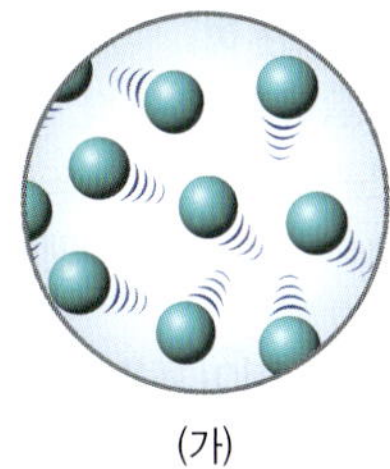 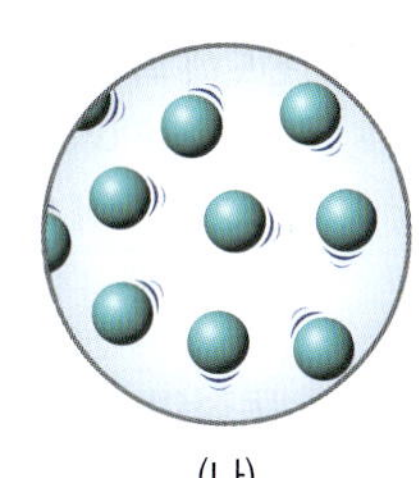

(1) (가)와 (나) 중 입자 운동이 더 활발한 것을 고르시오.

(2) (가)와 (나) 중 온도가 더 높은 것을 고르시오.

3 다음은 뜨거운 달걀을 찬물에 넣었을 때에 대한 설명이다. (   ) 안에 알맞은 말을 쓰시오.

오른쪽 그림과 같이 갓 삶은 뜨거운 달걀을 찬물에 넣으면 뜨거운 달걀에서 찬물로 ㉠(   )이/가 이동하여 달걀의 온도는 낮아지고 찬물의 온도는 높아진다. 어느 정도 시간이 지나면 달걀과 찬물의 온도가 같아지는 ㉡(   )에 도달한다.

4 오른쪽 그림은 온도가 다른 두 물체 A와 B를 접촉시켰을 때 시간에 따른 A와 B의 온도를 나타낸 것이다.

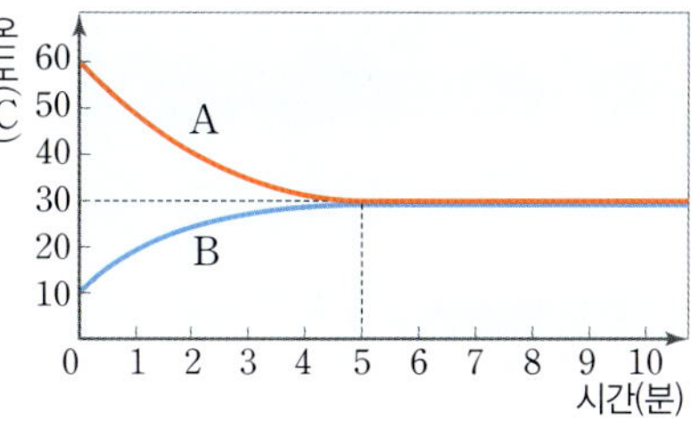

(1) 처음 5분 동안 A와 B 사이에서 열의 이동 방향을 화살표로 나타내시오.

(2) A와 B의 열평형 온도는 몇 ℃인지 쓰시오.

(3) A와 B를 접촉시킨 후 처음으로 열평형에 도달한 시간을 쓰시오.

01 열의 이동

C 열의 이동 방법 ✔ 꽉 잡아! 개념 64쪽

1. **전도** 물질을 구성하는 입자의 운동이 다른 이웃한 입자에 차례대로 전달되어 열이 이동하는 현상
   ① 전도에 의한 열의 이동: 금속 막대를 가열한 부분에서 활발해진 입자의 운동이 이웃한 입자에 전달되어 다른 입자의 운동도 활발해지면서 열이 이동한다.

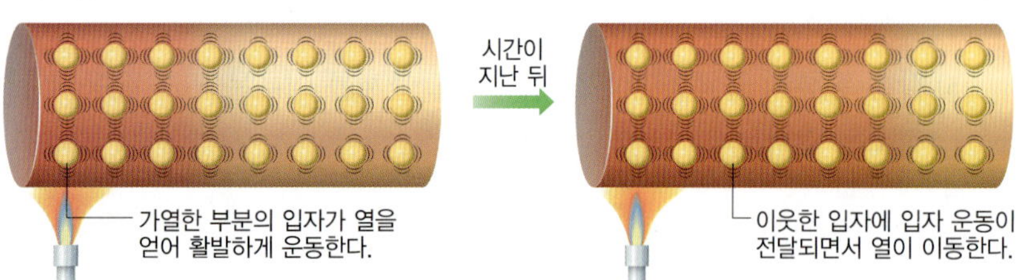

[전도에 의해 열의 이동하는 예]
- 전기장판에 누우면 몸이 따뜻해진다.
- 뜨거운 국에 담가 둔 숟가락 전체가 뜨거워진다.
- 프라이팬의 한쪽만 가열해도 프라이팬 전체가 뜨거워진다.

   ② 물질의 종류에 따른 열이 전도되는 정도: 열이 전도되는 정도는 물질에 따라 다르다. ✔ 꽉 잡아! 탐구 63쪽

구분	예	이용 5
열을 빠르게 전달하는 물질	구리, 알루미늄, 스테인리스와 같은 금속	냄비, 프라이팬과 같은 조리 도구의 몸체 부분
열을 느리게 전달하는 물질	유리, 나무, 플라스틱 등	냄비, 프라이팬과 같은 조리 도구의 손잡이

2. **대류** 기체나 액체에서 입자가 직접 이동하면서 열이 이동하는 현상

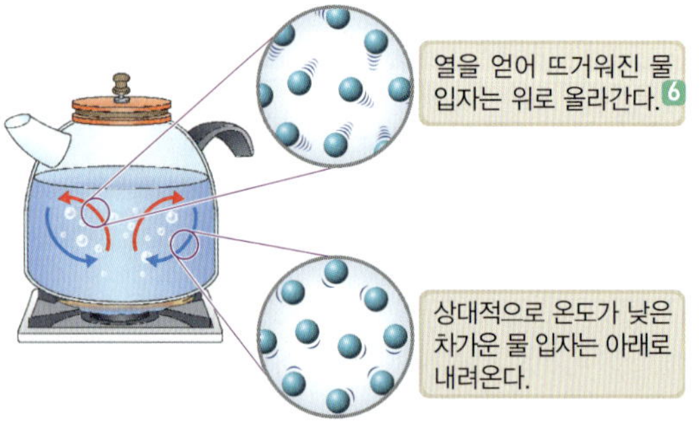

[대류에 의해 열의 이동하는 예]
- 주전자로 물을 끓이면 아래쪽만 가열하여도 물 전체가 뜨거워진다.
- 에어컨을 켜면 방 안이 전체적으로 시원해진다. 7
- 난방기를 켜면 방 안이 전체적으로 따뜻해진다.

3. **복사** 열이 물질의 도움 없이 직접 이동하는 현상 8

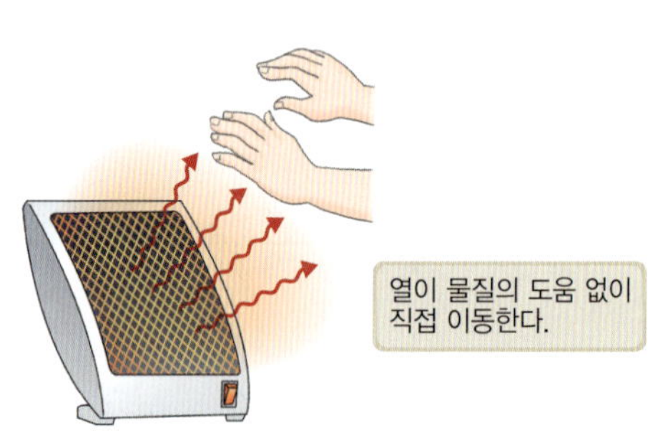

[복사에 의해 열의 이동하는 예]
- 태양의 열이 지구에 전달된다.
- 전기난로를 향한 얼굴이 등보다 따뜻하다.
- 그늘진 곳보다 햇빛이 드는 곳이 더 따뜻하다.
- 열화상 카메라로 물체에서 복사의 형태로 이동하는 열을 감지한다.

초성 퀴즈

C 열의 이동 방법

- ㅈ ㄷ : 물질을 구성하는 입자의 운동이 다른 이웃한 입자에 차례대로 전달되어 열이 이동하는 현상
- ㄷ ㄹ : 기체나 액체에서 입자가 직접 이동하면서 열이 이동하는 현상
- ㅂ ㅅ : 열이 물질의 도움 없이 직접 이동하는 현상

5 열의 이동 방법에 대한 설명으로 옳은 것은 ○, 옳지 <u>않은</u> 것은 ×로 표시하시오.

(1) 대류는 주로 고체에서 열이 이동하는 방법이다. ( )

(2) 전도는 입자가 직접 이동하면서 열이 이동하는 방법이다. ( )

(3) 복사는 물질의 도움 없이 열이 직접 이동하는 방법이다. ( )

(4) 두 물체 사이에서 열이 이동하려면 반드시 두 물체가 접촉해야 한다. ( )

(5) 열의 이동은 전도, 대류, 복사 중 반드시 한 가지 방법으로만 이루어진다. ( )

6 열의 이동 방법에 대한 예를 선으로 연결하시오.

(1) 전도 •　　• ㉠ 그늘진 곳보다 햇빛이 드는 곳이 더 따뜻하다.

(2) 대류 •　　• ㉡ 전기장판에 누우면 몸이 따뜻해진다.

(3) 복사 •　　• ㉢ 에어컨을 켜면 방 안이 전체적으로 시원해진다.

7 ( ) 안에 알맞은 말을 쓰시오.

오른쪽 그림과 같이 주전자 바닥에 열을 가하면 열을 받아 뜨거워진 물은 위로 올라가고, 상대적으로 차가운 물은 아래로 내려간다. 이렇게 주전자 속의 물에서 열이 이동하는 방법을 ( )라고 한다.

8 그림은 열이 이동하는 방법 (가)~(다)를 나타낸 것이다. (가)~(다)에서 열이 이동하는 방법을 각각 쓰시오.

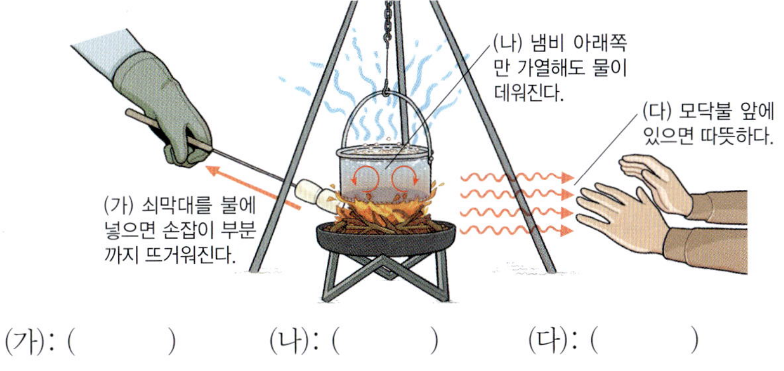

(가): ( )　　(나): ( )　　(다): ( )

온도가 다른 두 물체가 접촉할 때 온도 변화 관찰하기

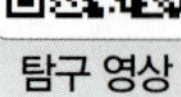

이 탐구를 통해 온도가 다른 두 물체가 열평형에 도달하는 과정을 시간-온도 그래프로 분석하고, 입자의 운동으로 설명해 보자.

과정

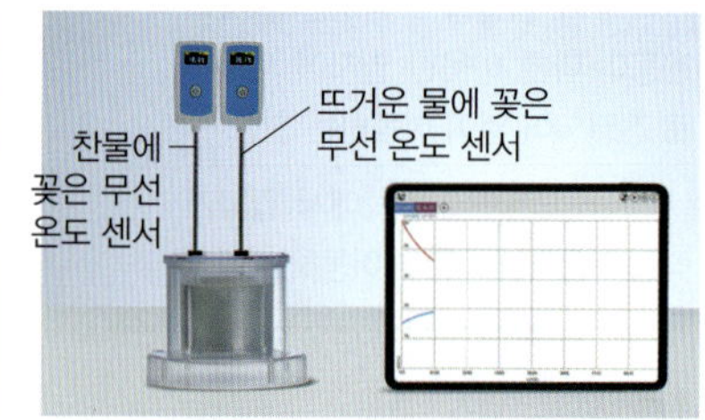

❶ 열량계에 찬물 200 mL를 넣는다.

❷ 뜨거운 물 100 mL가 담긴 금속 컵을 찬물이 담긴 열량계에 넣는다.

❸ 열량계 뚜껑을 닫고, 찬물과 뜨거운 물에 무선 온도 센서를 각각 꽂는다.

❹ 스마트 기기에서 앱을 실행한 뒤 찬물과 뜨거운 물의 온도를 측정한다.
❺ 센서 분석 앱에 그려진 찬물과 뜨거운 물의 온도 변화 그래프를 확인한다.

⚠ **주의**
온도 센서의 끝부분이 열량계의 바닥에 닿지 않게 주의한다.

결과

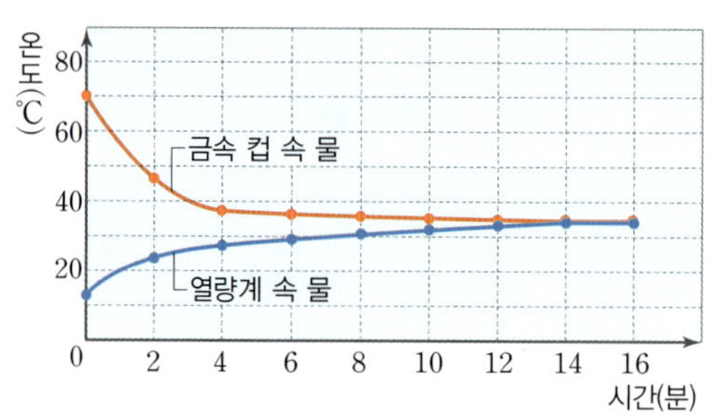

1 열량계 속 물의 온도는 점점 높아지고, 금속 컵 속 물의 온도는 점점 낮아진다.
2 충분한 시간이 지나면 열량계 속 물의 온도와 금속 컵 속 물의 온도는 같아진다.

정리

1 열은 온도가 ㉠(　　　)은 물에서 온도가 ㉡(　　　)은 물로 이동한다.
2 열이 이동하여 두 물의 온도가 같아진 상태를 (　　　)(이)라고 한다.
3 열량계 속 물의 입자 운동은 점점 ㉠(　　　)해지고 금속 컵 속 물의 입자 운동은 점점 ㉡(　　　) 해지다가 열평형에 도달하면 열량계 속 물과 금속 컵 속 물의 입자 운동의 활발한 정도가 같아진다.

확인 문제

정답과 해설 14쪽

1 이 탐구에 대한 설명으로 옳은 것은?

① 열량계 속 물은 열을 잃는다.
② 금속 컵 속 물의 온도는 높아진다.
③ 금속 컵 속 물에서 열량계 속 물로 열이 이동한다.
④ 열평형에 도달하기 전까지 물 입자의 운동이나 배치는 변하지 않는다.
⑤ 열평형에 도달할 때까지 열량계 속 물과 금속 컵 속 물의 온도 변화는 같다.

서술형

2 그림은 처음 열량계 속 물과 금속 컵 속 물의 입자 운동을 나타낸 것이다. 열평형 상태에 도달했을 때 두 물의 입자 운동을 그리시오.

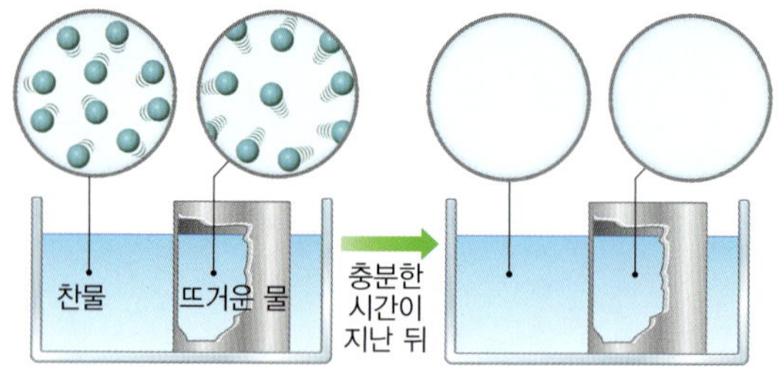

물체에서 **열의 전도** 비교하기

이 탐구를 통해 여러 고체에서 열의 전도 현상을 알아보고, 열이 전도되는 정도를 비교해 보자.

과정

❶ 구리 막대, 알루미늄 막대, 유리 막대를 스탠드에 고정한다.
❷ 열화상 카메라로 세 막대의 한쪽 끝을 가열하는 모습을 촬영한다.
❸ 2분 간격으로 막대의 온도 변화를 관찰하여 비교한다.

⚠ **주의**

알코올램프로 가열하면 고체 막대와 실험 장치가 뜨거워지므로 화상에 주의한다.

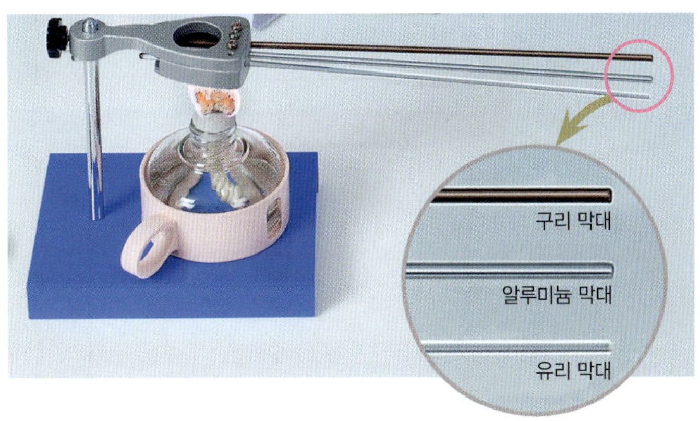

잠깐

열화상 카메라 대신 열 변색 붙임딱지를 붙여 색깔 변화를 관찰할 수도 있다.

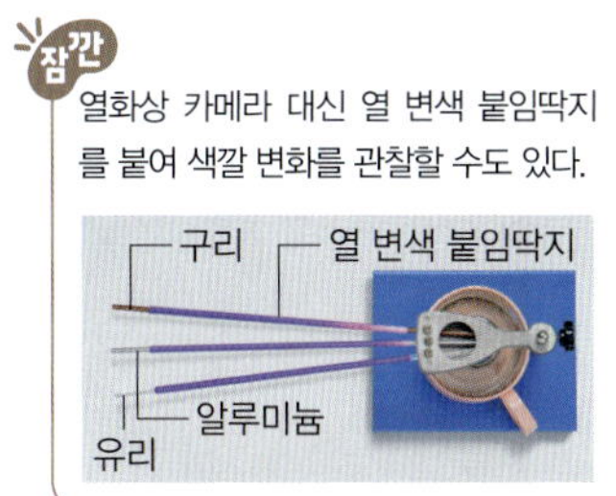

결과

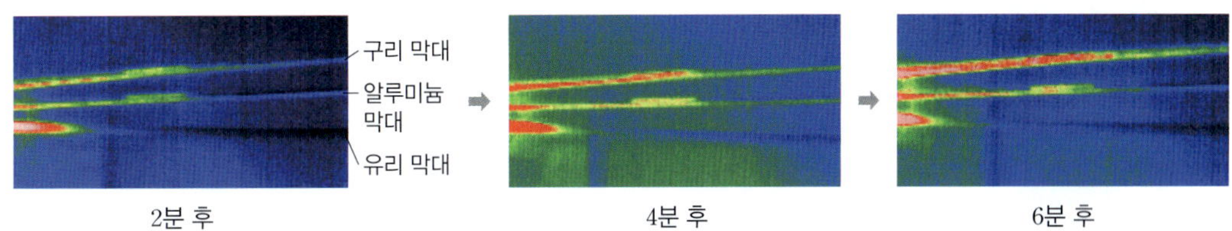

1 가열한 쪽부터 색깔이 변하기 시작하여 점점 먼 쪽으로 차례대로 변한다.
2 막대의 색깔이 빨리 변하는 순서는 구리 - 알루미늄 - 유리 순이다.

정리

1 **막대의 색깔이 변하는 까닭**   막대를 통해 열이 (   )의 형태로 차례대로 이동하기 때문이다.
2 **막대의 색깔이 변하는 정도가 다른 까닭**   물질에 따라 열이 전도되는 정도가 다르기 때문이다. ➡ 열의 전도가 ㉠(   )에서 가장 빠르게 일어나고, ㉡(   )에서 가장 느리게 일어난다.

확인 문제

↩ 정답과 해설 14쪽

1 이 탐구에 대한 설명으로 옳은 것은?

① 막대에서 열이 이동하는 방법은 대류이다.
② 막대에서 열은 오른쪽에서 왼쪽으로 이동한다.
③ 열은 구리 막대보다 유리 막대에서 더 빠르게 이동한다.
④ 막대를 구성하는 입자의 운동이 다른 이웃한 입자에 전달되어 열이 이동한다.
⑤ 막대에서의 열 이동 원리와 열화상 카메라로 물체의 온도 분포를 촬영하는 원리는 같다.

서술형 ✏

2 그림과 같이 냄비와 같은 조리 도구의 손잡이를 금속이 <u>아닌</u> 소재로 만드는 까닭을 서술하시오.

열의 이동 방법 그림으로 정리하기

그림으로 열의 이동 방법인 전도, 대류, 복사를 한눈에 정리해 보고, 이를 비유로 표현하면서 이해해 보자.

1 열이 이동 방법 한눈에 정리하기

2 열의 이동 방법을 비유적으로 표현하기

A 온도와 입자 운동

01 온도에 대한 설명으로 옳지 <u>않은</u> 것은?

① 물질을 구성하는 입자 운동과 관련이 있다.
② 일상생활 속에서 단위로 ℃를 주로 사용한다.
③ 뜨겁고 차가운 정도를 숫자로 나타낸 것이다.
④ 사람의 감각으로 온도를 정확하게 측정할 수 있다.
⑤ 물질의 온도가 변해도 물질을 구성하는 입자의 수는 변하지 않는다.

02 온도와 입자 운동에 대한 설명으로 옳은 것은?

① 온도의 단위로는 kcal를 사용한다.
② 온도가 높을수록 입자의 운동이 둔하다.
③ 따뜻한 물보다 차가운 물에서 잉크가 빠르게 퍼진다.
④ 따뜻한 물보다 차가운 물에서 입자 사이의 거리가 더 멀다.
⑤ 온도는 물질을 구성하는 입자의 운동이 활발한 정도를 나타낸다.

03 그림 (가)~(다)는 어떤 물체를 이루는 입자의 운동을 나타낸 것이다.

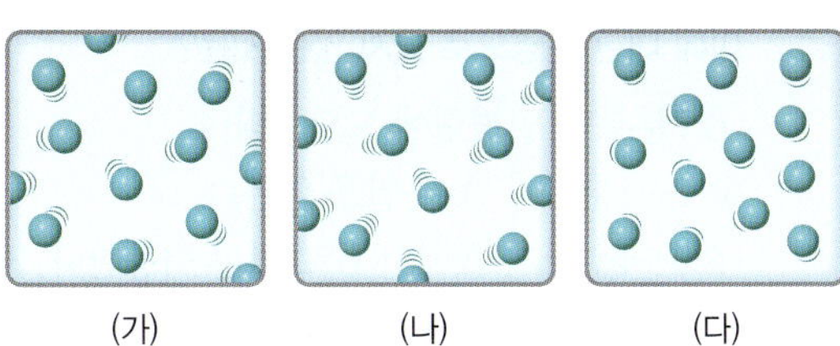

(가)~(다)를 물체의 온도가 높은 순서대로 쓰시오. (단, (가)~(다)는 같은 물질이다.)

B 열평형

04 열과 온도에 대한 설명으로 옳지 <u>않은</u> 것은?

① 물체가 열을 잃으면 온도가 낮아진다.
② 물체가 열을 얻으면 입자 운동이 활발해진다.
③ 물체가 열을 잃으면 입자 사이의 거리가 가까워진다.
④ 열은 온도가 다른 물체 사이에 이동하는 에너지이다.
⑤ 열은 입자 운동이 둔한 물체에서 활발한 물체로 이동한다.

05 그림은 같은 물질로 이루어진 두 물체 A와 B가 접촉한 직후 A, B의 입자 운동을 나타낸 것이다.

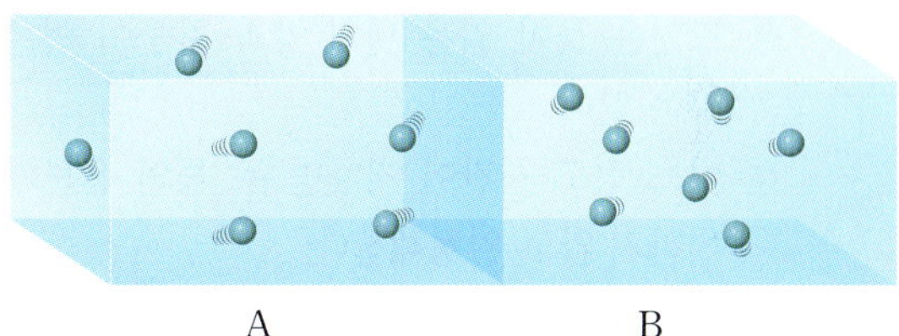

이에 대한 설명으로 옳지 <u>않은</u> 것은? (단, 열은 A와 B 사이에서만 이동한다.)

① 접촉 전 온도는 A가 B보다 높다.
② 접촉 후 A의 온도는 점점 낮아진다.
③ 접촉 후 열은 A에서 B로 이동한다.
④ 접촉 후 B의 입자 운동은 점점 둔해진다.
⑤ 접촉 후 A가 잃은 열의 양과 B가 얻은 열의 양은 같다.

06 오른쪽 그림은 갓 삶은 달걀을 찬물에 넣은 것을 나타낸 것이다. 달걀과 찬물이 열평형에 이를 때까지에 대한 설명으로 옳은 것을 보기에서 모두 고른 것은?

> **보기**
> ㄱ. 달걀의 온도가 점점 높아진다.
> ㄴ. 달걀에서 찬물로 열이 이동한다.
> ㄷ. 찬물을 구성하는 입자의 운동이 점점 활발해진다.

① ㄱ   ② ㄴ   ③ ㄱ, ㄷ
④ ㄴ, ㄷ   ⑤ ㄱ, ㄴ, ㄷ

07 그림은 찬물이 든 열량계에 뜨거운 물이 든 알루미늄 컵을 넣고 온도계를 설치한 모습이다.

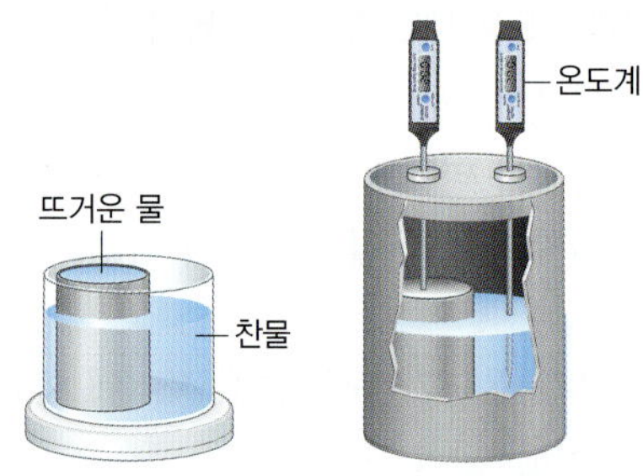

이 실험에 대한 설명으로 옳지 <u>않은</u> 것은? (단, 외부와의 열 출입은 없다.)

① 뜨거운 물에서 찬물로 열이 이동한다.
② 뜨거운 물의 온도는 낮아지고 찬물의 온도는 높아진다.
③ 시간이 지날수록 이동하는 열의 양이 점점 많아진다.
④ 뜨거운 물이 잃은 열의 양과 찬물이 얻은 열의 양은 같다.
⑤ 어느 정도 시간이 지나면 두 물의 온도가 더는 변하지 않고 일정해진다.

08 그림은 물체 A와 B를 접촉했을 때 시간에 따른 온도를 나타낸 것이다.

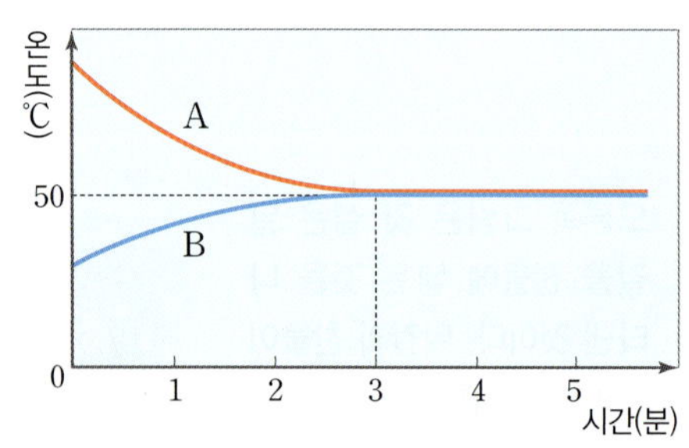

접촉 후 3분이 경과하는 동안 A와 B를 구성하는 입자의 운동 변화를 옳게 짝 지은 것은?

	A의 입자 운동 변화	B의 입자 운동 변화
①	둔해진다.	변화없다.
②	둔해진다.	둔해진다.
③	둔해진다.	활발해진다.
④	활발해진다.	둔해진다.
⑤	활발해진다.	활발해진다.

09 그림은 물체 A~D를 접촉했을 때 열이 이동한 방향을 화살표로 나타낸 것이다.

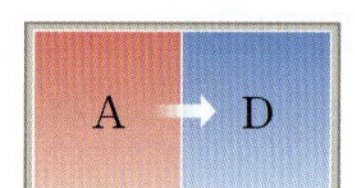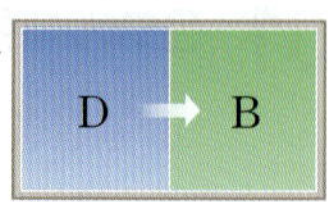

접촉하기 전, A~D의 온도를 높은 순서대로 옳게 나열하시오. (단, 열은 A~D 사이에서만 이동한다.)

10 표는 온도가 다른 물체 A와 B를 접촉한 후, 일정한 시간 간격으로 A의 온도를 측정한 결과이다.

시간(분)	0	1	2	3	4	5
A의 온도(℃)	20	26	29	31	32	32

이에 대한 설명으로 옳은 것을 보기에서 모두 고른 것은? (단, 열은 A와 B 사이에서만 이동한다.)

보기
ㄱ. 0~4분 동안 열이 A에서 B로 이동하였다.
ㄴ. 열평형이 되었을 때 온도는 32 ℃이다.
ㄷ. 5분일 때 A와 B의 온도는 같다.

① ㄱ ② ㄴ ③ ㄱ, ㄷ
④ ㄴ, ㄷ ⑤ ㄱ, ㄴ, ㄷ

11 중요해!

그림은 수조에 담긴 물 A 속에 물 B가 담긴 비커를 넣었을 때 시간에 따른 A, B의 온도를 나타낸 것이다.

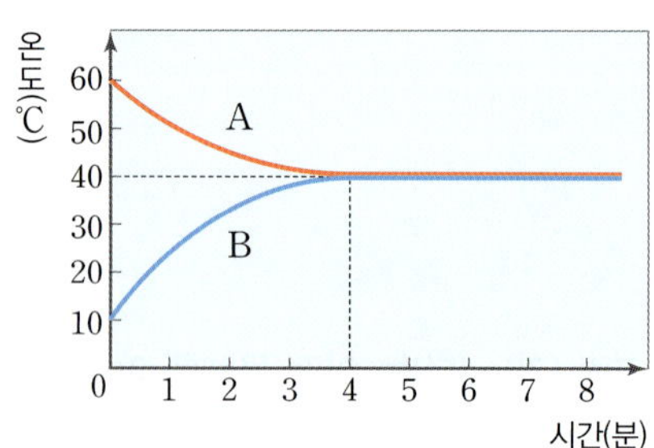

이에 대한 설명으로 옳지 <u>않은</u> 것은?

① 7분부터 열평형에 도달한다.
② 0~4분까지 A는 열을 잃는다.
③ 0~4분까지 A에서 B로 열이 이동한다.
④ 1분일 때 B보다 A의 입자 운동이 더 활발하다.
⑤ 열평형에 도달했을 때 A, B의 온도는 모두 40 ℃이다.

중요해!

12 다음은 온도가 서로 다른 두 물을 접촉시켜 온도 변화를 관찰하는 실험이다.

[실험 과정]

(가) 10 ℃의 물이 담긴 수조에 60 ℃의 물이 담긴 금속 캔을 넣고, 각각 온도계를 설치한다.

(나) 온도가 변하지 않을 때까지 물의 온도를 3분 간격으로 측정한다.

[실험 결과]

시간(분)		0	3	6	9	12
물의 온도(℃)	수조	10	23	28	30	30
	금속 캔	60	40.5	33	30	30

이에 대한 설명으로 옳은 것은? (단, 외부와의 열 출입은 없다.)

① 수조 속 물에서 금속 캔 속 물로 열이 이동한다.

② 물질에 따른 비열의 크기를 비교하는 실험이다.

③ 0~9분 동안 수조 속 물 입자의 운동은 점점 둔해진다.

④ 수조 속 물이 얻은 열의 양보다 금속 캔 속 물이 잃은 열의 양이 많다.

⑤ 12분일 때 수조 속 물과 금속 캔 속 물의 입자 운동이 활발한 정도가 같다.

13 오른쪽 그림은 물체 A를 액체 B에 넣은 후, A와 B의 온도를 시간에 따라 나타낸 것이다. 시간 t일 때 A와 B의 온도가 같아졌다. 0부터 t까지에 대한 설명으로 옳은 것을 보기에서 모두 고른 것은? (단, 열은 A와 B 사이에서만 이동한다.)

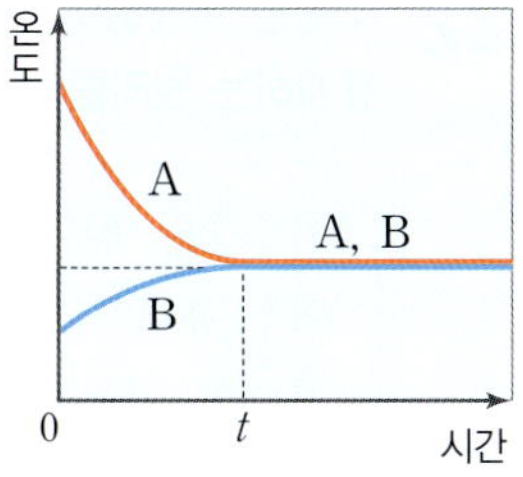

보기

ㄱ. 열은 A에서 B로 이동한다.

ㄴ. B의 입자 운동은 점점 활발해진다.

ㄷ. 출입한 열의 양은 A가 B보다 많다.

① ㄱ   ② ㄷ   ③ ㄱ, ㄴ

④ ㄴ, ㄷ   ⑤ ㄱ, ㄴ, ㄷ

C 열의 이동 방법

14 열의 이동에 대한 설명으로 옳지 <u>않은</u> 것은?

① 진공 상태에서는 열이 이동할 수 없다.

② 플라스틱보다 금속에서 열이 빠르게 전도된다.

③ 물질이 이동하지 않아도 열이 이동할 수 있다.

④ 액체나 기체인 물질에서는 입자가 직접 이동하여 열이 전달된다.

⑤ 물질을 구성하는 입자 운동이 이웃한 입자에 차례로 전달되어 전도가 일어난다.

중요해!

15 그림은 열의 이동 방법을 나타낸 것이다.

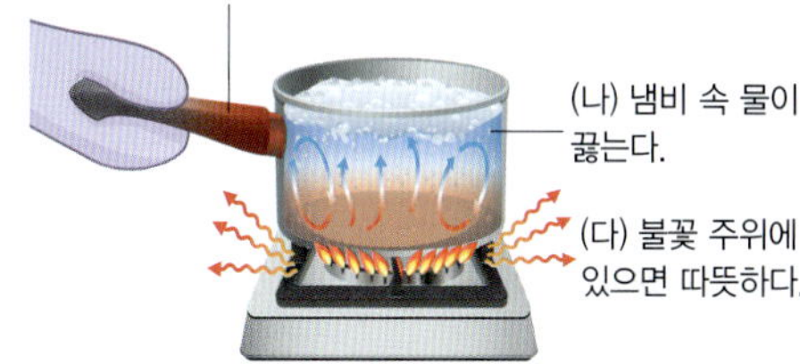

(가)~(다)에서 열의 이동 방법을 옳게 짝 지은 것은?

	(가)	(나)	(다)
①	전도	대류	복사
②	전도	복사	대류
③	대류	전도	복사
④	대류	복사	전도
⑤	복사	대류	전도

16 그림 (가)~(다)는 열이 이동하는 방법을 공을 전달하는 방법에 비유한 것으로, 각각 전도, 대류, 복사 중 하나이다.

이에 대한 설명으로 옳은 것을 보기에서 모두 고른 것은?

보기

ㄱ. (가)는 대류이다.

ㄴ. (나)는 입자의 운동이 이웃한 입자에 차례로 전달되는 방법이다.

ㄷ. (다)는 주로 기체와 액체에서 열이 이동하는 방법이다.

① ㄱ   ② ㄴ   ③ ㄱ, ㄷ

④ ㄴ, ㄷ   ⑤ ㄱ, ㄴ, ㄷ

↻ 정답과 해설 15쪽

17 그림은 금속 막대의 ㉠ 부분을 가열할 때 입자 운동을 나타낸 모형이다.

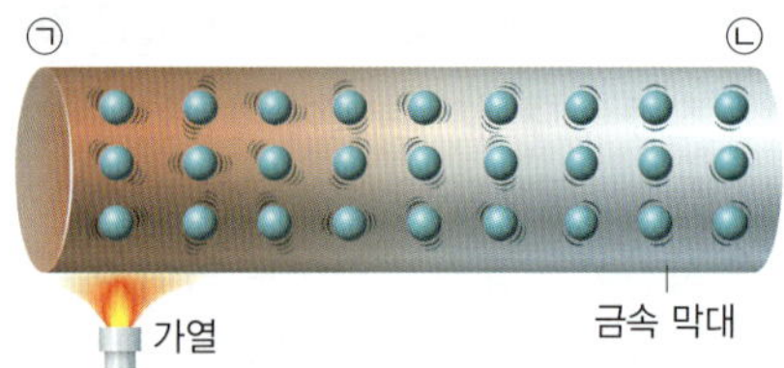

막대에서 열의 이동에 대한 설명으로 옳지 않은 것은?

① 전도에 의해 열이 전달된다.
② 물질의 도움 없이 열이 직접 이동한다.
③ ㉠ 부분의 입자 운동이 이웃한 입자에 차례로 전달된다.
④ ㉡ 부분의 입자 운동이 처음보다 활발해진다.
⑤ 뜨거운 국에 담가 둔 숟가락이 점점 뜨거워지는 것과 같은 열의 이동 방법이다.

18 그림은 구리 막대, 알루미늄 막대, 유리 막대를 동시에 가열하는 모습을 열화상 카메라로 촬영한 것이다.

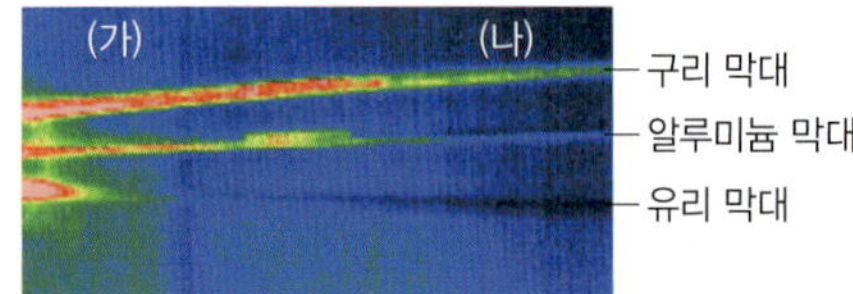

이에 대한 설명으로 옳은 것은?

① 막대에서 열이 이동하는 방법은 복사이다.
② 막대에서 열이 이동하는 방향은 (나)에서 (가)이다.
③ 열은 구리 막대에서 가장 느리게 이동한다.
④ 열은 구리 막대보다 유리 막대에서 더 빠르게 이동한다.
⑤ 막대를 구성하는 입자의 운동이 다른 이웃한 입자에 전달되어 열이 이동한다.

19 다음과 같이 열이 이동하는 방법은 무엇인지 쓰시오.

- 물질을 구성하는 입자가 직접 이동하면서 열을 전달한다.
- 움직임이 활발한 입자는 위로, 움직임이 둔한 입자는 아래로 이동한다.
- 냄비에 물을 넣고 가열할 때나 냉방 기기, 온풍기를 작동할 때 주로 일어나는 현상이다.

20 오른쪽 그림과 같이 찬물과 뜨거운 물이 담긴 플라스크를 설치하고 칸막이를 제거했더니 물이 골고루 잘 섞였다. 이와 같은 방법으로 열을 전달하는 현상으로 옳은 것은?

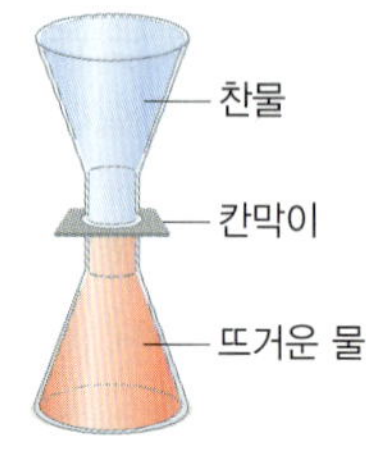

① 햇빛이 비치는 곳이 그늘보다 따뜻하다.
② 추운 겨울날 난로 앞에 앉으면 바로 따뜻함이 느껴진다.
③ 프라이팬은 금속으로 만들고, 손잡이는 플라스틱으로 만든다.
④ 추운 겨울날 나무 의자보다 금속 의자가 더 차갑게 느껴진다.
⑤ 에어컨에서 나온 찬 공기가 이동하여 방 전체의 온도를 낮춘다.

21 그림은 열의 이동과 관련된 현상 A~C를 나타낸 것이다.

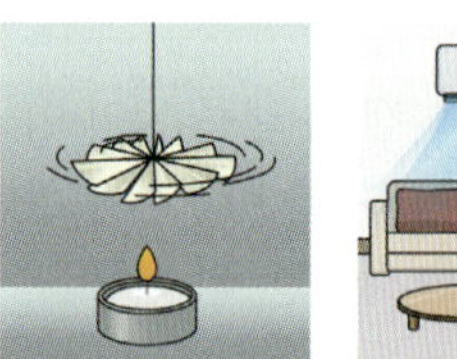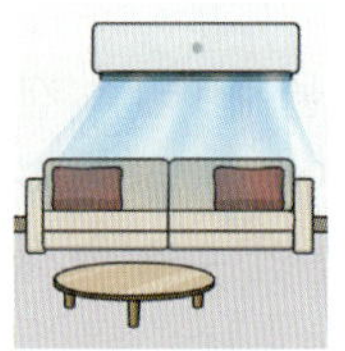

A: 촛불 위에서 바람개비가 돌아간다.　B: 에어컨의 찬 공기가 아래로 내려온다.　C: 난로를 쬐는 손바닥이 손등보다 따뜻하다.

복사에 의한 현상을 모두 고른 것은?

① A　　② C　　③ A, B
④ B, C　　⑤ A, B, C

22 다음은 이중창이 열의 이동을 줄여 집안 내부 온도를 유지하는 원리를 설명한 것이다.

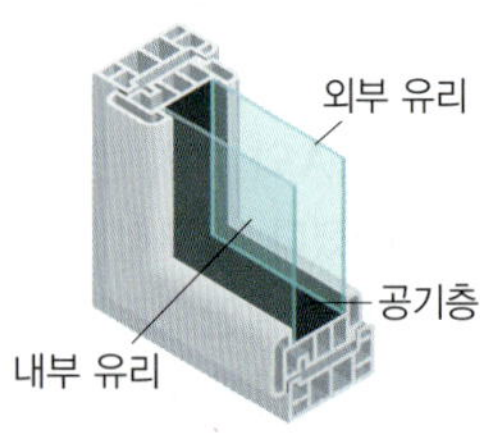

이중창은 내부 유리와 외부 유리 사이에 공기층이 있는 구조로 되어 있다. 더운 여름 뜨거워진 외부 유리와 건물 내부 공기와의 직접적인 접촉이 없으므로 ㉠(　　)을/를 통한 열의 이동은 없고, 유리 사이 공기층 입자들의 이동에 의한 ㉡(　　)와/과 외부에서 직접 전달되는 ㉢(　　)에 의해서만 적은 양의 열이 전달된다. 따라서 이중창의 구조는 열의 이동을 줄이는 데 효과적이다.

㉠~㉢에 알맞은 열의 이동 방법을 쓰시오.

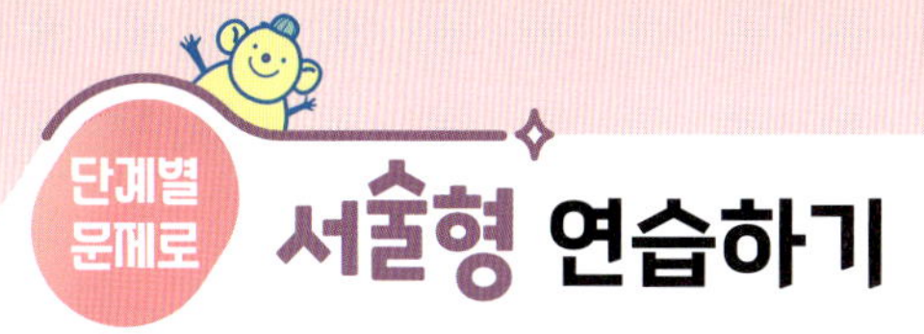

정답과 해설 16쪽

01 다음은 철수가 쓴 일기의 일부이다.

> 오늘은 내 생일이라 가족과 함께 집 근처 식당에서 식사를 하였다. 날씨가 더워 식당에서 ㉠찬물을 내어 주셨지만 감기에 걸린 동생을 위해 ㉡따뜻한 물을 달라고 부탁했다. 나는 ㉢찬물과 따뜻한 물을 섞어서 동생에게 주었다. …

(1) ㉠과 ㉡을 구성하는 입자의 움직임을 나타내는 그림을 (가)와 (나) 중에서 골라 쓰시오.

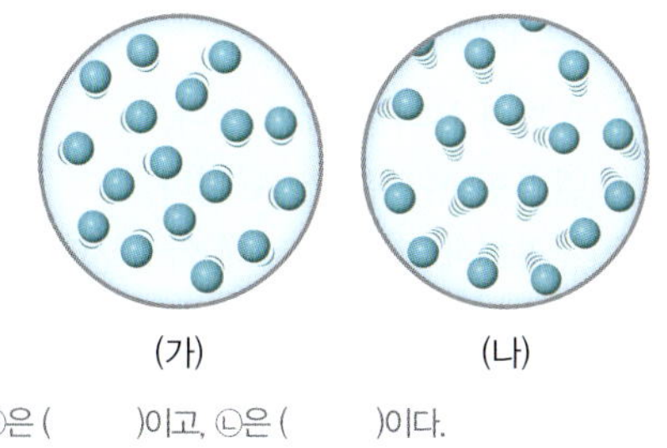

(가)   (나)

↘ ㉠은 (   )이고, ㉡은 (   )이다.

(2) 찬물과 따뜻한 물을 섞은 후의 열의 이동 방향과 물 입자의 운동을 서술하시오.

02 그림 (가)와 같이 질량이 100 g이고 온도가 100 ℃인 금속을 질량이 200 g이고 온도가 20 ℃인 물이 담긴 비커에 넣었을 때, 시간에 따른 물의 온도가 그림 (나)와 같았다. (단, 열은 물과 금속 사이에서만 이동한다.)

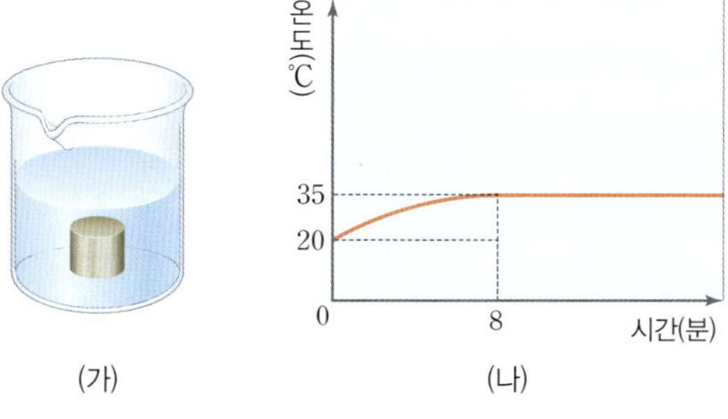

(가)   (나)

(1) 8분 이후 금속의 온도는 몇 ℃인지 까닭과 함께 서술하시오.

↘ 8분 이후 물과 금속은 (   )을 이루므로 금속의 온도는 (   ) ℃이다.

(2) 0~8분 동안 물과 금속에 출입한 열의 양을 비교하여 서술하시오.

03 그림은 냉장고에 하루 동안 넣어 둔 우유갑과 금속 캔을 꺼내 책상 위에 올려놓은 모습을 나타낸 것이다.

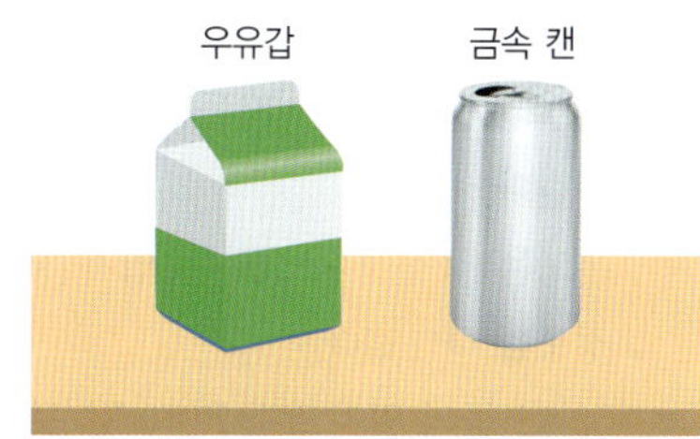

(1) 냉장고에서 막 꺼낸 우유갑과 금속 캔의 온도를 비교하시오.

↘ 우유갑과 금속 캔은 냉장고 안 공기와 (   )을 이루었으므로 우유갑과 금속 캔의 온도는 (   ).

(2) 손으로 우유갑과 금속 캔을 잡으면 어느 것이 더 차갑게 느껴지는지 쓰고, 그 까닭을 서술하시오.

04 그림과 같은 방 안에 난로를 설치하려고 한다.

(1) 난방을 효율적으로 하기 위해 난로를 설치해야 하는 적절한 위치를 A와 B 중 고르시오.

↘ 난로를 (   )에 설치한다.

(2) 난로를 켜 방 안 전체가 따뜻해지는 과정에서 공기의 이동 방향을 열이 이동하는 방법을 포함하여 서술하시오.

01 온도와 입자 운동에 대한 설명으로 옳은 것을 보기에서 모두 고른 것은?

보기
ㄱ. 물질을 구성하는 입자들은 끊임없이 스스로 운동한다.
ㄴ. 온도는 물질을 구성하는 입자 운동의 활발한 정도를 나타낸다.
ㄷ. 50 ℃ 물의 입자 운동은 10 ℃ 물의 입자 운동보다 둔하다.

① ㄱ   ② ㄷ   ③ ㄱ, ㄴ
④ ㄴ, ㄷ   ⑤ ㄱ, ㄴ, ㄷ

02 그림은 어떤 물체를 이루는 입자의 운동 상태 변화에 대해 학생 A, B, C가 대화하는 모습을 나타낸 것이다.

제시한 내용이 옳은 학생을 모두 고른 것은?

① A   ② B   ③ A, C
④ B, C   ⑤ A, B, C

03 그림은 온도가 서로 다른 물 A와 B를 접촉하였을 때 시간에 따른 온도를 나타낸 것이다.

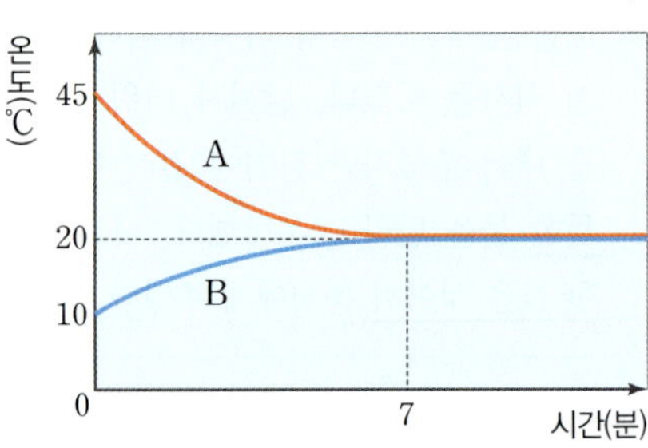

이에 대한 설명으로 옳지 <u>않은</u> 것은? (단, 외부와의 열 출입은 없다.)

① A보다 B의 질량이 작다.
② 열평형 온도는 20 ℃이다.
③ 열평형에 도달하는 데 약 7분이 걸린다.
④ 7분 이후에는 A와 B의 입자 운동이 활발한 정도가 같다.
⑤ 열이 A에서 B로 이동하여 열평형에 도달한다.

04 다음은 열의 이동 방법을 분류하는 과정을 나타낸 것이다.

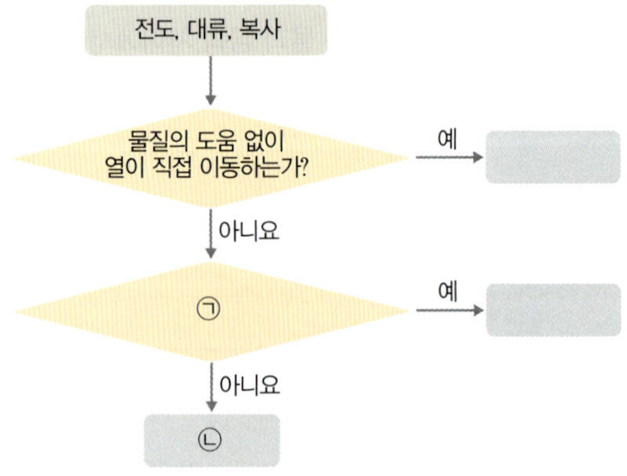

㉠과 ㉡에 들어갈 내용으로 가장 적절한 것은?

	㉠	㉡
①	입자가 직접 이동하는가?	대류
②	입자가 직접 이동하는가?	전도
③	입자가 직접 이동하는가?	복사
④	입자의 운동이 이웃한 입자에 차례로 전달되는가?	전도
⑤	입자의 운동이 이웃한 입자에 차례로 전달되는가?	복사

05 그림과 같이 추운 겨울날 운동장에 있는 금속으로 만든 철봉을 손으로 잡았다.

이때 일어나는 열의 이동에 대한 설명으로 옳은 것을 보기에서 모두 고른 것은?

> **보기**
> ㄱ. 냉기가 철봉에서 손으로 이동하여 철봉이 차갑게 느껴진다.
> ㄴ. 철봉을 구성하는 입자의 운동이 점점 활발해진다.
> ㄷ. 손을 구성하는 입자의 운동이 철봉을 구성하는 입자에 차례로 전달되어 열이 이동한다.

① ㄱ   ② ㄷ   ③ ㄱ, ㄴ
④ ㄴ, ㄷ   ⑤ ㄱ, ㄴ, ㄷ

06 오른쪽 그림은 열 변색 붙임딱지가 붙은 구리판, 유리판, 철판의 끝을 동시에 뜨거운 물이 담긴 비커에 넣은 모습을 나타낸 것이다. 이에 대한 설명으로 옳은 것을 보기에서 모두 고른 것은?

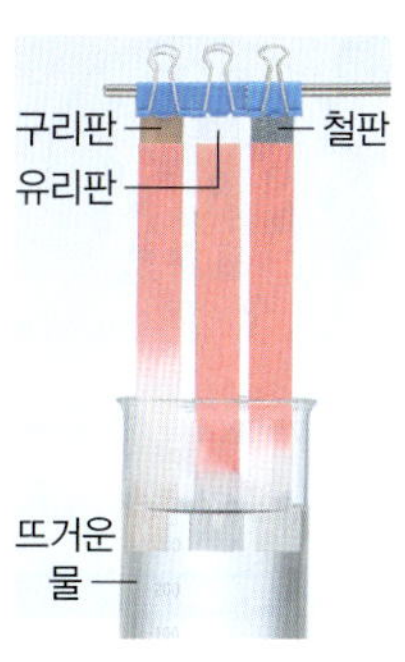

> **보기**
> ㄱ. 유리판에서 열은 복사에 의해 전달된다.
> ㄴ. 구리-철-유리 순으로 열을 잘 전달한다.
> ㄷ. 물질에 따라 열이 전도되는 정도가 다르다.

① ㄱ   ② ㄷ   ③ ㄱ, ㄴ
④ ㄴ, ㄷ   ⑤ ㄱ, ㄴ, ㄷ

07 그림은 방 안에 난로를 켜놓은 상황을 나타낸 것이다.

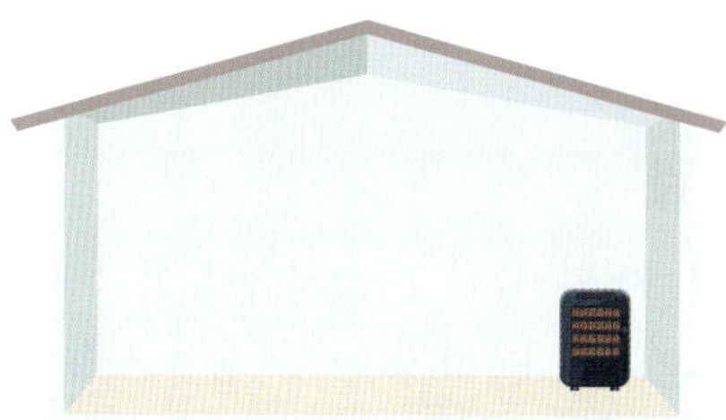

이에 대한 설명으로 옳은 것을 보기에서 모두 고른 것은?

> **보기**
> ㄱ. 복사로 인해 방 안 전체의 온도가 높아진다.
> ㄴ. 기체나 액체에서 주로 발생하는 열의 이동 방법에 의해 열이 전달된다.
> ㄷ. 난로는 방의 위쪽에 설치해야 난방에 더욱 효과적이다.
> ㄹ. 따뜻한 공기는 위로 올라가고, 차가운 공기는 아래로 내려온다.

① ㄱ, ㄷ   ② ㄴ, ㄷ   ③ ㄴ, ㄹ
④ ㄱ, ㄴ, ㄹ   ⑤ ㄴ, ㄷ, ㄹ

08 그림은 물이 담긴 냄비를 가열하여 용기 속의 우유를 데우는 모습을 나타낸 것이다.

이에 대한 설명으로 옳은 것을 보기에서 모두 고른 것은?

> **보기**
> ㄱ. 물이 가열되는 동안 물 입자는 이동하지 않는다.
> ㄴ. 우유가 데워지는 동안 열은 물에서 우유로 이동한다.
> ㄷ. 물에 담기지 않은 부분의 우유가 데워지는 것은 대류와 관련된 현상이다.

① ㄱ   ② ㄴ   ③ ㄱ, ㄷ
④ ㄴ, ㄷ   ⑤ ㄱ, ㄴ, ㄷ

02 비열과 열팽창

A 비열

1. **비열** 어떤 물질 1 kg의 온도를 1 ℃ 높이는 데 필요한 열량으로, 단위는 J/(kg·℃), kcal/(kg·℃) 등을 사용한다.
   ① 비열은 물질마다 고유한 값을 가진다. ➡ 물질의 특성이다.
   ② 비열과 온도 변화 **1** ✔ 꽉 잡아! 탐구 74쪽

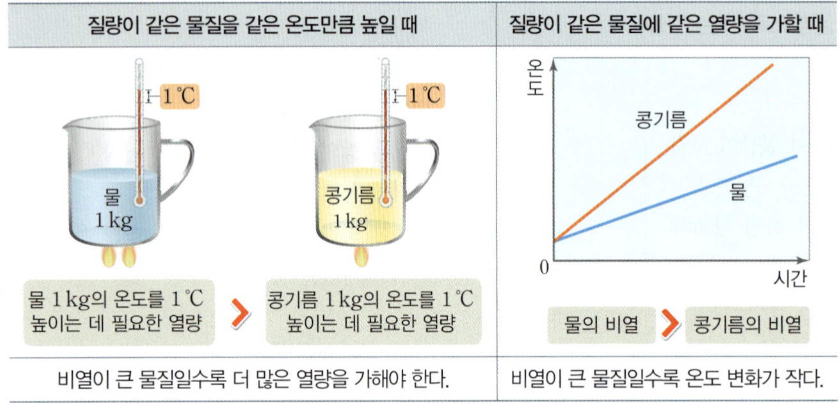

질량이 같은 물질을 같은 온도만큼 높일 때	질량이 같은 물질에 같은 열량을 가할 때
물 1 kg의 온도를 1 ℃ 높이는 데 필요한 열량 > 콩기름 1 kg의 온도를 1 ℃ 높이는 데 필요한 열량	물의 비열 > 콩기름의 비열
비열이 큰 물질일수록 더 많은 열량을 가해야 한다.	비열이 큰 물질일수록 온도 변화가 작다.

2. **비열의 활용**

비열이 큰 물질을 활용하는 예	비열이 작은 물질을 활용하는 예
• 비열이 커서 온도가 잘 변하지 않는 물**2**을 냉각수, 찜질팩, 난방용 보일러 등에 이용한다. • 뜨거운 상태를 오래 유지해야 하는 음식을 요리할 때 비열이 큰 뚝배기를 사용한다.	• 음식을 빠르게 조리하고 싶을 때 비열이 작은 금속으로 만든 프라이팬을 사용한다. • 난방용 온수관은 비열이 작은 물질로 만들어 따뜻한 물이 지나가면서 열을 빠르게 전달한다.

B 열팽창

1. **열팽창** 물질의 온도가 높아질 때 물질의 길이나 부피가 증가하는 현상 **3**
   ① 물질의 온도가 높아지면 물질을 구성하는 입자의 움직임이 활발해지면서 입자 사이의 거리가 멀어지기 때문에 열팽창이 일어난다.

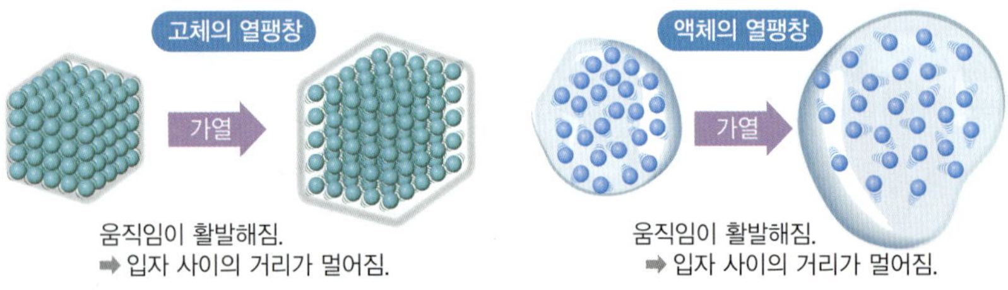

   ② 고체와 액체의 경우 물질에 따라 열팽창 정도가 다르다. **4** ➡ 물질의 특성이다.

2. **바이메탈** 열팽창 정도가 다른 두 금속을 붙여 놓은 장치 **5** ✔ 꽉 잡아! 탐구 75쪽

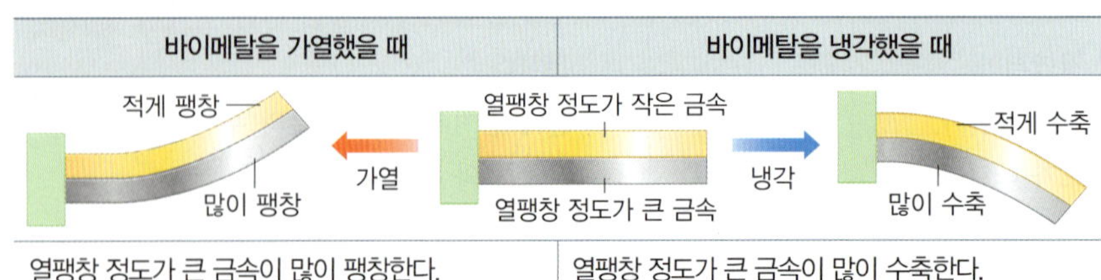

바이메탈을 가열했을 때	바이메탈을 냉각했을 때
적게 팽창 / 가열 / 많이 팽창 / 열팽창 정도가 작은 금속 / 열팽창 정도가 큰 금속	적게 수축 / 냉각 / 많이 수축
열팽창 정도가 큰 금속이 많이 팽창한다. ➡ 열팽창 정도가 작은 금속 쪽으로 휘어진다.	열팽창 정도가 큰 금속이 많이 수축한다. ➡ 열팽창 정도가 큰 금속 쪽으로 휘어진다.

---

1 비열, 열량, 질량, 온도 변화의 관계

$$비열 = \frac{열량}{질량 \times 온도\ 변화}$$

$$열량 = 비열 \times 질량 \times 온도\ 변화$$

2 물의 비열
액체 상태의 물의 비열은 다른 물질에 비해 매우 커서 온도 변화가 작다. 물의 비열이 커서 나타나는 현상은 다음과 같다.
• 사람의 체온은 잘 변하지 않는다.
• 해안 지방이 내륙 지방보다 일교차와 연교차가 작다.

3 열팽창에 의한 현상과 활용
• 액체의 열팽창으로 음료수 병이 깨지거나 액체가 흘러넘치는 것을 막기 위해 병에 액체를 가득 채우지 않는다.
• 다리의 이음매 부분에 틈을 두어 온도 변화에 따라 다리가 휘거나 갈라지는 것을 막는다.
• 알코올 온도계는 에탄올의 열팽창을 활용하여 온도를 측정한다.
• 치아 치료용 충전재는 치아와 열팽창 정도가 비슷한 물질을 사용한다.
• 가스관은 중간에 구부러진 부분을 만들어 열팽창에 의한 사고를 예방한다.

4 상태에 따른 열팽창 정도
일반적으로 액체가 고체보다 열팽창 정도가 크다.

5 바이메탈을 이용한 전기 주전자

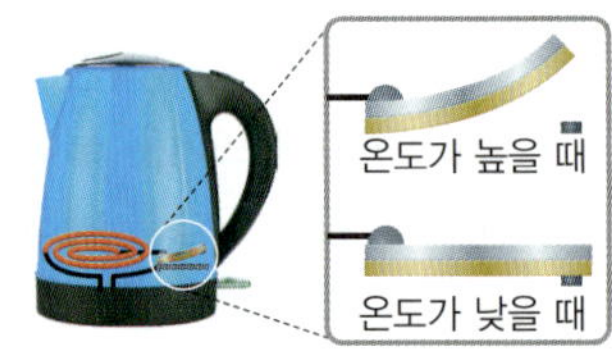

전원을 연결하여 온도가 높아지면 바이메탈이 휘어진다. ➡ 전원이 차단되어 더 이상 온도가 높아지지 않는다.

> 용어
• **열량**(덥다 熱, 헤아리다 量) 온도가 다른 물체 사이에서 온도 차이에 이동하는 열의 양
• **일교차**(날 日, 비교하다 較, 다르다 差) 하루의 최고 기온과 최저 기온의 차이

확인하기

↵ 정답과 해설 18쪽

1 비열에 대한 설명으로 옳은 것은 ◯, 옳지 않은 것은 ×로 표시하시오.

(1) 비열은 단위로 kcal/(kg·℃)를 사용한다. ──────────── (   )

(2) 비열은 물질의 특성으로, 물질마다 고유한 값을 가진다. ──── (   )

(3) 질량이 같은 물질을 가열하면 비열이 큰 물질의 온도 변화가 더 크다. ──────────── (   )

(4) 비열은 어떤 물질 10 kg의 온도를 1 ℃만큼 높이는 데 필요한 열량이다. ──────────── (   )

2 표는 여러 가지 물질의 비열을 나타낸 것이다. 각 물질 1 kg에 10 kcal의 열량을 가했을 때 온도 변화가 가장 큰 물질을 고르시오.

물질	물	콩기름	모래	알루미늄	철
비열(kcal/(kg·℃))	1.00	0.47	0.23	0.21	0.11

3 (   ) 안에 공통으로 들어갈 알맞은 말을 쓰시오.

• (   )은/는 다른 물질에 비해 비열이 매우 크다.
• 바다에 가까운 해안 지방이 내륙 지방보다 일교차가 작은 것은 (   )의 비열이 크기 때문에 나타나는 현상이다.
• (   )은/는 과열된 기계의 온도를 낮추는 냉각수로 이용되거나 찜질팩 등에 이용된다.

4 오른쪽 그림은 두 금속 A, B를 붙여 만든 바이메탈에 열을 가했을 때 바이메탈이 휘어진 모습을 나타낸 것이다. A, B 중 열팽창 정도가 더 큰 금속을 고르시오.

5 열팽창과 관련된 현상으로 옳은 것은 ◯, 옳지 않은 것은 ×로 표시하시오.

(1) 뚝배기에 담긴 음식은 천천히 식는다. ──────────── (   )

(2) 다리나 철로의 이음매 부분에 틈을 둔다. ──────────── (   )

(3) 계곡물에 수박을 담가 두면 수박이 차가워진다. ────── (   )

(4) 여름에는 전깃줄이 늘어나고, 겨울에는 전깃줄이 팽팽해진다. ── (   )

(5) 가스관이 휘어지거나 파손되는 것을 막기 위해 중간에 구부러진 부분을 만든다. ──────────── (   )

여러 가지 **액체**의 **비열** 비교하기

이 탐구를 통해 질량이 같은 두 액체를 가열할 때 온도 변화를 측정하여 비열을 비교해 보자.

과정

❶ 동일한 금속 비커 2개에 물 100 g과 콩기름 100 g을 각각 넣는다.

❷ 금속 비커 2개를 가열 장치에 올려놓고 무선 온도 센서를 장치한다.

❸ 가열 장치를 켠 뒤 물과 콩기름의 온도 변화를 5분 정도 측정한다.

❹ 센서 분석 앱에 그려진 물과 콩기름의 온도 변화 그래프를 확인한다.

⚠ **주의**
가열 장치로 가열하면 금속 비커와 실험 장치가 뜨거워지므로 화상에 주의한다.

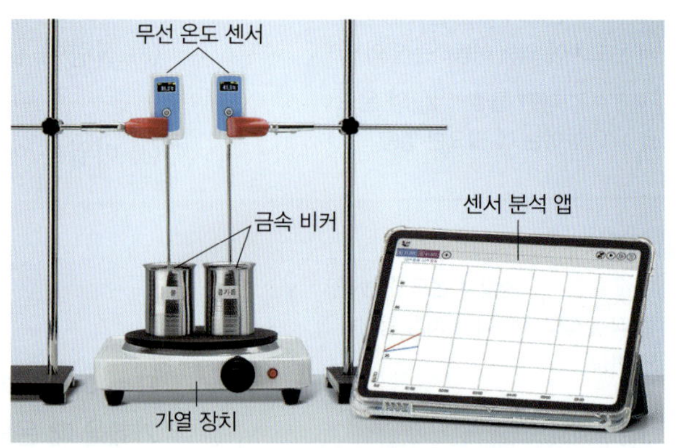

결과

시간(분)	0	1	2	3	4	5
물의 온도(℃)	26.3	30.7	35.1	39.5	43.9	48.3
콩기름의 온도(℃)	26.3	35.3	44.3	53.3	62.3	71.3

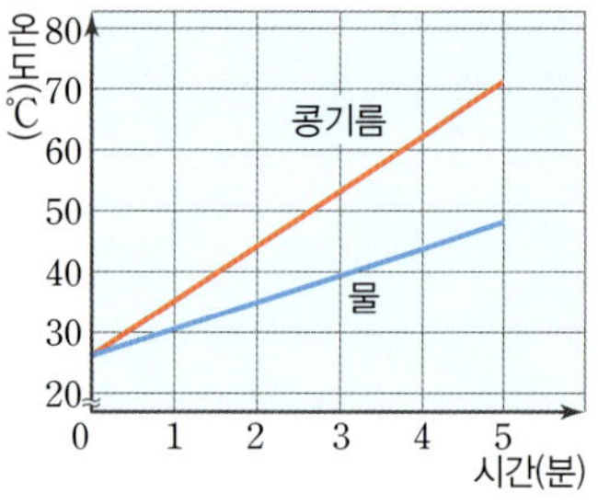

1 같은 시간 동안 가열할 때 콩기름이 물보다 온도 변화가 더 크다. ➡ 물의 비열이 콩기름의 비열보다 크다.

2 같은 온도만큼 높이는 데 걸린 가열 시간은 물이 콩기름보다 길다. ➡ 같은 온도만큼 높이는 데 필요한 열량은 물이 콩기름보다 많다.

정리

1 같은 시간 동안 물과 콩기름이 받은 열량은 ㉠(   )고, 물의 온도 변화는 콩기름의 온도 변화보다 ㉡(   )다. ➡ 질량이 같은 물질에 같은 열량을 가할 때, 비열이 큰 물질일수록 온도 변화가 ㉢(크다 , 작다).

2 물의 온도를 1 ℃ 높이는 데 필요한 열량이 콩기름의 온도를 1 ℃ 높이는 데 필요한 열량보다 ㉠(   )다. ➡ 질량이 같은 물질을 같은 온도만큼 높일 때, 비열이 큰 물질일수록 더 ㉡(많은 , 적은) 열량을 가해야 한다.

확인 문제

정답과 해설 **18쪽**

1 질량을 같게 하고 같은 열량을 가했을 때 온도 변화로부터 물질을 구별할 수 있는 까닭으로 옳은 것은?

① 비열이 물질마다 다르므로
② 끓는점이 물질마다 다르므로
③ 녹는점이 물질마다 다르므로
④ 열팽창 정도가 물질마다 다르므로
⑤ 물질의 질량이 클수록 온도 변화가 크므로

서술형

2 이 탐구에서 물과 콩기름을 같은 가열 장치로 같은 시간 동안 가열하는 까닭을 서술하시오.

액체의 열팽창 관찰하기

이 탐구를 통해 여러 가지 액체의 열팽창 정도를 비교해 보자.

과정

❶ 서로 다른 색깔의 색소를 섞은 물과 에탄올을 삼각 플라스크에 각각 가득 채운다.
❷ 유리관을 꽂은 실리콘 마개로 삼각 플라스크의 입구를 막고, 수조 안에 넣는다.
❸ 유리관에 올라온 두 액체의 처음 높이를 표시한 뒤 수조에 뜨거운 물을 천천히 부으면서 유리관 속 액체의 높이 변화를 관찰한다.

 **주의**
뜨거운 물을 사용할 때 화상에 주의한다.

결과

1 액체의 온도가 올라가면서 유리관 속 액체의 높이가 높아진다. ➡ 액체가 열팽창을 한다.
2 물보다 에탄올을 채운 플라스크의 유리관 속 액체의 높이 변화가 더 크다. ➡ 열팽창 정도는 에탄올이 물보다 크다.

정리

1 물질에 열을 가하면 물질을 이루는 입자의 운동이 ㉠( )해지므로, 입자 사이의 거리가 ㉡(멀어져 , 가까워져) 물질의 길이와 부피가 ㉢( )한다.
2 액체의 온도가 높아질 때 열팽창 정도는 물질에 따라 (같다 , 다르다).

같은 주제 다른 탐구 고체의 열팽창 관찰하기

과정

❶ 종이와 알루미늄박을 겹쳐 붙인 뒤 같은 크기의 직사각형 모양으로 2개를 자른다.
❷ 한 조각은 알루미늄박이 바깥을 향하도록 접고, 다른 조각은 종이가 바깥을 향하도록 접어 스탠드에 건다.
❸ 두 조각을 가열하면서 변화를 관찰한다.

결과 + 정리

1 알루미늄박이 바깥을 향한 조각은 안쪽으로 휘어진다.
2 종이가 바깥을 향한 조각은 바깥쪽으로 휘어진다.
➡ 열팽창 정도는 알루미늄이 종이보다 크다.

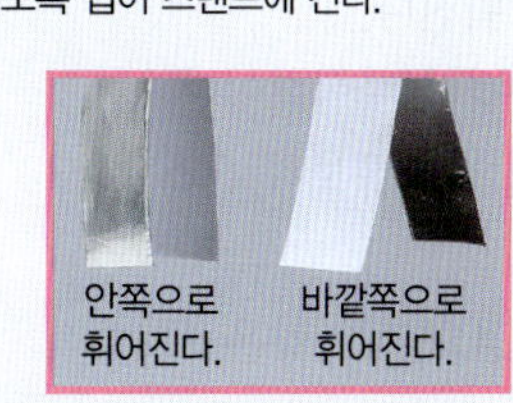

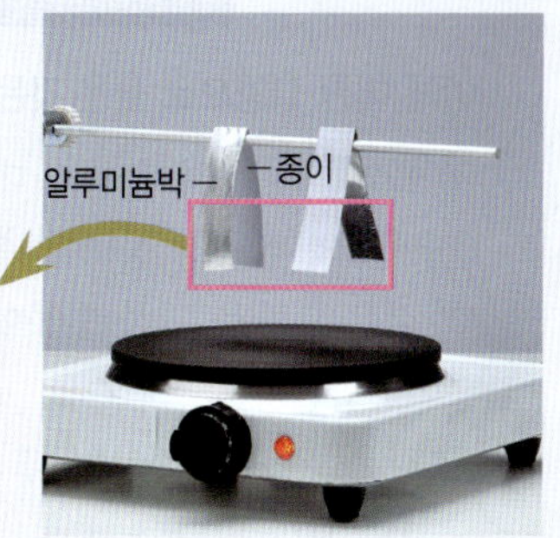

확인 문제

정답과 해설 **18**쪽

1 이 탐구에 대한 설명으로 옳지 <u>않은</u> 것은?

① 가열하면 물질의 길이나 부피가 증가한다.
② 가열하면 물질을 구성하는 입자의 크기가 증가한다.
③ 가열하면 물질을 구성하는 입자의 운동이 활발해진다.
④ 가열하면 물질을 구성하는 입자 사이의 거리가 멀어진다.
⑤ 액체와 고체의 열팽창 정도는 물질의 종류에 따라 다르다.

서술형

2 이 탐구에 대한 물음에 답하시오.

(1) 액체를 가열하면 유리관 속 액체의 높이가 높아지는 까닭을 액체 입자 사이의 거리와 관련지어 서술하시오.

(2) 물과 에탄올의 열팽창 정도를 비교하시오.

A 비열

01 비열에 대한 설명으로 옳지 <u>않은</u> 것은?

① 모래가 물보다 비열이 작다.
② 물질의 종류에 따라 비열이 다르다.
③ 비열이 큰 물질일수록 온도가 잘 변한다.
④ 뚝배기는 음식이 쉽게 식지 않도록 비열이 큰 물질로 만든다.
⑤ 식용유가 비교적 빨리 데워지는 것은 식용유의 비열이 작기 때문이다.

중요해!

02 그림은 같은 질량의 식용유와 물을 넣은 두 개의 비커를 가열 장치 위에 올려놓고 1분 간격으로 온도를 측정하는 실험을 나타낸 것이다.

이에 대한 설명으로 옳은 것은?

① 물이 식용유보다 빨리 데워진다.
② 액체의 열팽창 정도를 측정하는 실험이다.
③ 같은 열량을 가하면 물이 식용유보다 온도가 크게 변한다.
④ 같은 온도를 높이는 데 필요한 열량은 물이 식용유보다 많다.
⑤ 비커 속 물질을 이루는 입자 사이의 거리가 점점 가까워진다.

03 표는 같은 질량의 두 물질 A와 B에 동시에 같은 열량을 가했을 때 처음 온도와 나중 온도를 나타낸 것이다.

물질 \ 온도	처음 온도(℃)	나중 온도(℃)
A	20	31
B	20	36

A와 B 중 비열이 더 큰 물질을 고르시오.

중요해!

04 그림은 여러 가지 물질의 상대적인 비열을 나타낸 것이다.

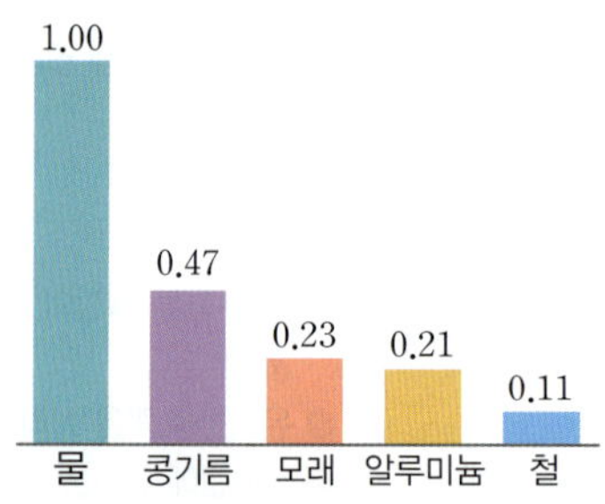

이에 대한 설명으로 옳은 것을 보기에서 모두 고른 것은?

> **보기**
> ㄱ. 물의 비열이 가장 크다.
> ㄴ. 질량과 가하는 열량이 같을 때 물의 온도 변화가 가장 크다.
> ㄷ. 질량이 같을 때 온도를 1 ℃만큼 올리는 데 필요한 열량은 철이 가장 많다.

① ㄱ
② ㄴ
③ ㄱ, ㄷ
④ ㄴ, ㄷ
⑤ ㄱ, ㄴ, ㄷ

05 그림은 질량이 같은 세 물질 A~C에 같은 양의 열을 가했을 때, 시간에 따른 온도를 나타낸 것이다.

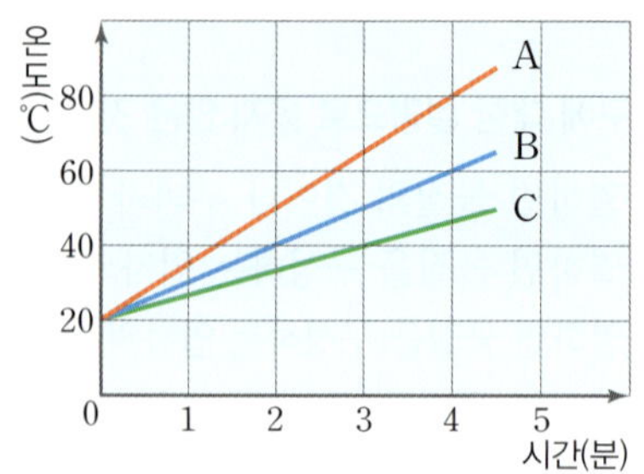

A~C의 비열을 옳게 비교한 것은?

① A>B>C
② A>C>B
③ B>A>C
④ B>C>A
⑤ C>B>A

06 표는 여러 가지 금속의 비열을 나타낸 것이다.

물질	알루미늄	구리	납
비열(kcal/(kg·℃))	0.21	0.09	0.03

질량이 3 kg인 미지의 금속에 10.8 kcal의 열량을 가했을 때 온도가 40 ℃ 높아졌다면, 이 금속은 무엇인지 쓰시오.

07 그림은 질량이 같은 두 물체 A와 B를 접촉시킨 후 두 물체의 시간에 따른 온도를 나타낸 것이다.

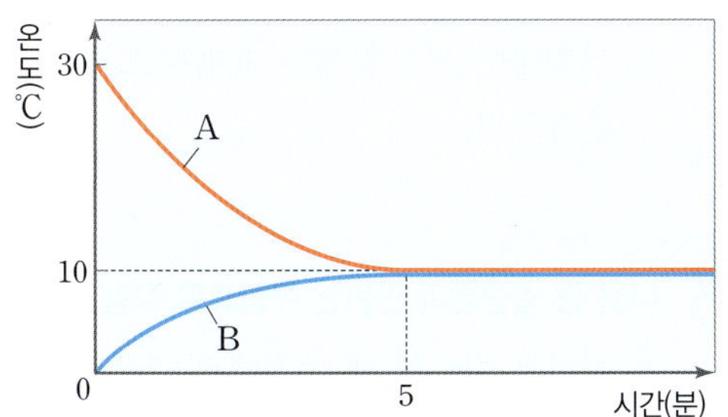

A의 비열은 B의 비열의 몇 배인가? (단, 열은 A와 B 사이에서만 이동한다.)

① $\frac{1}{4}$배　　② $\frac{1}{2}$배　　③ 1배

④ 2배　　⑤ 4배

08 그림은 물을 채워 넣은 찜질팩을 나타낸 것이다.

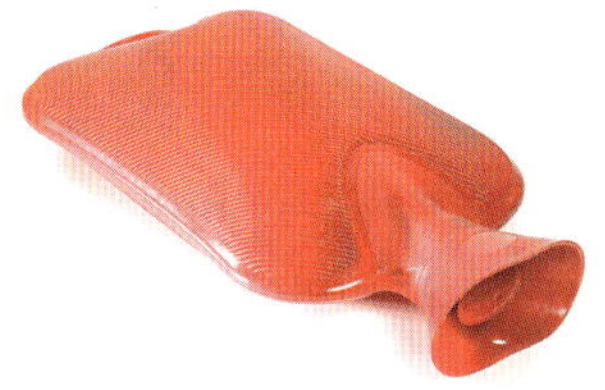

찜질팩에 물을 채워 사용하는 까닭으로 옳은 것은?

① 물의 비열이 다른 물질보다 크기 때문이다.
② 물의 밀도가 다른 물질보다 작기 때문이다.
③ 물의 끓는점이 다른 물질보다 작기 때문이다.
④ 물의 열전도율이 다른 물질보다 크기 때문이다.
⑤ 물의 열팽창 정도가 다른 물질보다 크기 때문이다.

B 열팽창

09 열팽창에 대한 설명으로 옳은 것은?

① 물질을 냉각하면 부피가 증가하는 현상이다.
② 열에 의해 물질을 이루는 입자의 크기가 커진다.
③ 고체의 열팽창 정도는 물질의 종류에 따라 다르다.
④ 같은 물질이면 상태에 관계없이 열팽창 정도가 같다.
⑤ 가열하면 물질을 이루는 입자 사이의 거리가 가까워진다.

10 그림은 알루미늄박과 종이를 겹쳐 붙인 알루미늄 테이프를 가열하기 전과 후의 모습을 나타낸 것이다.

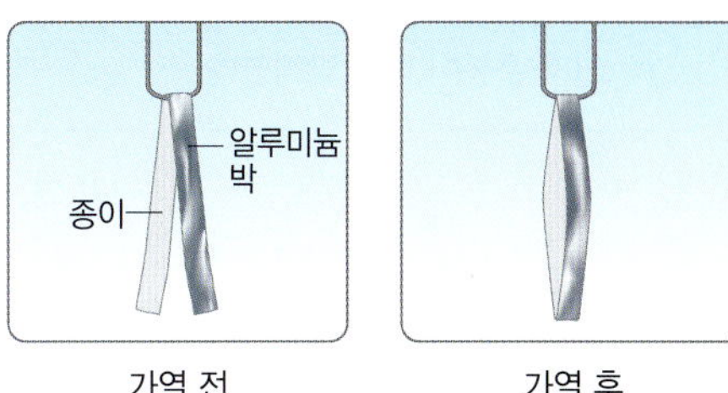

이에 대한 설명으로 옳은 것을 보기에서 모두 고른 것은?

> **보기**
> ㄱ. 가열 후 테이프의 길이가 길어진다.
> ㄴ. 종이가 알루미늄보다 열팽창 정도가 크다.
> ㄷ. 가열 후 테이프를 구성하는 입자 사이의 거리는 가열 전보다 가까워진다.

① ㄱ　　② ㄷ　　③ ㄱ, ㄴ
④ ㄴ, ㄷ　　⑤ ㄱ, ㄴ, ㄷ

중요해!

11 그림 (가)는 금속 A와 B를 붙여 만든 바이메탈을 전원에 연결했을 때 전구가 켜진 모습을, (나)는 회로의 온도가 높아지면 바이메탈이 휘어지며 자동으로 전원을 차단하는 모습을 나타낸 것이다.

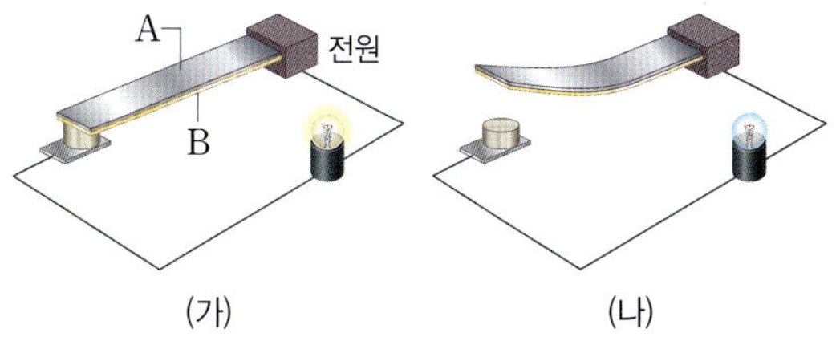

A와 B의 열팽창 정도를 등호나 부등호로 비교하시오.

중요해!

12 그림 (가)는 온도가 10 ℃인 물을 가득 채운 플라스크에 유리관을 꽂은 모습을, (나)는 (가)의 플라스크를 뜨거운 물이 담긴 수조에 넣고 일정 시간이 지났을 때 유리관 속의 수면이 더 높아진 모습을 나타낸 것이다.

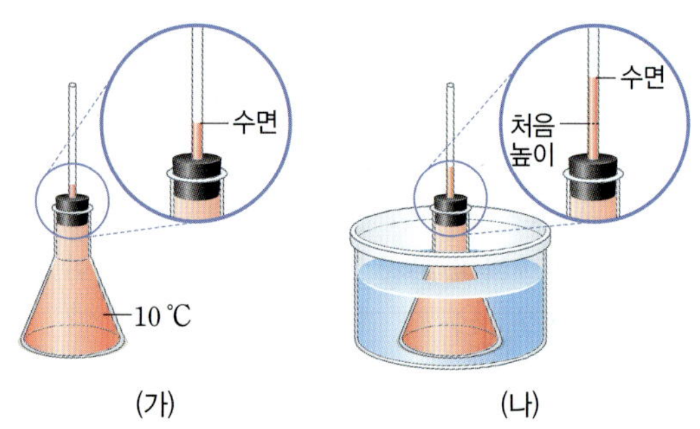

(가)에서 (나)로 변하는 동안 플라스크 안의 물에 대한 설명으로 옳은 것을 보기에서 모두 고른 것은?

보기
ㄱ. 부피가 증가하였다.
ㄴ. 열을 흡수하였다.
ㄷ. 입자 운동이 더 활발해졌다.

① ㄱ　　　　② ㄷ　　　　③ ㄱ, ㄴ
④ ㄴ, ㄷ　　　⑤ ㄱ, ㄴ, ㄷ

13 그림과 같이 유리병의 금속 뚜껑이 열리지 않을 때, 뚜껑에 뜨거운 물을 부으면 뚜껑을 쉽게 열 수 있다.

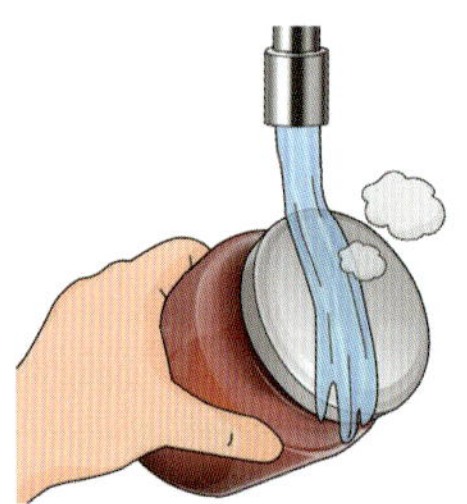

이에 대한 설명으로 옳은 것을 보기에서 모두 고른 것은?

보기
ㄱ. 뜨거운 물을 부으면 뚜껑을 이루는 입자의 운동이 활발해진다.
ㄴ. 뜨거운 물을 부으면 뚜껑을 이루는 입자 사이의 거리가 멀어진다.
ㄷ. 뜨거운 물을 부으면 뚜껑의 부피가 증가하여 유리병과 뚜껑 사이의 틈이 좁아진다.

① ㄱ　　　　② ㄷ　　　　③ ㄱ, ㄴ
④ ㄴ, ㄷ　　　⑤ ㄱ, ㄴ, ㄷ

14 그림과 같이 주택에 가스관을 설치할 때는 중간에 구부러진 부분을 만든다.

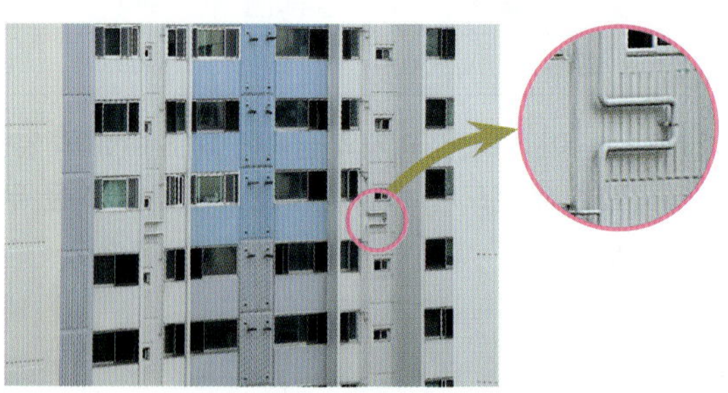

가스관을 구부러지게 만드는 까닭과 관련 있는 현상은?

① 에어컨을 방의 위쪽에 설치한다.
② 찌개를 끓일 때 뚝배기를 사용한다.
③ 한약 팩을 뜨거운 물에 넣어 데운다.
④ 적외선 카메라로 촬영하면 온도 분포를 알 수 있다.
⑤ 전깃줄이 겨울철에는 팽팽하고, 여름철에는 느슨해진다.

15 다음 중 열팽창과 관련된 현상으로 적절하지 <u>않은</u> 것은?

① 치아를 치료할 때 충전재로 금을 사용한다.
② 다리의 파손을 막기 위해 중간에 틈을 둔다.
③ 전봇대 사이의 전깃줄이 겨울보다 여름에 더 많이 늘어진다.
④ 건물 외벽에 설치된 가스관의 중간에 구부러진 부분을 만들어 놓는다.
⑤ 물과 식용유를 동시에 가열하면 식용유의 온도가 물의 온도보다 더 빨리 높아진다.

16 오른쪽 그림과 같이 콘크리트와 철근을 이용하여 건물을 지으면 건물의 균열을 방지할 수 있다. 그 까닭으로 가장 적절한 것은?

① 콘크리트와 철근의 비열이 비슷하기 때문이다.
② 콘크리트의 비열이 철근의 비열보다 크기 때문이다.
③ 콘크리트와 철근의 열팽창 정도가 비슷하기 때문이다.
④ 콘크리트의 열팽창 정도가 철근의 열팽창 정도보다 크기 때문이다.
⑤ 콘크리트의 열팽창 정도가 철근의 열팽창 정도보다 작기 때문이다.

01 그림은 위도가 비슷한 내륙 도시인 홍천과 해안 도시인 강릉의 1월과 8월의 최고 기온과 최저 기온을 나타낸 것이다.

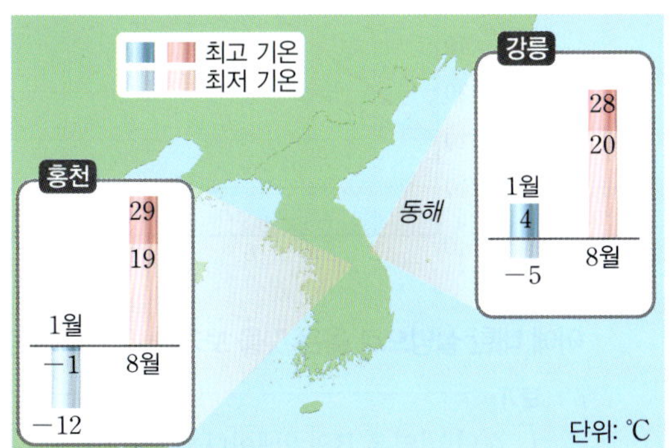

(1) 홍천과 강릉의 1월 최저 기온과 8월 최고 기온의 차이를 비교하시오.

  ↘ 홍천이 (   )℃, 강릉이 (   )℃이다. 따라서 홍천이 강릉보다 연간 최고 기온과 최저 기온의 차이가 (   ).

(2) 홍천과 강릉의 연간 최고 기온과 최저 기온의 차이가 서로 다른 까닭을 비열과 관련지어 서술하시오.

02 표는 여러 가지 물질의 비열을 나타낸 것이다.

물질	수은	식용유	알코올	물
비열(kcal/(kg·℃))	0.03	0.40	0.58	1.00

(1) 질량이 같은 물질에 같은 양의 열을 가했을 때 온도 변화가 가장 작은 물질을 서술하시오.

  ↘ 비열이 작을수록 온도 변화가 (   ), 비열이 클수록 온도 변화가 (   )므로, (   )이 온도 변화가 가장 작다.

(2) 표에 제시된 물질 중 찜질팩 속에 넣어 사용하면 좋은 물질을 고르고, 그 까닭을 서술하시오.

03 그림은 알코올 온도계를 나타낸 것이다.

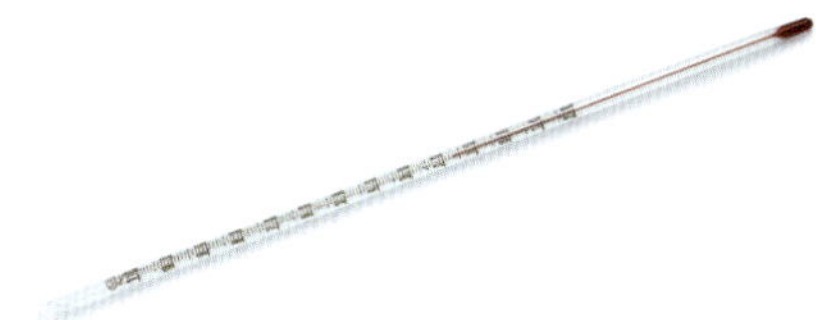

(1) 알코올 온도계를 따뜻한 물에 넣었을 때 에탄올을 구성하는 입자의 운동과 배치를 서술하시오.

  ↘ 에탄올을 구성하는 입자의 운동이 (   )해지고, 입자 사이의 거리가 (   )진다.

(2) 에탄올을 온도 측정에 이용하는 까닭을 서술하시오.

04 다음은 유리 제품에 대한 설명이다.

> 부엌에서 사용하는 유리 제품에는 일반 유리와 내열 유리가 있다. 일반 유리로 만든 유리컵에 갑자기 뜨거운 물을 부으면 유리컵이 깨지는 경우가 있는데, 이는 유리컵 내부와 외부의 급격한 온도 차로 컵의 안쪽은 많이 팽창하고 바깥쪽은 조금 팽창하기 때문에 생기는 현상이다. 하지만 내열 유리는 뜨거운 음식을 담거나 오븐, 전자레인지 등에 넣고 사용할 때도 안전하게 이용할 수 있다.

(1) 유리 제품을 급격히 가열하거나 냉각하면 쉽게 깨지는 까닭을 서술하시오.

  ↘ 유리는 열팽창 정도가 (   )고 열전도율이 (   )므로, 유리 제품을 부분적으로 급격히 가열하거나 냉각하면 쉽게 깨진다.

(2) 내열 유리로 만든 유리컵에 뜨거운 물을 부어도 잘 깨지지 않는 까닭을 일반 유리의 열팽창 정도와 비교하여 서술하시오.

문제풀이 영상

01 다음은 물과 카놀라유의 시간에 따른 온도 변화를 비교하기 위한 실험이다.

[실험 과정]
(가) 두 개의 동일한 단열 장치 A, B에 90 ℃의 물을 각각 질량을 다르게 하여 넣는다.
(나) 두 개의 동일한 시험관에 같은 질량의 물과 카놀라유를 각각 넣는다.
(다) 물이 든 시험관은 단열 장치 A에, 카놀라유가 든 시험관은 단열 장치 B에 동시에 넣는다.
(라) 시간에 따른 두 시험관 안 액체의 온도를 측정한다.

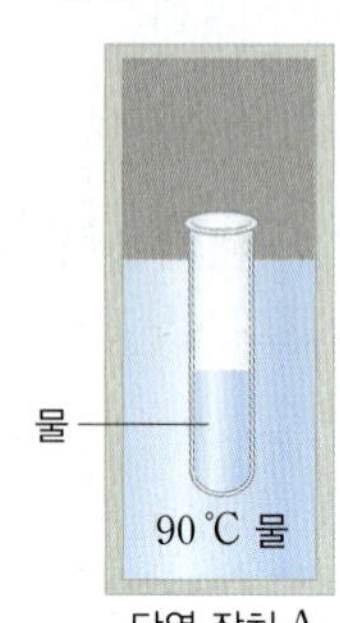

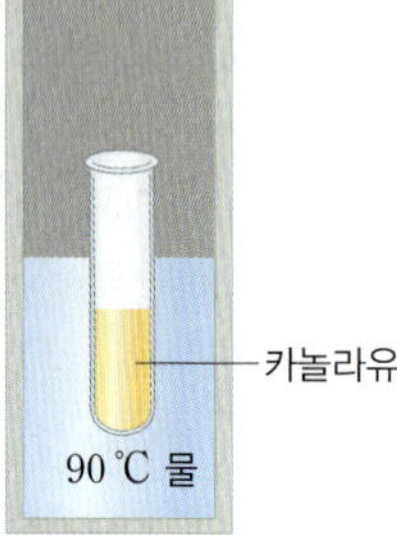

[실험 결과]

시간(분)	0	3	6	9	12	15
물의 온도(℃)	13	33	49	62	71	71
카놀라유의 온도(℃)	13	43	61	71	71	71

이에 대한 설명으로 옳은 것을 보기에서 모두 고른 것은? (단, 외부와의 열 출입은 없다.)

보기
ㄱ. 실험이 끝난 후 시험관 안 액체의 온도와 단열 장치에 있는 물의 온도는 같다.
ㄴ. 열평형에 도달하기 전까지 시간에 따른 온도 변화는 시험관 안의 물보다 카놀라유가 작다.
ㄷ. 이 실험을 통해 물과 카놀라유의 비열을 비교할 수 있다.

① ㄱ ② ㄴ ③ ㄱ, ㄷ
④ ㄴ, ㄷ ⑤ ㄱ, ㄴ, ㄷ

02 그림은 질량이 같은 두 액체 A와 B에 같은 열량을 가할 때 시간에 따른 온도를 나타낸 것이다.

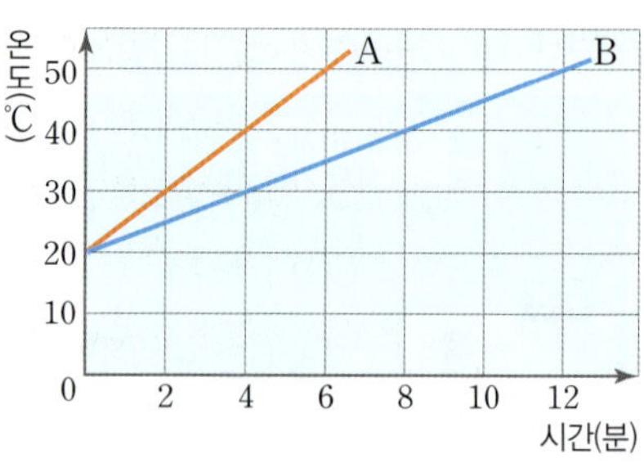

이에 대한 설명으로 옳은 것을 보기에서 모두 고른 것은?

보기
ㄱ. A의 비열은 B의 2배이다.
ㄴ. 같은 열량을 가하면 A가 B보다 온도 변화가 크다.
ㄷ. 같은 온도에 도달하는 데 필요한 열의 양은 A가 B보다 많다.

① ㄱ ② ㄴ ③ ㄱ, ㄷ
④ ㄴ, ㄷ ⑤ ㄱ, ㄴ, ㄷ

03 그림은 온도가 다른 두 물체 A와 B가 접촉했을 때 A와 B의 온도를 시간에 따라 나타낸 것이다. 질량은 A가 B의 2배이다.

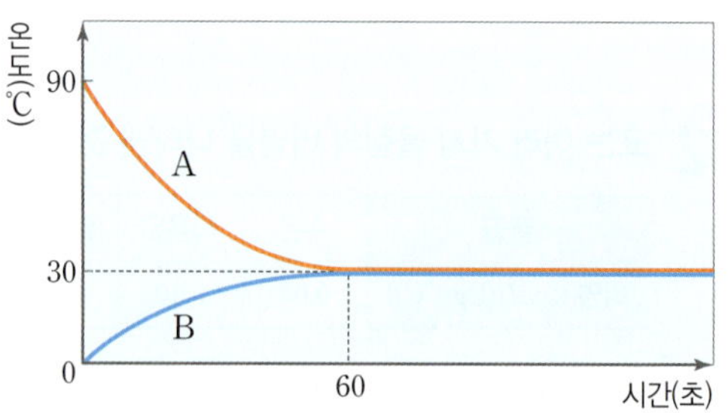

이에 대한 설명으로 옳은 것을 보기에서 모두 고른 것은? (단, 열은 A와 B 사이에서만 이동한다.)

보기
ㄱ. 0~60초 동안 열은 A에서 B로 이동한다.
ㄴ. A가 잃은 열량은 B가 얻은 열량의 2배이다.
ㄷ. B의 비열은 A의 비열의 2배이다.

① ㄱ ② ㄴ ③ ㄱ, ㄷ
④ ㄴ, ㄷ ⑤ ㄱ, ㄴ, ㄷ

04 그림은 온도와 부피가 같은 세 액체 A, B, C를 가득 채운 유리병에 유리관을 끼운 후 뜨거운 물이 담긴 수조에 담갔을 때 액체가 유리관을 따라 올라온 모습을 나타낸 것이다.

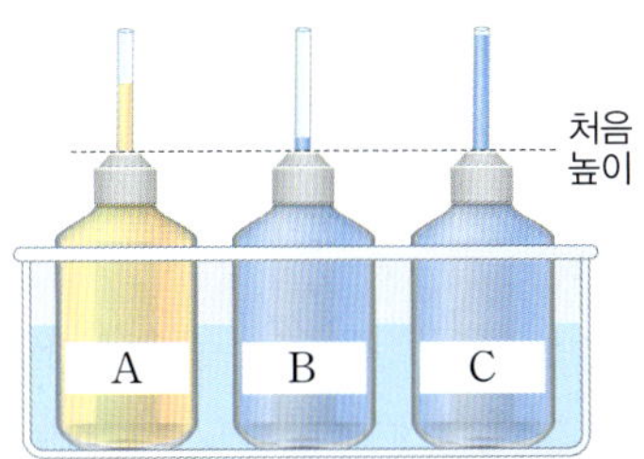

이에 대한 설명으로 옳은 것을 보기에서 모두 고른 것은?

보기
ㄱ. A, B, C는 모두 같은 물질이다.
ㄴ. 액체의 온도가 높아지면 부피가 증가한다.
ㄷ. 음료수병에 음료를 가득 채우지 않는 까닭과 관련이 있다.

① ㄱ　　　　② ㄴ　　　　③ ㄱ, ㄷ
④ ㄴ, ㄷ　　　⑤ ㄱ, ㄴ, ㄷ

05 다음은 금속 공과 고리를 이용한 실험이다.

[실험 과정]
(가) 금속 공이 금속 고리를 통과하는지 확인한다.
(나) 금속 공을 가열한 직후 금속 고리를 통과하는지 확인한다.

[실험 결과]
(가) 금속 공이 금속 고리를 겨우 통과했다.
(나) 금속 공이 금속 고리를 　　⊙　　.

이에 대한 설명으로 옳은 것을 보기에서 모두 고른 것은?

보기
ㄱ. '통과하지 못했다'는 ⊙으로 적절하다.
ㄴ. (나)에서 금속 공을 구성하는 입자 사이의 거리가 멀어진다.
ㄷ. 뚝배기에서 끓은 찌개가 오랫동안 따뜻한 까닭과 관련이 있다.

① ㄱ　　　　② ㄷ　　　　③ ㄱ, ㄴ
④ ㄴ, ㄷ　　　⑤ ㄱ, ㄴ, ㄷ

06 그림 (가)는 열팽창 정도가 서로 다른 금속 A와 B를 접합시켜 만든 바이메탈을 전원 장치에 연결한 모습을, (나)는 (가)에서 스위치를 닫고 난지 얼마 후 A와 B가 팽창하여 접점에서 떨어진 모습을 나타낸 것이다. (가)에서 A와 B의 길이는 같고, (가)와 (나)에서 A와 B는 서로 열평형 상태에 있다.

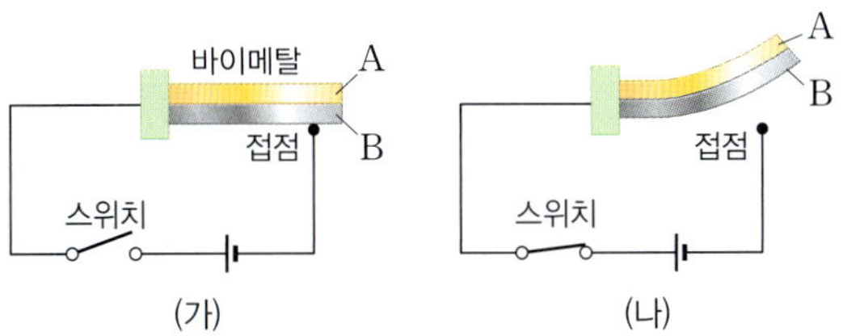

이에 대한 설명으로 옳은 것을 보기에서 모두 고른 것은?

보기
ㄱ. A의 온도는 (나)에서가 (가)에서보다 높다.
ㄴ. 열팽창 정도는 B가 A보다 크다.
ㄷ. 바이메탈은 전열기의 과열 방지에 이용될 수 있다.

① ㄱ　　　　② ㄷ　　　　③ ㄱ, ㄴ
④ ㄴ, ㄷ　　　⑤ ㄱ, ㄴ, ㄷ

07 다음은 어떤 학생이 형성 평가에 답한 내용이다.

[형성 평가]
※ 비열과 열팽창에 대한 설명으로 옳은 것은 ○, 옳지 않은 것은 ×로 표시하시오.

(가) 비열의 단위는 J/kg이다. (×)
(나) 비열이 작을수록 열을 가했을 때 온도가 잘 변하지 않는다. (×)
(다) 물질의 온도가 높아질 때 부피가 증가하는 현상을 열팽창이라고 한다. (×)
(라) 액체의 종류마다 같은 양의 열을 가했을 때 부피가 증가하는 정도가 다르다. (○)

이 학생이 옳게 답한 문항을 모두 고른 것은?

① (가), (나)　　　　② (가), (다)
③ (다), (라)　　　　④ (가), (나), (라)
⑤ (나), (다), (라)

이 단원에서 배운 핵심 단어를 빈칸에 채워 넣어 생각 그물을 완성해 보자.

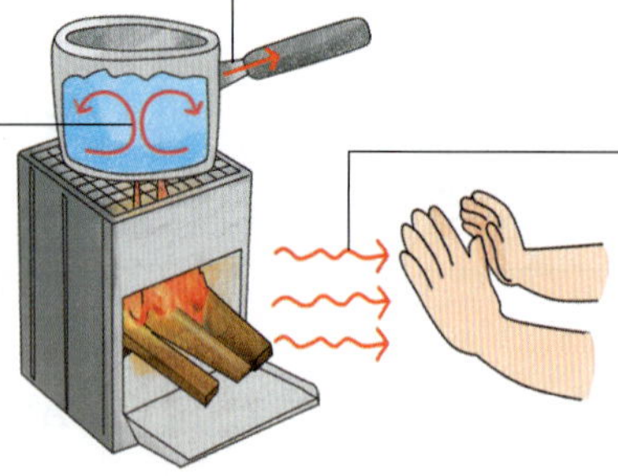

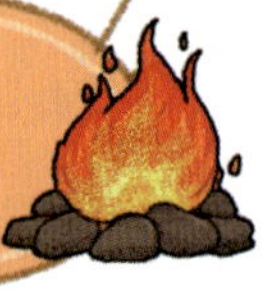

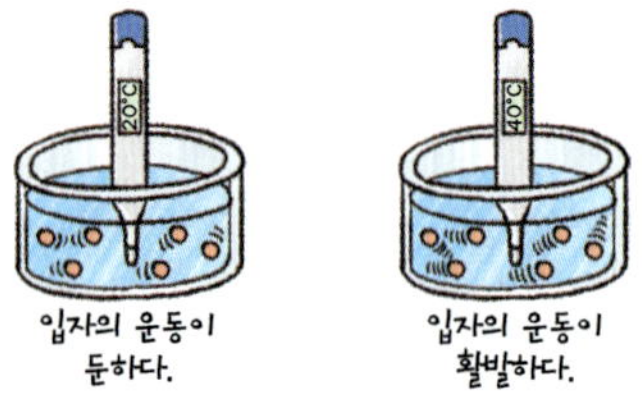

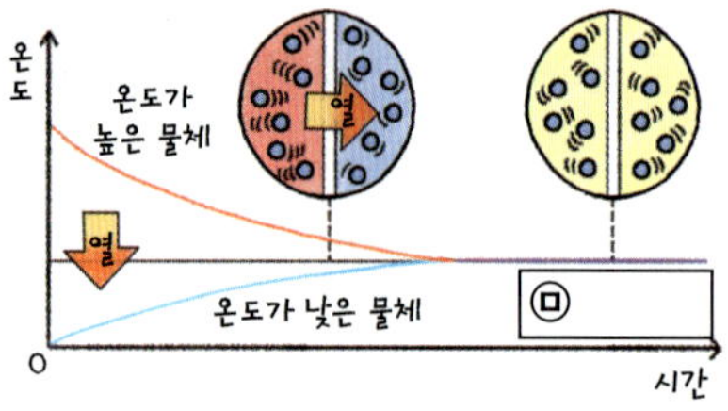

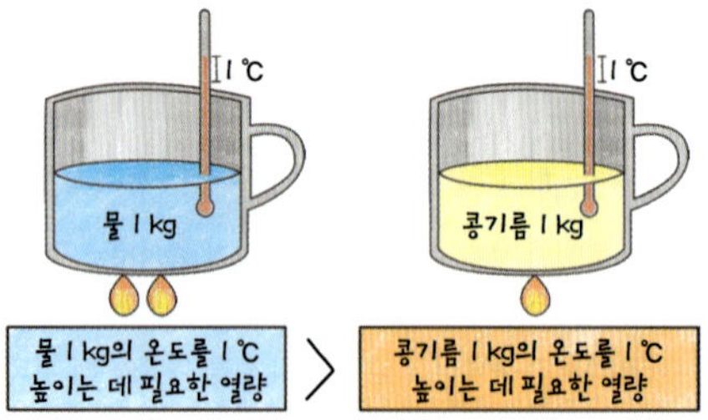

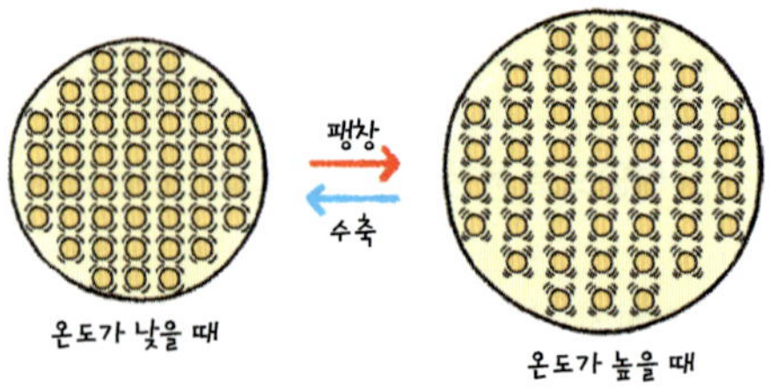

01 온도와 입자 운동에 대한 설명으로 옳지 <u>않은</u> 것은?

① ℃는 온도의 단위이다.
② 물질이 열을 얻으면 온도가 높아진다.
③ 물질의 온도가 높아지면 물질을 구성하는 입자의 개수가 많아진다.
④ 물질의 온도가 높아질수록 물질을 구성하는 입자 사이의 거리가 멀어진다.
⑤ 온도는 물질을 구성하는 입자의 움직임이 활발한 정도를 나타낸다.

02 그림 (가), (나)는 찬물과 뜨거운 물이 든 비커에 동시에 잉크를 떨어뜨렸을 때 잉크가 퍼지는 모습을 순서 없이 나타낸 것이다.

 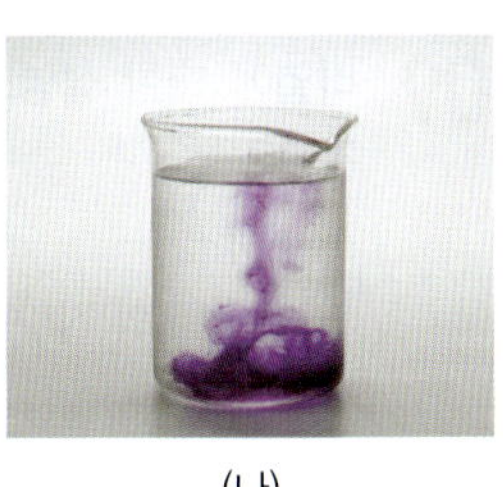

(가)   (나)

이에 대한 설명으로 옳은 것을 보기에서 모두 고른 것은? (단, 외부와 열 출입은 없다.)

> 보기
> ㄱ. (가)는 뜨거운 물, (나)는 찬물이다.
> ㄴ. (가)에서보다 (나)에서 잉크가 더 잘 퍼진다.
> ㄷ. (가)의 물보다 (나)의 물의 입자 운동이 더 활발하다.

① ㄱ   ② ㄷ   ③ ㄱ, ㄴ
④ ㄴ, ㄷ   ⑤ ㄱ, ㄴ, ㄷ

03 오른쪽 그림은 온도가 다른 두 물체 A, B를 접촉시켰을 때 A에서 B로 열이 이동하는 것을 나타낸 것

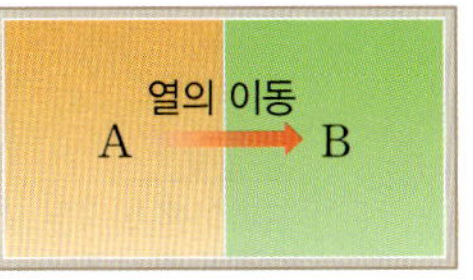

이다. 이에 대한 설명으로 옳은 것을 보기에서 모두 고른 것은? (단, 열은 A와 B 사이에서만 이동한다.)

> 보기
> ㄱ. A보다 B의 처음 온도가 높다.
> ㄴ. A를 구성하는 입자의 운동은 점점 둔해진다.
> ㄷ. 시간이 지나면 A보다 B의 온도가 더 높아진다.

① ㄱ   ② ㄴ   ③ ㄱ, ㄷ
④ ㄴ, ㄷ   ⑤ ㄱ, ㄴ, ㄷ

04 그림 (가), (나)는 같은 물질로 이루어진 온도가 다른 두 고체 A와 B를 접촉하였을 때 A, B를 구성하는 입자 운동의 변화를 나타낸 것이다.

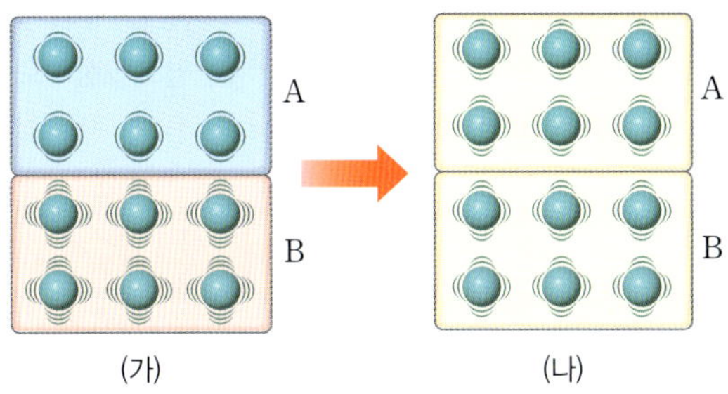

(가)   (나)

이에 대한 설명으로 옳은 것은?

① (가)에서 온도는 A가 B보다 높다.
② (가)에서 열은 A에서 B로 이동한다.
③ (나)에서 A와 B는 열평형을 이룬다.
④ (나)에서 A보다 B를 구성하는 입자의 운동이 활발하다.
⑤ 열이 이동하는 동안 A를 구성하는 입자의 운동은 둔해진다.

05 그림은 온도가 다른 두 물체 A와 B가 접촉할 때 두 물체의 시간에 따른 온도를 나타낸 것이다.

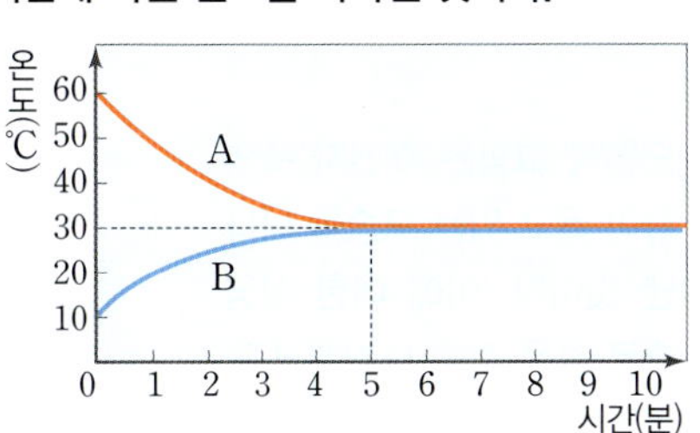

이에 대한 설명으로 옳은 것을 보기에서 모두 고른 것은? (단 외부와 열 출입은 없다.)

> 보기
> ㄱ. A의 입자 운동은 점점 활발해진다.
> ㄴ. 열의 이동 방향은 A → B이다.
> ㄷ. A와 B는 6분일 때 열평형 상태에 있다.

① ㄱ   ② ㄴ   ③ ㄱ, ㄷ
④ ㄴ, ㄷ   ⑤ ㄱ, ㄴ, ㄷ

06 다음은 열의 이동 방법을 알아보는 실험이다.

> [실험 과정]
> 금속 막대에 일정한 간격으로 같은 양의 촛농을 떨어뜨려 성냥개비를 붙인 후, 알코올램프로 금속 막대를 가열한다.
>
> 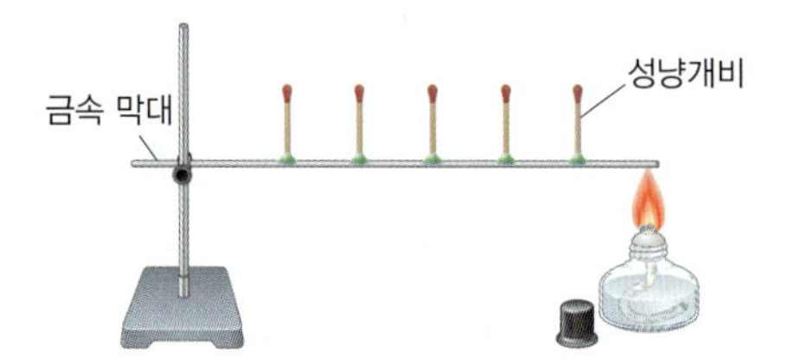
>
>
> [실험 결과]
> 알코올램프에서 가까운 성냥개비부터 차례로 떨어진다.

이에 대한 설명으로 옳은 것은?

① 금속 막대에서 입자가 직접 이동한다.
② 태양의 열이 지구로 전달되는 현상과 관련이 있다.
③ 금속 막대에서 열이 물질의 도움 없이 직접 이동한다.
④ 금속 막대를 유리 막대로 바꾸면 열이 더 빨리 이동한다.
⑤ 금속 막대에서 입자의 운동이 이웃한 입자에 차례로 전달된다.

07 오른쪽 그림은 주전자 속의 물이 끓고 있는 모습을 나타낸 것이다. 이에 대한 설명으로 옳은 것을 보기에서 모두 고른 것은?

> 보기
> ㄱ. 가열된 물 입자는 위로 이동한다.
> ㄴ. 주전자 속의 물은 대류에 의해 고르게 데워진다.
> ㄷ. 에어컨을 켜면 방 전체가 시원해지는 현상과 관련이 있다.

① ㄱ ② ㄴ ③ ㄱ, ㄷ
④ ㄴ, ㄷ ⑤ ㄱ, ㄴ, ㄷ

08 열의 이동 방법에 대한 설명으로 옳은 것은?

① 금속보다 유리에서 열이 빠르게 전도된다.
② 열은 물질의 도움 없이도 직접 이동할 수 있다.
③ 복사로 열이 전달될 때는 물질을 구성하는 입자가 이동한다.
④ 적외선 카메라로 온도 분포를 촬영하는 것은 전도를 이용한 것이다.
⑤ 물체를 구성하는 입자의 움직임이 이웃한 입자에 전달되는 방법은 대류이다.

09 비열에 대한 설명으로 옳은 것을 보기에서 모두 고른 것은?

> 보기
> ㄱ. 물질의 질량이 클수록 비열이 크다.
> ㄴ. 어떤 물질 $1\,kg$의 온도를 $1\,°C$ 높이는 데 필요한 열량이다.
> ㄷ. 같은 열량을 가할 때 비열이 큰 물질일수록 온도 변화가 작다.

① ㄱ ② ㄴ ③ ㄱ, ㄷ
④ ㄴ, ㄷ ⑤ ㄱ, ㄴ, ㄷ

10 그림은 프라이팬을 가열하여 달걀 요리를 하면서 세 학생이 대화하는 모습을 나타낸 것이다.

제시한 내용이 옳은 학생만을 모두 고른 것은?

① A ② B ③ A, C
④ B, C ⑤ A, B, C

11 열팽창에 대한 설명으로 옳은 것을 보기에서 모두 고른 것은?

보기
ㄱ. 물질에 열을 가했을 때 물질의 길이나 부피가 증가하는 현상이다.
ㄴ. 물질이 열을 받으면 물질을 구성하는 입자 사이의 거리가 멀어지기 때문에 나타난다.
ㄷ. 고체와 액체는 물질에 따라 열팽창하는 정도가 다르다.

① ㄱ ② ㄷ ③ ㄱ, ㄴ
④ ㄴ, ㄷ ⑤ ㄱ, ㄴ, ㄷ

12 다음은 일상생활 속 과학 원리를 활용한 예이다.

금속 테를 가열한 후 나무통에 끼워 식히면, 금속 테가 나무통을 단단히 조여 통의 모양 변화를 막고 나무통 속 액체가 새지 않게 한다.

이에 대한 설명으로 옳은 것은?

① 열을 받은 금속 테는 길이가 증가한다.
② 열을 받으면 금속 테를 구성하는 입자 운동은 둔해진다.
③ 식은 금속 테의 지름은 커진다.
④ 식은 금속 테를 구성하는 입자 사이의 거리는 멀어진다.
⑤ 난방용 온수관을 금속으로 만드는 것과 같은 원리이다.

13 열팽창과 관련된 예로 적절하지 <u>않은</u> 것은?

① 바이메탈
② 철로의 틈
③ 다리 이음매의 틈
④ 물을 넣은 온수 매트
⑤ 철근과 콘크리트로 만든 건물

14 다음은 온도가 다른 물체 A, B, C, D를 두 개씩 접촉시켰을 때 열이 이동 방향을 나타낸 것이다.

• B → C   • C → A   • D → B

A~D의 처음 온도를 부등호로 비교하고, A~D 중 접촉시켰을 때 열이 가장 많이 이동하는 두 물체를 쓰시오.

15 오른쪽 그림은 보온병의 내부 구조를 나타낸 것이다. 이중벽 사이에 진공 층을 두는 까닭을 열의 이동과 관련지어 서술하시오.

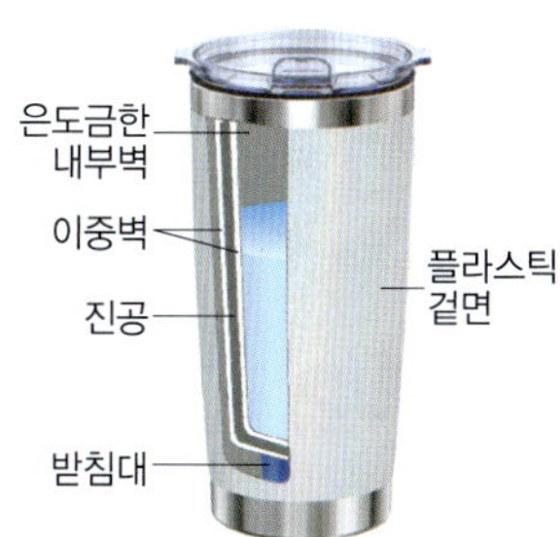

16 그림은 질량이 같은 두 액체 A와 B에 같은 열량을 가했을 때 시간에 따른 온도를 나타낸 것이다.

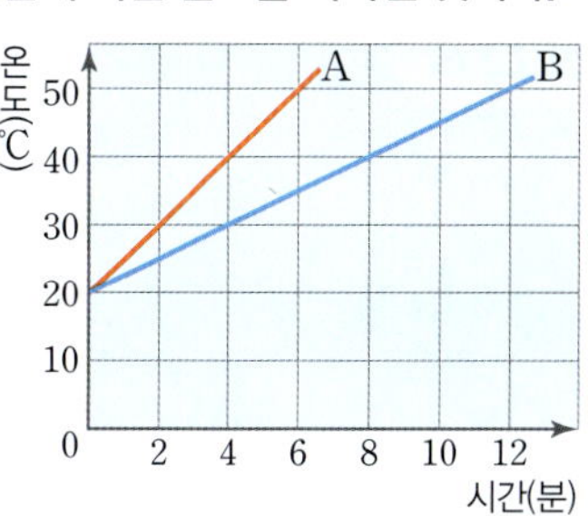

A의 비열이 0.5 kcal/(kg·℃)라면, B의 비열은 몇 kcal/(kg·℃)인지 구하시오.

IV

물질의 상태 변화

단원 연계

초등학교

3학년에서는
- 물질의 세 가지 상태인 고체, 액체, 기체의 성질에 대해 배웠어요.

4학년에서는
- 물은 상태가 변할 수 있고, 상태가 변할 때 부피가 변한다는 것을 배웠어요.

중학교

1학년에서는
- 물질을 이루는 입자의 운동, 물질의 세 가지 상태에서의 입자 모형, 상태 변화 시 입자 모형의 변화에 대해 배워요.
- 물질의 상태 변화와 열에너지의 출입 관계, 실생활에서의 그 예시를 배워요.

고등학교

통합과학2에서는
- 에너지의 흡수와 방출이 생활에 어떻게 이용되는지를 배울 거예요.

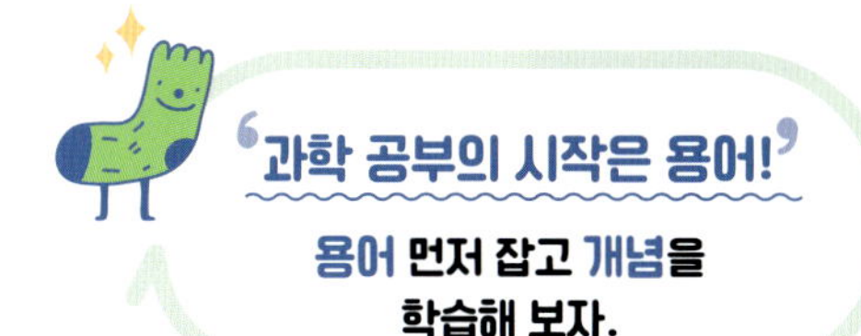

기억해! 초등 용어

초3

① ⬜⬜ ········· 담는 용기에 관계없이 모양과 부피가 변하지 않는 물질의 상태

② ⬜⬜ ········· 담는 용기에 따라 모양은 변하지만, 부피는 변하지 않는 물질의 상태

③ ⬜⬜ ········· 담는 용기에 따라 모양이 변하고 담긴 용기를 가득 채우는 물질의 상태

초4

④ 물의 ⬜⬜ ········· 물의 표면에서 물이 수증기로 변하는 현상

⑤ 물의 ⬜⬜ ········· 물의 표면과 물속 모두에서 물이 수증기로 변하는 현상

⑥ 물의 ⬜⬜ ········· 수증기가 물로 변하는 현상

정답 ① 고체 ② 액체 ③ 기체 ④ 증발 ⑤ 끓음 ⑥ 응결

중요해! 단원 핵심 용어

증발 (蒸 찌다, 發 쏘다)	확산 (擴 넓히다, 散 흩어지다)	상태 변화 (狀 형상, 態 모양, 變 변하다, 化 되다)
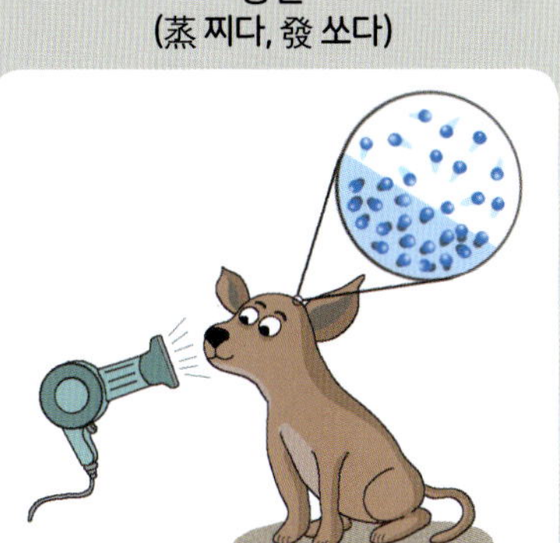	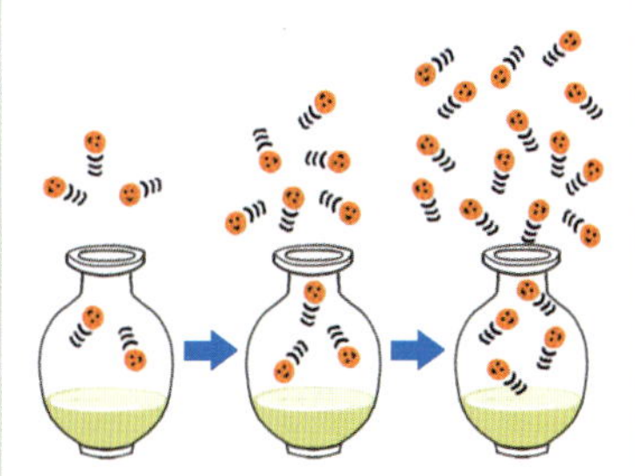	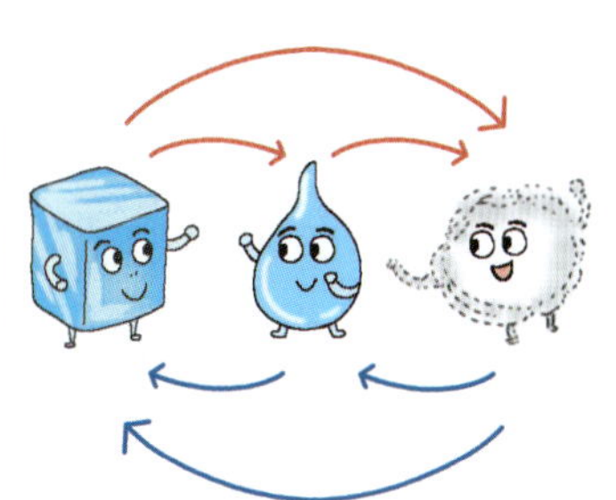
물질을 이루는 입자가 스스로 운동하여 액체 표면에서 액체가 기체로 변하는 현상	물질을 구성하는 입자가 스스로 움직여 퍼져 나가는 현상	물질이 한 가지 상태에서 다른 상태로 변하는 것

01 입자의 운동과 상태 변화

A 입자의 운동

1. 증발 물질을 이루는 입자가 스스로 운동하여 액체 표면에서 액체가 기체로 변하는 현상

에탄올의 증발	에탄올을 거름종이에 떨어뜨리면 시간이 지나면서 에탄올이 마른다. ➡ 에탄올 입자가 스스로 운동하여 액체 표면에서 떨어져나와 공기 중으로 날아가기 때문이다.
증발의 예	• 과일을 말린다. • 젖은 빨래가 마른다. • 동물의 젖은 털을 바람에 말린다. • 염전에서 바닷물을 증발시켜 소금을 얻는다.

2. 확산 물질을 이루는 입자가 스스로 운동하여 퍼져 나가는 현상 **❶**

향수의 확산	향수병 마개를 열어 놓으면 향수 냄새가 방 전체로 퍼진다. ➡ 향수 입자가 스스로 운동하여 모든 방향으로 퍼져 나가기 때문이다.
확산의 예 **❷**	• 음식 냄새가 주변으로 퍼진다. • 전기 모기향을 피워 모기를 쫓는다. • 뜨거운 물에 티백을 넣으면 차 성분이 퍼져 나간다. • 탐지견이 냄새를 맡아 마약, 폭발물 등을 찾아낸다.

3. 입자 운동 ❸ 물질을 이루는 입자가 가만히 정지해 있지 않고 스스로 끊임없이 운동하는 것 ➡ 입자 운동의 증거: 증발, 확산 ✔ 꽉 잡아! 탐구 92쪽

B 물질의 상태

구분	고체	액체	기체
입자 모형 **❹**			
모양	일정함.	변함.	변함.
부피	일정함.	일정함.	변함.
흐르는 성질	없음.	있음.	있음.
압축되는 정도	압축 안 됨.	거의 압축 안 됨.	압축됨.
입자 배열	규칙적임.	불규칙적임.	매우 불규칙적임.
입자 사이의 거리	매우 가까움.	비교적 가까움.	매우 멂.
입자의 운동성	매우 둔하게 운동함.	비교적 활발하게 운동함.	매우 활발하게 운동함.
예	얼음, 플라스틱, 철	물, 주스	공기, 수증기, 산소

+ 보충

❶ 액체나 진공 속에서의 확산
확산은 입자가 스스로 운동하여 일어나기 때문에 액체 속, 기체 속, 공기가 없는 진공 속에서 모두 일어날 수 있다.

❷ 새집 증후군
집을 지을 때 사용하는 접착제, 페인트 등에서는 유해 물질이 나오기도 한다. 이 물질들이 기체로 변해 공기 중으로 퍼져 나가 사람에게 아토피 피부염, 호흡기 질환 등과 같은 새집 증후군을 일으킨다. 이를 예방하기 위해서는 환기를 잘 시키거나 새집에 들어가기 전 난방을 하여 유해 물질을 빨리 빠져나가게 한다.

❸ 입자 운동이 활발해지는 조건
입자 운동은 온도가 높을수록 활발해진다. ➡ 온도가 높을수록 증발과 확산이 잘 일어난다.
예 • 젖은 머리카락은 찬 바람보다 뜨거운 바람에 더 빨리 마른다.
• 화장실 냄새는 겨울보다 여름에 더 심하다.

❹ 입자 모형
크기가 매우 작아 눈으로 관찰할 수 없는 입자를 구와 같은 도형이나 공과 같은 사물로 나타낸 것

▶ 용어
◆ **입자(낱알 粒, 자식 子)** 물질을 구성하는 미세한 크기의 물체
◆ **상태(형상 狀, 모양 態)** 사물·현상이 놓여 있는 모양이나 형편

개념 확인하기

A 입자의 운동

- ㅈㅂ : 물질을 이루는 입자가 스스로 운동하여 액체 표면에서 액체가 기체로 변하는 현상
- ㅎㅅ : 물질을 이루는 입자가 스스로 운동하여 퍼져 나가는 현상

B 물질의 상태

- ㄱㅊ : 물질의 세 가지 상태 중 입자 배열이 매우 규칙적이고 입자 운동이 매우 둔한 상태
- ㅇㅊ : 물질의 세 가지 상태 중 입자 배열이 불규칙적이고 입자 운동이 비교적 활발한 상태
- ㄱㅊ : 물질의 세 가지 상태 중 입자 배열이 매우 불규칙적이고 입자 운동이 매우 활발한 상태

1 증발과 확산에 대한 설명으로 옳은 것은 ○, 옳지 <u>않은</u> 것은 ×로 표시하시오.

(1) 입자가 스스로 운동하기 때문에 나타난다. ( )
(2) 입자는 한 방향으로만 운동한다. ( )
(3) 증발은 액체 표면에서 일어난다. ( )
(4) 확산은 액체 속에서만 일어난다. ( )

2 증발에 해당하는 현상은 '증발', 확산에 해당하는 현상은 '확산'이라고 쓰시오.

(1) 과일을 말린다. ( )
(2) 음식 냄새가 주변으로 퍼진다. ( )
(3) 에탄올에 젖은 거름종이가 마른다. ( )
(4) 탐지견이 냄새를 맡아 마약, 폭발물 등을 찾아낸다. ( )
(5) 뜨거운 물에 티백을 넣으면 차 성분이 우러나와 퍼진다. ( )

3 다음 설명은 물질의 세 가지 상태 중 무엇인지 쓰시오.

> - 흐르는 성질이 없다.
> - 모양과 부피가 일정하다.
> - 힘을 가해도 압축되지 않는다.

[4~5] 그림은 물질의 세 가지 상태를 입자 모형으로 나타낸 것이다.

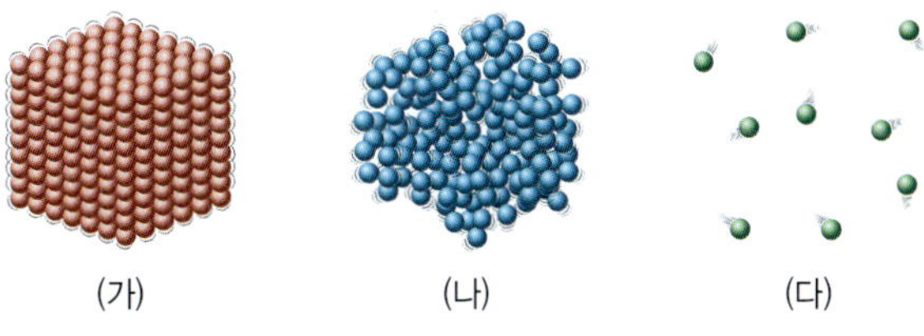

4 25 ℃에서 각 물질의 상태에 해당하는 입자 모형을 (가)~(다)에서 고르시오.

(1) 물: ( )　　(2) 산소: ( )　　(3) 철: ( )

5 다음 설명에 해당하는 입자 모형을 (가)~(다)에서 고르시오.

(1) 입자가 매우 둔하게 운동한다. ( )
(2) 입자 사이의 거리가 가장 멀다. ( )
(3) 입자 배열이 불규칙적이고, 입자가 비교적 활발하게 운동한다. ( )

01 입자의 운동과 상태 변화

C 물질의 상태 변화

물질이 한 가지 상태에서 다른 상태로 변하는 것

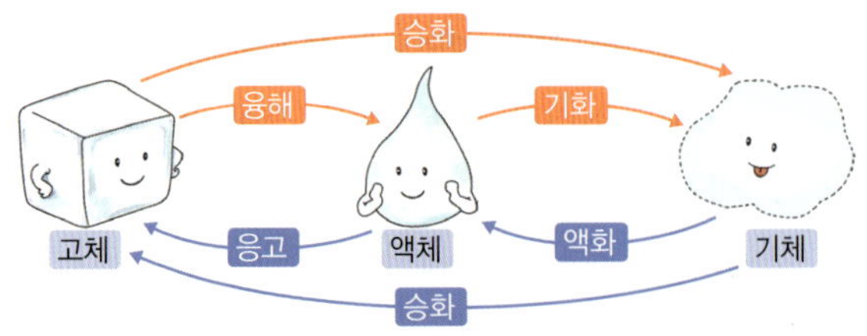

융해: 고체가 액체로 변하는 현상	응고: 액체가 고체로 변하는 현상
• 아이스크림이 녹는다. • 고드름(얼음)이 녹는다. • 양초가 녹아 촛농이 생긴다.	• 흘러내린 촛농이 굳는다. • 물이 얼어 고드름(얼음)이 생긴다. • 쇳물이 식어 단단한 철이 된다.
기화: 액체가 기체로 변하는 현상	액화: 기체가 액체로 변하는 현상
• 물이 끓는다. ⑤ • 젖은 빨래가 마른다. • 손에 바른 손 소독제가 마른다.	• 새벽녘 풀잎에 이슬이 맺힌다. • 차가운 컵 표면에 물방울이 맺힌다. • 겨울철 실내에 들어가면 안경에 김이 서린다.
승화: 고체가 바로 기체로 변하는 현상	승화: 기체가 바로 고체로 변하는 현상
• 영하의 온도에서 언 명태가 마른다. • 드라이아이스의 크기가 점점 작아진다. • 냉동실에 넣어 둔 얼음이 점점 작아진다.	• 추운 겨울, 나뭇잎에 서리가 생긴다. • 추운 겨울, 창에 성에가 낀다.

D 상태 변화와 입자 배열의 변화 ✓ 꽉 잡아! 탐구 94, 95쪽

1. 물질의 상태 변화에 따른 입자의 변화

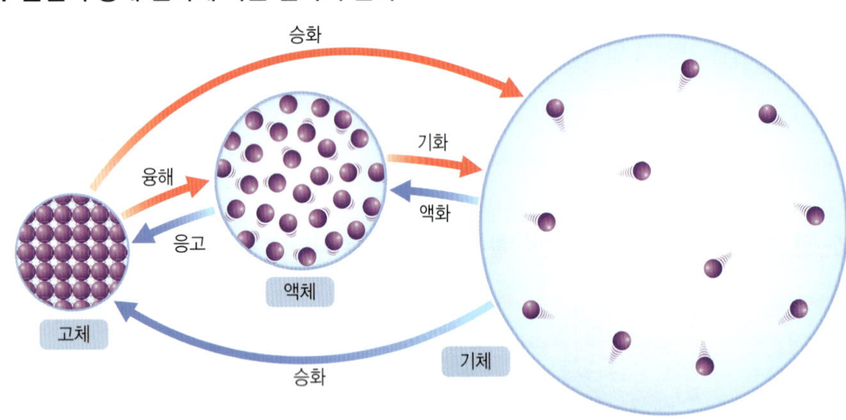

구분	융해, 기화, 승화(고체 → 기체)	응고, 액화, 승화(기체 → 고체)
입자의 운동성	활발해진다.	둔해진다.
입자 배열	불규칙적으로 변한다.	규칙적으로 변한다.
입자 사이의 거리	멀어진다.	가까워진다.

2. 물질의 상태 변화에 따른 부피 변화
물질의 상태가 변하면 입자의 운동성, 입자 배열, 입자 사이의 거리가 달라지므로 부피가 변한다. ⑥

① 융해, 기화, 승화(고체 → 기체)가 일어날 때: 부피가 증가한다. (단, 물은 예외)

② 응고, 액화, 승화(기체 → 고체)가 일어날 때: 부피가 감소한다. (단, 물은 예외)

3. 물질의 상태 변화에 따른 질량과 성질 변화
물질의 상태가 변하더라도 입자의 종류, 개수, 크기는 변하지 않으므로 물질의 질량과 성질은 변하지 않는다. ⑦

C 물질의 상태 변화

- ㅅㅌㅂㅎ : 물질이 한 가지 상태에서 다른 상태로 변하는 것
- ㅇㅎ : 고체가 액체로 변하는 현상
- ㅇㄱ : 액체가 고체로 변하는 현상
- ㄱㅎ : 액체가 기체로 변하는 현상
- ㅇㅎ : 기체가 액체로 변하는 현상
- ㅅㅎ : 고체가 액체를 거치지 않고 바로 기체로 변하거나, 기체가 바로 고체로 변하는 현상

D 상태 변화와 입자 배열의 변화

- 물질의 상태가 변하면 입자의 운동성, 입자 배열, 입자 사이의 거리가 달라지므로 물질의 ㅂㅍ이/가 변한다.
- 물질의 상태가 변해도 물질의 ㅈㄹ와/과 ㅅㅈ은/는 변하지 않는다.

---

6 그림은 물질의 상태 변화를 나타낸 것이다. A~F에 알맞은 상태 변화의 종류를 쓰시오.

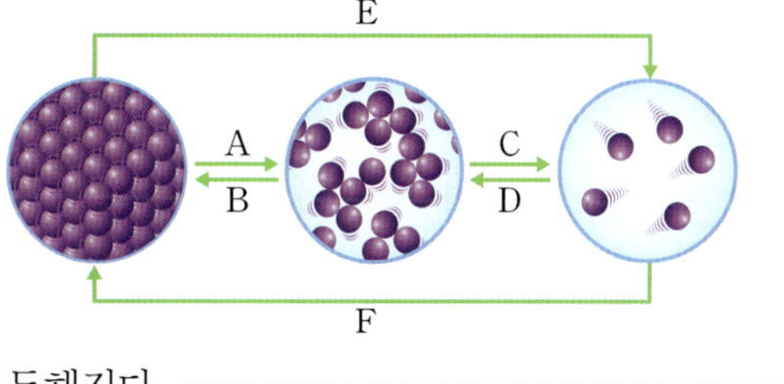

(1) A: (　　　　　)   (2) B: (　　　　　)
(3) C: (　　　　　)   (4) D: (　　　　　)
(5) E: (　　　　　)   (6) F: (　　　　　)

7 다음 현상과 관계있는 상태 변화의 종류를 쓰시오.

(1) 젖은 빨래가 마른다. ……………………………… (　　　　)
(2) 아이스크림이 녹는다. …………………………… (　　　　)
(3) 새벽녘 풀잎에 이슬이 맺힌다. ………………… (　　　　)
(4) 쇳물이 식어 단단한 철이 된다. ……………… (　　　　)
(5) 추운 겨울, 나뭇잎에 서리가 생긴다. ………… (　　　　)
(6) 냉동실에 넣어 둔 얼음이 점점 작아진다. …… (　　　　)
(7) 겨울철 실내에 들어가면 안경에 김이 서린다. … (　　　　)

8 그림은 물질의 상태 변화를 입자 모형으로 나타낸 것이다. A~F 중 다음 설명에 해당하는 물질의 상태 변화를 모두 고르시오. (단, 물은 제외한다.)

(1) 입자 운동이 둔해진다. ………………………… (　　　　)
(2) 물질의 부피가 증가한다. ……………………… (　　　　)
(3) 입자 배열이 불규칙적으로 변한다. ………… (　　　　)

9 물질의 상태 변화가 일어날 때 변하는 것을 보기에서 모두 고르시오.

> **보기**
>
> ㄱ. 입자 배열   ㄴ. 입자의 크기   ㄷ. 물질의 부피
> ㄹ. 입자의 종류   ㅁ. 입자의 개수   ㅂ. 입자의 운동성
> ㅅ. 물질의 질량   ㅇ. 물질의 성질   ㅈ. 입자 사이의 거리

증발과 확산 현상 관찰하기

이 탐구에서는 증발과 확산 현상을 관찰하고 물질을 이루는 입자가 스스로 운동하고 있는지 추론해 보자.

[과정+결과] **[실험 1]** 손 소독제의 증발

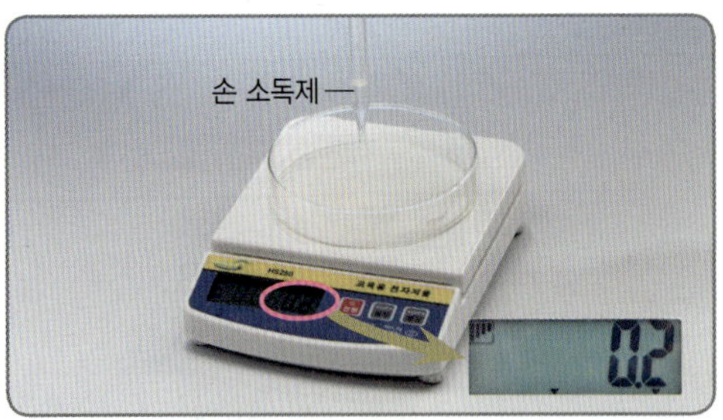

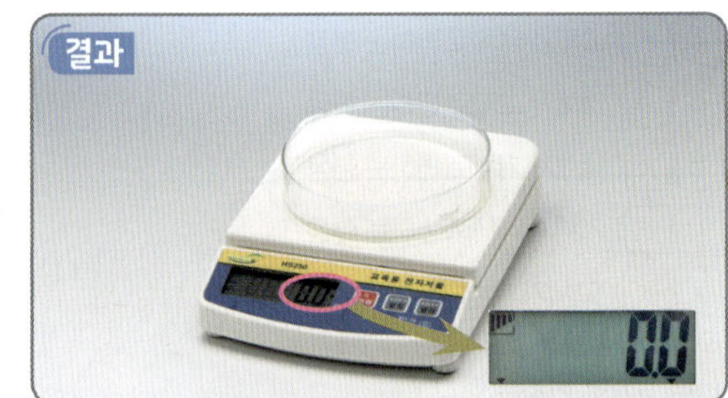

[유의점]
손 소독제를 먹지 않으며, 손 소독제를 만진 후 눈을 비비지 않는다.

❶ 거름종이를 깐 페트리 접시를 전자저울 위에 올려놓고 영점을 맞춘다.
❷ 거름종이에 손 소독제를 몇 방울 떨어뜨린 다음 질량 변화를 관찰한다.

손 소독제가 마르면서 전자저울의 숫자가 작아지다가 0이 된다. ➡ 손 소독제를 이루는 입자가 스스로 운동하여 증발하기 때문이다.

[실험 2] 잉크의 확산

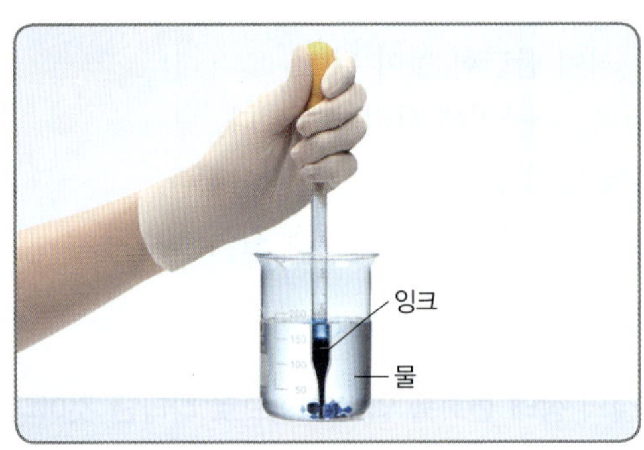

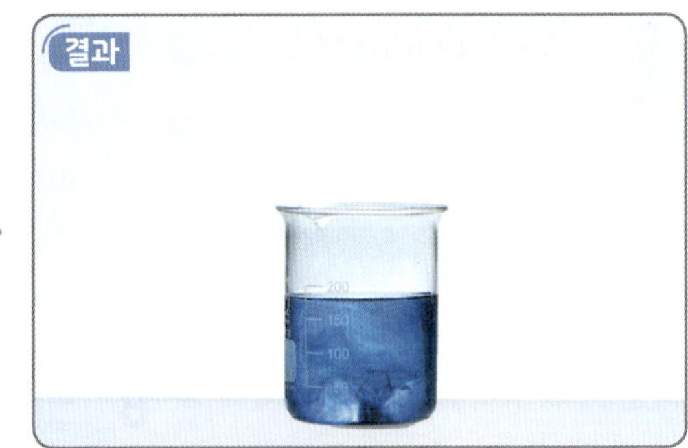

❶ 물이 담긴 비커의 바닥 쪽에 스포이트를 가까이 대고 잉크를 천천히 넣는다.
❷ 비커 안에서 일어나는 변화를 관찰한다.

물을 저어 주지 않아도 시간이 지나면 물 전체가 잉크 색으로 변한다. ➡ 잉크를 이루는 입자가 스스로 운동하여 모든 방향으로 확산하기 때문이다.

[정리] 1 증발과 확산은 입자가 스스로 (   )하기 때문에 나타나는 현상이다.

[같은 주제 다른 탐구] 냄새의 확산

[과정]

❶ 교실 한 지점에서 팝콘이 담긴 밀폐용기의 뚜껑을 연다.
❷ 팝콘 냄새를 맡은 학생들은 즉시 손을 든다.

[결과+정리]

1 팝콘과 멀리 떨어진 곳에서도 점차 냄새를 맡게 되고, 결국 교실 전체에서 냄새를 맡을 수 있다. ➡ 팝콘을 이루는 입자가 스스로 운동하여 모든 방향으로 퍼져 나가기 때문이다.

식초의 확산 1

과정

① 페트리 접시에 BTB 용액을 일정한 간격으로 떨어뜨린다.
② 페트리 접시 중앙에 식초를 떨어뜨린 후 뚜껑을 덮고, 변화를 관찰한다.

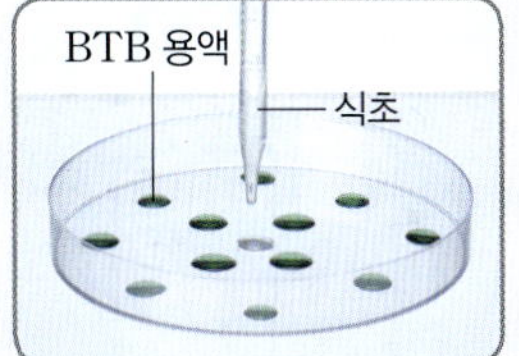

결과+정리

1 시간이 지나면서 BTB 용액의 색이 노란색으로 변한다. ➡ 식초에 들어 있는 아세트산이 BTB 용액을 노란색으로 변화시키기 때문이다.
2 식초 가까이에 있는 BTB 용액부터 노란색으로 변한다. ➡ 식초에 들어 있는 아세트산 입자가 스스로 운동하여 모든 방향으로 퍼져 나가기 때문이다.

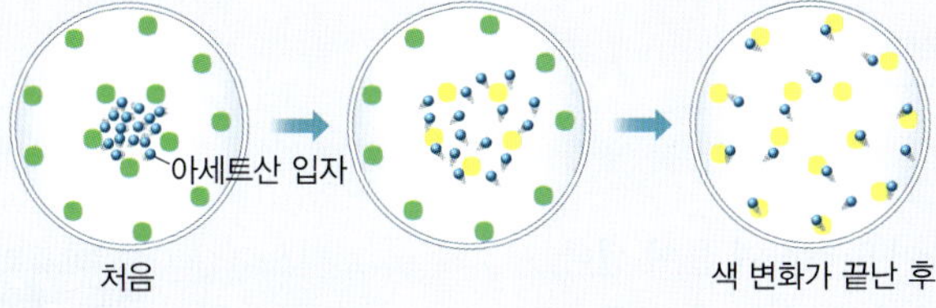

식초의 확산 2

과정

① 푸른색 리트머스 종이를 반으로 잘라 플라스틱 컵 안쪽 벽면에 붙인다.
② 페트리 접시 가운데에 식초를 떨어뜨린 솜을 놓고 과정 ①의 플라스틱 컵을 덮은 다음 변화를 관찰한다.

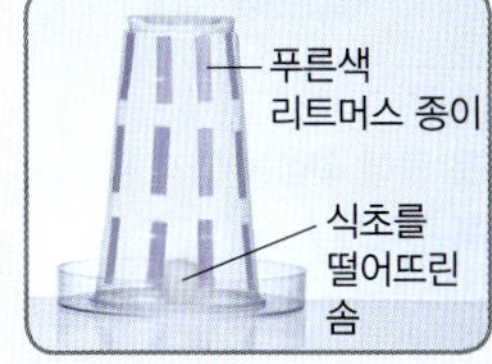

결과+정리

1 시간이 지나면서 푸른색 리트머스 종이의 색이 붉은색으로 변한다. ➡ 식초에 들어 있는 아세트산이 푸른색 리트머스 종이를 붉은색으로 변화시키기 때문이다.
2 식초 가까이에 있는 아래쪽의 푸른색 리트머스 종이부터 붉은색으로 변한다. ➡ 식초에 들어 있는 아세트산 입자가 스스로 운동하여 모든 방향으로 퍼져 나가기 때문이다.

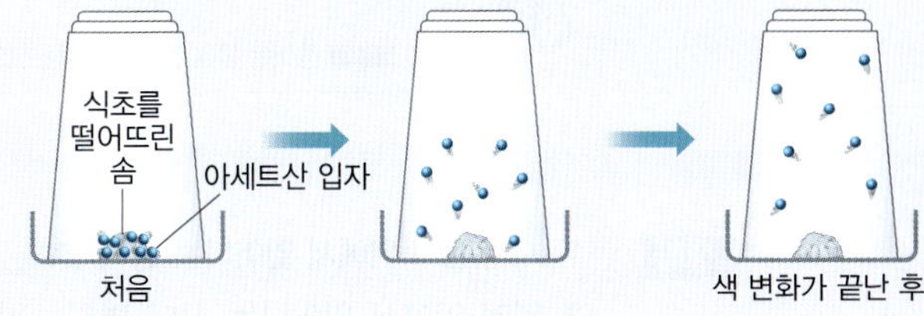

확인 문제

정답과 해설 23쪽

1 **실험 1**에 대한 설명으로 옳은 것은 ○, 옳지 <u>않은</u> 것은 ×로 표시하시오.

(1) 손 소독제는 액체에서 기체로 변한다. ………… (   )
(2) 손 소독제를 이루는 입자는 스스로 운동하고 있음을 알 수 있다. ………… (   )
(3) 시간이 지날수록 손 소독제를 이루는 입자는 크기가 작아지다가 사라진다. ………… (   )

2 **실험 2**에 대한 설명으로 옳은 것은 ○, 옳지 <u>않은</u> 것은 ×로 표시하시오.

(1) 비커 안에서 잉크는 물 전체로 퍼져 나간다. (   )
(2) 잉크를 이루는 입자는 스스로 운동한다. ……… (   )
(3) 잉크를 이루는 입자는 한 방향으로만 운동한다. ………… (   )

서술형

3 교실의 한 지점에서 팝콘이 담긴 밀폐용기의 뚜껑을 열어 두고 시간이 지나면 교실 전체에서 팝콘 냄새를 맡을 수 있다. 그 까닭을 서술하시오.

서술형

4 오른쪽 그림과 같이 BTB 용액을 떨어뜨린 페트리 접시 중앙에 식초를 떨어뜨리고 뚜껑을 덮었다. 페트리 접시에서 나타나는 변화를 서술하시오.

5 오른쪽 그림과 같이 푸른색 리트머스 종이를 붙인 플라스틱 컵으로 식초를 떨어뜨린 솜을 덮었다. 이에 대한 설명으로 옳은 것을 보기에서 고르시오.

[보기]
ㄱ. 식초를 이루는 입자는 운동하지 않는다.
ㄴ. 푸른색 리트머스 종이의 색은 가장 위쪽부터 변하기 시작한다.
ㄷ. 푸른색 리트머스 종이의 색이 변하는 까닭은 식초가 확산하기 때문이다.

물의 상태 변화 관찰하기

이 탐구에서는 물의 상태 변화를 관찰하고 상태 변화가 일어날 때 물질의 성질은 어떻게 되는지 알아보자.

탐구 영상

과정+결과

💡 **유의점**
뜨거운 물에 화상을 입지 않도록 주의한다.

❶ 뜨거운 물이 든 비커 위에 얼음이 담긴 시계 접시를 올려 놓고, 변화를 관찰한다. ➡ 비커 내부가 점점 뿌옇게 변하고, 시계 접시 아랫면에는 액체 방울이 맺힌다.

잠깐
푸른색 염화 코발트 종이는 물을 흡수하면 붉은색으로 변한다.

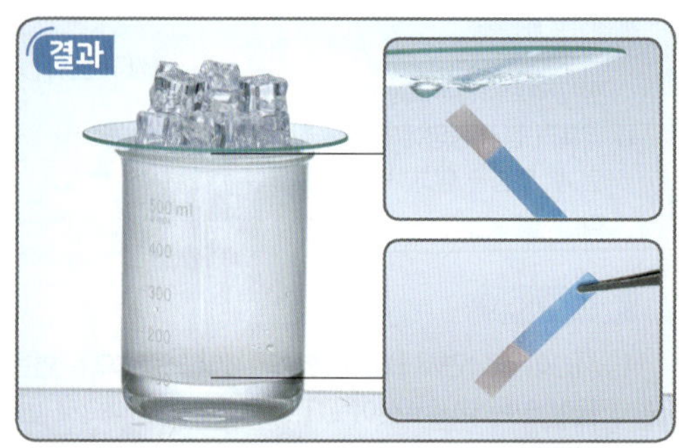

❷ 비커에 든 물과 시계 접시 아랫면에 생긴 액체 방울에 푸른색 염화 코발트 종이를 각각 대고 색 변화를 관찰한다. ➡ 비커에 든 물과 시계 접시 아랫면에 생긴 액체 방울 모두 푸른색 염화 코발트 종이를 붉은색으로 변하게 한다.

정리

1 시계 접시 위에서 일어나는 상태 변화 얼음이 융해하여 물이 된다.

2 비커 안에서 일어나는 상태 변화 비커 안에 있던 뜨거운 물이 ㉠ ( )하여 수증기가 되고, 수증기가 비커 벽면과 시계 접시 아랫면에 닿으면 ㉡( )하여 물방울로 맺힌다.

3 과정 ❷에서 푸른색 염화 코발트 종이가 모두 붉은색으로 변한 까닭 물의 상태 변화가 일어나더라도 물의 고유한 ( )은/는 변하지 않기 때문이다. ➡ 물질의 상태 변화가 일어나더라도 물질의 성질은 변하지 않는다.

확인 문제

정답과 해설 24쪽

1 이 탐구에 대한 설명으로 옳은 것은 ○, 옳지 <u>않은</u> 것은 × 로 표시하시오.

(1) 시계 접시 위에서는 얼음의 융해가 일어난다. ( )

(2) 시계 접시 아랫면에 맺힌 액체 방울은 얼음이 녹아 생긴 물방울이다. ( )

(3) 비커에 든 뜨거운 물은 액화하여 수증기가 된다. ( )

서술형

2 과정 ❷에서 푸른색 염화 코발트 종이가 붉은색으로 변한 것으로부터 알 수 있는 사실을 서술하시오.

3 오른쪽 그림과 같이 뜨거운 물이 든 비커 위에 얼음이 담긴 시계 접시를 올려놓았더니 잠시 후 시계 접시 아랫면에 물방울이 맺혔다. 이에 대한 설명으로 옳은 것을 보기에서 모두 고른 것은?

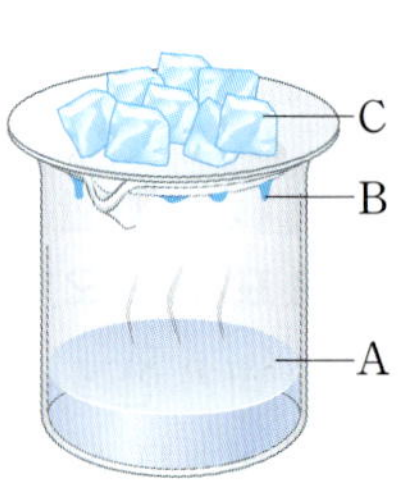

보기

ㄱ. A에서는 기화가 일어난다.

ㄴ. B에 맺힌 물방울은 물이 응고하여 생긴 것이다.

ㄷ. C에서는 얼음이 물로 융해된다.

① ㄱ
② ㄴ
③ ㄱ, ㄴ
④ ㄱ, ㄷ
⑤ ㄴ, ㄷ

상태 변화 시 질량과 부피 변화 측정하기

이 탐구에서는 드라이아이스의 상태 변화를 관찰하고 상태 변화가 일어날 때 물질의 질량과 부피는 어떻게 되는지 알아보자.

탐구 영상

과정

유의점
- 드라이아이스를 비닐 주머니에 넣을 때는 반드시 실험용 장갑을 착용하고 핀셋을 사용한다.
- 실험할 때는 적은 양의 드라이아이스를 사용하고, 환기를 잘 시킨다.

❶ 드라이아이스를 넣은 비닐 주머니를 감압 용기에 넣고 감압 용기의 공기를 뺀 후, 전자저울의 영점을 맞추고 질량을 측정한다.
❷ 비닐 주머니 속 드라이아이스가 보이지 않을 때까지 기다린 뒤 질량을 측정한다.
❸ 감압 용기에 들어 있는 비닐 주머니의 부피 변화를 관찰한다.

잠깐
- 드라이아이스는 기체 이산화 탄소를 고체로 만든 것이다.
- 감압 용기에서 공기를 빼는 까닭은 공기가 미치는 영향을 줄이기 위함이다.

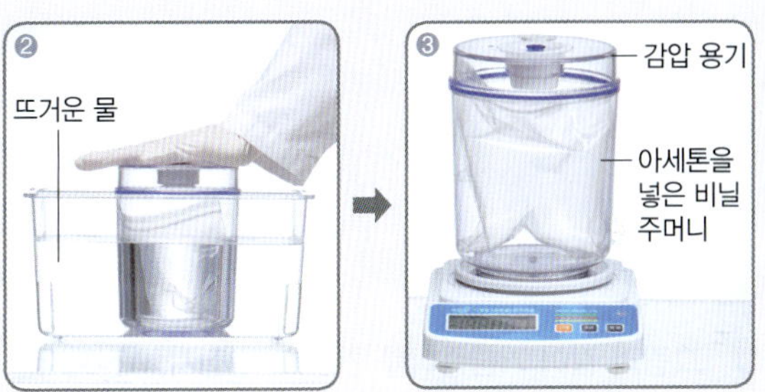

결과+정리

1 드라이아이스의 상태 변화 드라이아이스 조각이 작아지다가 사라진다.
➡ 고체인 드라이아이스가 기체인 이산화 탄소로 (   )하기 때문이다.

2 과정 ❶과 ❷에서의 질량 변화 상태 변화가 일어나기 전과 일어난 후의 질량은 같다. ➡ 상태 변화가 일어나더라도 물질을 이루는 입자의 종류, 개수, 크기는 변하지 않으므로 물질의 질량은 (   )하다.

3 감압 용기에 들어 있는 비닐 주머니의 부피 변화 비닐 주머니가 부풀어 오른다. ➡ 물질의 상태가 변하면 입자 배열이 변해 입자 사이의 (   )이/가 달라지므로 물질의 부피가 변한다.

같은 주제 다른 탐구 아세톤의 상태 변화 시 질량과 부피 변화

과정
❶ 아세톤을 넣은 비닐 주머니를 감압 용기에 넣고 공기를 뺀 후 질량을 측정한다.
❷ 과정 ❶의 감압 용기를 뜨거운 물에 담그고 변화를 관찰한다.
❸ 아세톤의 상태가 모두 변하면 물기를 제거하고 질량을 다시 측정한다.

결과+정리
1 아세톤의 상태가 변해도 질량은 변하지 않고 일정하다. ➡ 상태 변화가 일어나도 아세톤을 이루는 입자의 종류, 개수, 크기는 변하지 않기 때문이다.
2 액체 아세톤이 기화하면서 비닐 주머니가 부풀어 오른다. ➡ 아세톤이 기화할 때 입자 사이의 거리가 멀어져 부피가 증가한다.

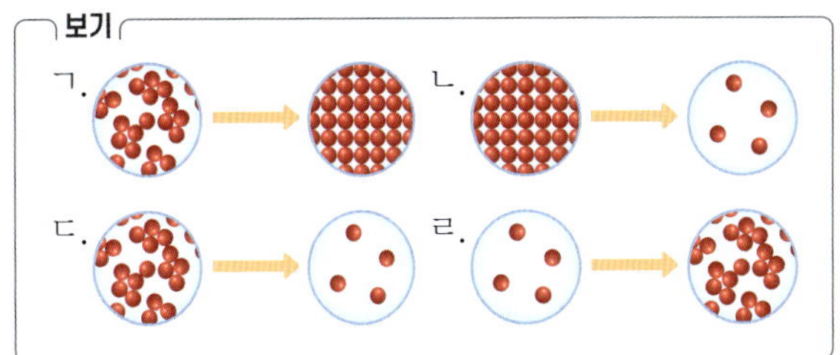

확인 문제

정답과 해설 24쪽

1 이 탐구에 대한 설명으로 옳은 것은 ○, 옳지 <u>않은</u> 것은 ×로 표시하시오.
(1) 비닐 주머니 안에서 승화가 일어난다. ……… (   )
(2) 드라이아이스의 상태가 변하면 질량이 증가한다.
(   )
(3) 드라이아이스의 상태가 변하더라도 부피는 일정하다. (   )
(4) 상태 변화가 일어나더라도 입자의 종류, 개수, 크기는 변하지 않는다. (   )

2 액체 아세톤을 넣은 비닐 주머니를 감압 용기에 넣고 공기를 뺀 후 뜨거운 물에 담가 두었을 때, 비닐 주머니 안 아세톤의 상태 변화를 나타낸 입자 모형으로 옳은 것을 보기에서 고르시오.

보기

ㄱ. ㄴ. ㄷ. ㄹ.

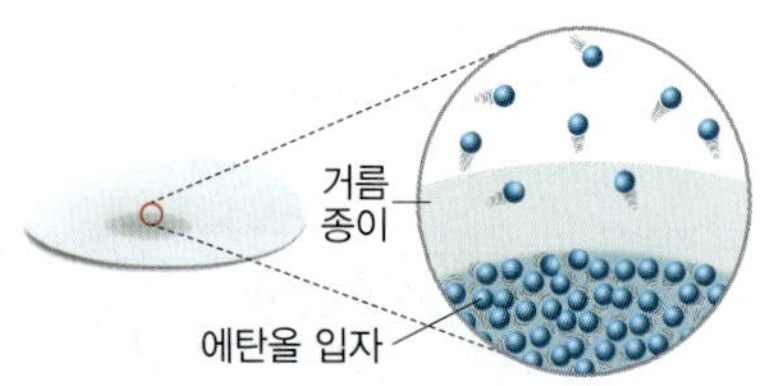

A 입자의 운동

01 그림은 에탄올을 떨어뜨린 거름종이에서 일어나는 현상을 입자 모형으로 나타낸 것이다.

이에 대한 설명으로 옳은 것을 보기에서 모두 고른 것은?

보기
ㄱ. 액체가 증발하는 현상이다.
ㄴ. 액체 내부에서 일어나는 현상이다.
ㄷ. 입자 운동에 의해 일어난다.
ㄹ. 기체가 액체로 변하는 현상이다.

① ㄱ, ㄴ　　　② ㄱ, ㄷ　　　③ ㄴ, ㄷ
④ ㄴ, ㄹ　　　⑤ ㄷ, ㄹ

중요해!

02 그림과 같이 거름종이를 깐 페트리 접시를 전자저울 위에 올려놓고 영점을 맞춘 후 거름종이에 향수를 뿌려 두었더니, 시간이 지나면서 전자저울의 숫자가 점점 작아지다가 0이 되었다.

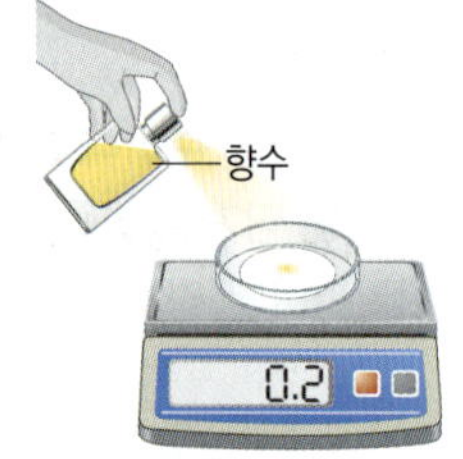

이에 대한 설명으로 옳은 것은?

① 향수 입자가 사라진다.
② 향수 입자의 크기가 작아진다.
③ 향수 입자의 질량이 감소한다.
④ 향수 입자가 공기를 이루는 입자로 변한다.
⑤ 향수 표면의 향수 입자가 스스로 운동하여 공기 중으로 날아간다.

03 오른쪽 그림과 같이 물이 든 비커에 잉크를 넣고 변화를 관찰하였다. 이에 대한 설명으로 옳은 것은?

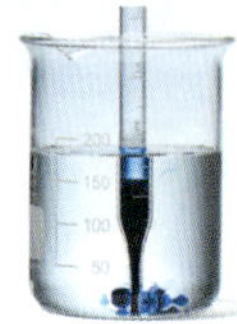

① 잉크가 증발하는 현상이다.
② 물 입자는 운동하지 않는다.
③ 온도가 낮을수록 활발하게 일어난다.
④ 잉크를 이루는 입자가 운동하여 퍼져 나간다.
⑤ 물을 저어 주지 않으면 잉크를 이루는 입자는 비커 바닥에서만 운동한다.

중요해!

04 그림은 방 한 쪽에서 팝콘이 담긴 용기의 뚜껑을 열었을 때 일어나는 변화를 입자 모형으로 나타낸 것이다.

이에 대한 설명으로 옳지 <u>않은</u> 것은?

① 입자는 스스로 운동한다.
② 입자가 공기 중으로 퍼져 나간다.
③ 이러한 현상은 액체에서도 일어날 수 있다.
④ 바람이 불지 않으면 일어나지 않는 현상이다.
⑤ 시간이 지나면 방 안 전체에서 팝콘 냄새를 맡을 수 있다.

05 다음과 같은 현상이 일어나는 공통적인 원인으로 옳은 것은?

• 젖은 빨래가 마른다.
• 숲길을 걸으면 피톤치드 냄새를 맡을 수 있다.

① 물질이 사라지기 때문이다.
② 입자가 한 방향으로 움직이기 때문이다.
③ 주변에 공기를 이루는 입자가 많기 때문이다.
④ 물질을 이루는 입자가 스스로 운동하기 때문이다.
⑤ 고체 표면의 입자가 기체로 되어 공기 중으로 날아가기 때문이다.

06 증발과 확산의 예를 잘못 짝 지은 것은?

① 증발 – 감을 말려 곶감을 얻는다.
② 증발 – 염전에서 바닷물로부터 소금을 얻는다.
③ 확산 – 난로 가까이에 있으면 따뜻하다.
④ 확산 – 방향제의 향기로운 냄새가 방 안 전체에 퍼진다.
⑤ 확산 – 뜨거운 물에 티백을 넣으면 차 성분이 퍼져 나간다.

B 물질의 상태

중요해!
07 물질의 세 가지 상태에 대한 설명으로 옳은 것은?

① 고체는 쉽게 압축할 수 있다.
② 기체는 모양과 부피가 일정하다.
③ 고체, 액체, 기체는 모두 흐르는 성질이 있다.
④ 고체는 담는 용기에 관계없이 모양과 부피가 일정하다.
⑤ 액체는 담는 용기에 따라 부피가 변하지만, 모양은 일정하다.

08 25 ℃에서 다음 물질들이 갖는 공통적인 특징으로 옳은 것은?

> 물, 우유, 에탄올

① 단단하다.
② 흐르는 성질이 없다.
③ 거의 압축되지 않는다.
④ 담는 용기에 따라 부피가 변한다.
⑤ 담는 용기에 관계없이 모양이 일정하다.

09 다음은 물질의 세 가지 상태 중 어떤 상태의 특징을 나타낸 것이다.

> • 흐르는 성질이 있다.
> • 담는 용기에 따라 모양이 변한다.
> • 힘을 가하면 부피가 쉽게 줄어든다.

25 ℃에서 이러한 특징을 갖는 물질로 옳은 것은?

① 금　　　② 철　　　③ 주스
④ 식용유　　　⑤ 이산화 탄소

10 그림은 전선에 사용하는 구리를 입자 모형으로 나타낸 것이다.

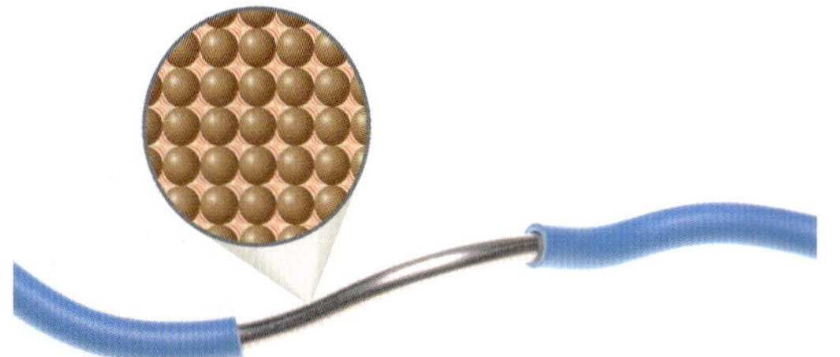

이에 대한 설명으로 옳지 <u>않은</u> 것은?

① 구리는 고체이다.
② 구리는 흐르는 성질이 없다.
③ 구리 입자는 운동하지 않는다.
④ 구리는 모양과 부피가 일정하다.
⑤ 구리 입자는 매우 규칙적으로 배열되어 있다.

중요해!
11 그림은 물질의 세 가지 상태를 입자 모형으로 나타낸 것이다.

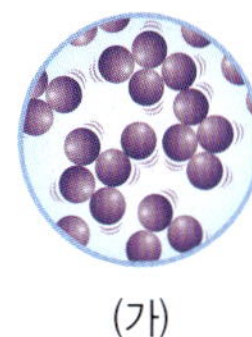  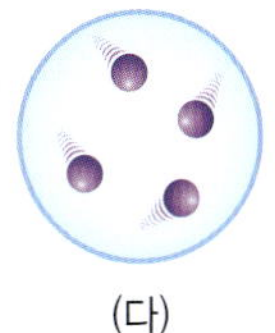

이에 대한 설명으로 옳은 것은? (단, 물은 제외한다.)

① 입자 운동이 가장 활발한 상태는 (다)이다.
② 흐르는 성질이 있는 상태는 (나)와 (다)이다.
③ 입자 사이의 거리가 가장 가까운 상태는 (가)이다.
④ 입자들이 매우 불규칙적으로 배열된 상태는 (나)이다.
⑤ 입자 운동이 비교적 활발하지만 압축이 거의 되지 않는 상태는 (다)이다.

↻ 정답과 해설 **25쪽**

C 물질의 상태 변화

12 그림은 물질의 상태 변화를 나타낸 것이다.

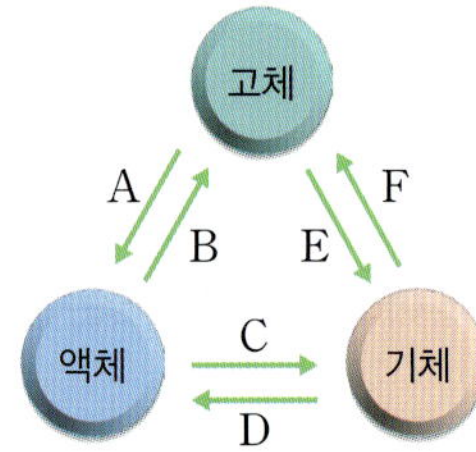

A~F에 해당하는 상태 변화를 옳게 짝 지은 것은?

① A − 응고
② B − 기화
③ C − 승화
④ D − 액화
⑤ F − 융해

13 오른쪽 그림과 같이 손에 뿌린 손 소독제는 시간이 지나면 마른다. 이 현상과 같은 상태 변화가 일어나는 현상은?

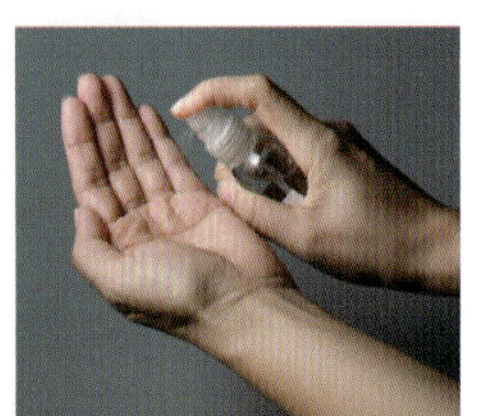

① 고드름이 녹는다.
② 나뭇잎에 서리가 생긴다.
③ 쇳물이 식어 단단한 철이 된다.
④ 젖은 머리카락을 헤어드라이어로 말린다.
⑤ 영하의 온도에서 얼어 있던 생선이 마른다.

D 상태 변화와 입자 배열의 변화

14 오른쪽 그림과 같이 드라이아이스를 넣은 비닐 주머니를 밀봉하여 감압 용기에 넣고 공기를 뺀 후, 질량을 측정하였다. 이에 대한 설명으로 옳은 것을 보기에서 모두 고른 것은?

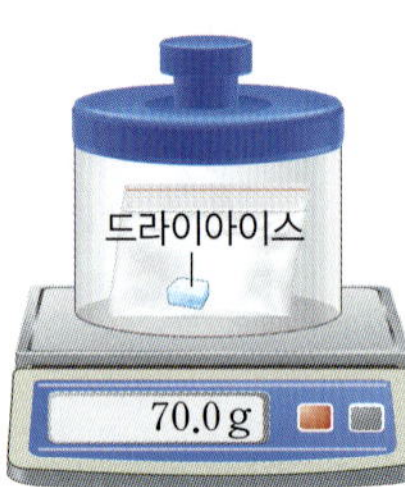

┌ 보기 ┐
ㄱ. 비닐 주머니 안에서 승화가 일어난다.
ㄴ. 전자저울이 나타내는 숫자는 점점 증가한다.
ㄷ. 시간이 지나면서 비닐 주머니가 부풀어 오른다.

① ㄱ
② ㄴ
③ ㄱ, ㄷ
④ ㄴ, ㄷ
⑤ ㄱ, ㄴ, ㄷ

[15~16] 그림은 물질의 상태 변화를 입자 모형으로 나타낸 것이다. (단, 물은 제외한다.)

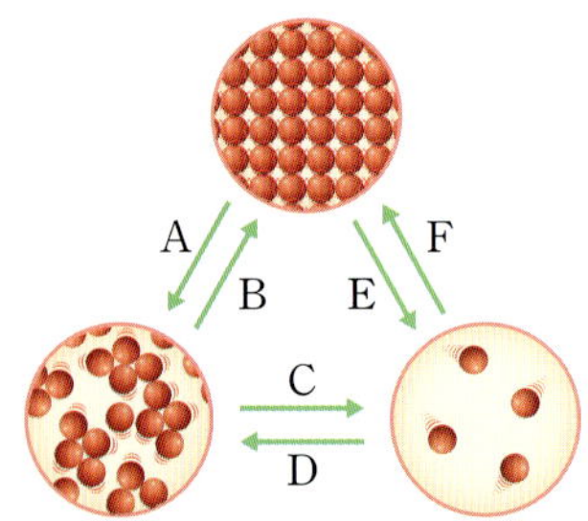

15 A~F 중 부피가 감소하는 상태 변화를 옳게 짝 지은 것은?

① A, C, F
② A, D, E
③ B, C, F
④ B, D, F
⑤ C, D, E

16 A~F에 대한 설명으로 옳지 <u>않은</u> 것은?

① A가 일어나면 물질의 성질이 변한다.
② B가 일어나면 입자 배열이 규칙적으로 변한다.
③ C가 일어나면 입자 사이의 거리가 멀어진다.
④ D가 일어나더라도 물질의 질량은 변하지 않는다.
⑤ F가 일어나면 입자 운동이 둔해진다.

17 물질의 상태 변화가 일어날 때 변하지 <u>않는</u> 것을 보기에서 모두 고른 것은?

┌ 보기 ┐
ㄱ. 입자 배열
ㄴ. 입자의 개수
ㄷ. 입자의 크기
ㄹ. 입자의 종류
ㅁ. 입자의 운동성
ㅂ. 입자 사이의 거리

① ㄱ, ㄴ, ㄷ
② ㄱ, ㄷ, ㅁ
③ ㄴ, ㄷ, ㄹ
④ ㄴ, ㅁ, ㅂ
⑤ ㄷ, ㄹ, ㅂ

01 그림과 같이 거름종이를 깐 페트리 접시를 전자저울에 올려놓고 영점을 맞춘 후, 거름종이 위에 에탄올을 몇 방울 떨어뜨렸다.

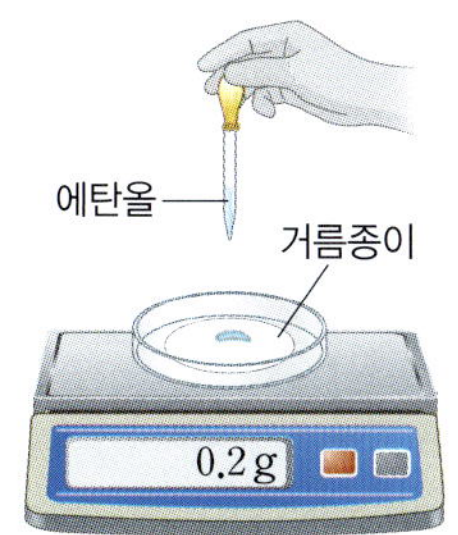

(1) 시간에 따라 전자저울에 측정되는 에탄올의 질량 변화를 쓰시오.

↳ 시간이 지나면서 측정된 에탄올의 질량이 점점 (　　　)한다.

(2) (1)에서와 같이 답한 까닭을 다음 단어를 모두 포함하여 서술하시오.

> 입자, 증발, 운동

02 그림은 물질의 세 가지 상태를 입자 모형으로 나타낸 것이다.

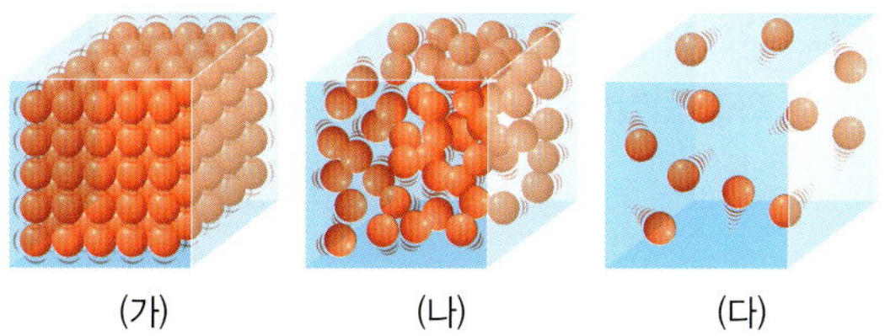

(1) 물질의 상태에 따른 입자 모형의 특징에 대한 설명으로 (　　) 안에 알맞은 기호를 쓰시오.

↳ 입자 배열이 가장 규칙적인 물질의 상태는 (　　　)이고, 입자 사이의 거리가 가장 멀고 입자 운동이 매우 활발한 물질의 상태는 (　　　)이다.

(2) 고체는 담는 용기에 관계없이 모양과 부피가 일정하다. 그 까닭을 입자 배열과 입자 사이의 거리로 서술하시오.

03 그림과 같이 뜨거운 물이 든 비커 위에 얼음이 담긴 시계 접시를 올려 놓았더니 잠시 후 시계 접시 아랫면(A)에 액체 방울이 맺혔다.

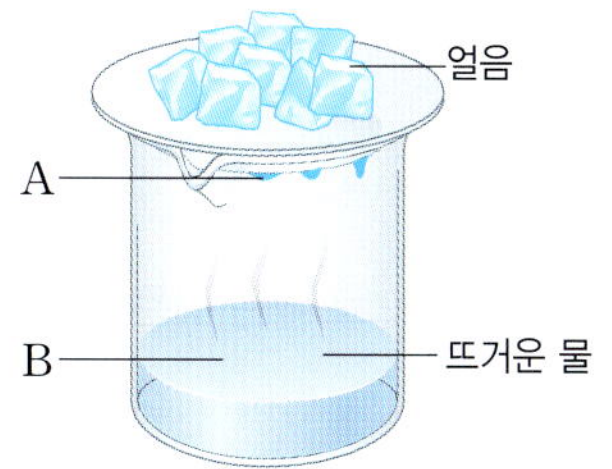

(1) 시계 접시 아랫면(A)에서 일어난 상태 변화를 쓰시오.

↳ 수증기가 시계 접시 아랫면에 닿아 (　　　)하여 물이 된다.

(2) A와 B에 푸른색 염화 코발트 종이를 각각 대어 보면 모두 붉은색으로 변한다. 이를 통해 알 수 있는 물의 상태 변화가 일어날 때의 특징을 서술하시오.

04 그림과 같이 비닐 주머니에 드라이아이스를 넣고 입구를 막았더니 시간이 지나면서 비닐 주머니가 부풀어 올랐다.

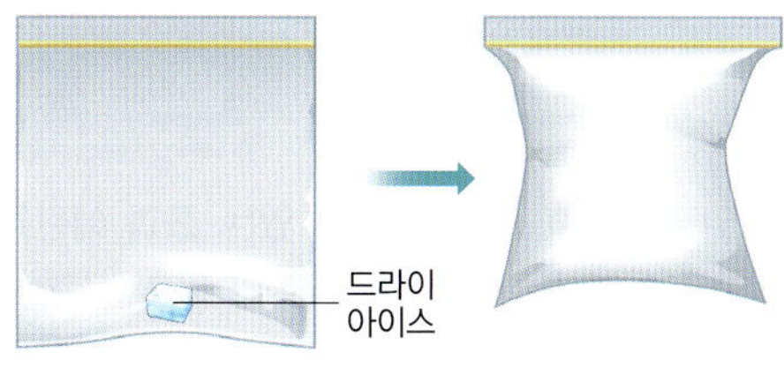

(1) 드라이아이스의 상태 변화를 물질의 상태를 언급하여 쓰시오.

↳ (　　　)에서 (　　　)(으)로 상태가 변하는 (　　　)이/가 일어난다.

(2) 비닐 주머니가 부풀어 오른 까닭을 입자의 운동성과 입자 사이의 거리와 관련지어 서술하시오.

01 그림은 액체에서 일어나는 어떤 현상을 입자 모형으로 나타낸 것이다.

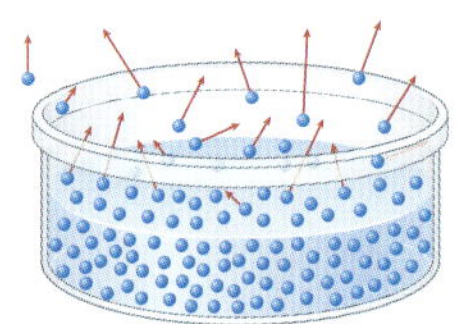

이에 대한 설명으로 옳은 것은?

① 기체가 액체로 변하는 현상이다.
② 액체 내부에서 일어나는 현상이다.
③ 액체를 가열해야 일어나는 현상이다.
④ 바람이 불지 않으면 일어나지 않는다.
⑤ 이 현상은 겨울보다 여름에 더 잘 일어난다.

02 그림과 같이 2개의 전자저울에 페트리 접시를 올려놓고 영점을 맞춘 후, 같은 질량의 에탄올과 물을 동시에 떨어뜨렸다.

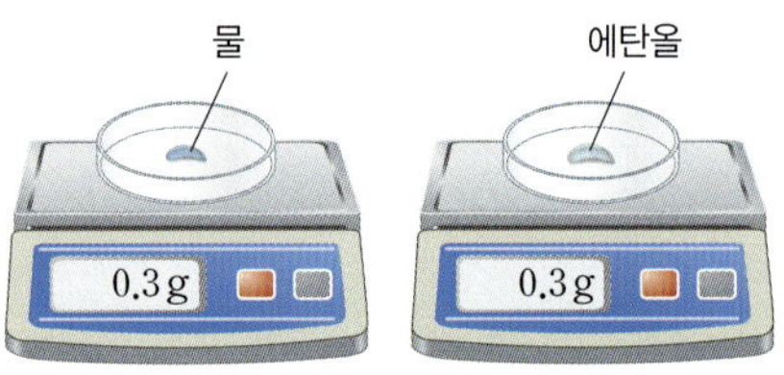

일정 시간이 지나고 남아 있는 물과 에탄올의 질량을 측정하였더니 에탄올의 질량이 물의 질량보다 더 많이 줄어들었다. 이에 대한 설명으로 옳은 것을 보기에서 모두 고른 것은? (단, 온도는 일정하다.)

> 보기
> ㄱ. 에탄올은 물보다 빠르게 증발한다.
> ㄴ. 물 입자는 에탄올 입자보다 입자 운동이 더 활발하다.
> ㄷ. 충분한 시간이 지나면 두 전자저울의 숫자는 모두 0이 된다.

① ㄱ 　② ㄷ 　③ ㄱ, ㄷ
④ ㄴ, ㄷ 　⑤ ㄱ, ㄴ, ㄷ

03 그림 (가)는 BTB 용액을 일정한 간격으로 떨어뜨린 페트리 접시의 중앙에 식초 방울을 떨어뜨린 모습이고, 그림 (나)는 푸른색 리트머스 종이를 일정한 간격으로 붙인 플라스틱 컵으로 식초를 떨어뜨린 솜을 덮은 모습이다.

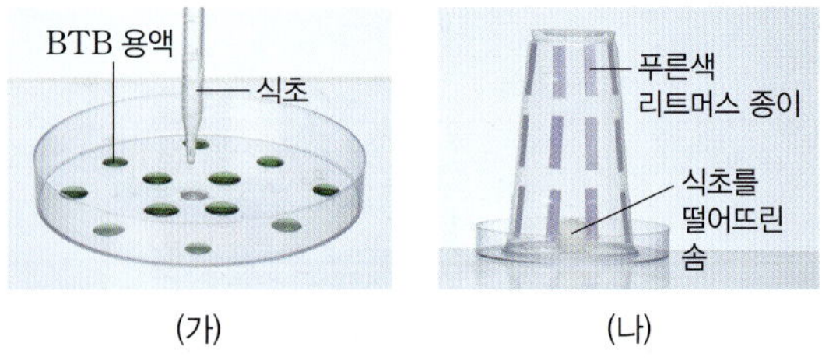

(가)와 (나)에 대한 설명으로 옳지 <u>않은</u> 것은?

① 식초의 증발이 일어난다.
② 식초를 이루는 입자가 스스로 운동하고 있음을 확인할 수 있다.
③ BTB 용액과 푸른색 리트머스 종이의 색 변화로 식초의 확산을 확인할 수 있다.
④ (가)와 (나)에서 식초 방울과 식초를 떨어뜨린 솜을 서로 바꾸어 실험하면 다른 결과가 나타난다.
⑤ (가)와 (나) 모두 식초에서 가까운 곳에 위치한 BTB 용액과 푸른색 리트머스 종이부터 색이 변하기 시작한다.

04 그림과 같이 페트리 접시 위에 페놀프탈레인 용액을 적신 솜을 일정한 간격으로 올려놓고, 페트리 접시의 가운데에 묽은 암모니아수를 2~3방울 떨어뜨린 다음 변화를 관찰하였다.

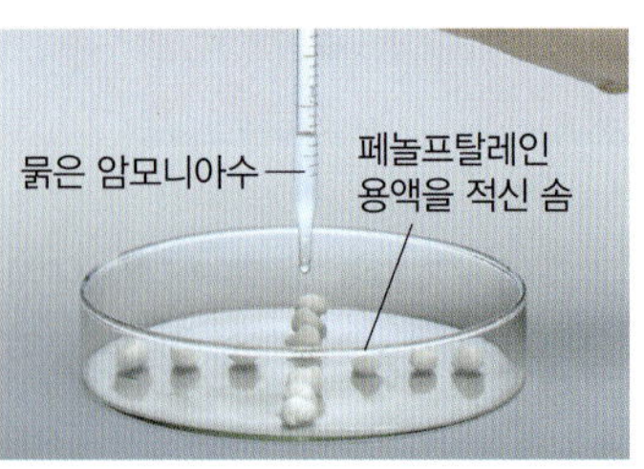

이에 대한 설명으로 옳지 <u>않은</u> 것은? (단, 묽은 암모니아수는 페놀프탈레인 용액을 붉은색으로 변화시킨다.)

① 암모니아의 확산이 일어난다.
② 암모니아 입자는 스스로 운동한다.
③ 암모니아 입자는 모든 방향으로 퍼져 나간다.
④ 솜의 색깔은 암모니아수에서 가까운 쪽에서부터 먼 쪽 순으로 변한다.
⑤ 온도가 높을 때보다 온도가 낮을 때 실험 결과가 더 빨리 나타난다.

05 그림은 일정한 압력에서 물질의 두 가지 상태를 입자 모형으로 나타낸 것이다.

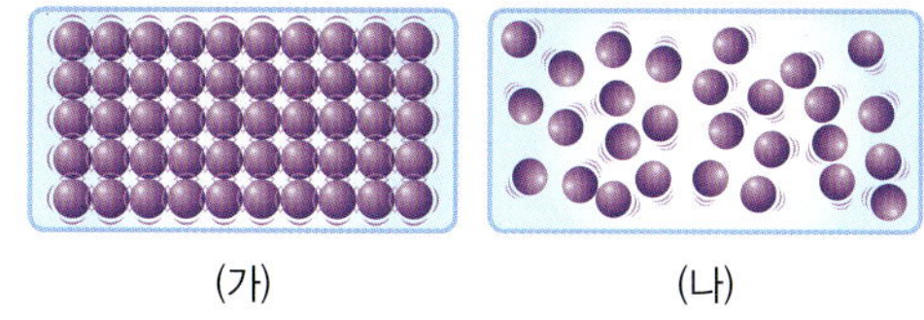

(가)　　　　　　　(나)

이에 대한 설명으로 옳지 <u>않은</u> 것은?

① (가)는 입자 배열이 매우 규칙적이다.
② (가)는 힘을 가해도 압축되지 않는다.
③ (나)의 빈 공간으로는 입자가 이동할 수 없다.
④ (나)는 담는 용기가 달라져도 부피가 일정하다.
⑤ 입자 사이의 거리는 (가)보다 (나)가 더 멀다.

06 따뜻한 액체 초콜릿의 맛을 본 후 그림과 같이 액체 초콜릿의 질량을 측정하고, 액체 초콜릿을 냉각하여 고체로 만든 후 다시 질량을 측정하고 맛을 보았다.

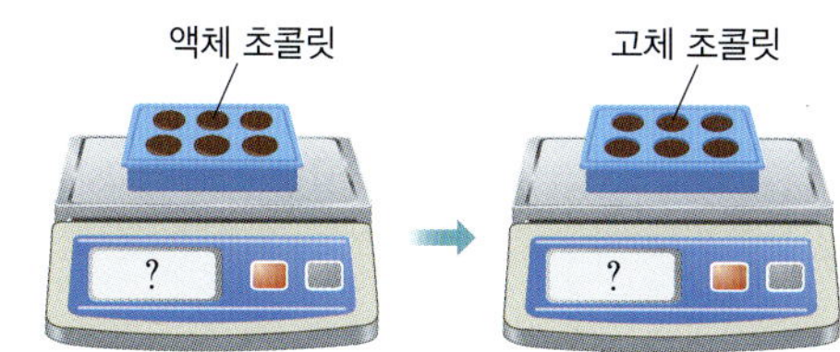

이에 대한 설명으로 옳지 <u>않은</u> 것은?

① 상태가 변해도 초콜릿의 질량은 일정하다.
② 액체 초콜릿이 응고되면 부피가 줄어든다.
③ 초콜릿이 가진 고유한 맛은 변하지 않는다.
④ 초콜릿을 이루는 입자의 종류, 질량, 개수는 변하지 않는다.
⑤ 고체 초콜릿을 다시 녹이면 초콜릿을 이루는 입자의 크기가 커진다.

07 그림 (가)와 같이 아세톤이 들어 있는 비닐 주머니를 밀봉하여 감압 용기에 넣고 공기를 뺀 후 질량을 측정하였다. 그 후 그림 (나)와 같이 뜨거운 물이 든 수조에 감압 용기를 넣었다.

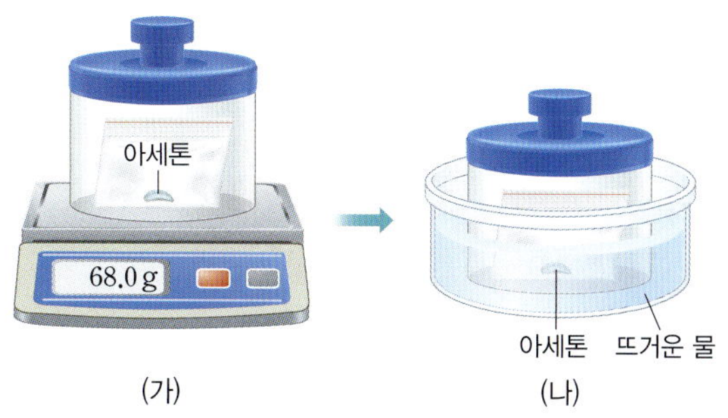

(가)　　　　　　　(나)

이에 대한 설명으로 옳은 것을 보기에서 모두 고른 것은?

보기
ㄱ. (가)에서 공기를 빼는 까닭은 질량 측정 과정에서 공기의 영향을 줄이기 위해서이다.
ㄴ. (나)에서 액체 아세톤의 응고가 일어난다.
ㄷ. (나)에서 아세톤 입자의 크기가 커져 비닐 주머니가 부풀어 오른다.
ㄹ. (나)에서 아세톤의 상태가 변한 후 감압 용기의 질량을 측정하면 (가)에서 측정한 질량과 같다.

① ㄱ, ㄴ　　　② ㄱ, ㄹ　　　③ ㄴ, ㄷ
④ ㄴ, ㄹ　　　⑤ ㄷ, ㄹ

08 그림과 같이 25 ℃에서 얼음과 드라이아이스를 각각 시계 접시 위에 올려놓고 변화를 관찰하였다.

(가)　　　　　　　(나)

이에 대한 설명으로 옳은 것은?

① (가)에서는 응고, (나)에서는 기화가 일어난다.
② 입자의 운동성 변화는 (가)에서가 (나)에서보다 크다.
③ 입자 배열은 (가)와 (나)에서 모두 규칙적으로 변한다.
④ 물질의 성질은 (가)에서 변하고, (나)에서 변하지 않는다.
⑤ 추운 겨울 그늘에 있는 눈사람이 녹지 않았는데도 작아지는 현상은 (나)와 같은 상태 변화이다.

02 상태 변화와 열에너지

A 상태 변화와 열에너지 [1] ✔ 꽉 잡아! 자료 108쪽

1. 상태 변화와 열에너지 상태 변화가 일어날 때 열에너지를 흡수하거나 방출한다.

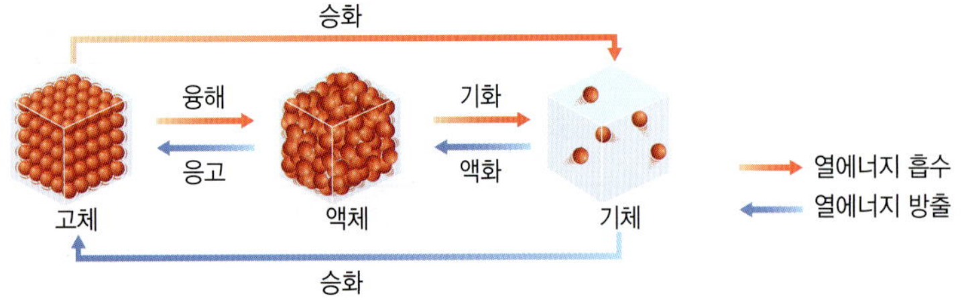

2. 열에너지를 흡수하는 상태 변화 융해, 기화, 고체에서 기체로의 승화
① 물질을 가열할 때의 온도 변화: 물질을 가열하면 온도가 높아지다가 상태 변화가 일어날 때 일정하게 유지된다. ➡ 가해 준 열에너지가 상태 변화에 사용되기 때문이다. [2] ✔ 꽉 잡아! 탐구 106쪽

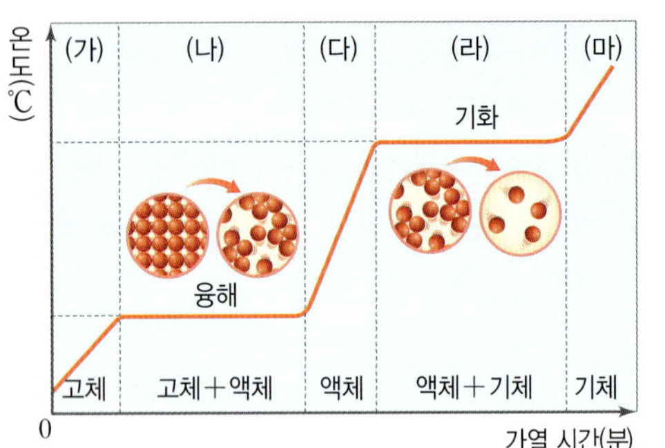

• (가), (다), (마): 온도가 높아진다.
➡ 가해 준 열에너지가 온도를 높이는 데 사용되기 때문이다.
• (나), (라): 온도가 일정하게 유지된다. ➡ 가해 준 열에너지가 상태 변화에 사용되기 때문이다.

② 물질을 가열하는 동안 입자의 변화

열에너지		입자의 운동성	입자 배열	입자 사이의 거리
흡수	➡	활발해짐.	불규칙적으로 변함.	멀어짐.

3. 열에너지를 방출하는 상태 변화 응고, 액화, 기체에서 고체로의 승화
① 물질을 냉각할 때의 변화: 물질을 냉각하면 온도가 낮아지다가 상태 변화가 일어날 때 일정하게 유지된다. ➡ 상태 변화가 일어나는 동안 방출되는 열에너지가 온도가 낮아지는 것을 막아 주기 때문이다. [3] ✔ 꽉 잡아! 탐구 107쪽

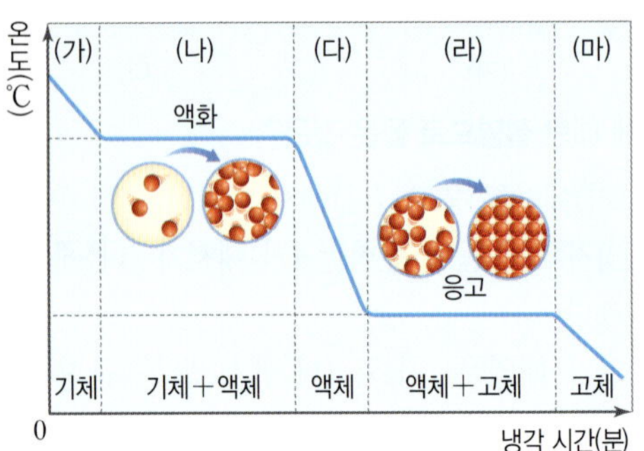

• (가), (다), (마): 온도가 낮아진다.
➡ 열에너지를 잃기 때문이다.
• (나), (라): 온도가 일정하게 유지된다. ➡ 상태 변화가 일어나는 동안 방출되는 열에너지가 온도가 낮아지는 것을 막아 주기 때문이다.

② 물질을 냉각하는 동안 입자의 변화

열에너지		입자의 운동성	입자 배열	입자 사이의 거리
방출	➡	둔해짐.	규칙적으로 변함.	가까워짐.

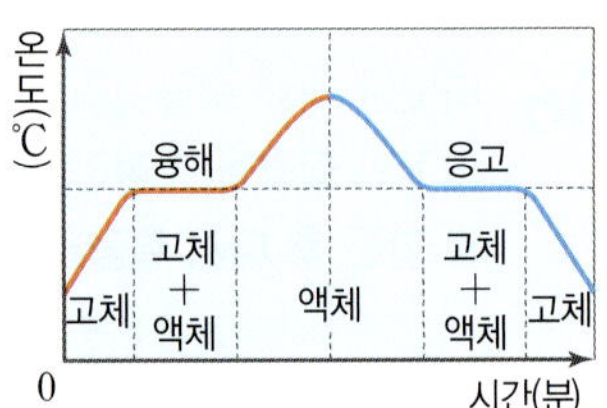

어떤 물질을 가열하고 냉각할 때 물질이 녹는 온도와 어는 온도는 같다.

개념 확인하기

A 상태 변화와 열에너지

· ㅅㅌㅂㅎ 가 일어날 때는 열에너지를 흡수하거나 방출한다.

· 물질을 가열하거나 냉각할 때 온도가 ㅇㅈ 하게 유지되는 구간에서 물질의 상태 변화가 일어난다.

[1~2] 오른쪽 그림은 상태 변화를 입자 모형으로 나타낸 것이다.

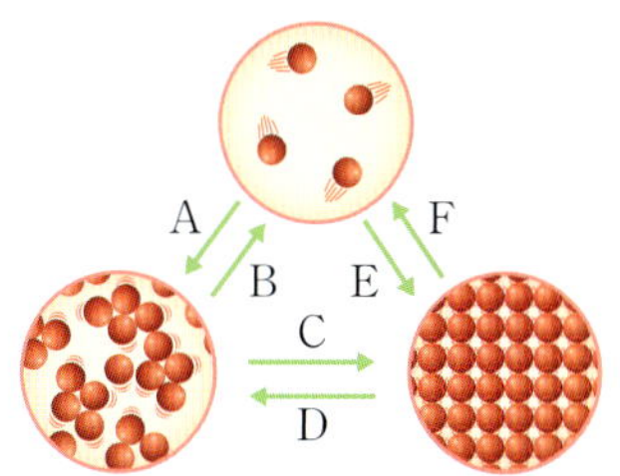

1 A~F 중 열에너지를 흡수하는 상태 변화를 모두 고르시오.

2 A~F 중 열에너지를 방출하는 상태 변화를 모두 고르시오.

3 오른쪽 그림은 어떤 고체 물질의 가열 곡선을 나타낸 것이다. 이에 대한 설명으로 옳은 것은 ○, 옳지 <u>않은</u> 것은 ×로 표시하시오.

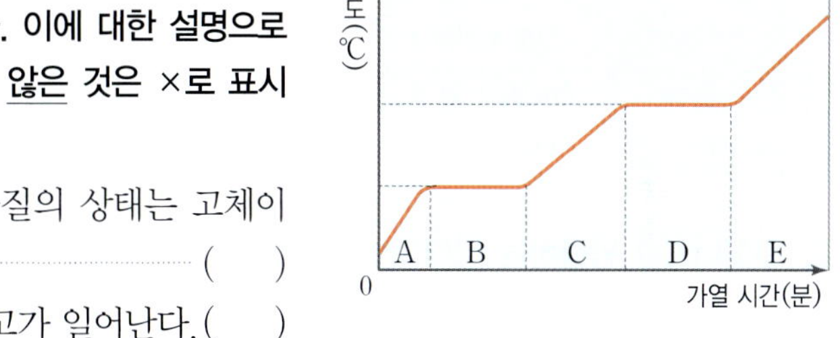

(1) A 구간에서 물질의 상태는 고체이다. ……………………… ( )
(2) B 구간에서 응고가 일어난다. ( )
(3) C 구간에서 가해 준 열에너지는 물질의 온도를 높이는 데 사용된다. ( )
(4) D 구간에서는 고체와 액체가 함께 존재한다. ……………… ( )
(5) E 구간에서 물질의 상태는 기체이다. …………………………… ( )

4 오른쪽 그림은 어떤 액체 물질의 냉각 곡선을 나타낸 것이다. 이에 대한 설명으로 옳은 것은 ○, 옳지 <u>않은</u> 것은 ×로 표시하시오.

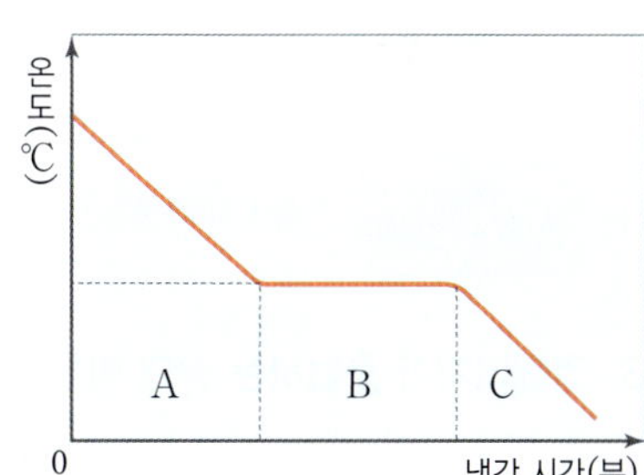

(1) A 구간에서 물질의 상태는 액체이다. …………………… ( )
(2) B 구간에서 온도가 일정하게 유지되는 까닭은 물질이 열에너지를 흡수하기 때문이다. …… ( )
(3) C 구간에서 물질의 상태 변화가 일어난다. …………………… ( )

5 다음 표의 ( ) 안에 알맞은 말을 고르시오. (단, 물은 제외한다.)

구분	열에너지를 흡수하는 상태 변화가 일어날 때	열에너지를 방출하는 상태 변화가 일어날 때
입자의 운동성	㉠(활발해진다 , 둔해진다).	㉡(활발해진다 , 둔해진다).
입자 배열	㉢(규칙적 , 불규칙적)으로 변한다.	㉣(규칙적 , 불규칙적)으로 변한다.
입자 사이의 거리	㉤(멀어진다 , 가까워진다).	㉥(멀어진다 , 가까워진다).

B 열에너지가 출입하는 상태 변화의 예

1. 열에너지를 흡수하는 상태 변화 융해, 기화, 고체에서 기체로의 승화가 일어날 때는 열에너지를 흡수하므로 주위의 온도가 낮아진다.

융해	• 음료수에 얼음을 넣어 차갑게 만든다. • 신선 식품을 보관할 때 얼음 팩과 함께 넣는다. • 아이스박스에 얼음을 채우고 음식물을 보관한다.
기화	• 더운 여름철 도로나 선로에 물을 뿌리면 시원해진다. • 몸에 열이 날 때 물수건으로 몸을 닦으면 열이 내린다. • 개는 땀샘이 거의 없어서 혀를 내밀어 체온을 조절한다. • 더운 사막에서 시원한 물을 마시기 위해 양가죽 물통에 물을 담는다. • 더운 날 하마나 코끼리는 진흙 목욕을 하여 체온을 조절한다. • 더운 여름철 안개형 냉각 장치를 설치하여 물을 뿌리면 시원함을 느낀다. • 운동 후 땀이 마를 때나 샤워 후 몸에 묻은 물기가 마를 때 시원함을 느낀다.
승화 (고체 → 기체)	• 아이스크림 포장을 할 때 드라이아이스를 함께 넣어 주면 아이스크림이 잘 녹지 않는다.

2. 열에너지를 방출하는 상태 변화 응고, 액화, 기체에서 고체로의 승화가 일어날 때는 열에너지를 방출하므로 주위의 온도가 높아진다.

응고	• 액체 파라핀에 손을 넣고 따뜻한 찜질을 한다. • 겨울철 과일나무에 물을 뿌리면 냉해를 막을 수 있다. • 이누이트족은 얼음집 안에 물을 뿌려 내부를 따뜻하게 한다. • 겨울철 과일 창고에 물이 담긴 그릇을 놓아두면 과일이 얼지 않는다.
액화	• 증기 오븐을 이용하여 식품을 조리한다. • 커피 추출 기계의 스팀 분출 장치로 우유를 데운다. • 소나기가 내리기 전 날씨가 후텁지근하다.
승화 (기체 → 고체)	• 눈이 내릴 때는 날씨가 포근해진다.

3. 열에너지가 출입하는 상태 변화의 이용 4 5 6

① 에어컨의 원리

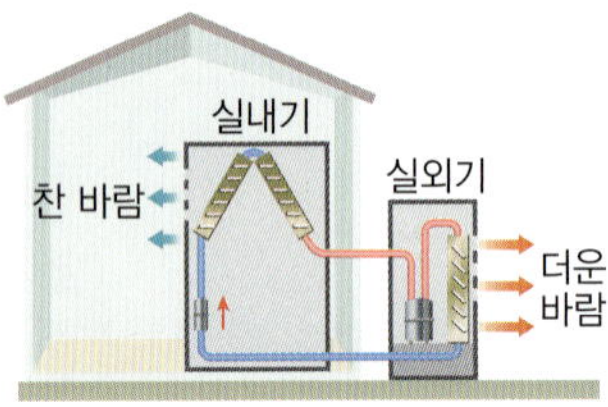

• 실내기: 냉매가 기화(액체 → 기체)하면서 열에너지를 흡수하므로 주위의 온도가 낮아진다. ➡ 찬 바람이 나온다.
• 실외기: 냉매가 액화(기체 → 액체)하면서 열에너지를 방출하므로 주위의 온도가 높아진다. ➡ 더운 바람이 나온다.

② 증기 난방의 원리

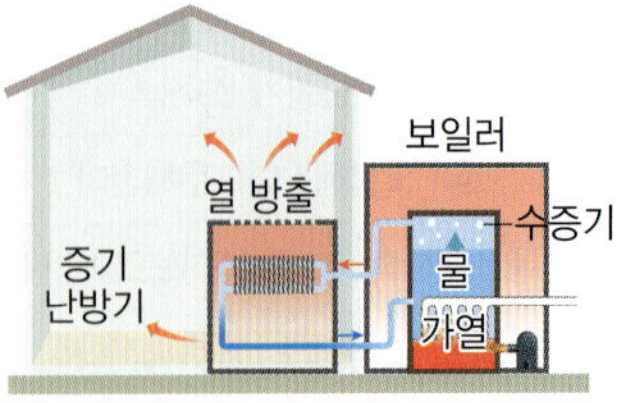

• 증기 난방기: 수증기가 액화(기체 → 액체)하면서 열에너지를 방출하므로 주위의 온도가 높아진다. ➡ 실내가 따뜻해진다.
• 보일러: 물이 기화(액체 → 기체)하면서 열에너지를 흡수한다.

4 종이 냄비에 물을 끓여도 불이 붙지 않는 까닭

종이 냄비에 물을 넣고 가열하면 물의 온도가 높아지다가 물이 끓기 시작하면 가해 준 열에너지가 물이 상태 변화하는 데 사용된다. 이로 인해 물이 모두 끓어 없어지기 전까지 종이 냄비는 타지 않는다.

5 전기를 사용하지 않는 항아리 냉장고

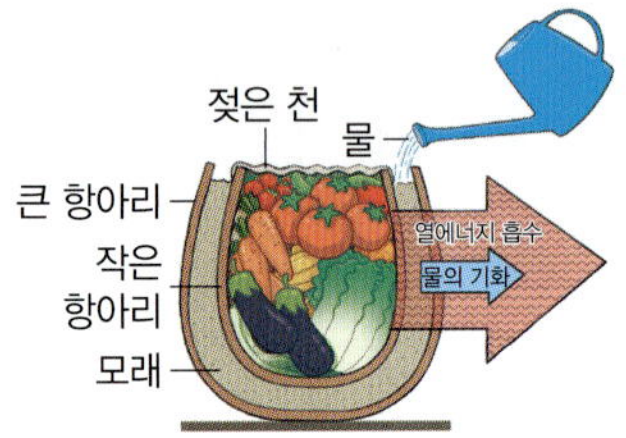

큰 항아리와 작은 항아리 사이에 모래를 채운 다음, 모래에 물을 뿌려 두면 물이 기화하면서 열에너지를 흡수하여 주위의 온도가 낮아진다. 이러한 원리로 항아리 냉장고에 음식을 넣어 두면 신선하게 보관할 수 있다.

6 냉장고 원리

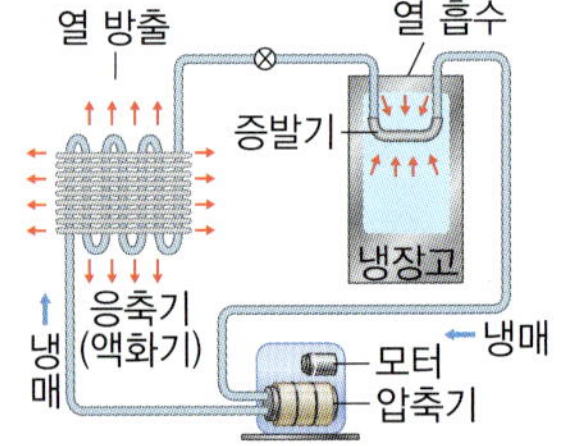

• 증발기: 액체 냉매가 기화하면서 열에너지를 흡수한다. ➡ 냉장고 안이 차가워진다.
• 응축기: 기체 냉매가 액화하면서 열에너지를 방출한다. ➡ 냉장고 뒷면이나 옆면이 따뜻해진다.

용어

◆ **출입(날 出, 들 入)** 어느 곳을 드나듦.
◆ **냉해(찰 冷, 해할 害)** 이상 저온이나 일조량 부족으로 농작물이 자라는 도중에 입는 피해

초성 퀴즈

B 열에너지가 출입하는 상태 변화의 예
- 융해, 기화, 고체에서 기체로의 승화가 일어날 때 열에너지를 ⬚ㅎ ⬚ㅅ 한다.
- 응고, 액화, 기체에서 고체로의 승화가 일어날 때 열에너지를 ⬚ㅂ ⬚ㅊ 한다.

[6~7] 그림은 물질의 상태 변화를 입자 모형으로 나타낸 것이다.

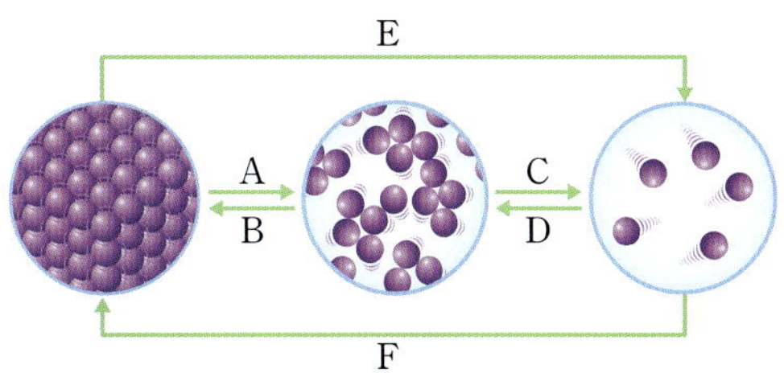

6 A~F 중 주위의 온도가 높아지는 상태 변화를 모두 고르시오.

7 다음 현상에서 일어나는 상태 변화로 알맞은 것을 A~F에서 고르시오.
(1) 눈이 내릴 때는 날씨가 포근하다. ┈┈┈┈┈┈┈ (   )
(2) 샤워 후 물기가 마를 때 시원함을 느낀다. ┈┈┈┈ (   )
(3) 증기 난방을 이용하여 방 안을 따뜻하게 한다. ┈┈ (   )
(4) 이누이트족은 얼음집 안에 물을 뿌려 내부를 따뜻하게 한다. ┈ (   )

8 다음 현상에서 밑줄 친 물질의 상태 변화가 일어날 때 열에너지를 흡수하는 경우에는 '흡수', 방출하는 경우에는 '방출'이라고 쓰시오.
(1) 음료수에 얼음을 넣어 차갑게 만든다. ┈┈┈┈┈ (   )
(2) 운동 후 땀이 마를 때 시원함을 느낀다. ┈┈┈┈ (   )
(3) 액체 파라핀에 손을 넣고 따뜻한 찜질을 한다. ┈┈ (   )
(4) 아이스크림을 포장할 때 드라이아이스를 함께 넣는다. ┈ (   )
(5) 겨울철 오렌지 냉해를 막기 위해 오렌지 나무에 물을 뿌린다. ┈ (   )

9 다음은 에어컨의 구조와 원리를 나타낸 것이다. (   ) 안에 알맞은 말을 고르시오.

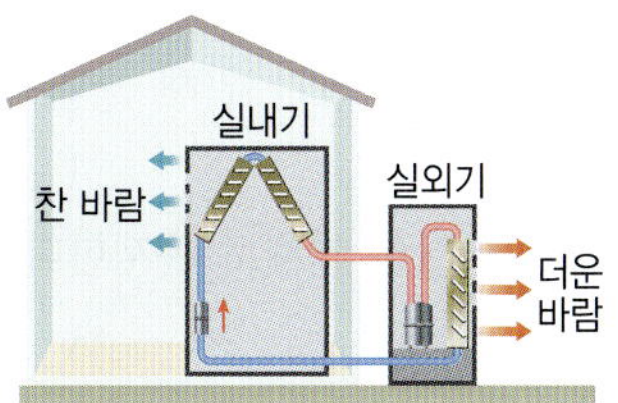

- 실내기: 액체 냉매가 ㉠(액화 , 기화)하면서 열에너지를 ㉡(흡수 , 방출)하므로 주위의 온도가 낮아져 찬 바람이 나온다.
- 실외기: 기체 냉매가 ㉢(액화 , 기화)하면서 열에너지를 ㉣(흡수 , 방출)하므로 주위의 온도가 높아져 더운 바람이 나온다.

응고, **B** 흡수, 방출

물을 가열할 때의 온도 변화 측정하기

이 탐구에서는 물을 가열하면서 온도 변화를 관찰하고, 그래프로 나타내어 해석해 보자.

과정

유의점
뜨거운 물에 화상을 입지 않도록 주의한다.

❶ 삼각 플라스크에 물과 끓임쪽을 넣고 오른쪽 그림과 같이 장치한다.
❷ 가열 장치로 가열하면서 1분 간격으로 온도를 측정하고, 물이 끓기 시작하면 5분 정도 온도를 더 측정한다.

잠깐
물이 갑자기 끓어오르는 것을 방지하기 위해 끓임쪽을 넣는다.

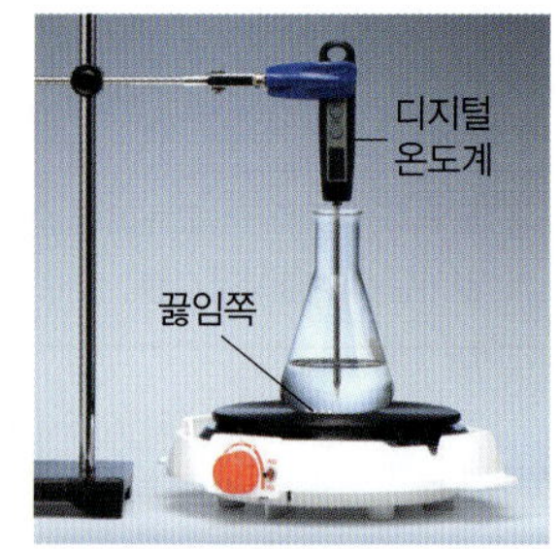

결과+정리

1 시간에 따른 온도 변화를 그래프로 나타내면 다음과 같다.

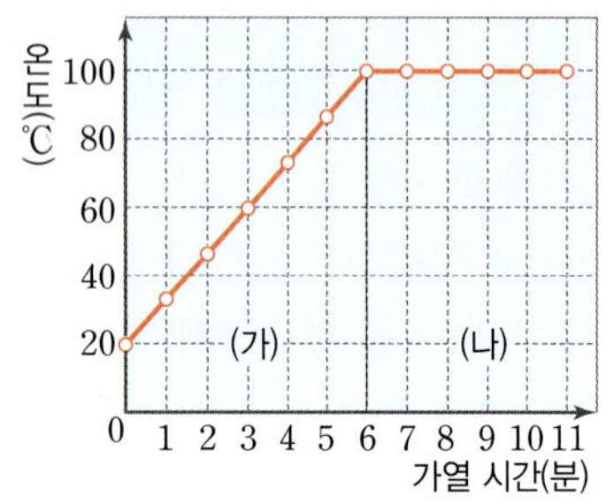

구간	물질의 상태	온도 변화
(가)	액체	온도가 높아진다. ➡ 가해 준 열에너지가 물의 온도를 높이는 데 사용된다.
(나)	액체, 기체	온도가 더 이상 높아지지 않고 ㉠( )하게 유지된다. ➡ 가해 준 열에너지가 물이 ㉡( )하는 데 사용되기 때문이다.

같은 주제 다른 탐구 얼음이 녹을 때의 온도 변화 측정하기

과정

❶ 플라스틱 컵에 물을 넣고, 무선 온도 센서를 꽂아 얼린다.
❷ 과정 ❶의 컵을 뜨거운 물이 든 수조에 넣고, 온도 센서를 통해 수집된 자료로 그려진 온도 변화 그래프를 확인한다.

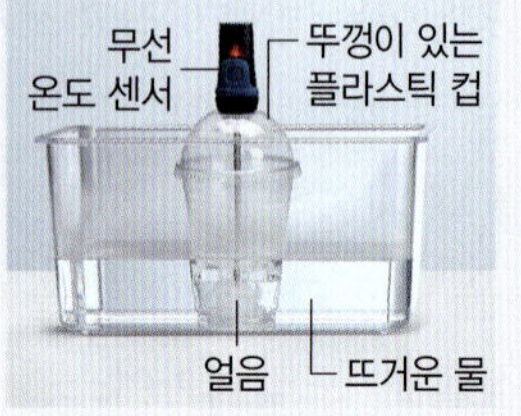

결과+정리

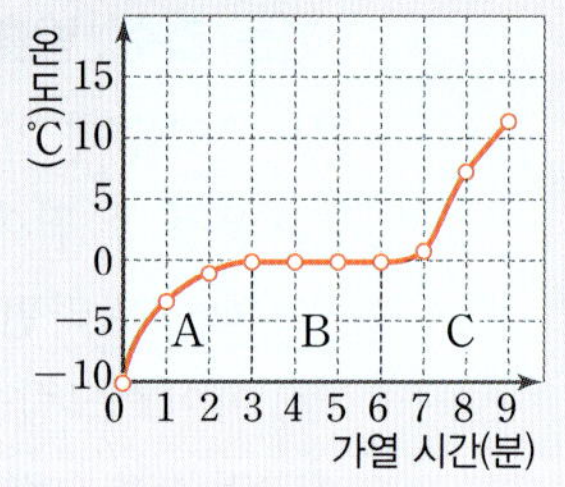

시간에 따른 온도 변화 그래프는 다음과 같다.
• A 구간: 얼음의 온도가 높아진다.
• B 구간: 온도가 일정하다. ➡ 열에너지가 얼음이 융해하는 데 사용된다.
• C 구간: 물의 온도가 높아진다.

확인 문제

🔁 정답과 해설 **28쪽**

1 이 탐구에 대한 설명으로 옳은 것은 ○, 옳지 <u>않은</u> 것은 × 로 표시하시오.

(1) 물이 갑자기 끓어오르는 것을 막기 위해 끓임쪽을 넣는다. ……………………………………… (   )

(2) 그래프의 (가) 구간에서 물질은 액체로 존재한다. ……………………………………………… (   )

(3) 그래프의 (나) 구간에서 물질은 열에너지를 방출한다. ……………………………………… (   )

(4) 그래프의 (나) 구간에서는 가해 준 열에너지가 상태 변화에 사용된다. …………………… (   )

2 오른쪽 그림은 어떤 고체 물질의 가열 곡선을 나타낸 것이다. 이에 대한 설명으로 옳은 것을 보기에서 고르시오.

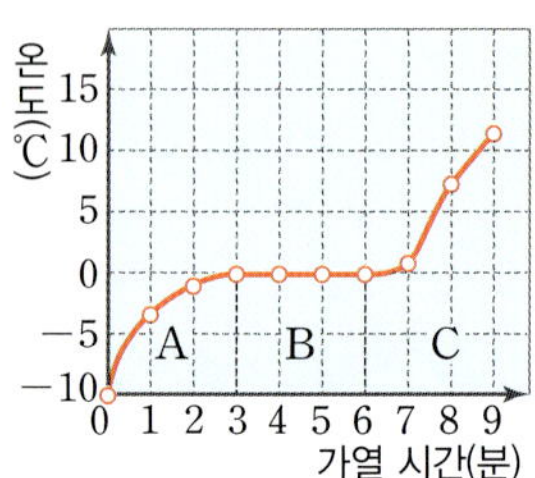

보기
ㄱ. A 구간에서 물질은 고체와 액체로 존재한다.
ㄴ. B 구간에서는 융해가 일어난다.
ㄷ. C 구간에서 입자 운동이 점점 둔해진다.

로르산이 응고할 때의 온도 변화 측정하기

이 탐구에서는 로르산을 냉각하면서 온도 변화를 관찰하고, 그래프로 나타내어 해석해 보자.

과정

❶ 고체 로르산을 넣은 시험관을 뜨거운 물에 넣는다.
❷ 고체 로르산이 모두 녹으면 온도계의 끝이 액체 로르산에 잠기도록 온도계를 고정한 다음 30초 간격으로 온도를 측정한다.

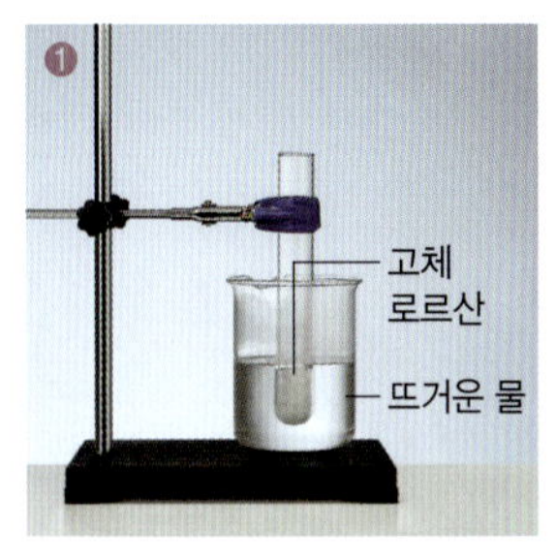

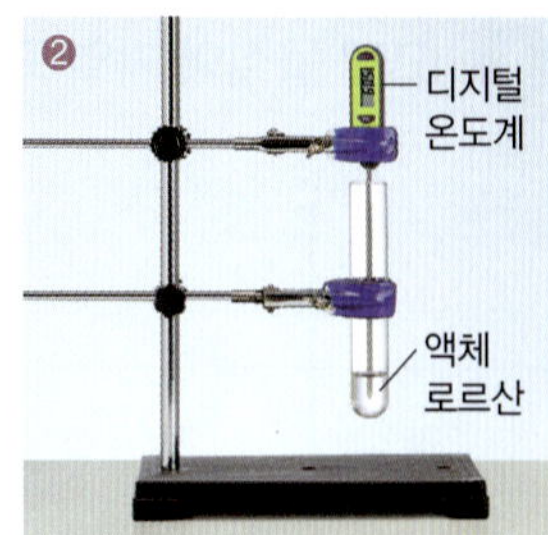

결과+정리

1 시간에 따른 온도 변화를 그래프로 나타내면 다음과 같다.

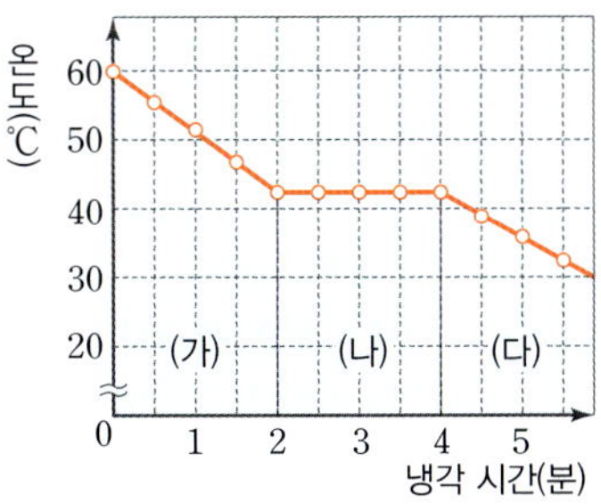

구간	물질의 상태	온도 변화
(가)	액체	온도가 낮아진다.
(나)	액체, 고체	온도가 더 이상 낮아지지 않고 ㉠( )하게 유지된다. ➡ 로르산이 응고하는 동안 ㉡( )하는 열에너지가 온도가 낮아지는 것을 막아 주기 때문이다.
(다)	고체	온도가 낮아진다.

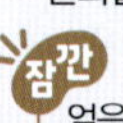

같은 주제 다른 탐구 물이 응고할 때의 온도 변화 측정하기

과정

❶ 물이 담긴 시험관을 얼음과 소금이 3:1의 비율로 섞여 있는 비커에 넣는다.
❷ 과정 ❶의 시험관에 디지털 온도계를 넣고 그림과 같이 고정한 다음, 온도 변화를 관찰한다.

잠깐
얼음과 소금을 3:1로 섞으면 약 −20 °C까지 온도를 낮출 수 있다.

결과+정리

시간에 따른 온도 변화 그래프는 다음과 같다.

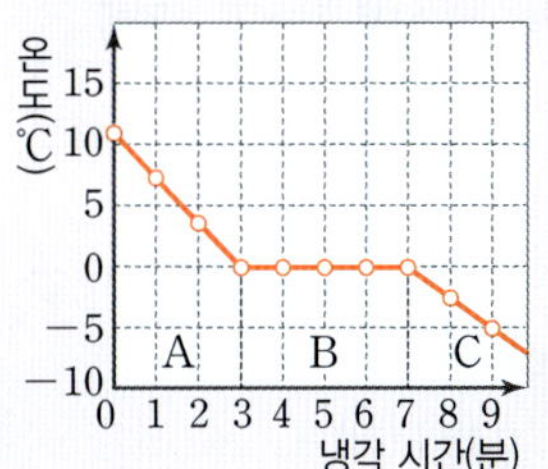

- A 구간: 물의 온도가 낮아진다.
- B 구간: 온도가 일정하다. ➡ 물이 응고하는 동안 방출되는 열에너지가 온도가 낮아지는 것을 막아 준다.
- C 구간: 얼음의 온도가 낮아진다.

확인 문제

정답과 해설 28쪽

1 이 탐구에 대한 설명으로 (   ) 안에 알맞은 말을 고르시오.

(1) 그래프의 (가) 구간에서 물질은 (고체 , 액체 , 기체)로 존재한다.
(2) 그래프의 (나) 구간에서는 상태 변화가 일어나는 동안 열에너지가 (흡수 , 방출)된다.
(3) 그래프의 (가)와 (다) 구간에서 로르산은 열에너지를 (잃는다 , 얻는다).

서술형

2 오른쪽 그림은 물의 냉각 곡선을 나타낸 것이다. A 구간에서 온도가 일정하게 유지되는 까닭을 서술하시오.

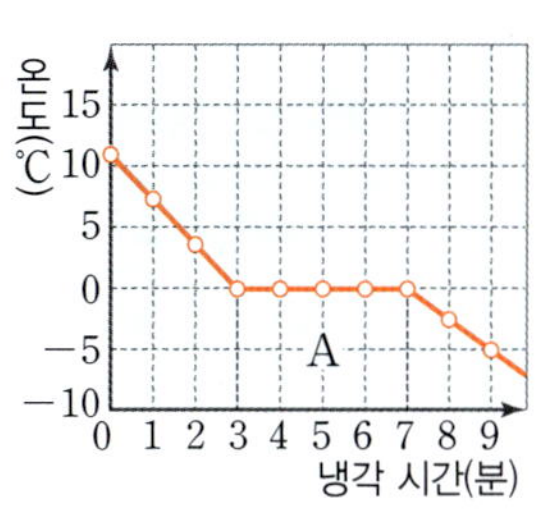

물질의 가열·냉각 곡선 분석하기

물질의 가열 · 냉각 곡선에서 온도 변화, 각 구간별 물질이 존재하는 상태, 상태 변화할 때의 열에너지 출입 여부, 입자의 변화 등에 대해 자세히 알아보자.

① 고체 물질의 가열 곡선 분석하기

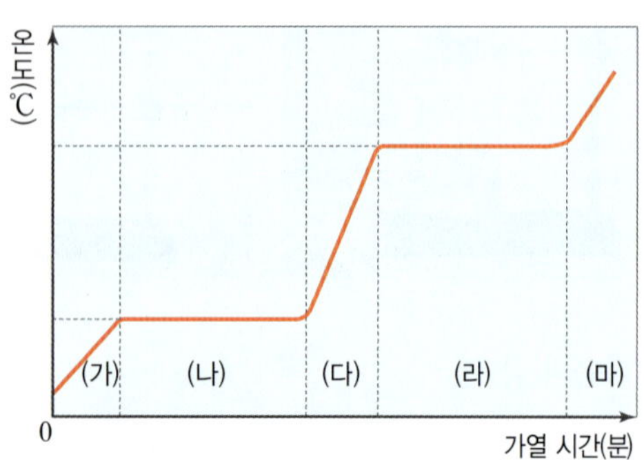

① 물질을 가열하는 동안의 온도 변화
- (가), (다), (마): 온도가 높아진다. ➡ 열에너지가 온도를 높이는 데 사용된다.
- (나), (라): 온도가 일정하게 유지된다.

② (가)~(마) 각 구간에서 물질이 존재하는 상태

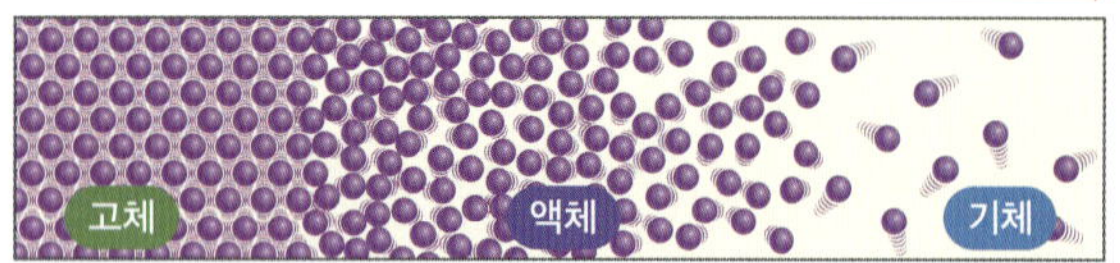

(가)	(나)	(다)	(라)	(마)
고체	고체, 액체	액체	액체, 기체	기체

③ (가)~(마) 구간에서 물질이 갖는 열에너지의 크기 비교: (가)<(나)<(다)<(라)<(마)
➡ 열에너지를 흡수하므로 시간이 지날수록 물질이 갖는 열에너지의 양이 많아진다.

④ 상태 변화가 일어나는 구간: (나)와 (라)
➡ 가열하는 동안 가해 준 열에너지가 상태 변화에 사용되기 때문에 온도가 일정하게 유지된다.

구간	(나)	(라)
상태 변화	융해	기화

⑤ 물질을 가열하는 동안 입자의 변화

열에너지 출입	흡수
입자의 운동성	활발해짐.
입자 배열	불규칙적으로 변함.
입자 사이의 거리	멀어짐.

② 기체 물질의 냉각 곡선 분석하기

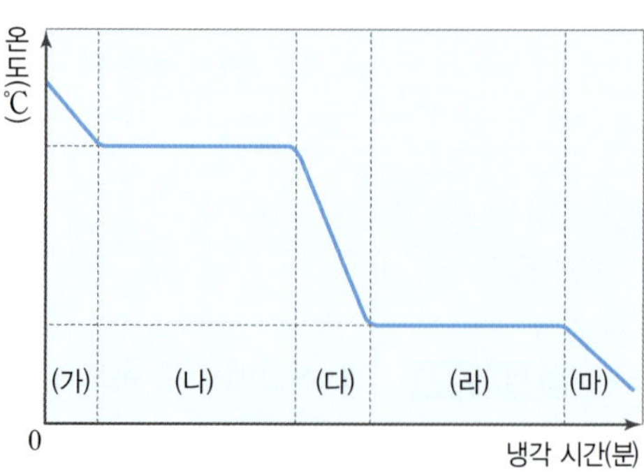

① 물질을 냉각하는 동안의 온도 변화
- (가), (다), (마): 온도가 낮아진다. ➡ 열에너지를 외부로 빼앗긴다.
- (나), (라): 온도가 일정하게 유지된다.

② (가)~(마) 각 구간에서 물질이 존재하는 상태

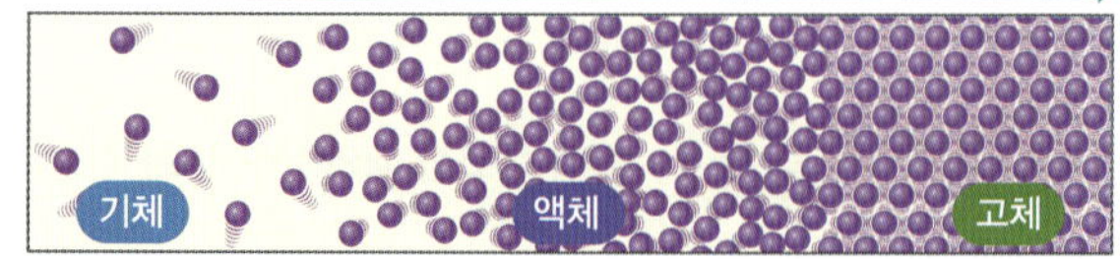

(가)	(나)	(다)	(라)	(마)
기체	기체, 액체	액체	액체, 고체	고체

③ (가)~(마) 구간에서 물질이 갖는 열에너지의 크기 비교: (가)>(나)>(다)>(라)>(마)
➡ 열에너지를 방출하므로 시간이 지날수록 물질이 갖는 열에너지의 양이 적어진다.

④ 상태 변화가 일어나는 구간: (나)와 (라)
➡ 상태 변화 시 방출되는 열에너지가 온도가 낮아지는 것을 막아 주기 때문에 온도가 일정하게 유지된다.

구간	(나)	(라)
상태 변화	액화	응고

⑤ 물질을 냉각하는 동안 입자의 변화

열에너지 출입	방출
입자의 운동성	둔해짐.
입자 배열	규칙적으로 변함.
입자 사이의 거리	가까워짐.

A 상태 변화와 열에너지

[01~02] 그림은 어떤 고체 물질의 가열 곡선을 나타낸 것이다.

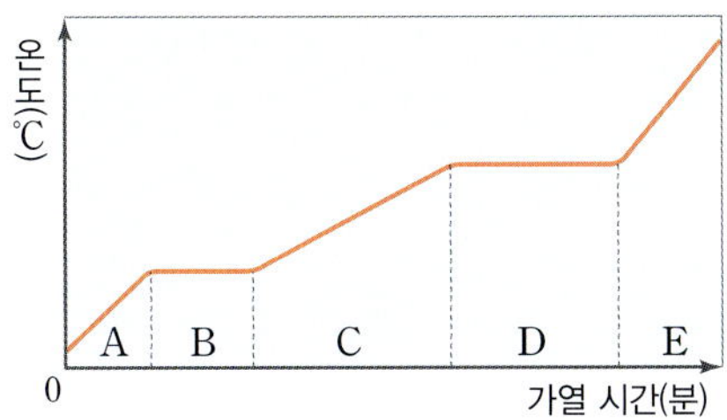

01 A~E 구간 중 상태 변화가 일어나는 구간을 모두 고른 것은?

① A
② B, D
③ A, B, C
④ A, C, E
⑤ B, C, D, E

중요해!
02 A~E 구간에 대한 설명으로 옳은 것은?

① A 구간에서 물질의 응고가 일어난다.
② B 구간에서는 고체만 존재한다.
③ C 구간에서 입자 운동이 점차 둔해진다.
④ D 구간에서는 액체와 기체가 함께 존재한다.
⑤ E 구간에서 물질은 열에너지를 방출한다.

03 오른쪽 그림과 같이 얼음이 담긴 컵을 뜨거운 물이 든 수조에 넣고 시간에 따른 온도를 측정하였더니, 얼음이 녹는 동안 온도가 일정하게 유지되

었다. 그 까닭에 대한 설명으로 가장 적절한 것은?

① 열에너지가 물질의 성질 변화에 사용되기 때문
② 열에너지가 컵 속 물질로 전달되지 않았기 때문
③ 열에너지가 컵 속 물질에서 뜨거운 물로 이동하기 때문
④ 열에너지가 컵 속 물질의 질량 변화에 사용되기 때문
⑤ 열에너지가 고체에서 액체로의 상태 변화에 사용되기 때문

중요해!
04 그림은 상태 변화를 입자 모형으로 나타낸 것이다.

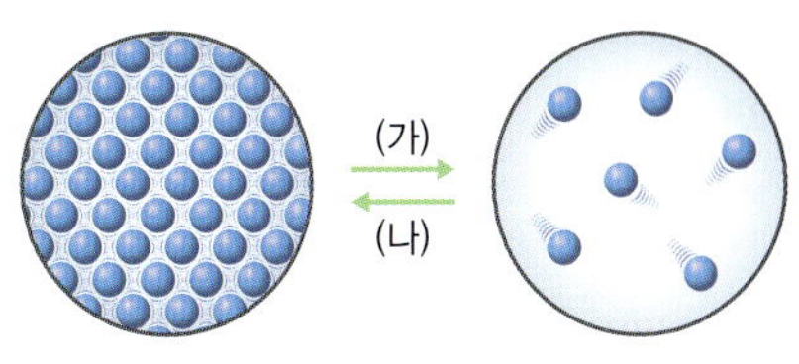

(가)와 (나)에서의 변화를 옳게 나타낸 것은?

	(가)	(나)
① 상태 변화	응고	액화
② 열에너지 출입	방출	흡수
③ 입자의 운동성	활발해짐.	둔해짐.
④ 입자 사이의 거리	가까워짐.	멀어짐.
⑤ 입자 배열	규칙적으로 변함.	불규칙적으로 변함.

05 그림 (가)와 같이 물을 가열하면서 온도를 측정하였더니 (나)와 같은 결과를 얻었다.

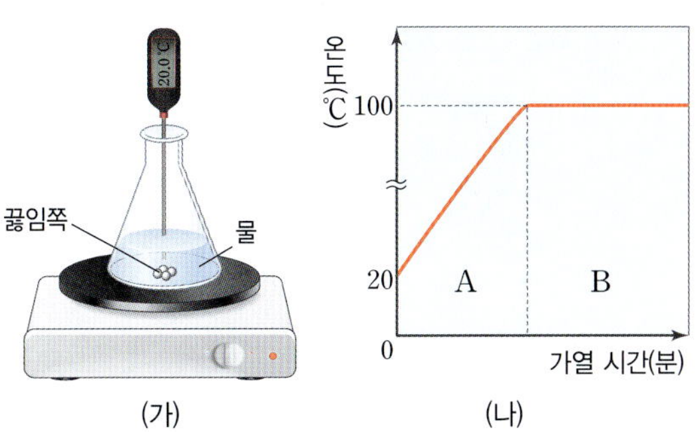

이에 대한 설명으로 옳은 것은?

① A 구간에서 물이 끓는다.
② 물이 끓는 온도는 20 ℃이다.
③ 물이 끓는 동안 온도가 계속 높아진다.
④ B 구간에서 물은 수증기로 기화한다.
⑤ A와 B 구간에서 물은 열에너지를 방출한다.

[06~08] 그림은 고체 물질을 가열할 때의 온도 변화와 일부 구간에서 물질의 상태를 입자 모형으로 나타낸 것이다. (단, 물은 제외한다.)

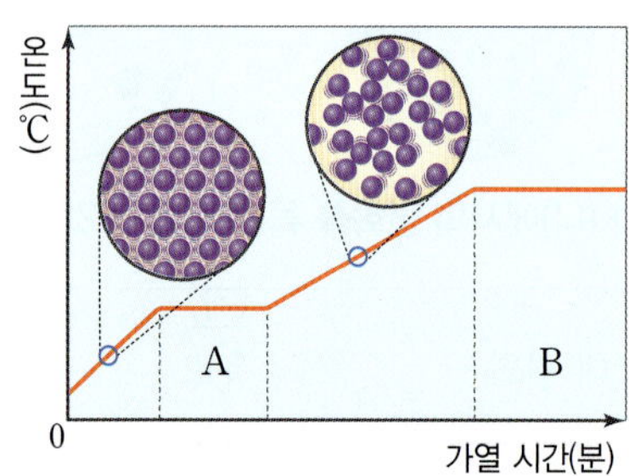

06 A 구간에 대한 설명으로 옳은 것을 보기에서 모두 고른 것은?

> **보기**
> ㄱ. 열에너지를 방출한다.
> ㄴ. 입자 운동이 활발해진다.
> ㄷ. 입자 사이의 거리가 멀어진다.
> ㄹ. 입자 배열이 규칙적으로 변한다.

① ㄱ, ㄴ ② ㄱ, ㄷ ③ ㄴ, ㄷ
④ ㄴ, ㄹ ⑤ ㄷ, ㄹ

07 온도가 일정하게 유지되는 B 구간에 해당하는 입자 모형으로 옳은 것은?

① 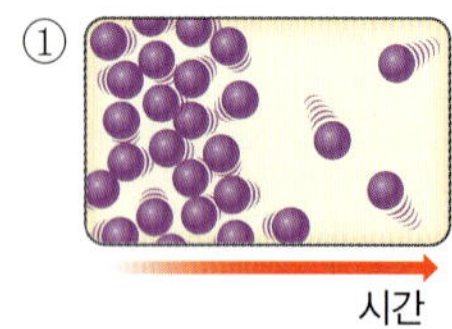
② 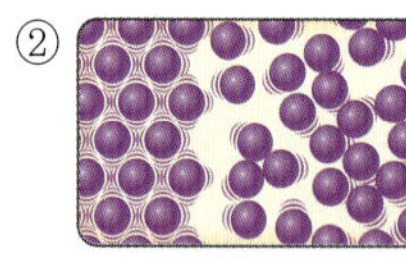
③ 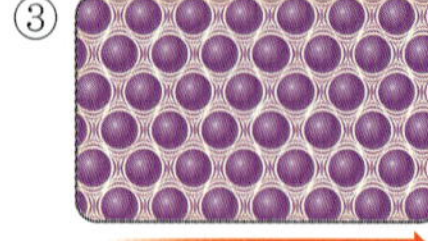
④ 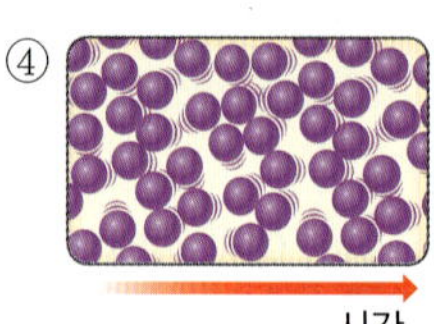
⑤ 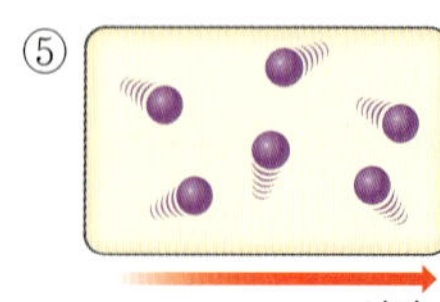

08 A와 B 구간의 공통점으로 옳은 것은?

① 입자 운동이 둔해진다.
② 액체가 다른 상태로 변한다.
③ 입자 배열이 규칙적으로 변한다.
④ 입자 사이의 거리가 점점 가까워진다.
⑤ 열에너지를 흡수하는 상태 변화가 일어난다.

[09~10] 그림은 어떤 기체 물질의 냉각 곡선을 나타낸 것이다.

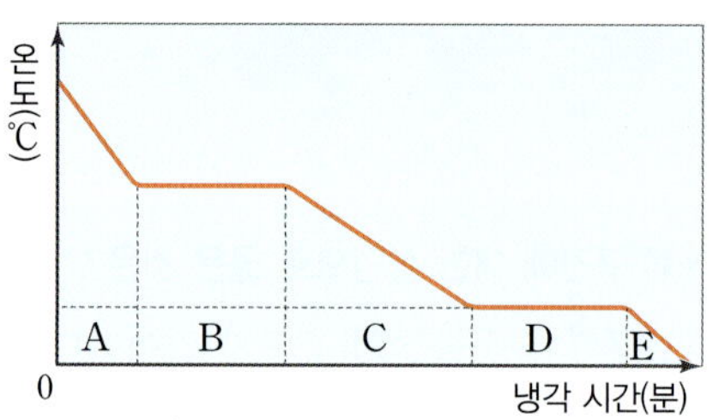

09 이에 대한 설명으로 옳은 것은?

① A 구간에서 액화가 일어난다.
② B 구간에서 입자 운동이 둔해진다.
③ B 구간에서 물질은 열에너지를 흡수한다.
④ D 구간에서 액체와 기체가 함께 존재한다.
⑤ A, C, E 구간에서 물질은 열에너지를 얻는다.

10 B와 D 구간에서 온도가 일정하게 유지되는 까닭으로 옳은 것은?

① 냉각을 멈추기 때문에
② 물질의 질량이 변하지 않기 때문에
③ 입자 배열이 더욱 불규칙적으로 변하기 때문에
④ 물질의 열에너지가 주위로 이동하지 않기 때문에
⑤ 물질이 방출하는 열에너지가 온도가 낮아지는 것을 막아 주기 때문에

11 그림과 같이 고체 로르산을 넣은 시험관을 뜨거운 물에 넣어 로르산을 녹인 후, 디지털 온도계를 설치하여 액체 로르산의 온도 변화를 측정하였다.

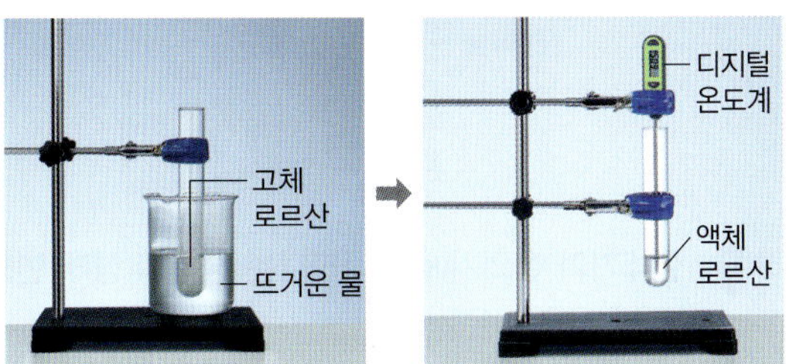

시간에 따른 온도 변화 그래프로 옳은 것은? (단, 액체 로르산은 약 43 ℃에서 응고하고, 실험실의 온도는 25 ℃이다.)

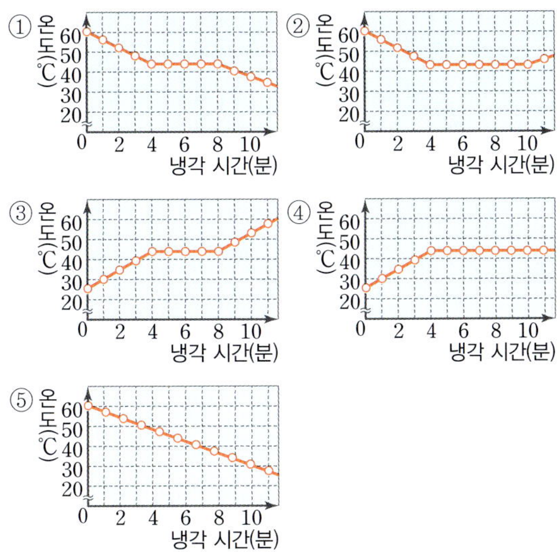

중요해!

12 그림은 물질의 상태 변화를 입자 모형으로 나타낸 것이다.

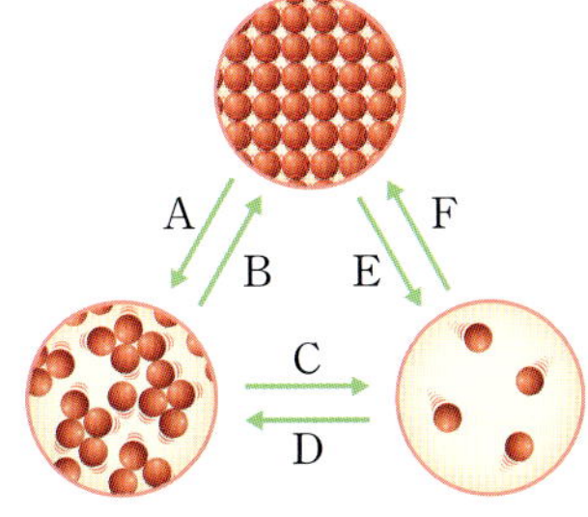

이에 대한 설명으로 옳은 것은?

① A가 일어날 때 물질의 온도는 높아진다.
② B가 일어날 때 물질의 온도는 일정하다.
③ C가 일어날 때 물질의 온도는 낮아진다.
④ A, C, E가 일어날 때 주위의 온도가 높아진다.
⑤ B, D, F가 일어날 때 열에너지를 흡수한다.

13 그림은 어떤 물질의 상태 변화를 입자 모형으로 나타낸 것이다.

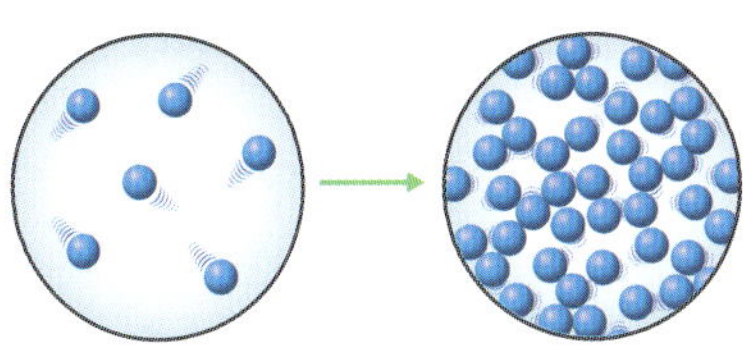

이에 대한 설명으로 옳은 것을 보기에서 모두 고른 것은?

보기
ㄱ. 열에너지를 방출한다.
ㄴ. 주위의 온도가 낮아진다.
ㄷ. 입자 운동이 활발해진다.

① ㄱ   ② ㄷ   ③ ㄱ, ㄴ
④ ㄴ, ㄷ   ⑤ ㄱ, ㄴ, ㄷ

[14~15] 그림은 어떤 고체 물질의 가열·냉각 곡선을 나타낸 것이다.

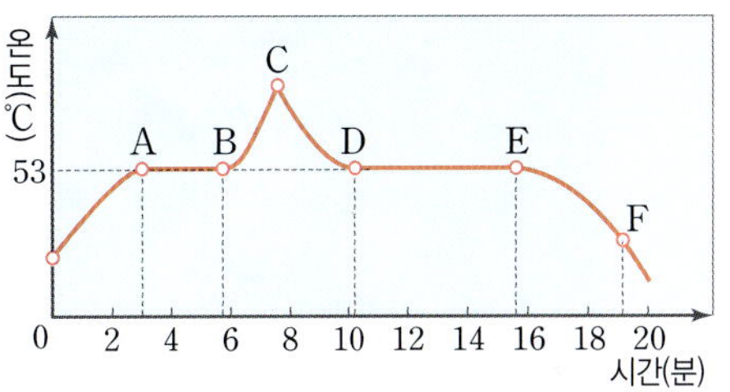

14 이에 대한 설명으로 옳지 않은 것은?

① 물질이 녹는 온도는 53 ℃이다.
② AB 구간에서 물질은 두 가지 상태로 존재한다.
③ BC 구간과 CD 구간에서 존재하는 물질의 상태는 서로 같다.
④ DE 구간에서는 입자 배열이 불규칙적으로 변한다.
⑤ EF 구간에서 물질은 고체로 존재한다.

15 다음은 AB 구간에서 온도가 일정하게 유지되는 까닭을 설명한 것이다. ㉠과 ㉡에 알맞은 말을 쓰시오.

물질의 상태가 ㉠( )에서 ㉡( )(으)로 변할 때 가해 준 열에너지는 상태 변화에 사용되므로 상태 변화가 일어나는 동안 온도는 일정하게 유지된다.

정답과 해설 29쪽

B 열에너지가 출입하는 상태 변화의 예

16 다음은 열에너지가 출입하는 상태 변화의 예이다.

> • 여름철 기차 선로에 물을 뿌린다.
> • 음료수에 얼음을 넣으면 시원해진다.
> • 드라이아이스를 사용하여 백신을 수송한다.

위 상태 변화가 일어날 때 공통점으로 옳은 것은?

① 물질의 질량이 증가한다.
② 주위의 온도가 낮아진다.
③ 물질이 열에너지를 방출한다.
④ 물질을 이루는 입자의 운동이 둔해진다.
⑤ 물질을 이루는 입자 사이의 거리가 가까워진다.

17 그림과 같이 추운 겨울날 오렌지 나무에 물을 뿌려 두면 물의 상태 변화로 인해 오렌지가 얼지 않는다.

이 현상과 관련된 상태 변화의 종류를 쓰시오.

18 오른쪽 그림은 추운 지방에 사는 이누이트족이 얼음집 안을 따뜻하게 하기 위해 물을 뿌리려는 모습이다. 이와 같은 상태 변화와 출입하는 열에너지의 이용 예로 옳은 것은?

① 운동 후 땀이 마를 때 시원함을 느낀다.
② 액체 파라핀을 이용하여 찜질을 한다.
③ 아이스박스에 얼음을 채워 음식물을 보관한다.
④ 몸에 열이 날 때 물수건으로 몸을 닦으면 열이 내린다.
⑤ 더운 사막에서 시원한 물을 마시기 위해 양가죽 물통에 물을 담는다.

[19~20] 그림은 에어컨의 구조를 나타낸 것이다.

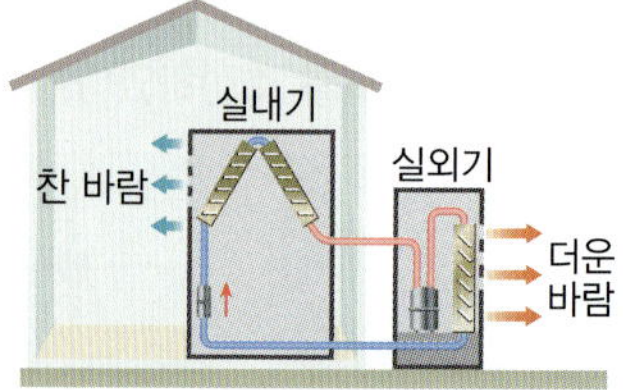

19 실내기와 실외기에서 나타나는 냉매의 상태 변화를 옳게 짝 지은 것은?

	실내기	실외기
①	액체 → 기체	기체 → 액체
②	액체 → 기체	기체 → 고체
③	기체 → 액체	액체 → 기체
④	고체 → 기체	기체 → 고체
⑤	고체 → 기체	기체 → 액체

20 에어컨의 냉방 원리에 대한 설명으로 옳은 것을 보기에서 모두 고른 것은?

> **보기**
> ㄱ. 실외기에서는 열에너지를 방출한다.
> ㄴ. 실내기에서 일어나는 냉매의 상태 변화는 액화이다.
> ㄷ. 실내기에서는 열에너지를 흡수하는 상태 변화가 일어나 실내 온도가 낮아진다.

① ㄱ   ② ㄴ   ③ ㄱ, ㄴ
④ ㄱ, ㄷ   ⑤ ㄴ, ㄷ

21 더운 사막 지역에서는 음식을 신선하게 보관하기 위해 오른쪽 그림과 같이 항아리 2개를 겹쳐 놓고 그 사이를 모래로 채운 뒤 모래에 물을 뿌려 둔다. 이 현상과 관련된 상태 변화의 종류를 쓰고, 상태 변화가 일어날 때 열에너지를 흡수하는지 방출하는지 쓰시오.

01 그림은 액체 에탄올의 가열 곡선을 나타낸 것이다.

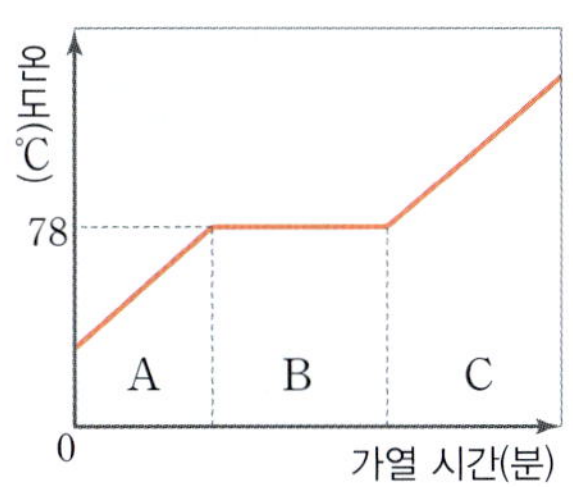

(1) A~C 구간 중 상태 변화가 일어나는 구간과 그 구간에서 일어나는 상태 변화의 종류를 쓰시오.

↳ 에탄올은 (　　　) 구간에서 상태 변화가 일어나고, 이때 일어나는 상태 변화는 (　　　)이다.

(2) 에탄올의 온도가 높아지다가 78 ℃에서 일정하게 유지되는 까닭을 상태 변화의 종류와 관련지어 서술하시오.

02 더운 여름 야외에서 음료를 시원하게 마실 수 있는 방법 중 하나는 그림과 같이 얼음이 채워진 아이스박스에 음료를 보관하는 것이다.

(1) 시간이 지나면서 나타나는 얼음의 상태 변화를 쓰시오.

↳ 시간이 지나면서 고체에서 액체로 상태가 변하는 (　　　)이/가 일어난다.

(2) 음료를 시원하게 보관할 수 있는 까닭을 상태 변화와 관련지어 서술하시오.

03 그림은 물질의 상태 변화 과정을 나타낸 것이다.

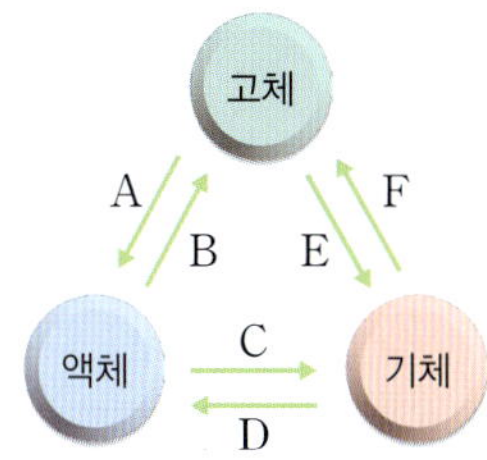

(1) A~F 중 주위의 온도가 높아지는 상태 변화의 기호와 열에너지의 출입을 쓰시오.

↳ (　　), (　　), (　　)이/가 일어날 때 열에너지를 (　　) 하므로 주위의 온도가 높아진다.

(2) 더운 여름 도로 주변에 안개형 냉각 장치로 물을 뿌려 주면 시원함을 느낀다. 이와 관련된 상태 변화의 종류를 기호로 쓰고, 시원함을 느끼는 까닭을 서술하시오.

04 그림은 증기 난방기의 구조를 나타낸 것이다.

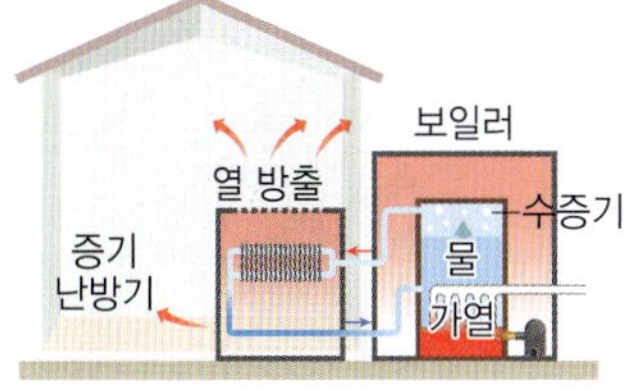

(1) 증기 난방기와 보일러에서 주로 나타나는 상태 변화의 종류를 각각 쓰시오.

↳ 증기 난방기에서는 (　　　)이/가 일어나고, 보일러에서는 (　　　)이/가 일어난다.

(2) 실내가 따뜻해지는 까닭을 상태 변화의 종류와 열에너지의 출입을 관련지어 서술하시오.

01 그림은 어떤 고체 물질의 가열 곡선을 나타낸 것이다.

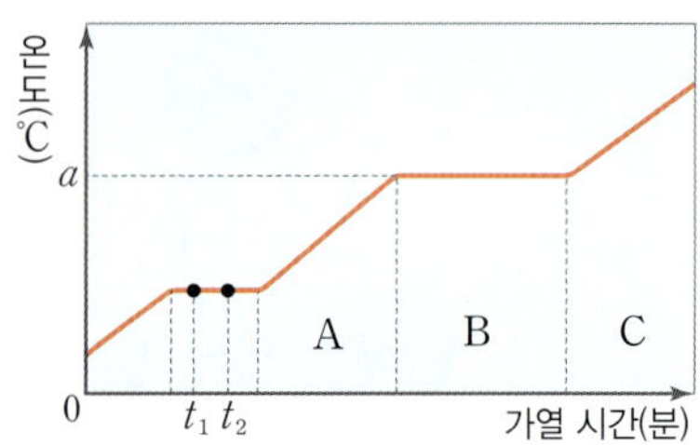

이에 대한 설명으로 옳은 것은? (단, 불의 세기 등 가열 조건은 일정하다.)

① a ℃는 물질이 녹는 온도이다.
② t_1과 t_2에서 고체의 양은 서로 같다.
③ 입자 운동은 A 구간에서보다 C 구간에서 더 둔하다.
④ 고체의 양을 늘려서 실험하면 B 구간의 길이가 길어진다.
⑤ A~C 구간에서 물질은 열에너지를 방출한다.

02 그림은 물이 아닌 어떤 물질의 냉각 곡선을 나타낸 것이다.

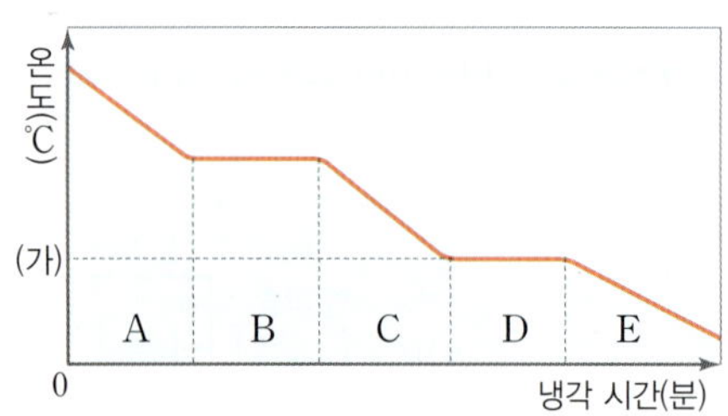

이에 대한 설명으로 옳은 것을 보기에서 모두 고른 것은?

보기
ㄱ. A 구간에서는 기체로 존재한다.
ㄴ. 물질이 액화하는 동안 온도는 (가) ℃로 일정하다.
ㄷ. B와 D 구간에서는 입자 사이의 거리가 가까워진다.
ㄹ. A, C, E 구간에서는 열에너지의 출입이 없다.

① ㄱ, ㄴ   ② ㄱ, ㄷ   ③ ㄴ, ㄷ
④ ㄴ, ㄹ   ⑤ ㄷ, ㄹ

03 그림과 같이 종이 냄비에 물을 넣고 라면을 끓여도 물이 끓는 동안에는 종이 냄비가 타지 않는다.

이에 대한 설명으로 옳은 것을 보기에서 모두 고른 것은?

보기
ㄱ. 가해 준 열에너지는 상태 변화에 사용된다.
ㄴ. 종이가 타는 온도는 물이 끓는 온도보다 낮다.
ㄷ. 종이 냄비 속 물이 모두 기화하면 종이 냄비가 탄다.

① ㄱ   ② ㄴ   ③ ㄱ, ㄷ
④ ㄴ, ㄷ   ⑤ ㄱ, ㄴ, ㄷ

04 그림과 같이 장치하고 물의 온도를 1분 간격으로 측정하여 표와 같은 결과를 얻었다.

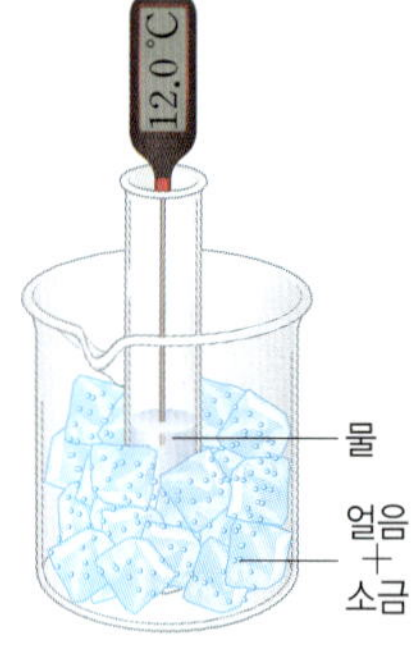

시간(분)	0	1	2	3
온도(℃)	12.0	9.0	6.0	3.0
시간(분)	4	5	6	7
온도(℃)	0.0	0.0	0.0	0.0
시간(분)	8	9	10	11
온도(℃)	−1.0	−1.9	−2.8	−3.6

이에 대한 설명으로 옳지 <u>않은</u> 것은?

① 물이 어는 온도는 0 ℃이다.
② 얼음에 소금을 뿌리면 온도를 0 ℃ 이하로 낮출 수 있다.
③ 4~7분 사이에 시험관 안에는 물과 얼음이 함께 존재한다.
④ 4~7분 사이에 온도가 일정한 까닭은 얼음에 소금을 뿌려 얼음이 녹는 온도를 낮추었기 때문이다.
⑤ 8~11분 사이에 시험관 속 물질은 열에너지를 잃는다.

05 그림은 물질의 상태 변화를 나타낸 것이다.

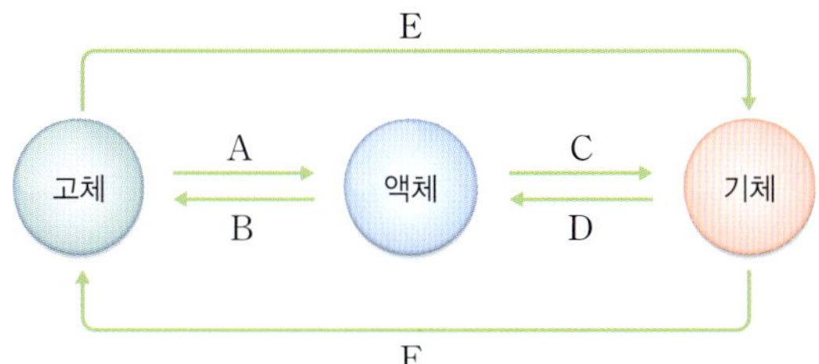

이에 대한 설명으로 옳지 <u>않은</u> 것은? (단, 물은 제외한다.)

① 물이 증발하거나 끓는 것은 모두 C와 관련된 현상이다.
② 입자 배열이 불규칙적으로 변하는 것은 B, D, F이다.
③ 입자의 운동이 활발해지는 것은 A, C, E이다.
④ 입자 사이의 거리가 멀어지는 것은 A, C, E이다.
⑤ 상태 변화가 일어날 때 열에너지를 주위로 방출하는 것은 B, D, F이다.

06 다음은 일상생활에서 일어나는 현상이다.

> (가) 얼음 조각상 옆에 서 있으면 시원함을 느낀다.
> (나) 추운 겨울날에 ㉠과일나무에 ㉡물을 뿌려 냉해를 막는다.
> (다) 아이스크림을 포장할 때 드라이아이스를 넣는다.

이에 대한 설명으로 옳지 <u>않은</u> 것은?

① (가)는 얼음이 융해할 때 열에너지를 흡수하여 나타나는 현상이다.
② (다)는 열에너지를 흡수하는 상태 변화를 이용한 현상이다.
③ ㉠은 열에너지를 방출한다.
④ ㉡이 상태 변화할 때 열에너지를 방출한다.
⑤ 얼음집 안쪽에 물을 뿌리면 얼음집 내부가 따뜻해지는 원리는 (나)에서 열에너지 출입을 이용하는 것과 같다.

07 그림은 냉장고의 구조를 나타낸 것이다.

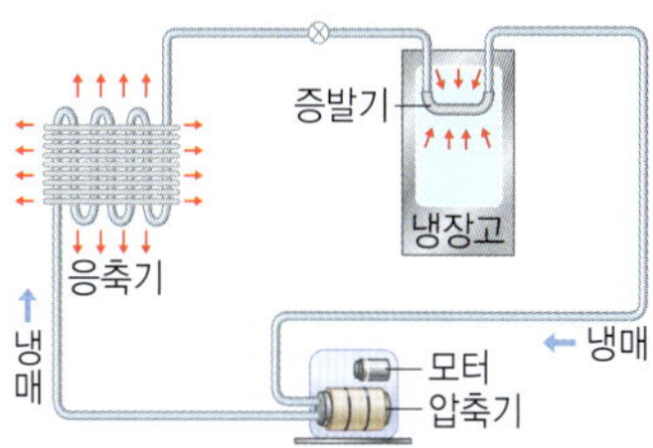

이에 대한 설명으로 옳은 것을 보기에서 모두 고른 것은?

> **보기**
> ㄱ. 응축기에서 냉매는 주위로 열에너지를 방출한다.
> ㄴ. 증발기에서 냉매는 액체에서 기체로 상태가 변한다.
> ㄷ. 증발기에서 열에너지를 흡수하는 상태 변화가 일어나 냉장고 안을 시원하게 한다.

① ㄱ ② ㄷ ③ ㄱ, ㄴ
④ ㄴ, ㄷ ⑤ ㄱ, ㄴ, ㄷ

08 그림과 같이 같은 음료수가 들어 있는 캔 2개 중 하나는 그대로 두고, 다른 하나는 젖은 수건으로 감싼 후 온도 변화를 각각 측정하였다.

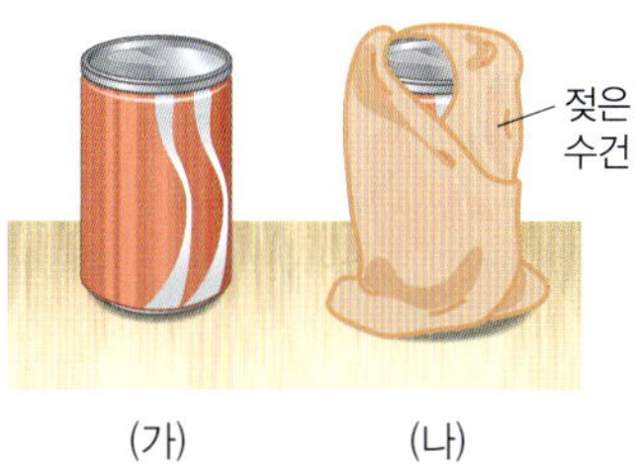

이에 대한 설명으로 옳은 것을 보기에서 모두 고른 것은? (단, 음료수 캔의 처음 온도는 (가)와 (나)가 같다.)

> **보기**
> ㄱ. 충분한 시간이 지난 후 음료수 캔의 온도는 (가)가 (나)보다 높다.
> ㄴ. 젖은 수건의 물이 기화하면서 열에너지를 흡수한다.
> ㄷ. (나)에서 음료수 캔에 들어 있는 액체는 고체로 상태가 변한다.

① ㄱ ② ㄷ ③ ㄱ, ㄴ
④ ㄴ, ㄷ ⑤ ㄱ, ㄴ, ㄷ

생각 그물로 **단원** 정리하기

이 단원에서 배운 핵심 단어를 빈칸에 채워 넣어 생각 그물을 완성해 보자.

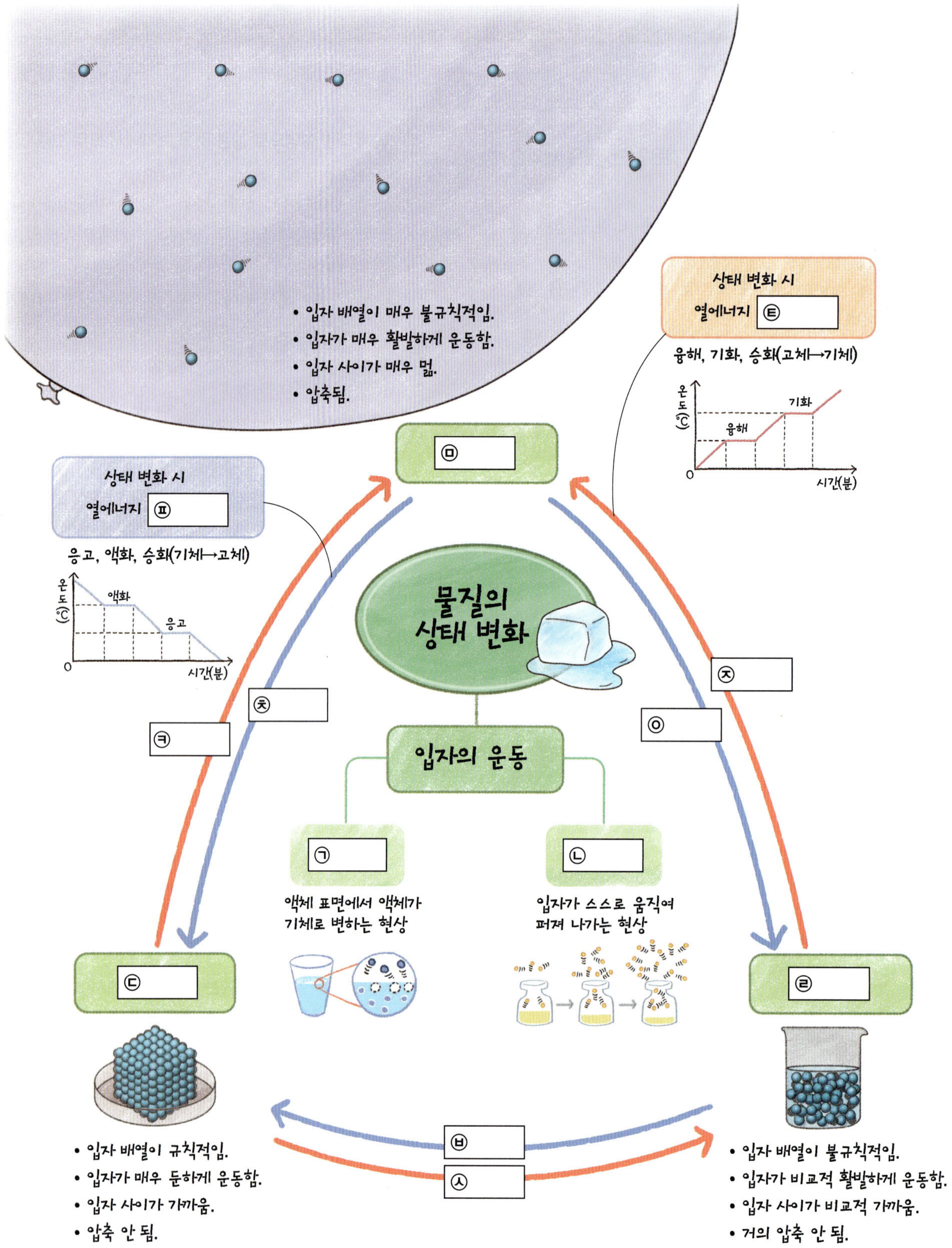

01 입자의 운동에 대한 설명으로 옳지 **않은** 것은?

① 입자는 스스로 끊임없이 운동한다.
② 0 ℃에서는 입자가 운동하지 않는다.
③ 공기가 없는 진공에서도 입자는 운동한다.
④ 증발과 확산은 입자가 스스로 운동하는 증거이다.
⑤ 물이나 음료 속에 들어 있는 입자도 스스로 운동한다.

02 그림은 젖은 빨래가 마르는 모습을 입자 모형으로 나타낸 것이다.

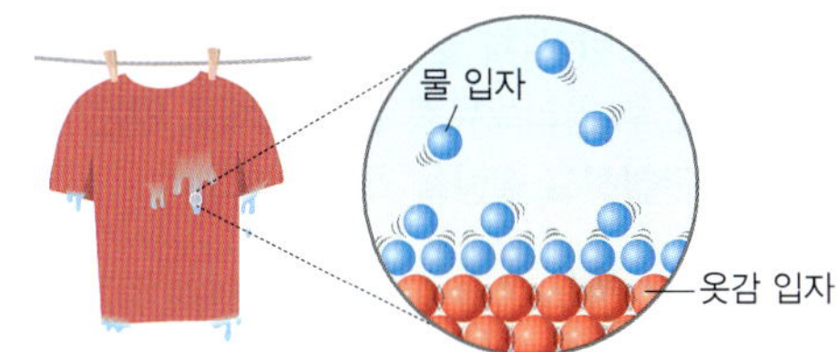

이에 대한 설명으로 옳은 것은?

① 확산 현상이다.
② 고체가 기체로 변하는 현상이다.
③ 물 입자는 운동하지 않고 옷감 입자가 운동한다.
④ 옷감 입자가 스스로 운동하여 공기 중으로 날아간다.
⑤ 젖은 빨래 표면의 물 입자가 스스로 운동하기 때문에 나타나는 현상이다.

03 그림은 향수병을 열어 놓았을 때 향수 입자의 운동을 나타낸 것이다.

이에 대한 설명으로 옳은 것을 보기에서 모두 고른 것은?

┌ 보기 ┐
ㄱ. 향수 입자가 스스로 운동한다.
ㄴ. 향수 입자는 위쪽 방향으로만 운동한다.
ㄷ. 시간이 지나면 향수 입자는 아래쪽에 모인다.
ㄹ. 시간이 지나면 먼 곳까지 향수 입자가 이동한다.

① ㄱ, ㄴ   ② ㄱ, ㄹ   ③ ㄴ, ㄷ
④ ㄴ, ㄹ   ⑤ ㄷ, ㄹ

04 그림과 같이 페트리 접시에 담긴 물에 잉크 한 방울을 떨어뜨렸더니 잠시 후 물 전체가 잉크 색으로 변하였다.

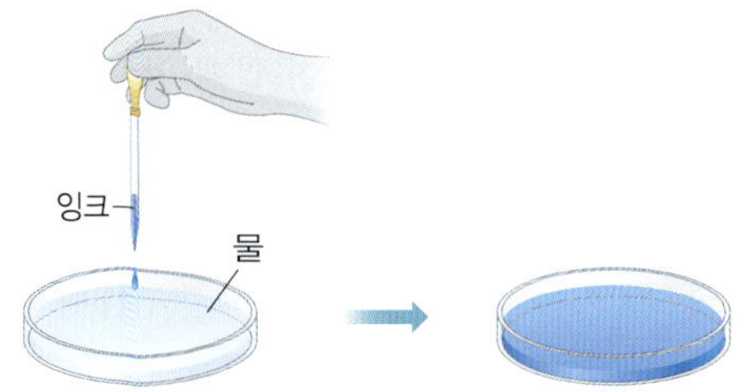

이에 대한 설명으로 옳지 **않은** 것은?

① 잉크의 확산 현상이다.
② 잉크 입자와 물 입자는 모두 운동한다.
③ 잉크 입자가 물 입자 사이로 퍼져 나간다.
④ 시간이 지날수록 잉크 입자의 개수가 늘어난다.
⑤ 모기향을 피워 모기를 쫓는 것은 위와 같은 원리로 설명할 수 있는 현상이다.

05 물질의 세 가지 상태에 대한 설명으로 옳은 것은?

① 액체는 쉽게 압축된다.
② 고체는 흐르는 성질이 있다.
③ 액체와 기체는 담는 용기에 따라 부피가 변한다.
④ 같은 물질도 다른 온도에서 상태가 달라질 수 있다.
⑤ 고체는 담는 용기에 따라 모양이 변하지만, 부피는 일정하다.

06 그림은 물질의 세 가지 상태를 입자 모형으로 나타낸 것이다.

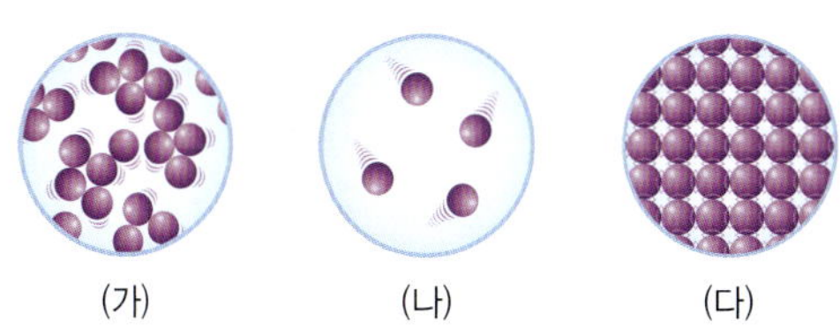

이에 대한 설명으로 옳은 것을 보기에서 모두 고른 것은? (단, 물은 제외한다.)

┌ 보기 ┐
ㄱ. (나)는 기체이다.
ㄴ. (가)는 (다)보다 입자 배열이 규칙적이다.
ㄷ. 입자 사이의 거리는 (나)<(가)<(다)이다.
ㄹ. 입자 운동이 활발한 정도는 (다)<(가)<(나)이다.

① ㄱ, ㄴ   ② ㄱ, ㄷ   ③ ㄱ, ㄹ
④ ㄴ, ㄷ   ⑤ ㄴ, ㄹ

07 다음은 물질의 세 가지 상태 중 어떤 상태의 특징을 나타낸 것이다.

> - 흐르는 성질이 있으며 쉽게 압축할 수 있다.
> - 담는 용기에 따라 모양과 부피가 모두 변한다.
> - 입자 운동이 가장 활발하며, 입자 사이의 거리가 멀다.

25 ℃에서 이와 같은 특징을 갖는 물질을 옳게 짝 지은 것은?

① 설탕, 소금
② 식초, 밀가루
③ 식용유, 금
④ 산소, 이산화 탄소
⑤ 공기, 에탄올

08 주위에서 볼 수 있는 물질의 상태에 대한 설명으로 옳은 것은?

① 물이 끓을 때 나오는 김은 기체이다.
② 스펀지는 쉽게 압축되므로 기체이다.
③ 풍선은 부피가 쉽게 변하므로 기체이다.
④ 밀가루는 흐르는 성질이 있으므로 액체이다.
⑤ 모래는 각각의 알갱이 자체의 모양이 변하지 않으므로 고체이다.

[**09~10**] 그림은 물질의 상태 변화를 입자 모형으로 나타낸 것이다.

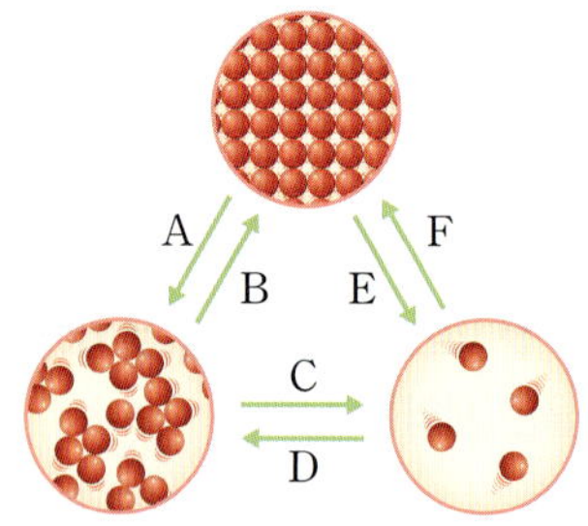

09 상태 변화의 기호와 예를 짝 지은 것으로 옳지 <u>않은</u> 것은?

① A − 아이스크림이 녹는다.
② B − 흘러내린 촛농이 굳는다.
③ C − 물걸레로 닦아 둔 교실 바닥이 마른다.
④ D − 새벽녘 풀잎에 이슬이 맺힌다.
⑤ F − 아이스크림 포장에 사용한 드라이아이스가 점점 작아진다.

10 상태 변화에 대한 설명으로 옳은 것을 보기에서 모두 고른 것은? (단, 물은 제외한다.)

> **보기**
> ㄱ. 가열할 때 일어나는 상태 변화는 A, C, E이다.
> ㄴ. 물질의 부피가 줄어드는 상태 변화는 A, C, E이다.
> ㄷ. 입자 운동이 활발해지는 상태 변화는 B, D, F이다.

① ㄱ
② ㄷ
③ ㄱ, ㄴ
④ ㄴ, ㄷ
⑤ ㄱ, ㄴ, ㄷ

11 그림과 같이 액체 올리브유의 부피를 관찰하고 질량을 측정한 후 올리브유를 얼려 고체로 만든 다음, 다시 부피를 관찰하고 질량을 측정하였다.

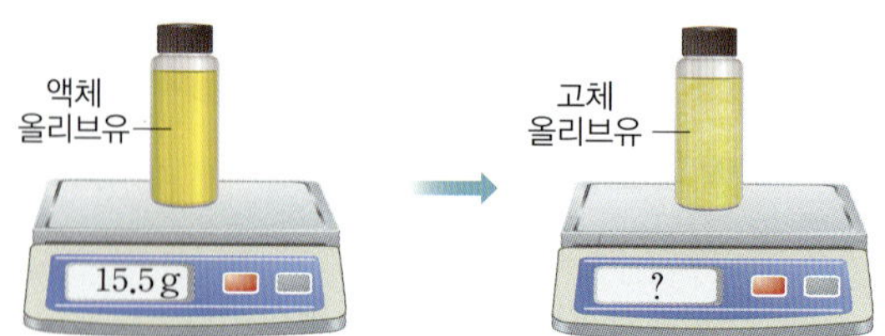

올리브유의 상태 변화에서 부피와 질량 변화를 옳게 짝 지은 것은?

	부피	질량		부피	질량
①	증가	증가	②	증가	감소
③	감소	감소	④	감소	일정
⑤	일정	일정			

12 그림과 같이 비닐 주머니에 아세톤을 조금 넣고 입구를 묶은 후 뜨거운 물을 부었더니 비닐 주머니가 부풀어 올랐다.

이에 대한 설명으로 옳지 <u>않은</u> 것은?

① 아세톤의 성질은 변하지 않는다.
② 아세톤 입자의 운동이 활발해진다.
③ 아세톤 입자의 질량은 변하지 않는다.
④ 아세톤 입자 사이의 거리가 가까워진다.
⑤ 아세톤 입자의 배열이 불규칙적으로 변한다.

웃음은 인생의 약이다

아름다운 옷보다는 웃는 얼굴이 훨씬 인상적이다.

기분 나쁜 일이 있더라도 웃음으로 넘겨라.

찡그린 얼굴을 펴기만 하는 것으로도

마음도 따라서 펴지는 법이다.

웃음은 가장 좋은 화장이고 건강법이다.

웃음은 인생의 약이다.

－프랑스 사상가, 알랭

13 그림은 어떤 물질의 냉각 곡선을 나타낸 것이다.

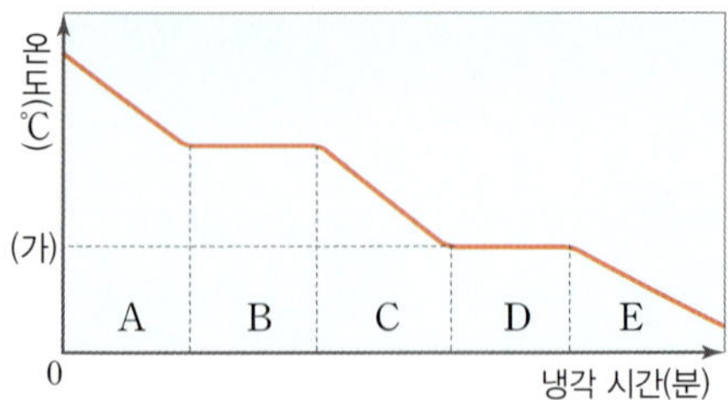

이에 대한 설명으로 옳지 <u>않은</u> 것은?

① 물질이 어는 온도는 (가) ℃이다.
② B 구간에서 기체와 액체가 함께 존재한다.
③ 입자 운동이 가장 활발한 구간은 A이다.
④ 입자 배열이 가장 규칙적인 구간은 E이다.
⑤ 물질이 열에너지를 흡수하는 구간은 A, C, E 이다.

14 그림은 상태 변화를 입자 모형으로 나타낸 것이다.

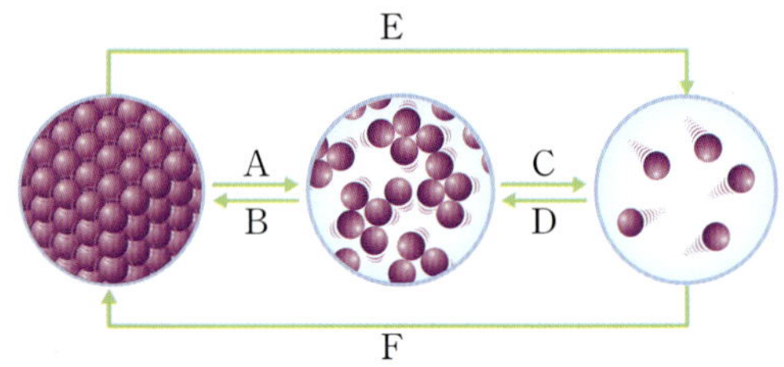

이에 대한 설명으로 옳은 것을 보기에서 모두 고른 것은?

┌ 보기 ┐
ㄱ. 열에너지를 방출하는 것은 A, C, E이다.
ㄴ. 입자 운동이 둔해지는 것은 B, D, F이다.
ㄷ. 주위의 온도가 높아지는 것은 B, D, F이다.

① ㄱ   ② ㄷ   ③ ㄱ, ㄴ
④ ㄴ, ㄷ   ⑤ ㄱ, ㄴ, ㄷ

15 오른쪽 그림과 같이 액체 파라핀에 손을 넣었다가 빼면 파라핀이 고체로 변하면서 손이 따뜻해진다. 이와 같은 상태 변화와 출입하는 열에너지의 이용 예로 옳은 것은?

① 운동 후 땀이 마를 때 시원함을 느낀다.
② 더운 날 개는 혀를 내밀어 체온을 조절한다.
③ 아이스크림 포장 용기에 드라이아이스를 넣는다.
④ 무더운 날 도로에 물을 뿌려 주변의 온도를 낮춘다.
⑤ 추운 날 과일 창고에 물을 놓아두면 과일이 냉해를 입지 않는다.

16 그림은 에어컨의 구조를 나타낸 것이다.

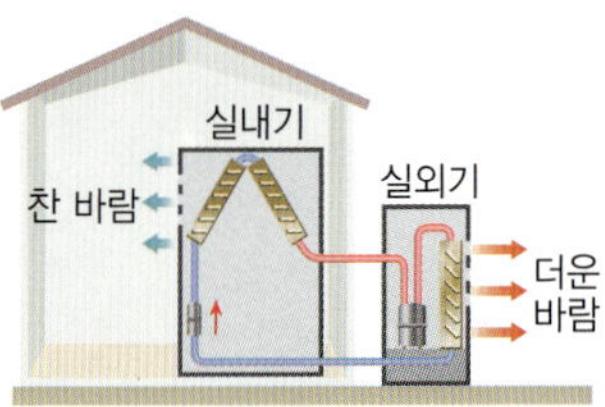

실내기와 실외기에서의 냉매의 상태 변화와 열에너지 출입 관계를 옳게 짝 지은 것은?

	실내기	실외기
①	기화 – 흡수	액화 – 방출
②	기화 – 방출	액화 – 흡수
③	액화 – 흡수	기화 – 방출
④	액화 – 방출	기화 – 흡수
⑤	승화 – 흡수	승화 – 방출

◇ **서술형**

17 다음은 우리 주변에서 일어나는 상태 변화의 예이다.

┌─────────────────────────┐
• 쇳물을 틀에 넣어 굳힌다.
• 고깃국을 식히면 기름이 굳는다.
└─────────────────────────┘

이 현상과 관계있는 상태 변화의 종류를 쓰시오.

____

18 그림은 물의 가열 곡선을 나타낸 것이다.

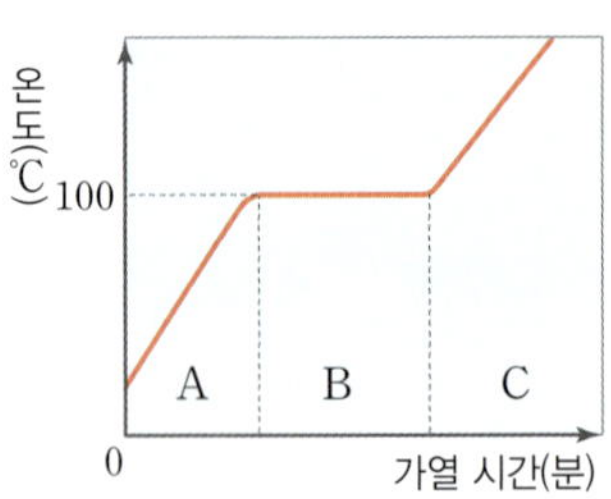

물의 가열 곡선에서 온도가 100 ℃로 일정하게 유지되는 구간이 나타나는 까닭을 서술하시오.

____

HIGHTOP

내신 탑티어

중학교 과학 1-1

하이탑	중학	과학 1, 2, 3
	고등	**22개정** 통합과학1, 통합과학2, 물리학, 화학, 생명과학, 지구과학
		15개정 물리학Ⅰ, 물리학Ⅱ, 화학Ⅰ, 화학Ⅱ, 생명과학Ⅰ, 생명과학Ⅱ, 지구과학Ⅰ, 지구과학Ⅱ
내신 탑티어	중학	과학 1~3학년 1·2학기
	고등	**22개정** 통합과학1, 통합과학2

☎ **Telephone** 1644-0600

⌂ **Homepage** www.bookdonga.com

✉ **Address** 서울시 영등포구 은행로 30 (우 07242)

• 정답과 해설은 동아출판 홈페이지 내 학습자료실에서 내려받을 수 있습니다.

• 교재에서 발견된 오류는 동아출판 홈페이지 내 정오표에서 확인 가능하며, 잘못 만들어진 책은 구입처에서 교환해 드립니다.

• 학습 상담, 제안 사항, 오류 신고 등 어떠한 이야기라도 들려주세요.

| 2022 개정 교육과정 |

HIGH TOP

1등급으로 티어 오르는

내신 탑티어

2권 · 시험 대비서

중학교 과학 1-1

HIGH TOP 내신 탑티어 중학 과학 1-1

집필진	강희정, 권오성, 신석진, 이연숙
발행일	2024년 11월 10일
인쇄일	2024년 10월 30일
펴낸곳	동아출판㈜
펴낸이	이욱상
등록번호	제300-1951-4호(1951. 9. 19.)
개발총괄	김영지
개발책임	박병희
개발	이도형, 김유진, 안영빈, 장한이
디자인책임	목진성
디자인	권구철, 송현아, 이소연, 강혜빈, ARTICON
대표번호	1644-0600
주소	서울시 영등포구 은행로 30 (우 07242)

개념 다시 보기

01 과학과 인류의 지속가능한 삶

A 과학 탐구

1. 과학적 탐구 방법의 단계

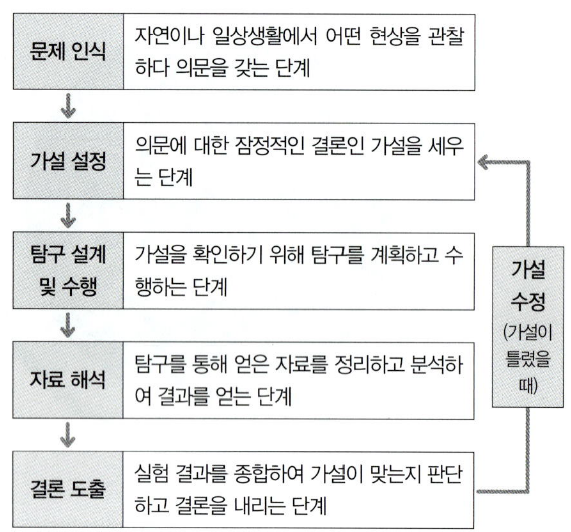

문제 인식	자연이나 일상생활에서 어떤 현상을 관찰하다 의문을 갖는 단계
가설 설정	의문에 대한 잠정적인 결론인 가설을 세우는 단계
탐구 설계 및 수행	가설을 확인하기 위해 탐구를 계획하고 수행하는 단계
자료 해석	탐구를 통해 얻은 자료를 정리하고 분석하여 결과를 얻는 단계
결론 도출	실험 결과를 종합하여 가설이 맞는지 판단하고 결론을 내리는 단계

가설 수정 (가설이 틀렸을 때)

2. 에이크만의 각기병 연구 과정

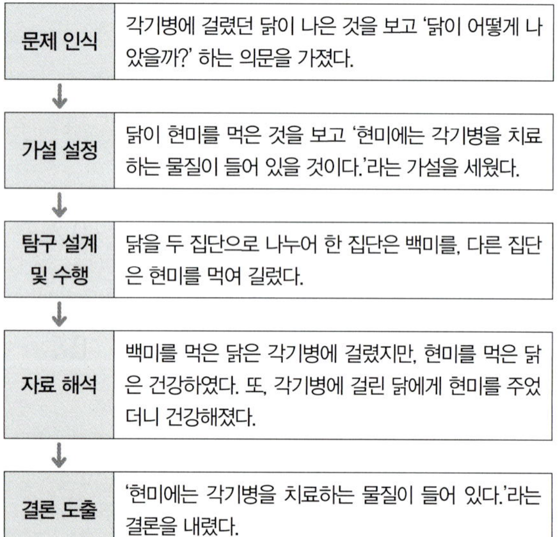

문제 인식	각기병에 걸렸던 닭이 나은 것을 보고 '닭이 어떻게 나았을까?' 하는 의문을 가졌다.
가설 설정	닭이 현미를 먹은 것을 보고 '현미에는 각기병을 치료하는 물질이 들어 있을 것이다.'라는 가설을 세웠다.
탐구 설계 및 수행	닭을 두 집단으로 나누어 한 집단은 백미를, 다른 집단은 현미를 먹여 길렀다.
자료 해석	백미를 먹은 닭은 각기병에 걸렸지만, 현미를 먹은 닭은 건강하였다. 또, 각기병에 걸린 닭에게 현미를 주었더니 건강해졌다.
결론 도출	'현미에는 각기병을 치료하는 물질이 들어 있다.'라는 결론을 내렸다.

3. 탐구를 계획하는 방법

① 탐구 문제를 정할 때 고려할 점
- 탐구할 내용이 분명하게 드러나야 한다.
- 탐구는 구체적이고 범위가 좁아야 한다.
- 실제로 탐구 수행이 가능해야 한다.
- 정해진 기간 내에 끝낼 수 있어야 한다.
- 우리 몸에 해로운 영향을 주지 않아야 한다.

② 탐구 계획하기: 다양한 변인을 고려하여 같게 할 조건, 다르게 할 조건을 구분하여 계획한다.

B 과학과 인류 문명

1. 과학의 발전이 인류 문명에 미친 영향

① 과학 원리, 기술, 기기는 서로 영향을 주고받으며 발전

과학 원리 발견	• 태양 중심설: 지구가 우주의 중심이라는 인류의 생각을 바꾸었다. • 백신의 원리 발견: 질병을 치료할 수 있게 되어 인류의 평균 수명이 크게 증가하였다.
기술 발달	• 암모니아 합성 기술: 질소 비료를 대량으로 생산하게 되어 식량 생산량이 크게 증가하였다. • 인터넷의 발달: 수많은 정보를 쉽고 빠르게 접할 수 있게 되었다.
기기 발명	• 증기 기관의 발명: 제품의 대량 생산이 가능해졌고, 많은 물건을 먼 곳까지 옮길 수 있게 되었다. • 컴퓨터의 발명: 수집한 정보를 처리하는 속도가 빨라졌다.

② 과학 원리는 기술, 공학, 예술, 수학 등 여러 분야와 융합

2. 첨단 과학기술과 미래 사회

인공지능 (AI)	컴퓨터가 인간처럼 학습하고 일을 처리할 수 있게 만드는 기술로, 로봇, 대화 프로그램, 자율주행 자동차 등에 사용
첨단 바이오	생물의 유전 정보를 이용하여 각종 유용한 물질을 생산하는 기술로, 개인 맞춤형 치료제 개발 등에 사용
사물 인터넷	무선 통신으로 각종 사물을 연결하는 기술로, 자동 결제, 가전제품 제어, 농작물 관리 등에 사용
증강 현실	실제 현실 사진 및 영상에 가상의 이미지를 겹쳐 하나의 영상으로 만드는 기술

C 지속가능한 삶

1. 지속가능한 삶 현재의 삶을 발전시키면서도 미래 세대가 이용할 환경과 자연을 훼손하지 않는 삶

2. 지속가능한 삶을 위한 과학기술의 역할

인류를 위협하는 문제		과학기술의 역할
에너지 자원 고갈, 환경오염, 기후 변화 등	→	태양, 바람, 수소 등을 이용한 신재생 에너지 개발, 대기 중의 이산화 탄소 제거 기술 개발 등

3. 지속가능한 삶을 위한 활동 방안

① 개인적 차원: 재활용 및 분리배출, 대중교통 이용, 에너지 절약 등

② 사회적 차원: 국제 협력, 친환경 제품 생산 등

01 과학과 인류의 지속가능한 삶

↩ 정답과 해설 34쪽

1 과학적 탐구 방법의 단계 중 자연이나 일상생활에서 어떤 현상을 관찰하다 의문을 품는 단계는 ( ) 이다.

2 탐구 문제를 정한 다음 이미 알고 있는 지식이나 경험을 바탕으로 탐구 문제에 대한 잠정적인 결론을 내리는 것을 ( )(이)라고 한다.

3 다음은 과학적 탐구 방법의 단계이다. ㉠, ㉡에 알맞은 탐구 단계를 쓰시오.

> 문제 인식 → 가설 설정 → ㉠( ) → 자료 해석 → ㉡( )

4 탐구 과정을 통해 얻은 결론이 처음에 세운 가설과 일치하지 않을 때는 ( )을/를 수정하여 다시 탐구를 수행한다.

5 과학은 과학적 탐구로 발견한 과학 ( )을/를 이용하여 기술을 발달시키고 기기를 발명하였다.

6 ( )을/를 이용한 증기 기관차, 증기선 등이 개발되어 많은 물건을 먼 곳까지 옮길 수 있었다.

7 컴퓨터가 인간처럼 학습하고 일을 처리할 수 있게 만드는 기술을 ( )(이)라고 한다.

8 ( ) 삶이란 현재의 삶을 발전시키면서도 미래 세대가 이용할 환경과 자원을 훼손하지 않는 삶이다.

9 에너지 부족 문제를 해결하기 위해 태양, 바람, 수소 등을 이용한 ( ) 에너지를 개발하여 연구하고 있다.

10 지속가능한 삶을 위한 개인 차원의 활동 방안으로는 재활용품을 버릴 때 ( )을/를 하는 방안이 있다.

01 그림은 과학적 탐구 방법의 단계를 나타낸 것이다.

(가)~(다)에 해당하는 것을 옳게 짝 지은 것은?

	(가)	(나)	(다)
①	문제 인식	가설 수정	자료 해석
②	문제 인식	가설 설정	자료 해석
③	문제 인식	자료 해석	가설 설정
④	가설 설정	문제 인식	자료 해석
⑤	자료 해석	가설 설정	문제 인식

02 과학적 탐구 방법의 단계에 대한 설명으로 옳지 **않은** 것은?

① 문제 인식은 어떤 현상에 대해 의문을 갖는 단계이다.
② 결론 도출은 의문에 대한 잠정적인 결론을 세우는 단계이다.
③ 가설 설정은 문제를 해결하기 위한 가설을 설정하는 단계이다.
④ 자료 해석은 탐구를 통해 얻은 자료를 정리하고 분석하여 결과를 얻는 단계이다.
⑤ 탐구 설계 및 수행은 가설을 확인하기 위해 탐구를 계획하고 수행하는 단계이다.

03 탐구를 계획하는 방법에 대한 설명으로 옳은 것을 보기에서 모두 고른 것은?

> **보기**
> ㄱ. 탐구할 내용은 분명하게 드러나야 한다.
> ㄴ. 가설을 검증할 수 있는 적절한 실험 방법을 설계해야 한다.
> ㄷ. 실험에 영향을 주는 다양한 변인은 고려할 필요가 없다.

① ㄱ　　　② ㄴ　　　③ ㄷ
④ ㄱ, ㄴ　　　⑤ ㄱ, ㄴ, ㄷ

04 보기 더 보기 과학의 발전이 인류 문명에 미친 영향으로 옳지 **않은** 것을 모두 고르면?(2개)

① 증기 기관의 발명으로 제품의 대량 생산이 가능해졌다.
② 인쇄 기술의 발달로 많은 지식과 정보의 전달이 가능해졌다.
③ 컴퓨터의 발명으로 수집한 정보를 처리하는 속도가 빨라졌다.
④ 인터넷의 발달로 수많은 정보를 쉽고 빠르게 접할 수 있게 되었다.
⑤ 페니실린과 같은 항생제가 개발되어 식량 부족 현상을 해결하였다.
⑥ 태양 중심설은 지구가 우주의 중심이라는 인류의 생각을 바꾸었다.
⑦ 암모니아 합성 기술의 개발로 질병을 치료할 수 있게 되면서 인류의 평균 수명이 크게 늘어났다.

05 첨단 과학기술이 가져올 미래 사회의 변화에 대한 설명으로 옳은 것을 보기에서 모두 고른 것은?

> **보기**
> ㄱ. 첨단 바이오 기술로 개인 맞춤형 치료제가 개발될 것이다.
> ㄴ. 첨단 과학기술은 실험실에서 연구될 뿐 우리 생활과는 관련이 없다.
> ㄷ. 로봇 공학이 발달하여 사람이 해야 할 많은 부분을 대신할 것이다.

① ㄱ　　　② ㄴ　　　③ ㄷ
④ ㄱ, ㄴ　　　⑤ ㄱ, ㄷ

06 과학의 발달이 우리 생활에 미친 부정적인 영향을 보기에서 모두 고른 것은?

① ㄱ, ㅁ   ② ㄷ, ㄹ   ③ ㄱ, ㄴ, ㄷ
④ ㄱ, ㄷ, ㄹ   ⑤ ㄱ, ㄴ, ㄷ, ㅁ

07 지속가능한 삶에 대한 설명으로 옳은 것은?
① 미래보다는 현재 삶의 질이 중요하다.
② 미래 세대가 사용할 에너지 자원만을 고려한다.
③ 지속가능한 삶을 위해 화석 연료의 사용량을 늘려야 한다.
④ 지속가능한 삶을 위해 과학기술의 발전 속도를 늦춰야 한다.
⑤ 지속가능한 삶을 위해 개인적 차원과 사회적 차원의 노력이 필요하다.

08 지속가능한 삶을 위한 활동 방안으로 옳은 것을 보기에서 모두 고른 것은?

① ㄱ   ② ㄷ   ③ ㄱ, ㄴ
④ ㄴ, ㄷ   ⑤ ㄱ, ㄴ, ㄷ

09 과학이는 야외에서 잘 자라던 식물이 집안에서 잘 자라지 않는 것을 보고, '식물이 자라는 데 햇빛이 필요하다.'라는 가설을 설정하였다. 이 가설을 검증하기 위한 실험을 설계할 때, 의도적으로 다르게 할 조건은 무엇인지 쓰시오.

10 과학적 탐구 과정에서 실험 결과가 가설과 일치하지 않았을 경우 어떻게 해야 하는지 서술하시오.

11 지속가능한 삶을 위한 개인적 차원의 활동 방안과 사회적 차원의 활동 방안을 각각 한 가지씩 서술하시오.
(1) 개인적 차원:
(2) 사회적 차원:

01 생물의 구성

A 세포

1. 세포 모든 생물의 몸은 세포로 이루어져 있으며, 세포는 생명활동이 일어나는 기본 단위이다.

2. 단세포생물과 다세포생물

① 단세포생물: 몸이 하나의 세포로 이루어진 생물

② 다세포생물: 몸이 여러 개의 세포로 이루어진 생물

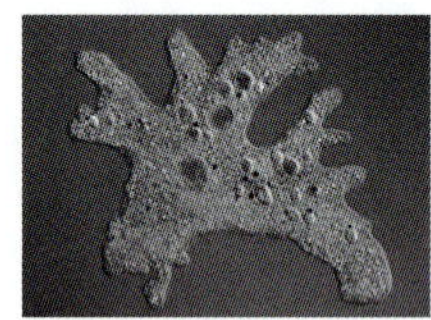

단세포생물인 아메바

다세포생물인 다람쥐

B 세포의 구조

1. 세포의 구조

① 세포는 세포막으로 둘러싸여 있다.

② 세포의 내부에는 둥근 모양의 핵이 있다.

③ 세포질에는 마이토콘드리아, 엽록체와 같은 세포소기관이 들어 있다.

2. 동물 세포와 식물 세포의 구조

① 동물 세포: 핵, 마이토콘드리아, 세포질, 세포막이 있다.

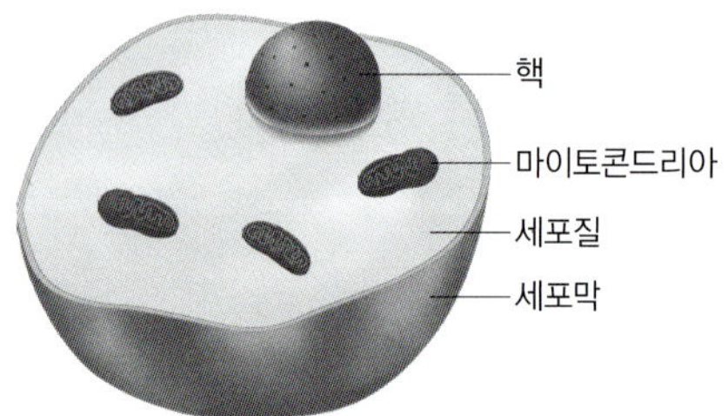

② 식물 세포: 핵, 마이토콘드리아, 세포질, 세포막, 엽록체, 세포벽이 있다.

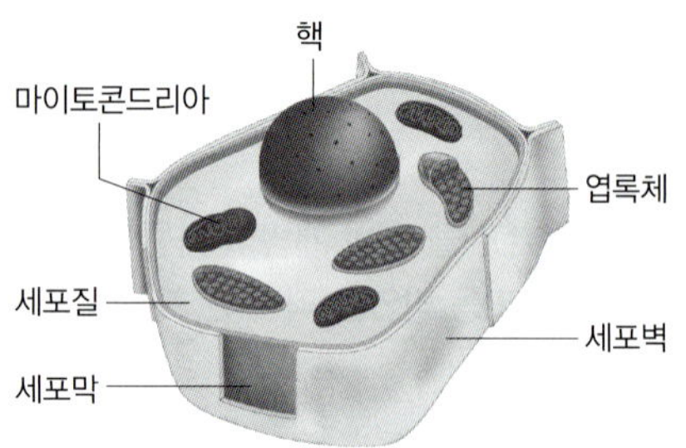

➜ 동물 세포에는 없고 식물 세포에만 있는 구조: 엽록체, 세포벽

3. 세포의 구조와 기능

① 핵: 유전물질을 가지고 있으며, 세포의 생명활동을 조절한다.

② 마이토콘드리아: 세포의 생명활동에 필요한 에너지를 만든다.

③ 세포막: 세포를 둘러싸고 있는 얇은 막으로, 세포를 드나드는 물질의 출입을 조절한다.

④ 세포질: 세포막과 핵 사이를 채우는 부분으로, 여러 생명활동이 일어난다.

⑤ 엽록체: 초록색 작은 알갱이 모양으로, 빛을 이용하여 영양분을 만드는 광합성이 일어난다.

⑥ 세포벽: 세포막 바깥을 둘러싸는 두껍고 단단한 구조로, 모양을 일정하게 유지하고 세포를 보호한다.

4. 세포의 관찰

① 입안 상피세포: 입 안쪽 볼을 면봉으로 가볍게 긁어 상피세포를 채취한 뒤 메틸렌 블루 용액으로 염색한 현미경표본을 관찰한다.

➜ 푸른색을 띠는 둥근 모양의 핵을 가진 세포가 불규칙하게 배열되어 있다.

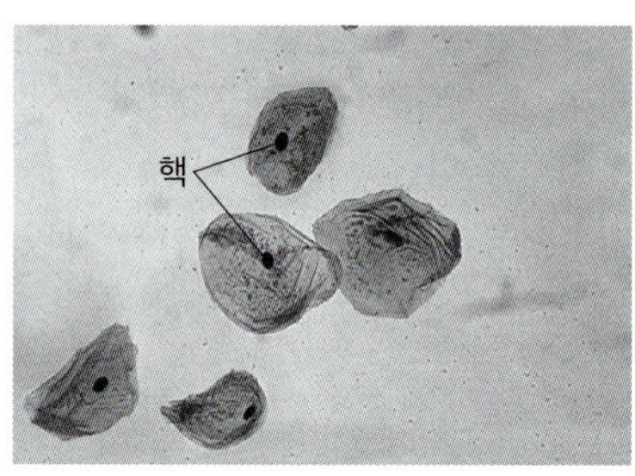

② 양파 표피세포와 검정말잎 세포: 양파의 표피를 떼어 내어 아세트올세인 용액으로 염색하고, 검정말잎은 그대로 현미경표본을 만들거나 아세트올세인 용액으로 염색하여 관찰한다.

➜ 식물 세포에는 세포벽이 있어서 세포의 모양이 일정하고 규칙적으로 배열되어 있다.

염색한 양파 표피세포	염색하지 않은 검정말잎 세포
붉은색을 띠는 둥근 모양의 핵이 관찰된다.	초록색을 띠는 작은 알갱이 모양의 엽록체가 관찰된다.

↺ 정답과 해설 35쪽

1 생물의 몸을 이루는 가장 작은 단위를 (　　　　　)(이)라고 한다.

2 몸이 단 하나의 세포로 이루어진 생물을 ㉠(　　　　　)(이)라고 하며, 몸이 여러 개의 세포로 이루어진 생물을 ㉡(　　　　　)(이)라고 한다.

3 입안 상피세포를 염색액으로 염색하여 현미경으로 관찰하면 둥근 모양의 (　　　　　)을/를 볼 수 있다.

4 세포의 구조 중 생명활동에 필요한 에너지를 만드는 세포소기관은 (　　　　　)이다.

5 오른쪽 그림은 식물 세포의 구조를 나타낸 것이다. A~E 중 동물 세포에서 관찰할 수 없는 것을 모두 골라 기호와 이름을 각각 쓰시오.

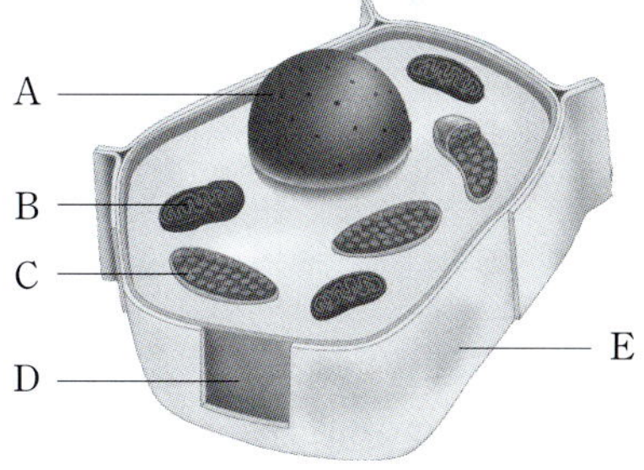

6 양파 표피세포를 현미경으로 관찰하면 세포가 비교적 규칙적으로 배열되어 있는 것을 볼 수 있다. 이는 세포의 구조 중 (　　　　　)이/가 세포의 모양을 일정하게 유지하기 때문이다.

7 검정말잎 세포를 현미경으로 관찰하면 초록색 알갱이 모양의 (　　　　　)을/를 볼 수 있다.

8 (　　　　　)은/는 세포를 둘러싸고 있는 얇은 막으로, 세포 안팎으로 드나드는 물질의 출입을 조절한다.

9 세포의 구조 중 유전물질을 가지고 있으며 세포의 생명활동을 조절하는 것은 (　　　　　)이다.

10 세포의 구조 중 광합성이 일어나는 장소는 (　　　　　)이다.

01 생물의 구성

C 세포의 종류와 기능

1. 세포의 종류 다세포생물의 몸은 여러 종류의 세포로 이루어져 있다.

① 신경세포: 가늘고 길게 뻗은 모양으로, 몸 안팎에서 발생하는 신호를 받아들이고 전달한다.

② 적혈구: 가운데가 움푹 파인 원반 모양으로, 혈관을 따라 이동하면서 온몸에 산소를 운반한다.

③ 상피세포: 주로 납작하고 편평한 모양으로, 촘촘하게 붙어 있어 피부를 이루거나 기관의 안쪽 표면을 감싸 외부로부터 몸을 보호한다.

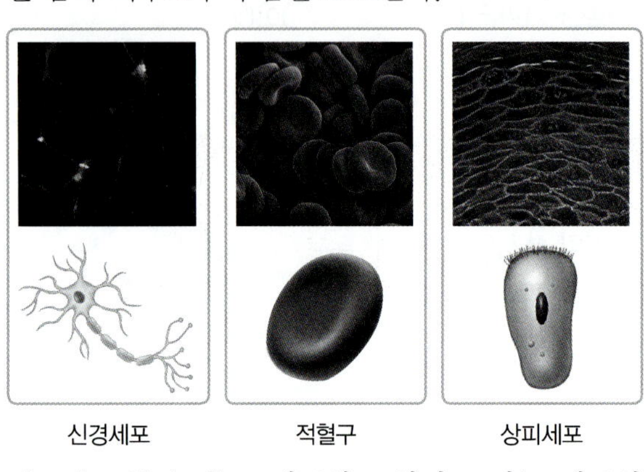

신경세포　　　　적혈구　　　　상피세포

2. 세포의 모양과 기능 세포의 모양과 크기는 세포의 기능에 따라 다양하다.

D 생물의 구성 단계

1. 유기적 구성 단계 다세포생물의 몸은 여러 종류의 세포들이 단순히 모여 있는 것이 아니라 세포, 조직, 기관, 개체의 단계를 거쳐 유기적으로 구성된다.

➡ 생물의 세포, 조직, 기관은 서로 영향을 주고받으며 전체를 구성하고 있다.

① 세포: 생물의 몸을 구성하는 기본 단위

② 조직: 모양과 기능이 비슷한 세포들이 모여 이루는 단계

③ 기관: 여러 조직이 모여 고유의 모양과 기능을 갖는 단계

④ 개체: 여러 기관이 모여 형성되며, 독립된 생명 활동이 가능한 생물체

2. 동물 몸의 구성 단계

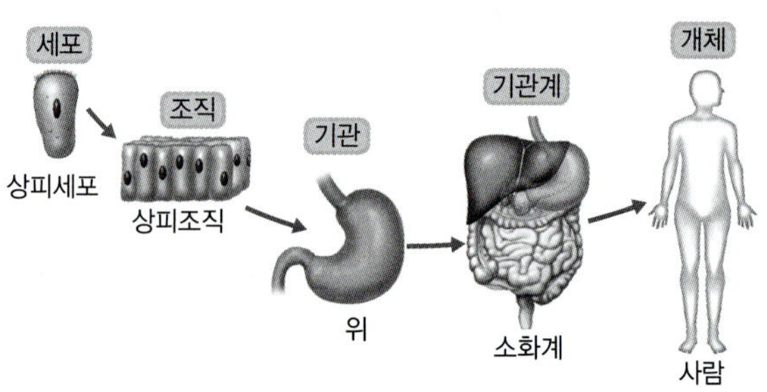

① 조직: 상피조직, 결합조직, 근육조직, 신경조직 등이 있다.

② 기관: 위, 심장, 간, 콩팥, 폐, 뇌 등이 있다.

③ 기관계: 연관된 기능을 하는 기관들이 모여 기관계를 형성하며, 소화계, 순환계, 호흡계, 배설계, 신경계, 생식계 등이 있다.

➡ 기관계는 서로 연결되어 통합적으로 작용한다.

④ 개체: 여러 기관계가 모여 하나의 개체를 이룬다.

3. 식물 몸의 구성 단계

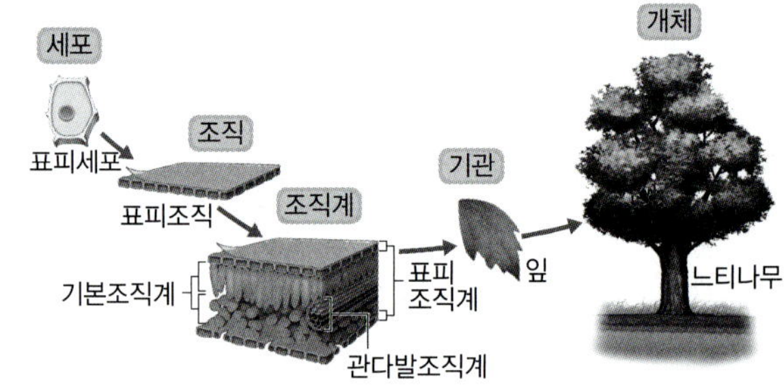

① 조직: 표피조직, 울타리조직, 해면조직, 물관 조직, 체관 조직 등이 있다.

② 조직계: 표피조직계, 관다발조직계, 기본조직계가 있다. 조직계는 식물의 몸 전체에 걸쳐 연속적으로 연결되어 공통의 기능을 한다.

③ 기관: 뿌리, 줄기, 잎, 꽃, 열매 등이 있다.

④ 개체: 여러 기관이 모여 하나의 개체를 이룬다.

4. 동물 몸의 구성 단계와 식물 몸의 구성 단계 비교

구분	구성 단계
동물	세포 → 조직 → 기관 → 기관계 → 개체
식물	세포 → 조직 → 조직계 → 기관 → 개체

➡ 기관계는 동물 몸의 구성 단계에만 있고, 조직계는 식물 몸의 구성 단계에만 있다.

↩ 정답과 해설 **35쪽**

1 적혈구는 가운데가 움푹 파인 원반 구조를 가지고 있어 좁은 혈관을 지나면서 (　　　　)을/를 운반하기에 알맞다.

2 (　　　　)은/는 몸 안팎에서 발생하는 신호를 받아들이고 전달하는 세포이며, 가늘고 길게 뻗은 모양이다.

3 생물의 몸을 구성하는 세포는 (　　　　)에 따라 모양과 크기가 다양하다.

4 다세포생물의 몸은 여러 종류의 세포들이 단순히 모여 있는 것이 아니라 일정한 단계를 거쳐 (　　　　)(으)로 구성된다.

5 다세포생물의 몸은 비슷한 모양과 기능을 가진 세포들이 모여 (　　　　)을/를 이룬다.

6 다음의 빈칸에 공통으로 들어갈 말을 쓰시오.

> 기본□□□, 표피□□□, 관다발□□□

7 꽃, 잎, 줄기, 뿌리, 열매는 식물 몸의 구성 단계에서 (　　　　)에 해당한다.

8 동물 몸의 구성 단계에는 연관된 기능을 하는 기관들이 모여 이루어진 (　　　　)이/가 있다.

9 그림은 동물 몸의 구성 단계와 식물 몸의 구성 단계를 나타낸 것이다. ㉠~㉣에 알맞은 말을 각각 쓰시오.

10 식물 몸의 구성 단계에는 동물 몸의 구성 단계에 없는 ㉠(　　　　)이/가 있고, 동물 몸의 구성 단계에는 식물 몸의 구성 단계에 없는 ㉡(　　　　)이/가 있어서 서로 차이가 있다.

01 세포에 대한 설명으로 옳은 것을 보기에서 모두 고른 것은?

> **보기**
> ㄱ. 생물의 몸을 구성하는 기본 단위이다.
> ㄴ. 세포 안에서 다양한 생명활동이 일어난다.
> ㄷ. 모든 생물은 몸이 여러 개의 세포로 이루어져 있다.
> ㄹ. 사람의 몸을 구성하는 세포의 모양과 크기는 모두 같다.

① ㄱ, ㄴ　　② ㄱ, ㄷ　　③ ㄴ, ㄷ
④ ㄴ, ㄹ　　⑤ ㄷ, ㄹ

02 그림은 동물 세포와 식물 세포의 구조를 나타낸 것이다.

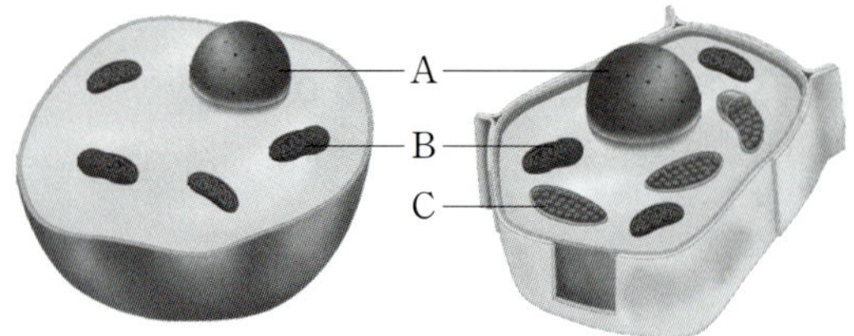

A~C의 이름을 옳게 짝 지은 것은?

	A	B	C
①	핵	엽록체	마이토콘드리아
②	핵	마이토콘드리아	엽록체
③	엽록체	핵	마이토콘드리아
④	마이토콘드리아	엽록체	핵
⑤	마이토콘드리아	핵	엽록체

보기 더 보기

03 세포의 구조에 대한 설명으로 옳지 <u>않은</u> 것을 모두 고르면? (2개)

① 핵은 유전물질을 가지고 있다.
② 엽록체는 초록색을 띠는 알갱이 모양이다.
③ 세포막은 동물 세포와 식물 세포에 모두 있다.
④ 엽록체는 동물 세포와 식물 세포에 모두 있다.
⑤ 세포벽은 세포 안팎으로 물질의 출입을 조절한다.
⑥ 마이토콘드리아는 동물 세포와 식물 세포에 모두 있다.
⑦ 마이토콘드리아는 세포의 생명활동에 필요한 에너지를 생산한다.

[04~06] 그림은 식물 세포의 구조를 나타낸 것이다.

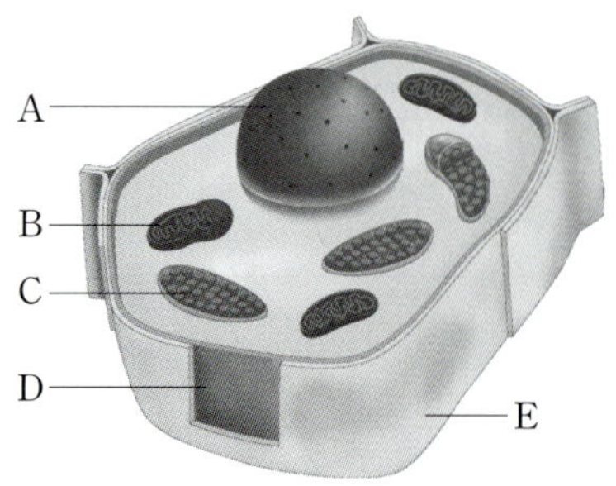

04 B에 대한 설명으로 옳은 것은?

① 식물 세포에만 있다.
② 세포의 생명활동을 조절한다.
③ 빛을 이용하여 영양분을 합성한다.
④ 세포의 생명활동에 필요한 에너지를 생산한다.
⑤ 세포 안팎으로 드나드는 물질의 출입을 조절한다.

05 그림은 염색액으로 염색하지 않은 검정말잎 세포를 현미경으로 관찰한 결과를 나타낸 것이다.

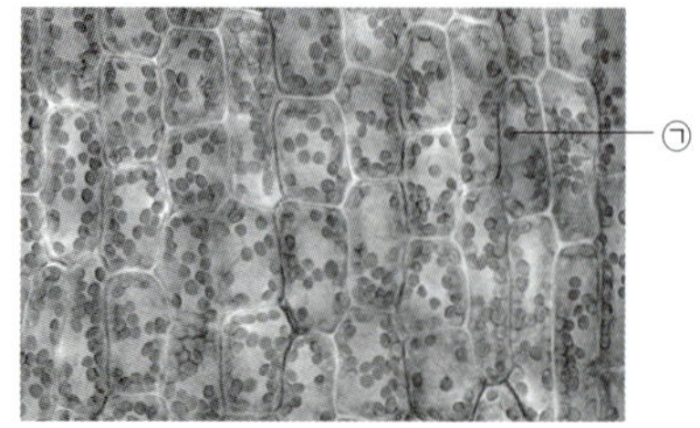

A~E 중 ㉠에 해당하는 것은?

① A　　② B　　③ C
④ D　　⑤ E

06 A~E 중 동물 세포에서는 관찰할 수 <u>없는</u> 것을 모두 고르면? (2개)

① A　　② B　　③ C
④ D　　⑤ E

07 그림 (가)와 (나)는 현미경으로 관찰한 입안 상피세포와 양파 표피세포를 순서 없이 나타낸 것이다.

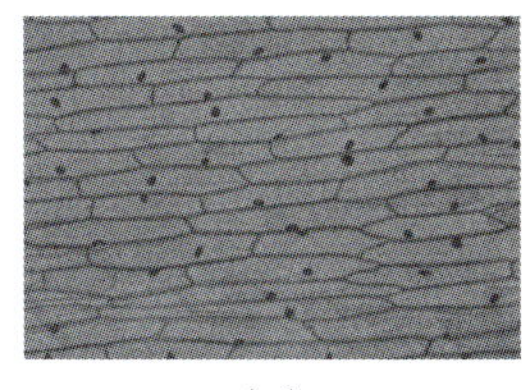
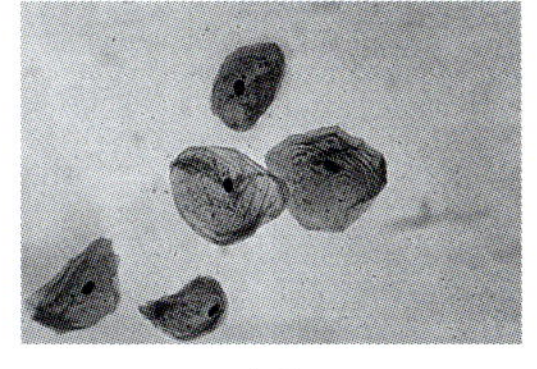

(가)　　　　　　(나)

이에 대한 설명으로 옳은 것을 보기에서 모두 고른 것은?

보기
ㄱ. (가)는 입안 상피세포, (나)는 양파 표피세포이다.
ㄴ. (가)에서 관찰되는 둥근 모양의 구조는 엽록체이다.
ㄷ. (나)에서 관찰되는 둥근 모양의 구조는 핵이다.
ㄹ. (가)에는 세포벽이 있어서 (나)보다 세포 배열이 규칙적이다.

① ㄱ, ㄴ　　② ㄱ, ㄷ　　③ ㄴ, ㄷ
④ ㄴ, ㄹ　　⑤ ㄷ, ㄹ

08 그림은 현미경으로 입안 상피세포를 관찰하기 위한 실험 과정 중 일부를 나타낸 것이다.

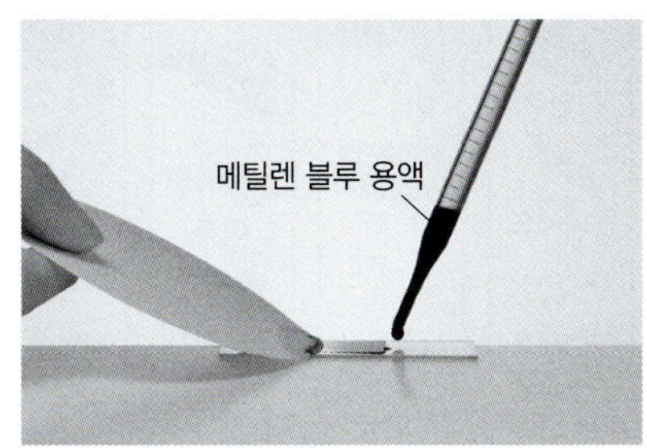

이러한 과정이 필요한 까닭으로 옳은 것은?

① 핵을 뚜렷하게 관찰하기 위해서
② 마이토콘드리아를 관찰하기 위해서
③ 세포의 생명활동을 확인하기 위해서
④ 엽록체에 있는 녹말을 확인하기 위해서
⑤ 세포막에서 물질의 출입을 확인하기 위해서

09 그림은 빵을 만드는 공장의 모습을 나타낸 것이다.

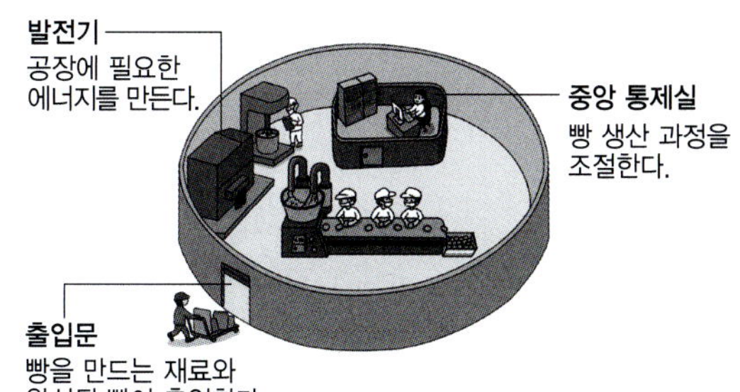

세포를 빵 공장에 비유할 때, 빵 공장의 각 부분과 세포의 구조를 옳게 짝 지은 것은?

	중앙 통제실	발전기	출입문
①	핵	마이토콘드리아	세포막
②	핵	마이토콘드리아	세포벽
③	마이토콘드리아	핵	세포벽
④	마이토콘드리아	세포막	핵
⑤	마이토콘드리아	핵	세포막

보기 더 보기

10 생물의 구성 단계에 대한 설명으로 옳지 <u>않은</u> 것을 모두 고르면? (2개)

① 간, 이자, 심장 등은 기관에 해당한다.
② 생물의 몸을 구성하는 기본 단위는 세포이다.
③ 동물의 몸은 여러 조직이 모여 조직계를 이룬다.
④ 동물의 몸은 여러 기관계가 모여 하나의 개체가 된다.
⑤ 모양과 기능이 비슷한 세포들이 모여 조직을 이룬다.
⑥ 뿌리, 줄기, 잎, 꽃이 모여 식물의 기관계를 이룬다.
⑦ 위, 작은창자, 큰창자 등은 동물의 소화를 담당하는 기관계에 속한다.

11 그림은 동물 몸의 구성 단계를 순서 없이 나열한 것이다.

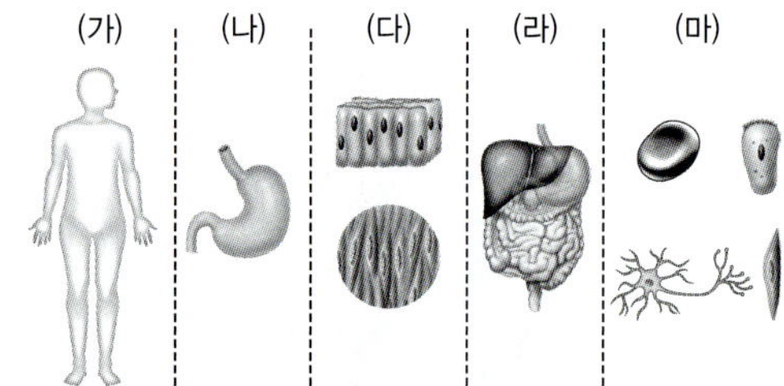

구성 단계를 기본 단위부터 순서대로 나열한 것은?

① (가) → (나) → (다) → (라) → (마)
② (나) → (라) → (가) → (다) → (마)
③ (다) → (마) → (라) → (가) → (나)
④ (라) → (다) → (나) → (마) → (가)
⑤ (마) → (다) → (나) → (라) → (가)

12 동물 몸의 구성 단계에서 볼 수 <u>없는</u> 것은?

① 세포　　　② 조직　　　③ 기관
④ 조직계　　⑤ 기관계

13 그림은 동물 몸의 구성 단계에 대해 학생 A, B, C가 이야기하는 모습을 나타낸 것이다.

옳게 설명한 학생을 모두 고른 것은?

① A　　　　② B　　　　③ A, C
④ B, C　　⑤ A, B, C

14 그림은 동물 몸의 구성 단계와 식물 몸의 구성 단계를 나타낸 것이다.

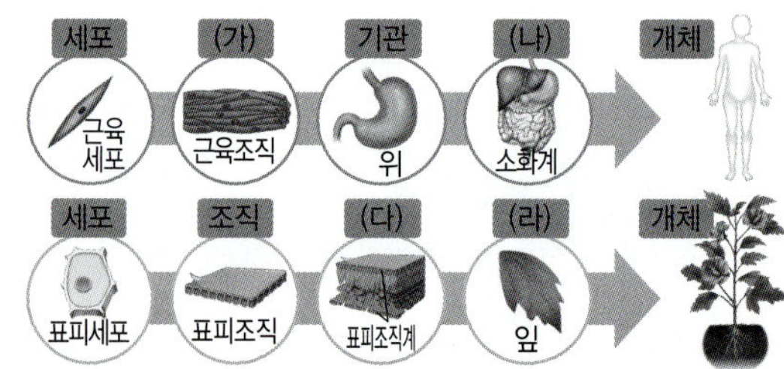

이에 대한 설명으로 옳은 것을 보기에서 모두 고른 것은?

┌─ 보기 ─────────────────────────
ㄱ. (가)는 동물 몸에만 있는 단계이다.
ㄴ. (나)는 식물 몸에는 없는 단계이다.
ㄷ. (다)에는 관다발조직계, 기본조직계 등이 있다.
ㄹ. (라)는 기관계이다.
└───────────────────────────────

① ㄱ, ㄷ　　② ㄱ, ㄹ　　③ ㄴ, ㄷ
④ ㄴ, ㄹ　　⑤ ㄷ, ㄹ

15 식물 몸의 구성 단계에서 같은 단계에 해당하지 <u>않는</u> 것은?

① 꽃　　　　② 잎　　　　③ 줄기
④ 뿌리　　　⑤ 물관

16 그림은 사람 몸의 구성 단계를 나타낸 것이다.

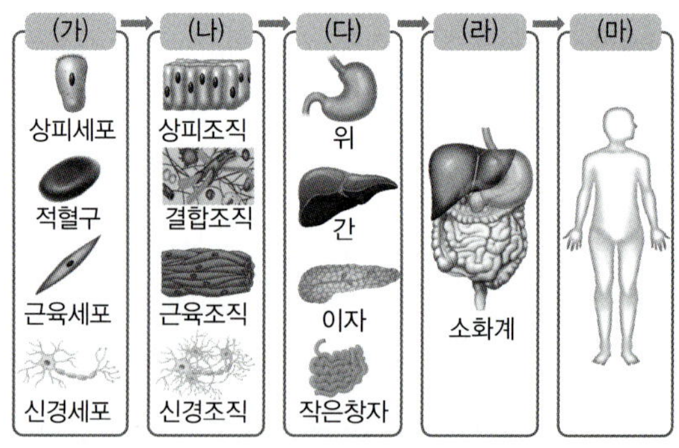

이에 대한 설명으로 옳지 <u>않은</u> 것은?

① (가)는 기능에 따라 모양과 크기가 다양하다.
② (나)는 비슷한 모양과 기능을 하는 세포들의 모임이다.
③ (다)는 사람 몸의 구성 단계에서만 나타난다.
④ (라)는 소화를 담당하는 기관들의 모임이다.
⑤ (마)는 독립적으로 생명활동을 하는 개체이다.

17 그림은 사람의 몸을 구성하는 세 종류의 세포를 나타낸 것이다.

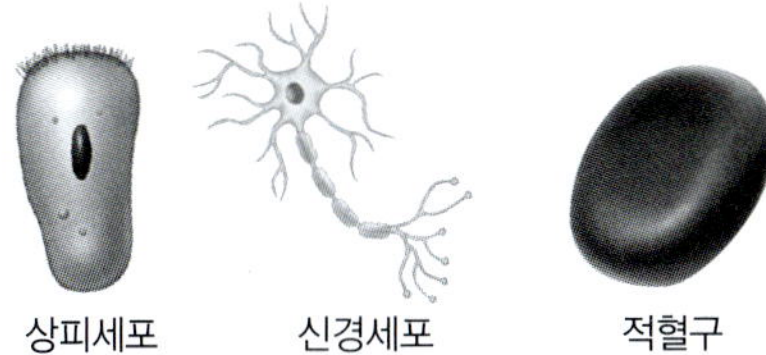

세포의 종류에 따라 모양이 다른 까닭을 서술하시오.

18 그림 (가), (나)는 동물 세포와 식물 세포를 현미경으로 관찰한 결과를 순서 없이 나타낸 것이다.

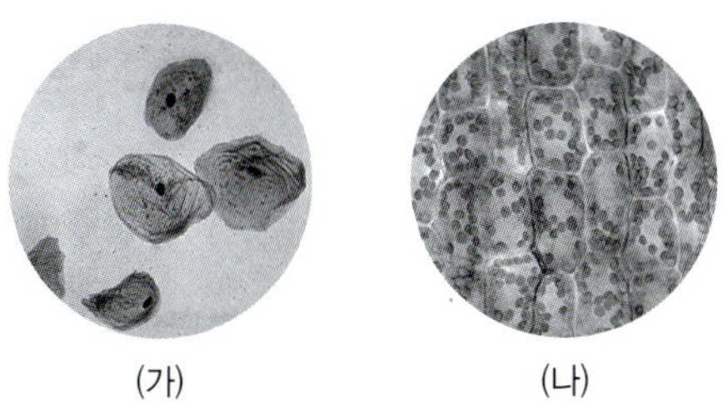

식물 세포의 기호를 쓰고, 그렇게 판단한 까닭을 서술하시오.

19 다음은 마이토콘드리아에 대해 설명한 것이다.

- 사람의 세포 하나에는 평균 100여 개의 마이토콘드리아가 있다.
- 마이토콘드리아의 수는 세포에 따라 달라질 수 있는데, 많은 에너지를 소모하는 근육세포에는 평균보다 많은 수천 개가 있다.

근육세포에 특히 마이토콘드리아가 많은 까닭을 마이토콘드리아의 기능과 관련지어 서술하시오.

20 그림은 식물 세포의 구조를 나타낸 것이다.

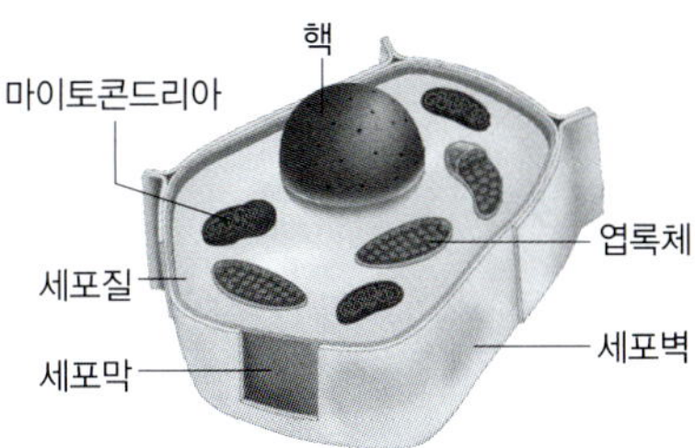

염색액의 색소와 잘 결합하는 구조의 이름을 쓰고, 그 기능을 서술하시오.

21 그림은 공장에서 태양 전지를 이용해 빵을 생산하는 과정을 나타낸 것이다.

태양 전지를 이용해 빵을 생산하는 과정을 세포의 구조 중 엽록체에 비유할 수 있는데, 그 까닭을 엽록체의 기능과 관련지어 서술하시오.

22 그림은 동물 몸과 식물 몸의 공통적인 구성 단계만 나타낸 것이다.

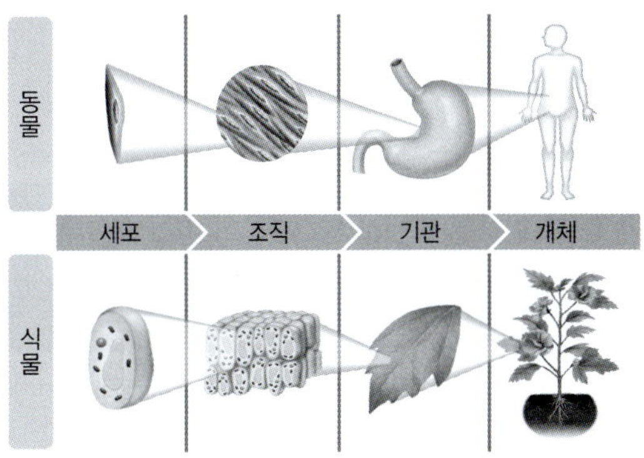

동물 몸의 구성 단계와 식물 몸의 구성 단계에서 나타나는 차이점을 서술하시오.

개념 다시 보기 02 생물의 다양성

A 생물다양성

1. **생물다양성의 의미** 어떤 지역에 살고 있는 생물의 다양한 정도
   ① 생태계의 다양함(생태계다양성)
   ② 생물 종류의 다양함(종다양성)
   ③ 같은 종류의 생물 사이에서 나타나는 특징의 다양함(유전적 다양성)

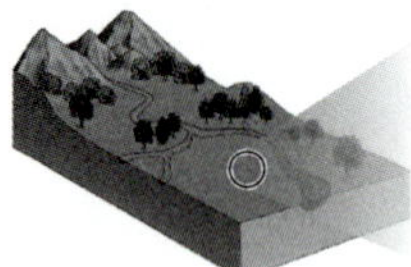  

생태계의 다양함　　생물 종류의 다양함　　같은 종류의 생물 사이에서 나타나는 특징의 다양함

→ 생태계가 다양할수록, 생물의 종류가 많을수록, 같은 종류의 생물 사이에서 나타나는 특징이 다양할수록 생물다양성이 높다.

2. **생물다양성의 유지** 일정한 지역에 다양한 생태계가 존재하고, 살고 있는 생물의 종류가 많으며, 같은 종류의 생물 사이에서 나타나는 특징이 다양할 때 생물다양성이 잘 유지된다.

B 변이와 생물다양성

1. **변이** 같은 종류의 생물 사이에서 나타나는 특징이 서로 다른 것

원인	유전정보의 차이, 환경의 영향
예시	• 동물의 털색과 무늬 • 코스모스 꽃잎의 색깔 • 사람의 피부색과 눈동자 색깔 • 바지락 껍데기의 색깔과 무늬 • 무당벌레 겉날개의 색깔과 무늬

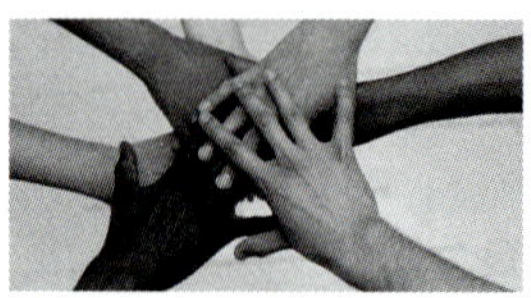 

다양한 사람의 피부색　　다양한 바지락 껍데기의 색깔과 무늬

① 생존에 유리한 변이를 가진 개체는 더 많이 살아남아 자손에게 특징을 물려준다.
② 생물이 살고 있는 환경의 빛, 온도, 물, 먹이 관계 등에 적응하면서 변이의 차이는 더 커질 수 있다.

밝은색 모래가 많은 바닷가에 사는 올드필드쥐	어두운색 흙이 많은 산림 지대에 사는 올드필드쥐
털색이 밝다.	털색이 어둡다.

→ 변이가 다양하면 급격한 환경 변화나 전염병의 유행에도 살아남을 가능성이 높다.
→ 멸종할 가능성이 낮다.

2. **생물이 다양해지는 과정** 같은 종류의 생물이 오랜 세월 동안 환경에 적응하면서 원래의 생물과 다른 새로운 종류의 생물이 나타날 수 있다.
   → 다양한 변이와 서로 다른 환경에 적응하는 과정을 통해 생물의 종류는 다양해진다.

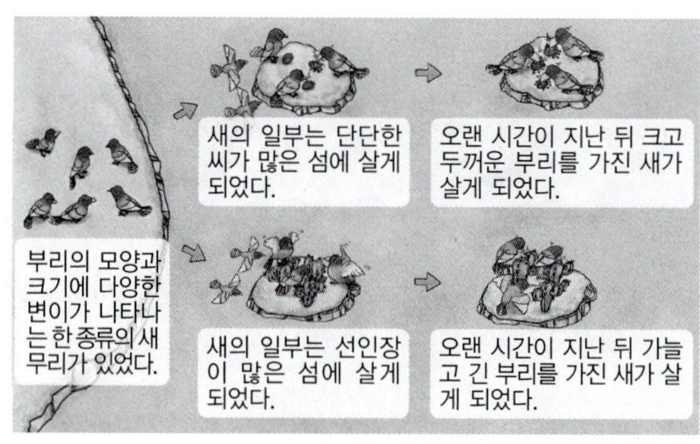

① 변이가 다양한 한 종류의 생물이 서로 다른 환경에 흩어져 살게 되면, 각각의 환경에 가장 적합한 변이를 가진 생물이 더 많이 살아남아 자손을 남기게 된다.
② 오랜 시간이 지나면 각 환경에 사는 생물 사이의 차이가 커지고, 원래의 생물과는 다른 형질을 가지는 새로운 종류의 생물이 나타나게 된다.

갈라파고스제도의 핀치

↻ 정답과 해설 **37쪽**

1 어떤 지역에 살고 있는 생물의 다양한 정도를 (　　　　　)(이)라고 한다.

2 지구에는 사막, 바다, 갯벌, 숲, 습지 등의 다양한 (　　　　　)이/가 있다. 이를 (　　　　　)의 다양함
이라고 한다.

3 습지에는 백로, 오리, 붕어, 부들, 수련, 물자라 등 다양한 (　　　　　)의 생물이 살고 있다. 이를 생물
(　　　　　)의 다양함이라고 한다.

4 배추를 심은 밭과 갯벌 중에서 생물다양성이 더 높은 곳은 (　　　　　)이다.

5 무당벌레마다 겉날개의 색깔과 무늬가 조금씩 다르다. 이처럼 같은 종류의 생물 사이에서 나타나는 서로 다른
특징을 (　　　　　)(이)라고 한다.

6 같은 종류의 생물로 이루어진 무리에서는 생물의 (　　　　　)이/가 다양할수록 생물다양성이 높다.

7 주변 환경과 몸 색깔이 비슷한 토끼는 그렇지 않은 토끼보다 천적의 눈에 잘 띄지 않아 더 많이 살아남아 자손
을 남기며, 이 과정에서 자신의 특징을 (　　　　　)에게 전달한다.

8 같은 종류에 속하는 생물의 ㉠(　　　　　)이/가 다양하면 환경이 급격하게 변하거나 전염병이 유행하더라
도 그 변화에 적응할 수 있는 생물이 있어 멸종할 확률이 ㉡(높아 / 낮아)진다.

9 한 가지 품종만 있었던 아일랜드의 감자와 여러 가지 품종이 있는 페루의 감자 중에서 변이가 다양한 것은
(　　　　　)의 감자이다.

10 어떤 지역에 살고 있는 생물의 종류가 다양할수록 생물다양성은 (높다 / 낮다).

개념 다시 보기 02 생물의 다양성

C 생물분류

1. **생물분류** 지구에 사는 다양한 생물을 기준을 세워 공통의 특징을 가지는 것끼리 무리 지어 나누는 것
   ① 생물이 가지는 고유의 특징을 기준으로 삼는다.
   → 생김새, 한살이, 번식 방법, 광합성 여부 등
   ② 생물을 고유의 특징에 따라 분류하면 생물들 사이의 멀고 가까운 관계를 파악할 수 있다.
   ③ 같은 무리로 분류한 생물은 공통의 특징을 가진다.
   → 새로운 생물을 발견하였을 때 특징을 비교하면 그 생물이 어떤 무리에 속하는지 판단할 수 있다.

2. **종** 자연 상태에서 짝짓기를 하여 번식 능력이 있는 자손을 낳을 수 있는 생물 무리
   → 생물을 분류할 때 가장 기본이 되는 단위

구분	장끼와 까투리	말과 당나귀	치타와 표범
짝짓기	가능	가능	불가능
자손의 번식 능력	있음.	없음.	—
종 판별	같은 종	다른 종	

D 분류체계

1. **생물의 분류체계** 다양한 생물을 비교하여 비슷한 특징이 있는 것끼리 묶어 단계적으로 정리한 것
   → 생물을 체계적으로 연구할 수 있어 생물다양성을 이해하는 데 도움이 된다.

2. **생물분류의 단위** 종<속<과<목<강<문<계

E 생물의 5계

1. **분류 기준** 핵막의 유무, 세포벽의 유무, 영양분을 얻는 방법(광합성 여부), 기관의 발달 정도 등

2. **5계**

① 원핵생물계
- 핵막이 없어 핵을 관찰할 수 없다.
- 단세포생물이며, 세포에 세포벽이 있다.
- 광합성을 하는 것도 있고 못하는 것도 있다.

② 원생생물계
- 핵막이 있어 핵을 뚜렷하게 관찰할 수 있다.
- 단세포생물도 있고, 기관이 발달하지 않은 다세포생물도 있다.
- 광합성을 하는 것도 있고 못하는 것도 있다.

③ 식물계
- 핵막이 있어 핵을 뚜렷하게 관찰할 수 있다.
- 다세포생물이며, 세포에 세포벽이 있다.
- 대부분 기관이 발달해 있다.
- 광합성을 하여 스스로 영양분을 만든다.

④ 균계
- 핵막이 있어 핵을 뚜렷하게 관찰할 수 있다.
- 대부분 다세포생물이며, 세포에 세포벽이 있다.
- 다세포생물은 몸이 균사로 이루어져 있다.
- 죽은 생물이나 배설물을 분해하여 영양분을 얻는다.

⑤ 동물계
- 핵막이 있어 핵을 뚜렷하게 관찰할 수 있다.
- 다세포생물이며, 세포에 세포벽이 없다.
- 대부분 기관이 발달해 있다.
- 다른 생물을 먹어 영양분을 얻는다.

↩ 정답과 해설 37쪽

1 지구에 사는 생물을 기준을 세워 공통의 특징을 가지는 것끼리 무리 지어 나누는 것을 (   )(이)라고 한다.

2 과학적으로 생물을 분류할 때에는 생김새, 한살이, 번식 방법, 광합성 여부 등 생물이 가지는 고유의 (   )을/를 기준으로 삼는다.

3 생물을 분류하는 가장 기본이 되는 단위는 (   )이다.

4 장끼와 까투리는 서로 짝짓기를 하여 번식 능력이 있는 자손을 낳을 수 있으므로 (같은 / 다른) 종이다.

5 말과 당나귀는 서로 짝짓기를 하여 자손을 낳을 수 있지만 자손에게 번식 능력이 없으므로 (같은 / 다른) 종이다.

6 다양한 생물을 생물분류의 기본 단위인 (   )에서부터 점차 큰 단위로 무리를 지어 정리한 것을 분류체계라고 한다.

7 생물의 분류 단위는 작은 단위부터 종, 속, ㉠(   ), 목, 강, 문, ㉡(   )(으)로 이루어진다.

8 생물의 5계 중 ㉠(   )에 속하는 생물은 세포에 ㉡(   )이/가 없어서 핵을 관찰할 수 없다.

9 식물계에 속하는 생물은 세포에 ㉠(   )이/가 있어서 ㉡(   )을/를 하여 스스로 영양분을 만든다.

10 송이버섯, 푸른곰팡이, 효모는 생물의 5계 중 (   )에 속한다.

01 그림은 생물다양성의 의미를 나타낸 것이다.

  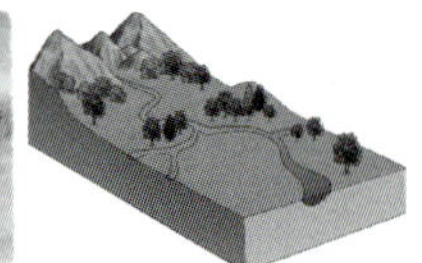

같은 종류의 생물 사이에서 나타나는 (㉠)의 다양함　초원에서 살아가는 생물(㉡)의 다양함　숲, 산, 강, 초원 등 (㉢)의 다양함

㉠~㉢에 들어갈 말을 옳게 짝 지은 것은?

	㉠	㉡	㉢
①	종류	특징	생태계
②	특징	종류	생태계
③	특징	생태계	종류
④	생태계	종류	특징
⑤	생태계	특징	종류

02 그림은 학생 A, B, C가 풀밭에서 겉날개의 무늬와 색깔이 다른 무당벌레들을 관찰한 뒤 이야기하는 모습을 나타낸 것이다.

옳게 설명한 학생을 모두 고른 것은?

① A　　　② B　　　③ A, C
④ B, C　　⑤ A, B, C

03 변이의 사례로 옳지 않은 것을 모두 고르면? (2개)

① 사람의 피부색은 다양하다.
② 뱀은 뼈가 있지만 지렁이는 뼈가 없다.
③ 코스모스 꽃잎의 색깔이 조금씩 다르다.
④ 얼룩말은 줄무늬 모양이 조금씩 다르다.
⑤ 고래와 사람은 모두 새끼를 낳아 젖을 먹여 기른다.
⑥ 호랑이 남매를 줄무늬의 모양과 색깔로 구분할 수 있다.
⑦ 어미 고양이가 낳은 새끼들의 털색과 무늬가 서로 다르다.

04 그림 (가)는 논을, (나)는 호수가 있는 숲을 나타낸 것이다.

(가)　　　　　　　(나)

이에 대한 설명으로 옳은 것을 보기에서 모두 고른 것은?

> **보기**
> ㄱ. (가)는 전염병에 취약할 수 있다.
> ㄴ. (가)는 (나)보다 생물의 종류가 적다.
> ㄷ. (가)보다 (나)의 생물다양성이 더 높다.

① ㄱ　　　　② ㄷ　　　　③ ㄱ, ㄴ
④ ㄴ, ㄷ　　⑤ ㄱ, ㄴ, ㄷ

05 생물다양성이 비교적 높은 경우에 해당하는 것을 보기에서 모두 고른 것은?

> **보기**
> ㄱ. 부리의 크기와 길이가 같은 핀치가 살고 있다.
> ㄴ. 생물이 살기에 적절한 하나의 생태계가 넓게 펼쳐져 있다.
> ㄷ. 눈에 보이는 생물과 눈에 보이지 않는 생물까지 생태계 안에 살고 있는 생물의 종류가 다양하다.

① ㄱ　　　　② ㄷ　　　　③ ㄱ, ㄴ
④ ㄴ, ㄷ　　⑤ ㄱ, ㄴ, ㄷ

06 다음은 1847년 아일랜드에서 일어났던 일을 설명한 것이다.

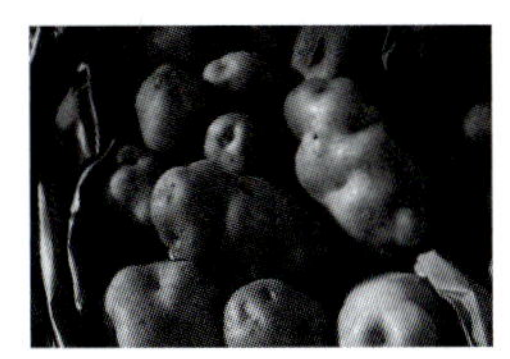

아일랜드에서는 주식으로 먹던 ㉠'럼퍼'라는 한 종류의 감자만 재배하였다. 1874년부터 아일랜드 전역에서 감자역병이 발생하자 이 병에 매우 약한 럼퍼 감자가 썩어버렸다. 그 결과 주식인 감자가 부족해 아일랜드 사람들은 굶주림에 고통받았다.

㉠에 대한 설명으로 옳지 <u>않은</u> 것은?

① 변이가 다양하다.
② 전염병에 취약하다.
③ 생물다양성이 낮다.
④ 멸종 가능성이 높다.
⑤ 변화한 환경에 잘 적응하지 못하였다.

07 그림은 오늘날 갈라파고스제도에서 흩어져 살고 있는 다양한 종류의 핀치를 나타낸 것이다.

이에 대한 설명으로 옳지 <u>않은</u> 것은? (단, 갈라파고스제도에 들어온 핀치 무리는 원래 한 종류였다.)

① 핀치 부리의 변이는 자손에게 전달되었다.
② 원래의 핀치는 부리의 모양과 크기가 모두 같았다.
③ 갈라파고스제도에서 각 섬의 먹이 환경은 조금씩 다르다.
④ 각 섬의 먹이 환경에 적합한 변이를 가진 핀치가 더 많이 살아남았다.
⑤ 시간이 흐르면서 각 섬에 사는 핀치의 부리 모양과 크기의 차이는 더 커졌다.

08 두 개체의 생물을 같은 종으로 판단할 수 있는 조건을 보기에서 모두 고른 것은?

┌ 보기 ┐
ㄱ. 몸집의 크기와 생김새가 비슷하다.
ㄴ. 자연 상태에서 짝짓기를 할 수 있다.
ㄷ. 번식 능력이 있는 자손을 낳을 수 있다.

① ㄱ　　② ㄷ　　③ ㄱ, ㄴ
④ ㄴ, ㄷ　　⑤ ㄱ, ㄴ, ㄷ

09 생물분류에서 기본이 되는 단위와 가장 큰 단위를 옳게 짝 지은 것은?

	기본 단위	가장 큰 단위
①	계	종
②	속	문
③	과	강
④	목	속
⑤	종	계

보기 더 보기

10 생물의 분류체계에 대한 설명으로 옳지 <u>않은</u> 것을 모두 고르면? (2개)

① 동물계는 척삭동물문보다 큰 단위이다.
② 강에는 하나 이상의 목이 포함되어 있다.
③ 고래, 사람, 불가사리는 모두 동물계에 속한다.
④ 같은 과에 속하는 생물은 모두 같은 속에 포함된다.
⑤ 분류 단위가 클수록 그 단위에 속하는 생물들이 다양해진다.
⑥ 여러 종에서 공통의 특징을 가진 것끼리 무리를 지어 과로 분류한다.
⑦ 작은 단위에 같이 포함되는 생물일수록 더 많은 공통의 특징을 가진다.

11 그림은 주변에서 관찰한 세 가지 생물을 나타낸 것이다.

민들레　　　　　　벼　　　　　　고사리

이 생물들의 공통점으로 옳지 <u>않은</u> 것은?

① 다세포생물이다.
② 세포에 세포벽이 있다.
③ 핵막으로 둘러싸인 핵이 있다.
④ 광합성을 하여 스스로 영양분을 합성한다.
⑤ 몸이 가는 실 모양의 균사로 이루어져 있다.

12 다음은 어떤 생물의 특징에 대해 설명한 것이다.

> • 단세포생물이다.
> • 핵막이 없어 핵이 관찰되지 않는다.
> • 광합성을 하여 스스로 영양분을 합성할 수 있다.

이러한 특징을 가지는 생물로 옳은 것은?

① 미역　　　　② 산호　　　　③ 소나무
④ 남세균　　　⑤ 푸른곰팡이

13 그림은 세 가지 생물을 나타낸 것이다.

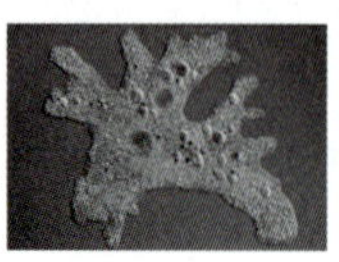 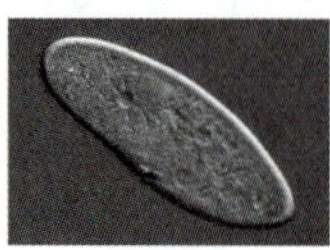 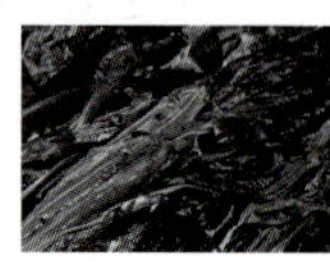

아메바　　　　　짚신벌레　　　　　미역

이 생물들이 속하는 계로 옳은 것은?

① 균계　　　　② 식물계　　　　③ 동물계
④ 원생생물계　⑤ 원핵생물계

[14~15] 그림은 다양한 생물을 고유한 특징을 기준으로 (가)~(마)의 5계로 분류하는 과정을 나타낸 것이다.

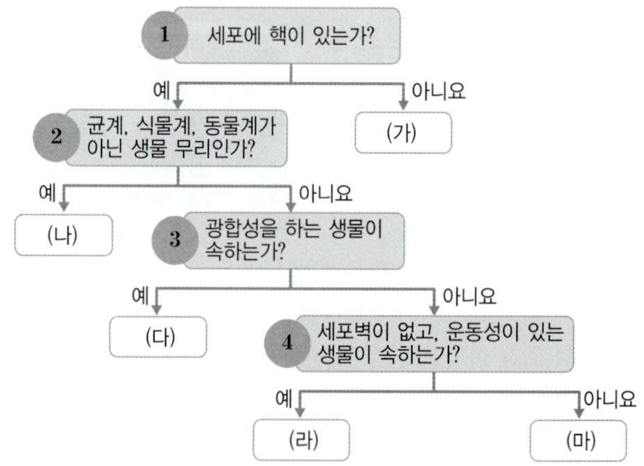

14 (가)~(마)에 대한 설명으로 옳은 것은?

① (가)에 속하는 생물의 세포에는 유전물질을 둘러싸고 있는 핵막이 있다.
② (나)에 속하는 생물은 모두 단세포생물이다.
③ (다)에 속하는 생물의 세포에는 엽록체가 있다.
④ (라)에 속하는 생물의 세포에는 세포벽이 있다.
⑤ (마)에 속하는 생물에는 세균이 포함된다.

15 (가)~(마)에 속하는 생물로 옳지 <u>않은</u> 것은?

① (가) – 대장균　　　② (나) – 파래
③ (다) – 표고버섯　　④ (라) – 오징어
⑤ (마) – 누룩곰팡이

16 그림은 균계, 식물계, 동물계의 공통점과 차이점을 나타내기 위해 작성한 모식도이다.

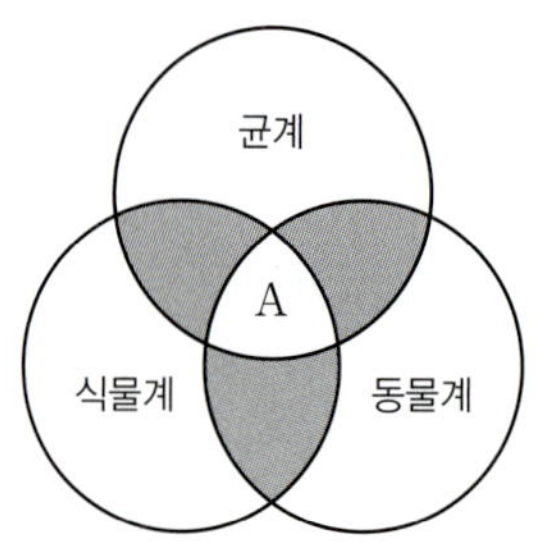

A에 들어갈 특징으로 옳은 것은?

① 핵막이 있다.　　　② 광합성을 한다.
③ 세포벽이 있다.　　④ 운동성이 있다.
⑤ 다세포생물이다.

17 그림 (가)~(다)는 생물다양성의 의미를 나타낸 것이다.

(가)   (나)   (다)

(가)~(다)에서 표현하고 있는 생물다양성의 의미를 각각 서술하시오.

18 표 (가)는 아일랜드의 주식이었던 감자를, (나)는 페루의 감자를 나타낸 것이다.

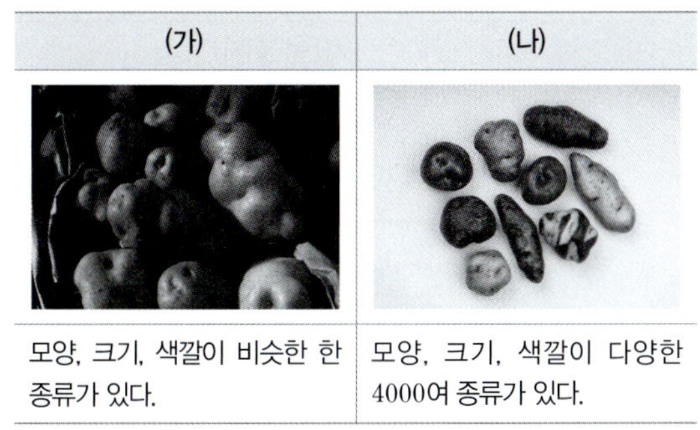

(가)	(나)
모양, 크기, 색깔이 비슷한 한 종류가 있다.	모양, 크기, 색깔이 다양한 4000여 종류가 있다.

(가), (나) 중 전염병이 발생할 때 멸종할 가능성이 높은 것의 기호를 쓰고, 그렇게 생각한 까닭을 서술하시오.

19 그림은 고양이, 삵, 스라소니를 나타낸 것이다.

고양이   삵   스라소니

고양이, 삵, 스라소니를 서로 다른 종으로 분류하는 까닭을 종의 개념을 바탕으로 서술하시오.

20 오른쪽 그림은 생물의 분류체계에 따라 고양이, 호랑이, 사자를 분류한 것이다. 호랑이는 사자와 고양이 중 어떤 생물과 더 가까운 관계인지 쓰고, 그렇게 판단한 까닭을 서술하시오.

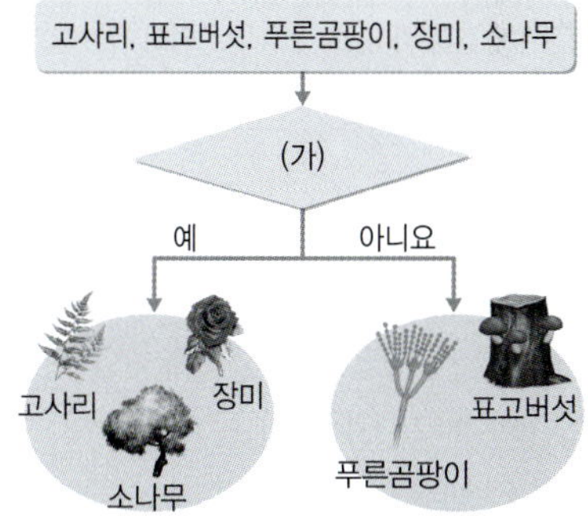

21 그림은 다섯 가지 생물을 분류 기준 (가)에 따라 두 무리로 나눈 결과를 나타낸 것이다.

(가)에 알맞은 분류 기준을 제시하시오.

22 그림은 대장균과 짚신벌레를 나타낸 것이다.

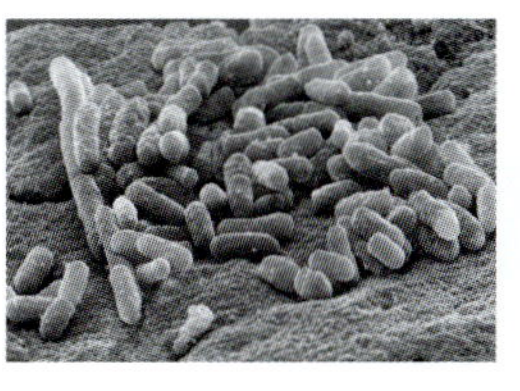
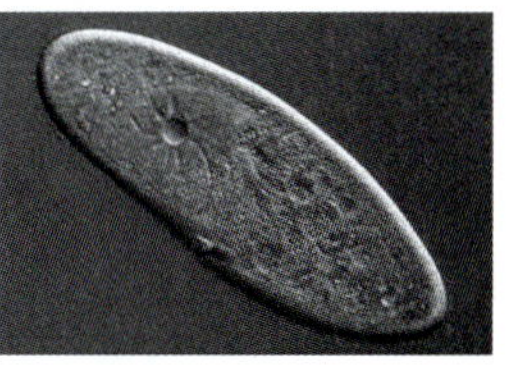

대장균   짚신벌레

계 수준에서 대장균과 짚신벌레를 분류할 수 있는 기준을 쓰고, 두 생물이 각각 어떤 계에 속하는지 서술하시오.

개념 다시 보기 03 생물다양성보전

A 생물다양성보전의 필요성

1. 생태계 유지
① 생태계평형: 생태계를 이루는 환경, 생물의 종류와 수가 크게 변하지 않는 안정된 상태
② 생태계는 생물다양성이 높을수록 안정적으로 유지된다.

생물다양성이 낮은 생태계	생물다양성이 높은 생태계
먹이 관계가 단순하다. → 어떤 생물이 멸종하면 그 생물을 먹고 살아가는 생물도 멸종할 위험이 크다.	먹이 관계가 복잡하다. → 어떤 생물이 멸종해도 이를 대신할 수 있는 생물이 있어서 생태계가 안정적으로 유지된다.

2. 자연환경과 건강 유지
맑은 공기와 비옥한 토양, 깨끗한 물을 제공하고 휴식 공간과 여가 생활 장소 제공

3. 생물자원 제공

식량		벼, 보리, 밀, 등을 식량으로 이용한다.
섬유		목화, 누에고치 등에서 얻은 섬유를 옷을 만드는 데 이용한다.
목재, 종이		편백, 소나무 등을 집이나 가구를 만드는 데 이용한다. 닥나무를 한지를 만드는 데 이용한다.
의약품		푸른곰팡이에서 추출한 물질로 항생제를 개발하고, 주목에서 추출한 물질로 항암제를 개발한다.
아이디어		고양이의 눈에서 얻은 아이디어로 도로 반사판을 만든다.

B 생물다양성 유지와 실천 방안

1. 생물다양성의 감소 원인
사람의 과도한 활동과 밀접한 관련이 있다.
① 서식지파괴: 도로 건설, 작물 재배 등을 위해 숲을 파괴하면 생물의 서식지 면적이 감소한다.
→ 생물다양성을 위협하는 가장 심각한 원인이다.
② 외래종 유입: 유입된 외래종의 일부는 토종 생물을 위협하고 생태계평형을 파괴하기도 한다.
③ 불법 포획과 남획: 특정 생물을 불법으로 포획하거나 과도하게 포획하면 특정 생물이 사라질 수 있다.
④ 환경오염과 기후 변화: 환경오염과 기후 변화로 서식지 환경이 달라지면 기존 서식지에 살던 생물이 쉽게 사라질 수 있다.

2. 생물다양성의 보전을 위한 실천 방안

개인적 차원	• 일회용품 사용 줄이기 • 재활용품 분리배출 • 야생생물을 채집하거나 기르지 않기 • 쓰레기 줍기
사회적, 국가적 차원	• 생태통로 설치 • 생물다양성의 중요성을 알리는 캠페인이나 교육 진행 • 멸종 위기종 지정, 복원 사업 실시 • 멸종 위기 생물의 포획과 거래를 금지하는 법률 제정 • 남획을 방지하는 법률 제정 • 무분별한 외래종 유입 단속 및 유입된 외래종 감시 • 고유 식물의 씨를 종자은행에 보관 및 관리 • 국립공원 지정 및 관리
국제적 차원	• 생물다양성협약, 람사르 협약, 기후 변화 협약 등 국제 협약 체결

달리면서 쓰레기 줍기

생태통로

종자은행

람사르 협약 체결

03 생물다양성보전

↺ 정답과 해설 39쪽

1 생태계를 이루는 환경, 생물의 종류와 수가 크게 변하지 않는 안정된 상태를 (　　　　　　)(이)라고 한다.

2 생태계평형은 생물다양성이 (높을 / 낮을)수록 안정적으로 유지된다.

3 먹이 관계가 (단순할 / 복잡할)수록 어떤 생물이 멸종해도 이를 대신할 수 있는 생물이 있어서 생태계가 안정적으로 유지된다.

4 사람이 생활하는 데 필요하고 유용한 생물을 (　　　　　)(이)라고 한다.

5 벼, 보리, 밀 등은 사람이 살아가는 데 필요한 ㉠(　　　　　　)을/를 제공하고, 목화, 누에고치 등은 옷을 만드는 데 필요한 ㉡(　　　　　)을/를 제공한다.

6 푸른곰팡이, 주목에서 추출한 물질을 이용하여 항생제, 항암제와 같은 (　　　　　　)을/를 만든다.

7 도로 건설, 작물 재배 등을 위해 숲을 개간하면 생물이 살아가는 (　　　　　　)이/가 파괴되어 생물다양성이 감소하게 된다.

8 샥스핀의 재료가 되는 철갑상어를 무분별하게 잡는 (　　　　　)을/를 하면 철갑상어가 사라질 수 있다.

9 큰입배스, 가시박, 붉은귀거북, 뉴트리아와 같이 다른 나라에서 우리나라로 유입된 (　　　　　　)은/는 토종 생물의 생물다양성을 감소시킬 수 있다.

10 도로, 댐 등으로 야생동식물의 서식지가 나누어졌을 때 야생동식물의 이동을 돕기 위해 (　　　　　　)을/를 설치하면 생물다양성을 유지하는 데 도움이 된다.

01 그림은 어떤 지역 (가), (나)에 살고 있는 생물의 먹이 관계를 나타낸 것이다.

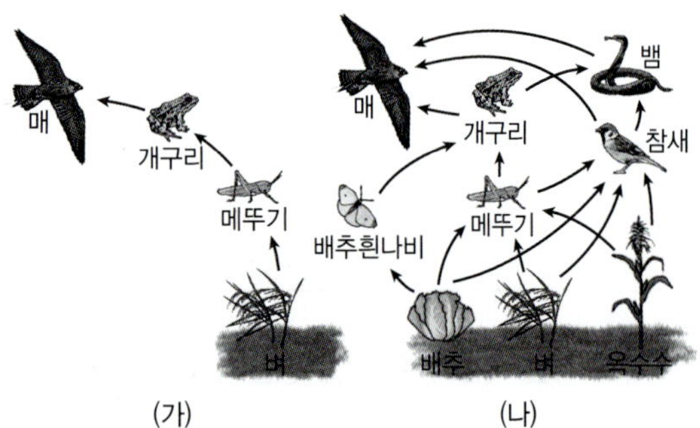

이에 대한 설명으로 옳은 것을 보기에서 모두 고른 것은?

> **보기**
> ㄱ. (가)는 (나)에 비해 생물다양성이 낮다.
> ㄴ. 개구리가 사라지면 (가)보다 (나)에서 매가 사라지기 쉽다.
> ㄷ. (가)보다 (나)에서 생태계가 더 안정적으로 유지된다.

① ㄱ　　　② ㄴ　　　③ ㄱ, ㄷ
④ ㄴ, ㄷ　　⑤ ㄱ, ㄴ, ㄷ

02 그림은 학생 A, B, C가 생물다양성으로부터 얻을 수 있는 혜택에 대해 이야기하는 모습을 나타낸 것이다.

옳게 설명한 학생을 모두 고른 것은?

① A　　　② C　　　③ A, B
④ B, C　　⑤ A, B, C

보기 **더** 보기

03 생물다양성의 감소와 관련이 <u>없는</u> 것을 모두 고르면? (2개)

① 상아로 만든 장식품을 구입하였다.
② 고속도로 위에 생태통로를 만들었다.
③ 물고기를 잡는 그물코의 크기를 줄였다.
④ 뉴트리아를 발견하고 관련 기관에 신고하였다.
⑤ 멸종 위기 생물을 잡아 애완용으로 판매하였다.
⑥ 황무지를 가꾸기 위해 외국에서 들여온 한 가지 식물만 심었다.
⑦ 열대우림이 파괴되어 보르네오오랑우탄의 서식지가 사라졌다.

04 생물다양성을 유지하기 위해 실천하고 있는 방안으로 옳은 것을 보기에서 모두 고른 것은?

> **보기**
> ㄱ. 갯벌을 메워 논을 만들었다.
> ㄴ. 우포늪은 람사르 습지로 지정되었다.
> ㄷ. 토종 식물의 씨를 종자은행에 보관하고 있다.

① ㄱ　　　② ㄷ　　　③ ㄱ, ㄴ
④ ㄴ, ㄷ　　⑤ ㄱ, ㄴ, ㄷ

05 생물다양성을 유지하기 위한 실천 방안으로 옳은 것은?

① 붉은귀거북을 수입하여 방생한다.
② 멸종 위기 식물을 캐서 집에서 기른다.
③ 동물의 가죽이나 털로 만든 제품을 구입한다.
④ 도로를 건설할 때에는 생태통로를 함께 건설한다.
⑤ 해충을 박멸하기 위해 강력한 살충제를 많이 사용한다.

정답과 해설 **39**쪽

06 그림은 (가), (나) 지역의 먹이 관계를 나타낸 것이다.

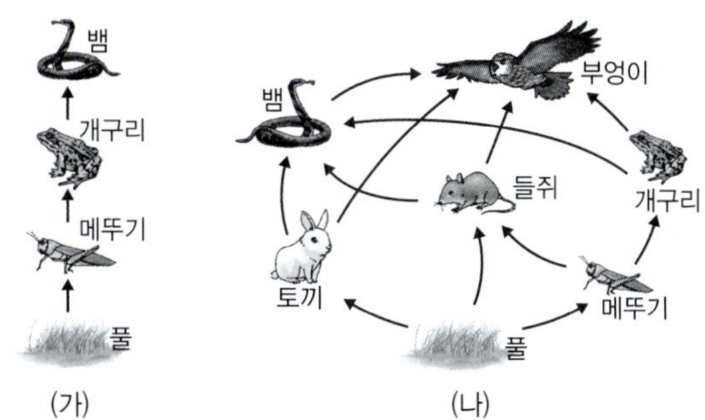

(가), (나) 중 개구리가 사라질 때 연쇄적으로 뱀이 사라질 가능성이 높은 지역을 쓰고, 그 까닭을 서술하시오.

07 그림은 어떤 하천 생태계에 나일농어가 유입되기 전후의 먹이그물의 변화를 나타낸 것이다.

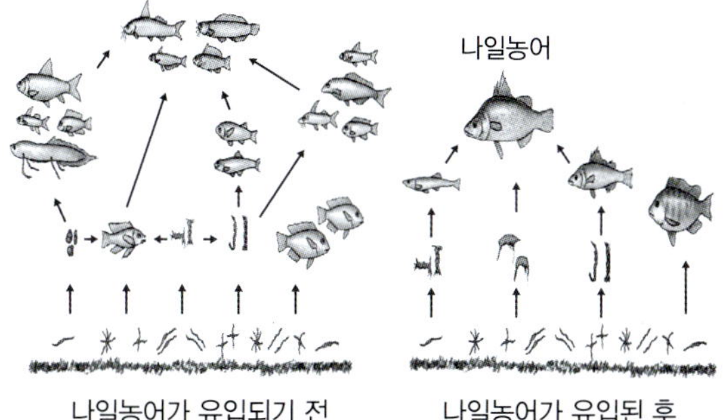

나일농어와 같은 생물을 무엇이라고 하는지 쓰고, 나일농어가 하천 생태계에 미친 영향을 서술하시오.

08 다음은 어업과 관련된 정책의 일부를 설명한 것이다.

> • 어획을 할 수 있는 총량을 제한한다.
> • 어선의 위치와 어획의 실적 등을 의무적으로 보고하는 체계를 마련한다.

이러한 정책은 생물다양성 유지와 어떤 관련이 있는지 서술하시오.

09 그림은 도로에서 흔히 볼 수 있는 구조물을 나타낸 것이다.

이러한 구조물을 무엇이라고 하는지 쓰고, 생물다양성에 어떤 영향을 미치는지 서술하시오.

10 다음은 주꾸미와 관련된 자료이다.

> • 주꾸미는 4월에서 6월 사이에 알을 낳아 7월에 성장한다.
> • 5월 11일부터 8월 31일까지 주꾸미 어업과 낚시를 금지하며, 이를 어길 경우 과태료 또는 벌금을 부과한다.

5월 11일부터 8월 31일까지 주꾸미 어업과 낚시를 금지하는 까닭을 생물다양성과 관련지어 서술하시오.

11 생물다양성을 유지하기 위한 활동으로 개인이 실천할 수 있는 방안을 한 가지 서술하시오.

1 그림은 두 종류의 세포 (가)와 (나)를 나타낸 것이다. (가)와 (나)는 식물 세포와 동물 세포를 순서 없이 나타낸 것이다.

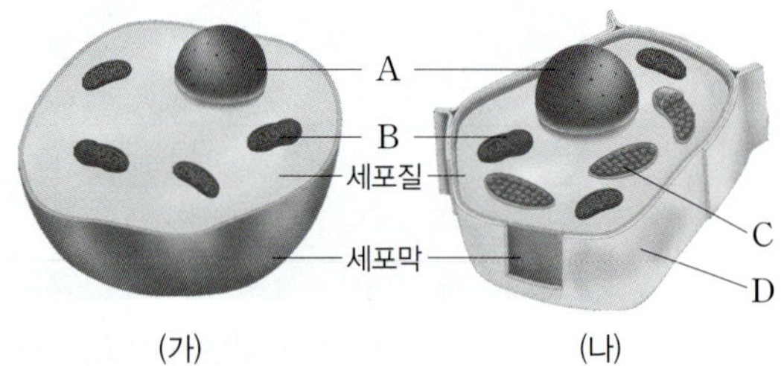

이에 대한 설명으로 옳지 <u>않은</u> 것은?

① (가)는 동물 세포이다.
② 염색액을 사용하면 A를 뚜렷하게 관찰할 수 있다.
③ B는 세포의 생명활동을 조절하고 통제하는 역할을 한다.
④ C는 빛에너지를 흡수하여 영양분을 만든다.
⑤ D는 두껍고 단단하여 세포를 보호한다.

2 그림 (가)와 (나)는 사람의 입안 상피세포와 검정말잎 세포를 현미경으로 관찰한 결과를 순서 없이 나타낸 것이다.

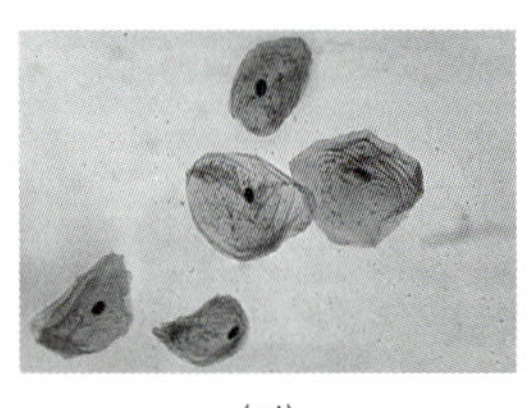 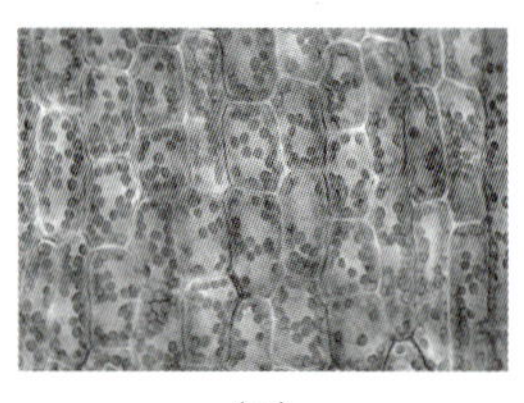

이에 대한 설명으로 옳은 것을 보기에서 모두 고른 것은?

┌ 보기 ────────────────
ㄱ. (가)에는 세포막이 없다.
ㄴ. (나)는 광합성을 한다.
ㄷ. (나)는 세포의 배열이 규칙적이다.
ㄹ. (가)에는 핵이 있지만, (나)에는 핵이 없다.
└──────────────────────

① ㄱ, ㄷ　　　② ㄱ, ㄹ　　　③ ㄴ, ㄷ
④ ㄱ, ㄴ, ㄹ　　⑤ ㄴ, ㄷ, ㄹ

3 그림은 동물 몸의 구성 단계를 나타낸 것이다.

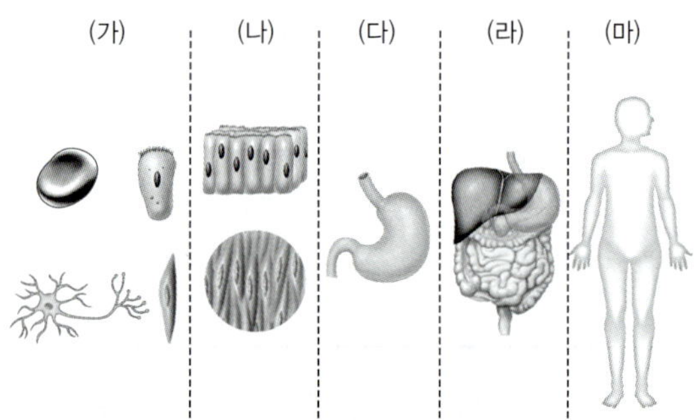

이에 대한 설명으로 옳지 <u>않은</u> 것은?

① (가)의 단계로만 구성된 생물이 있다.
② (나)에는 표피조직, 유조직 등이 포함된다.
③ (다)는 식물 몸에도 있는 단계이다.
④ (다)에는 간, 이자, 작은창자 등이 포함된다.
⑤ (라)는 동물 몸에만 있는 단계이다.
⑥ (라)를 조직계라고 한다.
⑦ (마)는 하나의 독립적인 생물체이다.

4 그림은 학생 A, B, C가 생물다양성에 대해 이야기하는 모습을 나타낸 것이다.

생물다양성의 의미를 옳게 설명한 학생을 모두 고른 것은?

① A　　　② B　　　③ A, C
④ B, C　　⑤ A, B, C

5 다음은 서로 다른 섬 (가)와 (나)에 살고 있는 거북의 목 길이에 대해 설명한 것이다.

> 아주 오래전에 두 섬 (가)와 (나)에는 목 길이가 조금씩 다른 같은 종류의 거북 무리가 살고 있었다. (가)는 키가 큰 선인장이 많은 섬이고, (나)는 키가 작은 풀이 많은 섬이다. 오랜 시간이 지난 현재 섬 (가)에는 목이 긴 거북 무리가 살고 있고, (나)에는 목이 짧은 거북 무리가 살고 있다.
>
>  
> (가)에 사는 거북 　　　　(나)에 사는 거북

이에 대한 설명으로 옳은 것을 보기에서 모두 고른 것은?

> **보기**
> ㄱ. 오래전에 거북 무리에는 목 길이의 변이가 다양하였다.
> ㄴ. 거북의 목 길이에 나타나는 변이는 자손에게 전달되지 않는다.
> ㄷ. (가)에서는 목이 긴 거북이 목이 짧은 거북보다 생존에 더 유리하다.
> ㄹ. 오랜 시간 동안 서로 다른 환경에서 적응하면 변이의 차이가 더 커진다.

① ㄱ, ㄷ　　　② ㄴ, ㄹ　　　③ ㄱ, ㄴ, ㄹ
④ ㄱ, ㄷ, ㄹ　　⑤ ㄴ, ㄷ, ㄹ

6 종에 대한 설명으로 옳은 것을 보기에서 모두 고른 것은?

> **보기**
> ㄱ. 원생생물, 식물, 동물은 종의 이름이다.
> ㄴ. 생물을 분류할 때 가장 기본이 되는 단위이다.
> ㄷ. 짝짓기를 하여 자손을 낳을 수 있는 생물 무리이다.
> ㄹ. 여러 종 중에서 공통의 특징을 가진 것끼리 무리 지어 속으로 묶을 수 있다.

① ㄱ, ㄷ　　　② ㄱ, ㄹ　　　③ ㄴ, ㄷ
④ ㄴ, ㄹ　　　⑤ ㄷ, ㄹ

7 그림은 생물을 5계 수준에서 분류한 결과를 나타낸 것이다.

(가), (나)에 속하는 생물에 대한 설명으로 옳은 것은?

① (가)에 속하는 생물은 세포에 엽록체가 없다.
② (가)에 속하는 생물만 세포에 세포벽이 없다.
③ 푸른곰팡이는 (나)에 속한다.
④ (나)에 속하는 생물은 세포에 핵막이 있다.
⑤ (나)에 속하는 생물은 모두 광합성을 못한다.

8 그림은 해파리, 소나무, 아메바, 송이버섯, 폐렴균을 계 수준에서 분류한 결과를 나타낸 것이다. (가)~(라)는 분류 기준이다.

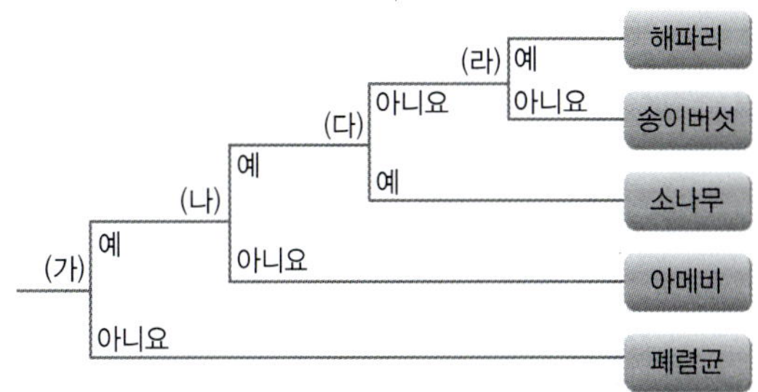

(가)~(라)에 들어갈 분류 기준으로 옳은 것을 보기에서 모두 고른 것은?

> **보기**
> ㄱ. (가)는 '세포에 세포벽이 있는가?'이다.
> ㄴ. (나)는 '여러 개의 세포로 이루어져 있는가?'이다.
> ㄷ. (다)는 '스스로 영양분을 합성할 수 있는가?'이다.
> ㄹ. (라)는 '핵막이 있는가?'이다.

① ㄱ, ㄷ　　　② ㄱ, ㄹ　　　③ ㄴ, ㄷ
④ ㄴ, ㄹ　　　⑤ ㄷ, ㄹ

01 열의 이동

A 온도와 입자 운동

1. **온도** 물질을 구성하는 입자 운동의 활발한 정도를 나타낸 것 [단위: ℃(섭씨도) 등]
2. **물질을 구성하는 입자** 물질을 구성하는 입자는 끊임없이 움직이고 있다. ➡ 온도에 따라 입자 운동이 활발한 정도가 다르다.
3. **온도와 입자 운동** 온도가 높을수록 물체를 이루는 입자 운동이 활발하다.

온도가 낮은 물체 　　　　 온도가 높은 물체

물체	입자의 운동	입자 사이의 거리
온도가 낮은 물체	둔하다.	가깝다.
온도가 높은 물체	활발하다.	멀다.

B 열평형

1. **열** 온도가 높은 물체에서 온도가 낮은 물체로 이동하는 에너지
2. **열평형** 온도가 다른 두 물체가 접촉할 때 온도가 높은 물체에서 온도가 낮은 물체로 열이 이동하여 두 물체의 온도가 같아진 상태
3. **열평형에 이르기까지 온도와 입자 운동의 변화**

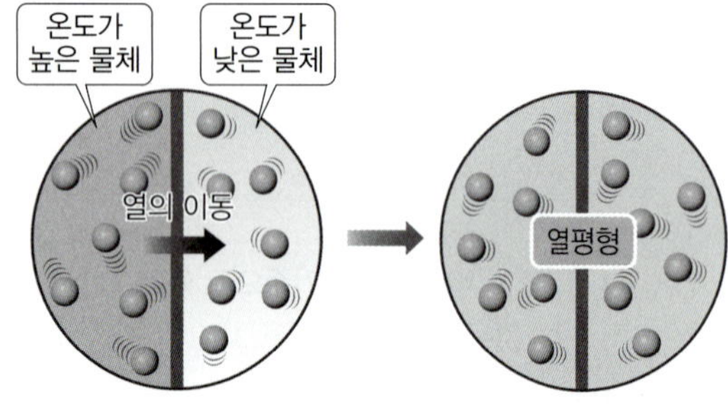

구분	온도가 높은 물체	온도가 낮은 물체
온도 변화	낮아진다.	높아진다.
열의 이동	열을 잃는다.	열을 얻는다.
입자의 운동	둔해진다.	활발해진다.
입자 사이의 거리	가까워진다.	멀어진다.

C 열의 이동 방법

1. **전도**

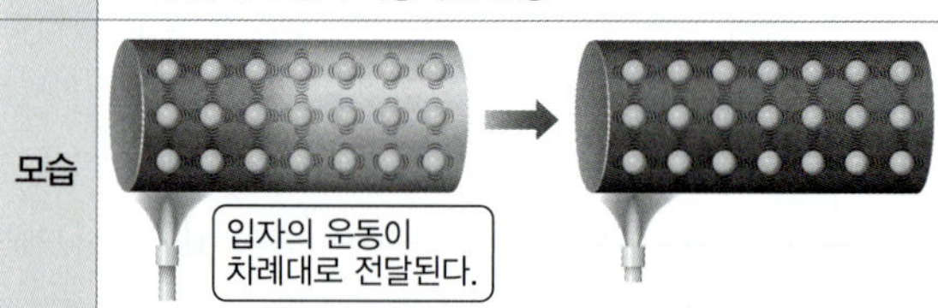

뜻	물질을 구성하는 입자의 운동이 다른 이웃한 입자에 차례대로 전달되어 열이 이동하는 현상
모습	(위 그림 참고)
예	• 전기장판에 누우면 몸이 따뜻해진다. • 뜨거운 국에 담가 둔 숟가락 전체가 뜨거워진다. • 프라이팬의 한쪽만 가열해도 프라이팬 전체가 뜨거워진다.

• **물질의 종류에 따른 열이 전도되는 정도**

구분	예	이용
열을 빠르게 전달하는 물질	구리, 알루미늄과 같은 금속	냄비나 프라이팬의 몸체 부분
열을 느리게 전달하는 물질	유리, 나무, 플라스틱 등	냄비나 프라이팬의 손잡이

2. **대류**

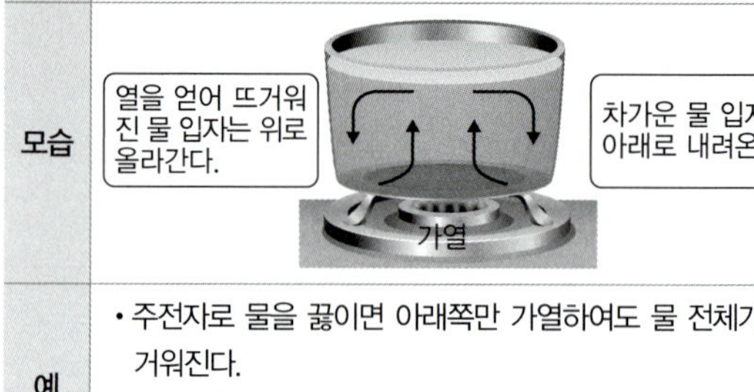

뜻	기체나 액체에서 입자가 직접 이동하면서 열이 이동하는 현상
모습	(위 그림 참고)
예	• 주전자로 물을 끓이면 아래쪽만 가열하여도 물 전체가 뜨거워진다. • 에어컨을 켜면 방 안이 전체적으로 시원해진다. • 난방기를 켜면 방 안이 전체적으로 따뜻해진다.

3. **복사**

뜻	열이 물질의 도움 없이 직접 이동하는 현상
모습	(위 그림 참고)
예	• 태양의 열이 지구에 전달된다. • 그늘진 곳보다 햇빛이 드는 곳이 더 따뜻하다. • 열화상 카메라로 물체에서 복사의 형태로 이동하는 열을 감지한다.

ↄ 정답과 해설 41쪽

1 ( )은/는 물질을 구성하는 입자 운동의 활발한 정도를 나타낸다.

2 물질을 구성하는 입자의 운동이 활발할수록 물질의 온도가 ㉠(높고 , 낮고), 입자의 운동이 둔할수록 물질의 온도가 ㉡(높다 , 낮다).

3 온도가 서로 다른 두 물체가 접촉하면 열은 온도가 ㉠(높은 , 낮은) 물체에서 온도가 ㉡(높은 , 낮은) 물체로 이동한다.

4 ( )은/는 온도가 다른 두 물체가 접촉했을 때 열이 이동하여 두 물체의 온도가 같아진 상태이다.

5 ( )은/는 물질을 구성하는 입자의 운동이 이웃한 입자에 차례로 전달되어 열이 이동하는 방법이다.

6 ( )은/는 물질을 구성하는 입자가 직접 이동하면서 열이 이동하는 방법이다.

7 ( )은/는 물질의 도움 없이 열이 직접 이동하는 방법이다.

8 오른쪽 그림은 모닥불에서 열이 이동하는 모습을 나타낸 것이다. 열의 이동 방법 중 (가)는 ㉠( ), (나)는 ㉡( ), (다)는 ㉢( )이다.

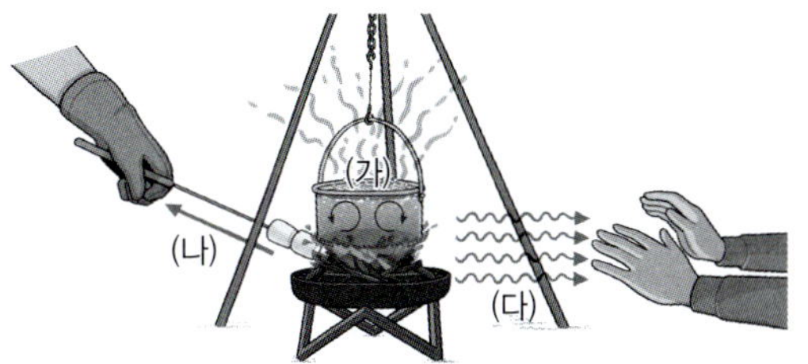

[9~10] 오른쪽 그림은 열의 이동 방법을 비유적으로 표현한 것이다.

9 사람은 ㉠( )을/를, 공이 전달되는 것은 ㉡( )을/를 의미한다.

10 열의 이동 방법 중 (가)는 ㉠( ), (나)는 ㉡( ), (다)는 ㉢( )이다.

학교시험 미리 보기 01 열의 이동

보기 더 보기

01 온도와 열에 대한 설명으로 옳지 <u>않은</u> 것을 모두 고르면? (2개)

① 물질이 열을 잃으면 입자 운동이 활발해진다.
② 따뜻한 물이 찬물보다 입자 운동이 더 활발하다.
③ 열을 얻거나 잃으면 물질의 온도가 변할 수 있다.
④ 물질의 온도가 높아지면 입자 운동이 둔해진다.
⑤ 열은 온도가 다른 두 물체 사이에서 이동하는 에너지이다.
⑥ 열은 온도가 높은 물체에서 온도가 낮은 물체로 이동한다.
⑦ 온도는 물질을 구성하는 입자의 운동이 활발한 정도를 나타낸 것이다.

02 그림은 선생님이 제시한 과제와 학생 A, B, C의 답변이다.

답변의 내용이 옳은 학생을 모두 고른 것은?

① A   ② B   ③ A, C
④ B, C   ⑤ A, B, C

03 그림 (가), (나)는 같은 양의 뜨거운 물과 찬물에 잉크를 넣었을 때 동일한 시간이 경과한 후의 모습을 순서 없이 나타낸 것이다.

(가)   (나)

이에 대한 설명으로 옳은 것을 보기에서 모두 고른 것은?

보기
ㄱ. (가)의 물에서가 (나)의 물에서보다 잉크가 잘 퍼진다.
ㄴ. (가)의 물이 (나)의 물보다 온도가 높다.
ㄷ. (가)의 물이 (나)의 물보다 입자 운동이 활발하다.

① ㄱ   ② ㄴ   ③ ㄱ, ㄷ
④ ㄴ, ㄷ   ⑤ ㄱ, ㄴ, ㄷ

보기 더 보기

04 그림은 온도가 다른 두 물체 A와 B를 접촉시킨 것을 나타낸 것이다.

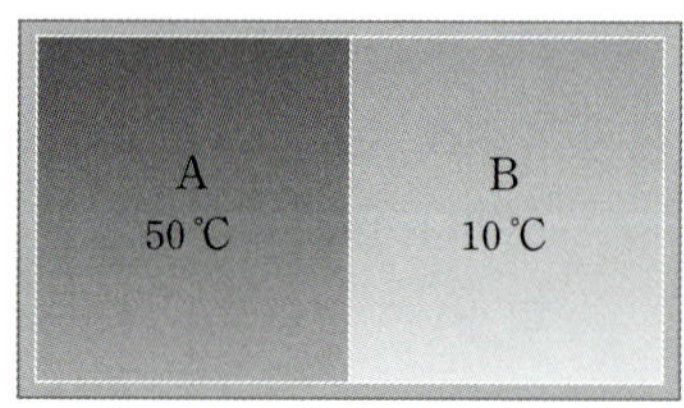

이에 대한 설명으로 옳은 것을 모두 고르면? (단, 열은 A와 B 사이에서만 이동한다.) (2개)

① 열은 B에서 A로 이동한다.
② 시간이 지날수록 A의 온도가 높아진다.
③ 시간이 지날수록 B의 온도가 낮아진다.
④ 시간이 지나면 A와 B의 온도가 같아지는 상태가 된다.
⑤ 시간이 지날수록 A를 구성하는 입자의 운동이 활발해진다.
⑥ 시간이 지날수록 B를 구성하는 입자의 운동이 활발해진다.
⑦ 시간이 지나도 B를 구성하는 입자 사이의 거리는 변하지 않는다.

05 그림은 냄비에 물을 넣고 가열하면서 물의 온도를 측정하는 모습을 나타낸 것이다.

이에 대한 설명으로 옳은 것을 보기에서 모두 고른 것은?

보기
ㄱ. 온도계의 온도가 높아지는 동안 온도계에서 물로 열이 이동한다.
ㄴ. 온도계의 온도가 일정한 값을 유지할 때 온도계와 물은 열평형을 이룬다.
ㄷ. 온도계의 온도가 일정한 값을 유지할 때 온도계의 온도와 물의 온도는 같다.

① ㄱ ② ㄴ ③ ㄱ, ㄷ
④ ㄴ, ㄷ ⑤ ㄱ, ㄴ, ㄷ

06 그림은 온도가 다른 물 A와 B를 접촉하였을 때 시간에 따른 A, B의 온도를 나타낸 것이다.

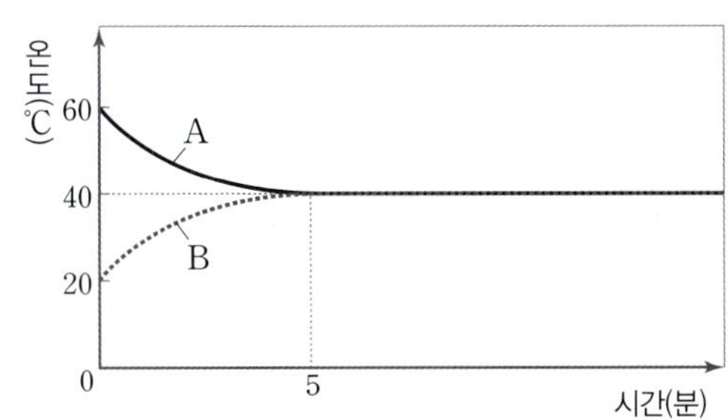

이에 대한 설명으로 옳지 않은 것은? (단, 열은 A와 B 사이에서만 이동한다.)

① 0~5분 동안 A와 B는 열평형이다.
② 0~5분 동안 열은 A에서 B로 이동한다.
③ 0~5분 동안 A의 온도는 점점 낮아진다.
④ 0~5분 동안 B의 입자 운동은 점점 활발해진다.
⑤ A가 잃은 열의 양과 B가 얻은 열의 양은 같다.

07 다음은 뜨거운 물과 찬물의 열평형을 알아보는 실험을 나타낸 것이다.

[실험 과정]
찬물이 든 수조에 뜨거운 물을 넣은 비커를 넣고, 2분 간격으로 물의 온도를 측정한다.

[실험 결과]

시간(분)		0	2	4	6	8
온도 (℃)	비커 속 물	60	39	32	㉠	㉡
	수조 속 물	10	24	29	30	30

이에 대한 설명으로 옳은 것은? (단, 열은 뜨거운 물과 찬물 사이에서만 이동한다.)

① ㉠이 ㉡보다 크다.
② 수조 속 물의 온도는 점점 낮아지다가 일정해진다.
③ 비커 속 물과 수조 속 물의 열평형 온도는 30 ℃이다.
④ 4분일 때 비커 속 물과 수조 속 물의 입자 운동의 활발한 정도는 같다.
⑤ 8분일 때 비커 속 물이 수조 속 물보다 입자 운동이 활발하다.

08 그림은 모닥불을 피웠을 때 열이 이동하는 방법 A, B, C를 나타낸 것이다. A, B, C는 각각 전도, 대류, 복사 중 하나이다.

이에 대한 설명으로 옳은 것을 보기에서 모두 고른 것은?

보기
ㄱ. A는 대류이다.
ㄴ. B는 입자의 운동이 다른 이웃한 입자에 차례대로 전달되어 열이 이동하는 방법이다.
ㄷ. C는 에어컨을 켜면 방 전체가 시원해지는 것을 설명할 수 있는 열의 이동 방법이다.

① ㄱ ② ㄷ ③ ㄱ, ㄴ
④ ㄴ, ㄷ ⑤ ㄱ, ㄴ, ㄷ

09 다음 현상과 관련 있는 주된 열의 이동 방법을 옳게 짝 지은 것은?

> (가) 더운 여름에 양산을 쓰면 시원하다.
> (나) 손난로를 쥐고 있으면 손이 따뜻해진다.
> (다) 물이 담긴 주전자의 아래쪽을 가열하면 물 전체가 뜨거워진다.

	(가)	(나)	(다)
①	전도	대류	복사
②	대류	전도	복사
③	대류	복사	전도
④	복사	전도	대류
⑤	복사	대류	전도

10 다음은 에어프라이어로 음식을 익히는 과정에 대해 설명한 것이다.

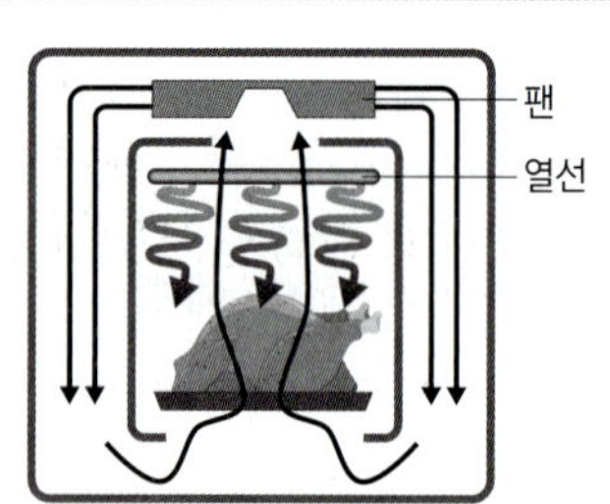

에어프라이어를 작동시키면 ㉠열선에서 발생한 열에 의해 주변 공기의 온도가 높아지고, ㉡팬을 통해 뜨거운 공기가 에어프라이어 전체에 전달된다. 이렇게 전달된 뜨거운 공기가 음식 재료 내부 기름의 온도를 높이고, 이 ㉢기름에 의해 음식이 튀겨진다.

이에 대한 설명으로 옳은 것을 보기에서 모두 고른 것은?

> **보기**
> ㄱ. ㉠에서는 복사 형태로 열이 이동한다.
> ㄴ. ㉡에서는 입자가 직접 이동하면서 열이 이동한다.
> ㄷ. ㉢은 적외선 온도계로 체온을 측정하는 원리와 같다.

① ㄱ 　② ㄷ 　③ ㄱ, ㄴ
④ ㄴ, ㄷ 　⑤ ㄱ, ㄴ, ㄷ

11 그림은 금속을 가열할 때 가열한 부분의 입자 운동이 활발해지고, 이 입자 운동이 주변으로 전달되어 열이 이동하는 현상을 나타낸 것이다.

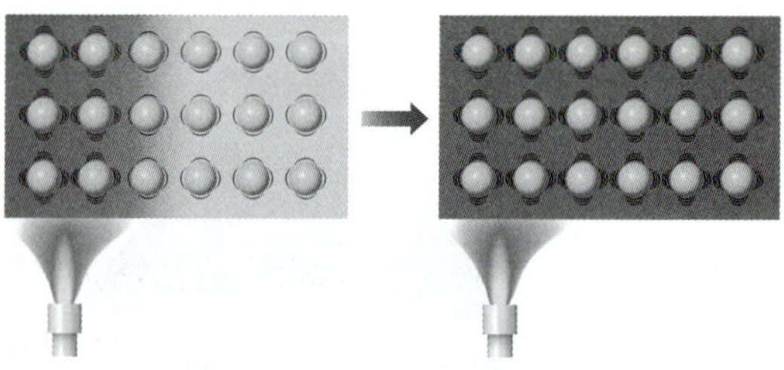

이러한 열의 이동 방법과 관련 있는 현상은?

① 햇빛이 비치는 곳은 그늘진 곳보다 따뜻하다.
② 열화상 카메라로 물체에서 발생하는 열을 감지한다.
③ 더운 여름철에 에어컨을 켜면 방 안 전체가 시원해진다.
④ 프라이팬 몸체는 금속으로, 손잡이는 플라스틱으로 만든다.
⑤ 주전자 속 물을 끓일 때 아래쪽만 가열해도 물 전체가 뜨거워진다.
⑥ 추운 겨울철 전기난로 앞에 앉으면 난로를 향한 얼굴이 등보다 따뜻하다.

12 그림의 (가)~(다)는 열이 이동하는 방법을 비유적으로 표현한 것이다.

이에 대한 설명으로 옳지 <u>않은</u> 것을 모두 고르면? (2개)

① 사람은 입자에 비유할 수 있다.
② 공의 전달은 열의 이동에 해당한다.
③ (가)는 복사이다.
④ (나)는 주로 고체에서 열이 이동하는 방법이다.
⑤ (다)는 물질의 도움 없이 열이 직접 이동하는 것이다.

서술형 문제

13 오른쪽 그림은 온도가 30 ℃인 물 입자의 운동 모형을 나타낸 것이다.

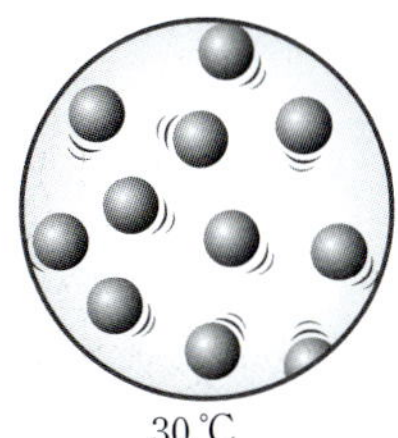

(1) 온도가 10 ℃와 50 ℃인 물 입자의 운동을 각각 그리시오.

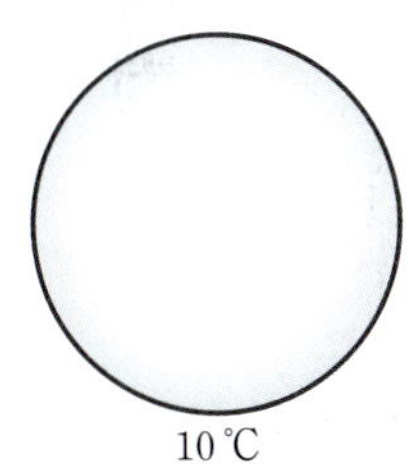
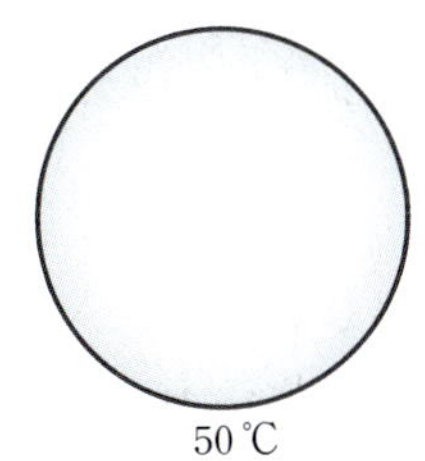

(2) 온도와 입자 운동의 관계를 서술하시오.

14 오른쪽 그림과 같이 따뜻한 음료가 들어 있는 컵을 손으로 감싸고 있으면 손바닥에서 온기를 느낀다. 이 과정에서 음료와 손을 이루는 입자의 운동을 서술하시오.

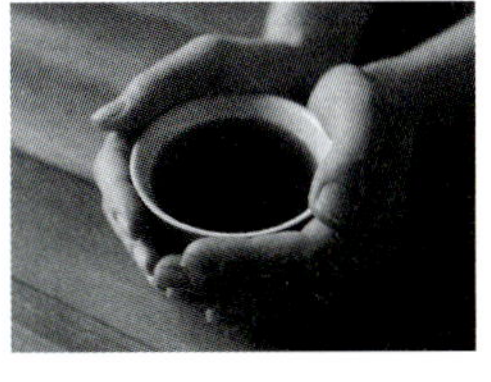

15 오른쪽 그림과 같이 얼음 속에 주스 병을 담가 두면 병 속의 주스가 시원해지는 까닭을 서술하시오.

16 그림과 같이 조리 도구의 손잡이를 플라스틱이나 나무로 만드는 까닭을 서술하시오.

17 그림은 에어컨을 방 위쪽에 설치한 것을 나타낸 것이다.

에어컨을 방 위쪽에 설치하면 효율적으로 방 안 전체를 시원하게 할 수 있는 까닭을 서술하시오.

18 그림은 모닥불로 불을 쬐는 모습을 나타낸 것이다.

모닥불과 사람 사이를 다른 물체가 가로막고 있을 때 따뜻함이 잘 느껴지지 않는 까닭을 서술하시오.

02 비열과 열팽창

A 비열

1. **열량** 온도가 다른 물체 사이에서 온도 차에 의해 이동하는 열의 양 [단위: J(줄), kcal(킬로칼로리) 등]

2. **비열** 어떤 물질 1 kg의 온도를 1 ℃ 높이는 데 필요한 열량 [단위: J/(kg·℃), kcal/(kg·℃) 등]

$$비열 = \frac{열량(kcal)}{질량(kg) \times 온도 \ 변화(℃)}$$

$$열량 = 비열 \times 질량 \times 온도 \ 변화$$

① 비열은 물질마다 고유한 값을 가진다. ➡ 물질의 특성이다.
② 비열과 온도 변화

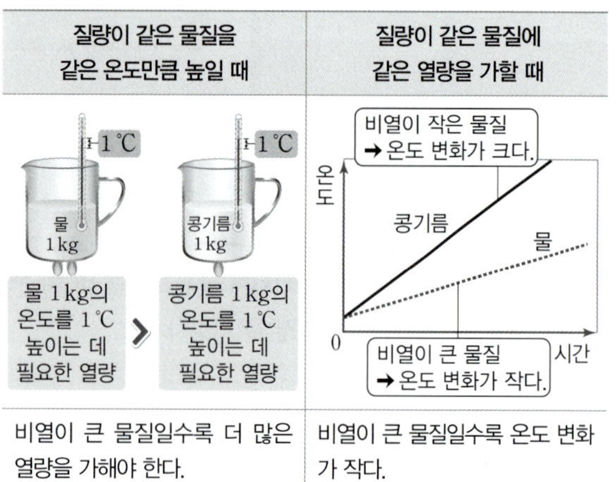

질량이 같은 물질을 같은 온도만큼 높일 때	질량이 같은 물질에 같은 열량을 가할 때
물 1 kg의 온도를 1 ℃ 높이는 데 필요한 열량 > 콩기름 1 kg의 온도를 1 ℃ 높이는 데 필요한 열량	비열이 작은 물질 ➡ 온도 변화가 크다. / 비열이 큰 물질 ➡ 온도 변화가 작다.
비열이 큰 물질일수록 더 많은 열량을 가해야 한다.	비열이 큰 물질일수록 온도 변화가 작다.

3. **물의 비열에 의한 현상** 물은 다른 물질에 비해 비열이 매우 커서 온도 변화가 작다.
① 사람의 체온은 잘 변하지 않는다.
② 해안 지방이 내륙 지방보다 일교차가 작다.

4. **비열의 활용**

비열이 큰 물질을 활용하는 예	• 비열이 커서 온도가 잘 변하지 않는 물을 냉각수, 찜질팩, 난방용 보일러 등에 이용한다. • 뜨거운 상태를 오래 유지해야 하는 음식을 요리할 때 비열이 큰 뚝배기를 사용한다.
비열이 작은 물질을 활용하는 예	• 음식을 빠르게 조리하고 싶을 때 비열이 작은 금속으로 만든 프라이팬을 사용한다. • 난방용 온수관은 비열이 작은 물질로 만들어 따뜻한 물이 지나가면서 열을 빠르게 전달하도록 한다.

B 열팽창

1. **열팽창** 물질의 온도가 높아질 때 물질의 길이나 부피가 증가하는 현상

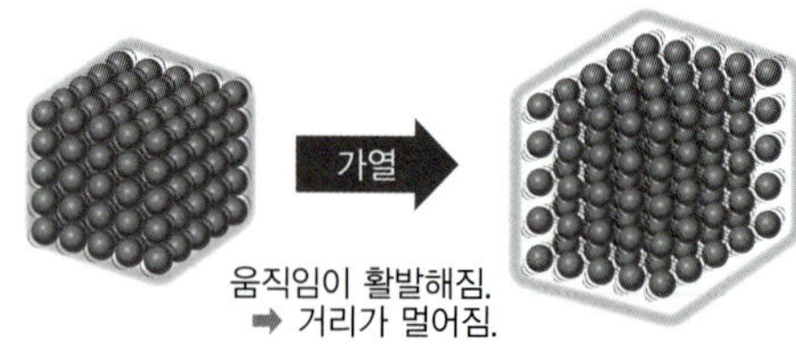

① 고체나 액체의 경우 물질에 따라 열팽창 정도가 다르다. ➡ 물질의 특성이다.
② 일반적으로 액체가 고체보다 열팽창 정도가 크다.

2. **열팽창에 의한 현상과 활용**
① 액체의 열팽창으로 음료수 병이 깨지는 것을 막기 위해 병에 액체를 가득 채우지 않는다.
② 다리의 이음매 부분에 틈을 두어 온도 변화에 따라 다리가 휘거나 갈라지는 것을 막는다.
③ 알코올 온도계는 에탄올의 열팽창을 활용하여 온도를 측정한다.
④ 치아 치료용 충전재는 치아와 열팽창 정도가 비슷한 물질을 사용한다.

3. **바이메탈** 열팽창 정도가 다른 두 금속을 붙여 놓은 장치

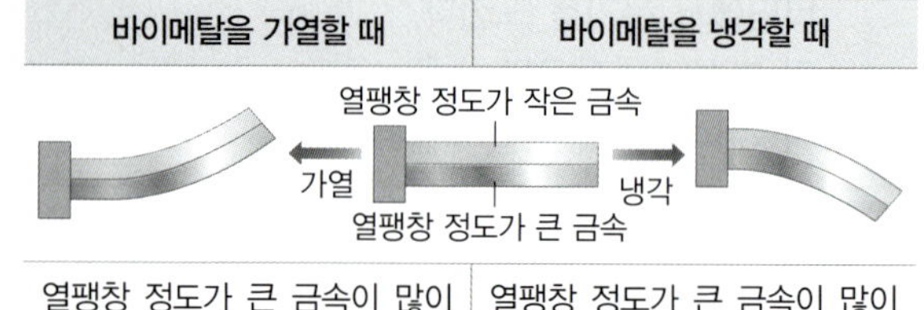

바이메탈을 가열할 때	바이메탈을 냉각할 때
열팽창 정도가 큰 금속이 많이 팽창한다. ➡ 열팽창 정도가 작은 금속 쪽으로 휘어진다.	열팽창 정도가 큰 금속이 많이 수축한다. ➡ 열팽창 정도가 큰 금속 쪽으로 휘어진다.

4. **바이메탈의 활용**

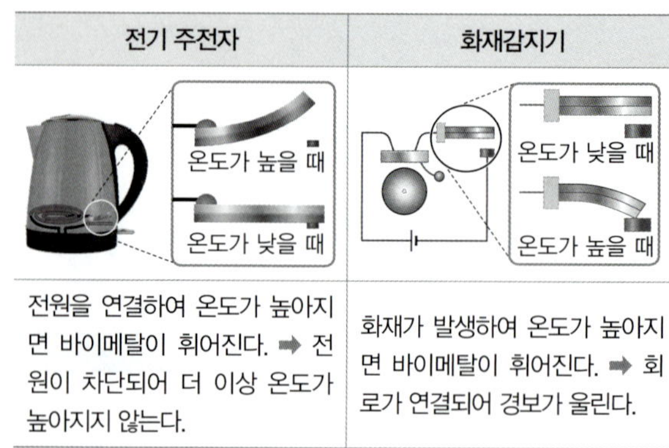

전기 주전자	화재감지기
전원을 연결하여 온도가 높아지면 바이메탈이 휘어진다. ➡ 전원이 차단되어 더 이상 온도가 높아지지 않는다.	화재가 발생하여 온도가 높아지면 바이메탈이 휘어진다. ➡ 회로가 연결되어 경보가 울린다.

↩ 정답과 해설 **43**쪽

1 (　　　　　)은/는 물체 사이에서 이동한 열의 양이다.

2 ㉠(　　　　　)은/는 어떤 물질 1 kg의 온도를 1 ℃ 높이는 데 필요한 열량으로, 단위는 ㉡(　　　　　) 을/를 사용한다.

3 같은 질량의 물질에 같은 열량을 가했을 때 비열이 큰 물질일수록 온도 변화가 (크다 , 작다).

4 오른쪽 그림은 같은 질량의 물질 A와 B를 일정 시간 동안 가열했을 때 A와 B의 시간에 따른 온도를 나타낸 것이다. A, B 중 비열이 더 큰 물질은 (　　　　　) 이다.

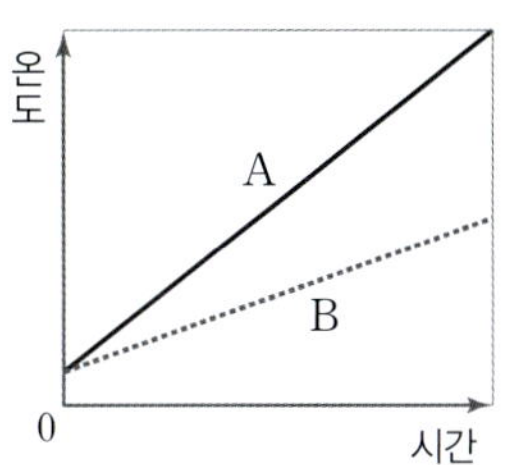

5 비열이 큰 물질일수록 같은 온도만큼 높이기 위해 더 (많은 , 적은) 열량이 필요하다.

6 (물 , 에탄올)은 다른 물질에 비해 비열이 커서 냉각수, 찜질팩, 난방용 보일러 등에 이용한다.

7 (　　　　　)은/는 물질의 온도가 높아질 때 물질의 길이나 부피가 증가하는 현상이다.

8 물질이 열팽창을 하는 까닭은 물질의 온도가 높아질수록 물질을 구성하는 입자 운동이 ㉠(활발 , 둔)해져서 입자 사이의 거리가 ㉡(가까워 , 멀어)지기 때문이다.

9 건물을 지을 때 쓰는 콘크리트와 철근은 열팽창 정도가 (　　　　　)하여 온도 변화에도 서로 잘 떨어지지 않아 건물을 잘 지탱한다.

10 바이메탈은 열팽창 정도가 ㉠(같은 , 다른) 두 금속을 붙여 놓은 장치로, 바이메탈을 가열하면 열팽창 정도가 ㉡(큰 , 작은) 금속 쪽으로 휘어진다.

미리 보기 02 비열과 열팽창

보기 단 보기

01 열량과 비열에 대한 설명으로 옳지 <u>않은</u> 것을 모두 고르면? (3개)

① 비열은 물질을 구별하는 특성이다.
② 비열은 물질의 종류에 따라 다르다.
③ 비열이 작은 물질일수록 같은 열량을 가할 때 온도 변화가 크다.
④ 같은 물질이라도 질량이 클수록 비열이 크다.
⑤ 물체에 가한 열량이 많을수록 온도 변화가 크다.
⑥ 같은 열량을 가했을 때 비열이 큰 물질일수록 빨리 데워진다.
⑦ 열량의 단위는 kcal, 비열의 단위는 kcal/(kg·℃)를 사용한다.
⑧ 어떤 물질을 1 ℃ 높이는 데 필요한 열량을 비열이라고 한다.

02 그림은 질량이 같은 세 물질 A~C를 같은 가열 장치로 동시에 가열하였을 때, 시간에 따른 온도를 나타낸 것이다.

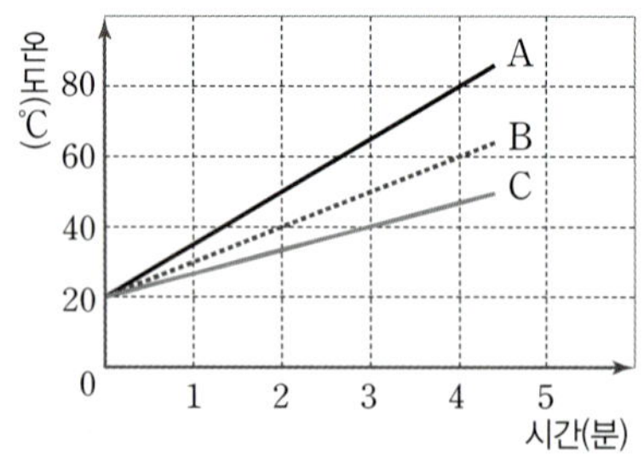

이에 대한 설명으로 옳은 것을 보기에서 모두 고른 것은?

보기
ㄱ. 0~4분 동안 얻은 열량이 가장 큰 물질은 A이다.
ㄴ. 같은 시간 동안 온도 변화가 가장 큰 물질은 C이다.
ㄷ. A보다 B의 비열이 크다.

① ㄱ   ② ㄷ   ③ ㄱ, ㄴ
④ ㄴ, ㄷ   ⑤ ㄱ, ㄴ, ㄷ

03 그림은 질량이 같은 두 물질 A와 B를 접촉시킨 순간부터 A와 B의 온도를 시간에 따라 나타낸 것이다.

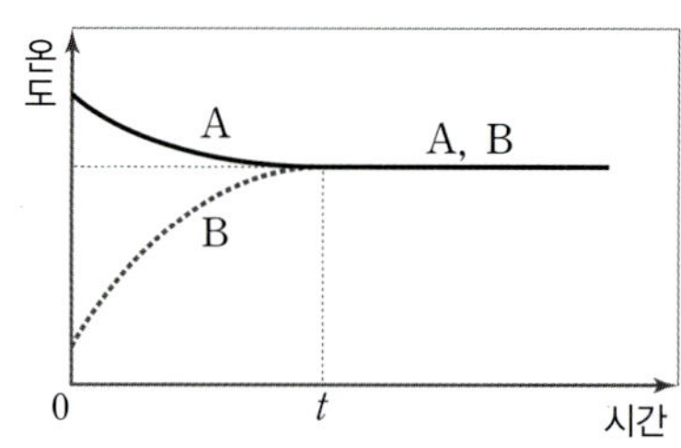

이에 대한 설명으로 옳지 <u>않은</u> 것은? (단, 열은 A와 B 사이에서만 이동한다.)

① 0부터 t까지 A가 잃은 열량은 B가 얻은 열량과 같다.
② 0부터 t까지 열은 A에서 B로 이동한다.
③ t 이후 A와 B는 열평형에 있다.
④ A의 비열보다 B의 비열이 크다.
⑤ A와 B는 다른 종류의 물질이다.

04 다음은 액체를 가열하며 온도를 측정하는 실험이다.

[실험 과정]
비커에 질량이 다른 액체 A, B, C를 각각 넣고 가열하면서 액체의 온도를 측정한다.

[실험 결과]

액체	질량(g)	처음 온도(℃)	나중 온도(℃)
A	100	10	30
B	100	10	40
C	200	10	30

A, B, C가 흡수한 열량이 같을 때, 액체의 비열을 옳게 비교한 것은?

① A>B>C   ② A=C>B
③ B>A>C   ④ B>A=C
⑤ C>A>B

05 그림은 온도가 서로 다른 물 A와 B를 접촉하였을 때 시간에 따른 온도를 나타낸 것이다.

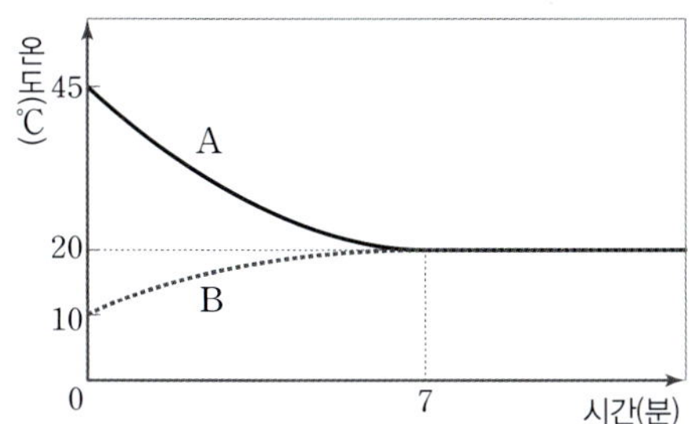

A의 질량이 **2 kg**일 때 B의 질량은? (단, 열은 A와 B 사이에서만 이동한다.)

① 1 kg   ② 2 kg   ③ 3 kg
④ 4 kg   ⑤ 5 kg

06 그림은 낮에 해안가에서 바람이 부는 과정을 나타낸 것이다.

이에 대한 설명으로 옳은 것을 보기에서 모두 고른 것은?

> 보기
> ㄱ. 대류에 의해 열이 이동한다.
> ㄴ. 육지가 바다보다 비열이 크다.
> ㄷ. 바람이 부는 방향은 밤에도 낮과 같다.

① ㄱ   ② ㄷ   ③ ㄱ, ㄴ
④ ㄴ, ㄷ   ⑤ ㄱ, ㄴ, ㄷ

07 물질의 비열을 활용한 사례로 적절하지 <u>않은</u> 것은?

① 따뜻한 국밥을 뚝배기에 담는다.
② 찜질팩에 물을 넣어 찜질을 한다.
③ 알코올 온도계로 온도를 측정한다.
④ 자동차 냉각 장치에 물을 사용한다.
⑤ 라면을 끓일 때 금속 냄비를 사용한다.

08 열팽창에 대한 설명으로 옳지 <u>않은</u> 것을 모두 고르면? (2개)

① 온도가 낮아지면 물질의 길이가 감소한다.
② 물질을 가열하면 부피가 증가한다.
③ 고체나 액체의 경우 물질에 따라 열팽창 정도가 다르다.
④ 같은 물질이면 상태에 관계없이 열팽창 정도가 같다.
⑤ 가열하면 물질을 이루는 입자의 수가 증가하기 때문에 나타나는 현상이다.
⑥ 가열하면 물질을 이루는 입자 사이의 거리가 멀어지기 때문에 나타나는 현상이다.
⑦ 온도가 높아지면 물질을 이루는 입자의 운동이 활발해지기 때문에 나타나는 현상이다.

09 그림은 다리의 이음매와 기차 선로의 틈의 모습을 나타낸 것이다.

다리 이음매의 틈   기차 선로의 틈

이처럼 틈을 만드는 까닭으로 가장 적절한 것은?

① 물질에 따라 비열이 다르다.
② 시간이 지나면 열평형에 도달한다.
③ 열에 의해 물질의 온도가 상승한다.
④ 고체에서 열은 주로 전도에 의해 전달된다.
⑤ 열에 의해 물질의 길이 또는 부피가 팽창한다.

10 그림 (가), (나)는 어떤 고체 물체의 가열 전과 가열 후의 입자의 모습을 순서 없이 나타낸 것이다.

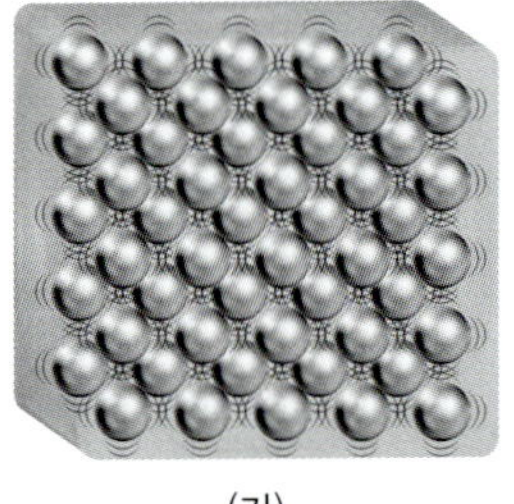 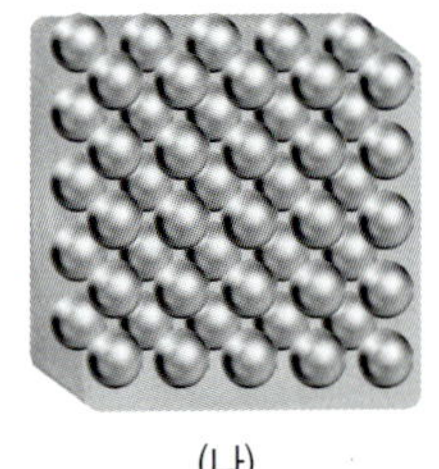

(가)　　　　　　　　(나)

이에 대한 설명으로 옳은 것을 보기에서 모두 고른 것은?

보기
ㄱ. (가)가 (나)보다 입자 사이의 거리가 멀다.
ㄴ. (가)가 (나)보다 입자 운동이 활발하다.
ㄷ. 가열 전의 모습은 (가)이다.

① ㄱ　　　　② ㄷ　　　　③ ㄱ, ㄴ
④ ㄴ, ㄷ　　　⑤ ㄱ, ㄴ, ㄷ

11 그림은 같은 양의 액체를 유리관에 넣고 같은 수조의 뜨거운 물로 가열했을 때, 액체가 유리관을 따라 올라간 높이를 측정한 것이다.

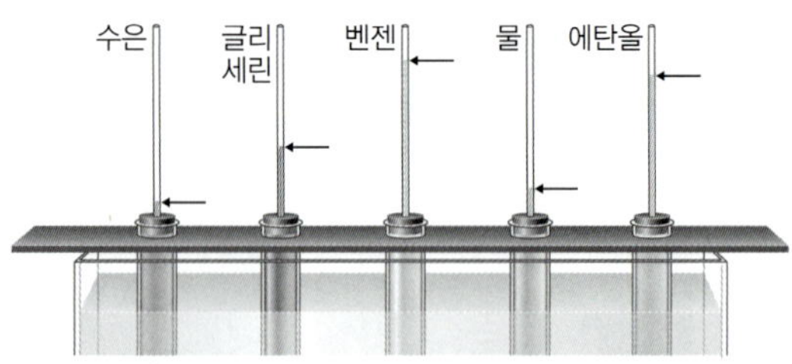

이 실험을 통해 알 수 있는 것은? (단, 가열 전 처음 높이는 모두 같다.)

① 액체의 종류에 따라 비열이 다르다.
② 액체의 종류에 따라 열팽창 정도가 다르다.
③ 액체의 종류에 따라 열을 흡수하는 정도가 다르다.
④ 액체의 종류에 따라 열을 이동시키는 빠르기가 다르다.
⑤ 액체의 종류에 따라 같은 온도만큼 높이는 데 필요한 열량이 다르다.

12 물질이 열을 흡수했을 때의 변화로 옳지 <u>않은</u> 것은?

① 온도가 높아진다.
② 부피가 증가한다.
③ 입자 운동이 활발해진다.
④ 입자의 크기가 증가한다.
⑤ 입자 사이의 거리가 증가한다.

13 다음은 고체의 열팽창을 알아보는 실험 과정이다.

[실험 과정]
(가) 알루미늄박에 종이를 붙인 후 길게 잘라 알루미늄 테이프를 만든다.
(나) 알루미늄 테이프를 종이 쪽으로 접은 후 철사에 매달아 가열 장치로 가열한다.
(다) 알루미늄 테이프를 알루미늄박 쪽으로 접은 후 가열 장치로 가열한다.

[실험 결과]

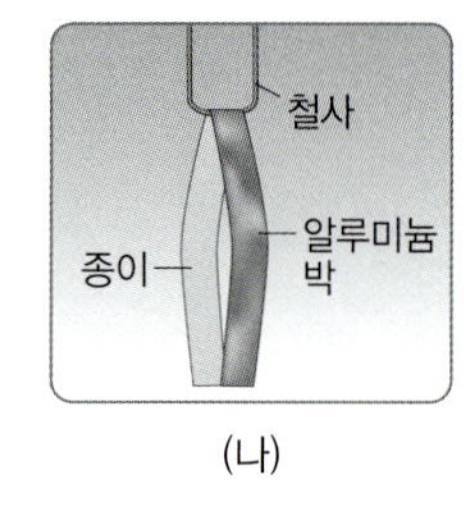 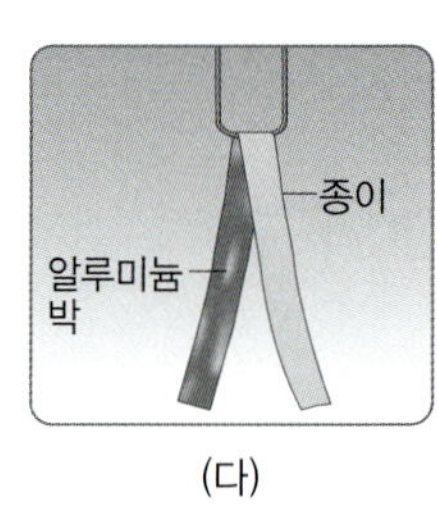

(나)　　　　　　　　(다)

이에 대한 설명으로 옳은 것은?

① 종이보다 알루미늄이 열팽창 정도가 크다.
② 종이와 알루미늄을 가열하면 길이가 감소한다.
③ 물질에 열을 가하면 입자 사이의 거리가 감소한다.
④ 열에 의해 입자의 크기가 커져 물질이 열팽창한다.
⑤ 물질의 종류와 관계없이 물질의 열팽창 정도는 같다.

14 열팽창에 대한 설명으로 옳은 것을 보기에서 모두 고른 것은?

보기
ㄱ. 내열 유리는 열팽창하는 정도가 일반 유리에 비해 작다.
ㄴ. 치아 충전재로 사용하는 물질은 치아와 열팽창하는 정도가 다를수록 좋다.
ㄷ. 서로 다른 두 금속을 붙인 후 가열하면 열팽창 정도가 큰 금속 쪽으로 휘어진다.

① ㄱ　　　　② ㄷ　　　　③ ㄱ, ㄴ
④ ㄴ, ㄷ　　　⑤ ㄱ, ㄴ, ㄷ

15 그림은 물과 콩기름이 든 비커를 가열하여 비열을 비교하는 실험을 나타낸 것이다.

(1) 이 실험에서 일정하게 해 주어야 하는 조건을 두 가지 쓰시오.

(2) 이 실험 결과가 표와 같을 때, 이 실험의 결론과 그 까닭을 서술하시오.

물질	콩기름	물
처음 온도(℃)	25	25
나중 온도(℃)	45	35

16 표는 세 물질 A, B, C의 비열을 나타낸 것이다.

물질	A	B	C
비열 (kcal/(kg·℃))	0.2	0.4	1.0

(1) 물질의 질량과 흡수한 열량이 같을 때, 온도 변화가 큰 순서대로 쓰시오.

(2) A의 질량이 B의 질량의 2배일 때, A와 B를 같은 온도만큼 변화시키기 위해 가해 주어야 하는 열량을 비교하고, 그 까닭을 서술하시오.

17 그림 (가), (나)는 여름철과 겨울철에 관찰한 전봇대 사이 전선의 모습을 순서 없이 나타낸 것이다.

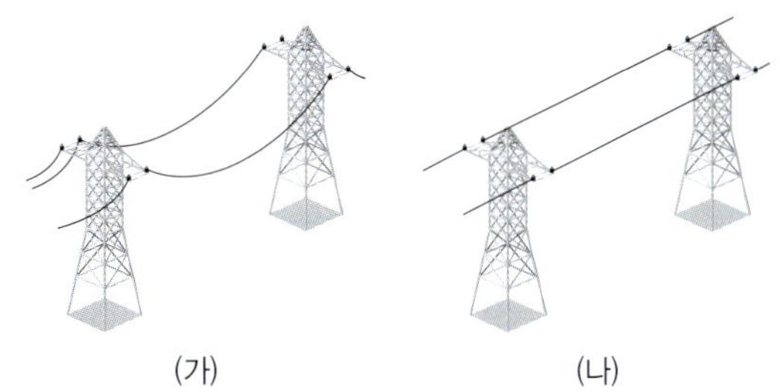

(가)와 (나) 중 여름철의 모습을 고르고, 그 까닭을 서술하시오.

18 그림 (가)와 같이 세 금속 A, B, C 중 두 금속씩 붙여서 가열하였더니, (나)와 같이 휘어졌다.

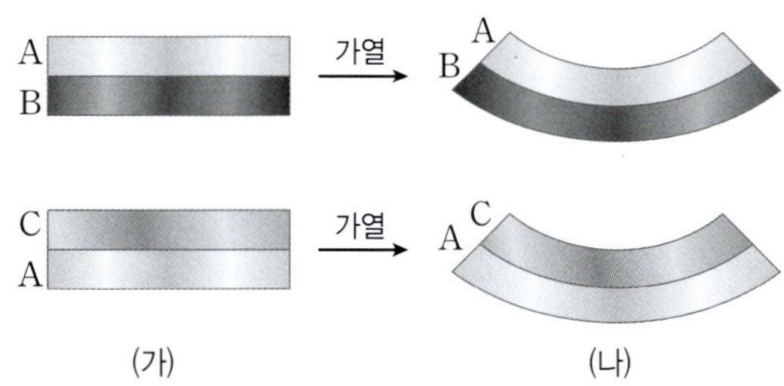

(1) 열팽창 정도가 큰 금속부터 차례대로 쓰시오.

(2) 바이메탈은 온도가 높아지면 휘어지는 온도 조절 장치이다. A~C로 바이메탈 만들 때 가장 많이 휘게 하는 금속 2개를 고르고, 그 까닭을 서술하시오.

1 그림은 냄비에 물을 넣고 가열하면서 물의 온도를 측정하는 모습을 나타낸 것이다.

이에 대한 설명으로 옳은 것을 보기에서 모두 고른 것은?

보기
ㄱ. 물의 온도가 올라가는 동안 냄비에서 물로 열이 이동한다.
ㄴ. 물의 온도가 높을수록 물 입자의 운동은 더 활발하다.
ㄷ. 물의 질량만 증가시키면 물의 온도는 더 빨리 올라간다.

① ㄱ　　　② ㄷ　　　③ ㄱ, ㄴ
④ ㄴ, ㄷ　　　⑤ ㄱ, ㄴ, ㄷ

2 다음은 어느 더운 여름철에 영희가 한 행동이다.

집에 들어온 영희는 더위를 식히기 위해 ㉠에어컨을 켜고, 배가 고파서 ㉡토스터로 빵을 구웠다.

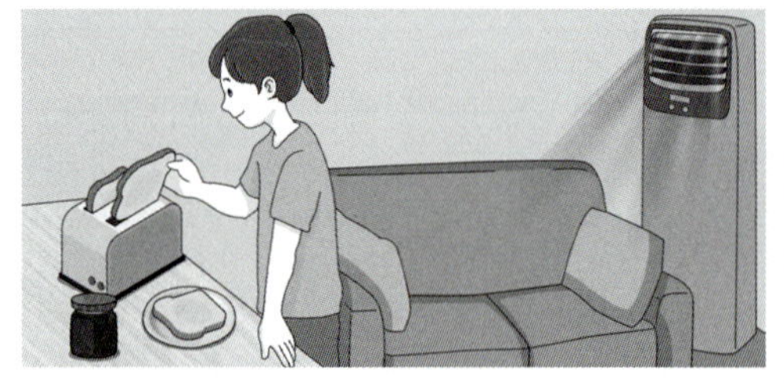

㉠, ㉡을 사용할 때 일어나는 주된 열의 이동 방법과 관련 있는 현상을 옳게 연결한 것은?

① ㉠ – 프라이팬으로 달걀을 부친다.
② ㉠ – 적외선 온도계로 체온을 측정한다.
③ ㉡ – 손난로를 손에 쥐면 따뜻해진다.
④ ㉡ – 주전자의 아래를 가열하여 물을 끓인다.
⑤ ㉡ – 햇빛이 비치는 곳에 있으면 따뜻하다.

3 그림은 물체 A~D를 접촉시켰을 때 열이 이동한 방향을 화살표로 나타낸 것이다.

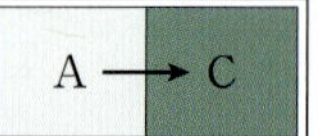 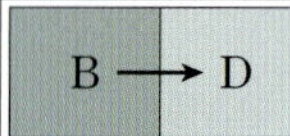 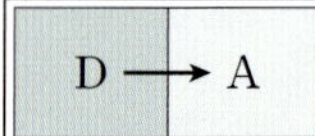

이에 대한 설명으로 옳은 것은? (단, 열은 A~D 사이에서만 이동하고, A~D는 모두 같은 물질로 이루어졌다.)

① 접촉하기 전 온도는 A가 가장 높다.
② 접촉하기 전 B를 이루는 입자 운동이 가장 둔하다.
③ A와 B를 접촉시키면 열은 A에서 B로 이동한다.
④ B와 C를 접촉시켰을 때 이동하는 열량이 가장 많다.
⑤ C와 D를 접촉시키면 D를 이루는 입자 운동이 점점 활발해진다.

4 다음은 열의 이동 방법을 알아보는 실험이다.

[실험 과정]
(가) 열화상 카메라로 구리 막대, 알루미늄 막대, 유리 막대의 한쪽 끝을 가열하는 모습을 2분 간격으로 촬영한다.
(나) 촬영한 사진을 보고 막대의 색깔 변화를 관찰한다.

[실험 결과]

가열하기 전	2분 후
구리 막대 / 알루미늄 막대 / 유리 막대	
4분 후	6분 후

이에 대한 설명으로 옳은 것을 보기에서 모두 고른 것은?

보기
ㄱ. 구리 막대에서 열이 가장 빠르게 이동한다.
ㄴ. 입자가 직접 이동하면서 열이 이동한다.
ㄷ. 온돌에서 구들장이라는 넓적한 돌로 방바닥 전체를 데우는 방법과 같은 방법으로 열이 이동한다.

① ㄱ　　　② ㄴ　　　③ ㄱ, ㄷ
④ ㄴ, ㄷ　　　⑤ ㄱ, ㄴ, ㄷ

5 그림 (가)와 같이 끓는 물속에 들어 있던 금속을 15 ℃의 물이 담겨 있는 단열 용기에 넣었다. 그림 (나)는 금속을 넣는 순간부터 용기 속 물의 온도를 시간에 따라 나타낸 것으로 t부터 물의 온도는 변하지 않았다. 금속을 용기 속 물에 넣는 순간 금속의 온도는 100 ℃이고, 금속의 질량과 용기 속 물의 질량은 서로 같다.

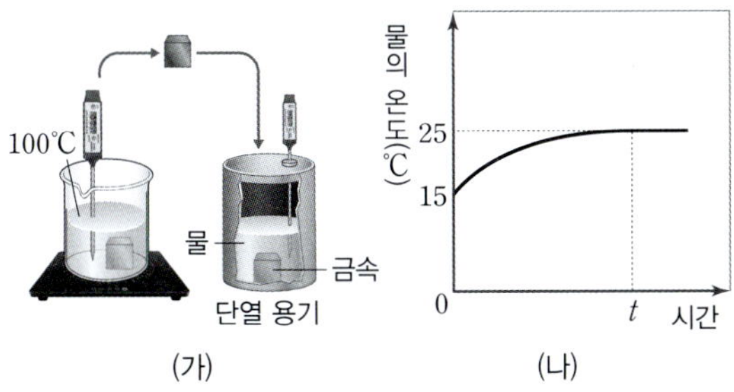

이에 대한 설명으로 옳은 것을 보기에서 모두 고른 것은?

> **보기**
> ㄱ. 0부터 t까지 금속에서 물로 열이 이동한다.
> ㄴ. 0부터 t까지 온도 변화량은 물이 금속보다 크다.
> ㄷ. 금속의 비열이 물의 비열보다 크다.

① ㄱ　　　　② ㄷ　　　　③ ㄱ, ㄴ
④ ㄴ, ㄷ　　　⑤ ㄱ, ㄴ, ㄷ

6 표는 물체 A, B, C의 재질, 비열, 질량을 나타낸 것이다.

물체	재질	비열 (kcal/(kg·℃))	질량(kg)
A	철	0.11	1
B	철	0.11	2
C	알루미늄	0.22	2

처음 온도가 같은 A, B, C에 같은 열량을 공급했을 때 A, B, C의 나중 온도를 옳게 비교한 것은?

① A＝B＞C　　　　② A＞B＝C
③ A＞B＞C　　　　④ B＞A＞C
⑤ C＞A＝B

7 다음은 금속 공과 금속 고리를 이용한 실험이다.

> [실험 과정]
> (가) 금속 공이 금속 고리를 통과하는지 확인한다.
> (나) 금속 공을 가열한 직후, 금속 공이 금속 고리를 통과하는지 확인한다.
>
> 
>
>
> [실험 결과]
> • (가): 금속 공이 금속 고리를 겨우 통과했다.
> • (나): 금속 공이 금속 고리를 　 ㉠ 　.

이에 대한 설명으로 옳은 것을 보기에서 모두 고른 것은?

> **보기**
> ㄱ. '통과했다'는 ㉠으로 적절하다.
> ㄴ. (나)에서 금속 공 대신 금속 고리를 가열하면 금속 공은 금속 고리를 통과하지 못한다.
> ㄷ. (나)의 실험 직후 금속 공을 충분히 식히면 금속 공은 금속 고리를 통과한다.

① ㄱ　　　　② ㄷ　　　　③ ㄱ, ㄴ
④ ㄴ, ㄷ　　　⑤ ㄱ, ㄴ, ㄷ

8 그림과 같은 바이메탈에 열을 가했더니 A 방향으로 휘어졌다.

이에 대한 설명으로 옳지 <u>않은</u> 것은?

① 열을 가하면 입자 사이의 거리가 멀어진다.
② 구리보다 납의 열팽창 정도가 더 크다.
③ 바이메탈을 냉각시키면 A 방향으로 휘어진다.
④ 구리와 납의 위치를 바꿔 열을 가하면 B 방향으로 휘어진다.
⑤ 바이메탈은 온도에 따라 전원이 꺼지거나 켜지는 장치에 이용된다.

01 입자의 운동과 상태 변화

A 입자의 운동

1. 증발과 확산

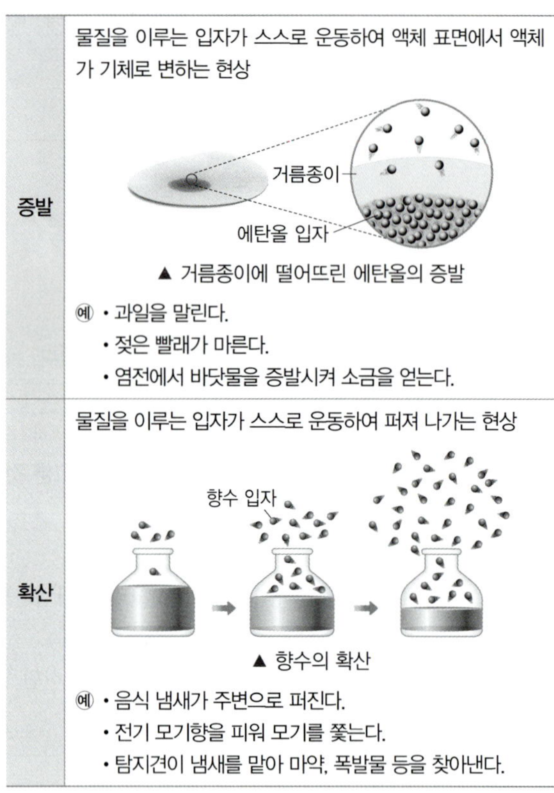

증발	물질을 이루는 입자가 스스로 운동하여 액체 표면에서 액체가 기체로 변하는 현상

▲ 거름종이에 떨어뜨린 에탄올의 증발

예 · 과일을 말린다.
· 젖은 빨래가 마른다.
· 염전에서 바닷물을 증발시켜 소금을 얻는다.

확산	물질을 이루는 입자가 스스로 운동하여 퍼져 나가는 현상

▲ 향수의 확산

예 · 음식 냄새가 주변으로 퍼진다.
· 전기 모기향을 피워 모기를 쫓는다.
· 탐지견이 냄새를 맡아 마약, 폭발물 등을 찾아낸다.

2. 입자 운동
물질을 이루는 입자가 가만히 정지해 있지 않고 스스로 끊임없이 운동하는 것
➡ 입자 운동의 증거: 증발, 확산

B 물질의 상태

구분	고체	액체	기체
입자 모형			
모양	일정함.	변함.	변함.
부피	일정함.	일정함.	변함.
압축되는 정도	압축 안 됨.	거의 압축 안 됨.	압축됨.
입자 배열	규칙적	불규칙적	매우 불규칙적
입자 사이의 거리	매우 가까움.	비교적 가까움.	매우 멂.
입자의 운동성	매우 둔함.	비교적 활발함.	매우 활발함.

C 물질의 상태 변화

1. 상태 변화
물질이 한 가지 상태에서 다른 상태로 변하는 것

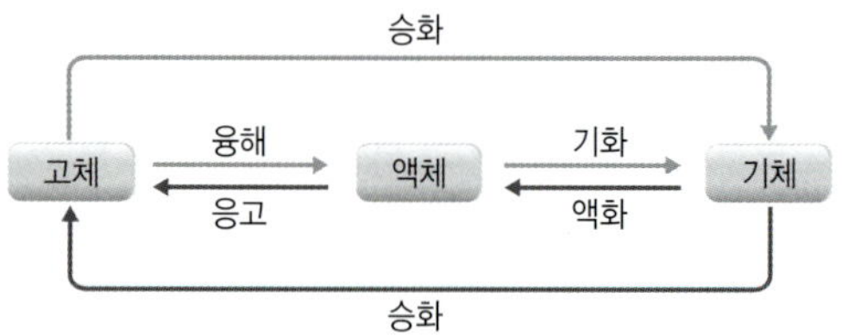

2. 상태 변화의 종류

융해(고체 → 액체)	응고(액체 → 고체)
· 얼음이 녹는다. · 아이스크림이 녹는다.	· 물이 얼어 고드름이 생긴다. · 쇳물이 식어 단단한 철이 된다.
기화(액체 → 기체)	**액화(기체 → 액체)**
· 물이 끓는다. · 젖은 빨래가 마른다. · 손에 바른 손 소독제가 마른다.	· 새벽녘 풀잎에 이슬이 맺힌다. · 겨울철 실내에 들어가면 안경에 김이 서린다.
승화(고체 → 기체)	**승화(기체 → 고체)**
· 드라이아이스의 크기가 점점 작아진다. · 냉동실에 넣어 둔 얼음이 점점 작아진다.	· 추운 겨울, 나뭇잎에 서리가 생긴다. · 추운 겨울, 창에 성에가 낀다.

D 상태 변화와 입자 배열의 변화

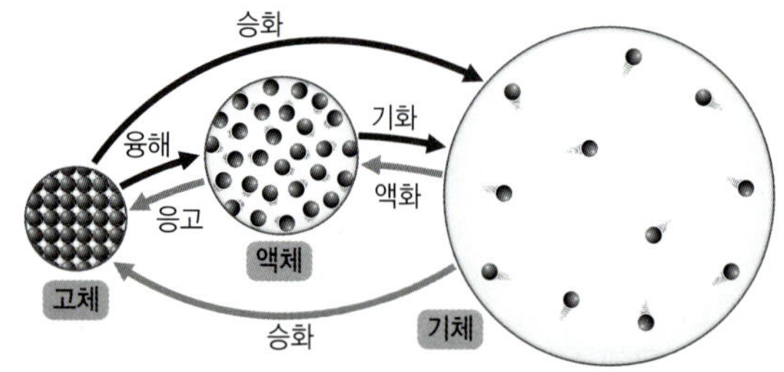

구분	융해, 기화, 승화(고체 → 기체)	응고, 액화, 승화(기체 → 고체)
입자 배열	불규칙적으로 변함.	규칙적으로 변함.
입자 사이의 거리	멀어짐.	가까워짐.
입자의 운동성	활발해짐.	둔해짐.
부피	증가함. ➡ 입자 사이의 거리가 멀어지기 때문 (단, 물은 예외)	감소함. ➡ 입자 사이의 거리가 가까워지기 때문 (단, 물은 예외)
질량과 성질	변하지 않음. ➡ 입자의 종류, 개수, 크기가 변하지 않기 때문	

↻ 정답과 해설 46쪽

1 물질을 이루는 입자가 스스로 운동하여 액체 표면에서 액체가 기체로 변하는 현상을 (　　　　　)(이)라고 한다.

2 전기 모기향을 피워 모기를 쫓는 것은 (증발 , 확산)을 이용한 예이다.

3 과일을 말리는 것은 (증발 , 확산)을 이용한 예이다.

4 물질을 이루는 입자는 끊임없이 운동하며, 온도가 (높을수록 , 낮을수록) 입자 운동이 활발해진다.

[5~6] 그림은 물질의 세 가지 상태를 입자 모형으로 나타낸 것이다.

5 물질의 세 가지 상태 중 (가)는 ㉠(　　　　　), (나)는 ㉡(　　　　　), (다)는 ㉢(　　　　　)(이)다.

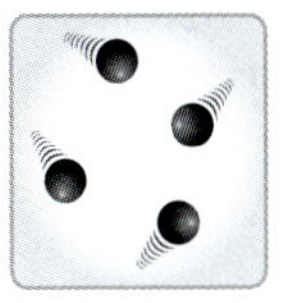
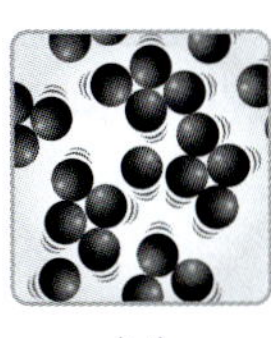

(가)　　(나)　　(다)

6 (가)~(다) 중 모양과 부피가 일정하지 않고 흐르는 성질이 있는 것은 (　　　　　)이다.

[7~9] 그림은 물질의 상태 변화를 나타낸 것이다. (단, 물은 제외한다.)

7 A~F 중 기화는 ㉠(　　　　　)이고, 응고는 ㉡(　　　　　)이다.

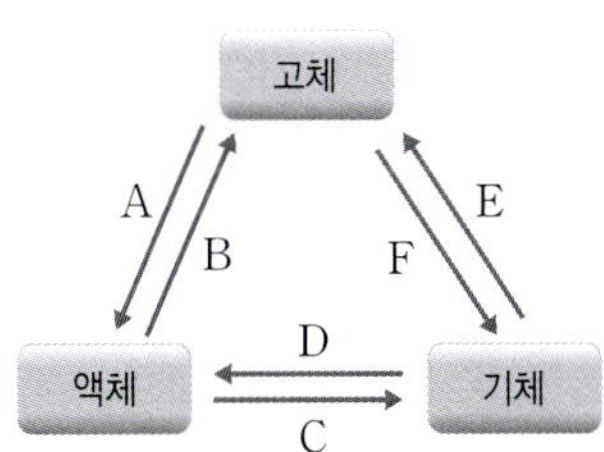

8 A~F 중 차가운 컵 표면에 물방울이 맺히는 상태 변화는 (　　　　　)이다.

9 A~F 중 부피가 가장 크게 감소하는 상태 변화는 (　　　　　)이다.

10 물질의 상태가 변해도 물질을 이루는 입자의 종류는 변하지 않으므로 물질의 (　　　　　)은/는 변하지 않는다.

학교시험 미리 보기 01 입자의 운동과 상태 변화

01 그림은 물에서 일어나는 현상을 입자 모형으로 나타낸 것이다.

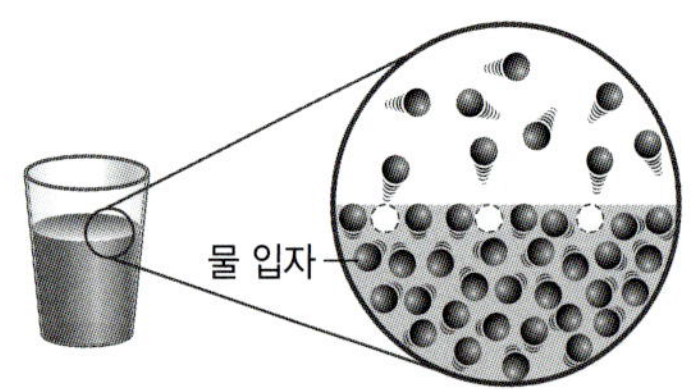

이에 대한 설명으로 옳지 <u>않은</u> 것은?

① 물의 증발 현상이다.
② 물 표면에서 일어난다.
③ 물을 가열할 때만 일어난다.
④ 물이 수증기로 변하는 현상이다.
⑤ 물 입자가 스스로 운동하기 때문에 나타난다.

02 그림과 같이 거름종이를 깐 페트리 접시를 전자저울 위에 올려놓고 영점을 맞춘 후, 거름종이에 향수를 뿌려 두었더니 시간이 지나면서 전자저울에 측정된 질량이 줄어들었다.

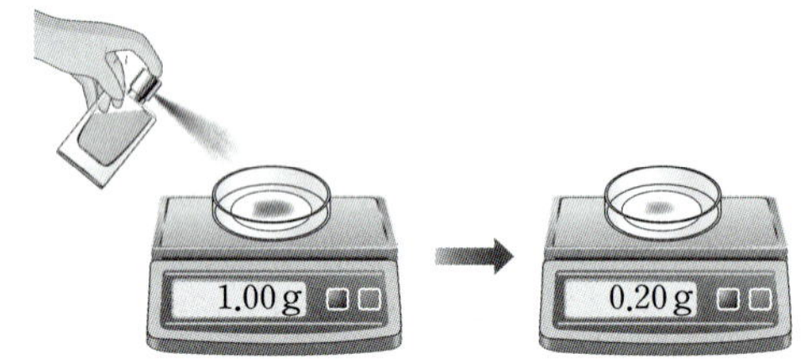

이 변화에 대한 원인으로 옳은 것은?

① 향수 입자의 크기가 작아지기 때문이다.
② 향수 입자의 질량이 작아지기 때문이다.
③ 향수 입자가 다른 입자로 변하기 때문이다.
④ 향수 내부의 향수 입자가 한 방향으로만 운동하기 때문이다.
⑤ 향수 표면의 향수 입자가 스스로 운동하여 공기 중으로 날아가기 때문이다.

보기 더 보기

03 증발의 예가 <u>아닌</u> 것을 모두 고르면? (2개)

① 젖은 빨래가 마른다.
② 빵집 주위에서 빵 냄새가 난다.
③ 고추를 햇볕에 말려 건조시킨다.
④ 염전에서 바닷물로 소금을 얻는다.
⑤ 화장실 손 건조기에 젖은 손을 넣어 말린다.
⑥ 방향제를 방 안에 놓아두면 방 안 전체에 향기가 퍼진다.

04 그림은 물이 들어 있는 페트리 접시에 잉크 한 방울을 떨어뜨리기 전과 떨어뜨린 후의 모습을 나타낸 것이다.

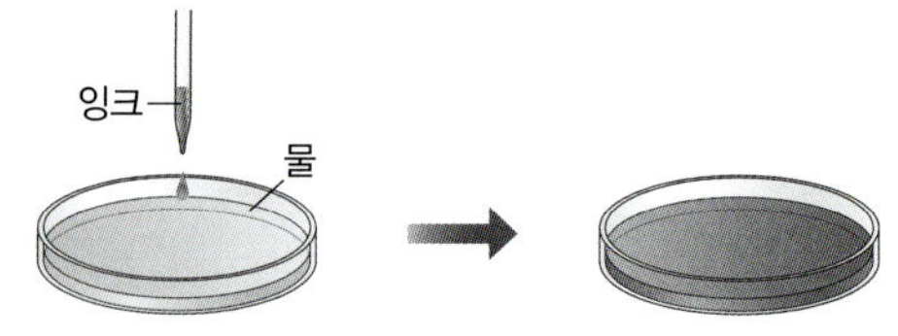

잉크를 떨어뜨린 후 페트리 접시 안에서 일어나는 변화로 옳은 것을 보기에서 모두 고른 것은?

> **보기**
> ㄱ. 잉크 입자의 개수는 점점 줄어든다.
> ㄴ. 잉크 입자는 모든 방향으로 운동한다.
> ㄷ. 잉크 입자는 물속에서 스스로 운동한다.

① ㄱ 　② ㄴ 　③ ㄱ, ㄷ
④ ㄴ, ㄷ 　⑤ ㄱ, ㄴ, ㄷ

05 일상생활에서 볼 수 있는 확산의 예를 보기에서 모두 고른 것은?

> **보기**
> ㄱ. 젖은 흙이 마른다.
> ㄴ. 음식 냄새가 멀리까지 퍼진다.
> ㄷ. 시간이 지나면 어항의 물이 줄어든다.
> ㄹ. 뜨거운 물에 티백을 넣으면 차 성분이 퍼져 나간다.

① ㄱ, ㄴ 　② ㄱ, ㄷ 　③ ㄴ, ㄷ
④ ㄴ, ㄹ 　⑤ ㄷ, ㄹ

06 다음 ㉠~㉣에 알맞은 말을 옳게 짝 지은 것은?

> 주유소에 가면 주유를 하지 않아도 독특한 기름 냄새를 맡을 수 있다. 이는 주유소의 기름이 ㉠(　　　)하기 때문에 나타나는 현상이다. 기름 입자가 스스로 ㉡(　　　)하여 ㉢(　　　) 방향으로 퍼져 나가므로 주유소에서 라이터를 사용하면 공기 중의 ㉣(　　　)로 인해 화재가 발생할 수 있다.

	㉠	㉡	㉢	㉣
①	증발	진동	윗	물 입자
②	증발	운동	한	기름 입자
③	확산	운동	한	물 입자
④	확산	운동	모든	기름 입자
⑤	확산	진동	모든	물 입자

07 물질의 상태에 대한 설명으로 옳은 것을 모두 고르면? (2개)

① 돌과 나무는 고체이다.
② 고체는 쉽게 압축할 수 있다.
③ 액체는 매우 단단하다.
④ 액체는 모양과 부피가 일정하다.
⑤ 기체는 압축되지 않는다.
⑥ 기체는 담는 용기에 따라 모양이 변하고 부피가 일정하다.
⑦ 액체와 기체는 흐르는 성질이 있다.

08 그림은 물질의 세 가지 상태를 입자 모형으로 나타낸 것이다.

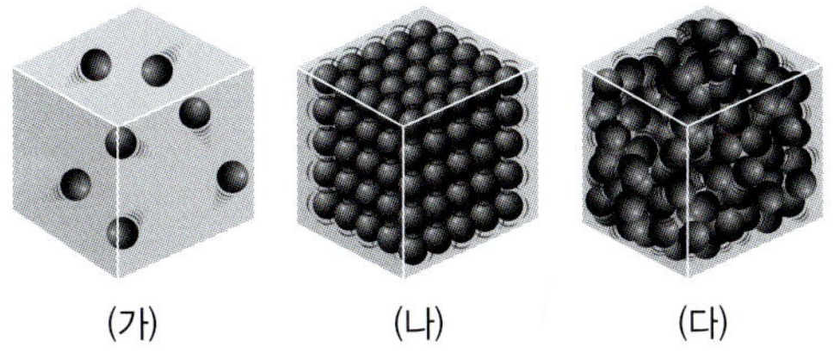

(가) (나) (다)

이에 대한 설명으로 옳은 것은?

① (가)는 액체이다.
② (다)는 단단하며 흐르지 않는다.
③ 입자 운동이 가장 활발한 것은 (가)이다.
④ 입자 배열이 가장 규칙적인 것은 (다)이다.
⑤ 입자 사이의 거리가 가장 먼 것은 (나)이다.

09 그림은 페트리 접시에 공 모양 과자를 넣어 물질의 세 가지 상태의 입자 모형을 만든 것이다.

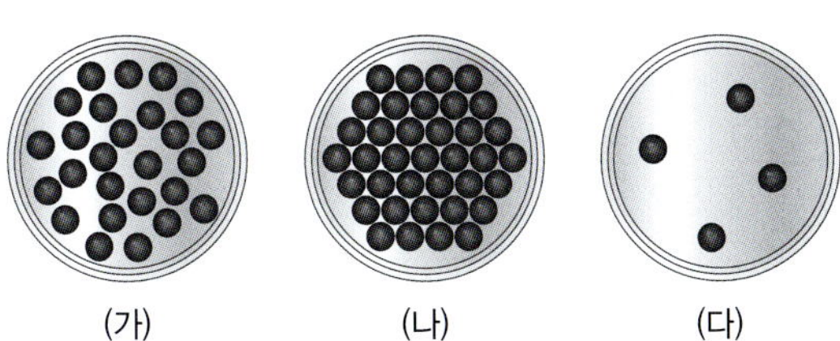

(가) (나) (다)

이에 대한 설명으로 옳은 것을 보기에서 모두 고른 것은?

보기
ㄱ. (가)는 액체를 나타낸 것이다.
ㄴ. 과자 사이의 거리가 가장 가까운 것은 (나)이다.
ㄷ. 페트리 접시를 흔들 때 과자가 가장 활발하게 움직이는 것은 (다)이다.

① ㄱ　　　② ㄴ　　　③ ㄱ, ㄷ
④ ㄴ, ㄷ　　⑤ ㄱ, ㄴ, ㄷ

10 25 °C에서 다음 물질이 갖는 특징으로 옳은 것을 모두 고르면? (3개)

> 식초　　　주스　　　식용유

① 단단하다.
② 쉽게 압축된다.
③ 흐르는 성질이 있다.
④ 입자 운동이 비교적 활발하다.
⑤ 입자 배열이 매우 규칙적이다.
⑥ 입자 사이의 거리가 매우 멀다.
⑦ 담는 용기에 따라 부피가 변한다.
⑧ 담는 용기에 따라 모양이 변한다.

[11~12] 그림은 물질의 상태 변화를 나타낸 것이다.

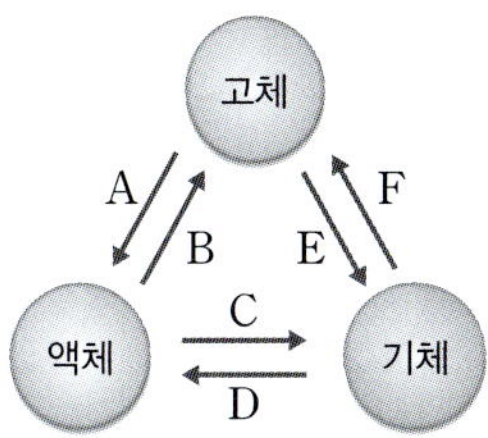

11 A, C, F에 해당하는 상태 변화의 종류로 옳은 것은?

	A	C	F
①	융해	기화	승화
②	융해	액화	승화
③	응고	승화	액화
④	응고	액화	기화
⑤	승화	승화	응고

12 A~F와 상태 변화의 예를 옳게 짝 지은 것은?

① A – 안경에 김이 서려 뿌옇게 흐려진다.
② B – 겨울철 물이 얼어 고드름이 생긴다.
③ C – 영하의 온도에서 얼어 있던 명태가 마른다.
④ D – 나뭇잎에 서리가 생긴다.
⑤ E – 아이스크림이 녹는다.
⑥ F – 물이 끓어 수증기가 된다.

13 오른쪽 그림과 같이 뜨거운 물이 든 비커 위에 얼음이 담긴 시계 접시를 올려 두었더니 얼마 후 시계 접시 아랫면에 액체 방울이 맺혔다. 이에 대한 설명으로 옳지 <u>않은</u> 것은?

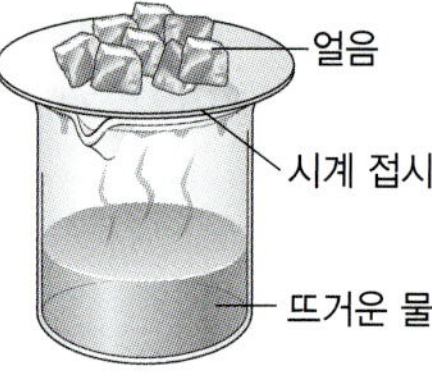

① 시계 접시에 담긴 얼음이 융해한다.
② 뜨거운 물의 표면에서 물이 기화한다.
③ 시계 접시 아랫면에서 수증기가 액화한다.
④ 시계 접시 아랫면의 액체 방울은 시계 접시에 담긴 얼음이 녹은 것이다.
⑤ 시계 접시 아랫면의 액체 방울에 푸른색 염화 코발트 종이를 대어 보면 붉은색으로 변한다.

14 그림과 같이 2개의 비닐 주머니에 같은 크기의 드라이아이스 조각과 얼음 조각을 각각 넣고 공기를 뺀 후 비닐 주머니를 밀봉하였다.

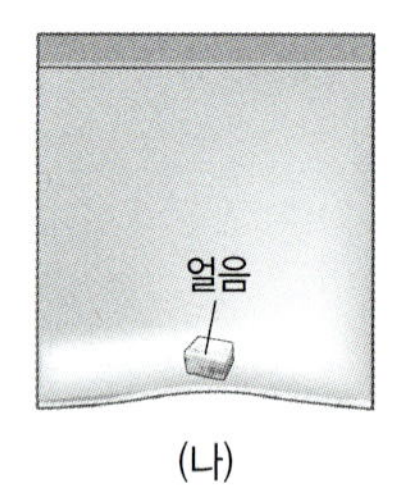

비닐 주머니에서 일어나는 변화에 대한 설명으로 옳은 것을 보기에서 모두 고른 것은?

보기
ㄱ. (가)에서는 기화가 일어난다.
ㄴ. (가)와 (나)에서 모두 입자 배열이 불규칙적으로 변한다.
ㄷ. (나)에서는 (가)에서보다 비닐 주머니가 더 크게 부풀어 오른다.

① ㄱ　　　② ㄴ　　　③ ㄱ, ㄴ
④ ㄱ, ㄷ　　　⑤ ㄴ, ㄷ

보기 더 보기

15 물질의 상태 변화가 일어날 때 변하지 <u>않는</u> 것을 모두 고르면? (2개)

① 물질의 질량　　② 물질의 부피
③ 물질의 성질　　④ 입자 배열
⑤ 입자의 운동성　　⑥ 입자 사이의 거리

16 그림은 물질의 상태 변화를 입자 모형으로 나타낸 것이다.

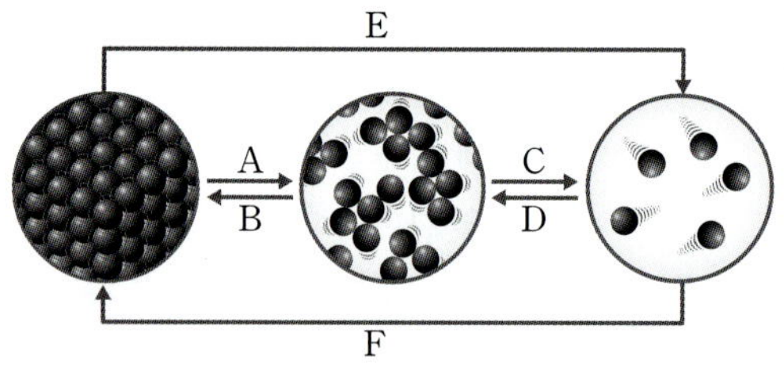

각 과정에 대한 설명으로 옳은 것은? (단, 물은 제외한다.)

① A가 일어날 때 물질의 질량이 감소한다.
② C가 일어날 때 입자 운동이 활발해진다.
③ D가 일어날 때 입자 사이의 거리가 멀어진다.
④ E가 일어날 때 입자 배열이 규칙적으로 변한다.
⑤ 부피가 감소하는 것은 A, C, E이다.

17 그림과 같이 액체 올리브유를 응고시키기 전과 응고시킨 후에 각각 부피를 관찰하고 질량을 측정하였다.

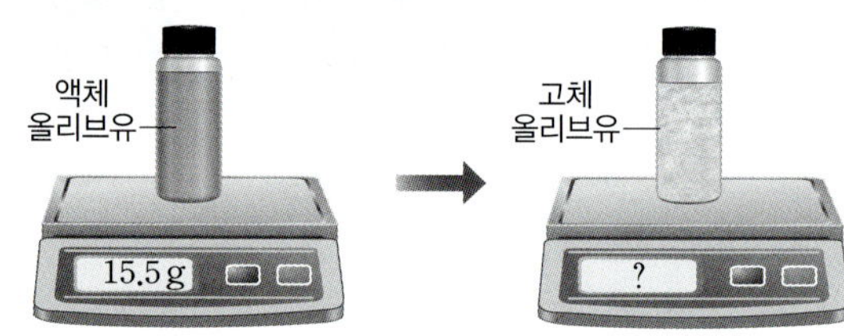

이 실험에 대한 설명으로 옳은 것은?

① 응고가 일어나면 입자의 크기가 줄어든다.
② 응고가 일어나도 입자 배열은 변하지 않는다.
③ 응고가 일어나도 입자 사이의 거리는 변하지 않는다.
④ 응고가 일어나면 올리브유의 부피가 증가한다.
⑤ 응고가 일어나도 입자의 종류는 변하지 않으므로 고체 올리브유의 질량은 15.5 g일 것이다.

18 다음과 같은 변화가 나타나는 상태 변화의 예로 옳은 것은?

• 입자 배열이 규칙적으로 변한다.
• 입자 사이의 거리가 가까워진다.
• 입자 운동이 둔해진다.

① 손에 뿌린 손 소독제가 마른다.
② 양초에 불을 붙이면 양초가 녹는다.
③ 용광로에서 쇳물이 식어 단단한 철이 된다.
④ 기온이 영하일 때 그늘에 놓인 눈사람이 작아진다.
⑤ 냉동 포장에 사용한 드라이아이스의 크기가 작아진다.

19 다음은 생활 속에서 관찰할 수 있는 현상이다.

> • 호수의 물이 말라 수면이 낮아졌다.
> • 울창한 숲길을 걸으면 피톤치드 냄새를 맡을 수 있다.

두 현상이 일어나는 공통적인 원인을 서술하시오.

____

____

20 그림과 같이 BTB 용액을 일정한 간격으로 떨어뜨려 놓고 페트리 접시의 중앙에 식초 한 방울을 떨어뜨린 후 변화를 관찰하였더니 잠시 후 식초 가까이에 있는 BTB 용액부터 멀어지는 방향으로 색이 변하였다.

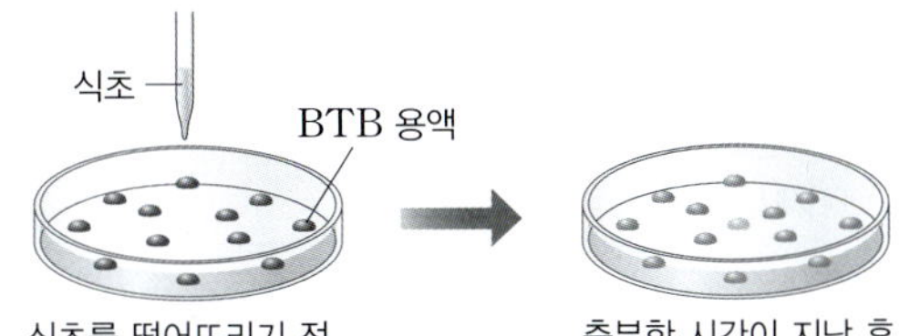

이를 통해 알 수 있는 사실을 서술하시오.

____

____

21 그림은 물질의 세 가지 상태를 입자 모형으로 나타낸 것이다.

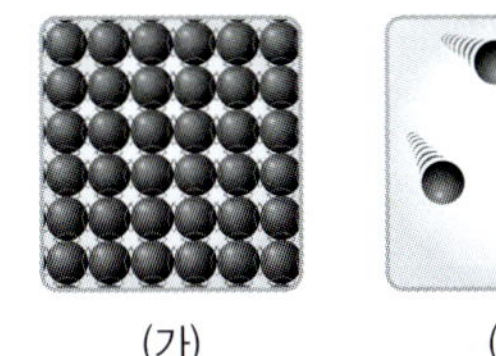
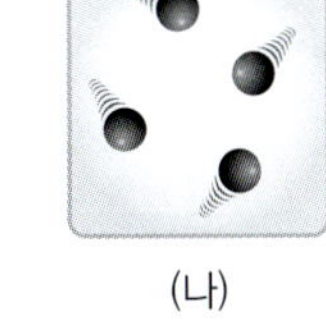
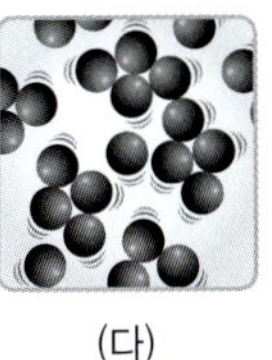

(가)~(다) 중 담는 용기에 따라 모양과 부피가 변하는 물질의 상태를 기호로 쓰고, 그 까닭을 입자 배열, 입자 사이의 거리와 관련지어 서술하시오.

____

____

22 겨울철에는 온도 차로 인해 자동차 앞의 안쪽 유리에 김이 서리는 현상이 자주 발생한다. 이 현상을 상태 변화와 관련지어 서술하시오.

____

____

____

23 그림 (가)는 삼각 플라스크에 담긴 물에 푸른색 염화 코발트 종이를 대어 보는 모습이고, 그림 (나)는 물이 끓을 때 삼각 플라스크의 입구에 푸른색 염화 코발트 종이를 대어 보는 모습이다.

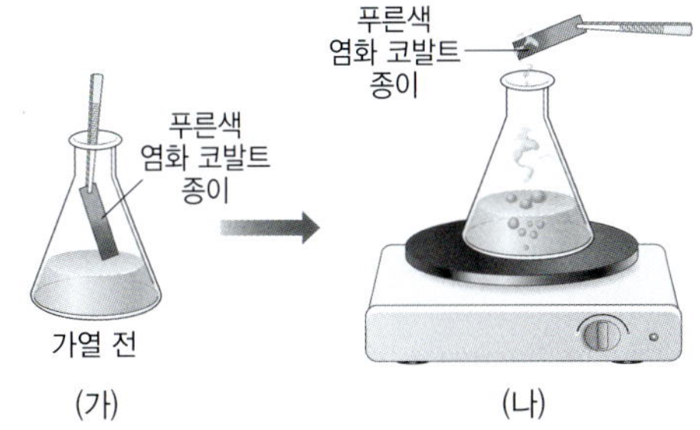

(가)와 (나)에서 푸른색 염화 코발트 종이의 색 변화를 쓰고, 이를 통해 알 수 있는 사실을 서술하시오.

____

____

24 그림과 같이 아세톤이 들어 있는 삼각 플라스크에 풍선을 씌우고 가열하였더니 풍선이 부풀어 올랐다. 그 까닭을 다음 단어를 모두 포함하여 서술하시오.

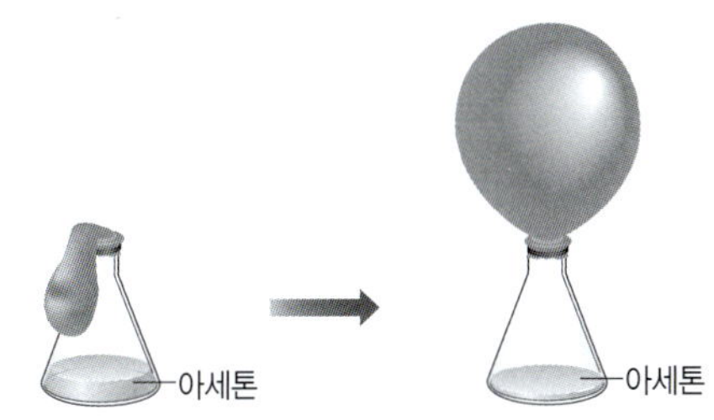

> 기화, 입자 운동, 입자 사이의 거리, 부피

A 상태 변화와 열에너지

1. 열에너지를 흡수하는 상태 변화 융해, 기화, 승화(고체 → 기체)

① 물질을 가열할 때의 온도 변화

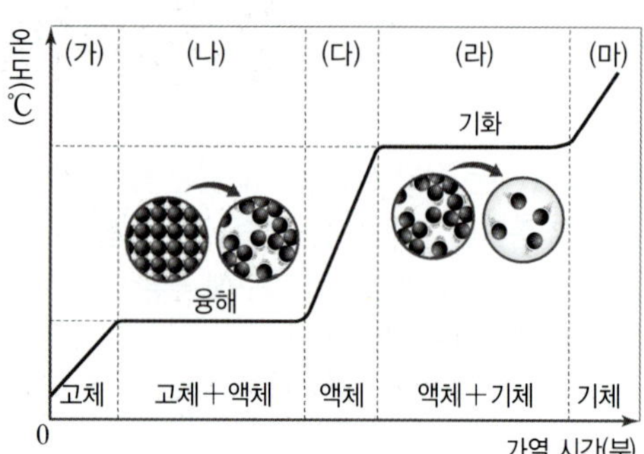

- (가), (다), (마): 온도가 높아진다.
- (나), (라): 온도가 일정하게 유지된다. ➡ 가해 준 열에너지가 상태 변화에 사용되기 때문이다.

② 물질을 가열하는 동안의 변화

열에너지 출입	입자의 운동성	입자 배열	입자 사이의 거리
흡수	활발해짐.	불규칙적으로 변함.	멀어짐.

2. 열에너지를 방출하는 상태 변화 응고, 액화, 승화(기체 → 고체)

① 물질을 냉각할 때의 온도 변화

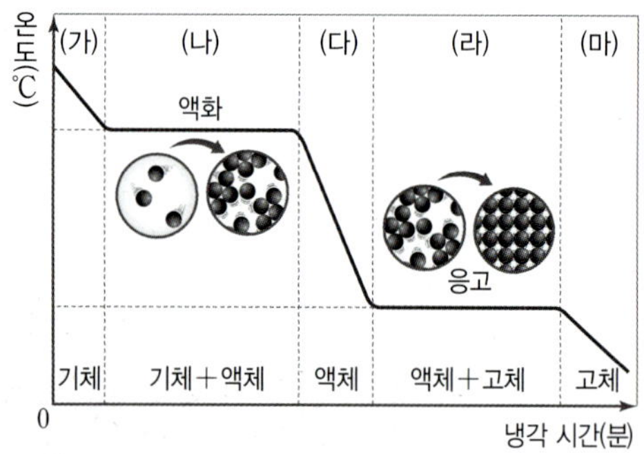

- (가), (다), (마): 온도가 낮아진다.
- (나), (라): 온도가 일정하게 유지된다 ➡ 상태 변화가 일어나는 동안 방출하는 열에너지가 온도가 낮아지는 것을 막아 주기 때문이다.

② 물질을 냉각하는 동안의 변화

열에너지 출입	입자의 운동성	입자 배열	입자 사이의 거리
방출	둔해짐.	규칙적으로 변함.	가까워짐.

B 열에너지가 출입하는 상태 변화의 예

1. 열에너지를 흡수하는 상태 변화 융해, 기화, 승화(고체 → 기체)가 일어날 때 주위의 온도가 낮아진다.

융해	• 음료수에 얼음을 넣어 차갑게 만든다. • 신선 식품을 보관할 때 얼음 팩과 함께 넣는다.
기화	• 더운 여름철 도로에 물을 뿌리면 시원해진다. • 몸에 열이 날 때 물수건으로 몸을 닦으면 열이 내린다.
승화 (고체 → 기체)	• 아이스크림 포장을 할 때 드라이아이스를 함께 넣는다.

2. 열에너지를 방출하는 상태 변화 응고, 액화, 승화(기체 → 고체)가 일어날 때 주위의 온도가 높아진다.

응고	• 액체 파라핀에 손을 넣고 찜질을 한다. • 겨울철 과일의 냉해를 막기 위해 과일나무에 물을 뿌린다.
액화	• 증기 오븐을 이용하여 음식물을 조리한다. • 커피 추출 기계의 스팀 분출 장치로 우유를 데운다.
승화 (기체 → 고체)	• 눈이 내릴 때는 날씨가 포근하다.

3. 열에너지가 출입하는 상태 변화의 이용

① 에어컨의 원리

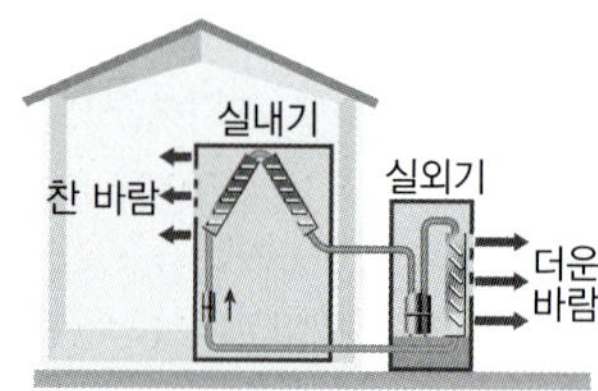

- 실내기: 냉매가 기화하면서 열에너지를 흡수하여 찬 바람이 나온다.
- 실외기: 냉매가 액화하면서 열에너지를 방출하여 더운 바람이 나온다.

② 증기 난방의 원리

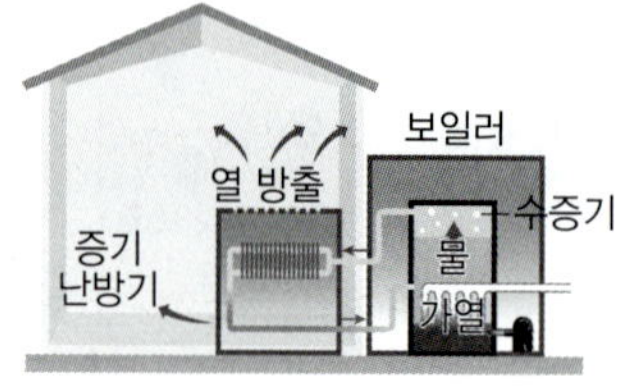

- 증기 난방기: 수증기가 액화하면서 열에너지를 방출하여 실내가 따뜻해진다.
- 보일러: 물이 기화하면서 열에너지를 흡수한다.

↻ 정답과 해설 48쪽

[1~2] 그림은 어떤 고체 물질을 가열할 때의 온도 변화를 나타낸 것이다.

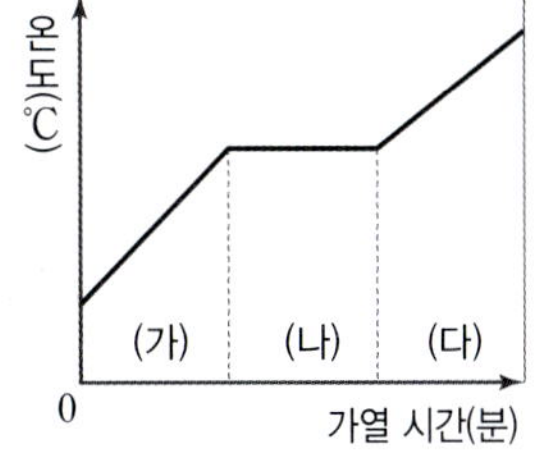

1 (가)~(다) 중 상태 변화가 일어나는 구간은 (   )이다.

2 (나) 구간에서 온도가 일정하게 유지되는 까닭은 가해 준 열에너지가 (상태 변화 , 성질 변화)에 사용되기 때문이다.

[3~4] 그림은 어떤 액체 물질을 냉각할 때의 온도 변화를 나타낸 것이다.

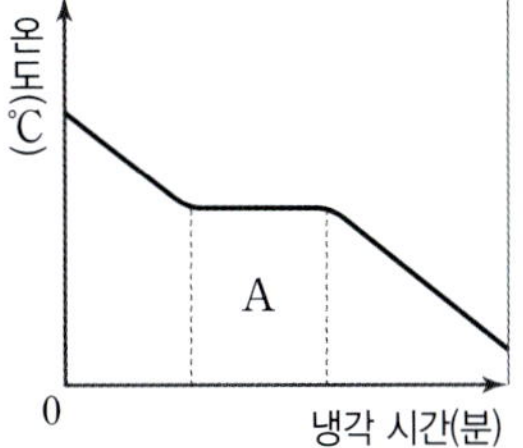

3 A 구간에서 일어나는 상태 변화는 (   )이다.

4 A 구간에서 온도가 일정하게 유지되는 까닭은 상태 변화가 일어나는 동안 ㉠ (흡수 , 방출)되는 열에너지가 주위의 온도가 ㉡(낮아 , 높아)지는 것을 막아 주기 때문이다.

5 융해, 기화, ㉠(   )에서 ㉡(   )로의 승화가 일어날 때 열에너지를 ㉢(흡수 , 방출)한다.

[6~7] 그림은 물질의 상태 변화를 입자 모형으로 나타낸 것이다.

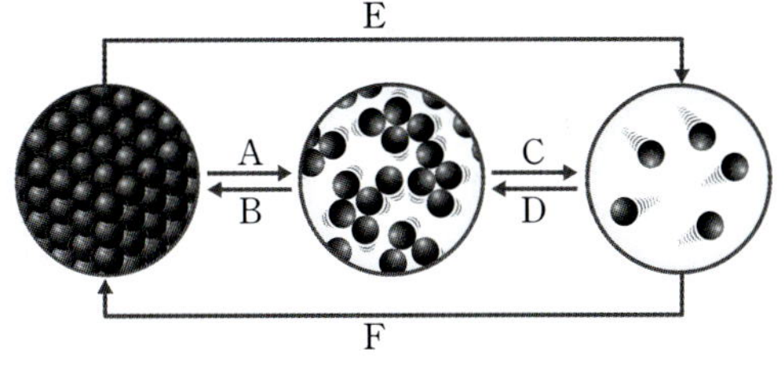

6 A가 일어날 때 열에너지를 ㉠(흡수 , 방출)하고, B가 일어날 때 열에너지를 ㉡(흡수 , 방출)한다.

7 A~F 중 땀이 마를 때 시원함을 느끼는 현상은 (   )에 해당한다.

8 아이스크림을 포장할 때 드라이아이스를 넣는 까닭은 드라이아이스가 승화하면서 열에너지를 ㉠(흡수 , 방출)하므로 주위의 온도가 ㉡(낮아 , 높아)지기 때문이다.

9 에어컨의 실내기는 액체 냉매가 ㉠(액화 , 기화)하면서 열에너지를 ㉡(흡수 , 방출)하므로 주위의 온도가 ㉢ (낮아 , 높아)지는 현상을 이용한 것이다.

10 증기 난방기는 수증기가 ㉠(액화 , 기화)하면서 열에너지를 ㉡(흡수 , 방출)하므로 주위의 온도가 ㉢(낮아 , 높아)지는 현상을 이용한 것이다.

01 그림은 어떤 액체 물질의 가열 곡선을 나타낸 것이다.

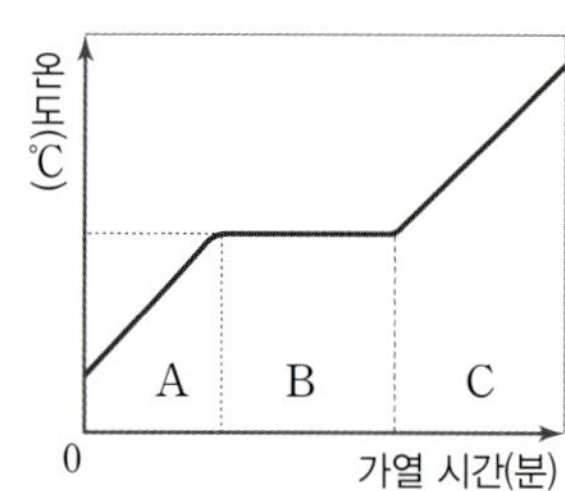

이에 대한 설명으로 옳은 것은?

① A 구간에서는 고체와 액체가 함께 존재한다.
② B 구간에서는 기화가 일어난다.
③ B 구간에서는 열에너지가 출입하지 않는다.
④ C 구간에서는 입자 사이의 거리가 매우 가깝다.
⑤ 상태 변화가 일어나는 동안 온도는 계속 높아진다.

02 그림은 어떤 물질의 상태 변화를 나타낸 것이다.

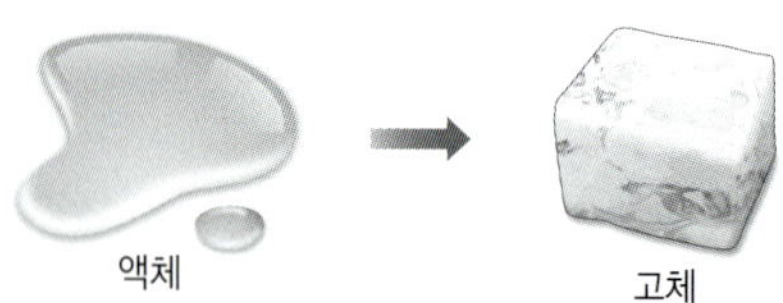

이에 대한 설명으로 옳은 것을 보기에서 모두 고른 것은?

> 보기
> ㄱ. 열에너지를 방출한다.
> ㄴ. 입자 운동이 둔해진다.
> ㄷ. 입자 배열이 불규칙적으로 변한다.

① ㄱ　　　　② ㄷ　　　　③ ㄱ, ㄴ
④ ㄴ, ㄷ　　　⑤ ㄱ, ㄴ, ㄷ

03 다음은 물이 응고할 때의 온도 변화를 설명한 것이다.

> 물이 응고하는 동안 온도가 ㉠(　　　)(해)지는데,
> 이는 상태 변화가 일어나는 동안 물이 ㉡(　　　)
> 하는 열에너지가 온도가 ㉢(　　　)지는 것을 막아
> 주기 때문이다.

㉠~㉢에 알맞은 말을 옳게 짝 지은 것은?

	㉠	㉡	㉢
①	일정	방출	낮아
②	일정	흡수	높아
③	낮아	방출	낮아
④	낮아	흡수	높아
⑤	높아	방출	낮아

04 그림 (가)와 같이 액체 로르산이 든 시험관을 냉각하였더니 (나)와 같은 결과를 얻었다.

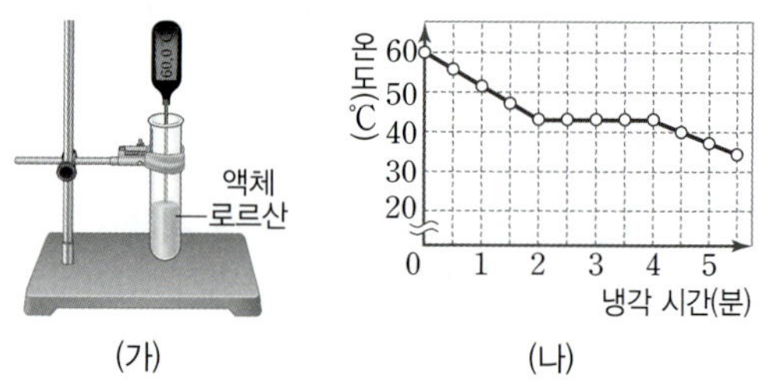

이에 대한 설명으로 옳은 것을 모두 고르면? (2개)

① 액체 로르산은 시간이 지나면 모두 응고한다.
② 2~4분 사이에 상태 변화가 일어난다.
③ 2~4분 사이에 로르산은 열에너지를 흡수한다.
④ 4분이 지나면 로르산은 액체로 존재한다.
⑤ 4분이 지나면 입자는 운동하지 않는다.
⑥ 액체 로르산이 응고하는 동안 온도는 계속 낮아진다.

[05~06] 그림은 물질의 상태 변화를 입자 모형으로 나타낸 것이다.

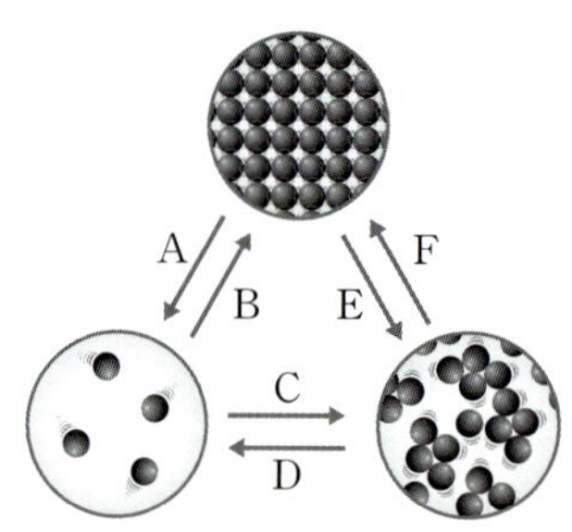

05 이에 대한 설명으로 옳지 않은 것은?

① B는 기체에서 고체로의 승화이다.
② F가 일어나면 입자 운동이 둔해진다.
③ 열에너지를 방출하는 것은 B, C, F이다.
④ 열에너지를 흡수하는 것은 A, D, E이다.
⑤ 주위의 온도가 높아지는 것은 A, D, E이다.

06 무더운 여름 냉방이 잘 된 곳에서 밖으로 나오면 후텁지근하게 느껴진다. 이와 관련된 상태 변화는?

① A　　　　② B　　　　③ C
④ D　　　　⑤ E

[07~09] 그림은 어떤 고체 물질의 가열 곡선을 나타낸 것이다.

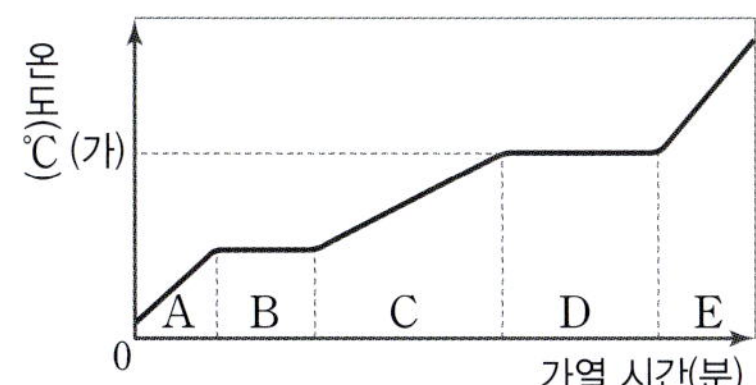

07 이에 대한 설명으로 옳지 <u>않은</u> 것을 모두 고르면? (2개)

① A 구간에서 입자 배열이 가장 규칙적이다.
② B 구간에서 고체에서 액체로 상태가 변한다.
③ C 구간에서 물질은 열에너지를 방출한다.
④ D 구간에서 액체와 기체가 함께 존재한다.
⑤ E 구간에서 입자 운동이 가장 활발하다.
⑥ (가) ℃는 물질이 녹는 온도이다.

08 B 구간에서 온도가 일정하게 유지되는 까닭으로 옳은 것은?

① 열에너지가 출입하지 않기 때문
② 열에너지가 입자의 종류를 바꾸기 때문
③ 액체가 기체로 변하면서 열에너지를 방출하기 때문
④ 고체가 액체로 변하면서 열에너지를 흡수하기 때문
⑤ 열에너지가 주위의 온도를 높이는 데 이용되기 때문

09 그림은 물질을 가열하는 동안의 변화를 입자 모형으로 나타낸 것이다.

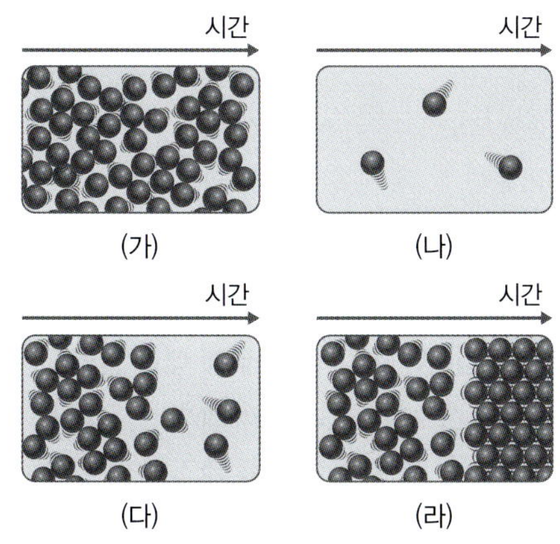

C와 D 구간의 입자 모형을 옳게 짝 지은 것은?

	C	D		C	D
①	(가)	(다)	②	(가)	(라)
③	(나)	(다)	④	(다)	(가)
⑤	(다)	(나)			

10 그림은 어떤 고체 물질의 가열·냉각 곡선을 나타낸 것이다.

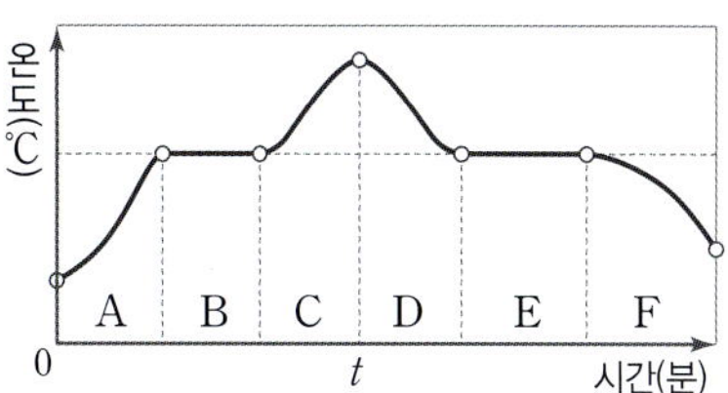

이에 대한 설명으로 옳은 것을 보기에서 모두 고른 것은?

보기
ㄱ. t분 이후 물질은 열에너지를 방출한다.
ㄴ. A 구간과 F 구간에서 물질은 흐르는 성질이 없다.
ㄷ. B 구간과 E 구간에서 입자 운동은 둔해진다.
ㄹ. C 구간과 D 구간에서 물질의 상태는 같다.

① ㄱ, ㄷ
② ㄴ, ㄹ
③ ㄱ, ㄴ, ㄹ
④ ㄱ, ㄷ, ㄹ
⑤ ㄴ, ㄷ, ㄹ

11 그림 (가)와 같이 장치하고 시간에 따른 온도 변화를 측정하여 (나)와 같은 결과를 얻었다.

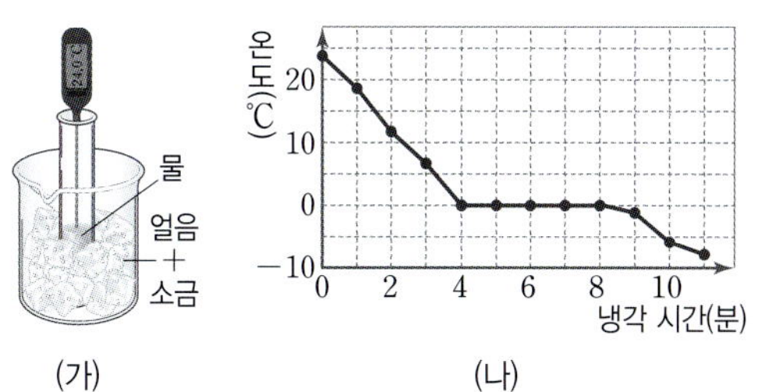

이에 대한 설명으로 옳은 것을 보기에서 모두 고른 것은?

보기
ㄱ. 0~4분 사이에 물질은 열에너지를 잃는다.
ㄴ. 4~8분 사이에 시험관 속에서 융해가 일어난다.
ㄷ. 얼음과 소금을 섞는 까닭은 시험관 속 물질의 온도를 0 ℃ 이하로 낮출 수 있기 때문이다.

① ㄱ
② ㄴ
③ ㄱ, ㄴ
④ ㄱ, ㄷ
⑤ ㄱ, ㄴ, ㄷ

12 상태 변화가 일어날 때 열에너지를 방출하는 현상을 이용한 예를 보기에서 모두 고른 것은?

> **보기**
> ㄱ. 겨울철 과일나무에 물을 뿌린다.
> ㄴ. 여름철 기차 선로에 물을 뿌린다.
> ㄷ. 액체 파라핀을 이용하여 찜질을 한다.
> ㄹ. 드라이아이스를 이용하여 백신을 수송한다.
> ㅁ. 밀크티를 만들 때 뜨거운 수증기로 우유를 데운다.

① ㄱ, ㄴ, ㄹ ② ㄱ, ㄷ, ㅁ
③ ㄴ, ㄷ, ㄹ ④ ㄴ, ㄹ, ㅁ
⑤ ㄷ, ㄹ, ㅁ

13 주위의 온도가 낮아지는 상태 변화가 일어나는 경우를 모두 고르면? (2개)

① 개가 혀를 내밀어 체온을 조절한다.
② 극지방에서 얼음집 안에 물을 뿌린다.
③ 신선 식품을 포장할 때 얼음 팩을 함께 넣어 준다.
④ 겨울철 맑은 날보다 눈이 내리는 날이 더욱 따뜻하다.
⑤ 겨울철 과일 창고에 물을 담은 그릇을 함께 놓아둔다.

14 그림은 건조한 사막 지역에서 사용하는 항아리 냉장고의 모습을 나타낸 것이다. 두 항아리 사이에 모래를 채우고 물을 뿌려 주면 안쪽 항아리에 채소를 신선하게 보관할 수 있다.

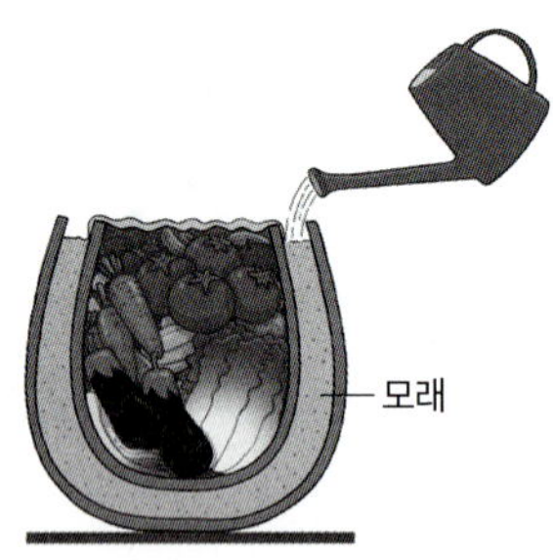

이에 대한 설명으로 옳은 것을 보기에서 모두 고른 것은?

> **보기**
> ㄱ. 모래에 뿌려 준 물이 증발한다.
> ㄴ. 열에너지를 흡수하는 상태 변화를 이용한다.
> ㄷ. 모래에 뿌려 준 물의 상태가 변할 때 주위의 온도가 높아진다.

① ㄱ ② ㄷ ③ ㄱ, ㄴ
④ ㄴ, ㄷ ⑤ ㄱ, ㄴ, ㄷ

15 그림은 증기 난방기의 구조를 나타낸 것이다.

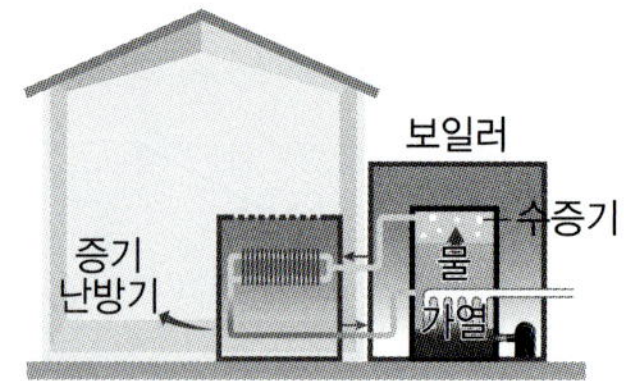

이에 대한 설명으로 옳지 <u>않은</u> 것은?

① 보일러에서는 물이 수증기로 변한다.
② 보일러에서 물은 열에너지를 흡수한다.
③ 증기 난방기에서는 기화가 일어난다.
④ 증기 난방기에서는 수증기가 열에너지를 방출한다.
⑤ 증기 난방기는 물의 상태 변화를 이용한다.

16 그림은 에어컨의 구조를 나타낸 것이다.

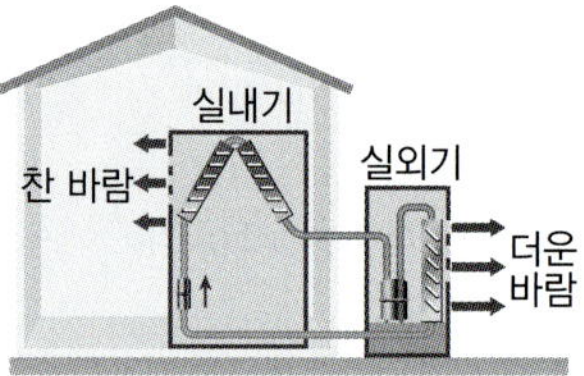

이에 대한 설명으로 옳은 것을 보기에서 모두 고른 것은?

> **보기**
> ㄱ. 실내기에서 냉매는 기화한다.
> ㄴ. 실내기에서 냉매는 열에너지를 방출한다.
> ㄷ. 실외기에서 냉매는 열에너지를 흡수한다.
> ㄹ. 실외기에서 냉매는 기체에서 액체로 상태가 변한다.

① ㄱ, ㄴ ② ㄱ, ㄷ ③ ㄱ, ㄹ
④ ㄴ, ㄷ ⑤ ㄴ, ㄹ

17 비를 맞았을 때 감기에 걸리지 않으려면 젖은 옷을 빨리 갈아입어야 한다. 그 까닭에 대한 설명으로 옳은 것은?

① 물의 성질이 변하기 때문
② 물을 이루는 입자의 개수가 일정하기 때문
③ 물이 응고하면서 체내로 열에너지를 방출하기 때문
④ 물이 기화하면서 체내의 열에너지를 흡수하기 때문
⑤ 물의 상태가 변하는 동안 출입하는 열에너지가 없기 때문

18 그림 (가)와 같이 장치하고 시간에 따라 에탄올의 온도 변화를 측정하여 (나)와 같은 결과를 얻었다.

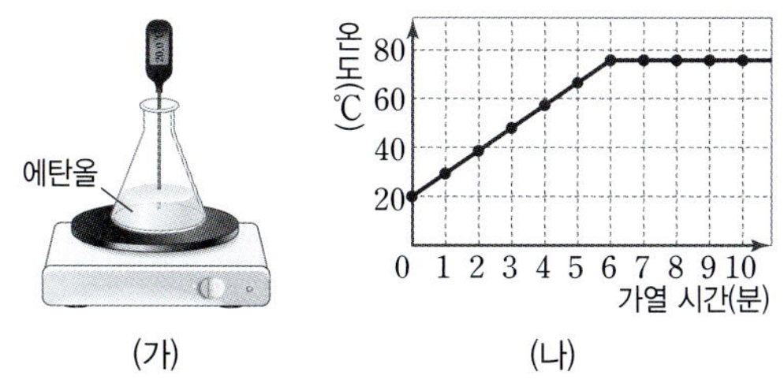

(나)에서 6~10분 사이에 온도가 일정하게 유지되는 까닭을 열에너지와 관련지어 서술하시오.

____

____

19 그림은 액체 로르산의 냉각 곡선을 나타낸 것이다.

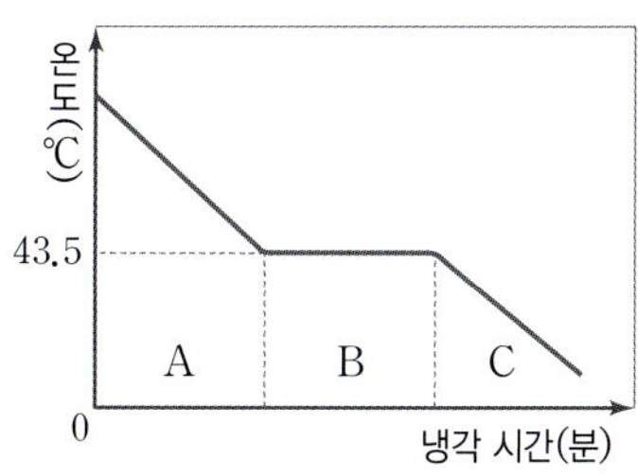

A~C 구간에서 로르산의 상태를 서술하시오.

____

____

20 다음은 일상생활에서 상태 변화를 이용하는 예이다.

> • 음료수 캔을 얼음이 담긴 바구니에 넣어 보관한다.
> • 더운 여름철에는 살수차가 도로에 물을 뿌려 준다.

두 현상에서 공통으로 나타나는 열에너지 출입과 주위의 온도 변화를 서술하시오.

____

____

21 그림은 물질의 상태 변화를 나타낸 것이다.

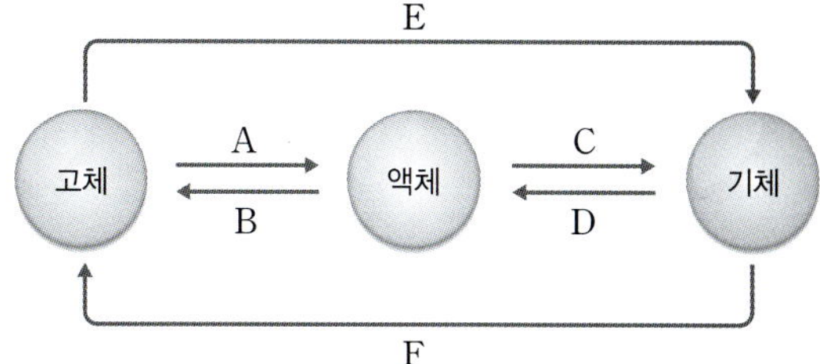

A~F 중 주위의 온도가 높아지는 상태 변화를 모두 고르고, 그 과정에서 입자의 운동성과 입자 사이의 거리 변화를 서술하시오. (단, 물은 제외한다.)

____

____

22 다음은 여름철에 이용하는 안개형 냉각 장치에 대한 내용이다.

> 여름철 안개형 냉각 장치에서는 안개처럼 물을 뿌려 주어, 장치 주변을 지나갈 때 시원함을 느낄 수 있다.

안개형 냉각 장치 주위가 시원한 까닭을 상태 변화에 따른 열에너지 출입과 관련지어 서술하시오.

____

____

23 그림은 커피 추출 기계의 스팀 분출 장치에서 나오는 수증기를 이용하여 우유를 데우는 모습이다.

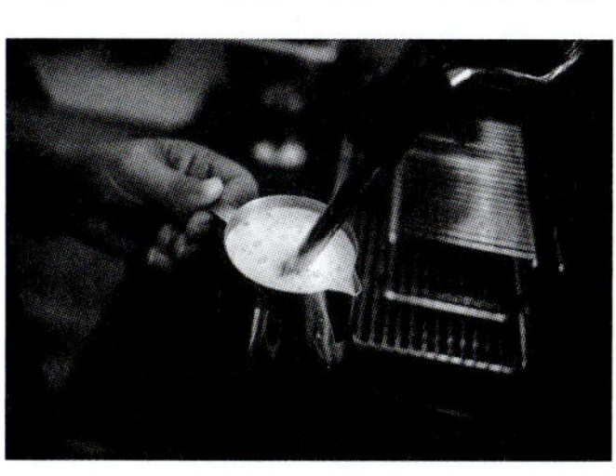

우유가 데워지는 원리를 다음 단어를 모두 포함하여 서술하시오.

> 액화, 열에너지, 주위의 온도

____

____

1 표는 2개의 전자저울에 각각 페트리 접시를 올려놓고 영점을 맞춘 후, 액체 A와 액체 B를 각각 같은 질량만큼 떨어뜨렸을 때 시간에 따라 페트리 접시에 남아 있는 액체의 질량을 측정한 것이다.

시간(분)		0	2	4	6
질량(g)	액체 A	0.30	0.25	0.20	0.15
	액체 B	0.30	0.29	0.28	0.27

이에 대한 설명으로 옳은 것을 보기에서 모두 고른 것은? (단, 온도는 일정하다.)

> **보기**
> ㄱ. 액체 A가 액체 B보다 더 빠르게 증발한다.
> ㄴ. 액체 A가 액체 B보다 입자 운동이 더 활발하다.
> ㄷ. 시간이 충분히 지나면 두 전자저울이 나타내는 질량은 0이 될 것이다.

① ㄱ   ② ㄷ   ③ ㄱ, ㄴ
④ ㄴ, ㄷ   ⑤ ㄱ, ㄴ, ㄷ

2 그림과 같이 만능 지시약 종이를 넣은 빨대의 한쪽을 마개로 막은 후, 다른 한쪽에 암모니아수를 묻힌 솜을 넣고 마개로 재빨리 막았다.

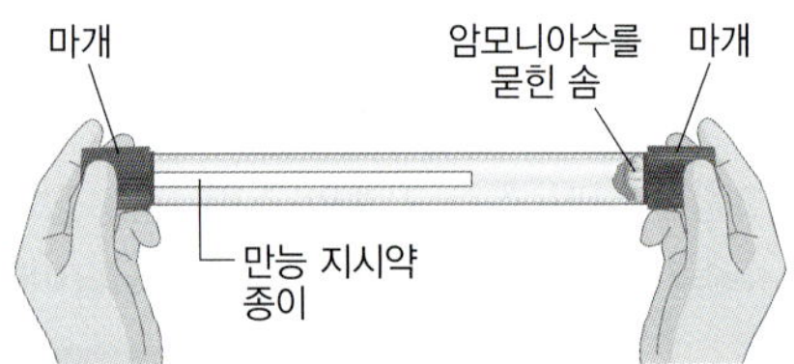

이에 대한 설명으로 옳은 것은? (단, 만능 지시약 종이는 암모니아와 만나면 색깔이 변한다.)

① 암모니아 입자는 왼쪽으로만 운동하여 퍼져 나간다.
② 만능 지시약 종이의 입자 운동을 확인하는 실험이다.
③ 시간이 지나면서 암모니아수를 묻힌 솜의 색이 변한다.
④ 암모니아수를 묻힌 솜에서 먼 쪽부터 만능 지시약 종이의 색이 변하기 시작한다.
⑤ 온도를 높여 주면 만능 지시약 종이의 색깔은 더 빨리 변할 것이다.

3 그림 (가)는 같은 질량의 물을 삼각 플라스크와 눈금 실린더에 넣은 모습이고, (나)는 같은 질량의 공기를 삼각 플라스크와 유리병에 넣은 모습이다.

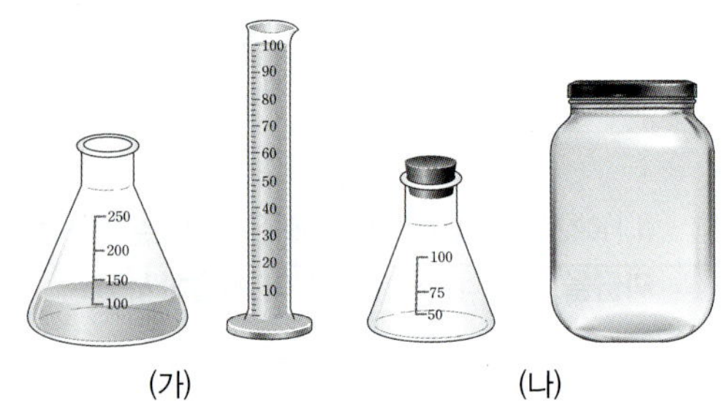

(가)   (나)

이에 대한 설명으로 옳은 것을 보기에서 모두 고른 것은? (단, (나)에서 유리병의 부피는 삼각 플라스크의 부피보다 크다.)

> **보기**
> ㄱ. (가)의 두 용기에 들어 있는 물은 부피가 같다.
> ㄴ. (나)의 두 용기에 들어 있는 공기는 입자 사이의 거리가 같다.
> ㄷ. 물과 공기는 담는 용기에 따라 모양이 변한다.

① ㄱ   ② ㄴ   ③ ㄱ, ㄷ
④ ㄴ, ㄷ   ⑤ ㄱ, ㄴ, ㄷ

4 오른쪽 그림과 같이 유리컵에 드라이아이스를 넣고 비누막을 만들어 유리컵 입구에 씌운 후 시간에 따른 변화를 관찰하였다. 이에 대한 설명으로 옳지 **않은** 것은? (단, 드라이아이스는 고체 이산화 탄소이다.)

① 비누막이 점차 부풀어 오른다.
② 드라이아이스의 크기가 작아진다.
③ 드라이아이스는 고체에서 기체로 승화한다.
④ 비누막 속 이산화 탄소 기체의 양은 일정하다.
⑤ 드라이아이스의 상태가 변하는 동안 입자 사이의 거리가 멀어진다.

5 다음은 주전자에 물을 넣고 끓일 때 나타나는 모습을 설명한 것이다.

> 물이 끓고 있는 주전자 입구에는 (A)아무것도 보이지 않는데, 입구에서 조금 떨어진 곳에서는 (B)하얀 김이 보인다.

이에 대한 설명으로 옳은 것은?

보기
ㄱ. A에 푸른색 염화 코발트 종이를 가져다 대면 아무 변화가 없다.
ㄴ. B에서 보이는 김은 기체이다.
ㄷ. B에 푸른색 염화 코발트 종이를 가져다 대면 붉은색으로 변한다.

① ㄱ ② ㄴ ③ ㄷ
④ ㄱ, ㄴ ⑤ ㄴ, ㄷ

6 그림은 우유로 구슬 아이스크림을 만드는 모습이다. 액체 질소가 들어 있는 통에 우유를 한 방울씩 떨어뜨리면 구슬 아이스크림이 만들어진다.

이에 대한 설명으로 옳은 것을 보기에서 모두 고른 것은?

보기
ㄱ. 액체 질소가 기화한다.
ㄴ. 액체 질소가 상태 변화할 때 열에너지를 방출한다.
ㄷ. 구슬 아이스크림이 될 때 우유는 열에너지를 흡수한다.
ㄹ. 구슬 아이스크림이 될 때 우유를 이루는 입자의 배열이 규칙적으로 변한다.

① ㄱ, ㄴ ② ㄱ, ㄹ ③ ㄴ, ㄷ
④ ㄴ, ㄹ ⑤ ㄷ, ㄹ

7 그림은 어떤 기체 물질의 냉각 곡선을 나타낸 것이다.

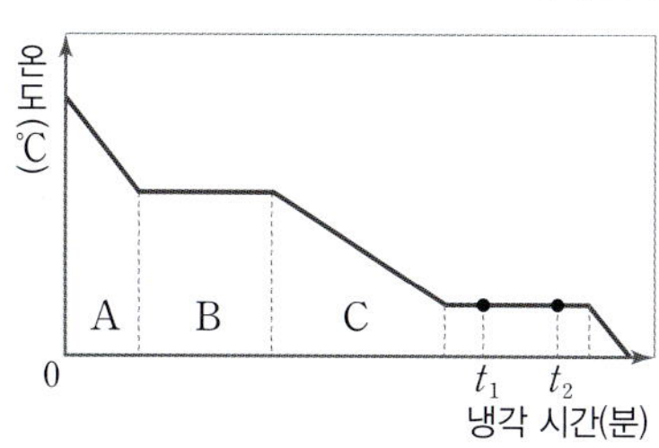

이에 대한 설명으로 옳은 것은? (단, 냉각 조건은 일정하다.)

① A 구간에서 물질은 기체와 액체가 함께 존재한다.
② B 구간에서 시간이 지날수록 입자 운동이 둔해진다.
③ C 구간에서는 물질이 열에너지를 얻는다.
④ 고체의 양은 t_1에서가 t_2에서보다 많다.
⑤ 기체의 양을 증가시켜 냉각해도 B 구간의 길이는 변하지 않는다.

8 그림과 같이 25 ℃에서 물이 담긴 비커에 드라이아이스를 넣었더니 물속에서는 기포가 생기고 수면 위로 흰 연기가 발생하였다.

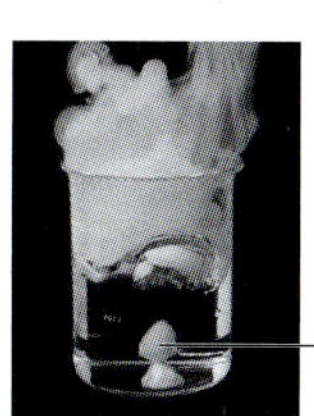

이에 대한 설명으로 옳은 것은? (단, 드라이아이스는 고체 이산화 탄소이다.)

① 물이 끓는 모습이다.
② 물속 기포는 수증기이다.
③ 물속 드라이아이스는 융해한다.
④ 수면 위에 생긴 흰 연기는 이산화 탄소 기체이다.
⑤ 드라이아이스의 상태가 변하는 동안 물의 온도는 낮아진다.

HIGH TOP
내신 탑티어
중학교 과학 1-1
시험
대비서
대단원 최종 점검

1. 과학적 탐구 방법의 단계를 순서대로 옳게 나타낸 것은?

① 문제 인식 → 자료 해석 → 가설 설정 → 탐구 설계 및 수행 → 결론 도출

② 문제 인식 → 가설 설정 → 탐구 설계 및 수행 → 자료 해석 → 결론 도출

③ 문제 인식 → 탐구 설계 및 수행 → 가설 설정 → 결론 도출 → 자료 해석

④ 가설 설정 → 탐구 설계 및 수행 → 자료 해석 → 결론 도출 → 문제 인식

⑤ 가설 설정 → 자료 해석 → 문제 인식 → 탐구 설계 및 수행 → 결론 도출

2. 과학적 탐구 방법의 단계 중 '실험에서 얻은 자료를 표나 그래프로 정리하고 분석하여 규칙성을 찾아내는 과정'에 해당하는 단계는?

① 문제 인식 ② 가설 설정
③ 결론 도출 ④ 자료 해석
⑤ 탐구 설계 및 수행

3. 과학적 탐구 방법에서 (가) 문제에 대한 잠정적인 답을 세우는 단계와 (나) 가설을 검증하는 단계를 옳게 짝 지은 것은?

	(가)	(나)
①	문제 인식	자료 해석
②	문제 인식	탐구 설계 및 수행
③	가설 설정	탐구 설계 및 수행
④	가설 설정	결론 도출
⑤	결론 도출	자료 해석

4. 다음은 영국의 플레밍이 최초의 항생제인 페니실린을 발견할 때 수행한 탐구 방법의 일부이다.

> 세균을 배양하다가 우연히 푸른곰팡이가 자랐고, 그 주변에서는 세균이 증식하지 않았다. 이를 본 플레밍은 '왜 이런 현상이 일어날까?'라는 궁금증을 갖게 되었다.

과학적인 탐구를 하기 위해 플레밍이 다음 단계에서 해야 할 일은 무엇인가?

① 문제 인식 ② 가설 설정
③ 결론 도출 ④ 자료 해석
⑤ 탐구 설계 및 수행

5. 과학의 발전에 대한 설명으로 옳지 <u>않은</u> 것은?

① 과학의 발전은 산업에도 영향을 미친다.
② 과학의 발전은 일상생활의 문제와는 관련이 없다.
③ 과학이 발전하여 다양한 문화생활을 즐길 수 있게 되었다.
④ 과학 원리는 기술, 공학, 예술, 수학 등 다른 분야와 융합하며 발전한다.
⑤ 인류를 위협하는 질병을 치료하기 위해 생명 공학 기술이 발전한다.

6. 증기 기관에 대한 설명으로 옳은 것을 보기에서 모두 고른 것은?

┌ 보기 ┐
ㄱ. 증기 기관의 발명으로 제품의 대량 생산이 가능해졌다.
ㄴ. 증기 기관의 발명으로 한꺼번에 많은 짐을 실어 나를 수 있게 되었다.
ㄷ. 증기 기관의 발명은 산업 혁명의 원동력이 되었다.

① ㄱ　　　② ㄴ　　　③ ㄱ, ㄷ
④ ㄴ, ㄷ　　　⑤ ㄱ, ㄴ, ㄷ

7. 생활을 편리하게 하는 첨단 과학기술이나 기기에 대한 설명으로 옳지 <u>않은</u> 것은?

① 사물 인터넷: 무선 통신으로 각종 사물을 연결하는 기술
② 증강 현실: 집 밖에서 스마트폰으로 가전제품을 제어하는 기술
③ 인공지능: 컴퓨터가 인간처럼 학습하고 일을 처리할 수 있게 만드는 기술
④ 나노 기술: 물질을 나노미터 크기로 작게 만들어 다양한 소재나 제품을 만드는 기술
⑤ 자율주행 자동차: 운전자가 차량을 조작하지 않아도 스스로 주변 상황에 대처하여 주행하는 자동차

8. 지속가능한 삶에 대한 설명으로 옳은 것을 보기에서 모두 고른 것은?

┌ 보기 ┐
ㄱ. 미래와 현재 삶의 질을 함께 고려해야 한다.
ㄴ. 지속가능한 삶을 위해 과학기술의 발전을 멈추어야 한다.
ㄷ. 자원 재처리 기술이 개발되면 분리배출을 하지 않아도 된다.

① ㄱ　　　② ㄴ　　　③ ㄱ, ㄷ
④ ㄴ, ㄷ　　　⑤ ㄱ, ㄴ, ㄷ

1. 과학적 탐구 방법의 단계에 대한 설명으로 옳은 것은?

① 문제 인식: 가설을 설정하는 단계
② 결론 도출: 탐구를 설계하고 수행하는 단계
③ 가설 설정: 현상을 관찰하다 의문을 품는 단계
④ 탐구 설계 및 수행: 탐구 결과에서 결론을 내리는 단계
⑤ 자료 해석: 탐구를 수행하여 얻은 자료를 분석하여 규칙성을 파악하는 단계

3. 다음 설명에 해당하는 과학적 탐구 방법의 단계는?

> 자연 현상을 관찰하고 의문점이 생겼을 때 '~라면 ~이다.'라는 잠정적인 결론을 내리는 과정이다.

① 문제 인식   ② 가설 설정
③ 결론 도출   ④ 자료 해석
⑤ 탐구 설계

2. 그림은 과학적 탐구 방법의 단계를 나타낸 것이다.

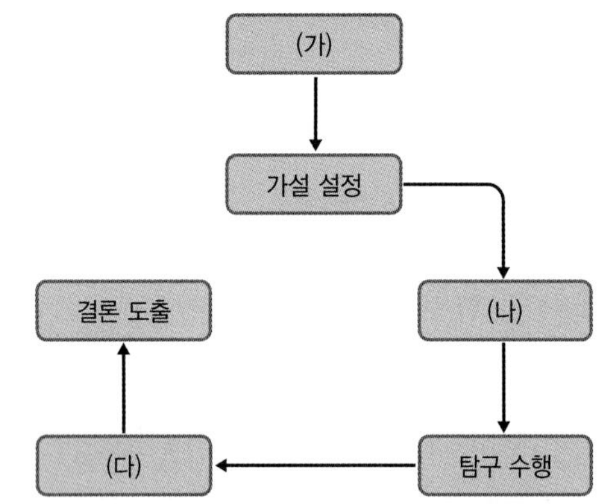

이에 대한 설명으로 옳은 것을 보기에서 모두 고른 것은?

> **보기**
> ㄱ. (가)는 문제를 인식하는 단계이다.
> ㄴ. (나)는 가설을 수정하는 단계이다.
> ㄷ. (다)는 실험 결과를 종합하여 가설이 맞는지 판단하고 결론을 내리는 단계이다.

① ㄱ   ② ㄷ   ③ ㄱ, ㄴ
④ ㄱ, ㄷ   ⑤ ㄱ, ㄴ, ㄷ

4. 다음은 어떤 탐구 문제와 이에 대한 가설을 나타낸 것이다.

> • 탐구 문제: 종이비행기의 크기에 따라 비행시간이 어떻게 달라질까?
> • 가설: 종이비행기의 크기가 클수록 비행시간이 길어질 것이다.

위의 가설을 검증하기 위한 탐구 계획으로 옳은 것을 보기에서 모두 고른 것은?

> **보기**
> ㄱ. 종이비행기의 비행시간은 측정해야 할 자료이다.
> ㄴ. 종이비행기를 접는 방법은 종이비행기마다 다르게 한다.
> ㄷ. 종이비행기를 만드는 종이의 크기는 실험에서 같게 할 조건에 해당한다.

① ㄱ   ② ㄴ   ③ ㄷ
④ ㄱ, ㄴ   ⑤ ㄱ, ㄷ

5. 과학의 발전이 인류 문명에 미친 영향에 대한 설명으로 옳은 것을 보기에서 모두 고른 것은?

> **보기**
> ㄱ. 증기 기관의 발명으로 교통수단이 단순해졌다.
> ㄴ. 인쇄 기술의 발달로 지식의 대량 전달이 가능해졌다.
> ㄷ. 태양 중심설은 지구가 우주의 중심이라는 인류의 생각을 바꾸는 계기가 되었다.

① ㄱ　　　　② ㄷ　　　　③ ㄱ, ㄴ
④ ㄴ, ㄷ　　　⑤ ㄱ, ㄴ, ㄷ

6. 다음은 어떤 첨단 과학기술에 대한 설명이다.

> • 무선 통신으로 각종 사물을 연결하는 기술이다.
> • 농업 분야에서 농작물의 상태를 확인하고 자동으로 관리할 수 있다.

위의 첨단 과학기술과 관련된 내용으로 옳은 것을 보기에서 모두 고른 것은?

> **보기**
> ㄱ. 우주 탐사나 수술 등에 첨단 로봇을 이용할 수 있다.
> ㄴ. 가전제품을 집 밖에서 스마트폰으로 제어할 수 있다.
> ㄷ. 사람의 학습 능력이 필요한 작업을 기계가 할 수 있다.

① ㄱ　　　　② ㄴ　　　　③ ㄱ, ㄷ
④ ㄴ, ㄷ　　　⑤ ㄱ, ㄴ, ㄷ

7. 다음 중 과학의 발달이 우리 생활에 미친 긍정적인 영향이 <u>아닌</u> 것은?

① 식량 문제가 해결되었다.
② 생활이 매우 편리해졌다.
③ 환경오염이 발생하였다.
④ 사람의 수명이 연장되었다.
⑤ 다양한 문화 생활을 즐길 수 있게 되었다.

서술형

8. 다음은 지속가능한 삶을 위협하는 문제들이다.

> 에너지 자원 고갈, 환경오염, 기후 변화

인류의 지속가능한 삶을 위한 개인적 차원의 활동 방안을 <u>두 가지</u>만 서술하시오.

1. 세포에 대한 설명으로 옳은 것을 보기에서 모두 고른 것은?

> **보기**
> ㄱ. 생물의 몸을 구성하는 기본 단위이다.
> ㄴ. 세포 안에서 다양한 생명활동이 일어난다.
> ㄷ. 영국의 과학자 훅은 살아 있는 세포를 처음으로 관찰하였다.
> ㄹ. 사람의 몸을 구성하는 세포의 모양과 크기는 모두 동일하다.

① ㄱ, ㄴ   ② ㄱ, ㄷ   ③ ㄴ, ㄹ
④ ㄱ, ㄴ, ㄷ   ⑤ ㄴ, ㄷ, ㄹ

2. 그림 (가)와 (나)는 두 종류의 세포를 현미경으로 관찰한 것이다. (가)와 (나)는 검정말잎 세포와 입안 상피세포를 순서 없이 나타낸 것이다.

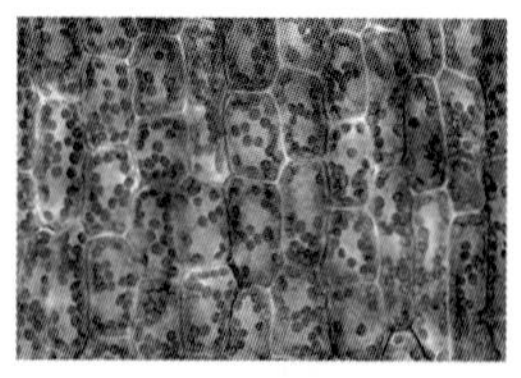

(가) (나)

(가)와 (나)를 비교한 내용으로 옳지 <u>않은</u> 것은?

	(가)	(나)
① 핵	있다.	없다.
② 세포벽	없다.	있다.
③ 엽록체	없다.	있다.
④ 마이토콘드리아	있다.	있다.
⑤ 세포의 종류	동물 세포	식물 세포

[3~4] 그림은 식물 세포의 구조를 나타낸 것이다.

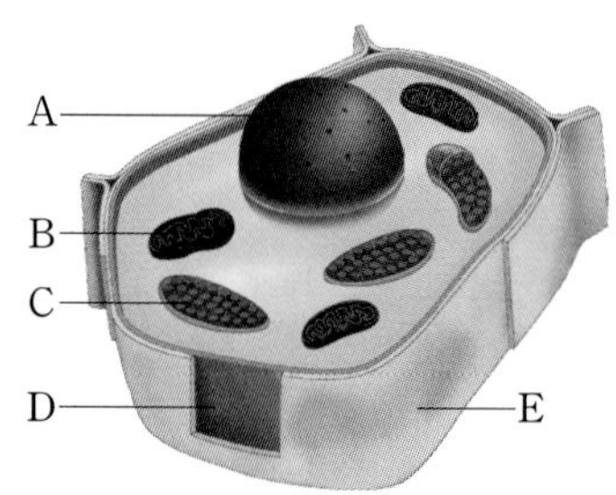

3. A~E에 대한 설명으로 옳은 것은?

① A는 생명활동에 필요한 에너지를 생산한다.
② B는 세포의 생명활동을 조절하고 통제한다.
③ C에서 광합성이 일어난다.
④ D는 단단하여 세포를 보호한다.
⑤ E는 세포를 드나드는 물질의 출입을 조절한다.

4. 다음은 A~C 중 하나에 대해 설명한 것이다.

> • 세포의 생명활동에 필요한 에너지를 생산한다.
> • 근육세포와 같이 에너지를 많이 소모하는 세포에 많다.

이에 해당하는 구조의 기호와 이름을 옳게 짝 지은 것은?

	기호	이름
①	A	핵
②	A	엽록체
③	B	엽록체
④	B	마이토콘드리아
⑤	C	마이토콘드리아

5. 그림은 동물 몸의 구성 단계와 식물 몸의 구성 단계를 나타낸 것이다.

동물 몸의 구성 단계: 세포 → (가) → 기관 → (나) → 개체

식물 몸의 구성 단계: 세포 → 조직 → (다) → (라) → 개체

이에 대한 설명으로 옳은 것을 보기에서 모두 고른 것은?

보기
ㄱ. (가)는 모양과 기능이 비슷한 세포들의 모임이다.
ㄴ. (나)에는 표피조직계, 관다발조직계가 있다.
ㄷ. (다)는 동물 몸의 구성 단계에는 없다.
ㄹ. (라)는 기관계이다.

① ㄱ, ㄴ　　② ㄱ, ㄷ　　③ ㄴ, ㄷ
④ ㄴ, ㄹ　　⑤ ㄷ, ㄹ

6. 그림은 사람 몸의 구성 단계를 순서 없이 나타낸 것이다.

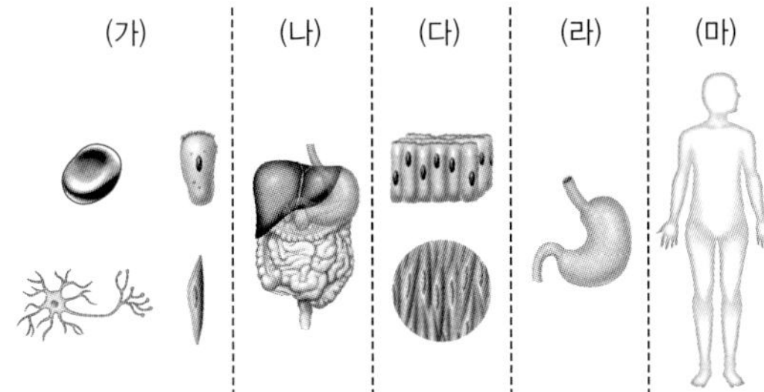

(가)　(나)　(다)　(라)　(마)

이에 대한 설명으로 옳은 것을 보기에서 모두 고른 것은?

보기
ㄱ. (가)는 기능에 따라 모양과 크기가 다양하다.
ㄴ. (나)는 식물 몸의 구성 단계에도 있다.
ㄷ. (다)는 모양과 기능이 비슷한 세포들의 모임이다.
ㄹ. (라)가 모여 (마)를 이룬다.

① ㄱ, ㄷ　　② ㄱ, ㄹ　　③ ㄴ, ㄷ
④ ㄴ, ㄹ　　⑤ ㄷ, ㄹ

7. 생물다양성의 의미에 대한 설명으로 옳은 것을 보기에서 모두 고른 것은?

보기
ㄱ. 하나의 생태계 안에 다양한 종류의 생물이 살고 있다.
ㄴ. 물, 온도, 공기, 토양 등의 환경이 다른 생태계가 다양하다.
ㄷ. 한 종류의 생물 사이에서 나타나는 변이는 생물다양성에 포함되지 않는다.

① ㄱ　　　　② ㄴ　　　　③ ㄷ
④ ㄱ, ㄴ　　⑤ ㄴ, ㄷ

8. 그림은 생물다양성의 의미를 나타낸 것이다.

(가)　　　　(나)　　　　(다)

(다)의 사례로 옳은 것은?

① 숲, 사막, 강, 바다 등이 있다.
② 사람의 눈동자 색깔이 다양하다.
③ 벼를 심은 논보다 갯벌에 생물의 종류가 더 많다.
④ 엽록체는 동물 세포에는 없고 식물 세포에만 있다.
⑤ 동물 몸의 구성 단계와 식물 몸의 구성 단계에는 공통점과 차이점이 있다.

9. 표는 아일랜드의 주식이었던 럼퍼 감자인 (가)와 페루의 감자인 (나)를 나타낸 것이다.

(가)	(나)
한 종류만 있으며 모양, 크기, 색깔이 비슷하다.	4000여 종류가 있으며 모양, 크기, 색깔이 다양하다.

이에 대한 설명으로 옳은 것을 보기에서 모두 고른 것은?

> **보기**
> ㄱ. (가)는 (나)보다 변이가 다양하다.
> ㄴ. (나)는 (가)보다 전염병에 강하다.
> ㄷ. (가)는 (나)보다 생물다양성이 낮다.
> ㄹ. (나)는 (가)보다 멸종할 가능성이 높다.

① ㄱ, ㄷ 　 ② ㄱ, ㄹ 　 ③ ㄴ, ㄷ
④ ㄴ, ㄹ 　 ⑤ ㄷ, ㄹ

10. 생물의 분류체계에 대한 설명으로 옳지 <u>않은</u> 것은?

① 계는 문보다 큰 단위이다.
② 동물과 식물은 같은 계에 속한다.
③ 생물을 분류하는 가장 작은 단위는 종이다.
④ 같은 과에 속하는 두 생물은 같은 목에 포함된다.
⑤ 여러 종에서 공통의 특징을 가진 것끼리 무리 지어 속으로 분류할 수 있다.

11. 가장 많은 생물을 포함하는 분류 단위로 옳은 것은?

① 포유강 　　　　 ② 식육목
③ 동물계 　　　　 ④ 고양이과
⑤ 척삭동물문

12. 그림은 세 종류의 생물을 나타낸 것이다.

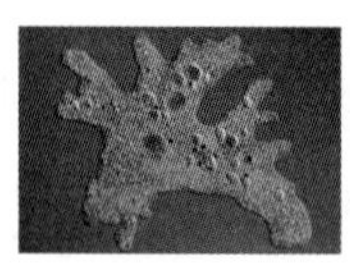
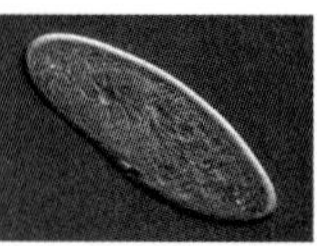
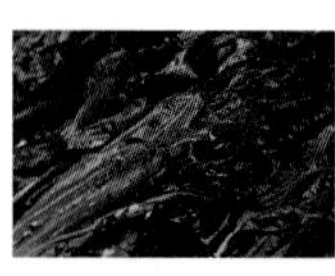

아메바 　　　 짚신벌레 　　　 미역

이 생물들이 속하는 계에 대한 설명으로 옳은 것을 보기에서 모두 고른 것은?

> **보기**
> ㄱ. 몸이 균사로 이루어져 있다.
> ㄴ. 핵막으로 둘러싸인 핵이 있다.
> ㄷ. 이 계에 속하는 생물은 모두 광합성을 하여 스스로 영양분을 합성한다.

① ㄱ 　　　　 ② ㄴ 　　　　 ③ ㄷ
④ ㄱ, ㄴ 　　 ⑤ ㄴ, ㄷ

13. 그림은 푸른곰팡이와 효모를 현미경으로 관찰한 결과를 나타낸 것이다.

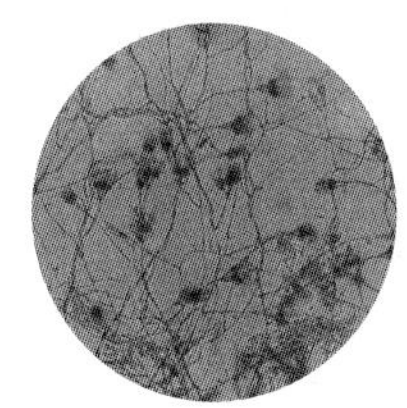
푸른곰팡이

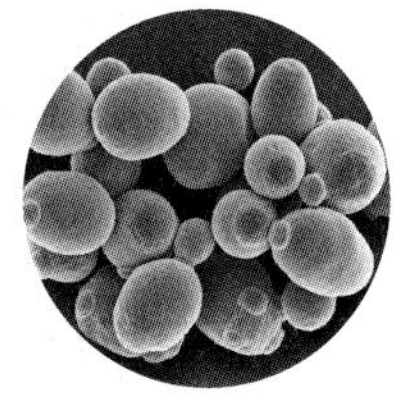
효모

이 두 생물이 속하는 계로 옳은 것은?

① 균계　　　　　② 동물계

③ 식물계　　　　④ 원핵생물계

⑤ 원생생물계

14. 생물다양성보전에 대한 설명으로 옳은 것을 보기에서 모두 고른 것은?

> **보기**
> ㄱ. 생물자원을 제공하는 생물만 보호하면 된다.
> ㄴ. 안정된 생태계는 사람에게 생물자원을 제공한다.
> ㄷ. 생물다양성이 감소하면 생태계가 안정적으로 유지된다.

① ㄱ　　　　② ㄴ　　　　③ ㄷ

④ ㄱ, ㄴ　　⑤ ㄴ, ㄷ

15. 다음은 열대우림에 사는 오랑우탄의 개체수 감소에 대한 기사 일부이다.

> 사람과 가까운 유인원의 하나인 오랑우탄은 1999년~2015년 사이에 보르네오에서 10만 마리 이상이 줄었다는 연구 결과가 나왔다. 학자들은 오랑우탄 감소의 주원인을 팜유를 만드는 농장을 짓기 위해 산림이 벌채되었기 때문이라고 보고 있다.

오랑우탄의 개체수 감소와 관련이 깊은 생물다양성의 감소 원인은?

① 환경오염　　　② 기후 변화

③ 불법 포획　　　④ 서식지파괴

⑤ 외래종 유입

16. 생물다양성을 유지하기 위한 실천 방안으로 옳지 <u>않은</u> 것은?

① 멸종 위기종의 복원 사업에 참여한다.

② 도로를 건설할 때에는 생태통로를 설치한다.

③ 생물다양성이 높은 곳은 국립공원으로 지정하여 보호한다.

④ 황무지를 개척하기 위해 외래 식물을 대량으로 도입해 심는다.

⑤ 생산 과정에서 이산화 탄소의 배출량이 적은 제품을 구입하여 사용한다.

서술형

17. 그림은 양파의 표피세포를 현미경으로 관찰한 결과를 나타낸 것이다.

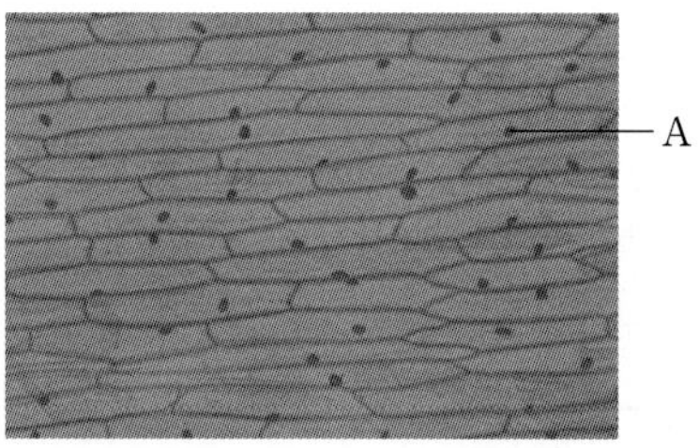

A를 뚜렷하게 관찰하기 위해서는 어떤 과정이 필요한지 서술하시오.

18. 다음은 생물의 구성 단계에 대해 설명한 것이다.

> (가) 생물의 몸은 세포들이 단순히 모여 있는 것이 아니라 세포, 조직, 기관, 개체의 단계를 거쳐 유기적으로 구성된다.
> (나) 모양과 기능이 비슷한 세포들이 모여 조직을 이룬다.
> (다) 여러 조직이 모여 고유한 형태와 기능을 갖는 기관을 형성한다.
> (라) 동물 몸의 구성 단계에는 조직과 기관 사이에 조직계가 있고, 식물 몸의 구성 단계에는 기관과 개체 사이에 기관계가 있다.

(가)~(라) 중 옳지 <u>않은</u> 것을 고르고, 내용을 수정하여 옳은 문장이 되도록 서술하시오.

19. 다음은 부리의 모양이 다양한 한 종류의 핀치가 환경이 다른 섬에 흩어져 살면서 새로운 종류의 핀치가 나타난 과정을 설명한 것이다.

> • 육지에 살던 한 종류의 핀치 중 일부가 서로 다른 섬으로 날아들었다.
> • 핀치의 일부는 ㉠단단한 씨가 많은 섬에서 살게 되었다. 오랜 시간이 지난 뒤 크고 두꺼운 부리를 가진 핀치가 살게 되었다.
> • 핀치의 일부는 ㉡나무 속에 작은 곤충이 많은 섬에 살게 되었다. 오랜 시간이 지난 뒤 길고 단단한 부리를 가진 핀치가 살게 되었다.

오랜 시간이 지난 뒤에 ㉠과 ㉡에서 부리 모양이 다른 핀치가 살게 된 까닭을 서술하시오.

20. 다음은 말과 당나귀 사이에서 태어나는 노새에 대해 설명한 것이다.

> • 말과 당나귀는 크기, 생김새에 차이가 있다.
> • 말과 당나귀는 짝짓기를 하여 노새를 낳을 수 있다.
> • 노새는 번식 능력이 없다.

말과 당나귀는 같은 종인지 다른 종인지 쓰고, 그렇게 판단한 까닭을 서술하시오.

1. 그림은 현미경으로 관찰한 양파의 표피세포를 나타낸 것이다.

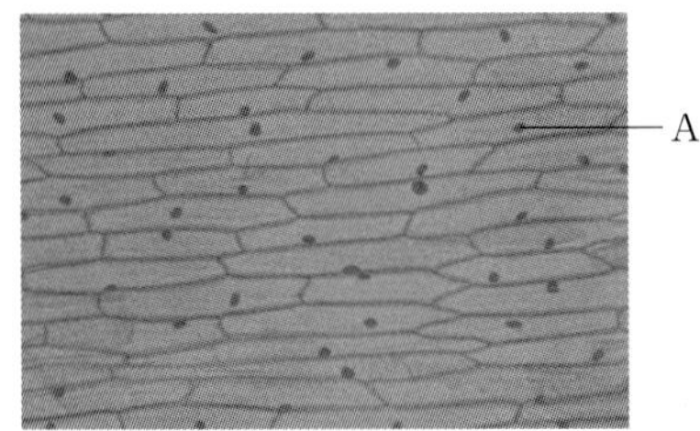

A에 대한 설명으로 옳은 것을 보기에서 모두 고른 것은?

보기
ㄱ. 유전물질이 들어 있다.
ㄴ. 세포의 생명활동을 조절한다.
ㄷ. 생명활동에 필요한 에너지를 생산한다.
ㄹ. A를 뚜렷하게 관찰할 수 있는 것은 물을 한 방울 떨어뜨렸기 때문이다.

① ㄱ, ㄴ　　② ㄱ, ㄷ　　③ ㄱ, ㄹ
④ ㄴ, ㄷ　　⑤ ㄴ, ㄹ

2. 그림은 현미경으로 관찰한 검정말잎 세포를 나타낸 것이다.

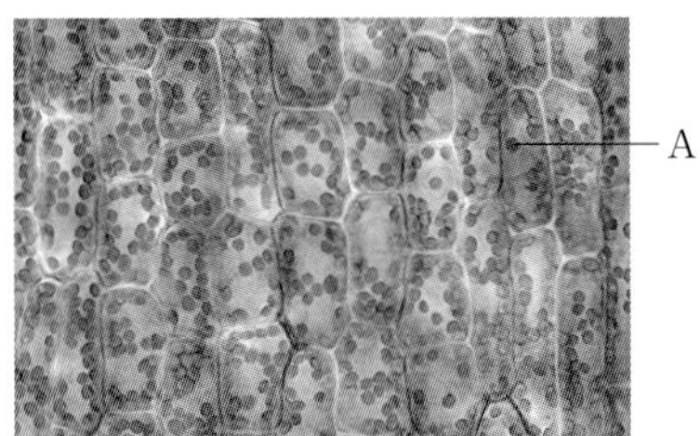

A에 대한 설명으로 옳은 것은?

① 광합성을 한다.
② 생명활동에 필요한 에너지를 생산한다.
③ 염색액으로 염색한 결과 초록색을 띤다.
④ 공장의 중앙 통제실과 같은 역할을 한다.
⑤ 세포 안팎으로 드나드는 물질의 출입을 조절한다.

3. 동물 세포와 식물 세포가 공통적으로 가지는 세포의 구조를 모두 고르면? (3개)

① 핵　　　　　　② 세포벽
③ 엽록체　　　　④ 세포막
⑤ 마이토콘드리아

4. 그림은 식물 세포의 구조를 나타낸 것이다.

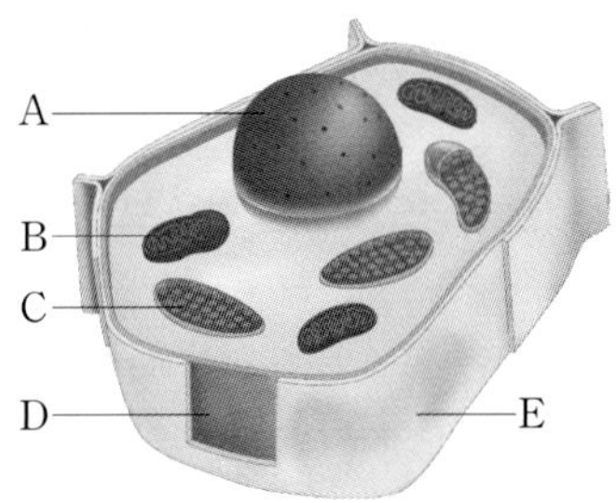

동물 세포에 비해 식물 세포가 규칙적으로 배열되어 있는 것과 관련이 깊은 것은?

① A　　　　② B　　　　③ C
④ D　　　　⑤ E

5. 세포에 대한 설명으로 옳은 것을 보기에서 모두 고른 것은?

> **보기**
> ㄱ. 생물의 몸을 구성하는 기본 단위이다.
> ㄴ. 동물 세포와 식물 세포의 구조는 동일하다.
> ㄷ. 세포 하나만으로는 독립적인 개체가 될 수 없다.
> ㄹ. 다양한 모양과 기능을 가진 세포들이 각각의 위치에서 맡은 역할을 하고 있다.

① ㄱ, ㄴ ② ㄱ, ㄹ ③ ㄴ, ㄷ
④ ㄱ, ㄷ, ㄹ ⑤ ㄴ, ㄷ, ㄹ

6. 그림은 동물 몸의 구성 단계를 나타낸 것이다.

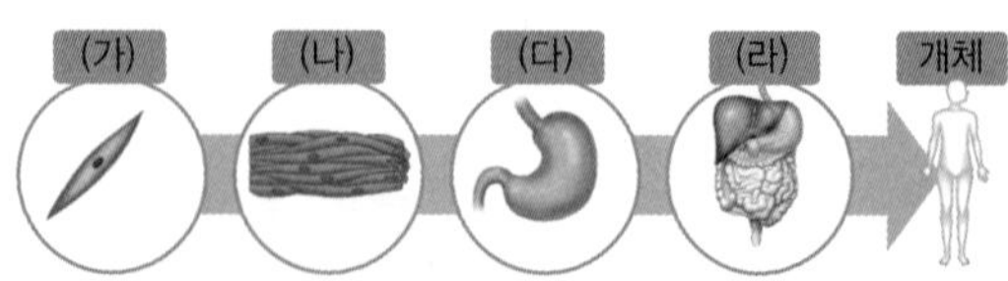

이에 대한 설명으로 옳은 것을 보기에서 모두 고른 것은?

> **보기**
> ㄱ. (가)는 동물 몸을 구성하는 기본 단위이다.
> ㄴ. (나)는 모양과 기능이 다양한 세포들의 모임이다.
> ㄷ. (다)는 식물 몸의 구성 단계에는 없는 단계이다.
> ㄹ. (라)는 기관계이다.

① ㄱ, ㄴ ② ㄱ, ㄷ ③ ㄱ, ㄹ
④ ㄴ, ㄷ ⑤ ㄷ, ㄹ

7. 그림은 다양한 무당벌레를 나타낸 것이다.

이처럼 무당벌레마다 겉날개의 색깔과 무늬가 다르게 나타나는 까닭으로 옳은 것은?

① 유전정보가 다르기 때문이다.
② 서로 다른 종류의 생물이기 때문이다.
③ 서로 다른 환경에 적응하였기 때문이다.
④ 같은 부모에게서 태어나지 않았기 때문이다.
⑤ 사막여우와 북극여우의 생김새가 다른 것과 같은 현상이다.

8. 그림은 학생 A, B, C가 생물다양성에 대해 이야기하는 모습을 나타낸 것이다.

옳게 설명한 학생을 모두 고른 것은?

① A ② B ③ A, C
④ B, C ⑤ A, B, C

9. 다음은 아일랜드의 감자와 페루의 감자에 대해 설명한 것이다.

> • 과거 아일랜드에서는 '럼퍼'라는 한 종류의 감자만 재배하여 주식으로 섭취하였다. 그러나 감자 역병이 돌자 대량의 럼퍼가 썩어버렸고, 주식이 부족해지자 사람들이 굶주림에 고통받았다.
> • 페루에 있는 감자는 모양과 색깔이 매우 다양해 종류가 4000여 개에 달한다.

이에 대한 설명으로 옳은 것을 보기에서 모두 고른 것은?

> **보기**
> ㄱ. 변이가 다양할수록 생물다양성은 높다.
> ㄴ. 페루의 감자는 아일랜드의 감자보다 변이가 다양하다.
> ㄷ. 변이가 다양하면 전염병이 유행할 때 살아남을 가능성이 낮다.

① ㄱ ② ㄷ ③ ㄱ, ㄴ
④ ㄴ, ㄷ ⑤ ㄱ, ㄴ, ㄷ

10. 생물분류에 대한 설명으로 옳지 <u>않은</u> 것은?

① 생물의 특징을 관찰하여 공통점과 차이점을 찾아야 한다.
② 분류한 생물은 또 다른 특징을 조사하여 더 작은 무리로 나눌 수 있다.
③ 기준을 세워 생물을 공통의 특징을 가지는 것끼리 무리 지어 나누는 것이다.
④ 생물을 분류하는 기준으로는 색깔, 사는 곳, 약으로 쓸 수 있는지의 여부 등이 있다.
⑤ 생물을 고유한 특징에 따라 분류하면 생물들 사이의 멀고 가까운 관계를 파악할 수 있다.

11. 생물을 분류하는 가장 작은 단위부터 큰 단위로 옳게 나열한 것은?

① 속－과－목－강－계－종－문
② 과－목－계－종－문－속－강
③ 계－과－속－종－강－목－문
④ 종－속－과－목－강－문－계
⑤ 강－목－종－계－속－문－과

12. 그림은 세 종류의 생물을 현미경으로 관찰한 것이다.

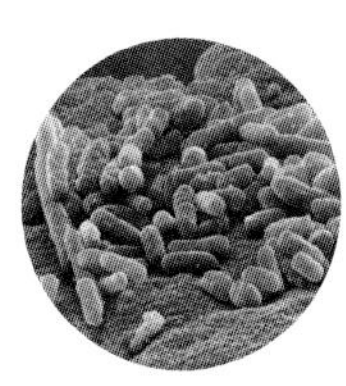 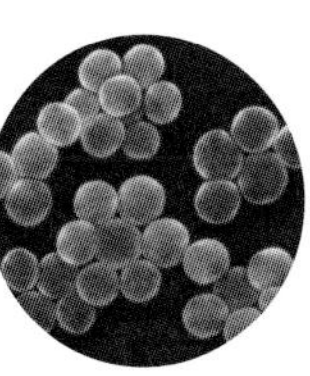 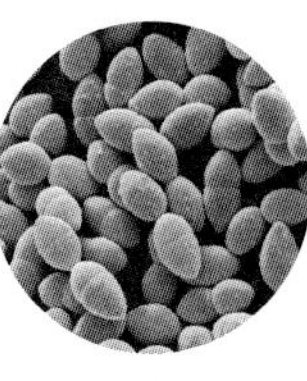

대장균   포도상구균   젖산균

이 생물들의 공통점으로 옳은 것을 보기에서 모두 고른 것은?

> **보기**
> ㄱ. 핵막이 없다.
> ㄴ. 광합성을 할 수 있다.
> ㄷ. 몸이 균사로 이루어져 있다.
> ㄹ. 하나의 세포로 이루어져 있다.

① ㄱ, ㄷ ② ㄱ, ㄹ ③ ㄴ, ㄷ
④ ㄴ, ㄹ ⑤ ㄷ, ㄹ

13. 다음은 생물의 5계 중 하나에 속하는 생물의 특징을 설명한 것이다.

> • 세포에 세포벽이 없다.
> • 몸이 여러 개의 세포로 이루어져 있다.
> • 핵막이 있어서 핵을 뚜렷하게 관찰할 수 있다.
> • 광합성을 못하고 다른 생물을 섭취하여 영양분을 얻는다.

이러한 특징을 가지는 생물이 속하는 계로 옳은 것은?

① 균계
② 동물계
③ 식물계
④ 원생생물계
⑤ 원핵생물계

14. 표는 생물 (가)~(다)의 특징을 비교한 것이다. (가)~(다)는 남세균, 송이버섯, 소나무를 순서 없이 나타낸 것이다.

구분	핵막이 있는가?	몸이 여러 개의 세포로 이루어져 있는가?	광합성을 하는가?
(가)	○	○	×
(나)	○	○	○
(다)	×	×	○

(○: 예, ×: 아니요)

(가)~(다)에 해당하는 생물을 옳게 짝 지은 것은?

	(가)	(나)	(다)
①	남세균	소나무	송이버섯
②	소나무	남세균	송이버섯
③	소나무	송이버섯	남세균
④	송이버섯	남세균	소나무
⑤	송이버섯	소나무	남세균

15. 생물다양성보전의 필요성에 대한 설명으로 옳지 <u>않은</u> 것은?

① 생태계를 안정적으로 유지한다.
② 사람이 살아가는 데 꼭 필요한 자원을 얻는다.
③ 발명품과 로봇 제작을 위한 아이디어를 얻는다.
④ 사람에게 혜택을 주는 생물을 우선적으로 보호할 수 있다.
⑤ 맑은 공기, 깨끗한 물, 여가 생활을 즐길 수 있는 환경을 유지한다.

16. 표는 우리 몸을 구성하는 세 가지 세포의 특징을 나타낸 것이다.

신경세포		가늘고 긴 모양으로, 몸의 외부와 내부에서 발생한 신호를 받아들이고 전달한다.
적혈구		작고 둥근 원반 모양으로, 혈관을 따라 돌아다니며 온 몸으로 산소를 운반한다.
상피세포		벽돌처럼 촘촘히 붙어서 피부와 내장 기관의 안쪽 표면을 이루고, 외부로부터 몸을 보호한다.

신경세포, 적혈구, 상피세포의 모양과 크기가 다른 까닭을 서술하시오.

____

____

17. 그림은 식물 몸의 구성 단계를 나타낸 것이다.

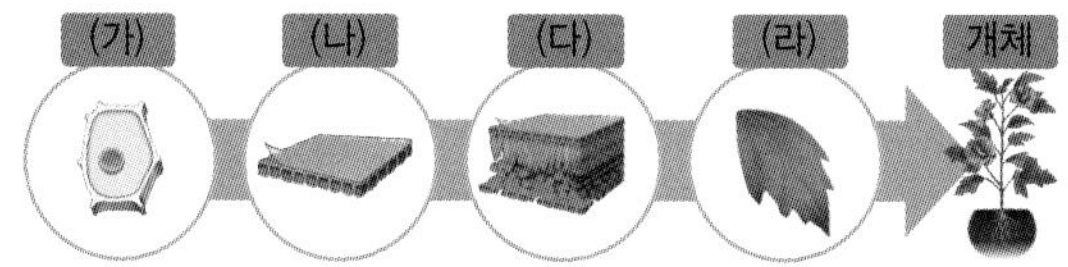

(1) (가)~(라)에 알맞은 단계를 각각 쓰시오.

(2) 식물 몸의 구성 단계가 동물 몸의 구성 단계와 다른 점을 서술하시오.

18. 표는 갈라파고스제도에서 발견된 새로운 종류의 핀치를 나타낸 것이다.

선인장핀치	큰땅핀치
선인장이 많은 섬에서 살고, 부리가 길고 뾰족하다.	단단한 씨가 많은 섬에서 살고, 부리가 크고 두껍다.

(1) 이 두 핀치의 생존에 영향을 미친 환경과 변이는 무엇인지 서술하시오.

(2) 갈라파고스제도에 처음 들어와 살게 된 핀치는 원래 한 종류였다. 오랜 시간이 지난 뒤 부리의 모양이 다른 새로운 종류의 핀치가 나타나게 된 과정을 서술하시오.

19. 다양한 생물은 작은 단위에서부터 큰 단위에 이르는 체계로 분류할 수 있다.

(1) 생물을 분류할 때 가장 기본이 되는 단위를 쓰시오.

(2) 두 개체의 생물을 하나의 기본 단위로 묶을 수 있는 기준을 서술하시오.

20. 그림은 생태계 (가), (나)의 먹이 관계를 나타낸 것이다.

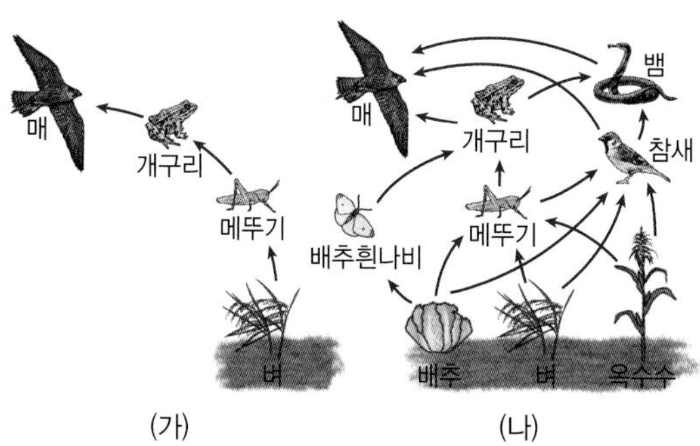

(가), (나) 중 개구리가 사라질 때 연쇄적으로 생물이 멸종될 가능성이 낮은 생태계를 고르고, 그 까닭을 서술하시오.

1. 다음 글의 ㉠, ㉡에 들어갈 말을 옳게 짝 지은 것은?

> 물질의 따뜻하고 차가운 정도를 수치로 나타낸 것을 ㉠(   )(이)라 하고, 온도가 서로 다른 두 물체가 접촉했을 때 온도가 높은 물체에서 온도가 낮은 물체로 이동하는 에너지를 ㉡(   )(이)라고 한다.

	㉠	㉡		㉠	㉡
①	열	온도	②	열	열량
③	온도	열	④	온도	비열
⑤	열량	열			

2. 온도와 입자 운동에 대한 설명으로 옳은 것을 보기에서 모두 고른 것은?

> **보기**
> ㄱ. 물질을 구성하는 입자의 운동이 활발할수록 온도가 낮다.
> ㄴ. 온도는 물질을 구성하는 입자의 운동이 활발한 정도를 나타낸다.
> ㄷ. 온도가 다른 두 물체가 접촉했을 때 입자 운동이 활발한 물체에서 입자 운동이 둔한 물체 쪽으로 열이 이동한다.

① ㄱ ② ㄷ ③ ㄱ, ㄴ
④ ㄴ, ㄷ ⑤ ㄱ, ㄴ, ㄷ

3. 그림 (가)~(다)는 온도가 서로 다른 물의 입자 운동을 모형으로 나타낸 것이다.

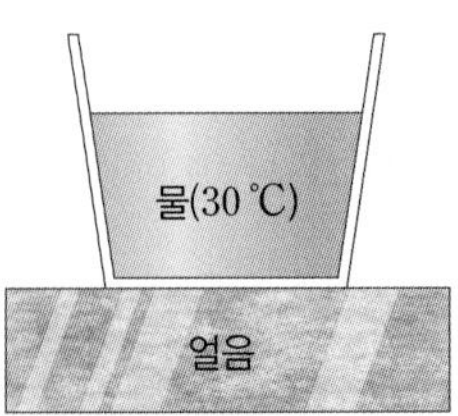

이에 대한 설명으로 옳은 것을 보기에서 모두 고른 것은?

> **보기**
> ㄱ. 입자 운동은 (가)가 가장 활발하다.
> ㄴ. (나)의 온도가 가장 높다.
> ㄷ. (다)의 입자 크기가 가장 크다.

① ㄱ ② ㄴ ③ ㄱ, ㄷ
④ ㄴ, ㄷ ⑤ ㄱ, ㄴ, ㄷ

4. 그림은 얼음 위에 30 ℃의 물이 들어 있는 컵을 올려놓은 것을 나타낸 것이다.

이에 대한 설명으로 옳은 것은? (단, 열은 물과 얼음 사이에서만 이동한다.)

① 물의 온도는 높아진다.
② 물의 부피는 계속 증가한다.
③ 열은 얼음에서 물로 이동한다.
④ 물의 입자 운동은 활발해진다.
⑤ 물은 입자 사이의 간격이 줄어든다.

5. 그림과 같이 찬물이 든 열량계에 뜨거운 물이 든 금속 캔을 넣고 2분 간격으로 물의 온도를 측정하였더니, 그 결과가 표와 같았다.

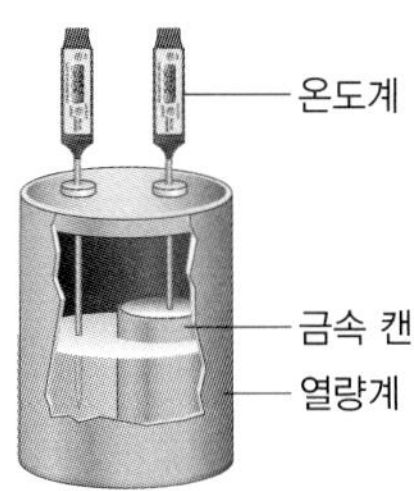

시간(분)		0	2	4	6	8
온도 (℃)	열량계 속 물	10	24	29	30	30
	금속 캔 속 물	60	39	32	( )	( )

시간에 따른 금속 캔 속 물의 온도를 가장 적절하게 나타낸 것은?

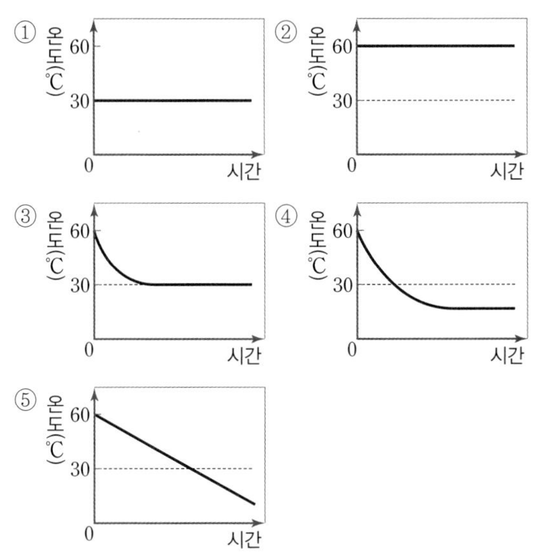

6. 10 ℃의 물과 70 ℃의 물을 섞었더니 열평형을 이루었다. 두 물이 열평형을 이룰 때의 온도로 가능하지 <u>않은</u> 것은?

① 15 ℃ ② 30 ℃ ③ 45 ℃
④ 60 ℃ ⑤ 75 ℃

[7~9] 그림은 두 물체 A와 B를 접촉시켰을 때 시간에 따른 A와 B의 온도를 나타낸 것이다.

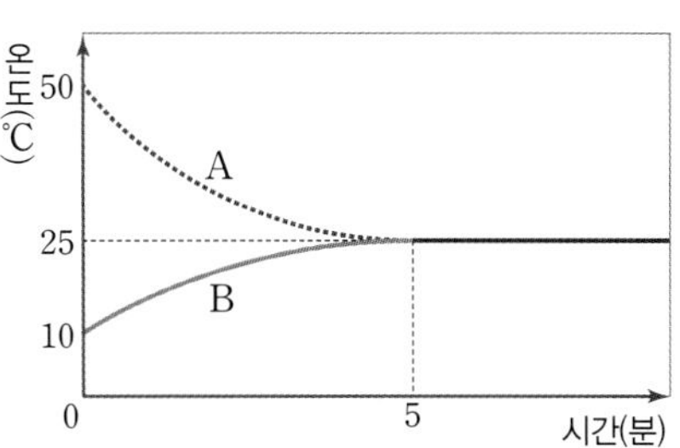

7. 이에 대한 설명으로 옳은 것을 보기에서 모두 고른 것은? (단, 열은 A와 B 사이에서만 이동한다.)

보기
ㄱ. 열은 A에서 B로 이동한다.
ㄴ. B의 입자 운동은 처음보다 활발해진다.
ㄷ. 10분이 되면 A의 온도가 B보다 낮아진다.

① ㄱ ② ㄴ ③ ㄱ, ㄴ
④ ㄴ, ㄷ ⑤ ㄱ, ㄴ, ㄷ

8. A와 B가 열평형일 때의 온도는?

① 10 ℃ ② 25 ℃ ③ 30 ℃
④ 45 ℃ ⑤ 50 ℃

9. 열평형에 도달할 때까지 A와 B를 구성하는 입자 운동의 변화를 옳게 짝 지은 것은?

	A	B
①	활발해짐.	활발해짐.
②	활발해짐.	둔해짐.
③	둔해짐.	활발해짐.
④	둔해짐.	둔해짐.
⑤	둔해짐.	변화 없음.

10. 다음은 열의 이동을 관찰하기 위한 실험이다.

> [실험 과정]
> (가) 크기와 두께가 같은 철판, 유리판, 구리판을 스탠드에 고정한다.
> 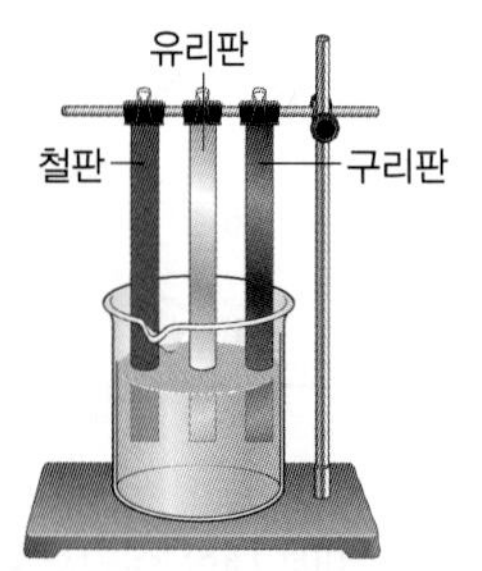
>
> (나) 세 종류의 판을 동시에 뜨거운 물이 담긴 비커에 넣고 열화상 카메라로 판의 색깔 변화를 관찰한다.
>
> [실험 결과]
> • 구리판−철판−유리판 순으로 색깔이 빨리 변한다.

이에 대한 설명으로 옳은 것을 보기에서 모두 고른 것은?

> **보기**
> ㄱ. 판에서 물질의 도움 없이 열이 직접 이동한다.
> ㄴ. 뜨거운 물에 담긴 부분부터 색깔이 변하기 시작한다.
> ㄷ. 물질의 종류에 따라 열이 이동하는 빠르기가 다르다.

① ㄱ   ② ㄷ   ③ ㄱ, ㄴ
④ ㄴ, ㄷ   ⑤ ㄱ, ㄴ, ㄷ

11. 비열에 대한 설명으로 옳지 **않은** 것은?

① 비열은 어떤 물질 1 kg의 온도를 1 ℃ 높이는 데 필요한 열량이다.
② 비열은 물질마다 고유한 값을 가진다.
③ 질량을 다르게 하면 물질의 비열이 달라진다.
④ 물의 비열은 $1 \, kcal/(kg \cdot ℃)$이다.
⑤ 같은 질량의 물질에 같은 열량을 가하면 비열이 클수록 온도 변화는 작다.

12. 표는 세 물질 A, B, C를 같은 가열 장치로 가열하였을 때의 온도 변화를 나타낸 것이다.

물질	질량(g)	처음 온도(℃)	5분 후 온도(℃)
A	100	20	40
B	200	20	40
C	200	20	30

이에 대한 설명으로 옳은 것은? (단, 외부와의 열 출입은 없다.)

① A와 C는 같은 물질이다.
② 비열이 가장 큰 물질은 B이다.
③ 흡수한 열량이 가장 작은 물질은 C이다.
④ 가열하는 동안 A를 구성하는 입자의 크기가 증가한다.
⑤ 1 kg의 온도를 1 ℃ 높이는 데 필요한 열량은 C가 가장 작다.

13. 다음은 질량이 같은 물과 콩기름을 가열할 때 온도 변화를 알아보기 위한 실험이다.

> [실험 과정]
> (가) 물과 콩기름을 각각 100 g씩 비커에 넣는다.
> (나) 비커를 같은 세기의 불꽃으로 가열하면서 1분 간격으로 온도를 측정한다.
>
> [실험 결과]
> 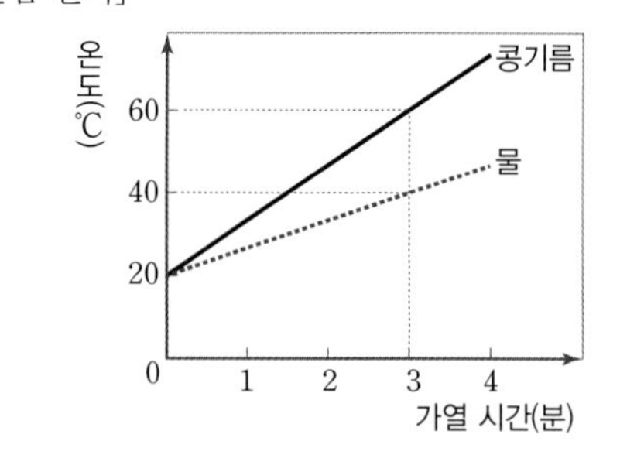
>

이에 대한 설명으로 옳은 것을 보기에서 모두 고른 것은? (단, 외부와의 열 출입은 없다.)

> **보기**
> ㄱ. 시간당 온도 변화는 물이 콩기름보다 작다.
> ㄴ. 비열은 물이 콩기름보다 작다.
> ㄷ. 3분 동안 물이 얻은 열량은 콩기름이 얻은 열량보다 크다.

① ㄱ   ② ㄴ   ③ ㄱ, ㄷ
④ ㄴ, ㄷ   ⑤ ㄱ, ㄴ, ㄷ

14. 비열과 관련된 현상으로 옳은 것을 보기에서 모두 고른 것은?

보기
ㄱ. 냉각수를 이용하여 과열된 기계를 식힌다.
ㄴ. 내륙 지방보다 해안 지방이 일교차가 작다.
ㄷ. 겨울철보다 여름철에 철탑의 높이가 더 높다.
ㄹ. 가스관에 ㄷ자형 관을 이어 가스관이 휘어지는 것을 막는다.

① ㄱ, ㄴ   ② ㄱ, ㄹ   ③ ㄴ, ㄷ
④ ㄴ, ㄹ   ⑤ ㄷ, ㄹ

15. 다음 글의 ㉠, ㉡에 들어갈 말을 옳게 짝 지은 것은?

㉠( )은/는 온도가 높아지면 물질의 길이와 부피가 증가하는 현상으로, 물질의 온도가 높아지면 물질을 이루는 입자의 운동이 ㉡( ), 입자 사이의 거리가 멀어져서 부피가 증가한다.

	㉠	㉡
①	열	활발해지고
②	열	둔해지고
③	열팽창	활발해지고
④	열팽창	둔해지고
⑤	열평형	활발해지고

16. 같은 길이의 철, 구리, 알루미늄 막대를 바늘에 연결하고 세 막대를 동시에 가열하였더니 수평 상태였던 바늘이 그림과 같이 되었다.

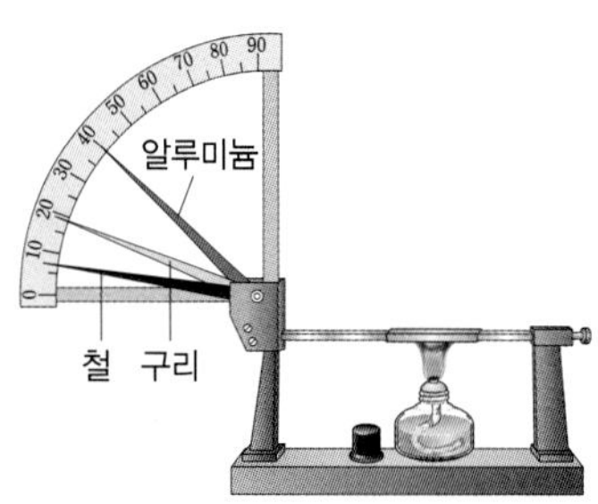

이에 대한 설명으로 옳은 것을 보기에서 모두 고른 것은?

보기
ㄱ. 막대를 가열하면 막대를 이루는 입자 운동이 활발해진다.
ㄴ. 막대의 길이가 증가하기 때문에 바늘이 회전한다.
ㄷ. 열팽창 정도가 가장 큰 것은 철이다.

① ㄱ   ② ㄷ   ③ ㄱ, ㄴ
④ ㄴ, ㄷ   ⑤ ㄱ, ㄴ, ㄷ

17. 철로 만든 에펠탑의 높이는 여름에는 높아지고 겨울에는 낮아진다. 이 현상과 같은 원리로 설명할 수 있는 것은?

① 다리의 연결 부위에 틈을 만든다.
② 추운 지방의 집은 벽을 두껍게 한다.
③ 용수철에 추를 매달면 길이가 늘어난다.
④ 해안 지역은 내륙 지역보다 일교차가 작다.
⑤ 추운 날 금속 의자가 나무 의자보다 차갑게 느껴진다.

[18~19] 시험관에 물과 에탄올을 각각 넣고 유리관 속 높이를 같게 한 후 가열하였더니 그림과 같이 유리관 속 높이가 높아졌다.

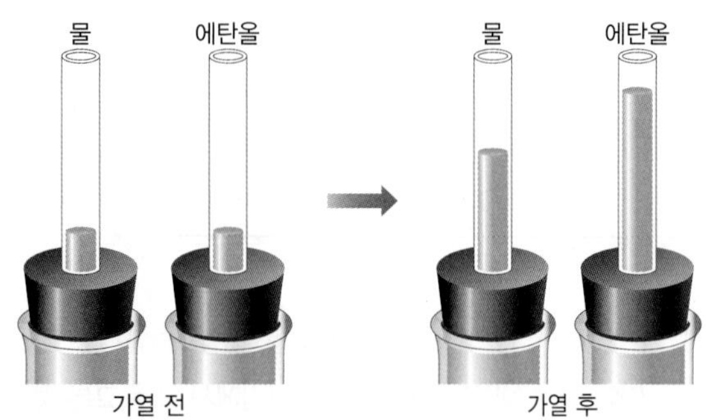

18. 이 실험에 대한 설명으로 옳은 것은?

① 물과 에탄올의 비열은 같다.
② 가열 후 물의 질량은 증가한다.
③ 가열 후 에탄올의 밀도는 증가한다.
④ 가열 후 물 입자의 운동은 활발해진다.
⑤ 가열 후 에탄올 입자의 운동은 둔해진다.

19. 이 실험의 결과에 대한 설명으로 옳은 것을 보기에서 모두 고른 것은?

보기

ㄱ. 물의 열팽창 정도가 에탄올의 열팽창 정도보다 크다.
ㄴ. 액체의 종류에 따라 열팽창 정도가 다르다.
ㄷ. 수은 온도계도 이와 같은 원리로 온도를 측정한다.

① ㄱ   ② ㄴ   ③ ㄷ
④ ㄱ, ㄴ   ⑤ ㄴ, ㄷ

---

20. 다음은 흰개미 집에 대한 설명이다.

> 흰개미 집의 아래쪽과 위쪽에는 구멍이 나 있다. 아래쪽 구멍으로는 땅속 공기가 들어오고, 위쪽 구멍으로는 공기가 빠져나간다. 이 때문에 50 ℃를 넘나드는 사막에서도 흰개미 집의 내부는 늘 30 ℃ 이하를 유지한다.
>
> 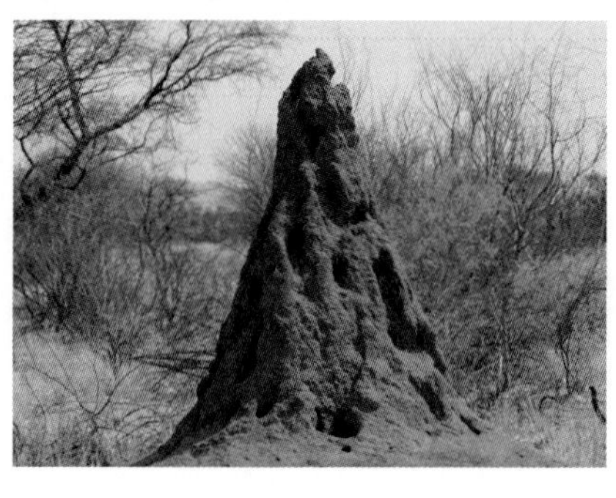

흰개미 집의 내부의 온도가 외부에 비해 낮은 까닭을 열의 이동 방법과 관련지어 서술하시오.

21. 그림은 서로 접촉한 물체 A와 B의 시간에 따른 온도를 나타낸 것이다.

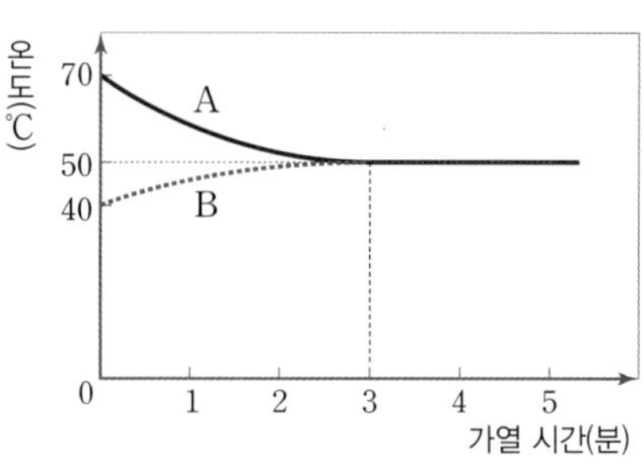

A와 B의 질량이 같을 때, A와 B의 비열의 크기를 비교하고 그렇게 생각한 까닭을 서술하시오.

1. 물의 온도와 질량이 다음과 같을 때, 물을 이루는 입자의 운동이 가장 활발한 것은?

① 20 ℃의 물 1 kg
② 20 ℃의 물 2 kg
③ 40 ℃의 물 1 kg
④ 40 ℃의 물 2 kg
⑤ 60 ℃의 물 1 kg

3. 그림과 같이 얼음이 든 아이스박스에 음료수를 넣어 두면 음료수가 시원해진다.

이와 관련 있는 현상으로 옳지 <u>않은</u> 것은?

① 체온계로 체온을 잰다.
② 다리의 이음매에 틈을 만든다.
③ 계곡물에 수박을 담그면 시원해진다.
④ 냉장고에 음식을 넣어 차갑게 유지한다.
⑤ 한약 봉지를 뜨거운 물에 담가 두면 한약이 따뜻해진다.

2. 오른쪽 그림은 실온에서 물 입자의 운동을 나타낸 것이다. 이 물을 (가) 가열했을 때와 (나)냉각시켰을 때 물 입자의 운동 모습을 보기에서 골라 옳게 짝 지은 것은?

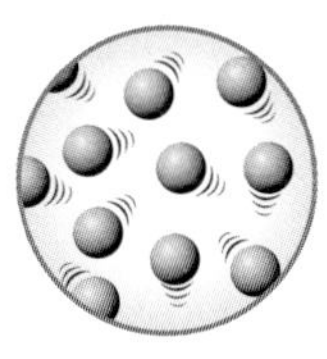

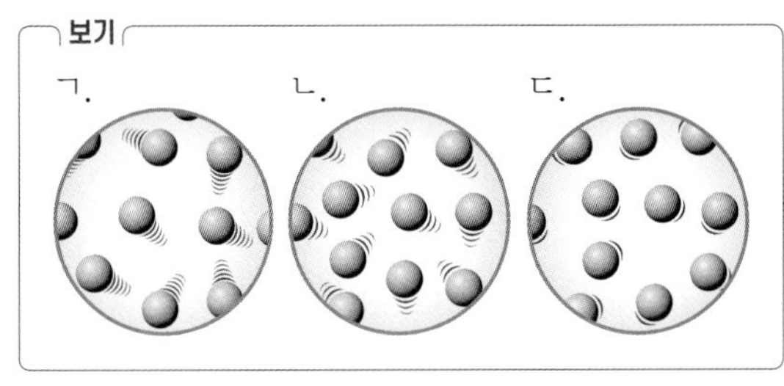

	(가)	(나)		(가)	(나)
①	ㄱ	ㄴ	②	ㄱ	ㄷ
③	ㄴ	ㄴ	④	ㄴ	ㄷ
⑤	ㄷ	ㄱ			

4. 그림은 서로 접촉한 물체 A와 B의 시간에 따른 온도를 나타낸 것이다.

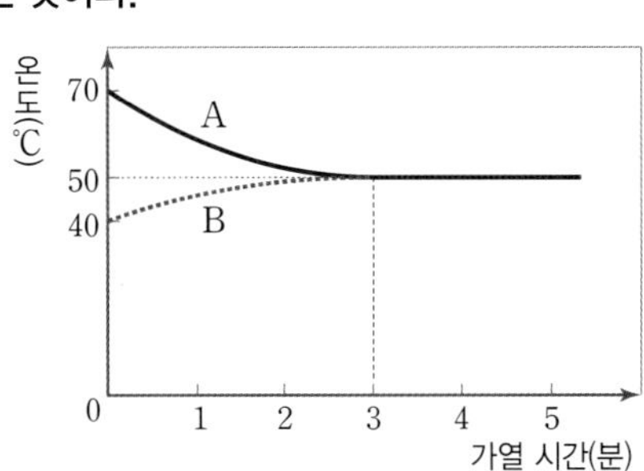

이에 대한 설명으로 옳은 것을 보기에서 모두 고른 것은? (단, 열은 A와 B 사이에서만 이동한다.)

보기
ㄱ. A에서 B로 열이 이동한다.
ㄴ. A가 잃은 열량과 B가 얻은 열량이 같다.
ㄷ. 3분부터 열평형을 이룬다.

① ㄱ
② ㄴ
③ ㄱ, ㄷ
④ ㄴ, ㄷ
⑤ ㄱ, ㄴ, ㄷ

5. 온도가 다른 물체 **A, B, C, D**를 2개씩 접촉시켰더니 다음과 같은 방향으로 열이 이동하였다.

> $B \rightarrow C, C \rightarrow A, D \rightarrow B$

A~D 중 접촉시키기 전 온도가 가장 높은 물체는?

① A ② B ③ C
④ D ⑤ 모두 같다.

6. 그림과 같이 장치한 후 물 100 g과 콩기름 100 g을 동일하게 가열하였다.

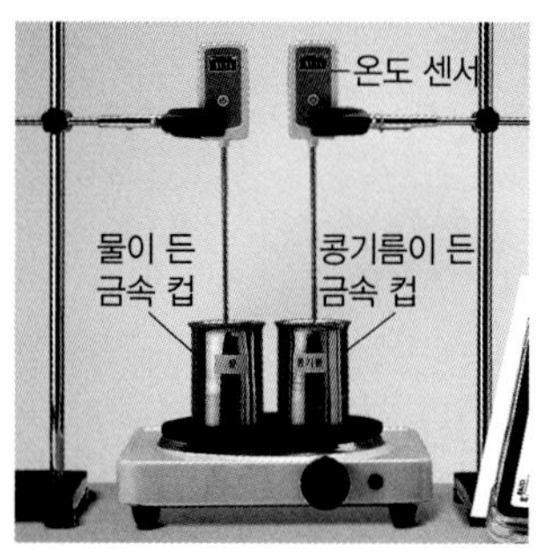

물의 비열이 콩기름의 비열보다 크다면, 이 실험에서 가열 시간에 따른 콩기름과 물의 온도 변화 그래프로 가장 적절한 것은?

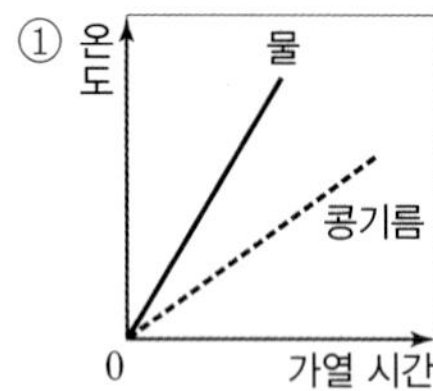

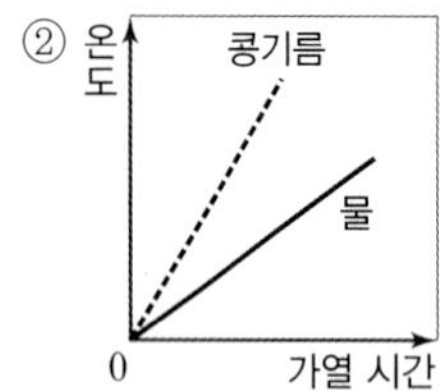

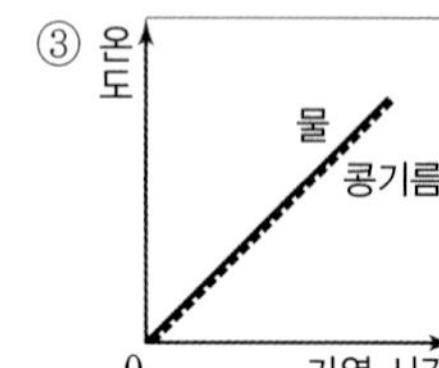

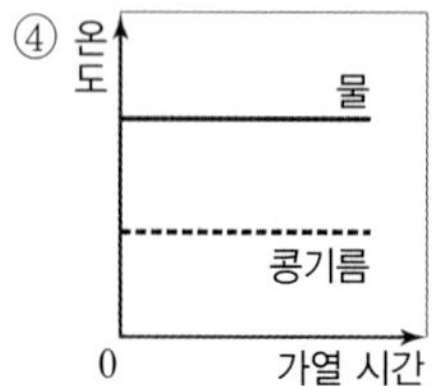

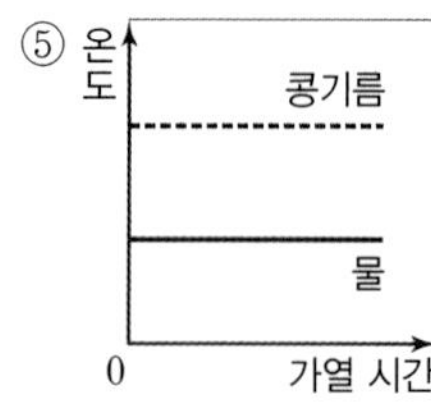
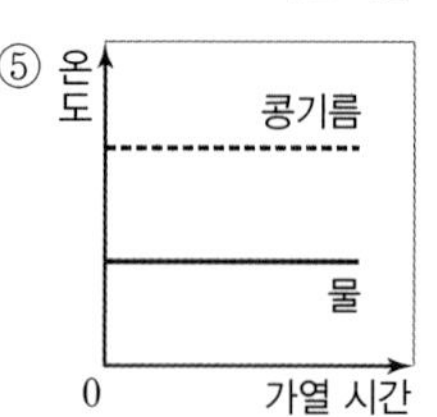

7. 그림 (가)와 같이 갓 삶은 뜨거운 달걀을 찬물에 넣었을 때 시간에 따른 달걀과 물의 온도가 그림 (나)와 같았다. A와 B는 달걀과 물을 순서 없이 나타낸 것이다.

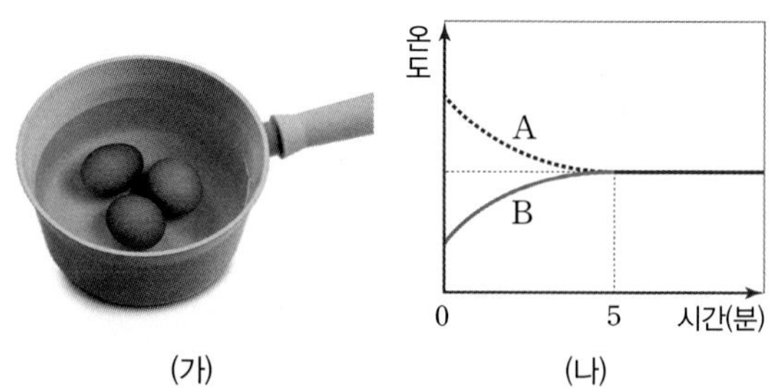

이에 대한 설명으로 옳은 것을 보기에서 모두 고른 것은? (단, 외부에서 들어오거나 빠져나간 열은 없다.)

> **보기**
> ㄱ. (나)에서 A는 달걀이고, B는 물이다.
> ㄴ. (나)에서 처음 5분 동안 열은 B에서 A로 이동한다.
> ㄷ. 열평형에 도달할 때까지 달걀이 잃은 열량과 물이 얻은 열량은 같다.

① ㄱ ② ㄴ ③ ㄷ
④ ㄱ, ㄷ ⑤ ㄱ, ㄴ, ㄷ

8. 그림은 물을 가득 채운 사각 유리관의 아래 한쪽 모서리를 가열하는 것을 나타낸 것이다.

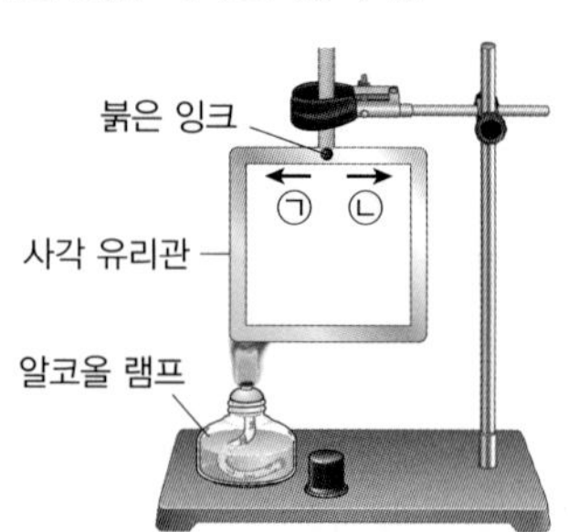

이에 대한 설명으로 옳지 <u>않은</u> 것은?

① 대류에 의해 열이 이동한다.
② 붉은 잉크는 ㉡ 방향으로 이동한다.
③ 물 입자가 직접 이동하며 열이 이동한다.
④ 따뜻한 물은 아래로, 차가운 물은 위로 이동한다.
⑤ 에어컨으로 방 전체를 시원하게 하는 것과 같은 원리로 열이 이동한다.

9. 열의 이동 방법이 같은 것을 보기에서 골라 옳게 짝 지은 것은?

> **보기**
> ㄱ. 그늘보다 햇볕에 서 있을 때가 더 덥다.
> ㄴ. 물의 아래쪽만 가열해도 물 전체가 뜨거워진다.
> ㄷ. 열화상 카메라로 물체의 온도 분포를 알 수 있다.
> ㄹ. 조리 기구의 몸체는 금속으로 만들고 손잡이는 플라스틱으로 만든다.

① ㄱ, ㄴ   ② ㄱ, ㄷ   ③ ㄱ, ㄹ
④ ㄴ, ㄹ   ⑤ ㄷ, ㄹ

10. 오른쪽 그림과 같이 물과 식용유를 각각 **100 g**씩 비커에 넣고 전열기로 가열하면서 1분 간격으로 물과 식용유의 온도를 측정하여 표와 같은 결과를 얻었다.

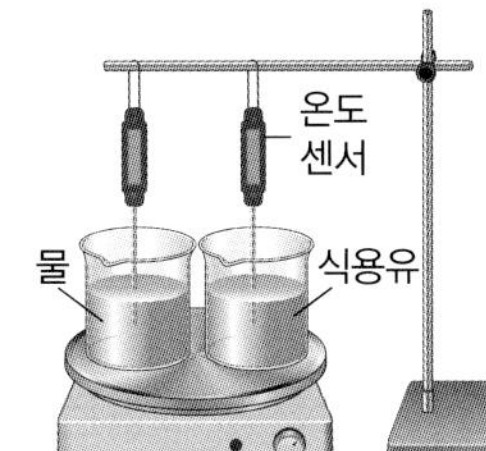

시간(분)	0	1	2	3	4
물의 온도(℃)	10	16	23	29	35
식용유의 온도(℃)	10	26	43	59	76

이 실험에 대한 설명으로 옳은 것은?

① 물의 입자 운동은 점점 둔해진다.
② 식용유의 입자 운동은 점점 활발해진다.
③ 물과 식용유의 질량을 2배로 하여 실험하면 물의 온도가 식용유보다 더 빠르게 올라간다.
④ 물과 식용유의 질량을 절반으로 줄여 실험하면 물보다 식용유의 온도가 더 느리게 올라간다.
⑤ 전열기를 끄면 물의 온도가 식용유보다 더 빠르게 낮아진다.

11. 다음은 해륙풍의 생성 원리를 알아보기 위한 실험이다.

> [실험 과정]
> (가) 그림과 같이 실험 장치를 설치하고 모래와 물의 온도가 같아질 때까지 기다린다.
>
> 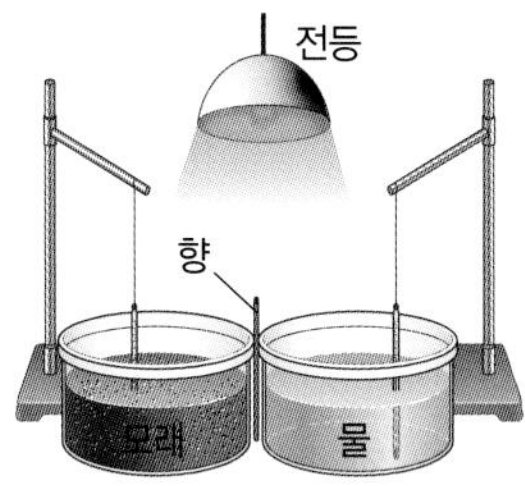
>
>
> (나) 전등을 켜고 2분 간격으로 10분간 표면 위의 온도를 측정하여 그래프로 나타낸다.
> (다) 두 수조의 경계 부분에 향을 피우고, 향 연기의 흐름을 관찰한다.
>
> [실험 결과]
> • 시간에 따른 온도 변화
>
> 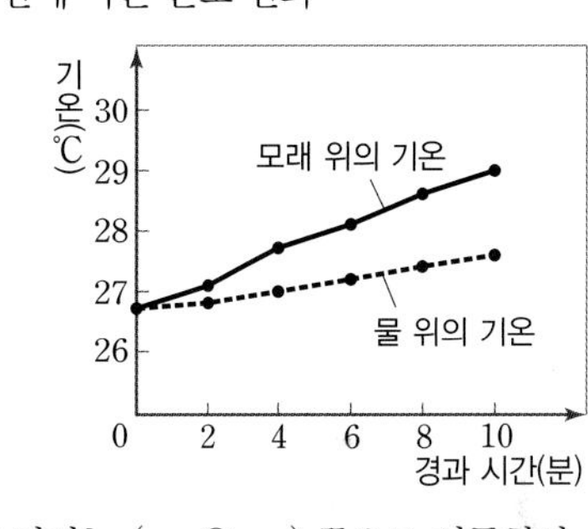
>
>
> • 향 연기는 (㉠) 쪽으로 이동한다.

이에 대한 설명으로 옳은 것을 보기에서 모두 고른 것은?

> **보기**
> ㄱ. ㉠에 들어갈 알맞은 말은 '물'이다.
> ㄴ. 물 위의 공기는 위로, 모래 위의 공기는 아래로 이동한다.
> ㄷ. 이 실험을 통해 맑은 날 낮에 바닷가에 해풍이 부는 원리를 알 수 있다.

① ㄱ   ② ㄷ   ③ ㄱ, ㄴ
④ ㄴ, ㄷ   ⑤ ㄱ, ㄴ, ㄷ

12. 그림은 금속 A~D의 비열을 나타낸 것이다.

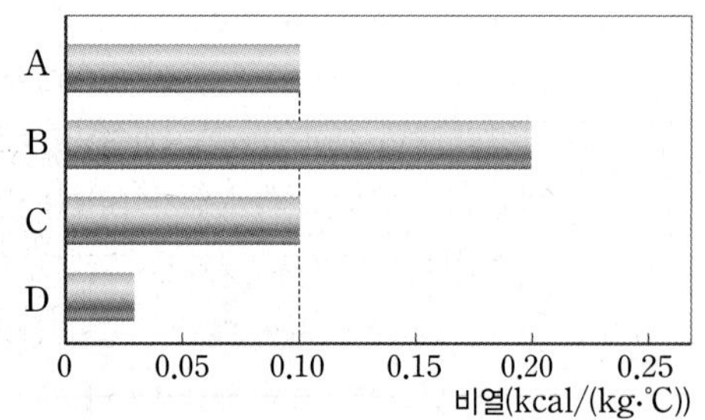

금속의 질량이 모두 같을 때, 이에 대한 설명으로 옳은 것은?

① A와 C는 같은 종류의 물질이다.

② B를 반으로 자르면 C의 비열과 같아진다.

③ 같은 열량을 가할 때 온도 변화가 가장 큰 것은 B이다.

④ 같은 시간 동안 같은 온도만큼 높이는 데 필요한 열량은 B보다 D가 많다.

⑤ 같은 열량을 가할 때 같은 온도만큼 높이는 데 걸리는 시간이 가장 긴 것은 D이다.

13. 그림과 같이 1분 동안 같은 세기의 불꽃으로 물을 가열하였더니 물 100 g의 온도는 5 ℃ 높아졌고, 물 200 g의 온도는 2.5 ℃ 높아졌다.

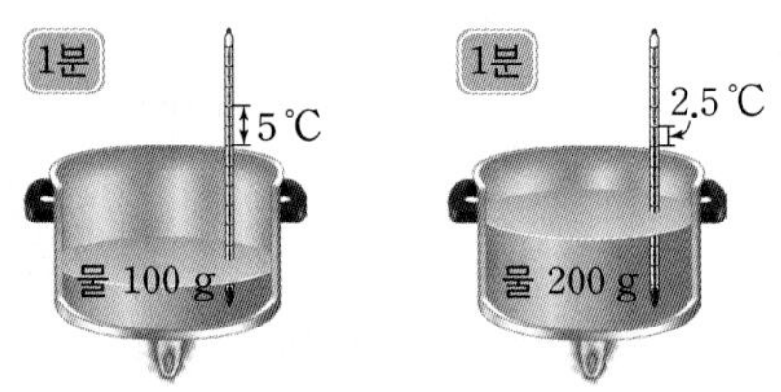

이에 대한 설명으로 옳은 것을 보기에서 모두 고른 것은?

┌ 보기 ┐

ㄱ. 물 100 g과 물 200 g의 비열은 다르다.

ㄴ. 물 400 g을 1분 동안 같은 세기의 불꽃으로 가열하면 물의 온도는 1.25 ℃ 높아진다.

ㄷ. 질량이 다른 물에 같은 열량을 가할 때 온도 변화는 물의 질량에 반비례한다.

① ㄱ   ② ㄴ   ③ ㄷ

④ ㄱ, ㄴ   ⑤ ㄴ, ㄷ

14. 다음은 글리세린과 에탄올을 이용한 실험이다.

[실험 과정]

(가) 20 ℃의 글리세린과 에탄올을 동일한 두 개의 플라스크에 가득 담는다.

(나) 유리관을 끼운 고무마개로 각 플라스크의 입구를 막는다.

(다) 두 개의 플라스크를 온도가 40 ℃로 일정하게 유지되는 수조 속 물에 넣는다.

(라) 충분한 시간이 지난 후 각 액체의 높이를 유리관에 표시한다.

[실험 결과]

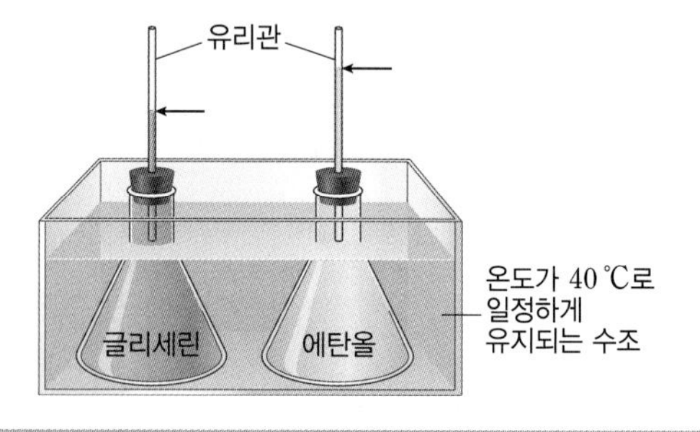

이에 대한 설명으로 옳은 것은? (단, 처음 유리관 속 액체의 높이는 같다.)

① 열은 글리세린에서 에탄올로 이동한다.

② 에탄올은 열을 흡수하여 질량이 증가한다.

③ 나중 온도는 에탄올이 글리세린보다 더 높다.

④ 나중 부피는 글리세린이 에탄올보다 더 크다.

⑤ 열팽창 정도는 에탄올이 글리세린보다 더 크다.

15. 오른쪽 그림은 음료수를 가득 채워 놓지 않은 음료수 병을 나타낸 것이다. 이에 대한 설명으로 옳은 것을 보기에서 모두 고른 것은?

┌ 보기 ┐

ㄱ. 온도가 높아지면 음료수 입자 사이의 거리가 가까워진다.

ㄴ. 더운 날씨에 병이 깨지거나 음료수가 넘치는 것을 막기 위한 것이다.

ㄷ. 알코올 온도계도 이와 같은 원리로 온도를 측정한다.

① ㄱ   ② ㄴ   ③ ㄷ

④ ㄱ, ㄴ   ⑤ ㄴ, ㄷ

16. 오른쪽 그림과 같은 금속 고리를 가열했을 때의 모습으로 가장 적절한 것은? (단, 점선은 금속 고리의 처음 모습이다.)

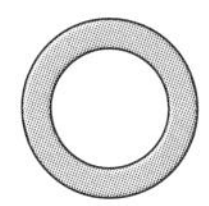

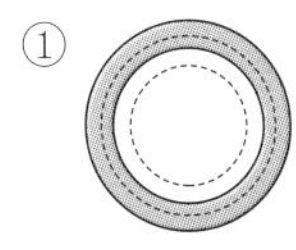 ①   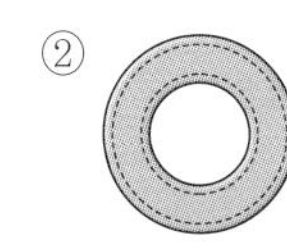 ②   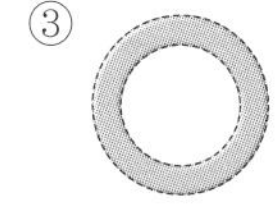 ③

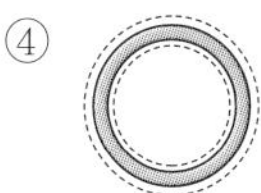 ④   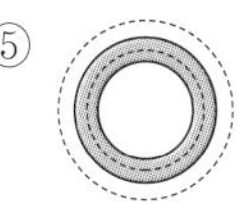 ⑤

17. 그림 (가)와 (나)는 겨울과 여름에 전선의 길이 변화를 순서 없이 나타낸 것이다.

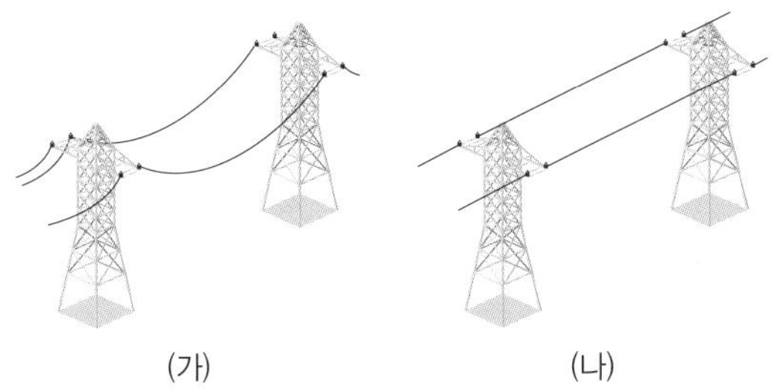

(가)   (나)

이에 대한 설명으로 옳은 것을 보기에서 모두 고른 것은?

┌ 보기 ┐
ㄱ. (가)는 겨울, (나)는 여름일 때의 모습이다.
ㄴ. 전선을 구성하는 입자의 운동은 겨울보다 여름에 활발하다.
ㄷ. 전선을 구성하는 입자 사이의 거리는 겨울보다 여름에 더 멀다.
└──────┘

① ㄱ   ② ㄴ   ③ ㄱ, ㄷ
④ ㄴ, ㄷ   ⑤ ㄱ, ㄴ, ㄷ

18. 오른쪽 그림은 도로가 휘거나 갈라지는 것을 막기 위해 틈을 만든 이음매를 나타낸 것이다. 이와 관련 있는 현상을 모두 고르면? (2개)

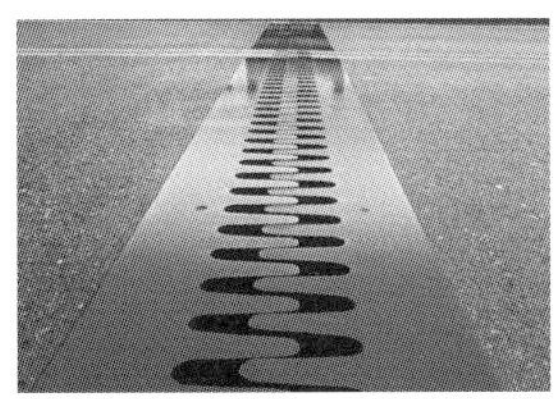

① 기차의 선로 사이에 틈을 만든다.
② 더운 물과 찬물을 섞으면 미지근해진다.
③ 수박을 찬물에 담가 놓으면 차가워진다.
④ 콩기름의 온도가 물보다 빨리 올라간다.
⑤ 겨울철보다 여름철에 철탑의 높이가 더 높다.

19. 그림 (가)와 (나)는 온도가 다른 같은 질량의 물에 잉크를 동시에 떨어뜨렸을 때 잉크가 퍼지는 것을 나타낸 것이다.

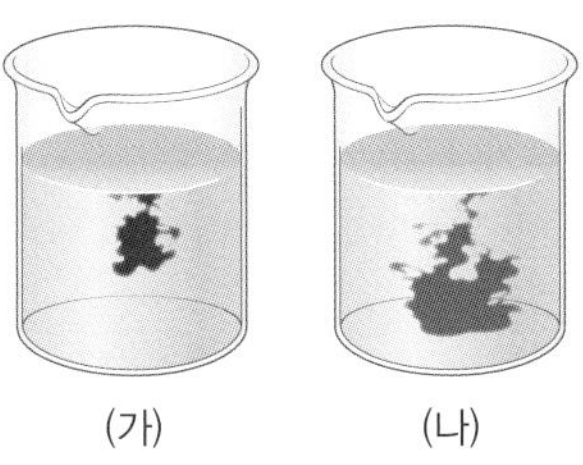

(가)   (나)

(가)와 (나)의 물의 온도를 비교하고, 그 까닭을 서술하시오.

20. 다음은 물방울의 기화 현상에 대한 설명이다.

온도가 100 ℃보다 약간 높은 프라이팬에 물을 몇 방울 떨어뜨리면 물방울은 흩어지며 수 초 이내에 끓어 없어지지만, 200 ℃ 이상의 프라이팬에서는 다음과 같은 현상이 일어나 물방울이 쉽게 기화되지 않는다.
(가) 물방울이 뜨거운 표면에 닿는 순간 물방울의 밑부분이 빠르게 기화된다.
(나) 물방울과 표면 사이에 얇은 수증기층이 생긴다.
(다) 수증기층이 더 커지고, 그 위에 물방울이 떠 있게 된다.

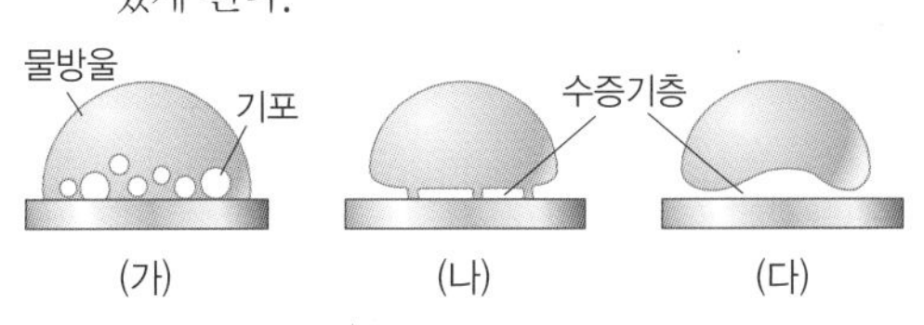

200 ℃ 이상의 프라이팬에서 물방울이 쉽게 기화되지 않는 까닭을 열의 이동 방법과 관련지어 서술하시오.

중간·기말고사 대비
대단원 최종 점검
1회

1. 물질을 이루는 입자에 대한 설명으로 옳지 <u>않은</u> 것은?

① 기체 입자는 스스로 운동한다.
② 액체 입자는 스스로 운동하지 않는다.
③ 온도가 높아지면 입자 운동이 활발해진다.
④ 음식 냄새가 퍼져 나가는 것은 입자 운동 때문이다.
⑤ 컵에 담긴 물이 서서히 줄어드는 것은 입자 운동 때문이다.

2. 그림과 같이 거름종이를 깐 페트리 접시를 전자저울 위에 올려놓고 영점을 맞춘 후, 거름종이 위에 향수를 뿌려 두었다.

이에 대한 설명으로 옳지 <u>않은</u> 것은?

① 향수의 증발이 일어난다.
② 향수 액체 내부에서 액체가 기체로 변한다.
③ 거름종이에 묻은 향수의 흔적이 사라진다.
④ 전자저울의 숫자가 점점 작아지다가 0이 된다.
⑤ 공기 중에 존재하는 향수 입자의 개수가 많아진다.

3. 그림은 방향제에서 일어나는 변화를 입자 모형으로 나타낸 것이다.

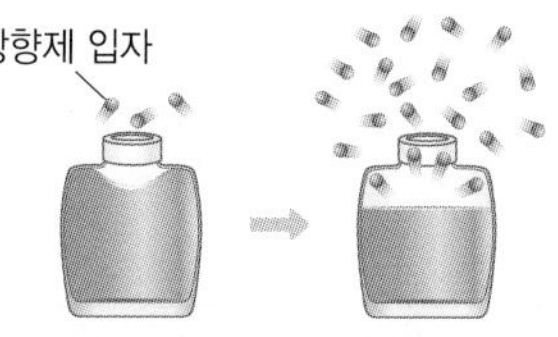

이에 대한 설명으로 옳은 것은?

① 방향제 입자의 크기가 감소한다.
② 방향제 입자는 기체 상태에서만 운동한다.
③ 방향제 입자는 한쪽 방향으로만 퍼져 나간다.
④ 공기가 없으면 방향제 입자는 운동하지 않는다.
⑤ 방향제 입자는 스스로 운동하여 먼 곳까지 퍼져 나간다.

4. 확산에 대한 설명으로 옳은 것은?

① 기체 속에서만 일어난다.
② 입자가 스스로 운동하는 증거이다.
③ 온도가 낮을수록 확산이 빨리 일어난다.
④ 바람이 불지 않으면 물질은 확산하지 않는다.
⑤ 공기가 없는 진공 속에서는 확산이 일어나지 않는다.

5. 입자 운동의 증거에 해당하는 현상이 <u>아닌</u> 것은?

① 물이 끓는다.
② 과일을 말린다.
③ 비 온 뒤 땅이 마른다.
④ 전기 모기향을 피워 모기를 쫓는다.
⑤ 탐지견이 냄새를 맡아 폭발물을 찾아낸다.

6. 그림은 물질의 세 가지 상태를 입자 모형으로 나타낸 것이다.

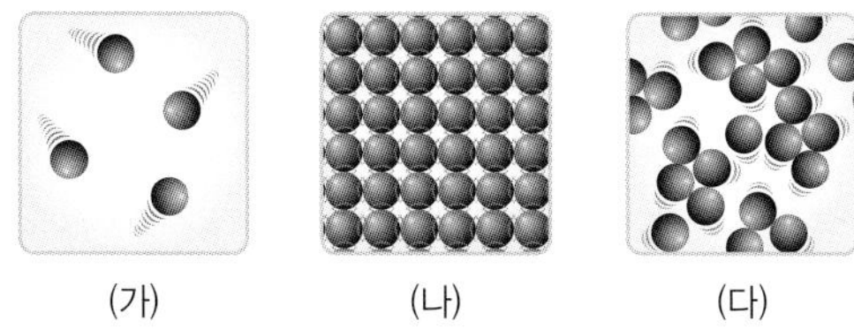

(가)   (나)   (다)

이에 대한 설명으로 옳지 <u>않은</u> 것은?

① (가)는 기체이다.
② (다)는 액체이다.
③ 쉽게 압축할 수 있는 것은 (가)이다.
④ 입자 운동이 가장 둔한 것은 (다)이다.
⑤ 흐르는 성질이 있는 것은 (가)와 (다)이다.

[7~8] 그림은 물질의 상태 변화를 나타낸 것이다.

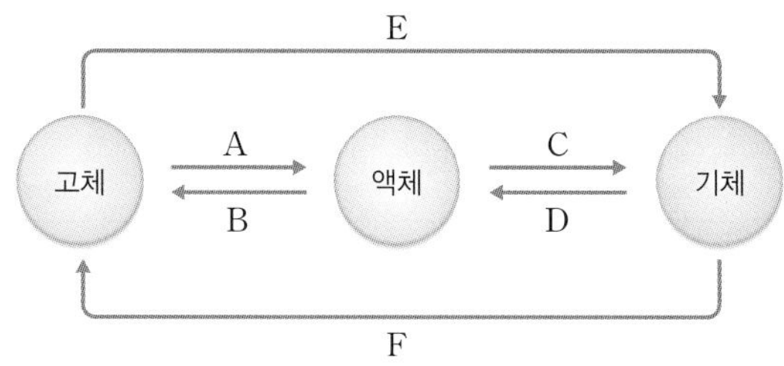

7. A와 C에 해당하는 상태 변화의 종류로 옳은 것은?

	A	C
①	융해	기화
②	융해	액화
③	응고	기화
④	응고	액화
⑤	액화	승화

8. A~F에 대한 설명으로 옳지 <u>않은</u> 것은?

① 가열에 의한 상태 변화는 A, C, E이다.
② 입자 운동이 둔해지는 상태 변화는 B, D, F이다.
③ 입자 배열이 규칙적으로 변하는 상태 변화는 B, D, F이다.
④ 영하의 온도에서 눈사람의 크기가 작아지는 것은 E에 해당한다.
⑤ 얼음물이 든 유리컵의 표면이 뿌옇게 흐려지는 것은 F에 해당한다.

[9~10] 그림은 물질의 상태 변화를 입자 모형으로 나타낸 것이다.

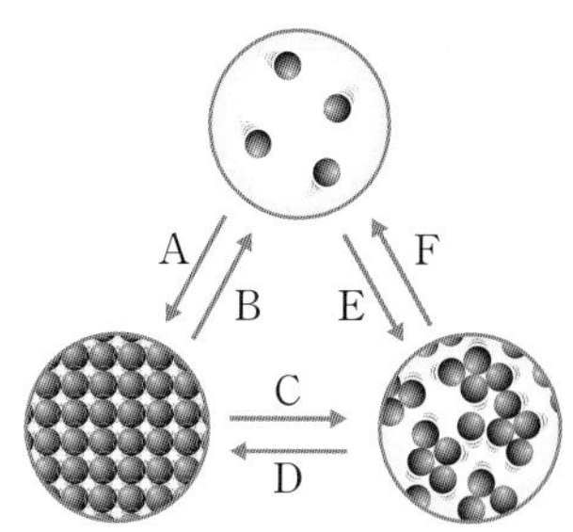

9. A~F에 대한 설명으로 옳지 <u>않은</u> 것은? (단, 물은 제외한다.)

① A는 기체에서 고체로의 승화이다.
② 액체 물질이 끓는 현상은 F에 해당한다.
③ 물질의 부피가 감소하는 것은 A, D, E이다.
④ 주위의 온도가 높아지는 것은 B, C, F이다.
⑤ A~F 모두 물질의 성질은 변하지 않는다.

10. A~F와 상태 변화의 예를 짝 지은 것으로 옳지 <u>않은</u> 것은?

① A – 쇳물을 틀에 부어 식히면 단단한 철이 된다.
② B – 아이스크림을 포장할 때 함께 넣은 드라이아이스가 점점 작아진다.
③ C – 얼음을 손바닥 위에 올려놓으면 녹는다.
④ E – 라면을 먹을 때 안경에 뿌옇게 김이 서린다.
⑤ F – 감을 말려 곶감을 만든다.

11. 그림은 뜨거운 물이 들어 있는 비커에 얼음이 든 시계 접시를 올려 둔 모습이다.

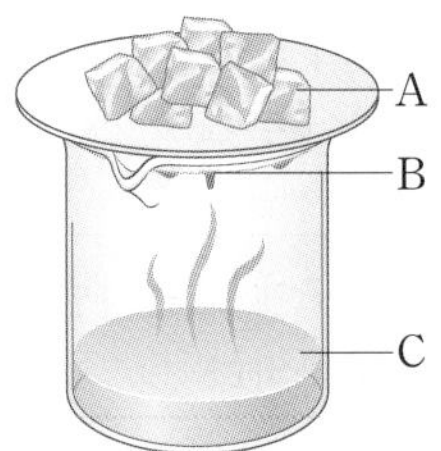

이에 대한 설명으로 옳은 것을 보기에서 모두 고른 것은?

┌─ 보기 ┐
ㄱ. A~C 중 입자 운동이 둔해지는 상태 변화가 일어나는 곳은 B이다.
ㄴ. 시계 접시의 얼음이 융해되어 B의 물방울로 변한다.
ㄷ. A~C에 푸른색 염화 코발트 종이를 가져다 대면 모두 붉은색으로 변한다.
└──────┘

① ㄱ　　　　② ㄴ　　　　③ ㄱ, ㄴ
④ ㄱ, ㄷ　　⑤ ㄱ, ㄴ, ㄷ

12. 그림과 같이 아세톤이 담긴 삼각 플라스크의 입구를 고무마개로 막고 질량을 측정한 후, 삼각 플라스크에 따뜻한 바람을 쐬어 주었다.

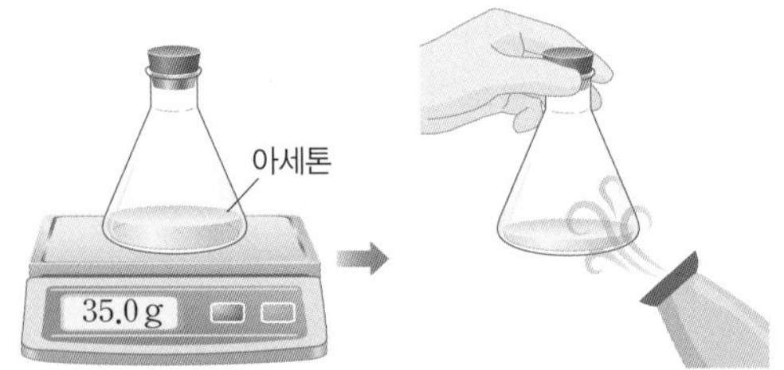

삼각 플라스크 안에서 아세톤의 상태가 변할 때 변하지 <u>않는</u> 것을 보기에서 모두 고른 것은?

┌─ 보기 ┐
ㄱ. 아세톤의 질량
ㄴ. 아세톤 입자의 개수
ㄷ. 아세톤 입자의 크기
ㄹ. 아세톤 입자 사이의 거리
└──────┘

① ㄱ　　　　② ㄱ, ㄹ　　　③ ㄴ, ㄷ
④ ㄱ, ㄴ, ㄷ　⑤ ㄴ, ㄷ, ㄹ

13. 다음은 드라이아이스의 상태 변화에 따른 질량과 부피 변화를 알아보기 위한 실험이다.

┌────────────────────────────┐
(1) 드라이아이스를 넣은 비닐 주머니를 감압 용기에 넣고 감압 용기의 공기를 뺀다.
(2) 전자저울로 과정 (1)의 감압 용기의 질량을 측정한다.
(3) 드라이아이스의 상태가 완전히 변하면 다시 질량을 측정하고 부피를 관찰한다.

└────────────────────────────┘

이에 대한 설명으로 옳지 <u>않은</u> 것은?

① 드라이아이스의 융해가 일어난다.
② 과정 (3)에서 비닐 주머니는 부풀어 오른다.
③ 과정 (2)와 (3)에서의 질량은 서로 같다.
④ 과정 (3)에서 드라이아이스는 상태가 변하면서 입자 사이의 거리가 멀어진다.
⑤ 과정 (1)에서 공기를 뺀 까닭은 공기가 질량 측정에 미치는 영향을 줄이기 위해서이다.

14. 일상생활에서 일어나는 상태 변화 중 열에너지를 방출하는 예를 보기에서 모두 고른 것은?

┌─ 보기 ┐
ㄱ. 눈이 올 때 날씨가 포근해진다.
ㄴ. 땀이 날 때 부채질을 하면 시원해진다.
ㄷ. 액체 파라핀에 손을 넣고 찜질을 한다.
ㄹ. 더운 여름날 도로에 물을 뿌리면 시원해진다.
ㅁ. 얼음이 든 통에 음료수를 넣어 차갑게 만든다.
ㅂ. 아이스크림을 포장할 때 드라이아이스를 함께 넣어 준다.
└──────┘

① ㄱ, ㄷ　　② ㄴ, ㄷ　　③ ㄷ, ㅁ
④ ㄹ, ㅂ　　⑤ ㅁ, ㅂ

[15~17] 그림은 어떤 고체 물질의 가열 곡선을 나타낸 것이다.

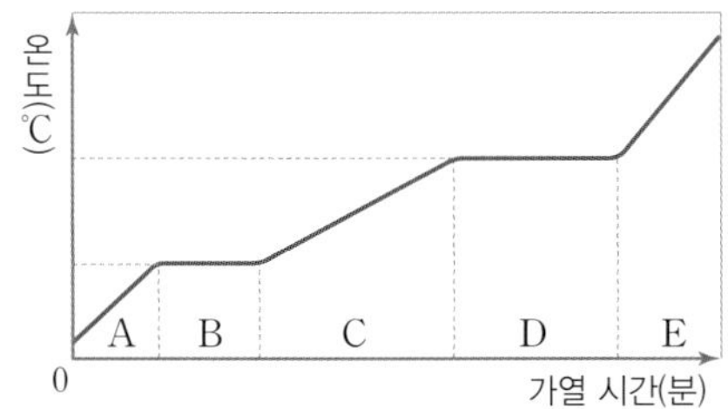

15. A~E에 대한 설명으로 옳은 것은?

① B 구간에서는 액체와 기체가 함께 존재한다.
② C 구간에서는 고체로 존재한다.
③ D 구간에서 입자 배열이 규칙적으로 변한다.
④ E 구간에서 입자 사이의 거리가 가장 멀다.
⑤ 상태 변화가 일어나는 구간은 A, C, E이다.

16. B 구간에서 온도가 변하지 않고 일정하게 유지되는 까닭으로 가장 적절한 것은?

① 약한 불로 서서히 가열하기 때문
② 가해 준 열에너지를 모두 방출하기 때문
③ 주위의 열에너지가 물질로 전달되지 않기 때문
④ 가해 준 열에너지가 상태 변화에 사용되기 때문
⑤ 가해 준 열에너지를 액체에서 고체로 바꾸는 데 사용하기 때문

17. D 구간에서와 같은 상태 변화가 일어나는 것은?

① 흘러내린 촛농이 굳는다.
② 새벽녘 풀잎에 이슬이 맺힌다.
③ 손에 바른 손 소독제가 마른다.
④ 추운 겨울, 창에 성에가 낀다.
⑤ 영하의 온도에서 언 명태가 마른다.

18. 그림은 어떤 기체 물질의 냉각 곡선을 나타낸 것이다.

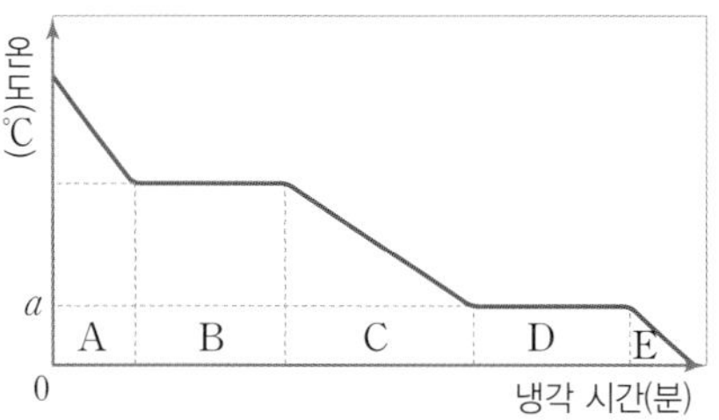

이에 대한 설명으로 옳지 <u>않은</u> 것은?

① A 구간에서는 물질이 기체로 존재한다.
② B 구간에서는 액화가 일어난다.
③ D 구간에서 물질이 방출한 열에너지는 주위의 온도가 낮아지는 것을 막아 준다.
④ E 구간에서 입자 운동이 가장 둔하다.
⑤ 액화가 일어날 때 온도가 $a\ ^{\circ}C$로 일정하게 유지된다.

19. 그림은 증기 난방기의 구조를 나타낸 것이다.

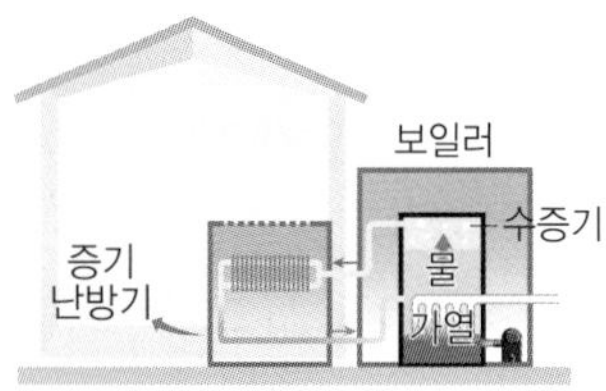

증기 난방기에서 물의 상태가 변할 때의 열에너지 출입과 같은 것은?

① 나뭇잎에 서리가 내린다.
② 아이스크림이 녹아 흘러내린다.
③ 냉동실에 넣어 둔 얼음이 점점 작아진다.
④ 운동 후 땀이 마르면서 시원함을 느낀다.
⑤ 아이스박스에 얼음을 채워 음식물을 보관한다.

20. 그림은 냉장고의 구조를 나타낸 것이다.

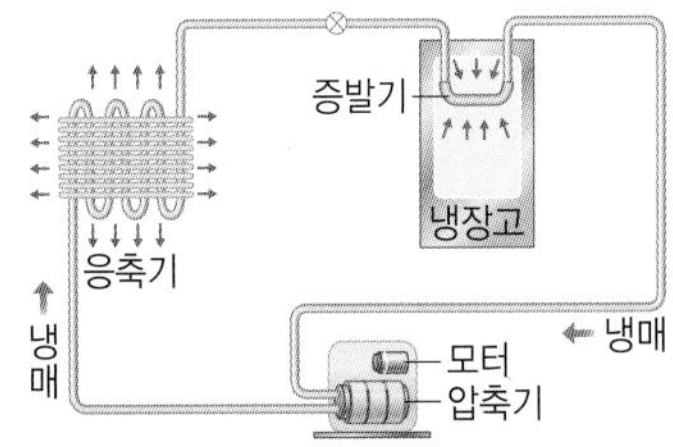

이에 대한 설명으로 옳은 것은?

① 증발기에서는 냉매의 액화가 일어난다.
② 증발기에서는 열에너지를 흡수하는 상태 변화
   가 일어난다.
③ 응축기에서는 냉매의 기화가 일어난다.
④ 응축기에서는 상태 변화가 일어나 주위의 온도
   가 낮아진다.
⑤ 물의 상태가 변할 때 열에너지 출입을 이용하는
   예이다.

서술형

21. 그림과 같이 물이 담긴 페트리 접시 중앙에 푸른색 잉
크를 떨어뜨렸다.

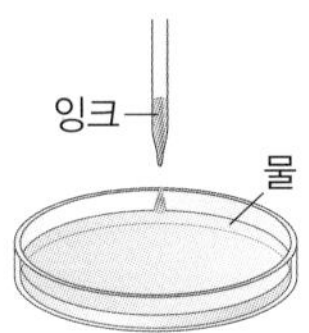

페트리 접시에 담긴 물의 색 변화와 잉크 입자가 퍼져
나가는 방향을 쓰고, 그 까닭을 서술하시오.

22. 다음은 일상생활에서 볼 수 있는 상태 변화의 예이다.

> • 새벽녘 풀잎에 이슬이 맺힌다.
> • 여름철 냉방이 되는 실내에 있다가 밖으로 나가
>   면 안경에 김이 서린다.

위 예에 해당하는 상태 변화의 종류를 쓰시오.

23. 다음은 과일 창고에서 냉해를 막기 위한 방법을 설명한
내용이다.

> 겨울철 과일 창고 안에 물이 담긴 그릇을 놓아
> 두면 상태 변화 중 ㉠(   )이/가 일어날 때 ㉡
> (   )되는 열에너지가 창고 안의 과일이 어는
> 것을 막아 준다.

㉠과 ㉡에 알맞은 말을 쓰시오.

24. 다음은 사막에서 사용하는 양가죽으로 만든 물통에 대
한 설명이다.

> 더운 사막에서는 시원한 물을
> 마시기 위해 양가죽으로 만든
> 물통을 사용한다. 양가죽으로
> 만든 물통의 표면에는 매우 작
> 은 구멍이 있는데, 이 작은 구
> 멍으로 적은 양의 물이 스며 나온다.

양가죽 물통을 사용하면 물을 시원하게 보관할 수 있는
까닭을 물의 상태 변화에 따른 열에너지 출입과 관련지
어 서술하시오.

1. 다음은 증발에 대한 설명이다.

> 증발은 물질을 이루는 입자가 스스로 ㉠(   )하여 액체 ㉡(   )에서 ㉢(   )로 변하는 현상이다.

㉠~㉢에 알맞은 말을 옳게 짝 지은 것은?

	㉠	㉡	㉢
①	운동	표면	고체
②	운동	표면	액체
③	운동	표면	기체
④	운동	내부	고체
⑤	정지	내부	기체

2. 확산에 대한 설명으로 옳은 것은?

① 물이 어는 현상은 확산의 예이다.
② 낮은 온도에서는 일어나지 않는다.
③ 바람이 불 때만 일어나는 현상이다.
④ 확산이 일어나면 물질을 이루는 입자의 크기가 작아진다.
⑤ 물질을 이루는 입자가 스스로 운동하기 때문에 나타나는 현상이다.

3. 그림과 같이 거름종이를 깐 페트리 접시를 전자저울 위에 올려놓고 영점을 맞춘 후, 손 소독제를 몇 방울 떨어뜨렸다.

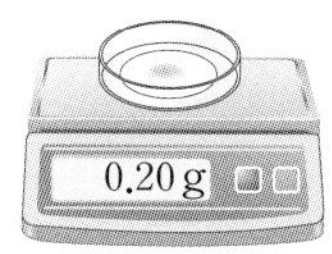

이에 대한 설명으로 옳지 <u>않은</u> 것은?

① 손 소독제의 증발이 일어난다.
② 입자가 운동하고 있음을 알 수 있다.
③ 시간이 지나면 거름종이는 모두 마른다.
④ 시간이 지나도 전자저울의 숫자는 변하지 않는다.
⑤ 손 소독제가 기체로 변하여 공기 중으로 날아간다.

4. 다음 설명의 증거가 되는 현상이 <u>아닌</u> 것은?

> 물질을 이루는 입자가 스스로 운동한다.

① 풀잎에 맺힌 이슬이 사라진다.
② 손에 올려놓은 초콜릿이 녹는다.
③ 팝콘 냄새가 방 안 가득 퍼진다.
④ 물티슈를 꺼내 두면 얼마 후 물이 모두 마른다.
⑤ 물에 시럽을 넣고 가만히 두었더니 물 전체에서 단맛이 난다.

5. 일상생활에서 볼 수 있는 (가)와 (나)의 현상에 대한 설명으로 옳지 <u>않은</u> 것은?

(가) 동물의 젖은 털 말리기　　(나) 모기향 피우기

① (가)는 증발의 예이다.
② (가)는 바람이 불 때만 일어난다.
③ (나)는 확산의 예이다.
④ (나)에서 모기향을 이루는 입자는 모든 방향으로 퍼져 나간다.
⑤ (가)와 (나)는 모두 입자 운동의 증거이다.

6. 다음은 물질의 세 가지 상태에 대한 설명이다.

> 고체는 입자가 ㉠(　　)적으로 배열되어 있어 모양과 부피가 일정하다. 액체는 고체보다 입자가 ㉡(　　)적으로 배열되어 있어 담는 그릇에 따라 모양이 변하지만 부피는 일정하다. 기체는 입자가 매우 ㉢(　　)적으로 배열되어 있어 담는 그릇에 따라 모양과 부피가 변한다.

㉠~㉢에 알맞은 말을 옳게 짝 지은 것은?

	㉠	㉡	㉢
①	규칙	규칙	규칙
②	규칙	불규칙	규칙
③	규칙	불규칙	불규칙
④	불규칙	규칙	불규칙
⑤	불규칙	불규칙	불규칙

7. 25 ℃에서 물질 (가)~(라)에 대한 설명으로 옳은 것을 보기에서 모두 고른 것은?

> (가) 물　　(나) 구리　　(다) 우유　　(라) 산소

보기
ㄱ. (가)는 흐르는 성질이 있다.
ㄴ. (나)는 쉽게 압축된다.
ㄷ. (다)는 모양과 부피가 쉽게 변한다.
ㄹ. (라)는 입자 운동이 매우 활발하다.

① ㄱ, ㄴ　　② ㄱ, ㄷ　　③ ㄱ, ㄹ
④ ㄴ, ㄷ　　⑤ ㄷ, ㄹ

8. 그림은 물질의 세 가지 상태를 입자 모형으로 나타낸 것이다.

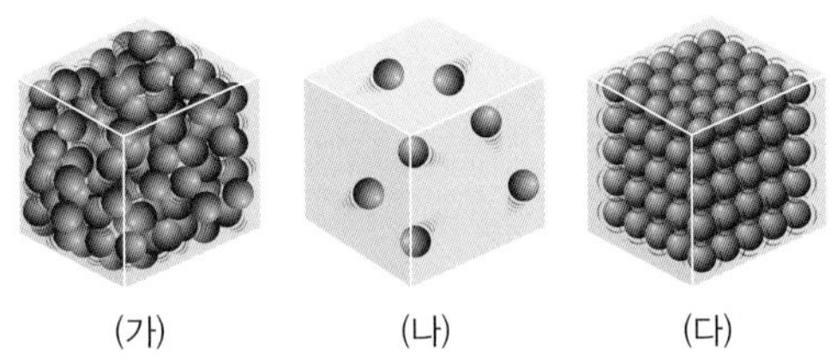

(가)　　　　(나)　　　　(다)

이에 대한 설명으로 옳은 것만을 보기에서 모두 고른 것은?

보기
ㄱ. 입자 운동이 가장 활발한 것은 (나)이다.
ㄴ. 입자 배열이 가장 규칙적인 것은 (가)이다.
ㄷ. 입자 사이의 거리가 가장 가까운 것은 (다)이다.
ㄹ. 담는 용기에 따라 모양과 부피가 변하는 것은 (가)이다.

① ㄱ, ㄴ　　② ㄱ, ㄷ　　③ ㄴ, ㄷ
④ ㄴ, ㄹ　　⑤ ㄷ, ㄹ

9. 그림 (가)는 겨울철 호수의 모습이고, 그림 (나)는 여름철 아이스크림의 모습이다.

(가)　　　　　　　　　　(나)

(가)에서 호수가 얼 때, (나)에서 아이스크림이 녹을 때 일어나는 상태 변화의 종류를 옳게 짝 지은 것은?

	(가)	(나)
①	융해	액화
②	융해	기화
③	융해	응고
④	응고	융해
⑤	응고	승화

10. 그림은 지퍼가 달린 비닐 주머니에 드라이아이스 조각을 넣고 지퍼를 닫은 모습이다.

비닐 주머니에서 나타나는 변화에 대한 설명으로 옳은 것을 보기에서 모두 고른 것은?

> 보기
> ㄱ. 비닐 주머니의 부피가 증가한다.
> ㄴ. 비닐 주머니 전체의 질량이 증가한다.
> ㄷ. 드라이아이스를 이루는 입자의 운동이 둔해진다.
> ㄹ. 드라이아이스를 이루는 입자 사이의 거리가 멀어진다.

① ㄱ, ㄴ　　　② ㄱ, ㄹ　　　③ ㄴ, ㄷ
④ ㄴ, ㄹ　　　⑤ ㄷ, ㄹ

11. 그림은 물질의 상태 변화를 입자 모형으로 나타낸 것이다.

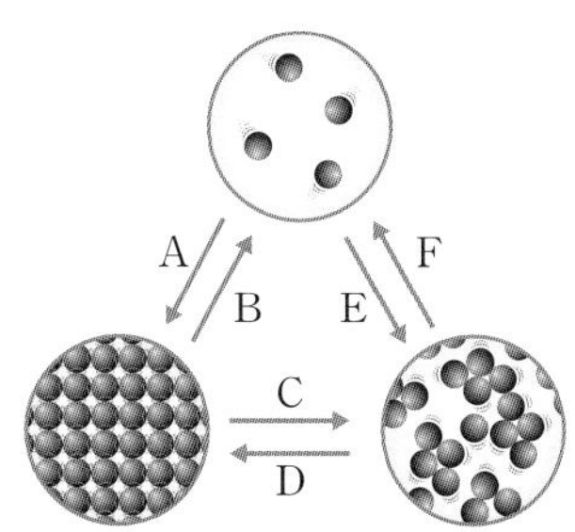

이에 대한 설명으로 옳은 것은? (단, 물은 제외한다.)

① A~F가 일어나면 입자의 크기가 변한다.
② A~F가 일어나면 물질의 성질이 변한다.
③ 입자 운동이 둔해지는 것은 B, C, F이다.
④ 입자 사이의 거리가 멀어지는 것은 A, D, E이다.
⑤ 입자 배열이 불규칙적으로 변하는 것은 B, C, F이다.

12. 상태 변화가 일어날 때의 부피 변화가 나머지와 <u>다른</u> 것은?

① 어항의 물이 점점 줄어든다.
② 손에 바른 손 소독제가 마른다.
③ 초에 불을 붙이면 초가 녹는다.
④ 추운 겨울 나뭇잎에 서리가 생긴다.
⑤ 영하의 온도에서 그늘에 있던 눈사람이 녹지 않았는데도 작아진다.

13. 입자 사이의 거리가 가까워지고, 입자 운동이 둔해지는 상태 변화의 예로 옳은 것을 보기에서 모두 고른 것은?

> 보기
> ㄱ. 쇳물이 굳어져 단단한 철이 된다.
> ㄴ. 얼음물이 담긴 컵 표면에 물방울이 맺힌다.
> ㄷ. 냉동실에 넣어 둔 얼음의 크기가 작아진다.
> ㄹ. 갓 구운 빵 위에 버터를 바르면 버터가 녹는다.

① ㄱ, ㄴ　　　② ㄱ, ㄷ　　　③ ㄱ, ㄹ
④ ㄴ, ㄷ　　　⑤ ㄷ, ㄹ

[14~15] 그림은 어떤 고체 물질의 가열·냉각 곡선을 나타 낸 것이다.

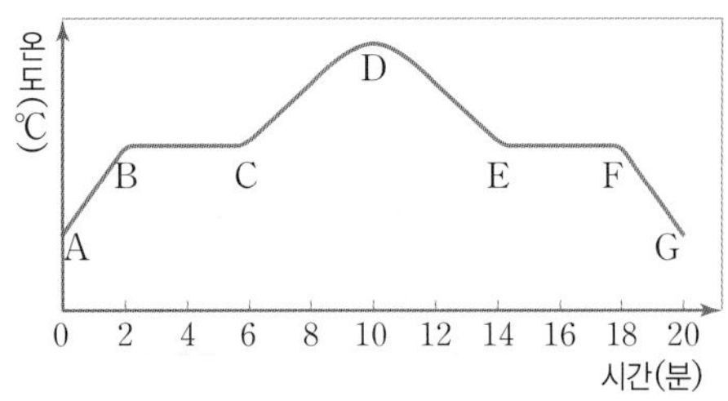

14. A~G 구간에 대한 설명으로 옳지 <u>않은</u> 것은?

① AB 구간에서 물질은 열에너지를 흡수한다.

② BC 구간에서 물질은 두 가지 상태로 존재한다.

③ CD 구간에서 물질은 입자 운동이 활발해진다.

④ EF 구간에서 물질은 입자 배열이 규칙적으로 변한다.

⑤ FG 구간에서 물질은 열에너지를 얻는다.

15. EF 구간에서 온도가 일정하게 유지되는 까닭으로 옳 은 것은?

① 열에너지의 출입이 없기 때문

② 물질이 융해하면서 열에너지를 흡수하기 때문

③ 물질이 기화하면서 열에너지를 흡수하기 때문

④ 물질이 응고하면서 열에너지를 방출하기 때문

⑤ 물질이 액화하면서 열에너지를 방출하기 때문

16. 물이 끓고 있는 동안 일어나는 현상에 대한 설명으로 옳은 것은?

① 열에너지를 방출한다.

② 물의 온도가 점점 높아진다.

③ 물이 한 가지 상태로 존재한다.

④ 입자 배열이 규칙적으로 변한다.

⑤ 물이 끓는 동안 출입하는 열에너지가 상태 변화 에 사용된다.

17. 열에너지를 흡수하는 상태 변화에 대한 설명으로 옳은 것은?

① 주위의 온도가 높아진다.

② 입자 운동이 둔해진다.

③ 입자 배열이 불규칙적으로 변한다.

④ 응고, 액화, 기체에서 고체로의 승화가 일어날 때 열에너지를 흡수한다.

⑤ 눈이 내릴 때 날씨가 포근해지는 것도 열에너지 를 흡수하는 상태 변화가 일어나기 때문이다.

18. 그림은 에어컨의 구조를 나타낸 것이다.

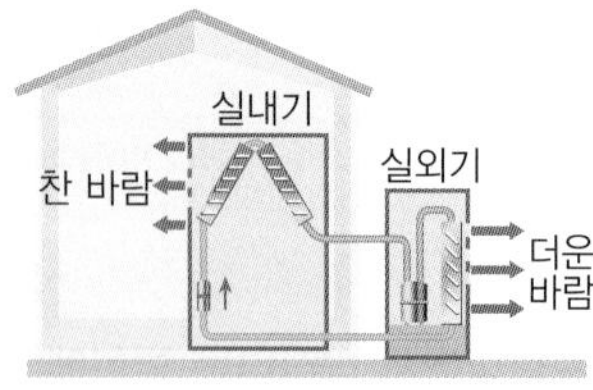

이에 대한 설명으로 옳은 것을 보기에서 모두 고른 것은?

> 보기
>
> ㄱ. 실내기에서 냉매는 액화한다.
>
> ㄴ. 실내기에서 냉매는 열에너지를 흡수한다.
>
> ㄷ. 실외기에서 냉매는 열에너지를 방출한다.
>
> ㄹ. 실외기에서 냉매는 액체에서 기체로 상태가 변 한다.

① ㄱ, ㄴ   ② ㄱ, ㄷ   ③ ㄱ, ㄹ
④ ㄴ, ㄷ   ⑤ ㄴ, ㄹ

19. 다음은 일상생활에서 볼 수 있는 현상들이다. 보기의 현상을 열에너지를 흡수하는 예(**A**)와 열에너지를 방출하는 예(**B**)로 옳게 분류한 것은?

> 보기
> ㄱ. 찬 음료를 제공할 때 얼음을 넣는다.
> ㄴ. 비가 오기 전에는 날씨가 후텁지근하다.
> ㄷ. 우유를 데울 때 뜨거운 수증기를 이용한다.
> ㄹ. 더운 여름날 도로에 물을 뿌리면 시원해진다.
> ㅁ. 겨울철 오렌지 나무에 물을 뿌려 냉해를 막는다.
> ㅂ. 무더운 여름날 건물 옥상에 빗물을 이용한 정원을 만든다.

	A	B
①	ㄱ, ㄴ, ㅁ	ㄷ, ㄹ, ㅂ
②	ㄱ, ㄷ, ㄹ	ㄴ, ㅁ, ㅂ
③	ㄱ, ㄹ, ㅂ	ㄴ, ㄷ, ㅁ
④	ㄴ, ㄷ, ㅂ	ㄱ, ㄹ, ㅁ
⑤	ㄷ, ㅁ, ㅂ	ㄱ, ㄴ, ㄹ

서술형

20. 다음은 물이 든 비커에 잉크를 떨어뜨린 실험에 대한 학생들의 대화 내용이다.

> • 학생 A: 시간이 지나면 물 전체가 잉크 색으로 변할거야.
> • 학생 B: 물을 젓지 않아도 잉크 입자는 스스로 운동하고 있어.
> • 학생 C: 잉크 입자가 물과 고르게 섞이는 증발 현상을 관찰할 수 있어.

잘못 말한 학생을 고르고, 잘못된 부분을 옳게 고쳐 서술하시오.

21. 서진이는 물의 상태가 변해도 성질이 변하지 않는 것을 확인하는 실험을 하기 위해 다음과 같이 실험을 설계하였다.

> [준비물]
> 뜨거운 물, 얼음, 비커, 시계 접시, 푸른색 염화 코발트 종이, 핀셋
>
> [실험 과정]
> ① 뜨거운 물을 비커에 넣는다.
> ② 얼음이 담긴 시계 접시를 과정 ①의 비커에 올려 둔다.
> ③ 시계 접시 아랫면에 액체 방울이 맺히면 ______
> ________________________

과정 ③에 들어갈 실험 과정을 서술하시오.

22. 아이스크림 케이크를 사면 케이크가 녹지 않도록 드라이아이스와 함께 포장해 준다.

드라이아이스가 모두 사라질 때까지 케이크가 녹지 않는 까닭을 상태 변화와 열에너지 출입 관계로 서술하시오.

TOP TIER

HIGH TOP

1등급으로 티어 오르는

내신 탑티어

정답과 해설

중학교
과학 1-1

빠른 정답

I. 과학과 인류의 지속가능한 삶

01 과학과 인류의 지속가능한 삶

쪽지 시험 — 시험 대비서 3쪽

1 문제 인식 2 가설 설정 3 ㉠ 탐구 설계 및 수행, ㉡ 결론 도출 4 가설 5 원리 6 증기 기관 7 인공지능 8 지속 가능한 9 신재생 10 분리배출

학교 시험 미리 보기 — 시험 대비서 4~5쪽

01 ② 02 ② 03 ④ 04 ⑤, ⑦ 05 ⑤
06 ④ 07 ⑤ 08 ③ 09 햇빛의 유무이다.
10 처음의 가설과 다른 가설로 수정하고, 다시 탐구 설계 및 수행, 자료 해석, 결론 도출의 과정을 거친다.
11 (1) 개인적 차원: 재활용 및 분리배출, 에너지 절약, 대중교통 이용, 자전거와 같은 친환경 운송 수단 이용, 사용하지 않는 물건 나누기 등 (2) 사회적 차원: 국제 협력, 녹지 및 생태 공원 조성, 친환경 제품 생산 등

II. 생물의 구성과 다양성

01 생물의 구성

쪽지 시험 — 시험 대비서 7쪽

1 세포 2 ㉠ 단세포생물, ㉡ 다세포생물 3 핵 4 마이토콘드리아 5 C: 엽록체, E: 세포벽 6 세포벽 7 엽록체
8 세포막 9 핵 10 엽록체

쪽지 시험 — 시험 대비서 9쪽

1 산소 2 신경세포 3 기능(하는 일) 4 유기적 5 조직
6 조직계 7 기관 8 기관계 9 ㉠ 세포, ㉡ 기관계, ㉢ 조직계, ㉣ 기관 10 ㉠ 조직계, ㉡ 기관계

학교 시험 미리 보기 — 시험 대비서 10~13쪽

01 ① 02 ② 03 ④, ⑤ 04 ④ 05 ③
06 ③, ⑤ 07 ⑤ 08 ① 09 ①
10 ③, ⑥ 11 ⑤ 12 ④ 13 ② 14 ③
15 ⑤ 16 ③
17 세포의 종류에 따라 각각의 세포가 하는 일(기능)이 다르기 때문이다.
18 (나). 작은 알갱이로 보이는 엽록체가 있으며, 세포벽이 있어서 세포의 모양이 일정하고 배열이 규칙적이기 때문이다.
19 마이토콘드리아는 세포의 생명활동에 필요한 에너지를 만드는 세포소기관이기 때문이다.
20 핵. 핵은 세포의 생명활동을 조절하는 역할을 한다.
21 엽록체는 빛을 흡수하여 영양분을 만드는 광합성을 하기 때문에 태양 전지를 이용해 빵을 생산하는 과정에 비유할 수 있다.
22 동물 몸의 구성 단계에는 기관과 개체 사이에 기관계가 있고, 식물 몸의 구성 단계에는 조직과 기관 사이에 조직계가 있다.

02 생물의 다양성

쪽지 시험 — 시험 대비서 15쪽

1 생물다양성 2 생태계, 생태계 3 종류, 종류 4 갯벌
5 변이 6 변이(특징) 7 자손 8 ㉠ 변이, ㉡ 낮아 9 페루
10 높다

쪽지 시험 — 시험 대비서 17쪽

1 생물분류 2 특징 3 종 4 같은 5 다른 6 종 7 ㉠ 과, ㉡ 계 8 ㉠ 원핵생물계, ㉡ 핵막 9 ㉠ 엽록체, ㉡ 광합성
10 균계

학교 시험 미리 보기 — 시험 대비서 18~21쪽

01 ② 02 ② 03 ②, ⑤ 04 ⑤ 05 ②
06 ① 07 ② 08 ④ 09 ⑤ 10 ④, ⑥
11 ① 12 ④ 13 ④ 14 ③ 15 ③ 16 ①
17 (가)는 생태계의 다양함을, (나)는 하나의 생태계 안에서 살고 있는 생물 종류(종)의 다양함을, (다)는 같은 종류의 생물 사이에서 나타나는 특징(변이)의 다양함을 의미한다.
18 (가). (가)는 (나)보다 변이가 다양하지 않아서 전염병이 발생할 때 살아남을 가능성이 낮다.
19 고양이, 삵, 스라소니는 자연 상태에서 서로 짝짓기를 하여 번식 능력이 있는 자손을 낳을 수 없으므로 서로 다른 종이다.
20 호랑이는 고양이보다 사자와 더 가까운 관계이다. 호랑이와 고양이는 같은 과에 속하고 호랑이와 사자는 같은 속에 속하는데, 더 작은 단위에 함께 속할수록 공통된 특징을 많이 가지고 있으며 더 가까운 관계이기 때문이다.
21 광합성을 하여 스스로 영양분을 합성할 수 있는가? 또는 광합성을 할 수 있는가? 또는 세포에 엽록체가 있는가? 등
22 유전물질을 둘러싸고 있는 핵막의 유무에 따라 대장균과 짚신벌레를 다른 계로 분류할 수 있다. 대장균은 유전물질을 둘러싸고 있는 핵막이 없으므로 원핵생물계에 속하고, 핵막이 있는 짚신벌레는 원생생물계에 속한다.

03 생물다양성보전

쪽지 시험 — 시험 대비서 23쪽

1 생태계평형 2 높을 3 복잡할 4 생물자원 5 ㉠ 식량, ㉡ 섬유(의복 재료) 6 의약품 7 서식지 8 남획 9 외래종 10 생태통로

학교 시험 미리 보기 — 시험 대비서 24~25쪽

01 ③ 02 ③ 03 ②, ④ 04 ④ 05 ④
06 (가). 생물다양성이 낮아 개구리가 사라지면 뱀의 먹이로 개구리를 대체할 수 있는 다른 생물이 없기 때문이다.
07 나일농어와 같은 생물을 외래종이라고 한다. 새로운 서식지에서 나일농어는 원래 그곳에 살고 있던 생물의 생존을 위협하여 생물다양성을 감소시켰다.
08 수산자원의 남획을 금지함으로써 생물의 개체수를 유지하고 멸종을 방지하여 생물다양성 유지에 기여할 수 있다.
09 생태통로이다. 생태통로는 끊어진 서식지를 이어 주어 야생동식물의 이동과 번식 활동을 원활하게 하므로 생물다양성을 유지하는 데 도움을 준다.
10 남획을 금지하여 생물다양성을 유지하기 위함이다.
11 생물의 서식지 주변에 있는 쓰레기 줍기, 생활 속 탄소 배출 줄이기, 일회용품 사용 줄이기 등

고난도 문제 정복하기 — 시험 대비서 26~27쪽

1 ③ 2 ③ 3 ②, ⑥ 4 ③ 5 ④ 6 ④
7 ① 8 ③

III. 열

01 열의 이동

쪽지 시험 — 시험 대비서 29쪽

1 온도 2 ㉠ 높고, ㉡ 낮다 3 ㉠ 높은, ㉡ 낮은 4 열평형
5 전도 6 대류 7 복사 8 ㉠ 대류, ㉡ 전도, ㉢ 복사
9 ㉠ 입자, ㉡ 열의 이동 10 ㉠ 복사, ㉡ 대류, ㉢ 전도

학교 시험 미리 보기 — 시험 대비서 30~33쪽

01 ①, ④ 02 ③ 03 ⑤ 04 ④, ⑥
05 ④ 06 ① 07 ③ 08 ③ 09 ④ 10 ③
11 ④ 12 ④, ⑤
13 (1)

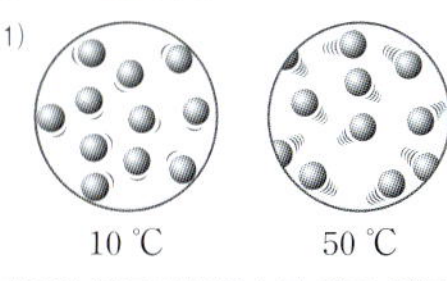

(2) 물질의 온도가 낮을수록 입자 운동이 둔하고, 물질의 온도가 높을수록 입자 운동이 활발하다.
14 음료를 이루는 입자의 운동은 처음보다 둔해지고, 손을 이루는 입자의 운동은 처음보다 활발해진다.
15 주스에서 얼음으로 열이 이동하여 주스의 온도가 낮아지기 때문이다.
16 안전을 위해 열이 느리게 전도되는 플라스틱이나 나무로 손잡이를 만든다.
17 찬 공기는 아래로 내려가고 따뜻한 공기는 위로 올라가면서 대류에 의해 방 안 전체가 시원해진다.
18 열이 복사에 의해 이동하는 것을 막기 때문이다.

02 비열과 열팽창

쪽지 시험 — 시험 대비서 35쪽

1 열량 2 ㉠ 비열, ㉡ kcal/(kg·℃) 또는 J/(kg·℃)
3 작다 4 B 5 많은 6 물 7 열팽창 8 ㉠ 활발, ㉡ 멀어
9 비슷 10 ㉠ 다른, ㉡ 작은

학교 시험 미리 보기 — 시험 대비서 36~39쪽

01 ④, ⑥, ⑧ 02 ② 03 ④ 04 ① 05 ⑤
06 ① 07 ④ 08 ④, ⑤ 09 ⑤ 10 ③
11 ④ 12 ④ 13 ① 14 ①
15 (1) 물과 콩기름의 질량, 물과 콩기름에 가하는 열량 (2) 물이 콩기름보다 비열이 크다. 질량이 같은 물질에 같은 열량을 가할 때 비열이 큰 물질일수록 온도 변화가 작기 때문이다.
16 (1) A—B—C (2) 온도 변화는 질량이 클수록, 비열이 클수록 작다. B의 비열은 A의 비열의 2배이고 A의 질량은 B의 질량의 2배이기 때문에, 같은 온도만큼 변화시키기 위해 A와 B에 가해 주어야 하는 열량은 같다.
17 (가). 여름철에는 온도가 높아져 열팽창이 일어나 전선의 길이가 길어지기 때문이다.
18 (1) B—A—C (2) B와 C, 두 금속의 열팽창 정도의 차이가 클수록 많이 휘어지기 때문이다.

고난도 문제 정복하기 — 시험 대비서 40~41쪽

1 ③ 2 ⑤ 3 ④ 4 ③ 5 ① 6 ③
7 ② 8 ③

단계별 문제로 | 서술형 연습하기   개념 학습서 69쪽

01 (1) (가), (나)   (2) 따뜻한 물에서 찬물로 열이 이동하여 따뜻한 물의 입자 운동은 둔해지고, 찬물의 입자 운동은 활발해진다.
02 (1) 열평형, 35   (2) 물이 얻은 열의 양과 금속이 잃은 열의 양은 같다.
03 (1) 열평형, 같다   (2) 금속 캔을 잡을 때가 더 차갑게 느껴진다. 금속이 종이보다 열을 더 빠르게 전달하므로, 손에서 금속 캔으로 열이 더 빠르게 이동하기 때문이다.
04 (1) A   (2) 아래에 있는 따뜻한 공기는 위로, 위에 있는 차가운 공기는 아래로 이동하는 대류가 일어나 방 안 전체가 따뜻해진다.

고난도 문제로 | 실력 올리기   개념 학습서 70~71쪽

01 ③   **02** ⑤   **03** ①   **04** ②   **05** ④   **06** ④
07 ③   **08** ④

02 비열과 열팽창

개념 확인하기   개념 학습서 73쪽

1 (1) ○ (2) ○ (3) × (4) ×   **2** 철   **3** 물   **4** B   **5** (1) × (2) ○ (3) × (4) × (5) ○

꽉 잡아! 탐구   여러 가지 액체의 비열 비교하기   개념 학습서 74쪽

정리 1 ㉠ 같, ㉡ 작, ㉢ 작다   **2** ㉠ 많, ㉡ 많은
확인 문제 1 ①   **2** 물과 콩기름에 가하는 열량을 같게 하기 위해서이다.

꽉 잡아! 탐구   액체의 열팽창 관찰하기   개념 학습서 75쪽

정리 1 ㉠ 활발, ㉡ 멀어져, ㉢ 증가   **2** 다르다
확인 문제 1 ②   **2** (1) 액체를 가열하면 액체를 구성하는 입자 사이의 거리가 멀어져 액체의 부피가 증가하므로 유리관 속 액체의 높이가 높아진다. (2) 에탄올이 물보다 열팽창 정도가 크다.

기출 문제로 | 실력 확인하기   개념 학습서 76~78쪽

01 ③   **02** ④   **03** A   **04** ①   **05** ⑤
06 구리   **07** ②   **08** ①   **09** ③   **10** ①
11 A<B   **12** ⑤   **13** ③   **14** ⑤   **15** ⑤
16 ③

단계별 문제로 | 서술형 연습하기   개념 학습서 79쪽

01 (1) 41, 33, 크다   (2) 모래(흙)는 바닷물(물)보다 비열이 작아 빨리 뜨거워지고 빨리 식기 때문에, 내륙 도시인 홍천이 해안 도시인 강릉보다 연간 최고 기온과 최저 기온의 차이가 더 크다.
02 (1) 크고, 작으, 물   (2) 물. 찜질팩 속 물질은 온도가 잘 변하지 않을수록 효과적이기 때문에 비열이 큰 물을 사용하는 것이 좋다.
03 (1) 활발, 멀어   (2) 에탄올은 온도 변화에 따라 비교적 일정하게 부피가 늘어나며, 부피 변화 정도가 비교적 크기 때문이다.
04 (1) 크, 작으   (2) 내열 유리는 일반 유리에 비해 열팽창 정도가 작아 컵의 안쪽과 바깥쪽의 팽창 정도가 비슷하기 때문에 잘 깨지지 않는다.

고난도 문제로 | 실력 올리기   개념 학습서 80~81쪽

01 ③   **02** ②   **03** ①   **04** ④   **05** ③   **06** ⑤
07 ④

생각 그물로 | 단원 정리하기   개념 학습서 82쪽

㉠ 전도   ㉡ 대류   ㉢ 복사   ㉣ 입자   ㉤ 열평형
㉥ 비열   ㉦ 부피   ㉧ 멀어진다

대단원 문제로 | 실력 완성하기   개념 학습서 83~85쪽

01 ③   **02** ④   **03** ②   **04** ③   **05** ④   **06** ⑤
07 ⑤   **08** ②   **09** ④   **10** ④   **11** ⑤   **12** ①
13 ④   **14** D>B>C>A, A와 D   **15** 전도와 대류에 의한 열의 이동을 차단하기 위해서이다.
16 1 kcal/(kg·℃)

Ⅳ. 물질의 상태 변화

01 입자의 운동과 상태 변화

개념 확인하기   개념 학습서 89, 91쪽

1 (1) ○ (2) × (3) ○ (4) ×   **2** (1) 증발 (2) 확산 (3) 증발 (4) 확산 (5) 확산   **3** 고체   **4** (1) (나) (2) (다) (3) (가)   **5** (1) (가) (2) (다) (3) (나)   **6** (1) 승화(기체 → 고체) (2) 승화(고체 → 기체) (3) 융해 (4) 응고 (5) 기화 (6) 액화   **7** (1) 기화 (2) 융해 (3) 액화 (4) 응고 (5) 승화(기체 → 고체) (6) 승화(고체 → 기체) (7) 액화   **8** (1) B, D, F (2) A, C, E (3) A, C, E
9 ㄱ, ㄷ, ㅂ, ㅈ

꽉 잡아! 탐구   증발과 확산 현상 관찰하기   개념 학습서 92~93쪽

정리 1 운동
확인 문제 1 (1) ○ (2) ○ (3) ×   **2** (1) ○ (2) ○ (3) ×
3 팝콘을 이루는 입자가 스스로 운동하여 모든 방향으로 퍼져 나가기 때문이다.   **4** BTB 용액은 식초 가까이에 있는 것부터 노란색으로 변한다.   **5** ㄷ

꽉 잡아! 탐구   물의 상태 변화 관찰하기   개념 학습서 94쪽

정리 2 ㉠ 기화, ㉡ 액화   **3** 성질
확인 문제 1 (1) ○ (2) × (3) ×   **2** 물(물질)의 상태 변화가 일어나더라도 물(물질)의 성질은 변하지 않는다.   **3** ④

꽉 잡아! 탐구   상태 변화 시 질량과 부피 변화 측정하기   개념 학습서 95쪽

정리 1 승화   **2** 일정   **3** 거리
확인 문제 1 (1) ○ (2) × (3) × (4) ○   **2** ㄷ

기출 문제로 | 실력 확인하기   개념 학습서 96~98쪽

01 ②   **02** ⑤   **03** ④   **04** ④   **05** ④   **06** ③
07 ④   **08** ③   **09** ⑤   **10** ③   **11** ①   **12** ④
13 ④   **14** ③   **15** ④   **16** ①   **17** ③

단계별 문제로 | 서술형 연습하기   개념 학습서 99쪽

01 (1) 감소   (2) 에탄올 입자가 스스로 운동하여 증발하기 때문이다.
02 (1) (가), (다)   (2) 고체는 입자들이 규칙적으로 배열되어 있고, 입자 사이의 거리가 매우 가깝기 때문이다.
03 (1) 액화   (2) A와 B에서 푸른색 염화 코발트 종이가 모두 붉은색으로 변한 것으로 보아 물의 상태 변화가 일어나더라도 물의 성질은 변하지 않는다는 것을 알 수 있다.
04 (1) 고체, 기체, 승화   (2) 고체에서 기체로의 승화가 일어날 때 입자 운동이 매우 활발해지고 입자 사이의 거리가 멀어져 부피가 증가하기 때문이다.

고난도 문제로 | 실력 올리기   개념 학습서 100~101쪽

01 ⑤   **02** ①   **03** ④   **04** ⑤   **05** ③   **06** ⑤
07 ②   **08** ⑤

02 상태 변화와 열에너지

개념 확인하기   개념 학습서 103, 105쪽

1 B, D, F   **2** A, C, E   **3** (1) ○ (2) × (3) ○ (4) × (5) ○
4 (1) ○ (2) × (3) ×   **5** ㉠ 활발해진다, ㉡ 둔해진다, ㉢ 불규칙적, ㉣ 규칙적, ㉤ 멀어진다, ㉥ 가까워진다   **6** B, D, F
7 (1) F (2) C (3) D (4) B   **8** (1) 흡수 (2) 흡수 (3) 방출 (4) 흡수 (5) 방출   **9** ㉠ 기화, ㉡ 흡수, ㉢ 액화, ㉣ 방출

꽉 잡아! 탐구   물을 가열할 때의 온도 변화 측정하기   개념 학습서 106쪽

정리 1 ㉠ 일정, ㉡ 상태 변화(기화)
확인 문제 1 (1) ○ (2) ○ (3) × (4) ○   **2** ㄴ

꽉 잡아! 탐구   로르산이 응고할 때의 온도 변화 측정하기   개념 학습서 107쪽

정리 1 ㉠ 일정, ㉡ 방출
확인 문제 1 (1) 액체 (2) 방출 (3) 잃는다   **2** 물이 응고하는 동안 방출하는 열에너지가 온도가 낮아지는 것을 막아 주기 때문이다.

기출 문제로 | 실력 확인하기   개념 학습서 109~112쪽

01 ②   **02** ④   **03** ⑤   **04** ③   **05** ④   **06** ③
07 ①   **08** ⑤   **09** ②   **10** ⑤   **11** ①   **12** ②
13 ①   **14** ④   **15** ㉠ 고체, ㉡ 액체   **16** ②
17 응고   **18** ②   **19** ①   **20** ④
21 기화, 열에너지 흡수

단계별 문제로 | 서술형 연습하기   개념 학습서 113쪽

01 (1) B, 기화   (2) 가해 준 열에너지를 에탄올의 기화에 사용하기 때문에 온도가 일정하게 유지된다.
02 (1) 융해   (2) 얼음이 물로 융해하면서 열에너지를 흡수하므로 주위의 온도가 낮아지기 때문이다.
03 (1) B, D, F, 방출   (2) C. 물이 수증기로 기화하면서 열에너지를 흡수하므로 주위의 온도가 낮아지기 때문이다.
04 (1) 액화, 기화   (2) 증기 난방기에서 수증기가 물로 액화하면서 열에너지를 방출하므로 주위의 온도가 높아져 실내가 따뜻해진다.

고난도 문제로 | 실력 올리기   개념 학습서 114~115쪽

01 ④   **02** ①   **03** ③   **04** ④   **05** ②   **06** ③
07 ④   **08** ③

생각 그물로 | 단원 정리하기   개념 학습서 116쪽

㉠ 증발   ㉡ 확산   ㉢ 고체   ㉣ 액체   ㉤ 기체
㉥ 응고   ㉦ 융해   ㉧ 액화   ㉨ 기화   ㉩ 승화
㉪ 승화   ㉫ 흡수   ㉬ 방출

대단원 문제로 | 실력 완성하기   개념 학습서 117~119쪽

01 ②   **02** ⑤   **03** ②   **04** ④   **05** ④   **06** ③
07 ④   **08** ⑤   **09** ⑤   **10** ①   **11** ④   **12** ④
13 ⑤   **14** ④   **15** ⑤   **16** ①   **17** 응고
18 가열하는 동안 가해 준 열에너지가 물이 기화하는 데 사용되기 때문이다.

빠른 정답 〈개념학습서〉

I. 과학과 인류의 지속가능한 삶

01 과학과 인류의 지속가능한 삶

개념 확인하기 개념 학습서 11, 13쪽

1 ㉠ 가설 설정, ㉡ 자료 해석 2 (1) ㄴ (2) ㄷ (3) ㄹ (4) ㅁ
(5) ㄱ 3 문제 인식 4 (1) ◯ (2) × (3) ◯ 5 (1) ㉢ (2) ㉠
(3) ㉡ 6 (1) ㄷ (2) ㄱ (3) ㄹ (4) ㄴ 7 ㄱ, ㄴ, ㄷ 8 (1) ◯
(2) ◯ (3) ×

실력 확인하기 개념 학습서 14~15쪽

01 ② 02 ② 03 ① 04 ① 05 ③ 06 ③
07 ③ 08 ④ 09 ⑤ 10 ⑤ 11 ③ 12 ③

서술형 연습하기 개념 학습서 16쪽

01 (1) 작을(클), 빨래(느려) (2) 같게 할 조건: 처음 물의 온
도, 물의 양, 얼음의 양, 컵의 크기 등
다르게 할 조건: 얼음의 크기
02 (1) 암모니아 (2) 암모니아 합성 기술이 개발되어 질소
비료를 대량으로 생산할 수 있게 되면서 식량 생산량이 크게
증가하였다.

실력 올리기 개념 학습서 16쪽

01 ③ 02 ⑤

단원 정리하기 개념 학습서 17쪽

㉠ 가설 설정 ㉡ 기술 ㉢ 첨단
㉣ 지속가능

II. 생물의 구성과 다양성

01 생물의 구성

개념 확인하기 개념 학습서 21, 23쪽

1 (1) ◯ (2) × (3) ◯ (4) × (5) × 2 (1) ㉢ (2) ㉡ (3) ㉠
3 (1) ㉡ (2) ㉠ (3) ㉢ 4 (1) ㉡ (2) ㉢ (3) ㉠ 5 (1) ◯ (2)
◯ (3) × (4) × (5) ◯ 6 (1) 기능 (2) 조직계, 기관계

탐구 동물 세포와 식물 세포 관찰하기 개념 학습서 24쪽

정리 1 핵 **2** ㉠ 세포벽, ㉡ 세포벽
확인 문제 1 ① **2** ②, ③

실력 확인하기 개념 학습서 26~28쪽

01 세포 02 ① 03 마이토콘드리아 04 ① 05 ⑤
06 ③, ⑤ 07 ③ 08 D, 엽록체 09 ①
10 ② 11 ② 12 조직 13 기관 14 ③
15 (가) 기관계 (나) 조직계 16 ② 17 ④

서술형 연습하기 개념 학습서 29쪽

01 (1) 핵, 핵, 생명활동 (2) 염색액으로(식물 세포는 아세트
올세인 용액을, 동물 세포는 메틸렌 블루 용액을 사용하여)
세포를 염색하면 핵을 뚜렷하게 관찰할 수 있다.
02 (1) 핵, 마이토콘드리아, 세포막, 엽록체, 세포벽 (2) (가)
와 (나) 중 식물 세포는 (나)이다. 엽록체(D)와 세포벽(E)은
동물 세포에는 없고 식물 세포에만 있는 세포 구조이기 때문
이다.
03 (1) 신경세포, 상피세포, 적혈구 (2) 우리 몸의 어느 부분
을 구성하느냐에 따라 담당하는 기능이 다르기 때문에 세포
의 종류에 따라 모양과 크기가 다르다.

실력 올리기 개념 학습서 30~31쪽

01 ⑤ 02 ④ 03 ③ 04 ④ 05 ③ 06 ③
07 ⑤ 08 ③

02 생물의 다양성

개념 확인하기 개념 학습서 33, 35, 37쪽

1 (1) ㉢ (2) ㉡ (3) ㉠ 2 (1) × (2) × (3) ◯ (4) ◯ (5) ◯
3 (1) ㉡ (2) ㉡ 4 (1) × (2) ◯ (3) ◯ (4) × (5) × 5 (가)
까투리와 장끼 (나) 말과 당나귀 (다) 표범과 치타 6 ㉠ 계,
㉡ 문, ㉢ 강, ㉣ 목, ㉤ 속 7 (1) × (2) ◯ (3) × (4) ◯
(5) × 8 (가) 원핵생물계 (나) 식물계 (다) 동물계 (라) 균계
9 (1) ㉣ (2) ㉢ (3) ㉤ (4) ㉠ (5) ㉡

실력 확인하기 개념 학습서 40~42쪽

01 생물다양성 02 ③ 03 (가) 04 변이
05 ②, ⑤ 06 ② 07 ⑤ 08 ④ 09 종
10 진돗개와 풍산개 11 ⑤ 12 들고양이 13 ③
14 ② 15 (가) 균계 (나) 원생생물계 16 ②
17 (가) 젖산균 (나) 고양이 (다) 푸른곰팡이 (라) 보리

서술형 연습하기 개념 학습서 43쪽

01 (1) 변이, 환경, 변이 (2) 다양한 변이를 가지는 한 종류
의 생물이 서로 나뉘어 오랜 기간 동안 살게 되면 서로 다른
환경에 적응하는 과정을 통해 생물의 종류가 다양해진다.
02 (1) 다른 (2) 당나귀와 말은 서로 짝짓기를 하여 자손을
낳을 수 있지만 그 자손은 번식 능력이 없기 때문에 같은 종
으로 볼 수 없다.
03 (1) 종, 속, 계 (2) 돼지와 너구리가 돼지와 박새보다 더
가까운 관계이다. 돼지와 너구리는 같은 강에 속하지만, 돼지
와 박새는 같은 문에 속하고 같은 강에 속하지 않기 때문이다.
04 (1) 핵막, 핵 (2) 송이버섯, 느타리버섯은 균계에 속한다.
균계에 속하는 생물의 세포에는 세포벽이 있지만 엽록체가
없어서 광합성을 못하고 죽은 생물이나 배설물을 분해하여
영양분을 얻는다. 몸은 가는 실 모양의 균사로 이루어져 있다.

실력 올리기 개념 학습서 44~45쪽

01 ⑤ 02 ③ 03 ① 04 ④ 05 ③ 06 ④
07 ② 08 ②

03 생물다양성보전

개념 확인하기 개념 학습서 47쪽

1 (1) (가) (2) (나) 2 (1) ㉤ (2) ㉣ (3) ㉢ (4) ㉡ (5) ㉠
3 (1) × (2) × (3) ◯ (4) × (5) ◯

실력 확인하기 개념 학습서 49~50쪽

01 ③ 02 ④ 03 ③ 04 ③ 05 ④ 06 ⑤
07 서식지 08 ② 09 생태통로 10 ②
11 ④

서술형 연습하기 개념 학습서 51쪽

01 (1) 종류, 감소 (2) 도로가 건설되면서 큰 서식지가 작은
2개의 서식지로 나뉘면 넓은 면적을 필요로 하는 곰과 같은
생물이 사라지고 도로로 인해 이동 및 번식 활동에 어려움이
생긴 생물의 수도 감소하므로 생물다양성이 감소하게 된다.
02 (1) 서식지, 생태통로 (2) 생태통로는 서식지가 단절되어
발생할 수 있는 생물의 개체수 감소 및 멸종을 완화할 수 있
으므로 생물다양성을 보전하기 위한 방안이 될 수 있다.

실력 올리기 개념 학습서 51쪽

01 ② 02 ④ 03 ⑤

단원 정리하기 개념 학습서 52쪽

㉠ 핵 ㉡ 엽록체 ㉢ 기관계 ㉣ 조직계 ㉤ 종류
㉥ 종 ㉦ 생물자원

실력 완성하기 개념 학습서 53~55쪽

01 ④ 02 ③ 03 ① 04 ④ 05 ③ 06 ②
07 ① 08 ⑤ 09 ③ 10 ③ 11 ④ 12 ⑤
13 A는 엽록체이다. 엽록체는 빛을 이용하여 영양분을 만드
는 광합성을 한다. 14 주변 환경과 비슷한 털색을 가진 올
드필드쥐는 이들을 잡아먹는 생물의 눈에 잘 띄지 않으므로
더 많이 살아남아 자손을 남겼다. 이러한 현상이 오랜 기간
동안 반복되면서 두 지역에 사는 쥐의 털색이 달라졌다.
15 (가) 종 (나) 목 (다) 계 16 균계

III. 열

01 열의 이동

개념 확인하기 개념 학습서 59, 61쪽

1 (1) ◯ (2) × (3) ◯ (4) × (5) × 2 (1) (가) (2) (가)
3 ㉠ 열, ㉡ 열평형 4 (1) A → B (2) 30 ℃ (3) 5분 5 (1) ×
(2) × (3) ◯ (4) × (5) × 6 (1) ㉡ (2) ㉢ (3) ㉠ 7 대류
8 (가) 전도 (나) 대류 (다) 복사

탐구 온도가 다른 두 물체가 접촉 개념 학습서 62쪽
할 때 온도 변화 관찰하기

정리 1 ㉠ 높, ㉡ 낮 **2** 열평형 **3** ㉠ 활발, ㉡ 둔
확인 문제 1 ③ **2**

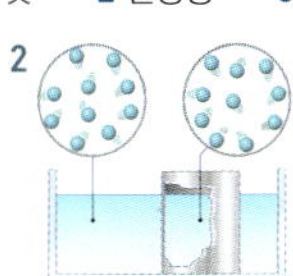

탐구 물체에서 열의 전도 비교하기 개념 학습서 63쪽

정리 1 전도 **2** ㉠ 구리, ㉡ 유리
확인 문제 1 ④ **2** 손잡이는 안전하게 잡을 수 있도록 열이
빠르게 전도되는 금속보다는 열이 느리게 전도되는 나무, 플
라스틱 등 금속이 아닌 소재로 만든다.

실력 확인하기 개념 학습서 65~68쪽

01 ④ 02 ⑤ 03 (나)−(가)−(다) 04 ⑤ 05 ④
06 ④ 07 ③ 08 ③ 09 A−D−B−C 10 ④
11 ① 12 ⑤ 13 ③ 14 ① 15 ① 16 ④
17 ② 18 ⑤ 19 대류 20 ⑤ 21 ②
22 ㉠ 전도, ㉡ 대류, ㉢ 복사

01 입자의 운동과 상태 변화

쪽지 시험 시험 대비서 **43**쪽

1 증발 2 확산 3 증발 4 높을수록 5 ㉠ 기체, ㉡ 액체, ㉢ 고체 6 (가) 7 ㉠ C, ㉡ B 8 D 9 E 10 성질

학교 시험 / 미리 보기 시험 대비서 **44~47**쪽

01 ③ 02 ⑤ 03 ②, ⑥ 04 ④ 05 ④
06 ④ 07 ①, ⑦ 08 ③ 09 ⑤
10 ③, ④, ⑧ 11 ① 12 ② 13 ④ 14 ②
15 ①, ③ 16 ② 17 ⑤ 18 ③

19 입자가 스스로 운동하기 때문이다.
20 식초를 이루는 입자가 스스로 운동하여 모든 방향으로 퍼져 나간다.
21 (나), 입자 배열이 매우 불규칙적이고, 입자 사이의 거리가 매우 멀기 때문이다.
22 겨울철 자동차 앞의 안쪽 유리에 김이 서리는 현상은 자동차 안의 따뜻한 수증기가 차가운 유리 표면에 닿아 물로 액화되는 것이다.
23 (가)와 (나)에서 모두 푸른색 염화 코발트 종이가 붉은색으로 변한다. 이를 통해 상태 변화가 일어나더라도 물(물질)의 성질은 변하지 않음을 알 수 있다.
24 액체 아세톤이 기화하면 입자 운동이 활발해지고 입자 사이의 거리가 멀어져 부피가 증가하기 때문이다.

02 상태 변화와 열에너지

쪽지 시험 시험 대비서 **49**쪽

1 (나) 2 상태 변화 3 응고 4 ㉠ 방출, ㉡ 낮아 5 ㉠ 고체, ㉡ 기체, ㉢ 흡수 6 ㉠ 흡수, ㉡ 방출 7 C 8 ㉠ 흡수, ㉡ 낮아 9 ㉠ 기화, ㉡ 흡수, ㉢ 낮아 10 ㉠ 액화, ㉡ 방출, ㉢ 높아

학교 시험 / 미리 보기 시험 대비서 **50~53**쪽

01 ② 02 ③ 03 ① 04 ①, ② 05 ⑤
06 ③ 07 ③, ⑥ 08 ④ 09 ① 10 ③
11 ④ 12 ② 13 ①, ③ 14 ③ 15 ③
16 ③ 17 ④

18 가해 준 열에너지가 에탄올의 기화에 사용되기 때문이다.
19 로르산은 A 구간에서 액체, B 구간에서 액체와 고체, C 구간에서 고체로 존재한다.
20 상태 변화가 일어나는 동안 열에너지를 흡수하여 주위의 온도가 낮아진다.
21 B, D, F, 응고, 액화, 기체에서 고체로의 승화가 일어날 때 입자 운동이 둔해지고 입자 사이의 거리가 가까워진다.
22 냉각 장치에서 뿌린 물이 기화하면서 열에너지를 흡수하므로 주위의 온도가 낮아지기 때문에 냉각 장치 주위가 시원하다.
23 뜨거운 수증기가 액화하면서 주위로 열에너지를 방출하므로 주위의 온도가 높아져 우유가 따뜻하게 데워진다.

고난도 문제 / 정복하기 시험 대비서 **54~55**쪽

1 ⑤ 2 ⑤ 3 ③ 4 ④ 5 ③ 6 ②
7 ② 8 ⑤

중간·기말고사 대비 대단원 최종 점검

1회 │ I. 과학과 인류의 지속가능한 삶 시험 대비서 **58~59**쪽

1 ② 2 ④ 3 ② 4 ② 5 ② 6 ⑤
7 ② 8 ①

2회 │ I. 과학과 인류의 지속가능한 삶 시험 대비서 **60~61**쪽

1 ⑤ 2 ① 3 ② 4 ① 5 ④ 6 ②
7 ③

8 재활용 및 분리배출하기, 에너지 절약하기, 대중교통 이용하기, 자전거와 같은 친환경 운송 수단 이용하기, 사용하지 않는 물건 나누기 등

1회 │ II. 생물의 구성과 다양성 시험 대비서 **62~66**쪽

1 ① 2 ① 3 ③ 4 ④ 5 ② 6 ①
7 ④ 8 ② 9 ③ 10 ① 11 ③ 12 ②
13 ① 14 ② 15 ④ 16 ④

17 A는 핵이다. 아세트올세인 용액(또는 아세트산 카민 용액)과 같은 염색액으로 세포를 염색하면 핵을 뚜렷하게 관찰할 수 있다.
18 (라), 식물 몸의 구성 단계에는 조직과 기관 사이에 조직계가 있고, 동물 몸의 구성 단계에는 기관과 개체 사이에 기관계가 있다.
19 각 섬에서 먹이를 먹고 살아가기에 가장 적합한 변이를 가진 핀치가 살아남아 자손을 남겼기 때문이다.
20 말과 당나귀는 서로 다른 종이다. 말과 당나귀는 짝짓기를 히여 노새를 낳을 수 있지만 노새에게는 번식 능력이 없으므로 말과 당나귀를 같은 종으로 분류하지 않는다.

2회 │ II. 생물의 구성과 다양성 시험 대비서 **67~71**쪽

1 ① 2 ① 3 ①, ④, ⑤ 4 ⑤ 5 ②
6 ③ 7 ① 8 ④ 9 ③ 10 ④ 11 ④
12 ② 13 ① 14 ⑤ 15 ④

16 세포의 종류에 따라 하는 일(기능)이 다르기 때문이다.
17 ⑴ (가) 세포 (나) 조직 (다) 조직계 (라) 기관 ⑵ 식물 몸의 구성 단계에는 조직과 기관 사이에 조직계가 있고, 동물 몸의 구성 단계에 있는 기관계가 없다.
18 ⑴ 먹이의 차이와 부리 모양의 변이가 핀치의 생존에 영향을 미쳤다. ⑵ 각 섬의 먹이 환경에서 생존하기에 적합한 부리의 변이를 가진 핀치가 더 많이 살아남아 자손을 남겼다. 이 과정이 오랜 시간 반복되어 서로 다른 먹이 환경에 사는 핀치 무리 사이의 차이가 커져 새로운 종류의 핀치가 나타났다.
19 ⑴ 종 ⑵ 두 개체의 생물이 자연 상태에서 짝짓기를 하여 번식 능력이 있는 자손을 낳을 수 있어야 한다.
20 (나), (나)는 생물다양성이 높아 어떤 생물이 사라져도 이를 대체할 수 있는 생물이 있어서 연쇄적으로 생물이 멸종될 가능성이 낮다.

1회 │ III. 열 시험 대비서 **72~76**쪽

1 ③ 2 ④ 3 ② 4 ⑤ 5 ③ 6 ⑤
7 ③ 8 ② 9 ③ 10 ④ 11 ③ 12 ①
13 ① 14 ① 15 ③ 16 ③ 17 ① 18 ④
19 ⑤

20 대류에 의해 뜨거운 공기는 위로 올라가고, 뜨거운 공기가 나간 자리는 땅속 차가운 공기가 들어와 채우기 때문에 흰개미 집 내부의 온도가 낮아진다.
21 A가 B보다 비열이 작다. A가 B보다 온도 변화가 크기 때문이다.

2회 │ III. 열 시험 대비서 **77~81**쪽

1 ⑤ 2 ② 3 ② 4 ⑤ 5 ④ 6 ②
7 ④ 8 ④ 9 ② 10 ① 11 ② 12 ①
13 ⑤ 14 ⑤ 15 ⑤ 16 ① 17 ④
18 ①, ⑤

19 (가)보다 (나)의 온도가 더 높다. 온도가 높을수록 입자 운동이 활발하여 잉크가 잘 퍼지기 때문이다.
20 금속으로 만든 프라이팬에서보다 수증기층에서 열이 느리게 전도되어 전도를 통한 열의 이동이 적기 때문이다.

1회 │ IV. 물질의 상태 변화 시험 대비서 **82~86**쪽

1 ② 2 ② 3 ⑤ 4 ② 5 ① 6 ④
7 ① 8 ⑤ 9 ④ 10 ① 11 ④ 12 ④
13 ① 14 ① 15 ④ 16 ④ 17 ③ 18 ⑤
19 ① 20 ②

21 잉크가 사방으로 퍼져 나가 물 전체가 잉크 색인 푸른색으로 변한다. 그 까닭은 잉크 입자가 스스로 운동하여 확산하기 때문이다.
22 액화
23 ㉠ 응고, ㉡ 방출
24 물통 표면의 물이 수증기로 기화하면서 주위에서 열에너지를 흡수하므로 주위의 온도가 낮아진다. 따라서 물통 속에 들어 있는 물을 시원하게 보관할 수 있다.

2회 │ IV. 물질의 상태 변화 시험 대비서 **87~91**쪽

1 ③ 2 ⑤ 3 ④ 4 ② 5 ② 6 ③
7 ③ 8 ② 9 ④ 10 ① 11 ⑤ 12 ④
13 ① 14 ⑤ 15 ④ 16 ⑤ 17 ③ 18 ④
19 ③

20 학생 C, 잉크 입자가 물과 고르게 섞이는 확산 현상을 관찰할 수 있어.
21 비커의 뜨거운 물과 시계 접시 아랫면에 맺힌 액체 방울에 푸른색 염화 코발트 종이를 대어 본다.
22 드라이아이스가 고체에서 기체로 승화하면서 열에너지를 흡수하여 주위의 온도가 낮아지기 때문이다.

HIGH TOP
내신 탑티어
중학교 과학 1-1
정답과
해설

Ⅰ. 과학과 인류의 지속가능한 삶

01 과학과 인류의 지속가능한 삶

개념 확인하기 개념 학습서 11, 13쪽

1 ㉠ 가설 설정, ㉡ 자료 해석 **2** (1) ㄴ (2) ㄷ (3) ㄹ (4) ㅁ (5) ㄱ
3 문제 인식 **4** (1) ○ (2) × (3) ○ **5** (1) ㉢ (2) ㉠ (3) ㉡ **6** (1)
ㄷ (2) ㄱ (3) ㄹ (4) ㄴ **7** ㄱ, ㄴ, ㄷ **8** (1) ○ (2) ○ (3) ×

1 과학적 탐구 방법의 단계는 '문제 인식 → 가설 설정 → 탐구
설계 및 수행 → 자료 해석 → 결론 도출' 순으로 이루어진다.

2 의문에 대한 잠정적인 결론을 세우는 단계는 가설 설정이다.

3 자연이나 일상생활에서 어떤 현상을 관찰하다 의문을 갖는 단
계는 문제 인식에 해당한다.

4 (2) 탐구 문제는 탐구할 내용이 분명히 드러나야 하며, 실제로
탐구 수행이 가능해야 한다.

5 (1) 증기 기관의 발명으로 제품의 대량 생산이 가능해졌고, 많
은 물건을 먼 곳까지 옮길 수 있게 되었다.

6 (2) 인공지능은 컴퓨터가 인간처럼 스스로 학습하고 일을 처리
할 수 있게 만드는 기술이다.

7 ㄹ. 신재생 에너지 개발은 지속가능한 삶을 위한 과학기술의
역할 중 하나이다.

8 (3) 지속가능한 삶을 위해 자가용 대신 대중교통을 이용하고,
자전거와 같은 친환경 운송 수단을 이용해야 한다.

기출 문제로 실력 확인하기 개념 학습서 14~15쪽

01 ② **02** ② **03** ① **04** ① **05** ③ **06** ③ **07** ③
08 ④ **09** ⑤ **10** ⑤ **11** ③ **12** ⑤

01 과학적 탐구 방법의 단계는 (나) 문제 인식 → (다) 가설 설정
→ (마) 탐구 설계 및 수행 → (라) 자료 해석 → (가) 결론 도출
순서이다.

02 자연이나 일상생활에서 어떤 현상을 관찰하다 의문을 갖는 단
계는 문제 인식이고, 의문에 대한 잠정적인 결론을 세우는 단
계는 가설 설정이다.

03 가설이 틀리면 처음의 가설을 수정하여 다시 탐구를 수행한
다. 이를 가설 수정이라고 한다.

04 (가)는 결론 도출, (나)는 문제 인식, (다)는 자료 해석, (라)는 탐
구 설계 및 수행, (마)는 가설 설정 단계에 해당한다.

05 에이크만의 과학적 탐구 방법의 단계는 (나) 문제 인식 → (마)
가설 설정 → (라) 탐구 설계 및 수행 → (다) 자료 해석 → (가)
결론 도출 순서이다.

06 바로 알기 ㄴ. 탐구를 계획할 때는 모든 단계에서 안전에 유
의해야 한다.

07 ㄱ. 과학의 발전은 인류의 사고방식을 바꾸고, 삶을 편리하게
하며, 문명이 발달하는 데 큰 영향을 미쳤다.
바로 알기 ㄷ. 과학 원리는 기술, 공학, 예술, 수학 등 여러 분
야와 융합하면서 인류 문명과 문화를 더 풍요롭게 하였다.

08 증기 기관의 발명으로 공장에서 제품을 대량으로 생산할 수
있었으며, 증기 기관을 이용한 증기 기관차가 개발되어 많은
물건을 먼 곳까지 빠르게 옮길 수 있게 되었다.

09 20세기 초 독일의 과학자 하버는 공기 중의 질소 기체를 이용
하여 암모니아를 합성하는 데 성공하였고, 이로부터 질소 비
료를 대량 생산할 수 있게 되면서 식량 생산량이 크게 증가하
였다.

10 ③ 무선 통신으로 각종 사물을 연결하는 기술은 사물 인터넷
이다. 사물 인터넷 기술은 자동 결제, 가전제품 제어, 농작물
관리 등에 사용된다.
④ 첨단 바이오 기술은 생물의 유전 정보를 이용하여 각종 유
용한 물질을 생산하는 기술이다. 이를 이용하면 개인 맞춤형
치료제를 개발할 수 있다.
바로 알기 ⑤ 인공지능이 도입되면 일자리가 없어지기도 하
지만, 새로운 일자리가 생겨날 것이다.

11 ㄷ. 과학기술은 인류가 마주한 문제에 대한 새로운 접근법과
해결 방안을 마련하는 데 중요한 역할을 한다.
바로 알기 ㄱ. 화석 연료의 지나친 사용으로 대기오염과 기후
변화와 같은 문제가 발생하였다. 이러한 문제를 해결하기 위
해 대기오염 물질의 발생량을 줄이는 기술을 개발하고 있다.
ㄴ. 자원 고갈 문제를 해결하기 위해 과학기술을 이용하여 바
람, 햇빛, 물, 지열, 수소 연료 전지와 같은 지속가능한 에너지
원을 개발하고 있다.

12 바로 알기 ⑤ 일회용품 대신 여러 번 사용할 수 있는 물건을
써야 하지만, 텀블러를 종류별로 여러 개 구입하는 것은 지속
가능한 삶에 도움이 되지 않는다.

단계별 문제로 서술형 연습하기 개념 학습서 16쪽

01 (1) 얼음을 넣은 물이 차가워지는 것을 보고 '어떤 얼음을 넣어
야 물이 빨리 차가워질까?'로 탐구 문제를 정하였다. 이 문제
를 해결하기 위한 가설은 '얼음의 크기가 작을(클)수록 물이 차
가워지는 시간이 빨라(느려)질 것이다.'가 적절하다.
(2) 얼음의 크기에 따라 물이 차가워지는 시간이 다름을 알아
보는 실험에서는 얼음의 크기 이외에 실험에 영향을 주는 다
른 조건들은 통제하면서 실험을 해야 한다.
모범 답안 (1) 작을(클), 빨라(느려)
(2) 같게 할 조건: 처음 물의 온도, 물의 양, 얼음의 양, 컵의 크기 등
다르게 할 조건: 얼음의 크기

	채점 기준	배점(%)
(1)	작을(클), 빨라(느려)를 모두 옳게 쓴 경우	40
	작을(클), 빨라(느려) 중 한 가지만 옳게 쓴 경우	20
(2)	같게 할 조건과 다르게 할 조건을 모두 옳게 서술한 경우	60
	같게 할 조건과 다르게 할 조건 중 한 가지만 옳게 서술한 경우	30

02 산업 혁명 이후 세계 인구는 빠르게 증가하였고, 인구가 증가하는 만큼 인류는 식량 생산량을 늘려야 했다. 이를 위해 기존보다 더 많은 양의 질소 비료가 필요했고, 하버의 암모니아 합성으로 질소 비료의 대량 생산이 가능해지면서 식량 생산량이 크게 증가할 수 있었다.

모범 답안 (1) 암모니아

(2) 암모니아 합성 기술이 개발되어 질소 비료를 대량으로 생산할 수 있게 되면서 식량 생산량이 크게 증가하였다.

	채점 기준	배점(%)
(1)	암모니아라고 옳게 쓴 경우	30
(2)	질소 비료의 대량 생산이 가능해지면서 식량 생산량이 크게 증가하였다고 옳게 서술한 경우	70
	식량의 대량 생산이라고만 서술한 경우	50
	질소 비료의 대량 생산이라고만 서술한 경우	30

고난도 문제로 실력 올리기　　　개념 학습서 16쪽

01 ③　　**02** ⑤

01 ㄱ, ㄴ. 햇빛을 받는 물체는 검은색, 파란색, 흰색 순으로 온도가 높아질 것이라는 가설을 검증하기 위해서는 물을 담은 컵의 색깔을 다르게 한 뒤, 일정한 시간 간격으로 물의 온도를 측정하는 실험을 할 수 있다.

바로 알기 ㄷ. 컵의 일부는 햇빛이 비치는 곳에 두고, 일부는 햇빛이 비치지 않는 곳에 두는 것은 햇빛을 받는 경우와 햇빛을 받지 않는 경우의 차이를 알아보는 실험이다. 이 실험에서는 컵의 색깔 외에 다른 조건들은 실험에 영향을 주지 않도록 통제해야 한다.

02 ㄱ. 우주선을 우주로 쏘아 올리는 기술은 만유인력의 법칙을 이용하여 개발하였다.

ㄴ. 인공위성의 전파 신호로 사용자의 위치를 계산하는 위성 위치 확인 시스템(GPS)은 전파의 원리를 적용하여 개발되었다.

ㄷ. 인공위성의 전파 신호로 사용자의 위치를 계산하는 위성 위치 확인 시스템(GPS)이 개발되면서 내비게이션과 같은 기기가 발명되었다.

생각 그물로 단원 정리하기　　　개념 학습서 17쪽

㉠ 가설 설정　　　㉡ 기술　　　㉢ 첨단
㉣ 지속가능

---

01 생물의 구성

개념 확인하기　　　개념 학습서 21, 23쪽

1 (1) ○ (2) × (3) ○ (4) × (5) ×　**2** (1) ㉢ (2) ㉤ (3) ㉠　**3** (1) ㉤ (2) ㉠ (3) ㉢　**4** (1) ㉤ (2) ㉢ (3) ㉠　**5** (1) ○ (2) ○ (3) × (4) × (5) ○　**6** (1) 기능 (2) 조직계, 기관계

1 (1) 세포는 생물을 구성하는 기본 단위로, 모든 생물은 세포로 구성된다.

(2) 하나의 세포로만 구성된 생물을 단세포생물이라고 한다. 단세포생물도 생명활동을 하며 생명을 유지한다.

(3) 세포는 생명을 유지하는 다양한 생명활동이 일어나는 기본 단위이다.

(4) 마이토콘드리아는 동물 세포와 식물 세포에 모두 있지만, 엽록체는 동물 세포에는 없고 식물 세포에만 있다.

(5) 세포에서 세포 안팎으로 드나드는 물질의 출입을 조절하는 것은 세포벽이 아니라 세포막이다.

2 마이토콘드리아는 생명활동에 필요한 에너지를 만들고, 엽록체는 광합성을 하여 영양분을 만든다. 핵에는 유전물질이 있으며, 세포의 생명활동을 조절한다.

3 (1) 중앙 통제실은 빵을 만드는 공장의 전체 공정을 조절하고 통제하는 역할을 한다. 세포에서 생명활동을 조절하고 통제하는 것은 핵이다.

(2) 빵을 만드는 공장에서 출입문과 벽은 필요한 재료를 들여오고 완성품을 내보내며 공장 내부를 보호한다. 동물 세포에서 세포를 둘러싸고 세포 안팎으로 드나드는 물질의 출입을 조절하는 역할을 하는 것은 세포막이다.

(3) 빵을 만드는 공장에서 발전기는 기계가 작동하는 데 필요한 에너지를 만든다. 세포에서 생명활동에 필요한 에너지를 만드는 세포소기관은 마이토콘드리아이다.

4 (1) 적혈구는 가운데가 오목한 원반 모양으로, 혈관을 따라 이동하면서 온몸에 산소를 전달한다.

(2) 신경세포는 가늘고 길게 뻗어 있는 모양으로, 온몸 구석구석으로 신호를 빠르게 전달한다.

(3) 상피세포는 주로 납작하고 편평한 모양으로, 피부나 기관의 안쪽 표면을 덮어 몸을 보호한다.

5 (1) 생물의 몸은 세포로 구성되어 있으며, 세포는 생물의 구조적, 기능적 기본 단위이다.

(2) 동물의 조직에는 상피조직, 근육조직, 신경조직, 결합조직 등이 있다. 결합조직에는 혈액, 뼈, 연골, 지방조직 등이 있다.

(3) 모양과 기능이 비슷한 세포들이 모여 조직을 이룬다. 예를 들어 동물의 몸에서 상피세포가 모여 상피조직을, 근육세포가 모여 근육조직을 이룬다.

(4) 위, 간, 심장은 동물 몸의 구성 단계에서 기관에 해당한다.

(5) 식물 몸의 구성 단계에는 몇 가지 조직이 모여 일정한 기능을 하는 조직계가 있다. 여러 표피조직이 모여 표피조직계가 되고, 물관 조직과 체관 조직이 모여 관다발조직계가 된다.

6 (1) 다세포생물의 몸은 모양과 크기가 다양한 여러 종류의 세포로 이루어져 있으며, 세포의 종류에 따라 기능이 다르다. 각 세포는 기능을 수행하기에 알맞은 모양과 크기를 가진다.

(2) 식물 몸의 구성 단계에는 조직에서 기관으로 가기 전에 조직계가 있다. 동물 몸의 구성 단계에는 조직계가 없고, 기관에서 기관계를 거쳐 개체를 이룬다.

꽉 잡아! 탐구 **동물 세포와 식물 세포 관찰하기** 개념 학습서 24쪽

정리 **1** 핵 **2** ㉠ 세포벽, ㉡ 세포벽

확인 문제

1 ① **2** ②, ③

정리

1 입안 상피세포를 메틸렌 블루 용액으로 염색하면 핵이 푸른색을 띠게 되어 뚜렷하게 관찰되며, 양파 표피세포를 아세트올세인 용액 또는 아세트산 카민 용액으로 염색하면 핵이 붉은색을 띠게 되어 뚜렷하게 관찰된다.

2 식물 세포는 세포막 바깥쪽에 세포벽이 있어서 모양이 일정하며 규칙적으로 배열된다.

확인 문제

1 염색액으로 세포를 염색하면 핵을 뚜렷하게 관찰할 수 있다.

2 핵, 세포막, 마이토콘드리아는 동물 세포와 식물 세포에서 공통적으로 관찰되는 세포 구조이다. 엽록체와 세포벽은 동물 세포에는 없고 식물 세포에서만 관찰된다.

기출 문제로 **실력 확인하기** 개념 학습서 26〜28쪽

01 세포 **02** ① **03** 마이토콘드리아 **04** ① **05** ⑤
06 ③, ⑤ **07** ③ **08** D, 엽록체 **09** ① **10** ②
11 ② **12** 조직 **13** 기관 **14** ③ **15** (가) 기관계 (나) 조직계
16 ⑤ **17** ④

01 모든 생물은 세포로 이루어져 있다. 세포는 생물의 구조적, 기능적 기본 단위이다.

02
> **세포의 염색**
> • 식물 세포는 초록색을 띠는 경우가 많기 때문에 염색된 부분과 그렇지 않은 부분을 명확하게 구분하기 위해 아세트올세인 용액 또는 아세트산 카민 용액처럼 붉은색을 띠는 염색액을 주로 사용한다.
> • 동물 세포는 혈액을 포함하는 경우가 많아 메틸렌 블루 용액처럼 푸른색을 띠는 염색액을 주로 사용한다.

염색액의 색소 성분은 핵 안에 들어 있는 유전물질(DNA)과 잘 결합한다. 따라서 염색액을 세포에 떨어뜨리면 핵이 염색되므로 핵을 뚜렷하게 관찰할 수 있다.

03 A는 마이토콘드리아로, 동물 세포와 식물 세포에 모두 들어 있으며 생명활동에 필요한 에너지를 생산하는 역할을 하는 세포소기관이다.

04 A는 검정말잎 세포에 있는 초록색 알갱이인 엽록체이다. 엽록체는 식물 세포에 존재하며 광합성을 하는 세포소기관이다.
바로 알기 ㄷ. 아세트올세인 용액에 의해 붉게 염색되는 것은 핵이다.
ㄹ. 세포소기관 중에서 가장 크고 동그란 모양을 하는 것은 핵이다.

05
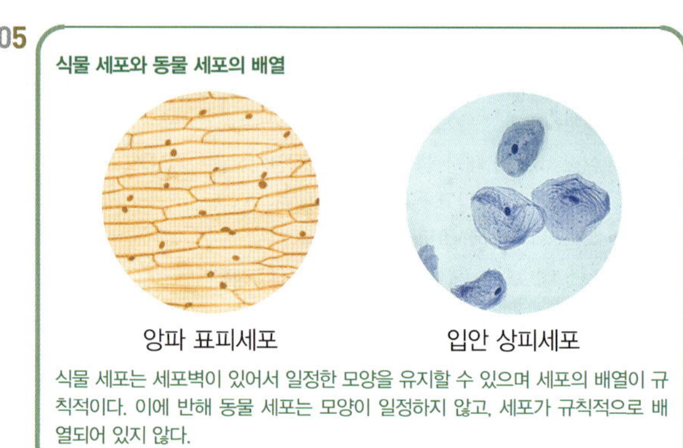

A는 핵, B는 마이토콘드리아, C는 엽록체, D는 세포막, E는 세포벽이다. 식물 세포의 세포막 바깥쪽에는 두껍고 단단한 세포벽이 있어서 일정한 모양을 유지할 수 있다. 따라서 식물 세포를 현미경으로 관찰하면 동물 세포에 비해 규칙적으로 배열된 것을 볼 수 있다.

06 엽록체(C)와 세포벽(E)은 동물 세포에는 없고 식물 세포에만 있다.

07 핵은 세포의 생명활동을 조절하는 역할을 한다.
바로 알기 ③ 세포를 드나드는 물질의 출입을 조절하는 것은 세포막이다.

08 A는 핵, B는 마이토콘드리아, C는 세포막, D는 엽록체, E는 세포벽이다. 초록색을 띠며 광합성을 하는 세포소기관은 엽록체이다.

09 중앙 통제실이 빵 공장의 생산 공정 전체를 조절하고 통제하는 것처럼 세포에서 핵(A)은 세포의 생명활동을 조절하고 통제하는 역할을 한다.

10 (가)는 적혈구, (나)는 신경세포, (다)는 상피세포이다. 세포는 생물의 어느 부분을 구성하고 있는지, 무슨 일을 하는지에 따라 모양과 크기가 다양하고, 세포가 가지고 있는 세포소기관의 수도 차이가 있다.
바로 알기 ㄴ. (나)는 신경세포로 몸의 안팎에서 발생하는 신호를 전달하기에 적합한 구조이다.
ㄷ. (다)는 상피세포로 몸 표면이나 기관의 안쪽 표면을 덮어

서 몸을 보호하는 역할을 한다.

11 ㉠은 적혈구, ㉡은 신경세포, ㉢은 상피세포이다. 생물의 몸은 다양한 세포로 이루어져 있으며, 세포의 모양은 세포의 기능과 관련이 깊다.

12 모양과 기능이 비슷한 세포들이 모여 조직을 이룬다. 신경세포가 모여 신경조직을, 근육세포가 모여 근육조직을, 상피세포가 모여 상피조직을 이룬다.

13
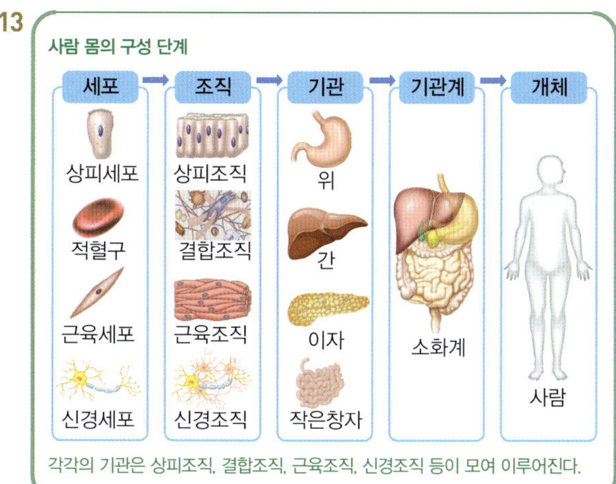

사람 몸의 구성 단계에서 여러 조직이 모여 고유한 모양과 기능을 갖춘 기관이 된다. 위는 상피조직, 결합조직, 근육조직, 신경조직이 모여 형성되는 기관에 해당한다.

14 식물 몸의 구성 단계에서 (가)는 세포, (나)는 조직, (다)는 조직계, (라)는 기관, (마)는 개체이다. 식물 몸의 구성 단계에는 조직과 기관 사이에 조직계가 있는데, 동물 몸의 구성 단계에는 조직계가 없다.

15 동물 몸의 구성 단계에는 기관과 개체 사이에 관련된 기능을 하는 기관들이 모여서 하나의 통일된 기능을 수행하는 기관계가 있다. 식물 몸의 구성 단계에는 조직과 기관 사이에 몇 개의 조직들이 모여서 하나의 통일된 기능을 수행하는 조직계가 있다.

16 동물은 여러 기관이 발달되어 있으며, 이들 중 서로 관련된 역할을 하는 기관들이 모여 기관계를 형성한다. 기관계에는 소화계, 순환계, 호흡계, 배설계, 신경계, 생식계 등이 있다.

17 하나의 세포로만 구성된 생물을 단세포생물이라고 한다.
[바로 알기] ㄱ. 단세포생물은 하나의 세포만으로 개체를 구성한다.
ㄷ. 식물은 몇 개의 조직이 모여 식물 전체에 걸쳐 연결되어 공통의 기능을 하는 조직계를 이룬다.

단계별 문제로 **서술형 연습하기** 개념 학습서 **29**쪽

01 양파 표피세포와 입안 상피세포를 염색하여 현미경으로 관찰하면 둥근 모양의 핵을 뚜렷하게 볼 수 있다.

[모범 답안] (1) 핵, 핵, 생명활동
(2) 염색액으로(식물 세포는 아세트올세인 용액을, 동물 세포는 메틸렌블루 용액을 사용하여) 세포를 염색하면 핵을 뚜렷하게 관찰할 수 있다.

	채점 기준	배점(%)
(1)	핵, 핵, 생명활동을 모두 옳게 쓴 경우	40
	A의 이름만 핵이라고 옳게 쓴 경우	20
(2)	염색액을 사용하여 염색한다는 내용을 포함하여 옳게 서술한 경우	60
	'색을 입힌다.', '색깔을 다르게 하면~' 등으로 서술한 경우	30

02 핵, 세포막, 마이토콘드리아는 동물 세포와 식물 세포에 모두 있는 세포 구조이다. 식물 세포에만 있는 것은 엽록체와 세포벽이다.

[모범 답안] (1) 핵, 마이토콘드리아, 세포막, 엽록체, 세포벽
(2) (가)와 (나) 중 식물 세포는 (나)이다. 엽록체(D)와 세포벽(E)은 동물 세포에는 없고 식물 세포에만 있는 세포 구조이기 때문이다.

	채점 기준	배점(%)
(1)	다섯 가지 세포 구조의 이름을 모두 옳게 쓴 경우	50
	다섯 가지 세포 구조 중 네 가지만 옳게 쓴 경우	40
	다섯 가지 세포 구조 중 세 가지만 옳게 쓴 경우	30
	다섯 가지 세포 구조 중 두 가지만 옳게 쓴 경우	20
	다섯 가지 세포 구조 중 한 가지만 옳게 쓴 경우	10
(2)	(나)가 식물 세포라고 쓰고, 엽록체와 세포벽을 근거로 옳게 서술한 경우	50
	(나)가 식물 세포라고만 옳게 쓴 경우	20

03 (가)는 신경세포, (나)는 입안 상피세포, (다)는 적혈구이다.

[모범 답안] (1) 신경세포, 상피세포, 적혈구
(2) 우리 몸의 어느 부분을 구성하느냐에 따라 담당하는 기능이 다르기 때문에 세포의 종류에 따라 모양과 크기가 다르다.

	채점 기준	배점(%)
(1)	세 종류의 세포를 모두 옳게 쓴 경우	50
	세 종류의 세포 중 두 가지만 옳게 쓴 경우	30
	세 종류의 세포 중 한 가지만 옳게 쓴 경우	10
(2)	어느 부분을 구성하느냐에 따라 세포의 기능이 다르기 때문에 모양과 크기가 다르다는 내용을 옳게 서술한 경우	50
	서로 다른 종류의 세포이기 때문이라고만 서술한 경우	20

04 (가), (나), (다)는 동물 몸의 구성 단계에서 각각 조직, 기관, 기관계에 해당한다. (라), (마), (바)는 식물 몸의 구성 단계에서 각각 조직, 조직계, 기관에 해당한다.

[모범 답안] (1) 조직, 기관, 기관계, 조직, 조직계, 기관, (다)
(2) 동물 몸의 구성 단계에는 기관과 개체 사이에 기관계가 있고, 식물 몸의 구성 단계에는 조직과 기관 사이에 조직계가 있다.

	채점 기준	배점(%)
(1)	일곱 가지를 모두 옳게 쓴 경우	60
	일곱 가지 중 여섯 가지만 옳게 쓴 경우	50
	일곱 가지 중 다섯 가지만 옳게 쓴 경우	40
	일곱 가지 중 네 가지만 옳게 쓴 경우	30
	일곱 가지 중 세 가지만 옳게 쓴 경우	20
	일곱 가지 중 두 가지만 옳게 쓴 경우	10
(2)	동물의 기관계와 식물의 조직계에 대해 옳게 서술한 경우	40
	동물은 기관계, 식물은 조직계가 있다고만 서술한 경우	20

고난도 문제로 실력 올리기   개념 학습서 30~31쪽

01 ⑤   02 ④   03 ③   04 ④   05 ③   06 ③   07 ⑤
08 ③

01 A는 핵, B는 마이토콘드리아, C는 엽록체, D는 세포막, E는 세포벽이다.

[바로 알기] ⑤ 세포를 드나드는 물질의 출입을 조절하는 것은 세포벽(E)이 아니라 세포막(D)의 역할이다. 세포벽은 거의 모든 물질을 통과시킨다.

02 핵, 마이토콘드리아, 엽록체 중에서 동물 세포와 식물 세포에 공통으로 들어 있는 것은 핵과 마이토콘드리아이다. 엽록체는 식물 세포에만 있다. 핵과 마이토콘드리아 중 생명활동에 필요한 에너지를 생산하는 것은 마이토콘드리아이다. 핵은 세포의 생명활동을 조절하는 역할을 담당한다. 따라서 (가)는 마이토콘드리아, (나)는 핵, (다)는 엽록체이다.

03 A는 식물 세포에 존재하는 엽록체이다. 엽록체에서는 빛을 흡수하여 영양분을 합성하는 광합성이 일어난다.

04 발전기는 에너지를 생산하는 마이토콘드리아에, 출입문과 벽은 세포를 드나드는 물질의 출입을 조절하고 세포를 보호하는 세포막과 세포벽에, 중앙 통제실은 세포의 생명활동을 조절하고 통제하는 핵에 비유할 수 있다.

05 사람의 몸은 여러 종류의 세포로 구성되어 있으며, 세포는 기능에 따라 다양한 모양과 크기를 가진다.

[바로 알기] ㄴ. 세포는 각각의 기능에 맞게 서로 다른 모양을 하고 있다.

06 동물 몸의 구성 단계에는 여러 기관이 모여 형성되는 기관계가 있고, 식물 몸의 구성 단계에는 조직과 기관 사이에 조직계가 있어서 동물 몸의 구성 단계와 식물 몸의 구성 단계는 같지 않다.

07

식물의 몸은 여러 세포가 모여 조직을 이루고, 여러 조직이 모여 조직계를 이룬다. 따라서 (가)는 조직계이다. 잎, 줄기, 뿌리는 기관에 해당한다.

[바로 알기] ㄱ. (가)는 조직계이다.

ㄴ. 줄기, 뿌리는 식물의 기관이다. 식물의 조직계에는 기본조직계, 관다발조직계, 표피조직계가 있다.

08 (가)와 (다)는 조직, (나)는 조직계, (라)는 기관계이다. 상피조직, 결합조직은 동물의 조직에 해당하며, 여러 조직이 모여 기관을 이룬다. 식물 몸의 구성 단계에는 기관계가 없다.

02 생물의 다양성

개념 확인하기   개념 학습서 33, 35, 37쪽

1 (1) ⓒ (2) ⓛ (3) ㉠   **2** (1) × (2) × (3) ○ (4) ○ (5) ○   **3** (1) ⓛ (2) ㉠   **4** (1) × (2) ○ (3) ○ (4) × (5) ×   **5** (가) 까투리와 장끼 (나) 말과 당나귀 (다) 표범과 치타   **6** ㉠ 계, ⓛ 문, ⓒ 강, ⓔ 목, ⓜ 속   **7** (1) × (2) × (3) × (4) ○ (5) ×   **8** (가) 원핵생물계 (나) 식물계 (다) 동물계 (라) 균계   **9** (1) ⓔ (2) ⓒ (3) ⓜ (4) ㉠ (5) ⓛ

1 생물다양성의 의미에는 생태계의 다양함(생태계다양성), 생물 종류의 다양함(종다양성), 같은 종류의 생물에서 나타나는 특징의 다양함(유전적 다양성)이 모두 포함된다.
(1) 무당벌레마다 겉날개의 색깔과 무늬가 다른 것은 같은 종류의 생물에서 나타나는 특징의 다양함에 해당한다.
(2) 습지에 여러 종류의 생물이 살고 있는 것은 생물 종류의 다양함을 의미한다.
(3) 어떤 지역에 습지, 숲, 초원 등의 생태계가 있는 것은 생태계의 다양함을 의미한다.

2 (1) 환경이 달라지면 각각의 환경에 적응하는 과정에서 같은 종류의 생물 사이에서 나타나는 변이의 차이가 더 커질 수 있다. 예를 들어 밝은색의 모래가 많은 바닷가에 사는 올드필드쥐와 어두운색의 흙이 많은 산림 지대에 사는 올드필드쥐는 같은 종류임에도 털색에서 차이가 난다.
(2) 치타와 표범은 서로 다른 종류의 생물이다. 변이는 같은 종류의 생물 사이에서 나타나는 서로 다른 특징이므로 치타와 표범의 차이를 변이라고 하지 않는다.
(3) 같은 종류의 생물에서 변이가 다양할수록 환경이 급격하게 변하더라도 생존할 수 있는 개체가 존재할 가능성이 높기 때문에 생물다양성은 높다.
(4) 얼룩말의 줄무늬 색깔과 간격이 조금씩 다른 것은 유전적 다양성에 해당하며, 이처럼 같은 종류의 생물 사이에서 나타나는 서로 다른 특징을 변이라고 한다.
(5) 변이가 다양한 한 종류의 생물이 서로 다른 환경에서 살게 되면 주어진 환경에 적합한 변이를 가진 생물이 더 많이 살아남아 자손을 남긴다.

3 같은 종류의 생물이 서로 다른 환경에서 살게 되면 각각의 환경에 적합한 변이를 가진 생물이 더 많이 살아남아 자손을 남기게 된다. 이 과정이 오랜 시간 동안 반복되면 생물 사이에

차이가 커져서 서로 다른 종류의 생물로 나누어질 수 있다. 갈라파고스제도의 각 섬에는 오늘날 이렇게 서로 다른 종류로 나누어진 다양한 종류의 핀치가 살고 있다.

4 ⑴ 짝짓기를 할 수 있다고 해도 태어난 자손에게 번식 능력이 없다면 같은 종으로 분류할 수 없다.

⑵ 개, 보리, 강아지풀, 고래를 광합성 여부에 따라 분류하면 개와 고래는 광합성을 못하는 생물로, 보리와 강아지풀은 광합성을 하는 생물로 분류할 수 있다.

⑶ 생물이 가지는 고유한 특징으로는 몸의 생김새, 한살이, 번식 방법, 광합성 여부 등이 있다. 이외에도 핵막의 유무, 세포벽의 유무, 기관의 발달 정도 등을 기준으로 생물을 분류할 수 있다.

⑷ 박쥐와 까치는 날개가 있다는 공통점이 있지만 박쥐와 다람쥐는 새끼를 낳고 젖을 먹여 키우며 몸이 털로 덮여 있는 등 공통점이 더 많으므로 박쥐와 까치보다 박쥐와 다람쥐가 더 가까운 관계이다.

⑸ 생물을 분류할 때에는 생물이 가진 고유한 특징을 기준으로 분류해야 사람마다 분류 결과가 달라지지 않는다.

5 까투리와 장끼, 말과 당나귀, 표범과 치타 중 짝짓기를 해서 자손을 낳을 수 있는 생물은 까투리와 장끼, 말과 당나귀이다. 이 중에서 번식 능력이 있는 자손을 낳을 수 있는 것은 까투리와 장끼뿐이므로 까투리와 장끼만 같은 종(꿩)이고, 말과 당나귀, 표범과 치타는 서로 다른 종이다.

6 생물분류에서 가장 작은 단위는 종이고 공통의 특징을 가진 것끼리 더 큰 단위로 묶어나갈 수 있다. 종, 속, 과, 목, 강, 문, 계의 순서로 점점 커지며 더 많은 생물을 포함한다.

7 ⑴ 미역과 다시마는 광합성을 하지만 식물계에 속하지 않고 원생생물계에 속한다.

⑵ 세균은 핵막이 없어 핵을 관찰할 수 없는 생물로, 원핵생물계에 속한다.

⑶ 식물계에 속하는 생물은 광합성을 하여 스스로 영양분을 얻지만, 균계에 속하는 생물은 광합성을 못하고 죽은 생물이나 배설물을 분해하여 영양분을 얻는다.

⑷ 원생생물계에 속하는 생물은 다양한 특징을 가지고 있다. 단세포생물도 있고 다세포생물도 있다. 세포벽이 있는 것도 있고 없는 것도 있으며, 광합성을 하는 것도 있고 광합성을 못하는 것도 있다.

⑸ 식물계와 균계에 속하는 생물의 세포에는 세포벽이 있지만, 동물계에 속하는 생물의 세포에는 세포벽이 없다.

8 유전물질이 핵막으로 싸여 있지 않은 생물은 원핵생물계에 속한다. 핵막이 있는 생물 중에서 원생생물계에 속하지 않으면서 광합성을 하는 생물은 식물계에 속한다. 나머지 핵막이 있는 생물 중에서 세포벽이 없고 운동성이 있는 생물은 동물계에 속하며, 동물계를 제외한 나머지 생물은 균계에 속한다.

9 황색포도상구균은 원핵생물계에, 박새는 동물계에, 송이버섯은 균계에, 해캄은 원생생물계에, 소나무는 식물계에 속한다.

01 어떤 지역에 살고 있는 생물의 다양한 정도를 생물다양성이라고 한다.

02

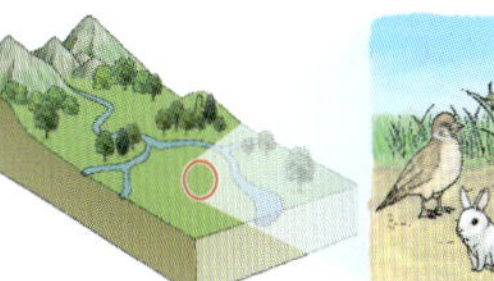

일정한 지역에 온도, 습도, 물, 토양 등의 환경이 다양한 생태계가 존재하고, 살고 있는 생물의 종류가 다양하며, 같은 종류의 생물 사이에서 나타나는 특징이 다양할 때 생물다양성은 잘 유지된다.

바로 알기 ㄴ. 단일 환경이 넓게 펼쳐져 있는 것보다 서로 다른 환경이 다양하게 있을 때 생물다양성이 더 잘 유지된다.

ㄷ. 한 종류의 생물만 있는 것보다 여러 종류의 생물이 분포할 때 생물다양성이 더 잘 유지된다.

03
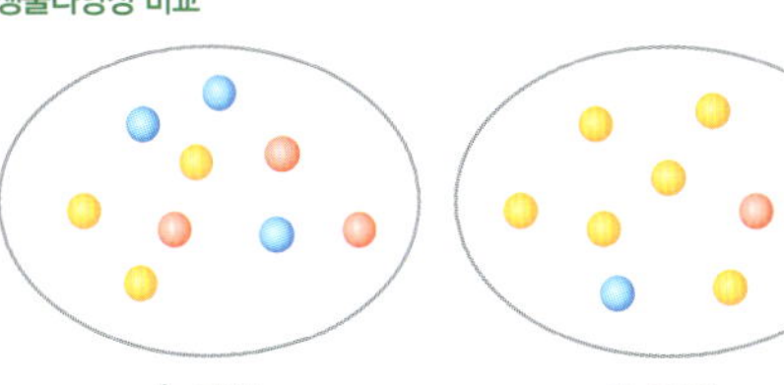

한 지역에 살고 있는 생물의 수가 같다면 생물의 종류가 다양할 때 생물다양성이 더 높다.

04 같은 종류의 생물 사이에서 조금씩 다른 특징이 나타나는 것을 변이라고 한다. 같은 부모 사이에서 태어난 형제자매라도 유전적 차이에 의해 변이가 나타난다.

05 변이는 같은 종류의 생물에서 조금씩 다른 특징이 나타나는 것을 의미한다.

바로 알기 ① 개미와 거미의 다리 수가 다른 것은 서로 다른 종류의 생물이기 때문에 나타나는 차이이다.
③ 상어와 고래의 번식 방법이 다른 것은 서로 다른 종류의 생물에서 나타나는 특징이다.
④ 알에서 깬 애벌레가 자라서 어른벌레가 되는 것은 생물의 성장 과정이다.

06

부리의 모양이 달라지게 된 가장 큰 환경 요인은 섬마다 핀치의 먹이 종류가 달랐다는 것이다. 선인장이 많은 섬에서는 부리가 길고 뾰족하여 선인장을 먹을 때 가시를 피할 수 있는 선인장핀치가 그렇지 않은 핀치보다 더 많이 살아남아 자손을 남겼다. 그리고 단단한 씨가 많은 섬에서는 부리가 크고 두꺼운 핀치가 그렇지 않은 핀치보다 더 많이 살아남아 자손을 남겼다.

07 (가)는 변이가 거의 없는 단일 품종이고, (나)는 변이가 다양하다. 변이가 다양한 한 종류의 생물 무리는 급격한 환경 변화나 전염병에도 살아남을 가능성이 높아서 변화된 환경에 잘 적응할 수 있다.

08 사는 곳이 어디인지, 식용인지 약용인지 등은 사람의 편의에 따라 분류하는 인위분류의 기준이다. 인위분류의 경우, 사람마다 분류 결과가 달라질 수 있기 때문에 생물을 분류하는 데에는 적절하지 않다.

09 생물을 분류하는 가장 작은 단위를 종이라고 한다.

10 두 생물이 짝짓기를 하여 자손을 낳을 수 있고, 그 자손에게 번식 능력이 있을 때 같은 종으로 분류한다. 당나귀와 말은 짝짓기를 하여 자손을 낳을 수 있지만 그 자손인 노새가 번식 능력이 없으므로 서로 다른 종이다.

11 종은 자연 상태에서 짝짓기하여 번식 능력이 있는 자손을 낳을 수 있는 생물 무리이다. 자손을 낳을 수 있어도 그 자손에게 번식 능력이 없다면 같은 종이라고 하지 않는다.
바로 알기 ㄱ. 몸의 생김새가 달라도 같은 종일 수 있다. 예를 들어 장끼(수컷)와 까투리(암컷)는 같은 종이지만 암수의 생김새가 다르다. 또 풍산개, 진돗개처럼 같은 종이지만 품종에 따라 생김새가 다를 수 있다.
ㄴ. 같은 종이라고 모두 같은 지역에 살고 있는 것은 아니다. 예로 호랑이는 인도에 사는 호랑이, 시베리아에 사는 호랑이 등이 있다.

12 모래고양이와 들고양이는 가장 작은 단위인 종에서는 다른 무리에 속하지만 더 큰 단위인 속부터는 같은 단위로 묶인다. 작은 단위에서 같은 무리에 묶일수록 공통된 특징이 많다.

13

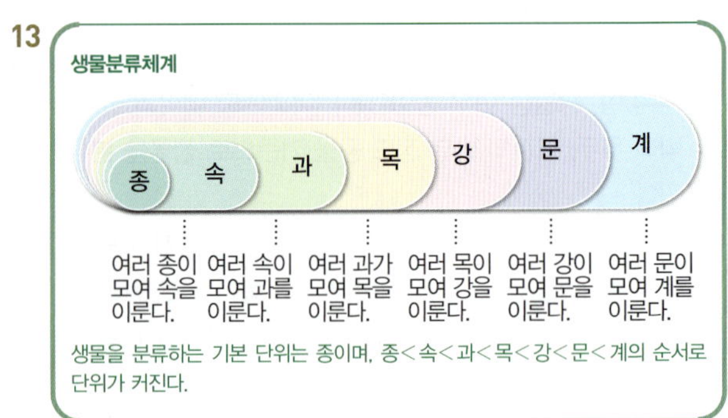

생물분류에서 종이 가장 작은 단위이며, 종에서 계로 갈수록 큰 단위이다.

14 (가)는 동물계이다. 범고래와 상어는 물속 환경에 적응하여 생김새가 비슷하지만 범고래는 개와 같이 포유동물강에 속하므로 새끼를 낳아 젖을 먹여 기른다는 점에서 개와 공통점을 가지고 있다.
바로 알기 ㄴ. 개와 범고래, 상어는 모두 척삭동물문에 속하지만, 문어는 척삭동물문에 속하지 않는다.
ㄹ. 상어와 범고래는 같은 문에 속하므로 다른 문에 속하는 상어와 문어보다 더 가까운 관계이다.

15 생물을 계 수준에서 분류할 때 원핵생물계, 원생생물계, 식물계, 균계, 동물계의 5계로 분류할 수 있다.

16

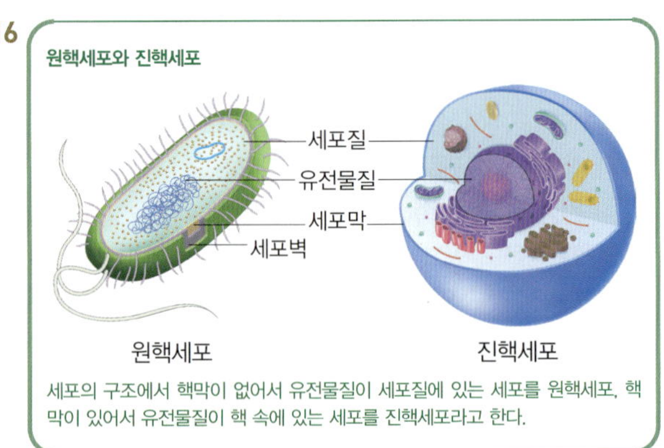

5계의 생물 중 원핵생물계에 속하는 생물은 세포에 핵막이 없어서 유전물질이 세포질에 있다.

17 (가)는 핵막이 없어 핵이 관찰되지 않으므로 원핵생물계에 속하는 젖산균이다. (나)는 세포벽이 없으므로 보리, 고양이, 푸른곰팡이 중에서 동물계에 속하는 고양이이다. (다)는 광합성을 못하므로 보리, 푸른곰팡이 중에서 균계에 속하는 푸른곰팡이이고, (라)는 광합성을 하므로 식물계에 속하는 보리이다.

단계별 문제로 서술형 연습하기

개념 학습서 43쪽

01 변이가 다양한 한 종류의 생물이 서로 다른 환경에서 오랜 시간 동안 적응하다 보면 원래의 생물과는 다른 새로운 종류의 생물이 나타나게 되어 생물다양성이 증가한다.

모범 답안 (1) 변이, 환경, 변이

(2) 다양한 변이를 가지는 한 종류의 생물이 서로 나뉘어 오랜 기간 동안 살게 되면 서로 다른 환경에 적응하는 과정을 통해 생물의 종류가 다양해진다.

	채점 기준	배점(%)
(1)	변이, 환경, 변이를 모두 옳게 쓴 경우	40
	변이, 환경, 변이 중 두 가지만 옳게 쓴 경우	20
	변이, 환경, 변이 중 한 가지만 옳게 쓴 경우	10
(2)	다양한 변이와 서로 다른 환경에 적응한 과정을 모두 포함하여 옳게 서술한 경우	60
	환경에 적응하기 때문이라고만 서술한 경우	30

02 자연 상태에서 짝짓기를 하여 번식 능력이 있는 자손을 낳을 수 있는 생물 무리를 같은 종으로 분류한다.

모범 답안 (1) 다른

(2) 당나귀와 말은 서로 짝짓기를 하여 자손을 낳을 수 있지만 그 자손은 번식 능력이 없기 때문에 같은 종으로 볼 수 없다.

	채점 기준	배점(%)
(1)	'다른'이라고 옳게 쓴 경우	40
(2)	짝짓기하여 낳은 자손에게 번식 능력이 없다는 내용을 포함하여 옳게 서술한 경우	60
	자손에게 번식 능력이 없다고만 서술한 경우	30

03 종은 생물을 분류하는 가장 작은 단위이며 종을 묶어서 속, 속을 묶어서 과, 같은 방식으로 목, 강, 문, 계로 단위가 커진다.

모범 답안 (1) 종, 속, 계

(2) 돼지와 너구리가 돼지와 박새보다 더 가까운 관계이다. 돼지와 너구리는 같은 강에 속하지만, 돼지와 박새는 같은 문에 속하고 같은 강에 속하지 않기 때문이다.

	채점 기준	배점(%)
(1)	종, 속, 계를 모두 옳게 쓴 경우	50
	종, 속, 계 중 두 가지만 옳게 쓴 경우	20
	종, 속, 계 중 한 가지만 옳게 쓴 경우	10
(2)	돼지와 너구리는 같은 강에 속하지만 돼지와 박새는 같은 강에 속하지 않는다는 근거를 들어 돼지와 너구리가 돼지와 박새보다 더 가까운 관계라고 서술한 경우	50
	돼지와 너구리가 돼지와 박새보다 더 가까운 관계라고만 서술한 경우	20

04 원핵생물계에 속하는 생물은 핵막이 없어 핵이 관찰되지 않으며, 나머지 4계(원생생물계, 식물계, 균계, 동물계)에 속하는 생물은 핵막이 있어서 핵이 뚜렷하게 관찰된다.

모범 답안 (1) 핵막, 핵

(2) 송이버섯, 느타리버섯은 균계에 속한다. 균계에 속하는 생물의 세포에는 세포벽이 있지만 엽록체가 없어서 광합성을 못하고 죽은 생물이나 배설물을 분해하여 영양분을 얻는다. 몸은 가는 실 모양의 균사로 이루어져 있다.

	채점 기준	배점(%)
(1)	핵막, 핵을 모두 옳게 쓴 경우	50
	핵막, 핵 중 한 가지만 옳게 쓴 경우	20
(2)	균계에 속한다고 옳게 쓰고, 세포벽과 엽록체의 유무, 영양 방식, 몸의 구성을 모두 포함하여 특징을 옳게 서술한 경우	50
	균계에 속한다는 내용만 옳게 서술한 경우	20

고난도 문제로 실력 올리기

개념 학습서 44~45쪽

01 ⑤　　**02** ③　　**03** ①　　**04** ④　　**05** ③　　**06** ④　　**07** ②
08 ②

01 ㉠은 생태계, ㉡은 종류, ㉢은 변이이다. ㉠은 생태계다양성, ㉡은 종다양성, ㉢은 유전적 다양성에 해당한다. 생물다양성이란 생태계의 다양함, 생물 종류의 다양함, 같은 종류의 생물 사이에서 나타나는 특징, 즉 변이의 다양함을 모두 포함한다.

02 단위 면적당 생물의 수는 (가)보다 (나)가 더 높을 수도 있지만 (나)는 한 종류의 생물만 심는 경작지이므로 생물의 종류는 (나)보다 (가)가 더 많다. 따라서 생물다양성은 (가)가 (나)보다 높으며, 생물다양성이 높은 지역은 전염병이 발생하더라도 안정적으로 유지될 수 있다.

바로 알기 ㄴ. 생물의 종류는 (나)보다 (가)에서 더 많다.

03 같은 종류의 생물에서 조금씩 다른 특징이 나타나는 것을 변이라고 한다. 변이가 다양하면 환경이 급격하게 변하더라도 살아남을 가능성이 높아 멸종할 확률이 낮아진다.

바로 알기 ㄴ. 한 종류의 생물에서 변이가 다양할수록 생물다양성은 높다. 변이가 거의 없는 생물은 급격한 환경 변화에 멸종할 가능성이 높아서 향후 종다양성이 낮아지는 원인이 된다. 유전적 다양성이 낮은 종은 개체수가 많더라도 멸종의 위험이 높다.

ㄷ. 각 생물의 색깔과 무늬가 다양한 것은 한 종류의 생물 무리 안에서도 유전정보의 차이로 인해 특징이 다양하게 나타나기 때문이다.

04 변이가 다양한 한 종류의 생물이 흩어져 살면서 서로 다른 환경에 적응하면 변이의 차이는 커지고 오랜 시간이 지나 원래의 종과는 다른 새로운 종이 나타날 수 있다. 새로운 종의 출현으로 생물다양성은 높아진다.

바로 알기 ㄱ. 원래 한 종류였던 핀치에는 부리의 모양과 크기에 다양한 변이가 있었다. 변이가 없는 생물은 서로 다른 환경이 주어질 때 각각의 환경에서 적응하여 살아남기 어렵다.

05 두 종류의 생물을 같은 종으로 판단하려면 짝짓기를 하여 자손을 낳을 수 있는지, 그 자손에게 번식 능력이 있는지를 확인해야 한다. 따라서 짝짓기를 하여 낳은 자손에게 번식 능력이 없는 말과 당나귀는 같은 종이라고 할 수 없다.

바로 알기 ㄴ. 짝짓기를 해서 자손을 낳을 수 있는 것만으로는 같은 종으로 판단할 수 없다.

06 생물을 분류하는 단위는 가장 작은 종에서부터 속, 과, 목, 강, 문, 계의 순서로 커진다. 따라서 비슷한 특징을 가진 여러 강을 모아 문으로 묶을 수 있다.

[바로 알기] ① 모래고양이와 들고양이는 같은 속에 속한다.

② 비슷한 특징을 가지는 여러 목을 모아 강으로 묶으므로 같은 강에 속하는 생물이 모두 같은 목에 속하지는 않는다.

③ (가)는 생물분류에서 가장 기본적인 단위로 계가 아니라 종이다.

⑤ 생물분류에서 작은 단위에서 같은 무리로 묶이는 생물일수록 공통된 특징이 많다.

07 지구의 다양한 생물을 계 수준으로 분류하면 원핵생물계, 원생생물계, 식물계, 균계, 동물계로 분류할 수 있다.

[바로 알기] ① 짚신벌레와 파래는 식물계, 균계, 동물계에 속하지 않는 생물로, 원생생물계에 속한다.

③ 미역은 광합성을 하지만 뿌리, 줄기, 잎과 같은 기관이 제대로 발달하지 않은 생물로, 식물계가 아닌 원생생물계에 속한다.

④ 원핵생물계에 속하는 생물의 세포에는 핵막이 없어서 핵이 관찰되지 않는다.

⑤ 식물계와 동물계에 속하는 생물은 세포에 핵막이 있지만, 세포벽은 식물계에 속하는 생물에만 있다.

08 (가)는 핵막이 없어서 핵이 관찰되지 않는 원핵생물계에 속하는 생물이다. (나)는 핵막이 있어서 핵이 뚜렷하게 관찰되는 생물로 효모는 균계, 해캄은 원생생물계, 지렁이는 동물계, 우산이끼는 식물계에 속한다. 따라서 (가), (나)를 구분하는 분류 기준은 핵막의 유무이다.

[바로 알기] ① (가)에는 광합성을 하는 생물로 남세균이 있고, (나)에도 광합성을 하는 생물로 해캄과 우산이끼가 있다.

③ (가)에 속하는 생물은 모두 세포벽이 있다. (나)에서는 효모, 해캄, 우산이끼에 세포벽이 있다.

④ (가)에서는 대장균이 편모를 가지고 있어서 운동성이 있다. (나)에서 운동성이 있는 생물은 지렁이이다.

⑤ (가)에 속하는 생물은 모두 단세포생물이다. (나)에 속하는 생물 중 효모는 단세포생물이며 지렁이, 해캄, 우산이끼는 다세포생물이다.

03 생물다양성보전

개념 확인하기
개념 학습서 47쪽

1 (1) (가) (2) (나) **2** (1) ⓜ (2) ⓒ (3) ⓔ (4) ⓛ (5) ⓣ **3** (1) ✕ (2) ✕ (3) ◯ (4) ✕ (5) ◯

1 (1) 먹이 관계가 단순한 생태계보다 먹이 관계가 복잡한 생태계에서 생물다양성은 더 높다.

(2) 먹이 관계가 단순한 (나)의 경우 한 종류의 생물이 멸종하면 연쇄적인 멸종으로 이어질 수 있다. 따라서 아델리펭귄이 사라지면 아델리펭귄을 대체할 범고래의 먹이가 없으므로 범고래도 사라질 가능성이 높다.

2 (1) 푸른곰팡이에서 추출한 물질로 항생제인 페니실린을 만든다.

(2) 누에고치에서 뽑은 잠사는 실크를 만드는 데 활용된다.

(3) 편백은 가구를 만들고 집을 지을 때 목재로 활용된다.

(4) 어두운 곳에서 빛을 반사하는 고양이의 눈에서 아이디어를 얻어 이를 모방한 야간 반사판을 고안하였다.

(5) 벼는 식량으로 사용되는 주요 곡물이다.

3 (1) 외래종이 유입된 서식지에 외래종의 천적이 없을 경우 외래종이 토종 생물을 위협하여 생물다양성을 감소시킬 수 있다.

(2) 급격한 기후 변화는 생물의 생존을 위협하므로 기존 서식지에 살던 생물이 사라질 수 있다.

(3) 도로 건설로 인해 생물들은 서식지를 잃을 수 있으며, 서식지를 잃은 생물은 사라질 가능성이 높다.

(4) 숲에서 발견한 멸종 위기 식물을 캐는 것은 불법 행위이므로 하지 말아야 한다.

(5) 생물다양성은 홍수, 지진, 산사태와 같은 자연재해로 감소하기도 하지만, 자연재해로 일어난 생물다양성 감소는 대부분 시간이 지나면 자연적으로 회복된다. 회복하기 힘들 정도로 생물다양성이 감소하는 주된 원인은 과도한 사람의 활동과 관련되어 있다.

기출 문제로 실력 확인하기
개념 학습서 49~50쪽

01 ③ **02** ④ **03** ③ **04** ③ **05** ④ **06** ⑤
07 서식지 **08** ② **09** 생태통로 **10** ② **11** ④

01 휴식처와 여가 생활 공간은 아름다운 자연경관이 존재하기 때문에 제공할 수 있는 경우도 많다.

[바로 알기] ㄷ. 생물다양성이 높을 때 좋은 휴식처와 여가 생활 공간도 제공될 수 있다.

02 (가)는 먹이 관계가 복잡하여 생물다양성이 높은 생태계이고, (나)는 먹이 관계가 단순하여 생물다양성이 낮은 생태계이다. 먹이그물이 복잡할수록 한 종류의 생물이 사라져도 이를 대체할 수 있는 생물이 있어서 연쇄적인 멸종이 일어나지 않을 가능성이 높다. 따라서 (나)에서는 아델리펭귄이 사라질 경우 범고래도 멸종할 가능성이 높다.

[바로 알기] ㄴ. 먹이그물이 복잡한 생태계인 (가)가 (나)보다 더 안정적으로 유지될 수 있다.

03 모든 생물은 생태계의 구성원으로서 지구에서 살아갈 권리가 있으며 각각 소중한 가치를 지니고 있으므로, 잘 알려진 생물만 높은 가치를 지닌다고 판단해서는 안된다. 특히 생태계 안에서 다양한 생물이 먹이 관계로 얽혀 서로 영향을 주고받기 때문에 당장 이용할 수 있는 경제적 가치로만 판단할 수 없다.

04

생태계 유지	생물다양성이 높을수록 생태계가 안정적으로 유지
자연환경과 건강 유지	• 맑은 공기와 깨끗한 물, 비옥한 토양 제공 • 휴식처와 여가 생활 공간 제공
생물자원 제공	• 목화는 의복 재료 제공 • 편백은 건축에 필요한 목재 제공 • 주목에서 추출한 물질로 항암제 개발 • 우엉의 열매를 보고 벨크로 개발

생물다양성은 생태계를 유지하는 데 필수적이며 생물자원으로서 사람이 누릴 수 있는 혜택을 준다.

생물다양성이 주는 혜택으로는 의식주에 필요한 재료, 의약품 원료, 산업 재료, 발명품의 아이디어 등이 있다.

[바로 알기] ③ 러브버그가 폭발적으로 증가한 것은 살충제 사용으로 인한 천적의 감소, 온난화로 인해 이전보다 습해진 날씨가 러브버그가 서식하는 데 좋은 환경을 제공하였기 때문인 것으로 분석하고 있다. 단, 러브버그의 애벌레가 숲의 유기물을 식물이 이용할 수 있는 거름으로 만들기 때문에 러브버그의 수가 증가하더라도 생태계에 악영향을 미치지 않는다고 알려져 있다.

05 해충을 제거하려고 살충제를 뿌리면 해충의 천적도 같이 사라질 수 있고, 살충제에 내성을 가진 해충이 나타날 수 있으므로 생물다양성에 부정적인 영향을 미칠 수 있다. 따라서 학생 B의 의견이 옳다고 할 수 없다. 생태계에서 생물은 먹이 관계로 긴밀하게 얽혀 있으므로 이를 먼저 고려해야 한다.

06 생물다양성을 감소시키는 사람의 활동으로는 도시 개발, 도로 및 철도 건설 등 각종 개발로 인한 서식지파괴, 불법 포획과 남획, 외래종 유입, 환경오염과 기후 변화 등이 있다.
⑤ 외래종이 새롭게 정착한 서식지에 외래종의 천적이 없는 경우 외래종의 개체수가 늘어나 토종 생물을 위협하므로, 외래종의 유입은 철저한 관리가 필요하다.

[바로 알기] ② 사슴을 보호하기 위해 늑대를 제거할 경우, 사슴의 개체수가 급격히 늘어나고 사슴의 먹이인 초원의 풀밭이 황폐화되어 결국 먹이 부족으로 사슴의 개체수도 줄어들게 된다. 따라서 먹이 관계를 고려하지 않고 사람이 생태계에 개입하는 것은 생물다양성을 감소시키는 원인이 될 수 있다.

07 특정 생물이 자리를 잡고 살아가는 장소를 서식지라고 하며,

연못, 강, 산, 바다 등이 있다. 서식지가 사라지거나 작은 면적으로 나누어질 경우 그 서식지에서 살아가는 생물의 개체수는 감소하고 결국은 멸종에 이를 수도 있다.

08 제시된 생물은 모두 외래종이다. 외래종이란 다른 나라에서 들어와 우리나라에 자리를 잡고 사는 생물을 의미한다. 외래종 중에는 가시박, 뉴트리아, 큰입배스, 붉은귀거북처럼 토종 생물의 생존을 위협하는 것이 있으며, 이러한 생물을 생태계 교란종이라고 한다. 그러나 외래종 중에는 목화나 서양민들레처럼 새로운 서식지에 잘 적응하여 살아가는 생물도 있다.

09 도로나 댐 건설 등으로 인해 생물의 서식지가 단절되는 것을 방지하고 야생동식물의 이동을 돕기 위해 설치하는 구조물을 생태통로라고 한다.

10 학교 화단을 가꾸는 활동에 참여하기, 투명 페트병을 따로 모아 분리배출하기 등은 개인적으로 실천할 수 있는 방안이다.
[바로 알기] ㄴ, ㄹ. 국립공원 지정, 멸종 위기 생물 복원 사업 등은 사회적, 국가적 차원에서 진행하는 실천 방안이다.

11 서식지는 생물이 자리를 잡고 살아가는 장소이다. 주택 건설, 경작지 개발, 도로 및 철도의 건설로 서식지가 파괴되면 생물다양성은 빠르게 감소하게 된다.

[단계별 문제로] **서술형 연습하기** 개념 학습서 51쪽

01 도로, 철도 등의 건설로 인해 넓은 서식지가 2개 이상의 작은 서식지로 나뉠 수 있다. 이때 야생동식물의 이동과 번식 활동이 제한되므로 생물의 개체수가 감소하면서 멸종에 이를 수도 있다.

[모범 답안] (1) 종류, 감소
(2) 도로가 건설되면서 큰 서식지가 작은 2개의 서식지로 나뉘면 넓은 면적을 필요로 하는 곰과 같은 생물이 사라지고 도로로 인해 이동 및 번식 활동에 어려움이 생긴 생물의 수도 감소하므로 생물다양성이 감소하게 된다.

	채점 기준	배점(%)
(1)	종류, 감소를 모두 옳게 쓴 경우	40
	종류, 감소 중 한 가지만 옳게 쓴 경우	20
(2)	도로 건설로 서식지가 나뉘면 서식지 면적이 줄어들고, 이동 및 번식 활동에 어려움이 생겨 생물다양성이 감소한다는 내용을 옳게 서술한 경우	60
	도로 건설로 서식지가 나뉘면 서식지 면적이 줄어들고 생물다양성이 감소한다고만 서술한 경우	40
	생물다양성이 감소한다, 서식지 면적이 줄어든다 중 한 가지만 포함하여 옳게 서술한 경우	20

02 사람의 편의를 위해 건설한 도로나 철도에 의해 생물의 서식지가 나누어질 경우, 야생동식물의 이동이나 번식 활동에 제약이 생겨 기존 서식지에서 살아가고 있던 생물의 생존에 위협이 될 수 있다. 생태통로는 도로, 철도 등의 건설로 인해 단절된 서식지를 서로 연결하여 야생동식물의 이동이나 번식 활

동이 일어나도록 돕고 로드킬을 줄일 수 있다. 따라서 생물 개체수가 감소하는 것을 완화할 수 있으며 그 지역에서 생물이 사라지는 것을 막을 수 있다.

모범 답안 (1) 서식지, 생태통로
(2) 생태통로는 서식지가 단절되어 발생할 수 있는 생물의 개체수 감소 및 멸종을 완화할 수 있으므로 생물다양성을 보전하기 위한 방안이 될 수 있다.

	채점 기준	배점(%)
(1)	서식지, 생태통로를 모두 옳게 쓴 경우	40
	서식지, 생태통로 중 한 가지만 옳게 쓴 경우	20
(2)	단절된 서식지를 연결하여 멸종을 막는 등의 근거를 들어 생태통로가 생물다양성을 유지하는 데 도움을 준다는 내용을 옳게 서술한 경우	60
	생태통로가 생물다양성을 유지하는 데 도움을 준다는 내용만 서술한 경우	30

고난도 문제로 실력 올리기 개념 학습서 51쪽

01 ② **02** ④ **03** ⑤

01 생물의 종류가 다양하여 먹이그물이 복잡하고 어떤 종류의 생물이 사라지더라도 다른 생물이 대체할 수 있는 생태계는 안정적으로 유지된다.

바로 알기 ㄴ. 한 종류의 생물만 월등히 많은 것은 생물다양성이 낮은 생태계이므로 안정적으로 유지되기 어렵다.
ㄷ. 먹이그물이 복잡할수록 생태계는 안정적으로 유지된다.

02 눈에 보이지 않고 알려지지 않은 생물이라고 해서 혜택을 얻을 수 없다고 단정해서는 안된다. 토양에 있는 다양한 미생물은 유기물을 분해하여 토양을 비옥하게 하고, 발견되지 않은 미생물로부터 항생제와 같은 의약품의 원료를 얻을 수 있다. 무엇보다도 생물은 그 자체로 소중하므로 보호되어야 한다.

03 멸종 위기 생물을 거래하는 것은 불법이므로 거래하지 않아야 한다.

엮각 그물로 단원 정리하기 개념 학습서 52쪽

㉠ 핵　　㉡ 엽록체　　㉢ 기관계　　㉣ 조직계　　㉤ 종류
㉥ 종　　㉦ 생물자원

대단원 문제로 실력 완성하기 개념 학습서 53~55쪽

01 ②　**02** ③　**03** ①　**04** ④　**05** ③　**06** ②　**07** ①
08 ⑤　**09** ③　**10** ③　**11** ④　**12** ⑤　**13** 해설 참조
14 해설 참조　**15** (가) 종 (나) 목 (다) 계　**16** 균계

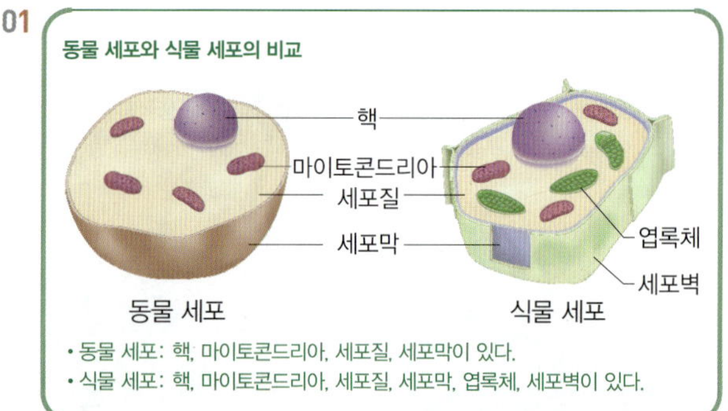

양파 표피세포와 같은 식물 세포는 세포벽이 있어서 세포의 모양이 일정하게 유지되며 세포의 배열이 비교적 규칙적이다. 동물 세포는 세포벽이 없어서 세포의 배열이 불규칙적이다. (가)와 (나) 모두 세포 속에 염색액으로 염색된 둥근 모양의 핵을 관찰할 수 있다.

바로 알기 ㄴ. 세포벽은 동물 세포에는 없고 식물 세포에만 있다.
ㄹ. 규칙적으로 배열되어 있는 것은 (가) 양파 표피세포이다.

02 A는 핵, B는 마이토콘드리아, C는 엽록체, D는 세포막, E는 세포벽이다. 핵에는 유전물질이 있어서 세포의 생명활동을 조절하며, 마이토콘드리아는 세포의 생명활동에 필요한 에너지를 만든다. 세포막은 세포의 안팎을 드나드는 물질의 출입을 조절하고, 세포벽은 두껍고 단단하여 세포를 보호하는 역할을 한다.

바로 알기 ③ 엽록체는 동물 세포에는 없고 식물 세포에만 있다.

03 우리 주변에서 흔히 관찰할 수 있는 대부분의 생물은 수많은 세포로 이루어져 있으며, 세포의 종류에 따라 모양과 크기가 다르다. 세포의 종류에 따라 모양이 다른 것은 세포의 기능, 즉 하는 일과 관련이 있다.

04
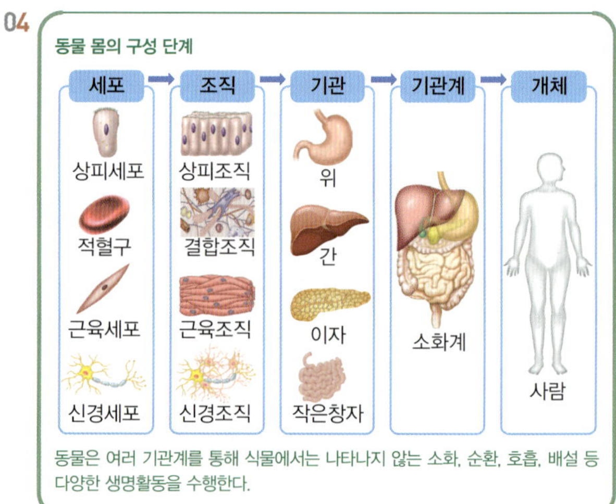

소화계, 순환계, 호흡계, 배설계는 동물 몸의 구성 단계 중 기관계에 해당한다. 기관계는 연관된 기능을 하는 기관들이 모여 소화, 순환, 호흡, 배설과 같은 생명활동을 수행하며, 여러 기관계가 모여 개체를 이룬다.

바로 알기 ㄱ. 조직계는 식물 몸의 구성 단계에만 있으며, 동물 몸의 구성 단계에는 없다.

ㄷ. 기관계는 식물 몸의 구성 단계에 없으며, 동물 몸의 구성 단계에만 있다.

05 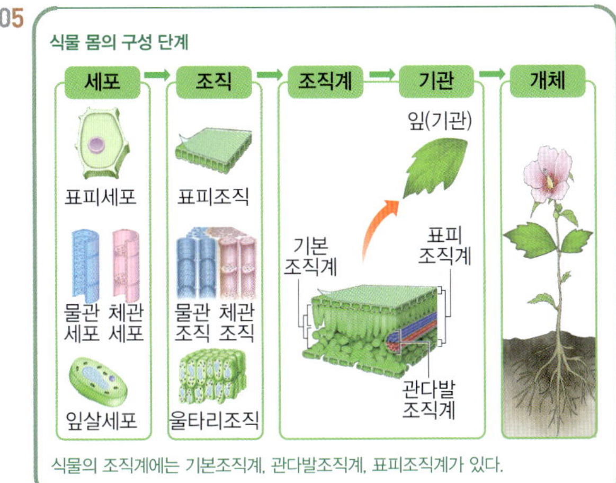

(가)는 세포, (나)는 조직, (다)는 조직계, (라)는 기관, (마)는 개체 이다. 식물 몸의 구성 단계에서 여러 조직이 모이면 조직계를 이룬다. 조직계는 식물 전체에 연결되어 공통된 기능을 한다.

06 (가)는 생태계의 다양함, (나)는 생물 종류의 다양함, (다)는 같은 종류의 생물에서 나타나는 특징, 즉 변이의 다양함을 나타낸다.
[바로 알기] ② 벼를 심은 논은 한 종류만 심었기 때문에 종다양성이 높다고 볼 수 없다.

07 생물분류의 기본 단위는 종으로, 여러 종에서 공통의 특징을 가진 것끼리 무리를 지어 속으로 분류하고, 여러 속 중에서 공통의 특징을 가지는 것끼리 무리를 지어 과로 분류한다. 이와 같은 방식으로 종에서부터 점차 큰 단위로 무리 지어 계까지 분류할 수 있다.
[바로 알기] ① 생물을 분류하는 기본 단위는 종이다.

08 대장균, 포도상구균, 젖산균과 같은 세균은 원핵생물계에 속한다.

09 핵막이 있는 생물 중에서 광합성을 못하는 생물은 원생생물계의 일부 생물, 균계에 속하는 생물, 동물계에 속하는 생물이다. 그중에서 세포벽이 없고 운동성을 가지는 생물은 동물계에 속하는 해파리이다.
[바로 알기] ① 해캄은 원생생물계에 속하는 생물로 세포벽을 가지며 광합성을 하고 운동성이 없다.
② 민들레는 식물계에 속하는 생물로 세포벽을 가지며 광합성을 하고 운동성이 없다.
④ 송이버섯은 균계에 속하는 생물로 세포벽을 가지며 광합성을 못하지만 운동성이 없다.
⑤ 콜레라균은 원핵생물계에 속하는 생물로 핵막이 없어서 핵이 관찰되지 않는다.

10 생물다양성을 보전하는 것은 생태계를 안정적으로 유지할 뿐만 아니라 맑은 공기, 깨끗한 물 등 지구의 자연환경 보전에도 이바지하기 위해서이다. 또 인류는 생물로부터 식량, 섬유, 목재, 의약품 등 생존에 필요한 자원을 얻는다. 따라서 인류의 생존을 위해 생물다양성은 보전되어야 한다.

[바로 알기] ㄴ. 특정 지역에 사는 생물을 제한하는 것은 생물다양성을 보전해야 하는 까닭과 무관하다.

11 생태통로는 로드킬로 인한 두꺼비의 개체수 감소를 억제할 수 있으며, 이동 통로를 확보하여 두꺼비의 생존에 도움이 된다.
[바로 알기] ㄱ. 외래종을 도입하는 것은 토종 생물의 생존을 위협할 수 있으므로 적절한 대처 방안이라고 볼 수 없다.

12 의약품을 만들어 인류의 삶을 풍요롭게 하는 생물이므로 남획해서 멸종에 이르지 않도록 보호해야 한다.

13 검정말잎은 식물 세포이며, 현미경으로 관찰하면 초록색 알갱이 모양의 엽록체를 관찰할 수 있다.
[모범 답안] A는 엽록체이다. 엽록체는 빛을 이용하여 영양분을 만드는 광합성을 한다.

채점 기준	배점(%)
엽록체라고 옳게 쓰고, 엽록체의 역할을 옳게 서술한 경우	100
엽록체라고만 옳게 쓴 경우	50

14 

서로 다른 환경에서 살고 있다면 같은 종류의 생물이라고 할지라도 환경에 적응하여 변이의 차이가 커질 수 있다. 환경에 가장 적합한 변이를 가진 개체가 더 많이 살아남아 자손을 남기고 생존에 유리한 변이를 자손에게 전달하기 때문이다.
[모범 답안] 주변 환경과 비슷한 털색을 가진 올드필드쥐는 이들을 잡아먹는 생물의 눈에 잘 띄지 않으므로 더 많이 살아남아 자손을 남겼다. 이러한 현상이 오랜 기간 동안 반복되면서 두 지역에 사는 쥐의 털색이 달라졌다.

채점 기준	배점(%)
주변 환경과 비슷한 털색을 가진 개체가 살아남아 더 많은 자손을 남겼다는 내용을 포함하여 옳게 서술한 경우	100
주변 환경과 비슷한 털색을 가진 개체가 살아남기에 유리하기 때문이라고만 서술한 경우	50

15 생물의 분류체계에서 가장 작은 단위는 종이며, 종에서부터 점차 큰 단위로 무리 지으면 종<속<과<목<강<문<계로 이루어진다.

16 핵막으로 둘러싸인 핵을 가진 생물 중에서 균사와 세포벽을 가지는 것은 균계에 속하는 생물이다. 균계의 생물은 엽록체가 없어서 광합성을 못하고 죽은 생물이나 배설물을 분해하여 영양분을 얻는다.

III. 열

01 열의 이동

개념 확인하기

개념 학습서 59, 61쪽

1 (1) ◯ (2) × (3) ◯ (4) × (5) × **2** (1) (가) (2) (가) **3** ㉠ 열,
㉡ 열평형 **4** (1) A → B (2) 30 ℃ (3) 5분 **5** (1) × (2) × (3) ◯
(4) × (5) × **6** (1) ㉡ (2) ㉢ (3) ㉠ **7** 대류 **8** (가) 전도 (나) 대류
(다) 복사

1 (2) 물질을 구성하는 입자는 끊임없이 움직이고 있다.
(4) 물질을 구성하는 입자의 움직임이 활발할수록 입자 사이의
거리가 멀다.
(5) 온도가 높을수록 입자 운동이 활발하다.

2 입자의 움직임이 활발한 (가)가 (나)보다 온도가 높다.

3 온도가 다른 두 물체가 접촉하면 온도가 높은 물체에서 낮은
물체로 열이 이동하여 열평형에 도달한다.

4 (1) 온도가 높은 A에서 온도가 낮은 B로 열이 이동하므로 A
의 온도는 낮아지고 B의 온도는 높아진다.
(2), (3) 열평형에 도달하면 더 이상 온도가 변하지 않으므로 열
평형 온도는 30 ℃이고, 열평형에 도달한 시간은 5분이다.

5 (1) 대류는 주로 액체나 기체에서 열이 이동하는 방법이다. 주
로 고체에서 열이 이동하는 방법은 전도이다.
(2) 입자가 직접 이동하면서 열이 이동하는 방법은 대류이다.
(4) 복사는 열이 물질의 도움 없이 직접 이동하는 방법이므로,
복사에 의해 떨어져 있는 두 물체 사이에서도 열이 이동할 수
있다.
(5) 대체로 열이 이동할 때는 전도, 대류, 복사 중 두세 가지 방
법이 함께 이루어진다.

6 ㉠은 복사, ㉡은 전도, ㉢은 대류에 의해 열이 이동한 예이다.

7 주전자 속의 물은 대류에 의해 열을 전달한다.

8 (가)는 전도, (나)는 대류, (다)는 복사에 의해 열을 전달한다.

꽉 잡아! 탐구 | 온도가 다른 두 물체가 접촉할 때 온도 변화 관찰하기

개념 학습서 62쪽

정리 **1** ㉠ 높, ㉡ 낮 **2** 열평형 **3** ㉠ 활발, ㉡ 둔

확인 문제

1 ③ **2** 해설 참조

정리

1 열은 온도가 높은 물체에서 온도가 낮은 물체로 이동한다.

2 열이 이동하여 두 물체의 온도가 같아진 상태를 열평형이라고
한다.

---

3 열을 잃은 물체는 온도가 낮아져 입자 운동이 점점 둔해지고
열을 얻은 물체는 온도가 높아져 입자 운동이 점점 활발해지
다가 열평형에 도달하면 입자 운동의 활발한 정도가 같아진다.

확인 문제

1 ③ 온도가 높은 금속 컵 속 물에서 온도가 낮은 열량계 속 물
로 열이 이동한다.

바로 알기 ① 온도가 낮은 열량계 속 물은 온도가 높은 금속
컵 속 물로부터 열을 얻는다.
② 온도가 높은 금속 컵 속 물은 열을 잃어 온도가 낮아진다.
④ 열평형에 도달할 때까지 열량계 속 물은 온도가 높아지고,
금속 컵 속 물은 온도가 낮아지므로 물 입자의 운동이나 배치
가 변한다.
⑤ 열량계 속 물의 양이 금속 컵 속 물의 양보다 많으므로 열
량계 속 물의 온도 변화가 더 작다.

2 물체의 온도가 높을수록 입자의 운동이 활발하며, 열평형에
도달하면 두 물체의 입자 운동이 같다.

모범 답안

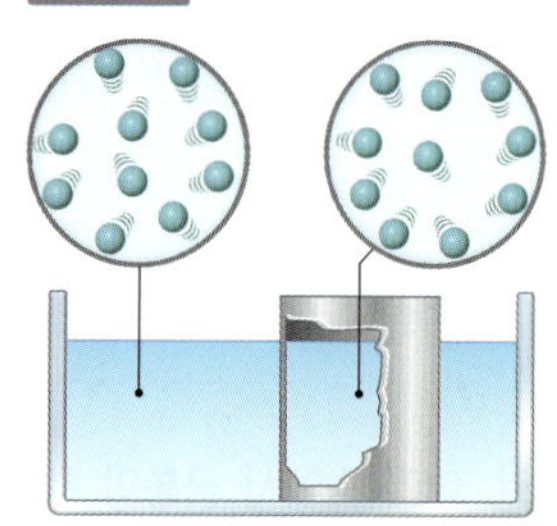

채점 기준	배점(%)
두 물의 입자 운동이 같다는 것과 활발한 정도를 모두 옳게 그린 경우	100
두 물의 입자 운동이 같다는 것만 옳게 그린 경우	50

꽉 잡아! 탐구 | 물체에서 열의 전도 비교하기

개념 학습서 63쪽

정리 **1** 전도 **2** ㉠ 구리, ㉡ 유리

확인 문제

1 ④ **2** 해설 참조

정리

1 가열한 부분에서 활발해진 입자의 운동이 이웃한 입자에 전달
되어 이웃에 있는 다른 입자의 운동도 활발해진다.

2 열이 전도되는 정도는 물질의 종류에 따라 다르다. 일반적으
로 금속은 금속이 아닌 물질에 비해 열을 더 빠르게 전도한다.

확인 문제

1 ④ 막대를 구성하는 입자의 운동이 다른 이웃한 입자에 전달
되는 전도로 인해 열이 이동한다.

바로 알기 ① 고체 막대에서 열이 이동하는 방법은 전도이다.
② 열은 가열하여 온도가 높은 왼쪽에서 온도가 낮은 오른쪽

으로 이동한다.

③ 구리 막대의 색깔이 가장 빨리 변하고, 유리 막대의 색깔이 가장 늦게 변하므로 열은 유리 막대보다 구리 막대에서 더 빠르게 이동한다는 것을 알 수 있다.

⑤ 막대에서 열이 이동하는 원리는 전도이고, 열화상 카메라로 물체의 온도 분포를 촬영하는 원리는 복사이다.

2 [모범 답안] 손잡이는 안전하게 잡을 수 있도록 열이 빠르게 전도되는 금속보다는 열이 느리게 전도되는 나무, 플라스틱 등 금속이 아닌 소재로 만든다.

채점 기준	배점(%)
열이 전도되는 정도를 언급하여 까닭을 옳게 서술한 경우	100
안전을 위해서라고만 서술한 경우	50

---

01 ④   02 ⑤   03 (나)-(가)-(다)   04 ⑤   05 ④
06 ④   07 ③   08 ③   09 A-D-B-C   10 ④
11 ①   12 ⑤   13 ③   14 ①   15 ①   16 ④   17 ②
18 ⑤   19 대류   20 ⑤   21 ②
22 ㉠ 전도, ㉡ 대류, ㉢ 복사

01 ①, ⑤ 물질의 온도가 높아질수록 물질을 구성하는 입자 운동이 활발해지지만, 입자의 수나 크기는 변하지 않는다.

②, ③ 온도는 뜨겁고 차가운 정도를 숫자로 나타낸 것으로, 단위는 주로 ℃를 사용한다.

[바로 알기] ④ 온도를 사람의 감각으로는 정확하게 측정할 수 없어 온도계로 측정한다.

02 ⑤ 온도는 물질을 구성하는 입자의 운동이 활발한 정도를 나타내며, 물질의 온도가 높아질수록 입자의 운동이 활발해지고 입자 사이의 거리가 멀어진다.

[바로 알기] ① 온도의 단위로 주로 ℃를 사용한다. kcal는 열량의 단위이다.

② 온도가 높을수록 입자의 운동이 활발하다.

③ 온도가 높을수록 입자 운동이 활발하므로 차가운 물보다 따뜻한 물에서 잉크가 빠르게 퍼진다.

④ 차가운 물보다 따뜻한 물에서 입자 사이의 거리가 더 멀다.

03 물체의 온도가 높을수록 입자의 움직임이 활발하고 입자 사이의 거리가 멀다.

04 열을 잃은 물체는 온도가 낮아지고, 열을 얻은 물체는 온도가 높아진다. 물체의 온도가 높을수록 입자 운동이 활발하며 입자 사이의 거리가 멀다.

[바로 알기] ⑤ 열은 온도가 높은 물체에서 낮은 물체로 이동한다. 따라서 열은 입자 운동이 활발한 물체에서 둔한 물체로 이동한다.

05 ①, ②, ③ A를 구성하는 입자의 운동이 B를 구성하는 입자의 운동보다 활발하므로, 온도는 A가 B보다 높다. 따라서 A와 B를 접촉시키면 열은 A에서 B로 이동한다.

⑤ 열은 A와 B 사이에서만 이동하므로 A가 잃은 열의 양과 B가 얻은 열의 양은 같다.

[바로 알기] ④ 접촉 후 B는 열을 얻으므로 B의 입자 운동은 점점 활발해진다.

06 ㄴ. 뜨거운 달걀에서 찬물로 열이 이동한다.

ㄷ. 찬물은 열을 얻어 온도가 높아지므로 입자의 운동이 점점 활발해진다.

[바로 알기] ㄱ. 달걀은 열을 잃으므로 달걀의 온도가 점점 낮아진다.

07 뜨거운 물과 찬물이 접촉했을 때 뜨거운 물에서 찬물로 열이 이동하여 두 물의 온도가 같아지는 열평형에 도달한다.

[바로 알기] ③ 시간이 지날수록 뜨거운 물과 찬물의 온도 차이가 점점 작아지므로 이동하는 열의 양은 점점 적어진다.

08 온도가 높은 A와 온도가 낮은 B가 접촉했을 때 A에서 B로 열이 이동하여 3분 후 두 물체의 온도가 같아지는 열평형에 도달한다. 열을 잃은 A의 입자 운동은 둔해지고, 열을 얻은 B의 입자 운동은 활발해진다.

09 열은 온도가 높은 물체에서 낮은 물체로 이동한다. 열이 A에서 D로, B에서 C로, D에서 B로 이동했으므로 각각의 온도를 비교하면 A>D, B>C, D>B이다. 따라서 A>D>B>C 순으로 온도가 높다.

10 ㄴ. 열평형에 도달하면 더 이상 온도가 변하지 않으므로 열평형이 되었을 때의 온도는 32 ℃이다.

ㄷ. 열평형에 도달한 4분 이후 A와 B의 온도는 32 ℃로 같다.

[바로 알기] ㄱ. A의 온도가 높아졌으므로 A는 B로부터 열을 얻었다. 즉 열은 B에서 A로 이동하였다.

11

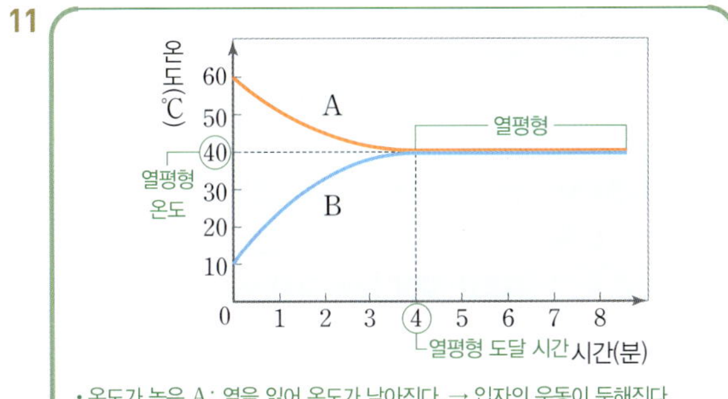

• 온도가 높은 A: 열을 잃어 온도가 낮아진다. → 입자의 운동이 둔해진다.
• 온도가 낮은 B: 열을 얻어 온도가 높아진다. → 입자의 운동이 활발해진다.
• A, B의 온도가 같아지면 더 이상 온도가 변하지 않는다. → 열평형에 도달한다.
• 외부와 열 출입이 없다면 온도가 높은 A가 잃은 열의 양과 온도가 낮은 B가 얻은 열의 양은 같다.

② 0~4분까지 A는 열을 잃어 온도가 낮아진다.

③ 0~4분까지 온도가 높은 A에서 온도가 낮은 B로 열이 이동한다.

④ 온도가 높을수록 입자 운동이 활발하다. 1분일 때 A의 온도가 B의 온도보다 높으므로 B보다 A의 입자 운동이 더 활발하다.

⑤ 열평형에 도달하면 더 이상 온도가 변하지 않으므로 열평형에 도달했을 때 A, B의 온도는 모두 40 ℃이다.

[바로 알기] ① A, B의 온도가 같아지는 4분부터 열평형에 도달한다.

12 ⑤ 12분일 때 수조 속 물과 금속 캔 속 물의 온도가 같으므로 입자 운동이 활발한 정도도 같다.

[바로 알기] ① 온도가 높은 금속 캔 속 물에서 온도가 낮은 수조 속 물로 열이 이동한다.

② 온도가 다른 두 물의 열평형 과정을 알아보는 실험이다.

③ 열을 얻은 수조 속 물 입자의 운동은 점점 활발해진다.

④ 외부와의 열 출입은 없으므로 수조 속 물이 얻은 열의 양과 금속 캔 속 물이 잃은 열의 양은 같다.

13 ㄱ. 열은 온도가 높은 A에서 온도가 낮은 B로 이동한다.

ㄴ. B는 열을 얻어 온도가 높아지므로 입자 운동은 점점 활발해진다.

[바로 알기] ㄷ. 열은 A와 B 사이에서만 이동했으므로 A가 잃은 열의 양과 B가 얻은 영의 양은 같다.

14 ② 일반적으로 금속이 아닌 물질에서보다 금속에서 열이 빠르게 전도된다.

③ 복사는 물질의 도움 없이 열이 직접 이동하는 방법이다. 즉 물질이 이동하지 않아도 열이 이동할 수 있다.

④ 액체나 기체인 물질에서는 대류에 의해 입자가 직접 이동하여 열이 전달된다.

⑤ 전도에 의해 물질을 구성하는 입자 운동이 이웃한 입자에 차례로 전달되어 열이 이동한다.

[바로 알기] ① 진공 상태에서는 열이 직접 이동하는 방법인 복사에 의해 열이 이동할 수 있다.

15 손잡이가 뜨거워지는 것은 전도에 의해, 냄비 속 물이 끓는 것은 대류에 의해, 불꽃 주위에 있으면 따뜻한 것은 복사에 의해 열이 이동하기 때문이다.

16 공을 이동시키는 사람은 물질을 구성하는 입자를, 공의 전달은 열의 이동을 의미한다.

ㄴ. (나)와 같이 공을 이웃한 사람에게 전달하는 것은 입자의 운동이 이웃한 입자에 차례로 전달되는 전도에 비유할 수 있다.

ㄷ. (다)와 같이 공을 직접 들고 가는 것은 주로 기체와 액체에서 열이 이동하는 방법인 대류에 비유할 수 있다.

[바로 알기] ㄱ. (가)와 같이 공을 던지는 것은 복사에 비유할 수 있다.

17 ① 고체에서 입자의 운동이 이웃한 입자에 차례로 전달되어 열이 이동하는 방법은 전도이다.

③ 가열된 ㉠ 부분의 온도가 높아지므로 ㉠ 부분의 입자 운동이 이웃한 입자에 차례로 전달된다.

④ ㉡ 부분으로 열이 전도되어 온도가 높아지므로 ㉡ 부분의 입자 운동이 처음보다 활발해진다.

⑤ 전도에 의해 뜨거운 국에 담가 둔 숟가락이 뜨거워진다.

[바로 알기] ② 전도는 물질을 구성하는 입자의 운동이 이웃한 입자에 차례로 전달되면서 열이 이동하는 방법이다. 물질의 도움 없이 열이 직접 이동하는 것은 복사이다.

18 ⑤ 막대의 한쪽 끝을 가열하면 막대를 구성하는 입자의 운동이 다른 이웃한 입자에 전달되는 전도에 의해 열이 이동한다.

[바로 알기] ① 막대에서 열이 이동하는 방법은 전도이다.

② 열은 온도가 높은 곳에서 온도가 낮은 곳으로 이동하므로, 막대에서 열이 이동하는 방향은 (가)에서 (나)이다.

③ 열화상 카메라에서 유리 막대의 색깔이 가장 느리게 변하므로, 열은 유리 막대에서 가장 느리게 이동한다.

④ 금속인 구리 막대가 금속이 아닌 유리 막대보다 온도가 빨리 변하므로, 열은 유리 막대보다 구리 막대에서 더 빠르게 이동한다.

19 액체나 기체에서 물질을 구성하는 입자가 직접 이동하면서 열이 이동하는 방법은 대류이다.

20 뜨거운 물은 위로, 찬물은 아래로 내려오면서 골고루 잘 섞이는 것은 대류에 의해 열이 이동하는 현상이다.

⑤ 대류에 의해 찬 공기가 이동한다.

[바로 알기] ①, ② 복사에 의한 현상이다.

③, ④ 전도에 의한 현상이다.

21 C: 난로를 쬐면 열이 복사의 형태로 이동하여 바로 따뜻함을 느낄 수 있다.

[바로 알기] A: 촛불에 의해 데워진 공기가 위로 이동하여 바람개비가 돌아가므로 대류에 의한 현상이다.

B: 에어컨의 찬 공기가 아래로 내려오므로 대류에 의한 현상이다.

22 이중창을 이용하면 외부 공기와 내부 공기가 직접적으로 접촉하지 못하므로 전도를 통해서 열이 이동하지 못한다.

단계별 문제로 **서술형 연습하기**   개념 학습서 **69**쪽

01 온도는 물체를 구성하는 입자의 운동이 활발한 정도를 나타내며, 온도가 높을수록 입자의 운동이 활발하다.

[모범 답안] (1) (가), (나)

(2) 따뜻한 물에서 찬물로 열이 이동하여 따뜻한 물의 입자 운동은 둔해지고, 찬물의 입자 운동은 활발해진다.

	채점 기준	배점(%)
(1)	(가), (나)를 옳게 쓴 경우	40
(2)	열의 이동 방향과 물 입자의 운동을 모두 옳게 서술한 경우	60
	열의 이동 방향만 옳게 서술한 경우	30

02 온도가 다른 두 물체가 접촉했을 때 온도가 높은 물체에서 낮은 물체로 열이 이동하여 두 물체의 온도가 같아진 상태를 열평형이라고 한다. 뜨거운 금속에서 물로 열이 이동하며, 열은 물과 금속 사이에서만 이동하므로 금속이 잃은 열의 양과 물이 얻은 열의 양은 같다.

[모범 답안] (1) 열평형, 35

(2) 물이 얻은 열의 양과 금속이 잃은 열의 양은 같다.

	채점 기준	배점(%)
(1)	열평형, 35를 모두 옳게 쓴 경우	50
	열평형, 35 중 한 가지만 옳게 쓴 경우	20
(2)	물과 금속에 출입한 열의 양을 옳게 비교한 경우	50

03 금속은 금속이 아닌 물질보다 열을 더 빠르게 전달한다.

[모범 답안] (1) 열평형, 같다

(2) 금속 캔을 잡을 때가 더 차갑게 느껴진다. 금속이 종이보다 열을 더 빠르게 전달하므로, 손에서 금속 캔으로 열이 더 빠르게 이동하기 때문이다.

	채점 기준	배점(%)
(1)	열평형, 같다를 모두 옳게 쓴 경우	40
	열평형, 같다 중 한 가지만 옳게 쓴 경우	20
(2)	금속 캔을 고르고, 그 까닭을 옳게 서술한 경우	60
	금속 캔만 고른 경우	30

04 액체와 기체에서 입자가 직접 이동하면서 열이 전달되는 방법을 대류라고 한다.

[모범 답안] (1) A

(2) 아래에 있는 따뜻한 공기는 위로, 위에 있는 차가운 공기는 아래로 이동하는 대류가 일어나 방 안 전체가 따뜻해진다.

	채점 기준	배점(%)
(1)	A를 옳게 쓴 경우	40
(2)	대류와 함께 공기의 이동 방향을 모두 옳게 서술한 경우	60
	대류와 관련 있다고만 서술한 경우	30

[고난도 문제로] **실력 올리기** 개념 학습서 70~71쪽

01 ③　**02** ⑤　**03** ①　**04** ②　**05** ④　**06** ④　**07** ③
08 ④

01 ㄱ, ㄴ. 물질을 구성하는 입자들은 끊임없이 스스로 운동하며, 온도는 물질을 구성하는 입자 운동이 활발한 정도를 나타낸다.
[바로 알기] ㄷ. 온도가 높을수록 입자 운동이 활발하므로, 50 ℃ 물의 입자 운동이 10 ℃ 물의 입자 운동보다 활발하다.

02 열을 얻은 물체는 온도가 높아져 물체를 이루는 입자의 운동이 활발해진다.
학생 A, C: 입자의 운동이 활발해졌으므로 물체의 온도는 높아졌다.
학생 B: 외부에서 물체로 열이 이동하여, 즉 물체가 열을 얻어 물체의 온도가 높아졌다.

03

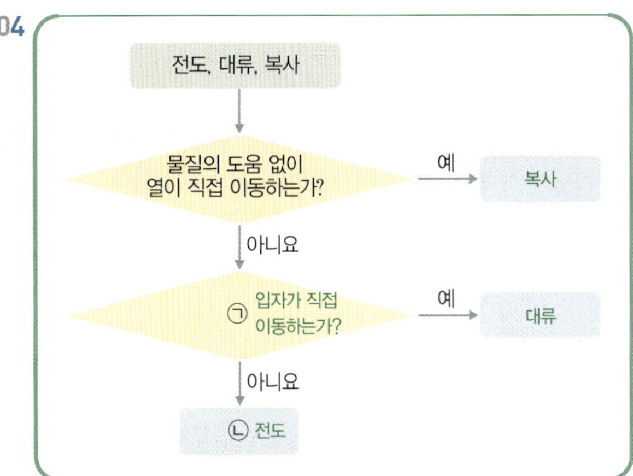

• (가)와 (나): 물체의 질량이 같을 때, 물체에 가한 열의 양이 많을수록 온도 변화가 크다.
• (가)와 (다): 온도 변화가 같을 때, 물체의 질량이 클수록 물체에 가한 열의 양이 많다.
• (나)와 (다): 같은 양의 열을 가할 때, 물체의 질량이 클수록 온도 변화가 작다.

②, ③ 7분일 때 열평형에 도달하였으며, 열평형 온도는 20 ℃이다.
④ 7분 이후에는 A와 B의 온도가 같으므로 A와 B의 입자 운동이 활발한 정도도 같다.
⑤ 온도가 높은 A에서 온도가 낮은 B로 열이 이동하여 열평형에 도달한다.
[바로 알기] ① 질량이 서로 다른 같은 종류의 물체에 출입하는 열의 양이 같을 때, 질량이 클수록 온도 변화가 작다. A의 온도 변화가 B의 온도 변화보다 크므로 A의 질량이 B의 질량보다 작다.

04

전도는 주로 고체에서 물체를 구성하는 입자의 운동이 이웃한 입자에 차례대로 전달되어 열이 이동하는 방법이고, 대류는 액체나 기체에서 물질을 구성하는 입자가 직접 이동하면서 열이 이동하는 방법이며, 복사는 열이 다른 물질을 거치지 않고 직접 이동하는 방법이다.

05 ㄴ. 손에서 철봉으로 열이 이동하므로 철봉을 구성하는 입자의 운동이 점점 활발해진다.
ㄷ. 온도가 높은 손을 구성하는 입자의 운동이 온도가 낮은 철봉을 구성하는 입자에 차례로 전달되어 열이 이동한다.
[바로 알기] ㄱ. 냉기는 신체적인 접촉에 의해 열을 잃었을 때 느끼는 감각으로 열과는 다른 개념이다. 온도가 낮은 물체를 손으로 만졌을 때 손에서 물체로 열이 이동하기 때문에 차갑게 느껴진다.

06 ㄴ, ㄷ. 구리-철-유리 순으로 열 변색 붙임딱지의 색깔이 빨리 변한다. 따라서 구리-철-유리 순으로 열을 잘 전달하고, 물질에 따라 열이 전도되는 정도가 다르다는 것을 알 수 있다.
[바로 알기] ㄱ. 열 변색 붙임딱지가 붙은 고체판을 뜨거운 물에 넣고 관찰하면 뜨거운 물에 담긴 쪽부터 붙임딱지의 색깔이 변하기 시작하여 점점 먼 쪽으로 차례대로 변하는데, 이는 전도에 의해 열이 이동하기 때문이다.

07 ㄴ, ㄹ. 난로에 의해 데워진 따뜻한 공기는 위로, 상대적으로 차가운 위쪽의 공기는 아래로 내려와 대류가 일어나므로 방 전체가 따뜻해진다. 대류는 기체나 액체에서 주로 발생하는 열의 이동 방법이다.
[바로 알기] ㄱ. 대류로 인해 방 안 전체의 온도가 높아진다.

ㄷ. 난로는 방의 아래쪽에 설치해야 아래쪽 공기가 데워져 위로 올라가면서 대류가 잘 일어난다.

08

냄비는 주로 전도에 의해 온도가 높아지고, 물과 우유는 주로 대류에 의해 데워진다.

ㄴ. 우유가 데워지는 동안 열은 온도가 높은 물에서 온도가 낮은 우유로 이동한다.
ㄷ. 물에 담긴 아래쪽 우유 입자는 열을 얻어 위로 올라가고 상대적으로 차가운 위쪽 우유 입자는 아래로 내려오면서 우유 전체가 데워진다. 즉 우유는 대류에 의해 데워진다.
바로 알기 ㄱ. 아래쪽을 가열하므로 아래쪽에 있는 따뜻한 물 입자는 위로 올라가고 위쪽에 있는 상대적으로 차가운 물 입자는 아래로 내려온다.

02 비열과 열팽창

개념 확인하기

개념 학습서 73쪽

1 (1) ○ (2) ○ (3) × (4) × **2** 철 **3** 물 **4** B **5** (1) × (2) ○
(3) × (4) ○ (5) ○

1 (3) 질량이 같은 물질을 가열하면 비열의 큰 물질의 온도 변화가 더 작다.
(4) 비열은 어떤 물질 1 kg의 온도를 1 °C만큼 높이는 데 필요한 열량이다.
2 질량이 같은 물질에 같은 열량을 가했을 때 비열이 작은 물질일수록 온도 변화가 크다.
3 물은 비열이 커서 온도 변화가 작으므로 냉각수나 찜질팩 등에 이용된다.
4 바이메탈을 가열하면 열팽창 정도가 작은 금속 쪽으로 휘어지므로 B가 A보다 열팽창 정도가 크다.
5 (1) 뚝배기의 비열이 커서 나타나는 현상이다.
(3) 계곡물과 수박이 열평형을 이루는 현상이다.

꽉 잡아! 탐구 여러 가지 액체의 비열 비교하기 개념 학습서 74쪽

정리 **1** ㉠ 같, ㉡ 작, ㉢ 작다 **2** ㉠ 많, ㉡ 많은

확인 문제

1 ① **2** 해설 참조

정리

1 같은 가열 장치로 같은 시간 동안 가열하면 물과 콩기름이 받은 열량은 같고, 물보다 콩기름의 온도가 더 많이 변한다.
2 물과 콩기름이 같은 온도만큼 변할 때 콩기름보다 물을 더 오랫동안 가열해야 한다.

확인 문제

1 ① 어떤 물질 1 kg의 온도를 1 °C 높이는 데 필요한 열량을 비열이라고 하며, 물질마다 비열이 다르므로 비열은 물질을 구별하는 특성이다.
바로 알기 ②, ③, ④ 끓는점, 녹는점, 열팽창 정도는 물질마다 다르므로 물질을 구별하는 특성이지만 이 실험과는 관계가 없다. ⑤ 같은 물질이라도 질량이 클수록 같은 열량을 가할 때 온도 변화가 작다.
2 **모범 답안** 물과 콩기름에 가하는 열량을 같게 하기 위해서이다.

채점 기준	배점(%)
가하는 열량을 같게 하기 위해서라고 서술한 경우	100
열량때문이라고만 쓴 경우	50

꽉 잡아! 탐구 액체의 열팽창 관찰하기 개념 학습서 75쪽

정리 **1** ㉠ 활발, ㉡ 멀어져, ㉢ 증가 **2** 다르다

확인 문제

1 ② **2** 해설 참조

정리

1 물질에 열을 가하면 물질을 구성하는 입자의 운동이 활발해져 입자 사이의 거리가 멀어진다. 따라서 물질의 길이나 부피가 증가하는 열팽창이 일어난다.
2 고체와 액체는 물질에 따라 열팽창 정도가 다르므로 열팽창 정도는 물질을 구별하는 특성이다.

확인 문제

1 물질에 열을 가하면 물질을 구성하는 입자 사이의 거리가 멀어지므로 물질의 길이나 부피가 증가한다.
바로 알기 ② 가열하더라도 물질을 구성하는 입자의 크기나 수는 변하지 않는다.
2 **모범 답안** (1) 액체를 가열하면 액체를 구성하는 입자 사이의 거리가 멀어져 액체의 부피가 증가하므로 유리관 속 액체의 높이가 높아진다. (2) 에탄올이 물보다 열팽창 정도가 크다.

	채점 기준	배점(%)
(1)	유리관 속 액체의 높이가 높아지는 까닭을 입자 사이의 거리와 관련지어 옳게 서술한 경우	50
	액체의 부피가 증가해서라고만 서술한 경우	20
(2)	물과 에탄올의 열팽창 정도를 옳게 비교한 경우	50

01 ③	02 ④	03 A	04 ①	05 ⑤	06 구리	07 ②
08 ①	09 ③	10 ①	11 A＜B	12 ⑤	13 ③
14 ⑤	15 ⑤	16 ③			

01 바로 알기 ③ 비열은 어떤 물질 1 kg의 온도를 1 ℃ 높이는 데 필요한 열량으로, 비열이 큰 물질일수록 온도가 잘 변하지 않는다.

02 ④ 물은 식용유보다 비열이 크므로, 같은 온도만큼 높이는 데 더 많은 열량이 필요하다.

바로 알기 ① 물이 식용유보다 비열이 크므로 온도 변화가 더 작다. 따라서 물이 식용유보다 천천히 데워진다.

② 액체의 비열을 비교하는 실험이다.

③ 같은 열량을 가하면 비열이 큰 물이 비열이 작은 식용유보다 온도가 작게 변한다.

⑤ 물질이 열을 흡수하면 입자 운동이 활발해지고 입자 사이의 거리가 점점 멀어진다.

03 비열이 큰 물질일수록 같은 열량을 가했을 때 온도 변화가 작다. A의 온도 변화는 11 ℃이고, B의 온도 변화는 16 ℃이므로 A가 비열이 더 큰 물질이다.

04 ㄱ. 그래프를 통해 물의 비열이 가장 크다는 것을 알 수 있다.

바로 알기 ㄴ. 질량이 같을 때 비열이 클수록 같은 열량을 가해도 온도 변화가 작다. 따라서 질량과 가하는 열량이 같을 때 비열이 큰 물의 온도 변화가 가장 작다.

ㄷ. 질량이 같을 때 비열이 클수록 같은 온도만큼 올리는 데 필요한 열량이 많다. 따라서 질량이 같을 때 온도를 1 ℃만큼 올리는 데 필요한 열량은 물이 가장 많다.

05 비열이 클수록 온도 변화가 작으므로 시간에 따른 온도 그래프에서 기울기가 작을수록 비열이 크다. 따라서 비열을 비교하면 C＞B＞A 순으로 비열이 크다.

06 비열은 어떤 물질 1 kg의 온도를 1 ℃ 높이는 데 필요한 열량이다. 따라서 이 금속의 비열은 $\dfrac{10.8\ \text{kcal}}{3\ \text{kg} \times 40\ ℃} = 0.09\ \text{kcal/}$(kg·℃)이므로, 이 금속은 구리이다.

07

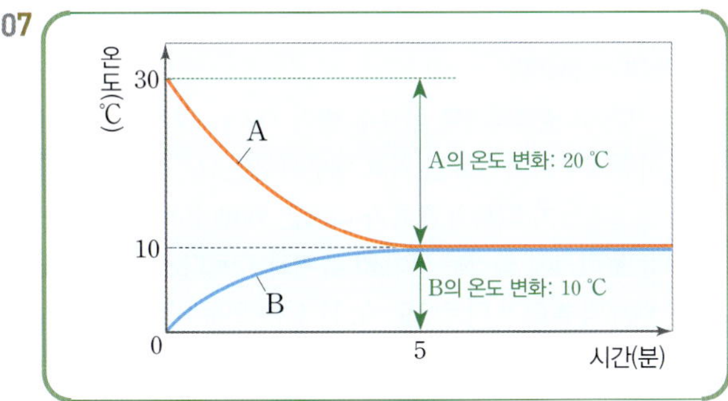

0~5분까지 A에서 B로 열이 이동하며 A가 잃은 열량과 B가 얻은 열량은 같다. 비열이 클수록 온도 변화가 작은데, A의 온도 변화가 B의 2배이므로 A의 비열이 B의 $\dfrac{1}{2}$배이다.

08 물은 다른 물질에 비해 비열이 커서 온도가 잘 변하지 않는다. 따라서 고온을 오래 유지해야 하는 찜질팩에 사용한다.

09 ③ 고체나 액체의 열팽창 정도는 물질의 종류에 따라 다르다.

바로 알기 ① 열팽창은 물질을 가열했을 때 길이나 부피가 증가하는 현상이다.

② 열을 가해도 물질을 이루는 입자의 크기나 수는 변하지 않는다.

④ 물질의 종류나 상태에 따라 열팽창 정도가 다르다.

⑤ 가열하면 물질을 이루는 입자 사이의 거리가 멀어진다.

10 ㄱ. 가열 후 열팽창에 의해 테이프의 길이가 길어진다.

바로 알기 ㄴ. 가열하면 종이 쪽으로 휘어지는 것으로 보아 알루미늄이 종이보다 열팽창 정도가 크다.

ㄷ. 가열 전보다 가열 후에 물체를 구성하는 입자 사이의 거리가 멀어진다.

11 바이메탈은 열팽창 정도가 다른 두 금속을 붙여 놓은 장치로, 가열하면 열팽창 정도가 작은 금속 쪽으로 휘어진다. 바이메탈의 온도가 높아졌을 때 A 쪽으로 휘어졌으므로 열팽창 정도는 B가 A보다 크다.

12 ㄱ, ㄷ. 유리관으로 물이 올라오는 것은 플라스크 속 물의 온도가 높아지면서 물 입자의 운동이 활발해져서 부피가 증가하였기 때문이다.

ㄴ. 유리관 속 물의 부피가 팽창하였으므로 물이 열을 흡수하여 온도가 높아진 것이다.

13 ㄱ, ㄴ. 뜨거운 물을 부으면 뚜껑의 온도가 높아져 뚜껑을 이루는 입자의 운동이 활발해지고 입자 사이의 거리가 멀어진다. 따라서 뚜껑의 부피가 증가하여 유리병과 뚜껑 사이의 틈이 넓어져 뚜껑을 쉽게 열 수 있게 된다.

바로 알기 ㄷ. 뜨거운 물을 부으면 뚜껑의 부피가 증가하여 유리병과 뚜껑 사이의 틈이 넓어진다.

14 가스관 중간에 구부러진 부분을 만들어 열팽창에 의한 사고를 예방한다.

⑤ 여름에는 전깃줄이 열팽창하여 느슨해진다.

바로 알기 ① 에어컨을 위쪽에 설치하면 차가운 공기가 아래로 내려오면서 대류에 의해 방 전체가 시원해진다.

② 비열이 큰 뚝배기에 찌개를 끓이면 찌개가 잘 식지 않는다.

③ 열평형에 의해 한약 팩이 데워진다.

④ 적외선 카메라는 복사에 의한 열을 감지하여 온도 분포를 알 수 있다.

15 열팽창은 물질에 열을 가할 때 물질의 길이나 부피가 증가하는 현상이다.

① 치아와 열팽창 정도가 비슷한 금을 충전재로 사용한다.

② 다리의 이음매 부분에 틈을 두어 온도 변화에 따라 다리가 휘거나 갈라지는 것을 막는다.

바로 알기 ⑤ 같은 열량을 가을 때 온도 변화 정도가 다른 것은 두 물질의 비열이 다르기 때문이다.

16 콘크리트와 철근의 열팽창 정도가 비슷하므로 열팽창이 일어나도 틈이 생기지 않아 건물의 균열을 방지할 수 있다.

---

01 내륙 도시인 홍천보다 해안 도시인 강릉이 바닷물의 영향을 더 많이 받는다. 바닷물의 비열이 크므로 강릉의 온도 변화가 작은 것이다.

모범 답안 ⑴ 41, 33, 크다

⑵ 모래(흙)는 바닷물(물)보다 비열이 작아 빨리 뜨거워지고 빨리 식기 때문에, 내륙 도시인 홍천이 해안 도시인 강릉보다 연간 최고 기온과 최저 기온의 차이가 더 크다.

	채점 기준	배점(%)
⑴	41, 33, 크다를 모두 옳게 쓴 경우	40
	크다만 옳게 쓴 경우	20
⑵	모래와 물의 비열을 옳게 비교하여 서술한 경우	60
	비열과 관련 있다고만 서술한 경우	30

02 물은 다른 물질에 비하여 비열이 매우 크므로 온도 변화가 작아 기계의 냉각수나 찜질팩 등에 이용된다.

모범 답안 ⑴ 크고, 작으, 물

⑵ 물, 찜질팩 속 물질은 온도가 잘 변하지 않을수록 효과적이기 때문에 비열이 큰 물을 사용하는 것이 좋다.

	채점 기준	배점(%)
⑴	크고, 작으, 물을 모두 옳게 쓴 경우	40
	크고, 작으, 물 중 두 가지만 옳게 쓴 경우	20
⑵	물을 고르고, 그 까닭을 비열과 관련지어 서술한 경우	60
	물만 고른 경우	30

03 온도계 속 액체의 온도가 올라가면 부피가 팽창하여 가리키는 눈금이 올라가고, 온도가 낮아지면 부피가 수축하여 가리키는 눈금이 내려간다.

모범 답안 ⑴ 활발, 멀어

⑵ 에탄올은 온도 변화에 따라 비교적 일정하게 부피가 늘어나며, 부피 변화 정도가 비교적 크기 때문이다.

	채점 기준	배점(%)
⑴	활발, 멀어를 모두 옳게 쓴 경우	40
	활발, 멀어 중 한 가지만 옳게 쓴 경우	20
⑵	열팽창과 열팽창 정도에 대해 모두 옳게 서술한 경우	60
	열팽창에 대해서만 옳게 서술한 경우	40

04 유리는 열팽창 정도가 크고 열전도율이 작아서 급격한 온도 변화가 발생 시 온도 차에 의한 열팽창 정도의 차이로 쉽게 깨질 수 있다. 내열 유리는 일반 유리에 비해 열팽창 정도가 작은 소재로 만든다.

모범 답안 ⑴ 크, 작으

⑵ 내열 유리는 일반 유리에 비해 열팽창 정도가 작아 컵의 안쪽과 바깥쪽의 팽창 정도가 비슷하기 때문에 잘 깨지지 않는다.

	채점 기준	배점(%)
⑴	크, 작으를 모두 옳게 쓴 경우	40
	크, 작으 중 한 가지만 옳게 쓴 경우	20
⑵	일반 유리와 내열 유리의 열팽창 정도를 옳게 비교하여 서술한 경우	60
	내열 유리의 열팽창 정도가 작다고만 서술한 경우	40

01 ③　**02** ②　**03** ①　**04** ④　**05** ③　**06** ⑤　**07** ④

01 ㄱ. 단열 장치 A와 B에서는 단열 장치 안의 온도가 높은 물에서 시험관 속의 온도가 낮은 물과 카놀라유로 열이 이동하여 각각 12분과 9분 후에 71 ℃로 열평형에 도달한다. 따라서 시험관 안 액체의 온도와 단열 장치 안의 물의 온도는 같다.

ㄷ. 단열 장치 A에 B보다 많은 양의 물을 넣었으므로 시험관에 가한 열량은 A가 B보다 많다. 질량이 같은 두 액체를 같은 온도만큼 높일 때 가한 열량으로 두 액체의 비열을 비교할 수 있다. 가한 열량은 A(물)가 B(카놀라유)보다 많으므로, 물의 비열이 카놀라유의 비열보다 크다.

바로 알기 ㄴ. 같은 온도만큼 변하는 데 물은 12분, 카놀라유는 9분 걸렸으므로 열평형에 도달하기 전까지 시간에 따른 온도 변화는 물보다 카놀라유가 크다.

02 ㄴ. 그래프를 통해 같은 열량을 가하면 A가 B보다 온도 변화가 크다는 것을 알 수 있다.

바로 알기 ㄱ. 비열이 클수록 온도 변화가 작으므로, 시간에 따른 온도 그래프에서 기울기가 클수록 비열이 작다. 같은 열량을 가할 때 A의 온도 변화가 B의 2배이므로, A의 비열은 B의 $\frac{1}{2}$배이다.

ㄷ. A가 B보다 비열이 작으므로, 같은 온도에 도달하는 데 필요한 열의 양은 A가 B보다 적다.

03 ㄱ. 온도가 다른 두 물체가 접촉했을 때 온도가 높은 A에서 온도가 낮은 B로 열이 이동하여 60초 후에 30 ℃로 온도가 같아진다. 즉 0~60초 동안 열은 A에서 B로 이동한다.

바로 알기 ㄴ. 열은 A와 B 사이에서만 이동하므로 A가 잃은 열량과 B가 얻은 열량은 같다.

ㄷ. 비열이 클수록, 질량이 클수록 온도 변화가 작다. A의 온도 변화가 B의 2배이고 A의 질량이 B의 2배이므로, B의 비열은 A의 4배이다.

04 ㄴ. 유리관을 끼운 유리병을 뜨거운 물이 담긴 수조에 넣었을 때 유리관을 따라 액체가 올라오는 것은 액체의 온도가 높아지면서 액체를 구성하는 입자의 운동이 활발해져서 부피가 증가하기 때문이다.

ㄷ. 액체의 열팽창으로 음료수 병이 깨지는 것을 방지하기 위해서 음료수병에 음료를 가득 채우지 않는다.

바로 알기 ㄱ. 액체의 종류가 다르면 액체마다 열팽창 정도가 달라 유리관에 올라온 액체의 높이가 다르다. 유리관에 올라온 액체의 높이가 다르므로 A, B, C는 모두 다른 물질이다.

05 ㄱ. 금속 공을 가열하면 금속 공이 열팽창하여 금속 고리를 통과하지 못한다. 따라서 '통과하지 못했다'는 ㉠으로 적절하다.

ㄴ. 금속 공을 가열하면 금속 공의 입자 운동이 활발해지므로 입자 사이의 거리가 멀어진다.

바로 알기 ㄷ. 뚝배기는 금속 냄비에 비해 비열이 커서 잘 식지 않는다. 이는 비열과 관련있는 현상이다.

06 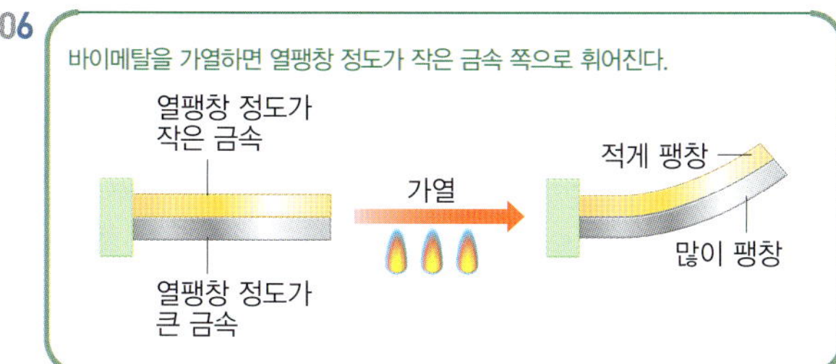

ㄱ. (나)는 바이메탈의 온도가 올라가 휘어진 모습이므로 A의 온도는 (나)에서가 (가)에서보다 높다.

ㄴ. 바이메탈은 열팽창 정도가 다른 두 금속을 붙여 놓은 장치로, 가열하면 열팽창 정도가 작은 금속 쪽으로 휘어진다. (나)에서 바이메탈이 A 쪽으로 휘어지므로 열팽창 정도는 B가 A보다 크다.

ㄷ. 바이메탈은 온도가 올라가면 휘어져 전원이 차단되므로 전열기의 과열 방지에 이용될 수 있다.

07 (가) 비열의 단위는 kcal/(kg·℃) 또는 J/(kg·℃)를 사용한다.
(나) 비열이 클수록 열을 가했을 때 온도가 잘 변하지 않는다.
(다) 열팽창은 물질의 온도가 높아질 때 길이나 부피가 증가하는 현상이다.
(라) 고체와 액체의 경우 물질마다 열팽창하는 정도가 다르다.

생각 그물로 **단원** 정리하기   개념 학습서 82쪽

㉠ 전도   ㉡ 대류   ㉢ 복사   ㉣ 입자   ㉤ 열평형
㉥ 비열   ㉦ 부피   ㉧ 멀어진다

대단원 문제로 **실력** 완성하기   개념 학습서 83~85쪽

01 ③	02 ④	03 ②	04 ③	05 ④	06 ⑤	07 ⑤
08 ②	09 ④	10 ④	11 ⑤	12 ①	13 ④	
14 해설 참조		15 해설 참조		16 1 kcal/(kg·℃)		

01 온도는 물질을 구성하는 입자의 움직임이 활발한 정도를 나타내며, 물질의 온도가 높아질수록 입자의 운동이 활발해지고 입자 사이의 거리가 멀어진다.
바로 알기 ③ 온도가 변하더라도 물질을 구성하는 입자의 개수는 변하지 않는다.

02 ㄴ, ㄷ. (가)의 물보다 (나)의 물의 입자 운동이 더 활발하여 (가)에서보다 (나)에서 잉크가 더 잘 퍼진다.
바로 알기 ㄱ. 물의 온도가 높을수록 물 입자의 운동이 활발하여 잉크가 잘 퍼진다. (가)에서보다 (나)에서 잉크가 더 잘 퍼지므로, (가)는 찬물, (나)는 따뜻한 물이다.

03 ㄴ. A에서 B로 열이 이동하므로 A는 열을 잃어 온도가 점점 낮아진다. 따라서 A를 구성하는 입자의 운동은 점점 둔해진다.
바로 알기 ㄱ. A에서 B로 열이 이동하므로 물체의 처음 온도는 A가 B보다 높다.

ㄷ. 열은 온도가 높은 물체에서 온도가 낮은 물체로 이동하며, 시간이 지나면 두 물체의 온도가 같아지는 열평형에 도달한다. 열평형에 도달하면 A와 B의 온도가 같아진다.

04 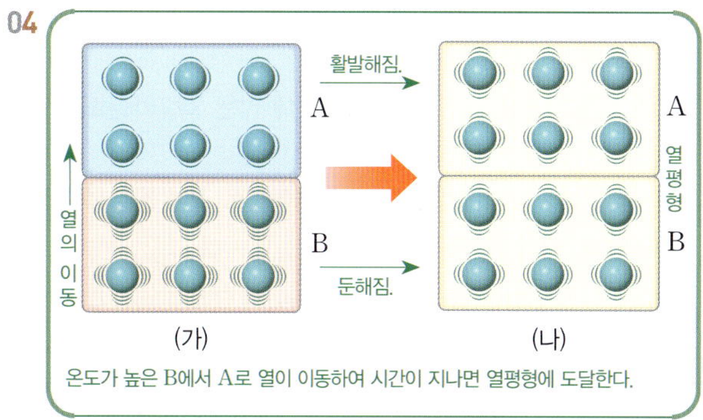

③ (나)에서 A와 B를 구성하는 입자 운동의 활발한 정도가 같다. 즉 (나)에서 A와 B는 열평형을 이루어 온도가 같다.
바로 알기 ① (가)에서 A보다 B를 구성하는 입자의 운동이 활발하므로 A보다 B의 온도가 높다.
② (가)에서 열은 온도가 높은 B에서 온도가 낮은 A로 이동한다.
④ (나)에서 A와 B를 구성하는 입자의 운동이 활발한 정도는 같다.
⑤ 열을 얻은 A를 구성하는 입자의 운동은 활발해진다.

05 ㄴ. 온도가 높은 A에서 온도가 낮은 B로 열이 이동한다. 즉 열의 이동 방향은 A → B이다.
ㄷ. 열평형에 도달하면 두 물체의 온도가 같아지므로 A와 B는 5분 이후 30 ℃로 열평형 상태에 있다.
바로 알기 ㄱ. A는 열을 잃어 온도가 낮아지므로 입자 운동이 점점 둔해진다.

06 ⑤ 금속 막대에서는 입자의 운동이 이웃한 입자에 차례로 전달되는 전도에 의해 열이 이동한다.
바로 알기 ① 액체와 기체에서 입자가 직접 이동하면서 열이 전달되는 방법은 대류이다.
② 태양의 열이 지구로 전달되는 방법은 복사이다.
③ 물질의 도움 없이 열이 직접 이동하는 것은 복사이다. 금속 막대에서는 전도에 의해 열이 이동한다.
④ 유리보다 금속에서 열이 더 빠르게 전도된다.

07 ㄱ, ㄴ. 대류는 액체와 기체에서 입자가 직접 이동하면서 열이 전달되는 방법이다. 가열된 물 입자는 위로, 상대적으로 차가운 물 입자는 아래로 이동하면서 대류에 의해 주전자 속의 물이 고르게 데워진다.
ㄷ. 에어컨을 켜면 위쪽의 차가운 공기는 아래로, 아래쪽의 따뜻한 공기는 위로 올라가 대류에 의해 방 전체가 시원해진다.

08 ② 복사는 열이 물질의 도움 없이 직접 이동하는 방법이다.
바로 알기 ① 금속은 금속이 아닌 물질보다 열을 빠르게 전달한다. 따라서 유리보다 금속에서 열이 빠르게 전도된다.
③ 열이 전달될 때 물질을 구성하는 입자가 직접 이동하는 방법은 대류이다.
④ 적외선 카메라는 물체로부터 나오는 열이 복사 형태로 이

동한 것을 감지한다.

⑤ 물체를 구성하는 입자의 움직임이 이웃한 입자에 전달되는 방법은 전도이다.

09 ㄴ. 비열은 어떤 물질 1 kg의 온도를 1 ℃ 높이는 데 필요한 열량이다.

ㄷ. 비열이 클수록 온도를 높이는 데 많은 열량이 필요하므로 온도가 잘 변하지 않는다.

바로 알기 ㄱ. 비열은 물질의 특성이므로 같은 물질이면 질량에 관계없이 비열이 같다.

10 학생 B: 프라이팬 바닥에서 전도에 의해 달걀로 열이 이동한다.

학생 C: 열이 전도되는 정도는 물질에 따라 다르며, 금속은 금속이 아닌 물질(유리, 플라스틱, 나무 등)보다 열을 더 빠르게 전도한다. 따라서 프라이팬 손잡이는 안전을 위해 열이 잘 전달되지 않는 플라스틱이나 나무 등으로 만든다.

바로 알기 학생 A: 프라이팬 바닥은 빨리 뜨거워지도록 비열이 작고 열이 잘 전달되는 금속으로 만든다.

11 ㄱ. 물질에 열을 가했을 때 물질의 길이나 부피가 늘어나는 현상을 열팽창이라고 한다.

ㄴ. 물질이 열을 받으면 물질을 구성하는 입자 운동이 활발해져 입자 사이의 거리가 멀어지므로 길이나 부피가 증가하는 열팽창이 일어난다.

ㄷ. 열팽창은 물질의 특성으로 고체와 액체는 물질에 따라 열팽창하는 정도가 다르다.

12
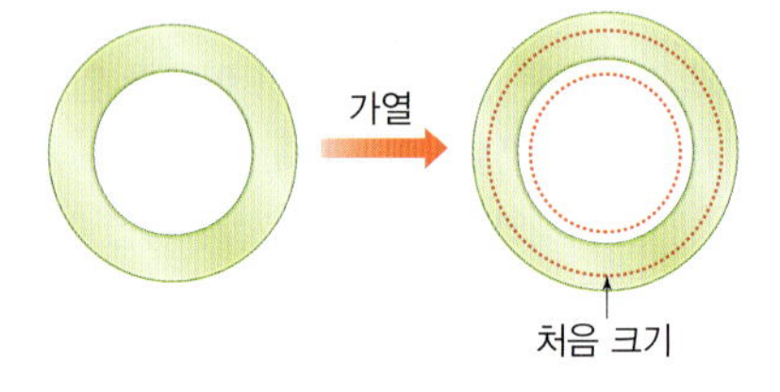

① 금속 테에 열을 가하면 금속 테를 구성하는 입자 운동이 활발해져 입자 사이의 거리가 멀어지므로 길이가 증가한다.

바로 알기 ② 금속 테가 열을 받으면 금속 테의 온도가 높아져 입자 운동이 활발해진다.

③, ④ 금속 테가 식으면 금속 테를 구성하는 입자 운동이 둔해져 입자 사이의 거리가 가까워지므로 길이가 감소하여 지름이 작아진다.

⑤ 금속 테는 열팽창을 이용한 예이고, 난방용 온수관을 금속으로 만드는 것은 비열이 작은 금속에서 열이 빠르게 전도되기 때문이다.

13 물질에 열을 가하면 물질을 구성하는 입자 운동이 활발해져 입자 사이의 거리가 멀어지므로 길이나 부피가 증가한다. 이를 열팽창이라고 한다.

① 바이메탈은 열팽창 정도가 다른 두 금속을 붙여 놓은 장치로 두 금속의 열팽창 정도의 차이가 클수록 많이 휘어진다.

②, ③ 철로나 다리의 이음매 부분에 틈을 만들어 여름에 열팽창하여 휘는 것을 막는다.

⑤ 철근과 콘크리트는 열팽창 정도가 비슷하여 건물이 열팽창의 영향을 적게 받는다.

바로 알기 ④ 물은 다른 물질에 비해 비열이 커서 온도가 잘 변하지 않으므로 온수 매트 속에 물을 넣는다.

14 물체를 접촉시켰을 때 열의 이동 방향은 D → B → C → A 이므로, 물체의 처음 온도를 비교하면 D>B>C>A이다. 온도 차가 클수록 이동하는 열의 양이 많으므로 A와 D를 접촉시키면 열이 가장 많이 이동한다.

모범 답안 D>B>C>A, A와 D

채점 기준	배점(%)
D>B>C>A, A와 D를 모두 옳게 쓴 경우	100
D>B>C>A, A와 D 중 한 가지만 옳게 쓴 경우	50

15
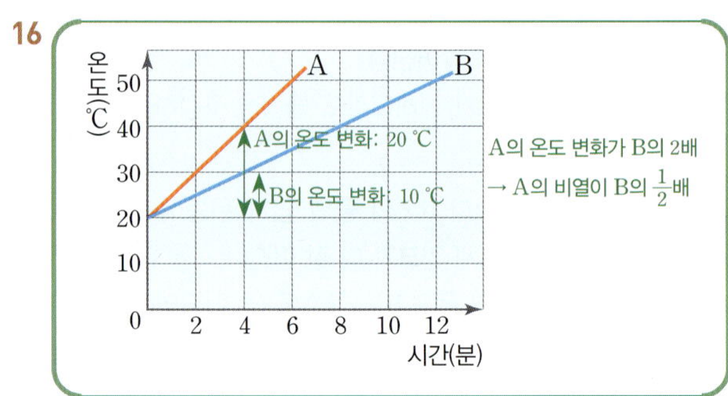

보온병은 전도, 대류, 복사에 의한 열의 이동을 모두 막아 보온병에 담긴 음료의 온도를 일정하게 유지한다.
• 은도금한 내부벽: 빛과 열을 잘 반사하므로 복사열이 바깥으로 나가지 않는다.
• 이중벽: 유리를 사용해 열의 이동을 느리게 한다.
• 진공: 이중벽 사이를 진공으로 하여 전도나 대류에 의한 열의 이동을 막는다.

이중벽 사이를 진공으로 만들면 열을 전달하는 물질이 없으므로 전도와 대류에 의한 열의 이동을 막을 수 있다.

모범 답안 전도와 대류에 의한 열의 이동을 차단하기 위해서이다.

채점 기준	배점(%)
전도와 대류에 의한 열의 이동을 차단하기 위해서라고 옳게 서술한 경우	100
전도와 대류 중 한 가지에 의한 열의 이동을 차단한다고만 서술한 경우	50

16

비열이 큰 물질일수록 같은 열량을 가했을 때 온도 변화가 작다. 같은 시간 동안 가열했을 때 A의 온도 변화가 B의 2배이므로 비열은 A가 B의 $\frac{1}{2}$배이다. 따라서 B의 비열은 $0.5 \text{ kcal/(kg·℃)} \times 2 = 1 \text{ kcal/(kg·℃)}$이다.

 01 입자의 운동과 상태 변화

개념 확인하기

개념 학습서 **89, 91**쪽

1 (1) ○ (2) × (3) ○ (4) × **2** (1) 증발 (2) 확산 (3) 증발 (4) 확산 (5) 확산 **3** 고체 **4** (1) (나) (2) (다) (3) (가) **5** (1) (가) (2) (다) (3) (나) **6** (1) 승화(기체 → 고체) (2) 승화(고체 → 기체) (3) 융해 (4) 응고 (5) 기화 (6) 액화 **7** (1) 기화 (2) 융해 (3) 액화 (4) 응고 (5) 승화(기체 → 고체) (6) 승화(고체 → 기체) (7) 액화 **8** (1) B, D, F (2) A, C, E (3) A, C, E **9** ㄱ, ㄷ, ㅂ, ㅈ

1 (1) 증발과 확산은 입자가 스스로 운동하기 때문에 나타나는 현상이다.

(3) 증발은 물질을 이루는 입자가 스스로 운동하여 액체 표면에서 액체가 기체로 변하는 현상이다.

바로 알기 (2) 입자는 모든 방향으로 운동한다.

(4) 확산은 액체 속, 기체 속, 진공 속에서 모두 일어날 수 있다.

2 (1), (3)은 증발의 예이고, (2), (4), (5)는 확산의 예이다.

3 고체는 단단하고 담는 용기에 관계없이 모양과 부피가 일정하며, 흐르는 성질이 없다. 또, 힘을 가해도 압축되지 않는다.

4 (가)는 고체, (나)는 액체, (다)는 기체를 입자 모형으로 나타낸 것이다.

(1) 물은 액체이다.

(2) 산소는 기체이다.

(3) 철은 고체이다.

5 (1) 입자 운동이 매우 둔하고, 입자 배열이 규칙적이며, 입자 사이의 거리가 매우 가까운 상태는 고체이다. ➡ (가)

(2) 입자 운동이 매우 활발하고, 입자 배열이 매우 불규칙적이며, 입자 사이의 거리가 매우 먼 상태는 기체이다. ➡ (다)

(3) 입자 운동이 비교적 활발하고, 입자 배열이 불규칙적이며, 입자 사이의 거리가 비교적 가까운 상태는 액체이다. ➡ (나)

6 (1) A는 기체가 바로 고체로 변하는 승화이다.

(2) B는 고체가 바로 기체로 변하는 승화이다.

(3) C는 고체가 액체로 변하는 융해이다.

(4) D는 액체가 고체로 변하는 응고이다.

(5) E는 액체가 기체로 변하는 기화이다.

(6) F는 기체가 액체로 변하는 액화이다.

7 (1) 젖은 빨래에 있는 액체 상태의 물이 기화하여 기체 상태의 수증기가 된다.

(2) 고체 상태의 아이스크림이 융해하여 녹는다.

(3) 기체 상태의 수증기가 풀잎에 닿아 액화하여 액체 상태의 이슬로 맺힌다.

(4) 액체 상태의 쇳물이 응고하여 고체 상태의 철이 된다.

(5) 기체 상태의 수증기가 나뭇잎에 닿아 승화하여 고체 상태의 얼음이 된다.

(6) 고체 상태의 얼음이 승화하여 기체 상태의 수증기가 되므로 얼음의 크기가 점점 작아진다.

(7) 기체 상태의 수증기가 차가운 안경알에 닿아 액화하여 액체 상태의 김이 서린다.

8 융해(A), 기화(C), 고체에서 기체로의 승화(E)가 일어날 때는 입자 운동이 활발해지고, 입자 배열이 불규칙적으로 변한다. 이때 물을 제외한 대부분의 물질은 입자 사이의 거리가 멀어져 부피가 증가한다. 응고(B), 액화(D), 기체에서 고체로의 승화(F)가 일어날 때는 입자 운동이 둔해지고, 입자 배열이 규칙적으로 변한다. 이때 물을 제외한 대부분의 물질은 입자 사이의 거리가 가까워지므로 부피가 감소한다.

(1) 입자 운동이 둔해지는 상태 변화는 B, D, F이다.

(2) 물질의 부피가 증가하는 상태 변화는 A, C, E이다.

(3) 입자 배열이 불규칙적으로 변하는 상태 변화는 A, C, E이다.

9 물질의 상태가 변하면 입자의 운동성, 입자 배열, 입자 사이의 거리가 달라지므로 물질의 부피가 변한다.

꽉 잡아! 탐구 — 증발과 확산 현상 관찰하기

개념 학습서 **92~93**쪽

정리 **1** 운동

확인 문제 **1** (1) ○ (2) ○ (3) × **2** (1) ○ (2) ○ (3) × **3** 해설 참조 **4** 해설 참조 **5** ㄷ

정리

1 증발은 입자가 스스로 운동하여 액체 표면에서 액체가 기체로 변하는 현상이고, 확산은 입자가 스스로 운동하여 퍼져 나가는 현상이다. 증발과 확산은 모두 입자가 스스로 운동하여 나타나는 현상이다.

확인 문제

1 (1) 손 소독제는 액체에서 기체로 상태가 변하여 공기 중으로 날아간다.

(2) 손 소독제가 마르면서 전자저울의 숫자가 작아지다가 0이 되는 까닭은 손 소독제를 이루는 입자가 스스로 운동하여 증발하기 때문이다.

바로 알기 (3) 손 소독제를 이루는 입자의 크기는 변하지 않는다.

2 (1), (2) 물이 담긴 비커에 잉크를 넣으면 잉크를 이루는 입자가 스스로 운동하여 물 전체로 퍼져 나간다.

바로 알기 (3) 잉크를 이루는 입자는 모든 방향으로 운동한다.

3 팝콘 가까이에 있지 않아도 팝콘 냄새를 맡을 수 있는 까닭은 입자가 스스로 운동하여 공기 중으로 퍼져 나가기 때문이다.

모범 답안 팝콘을 이루는 입자가 스스로 운동하여 모든 방향으로 퍼져 나가기 때문이다.

채점 기준	배점(%)
입자의 운동으로 옳게 서술한 경우	100
입자의 운동으로 서술하지 못한 경우	0

4 BTB 용액은 식초에 들어 있는 아세트산을 만나면 노란색으로 변한다.

모범 답안 BTB 용액은 식초 가까이에 있는 것부터 노란색으로 변한다.

채점 기준	배점(%)
BTB 용액의 색이 변하는 방향을 포함하여 옳게 서술한 경우	100
BTB 용액의 색이 변한다고만 서술한 경우	50

5 ㄷ. 푸른색 리트머스 종이는 식초를 이루는 입자와 만나면 붉은색으로 변한다. 시간이 지나면서 푸른색 리트머스 종이의 색이 붉은색으로 변하는 까닭은 식초가 확산하기 때문이다.
바로 알기 ㄱ. 식초를 이루는 입자는 스스로 운동한다.
ㄴ. 푸른색 리트머스 종이는 식초 가까이에 있는 아래쪽부터 붉은색으로 변하기 시작한다.

꽉 잡아! 탐구

물의 상태 변화 관찰하기   개념 학습서 94쪽

정리 **2** ㉠ 기화, ㉡ 액화   **3** 성질

확인 문제
1 (1) ◯ (2) × (3) ×   **2** 해설 참조   **3** ④

정리

2 비커 안에 있던 뜨거운 물이 기화하여 수증기가 되고, 수증기가 비커 벽면과 시계 접시 아랫면에 닿으면 액화하여 물방울로 맺힌다.

3 비커 안의 물과 시계 접시 아랫면에 맺힌 물방울이 푸른색 염화 코발트 종이를 모두 붉은색으로 변화시킨 것을 통해 물의 상태 변화가 일어나더라도 물의 고유한 성질은 변하지 않는다는 것을 알 수 있다.

확인 문제

1 (1) 시계 접시 위의 얼음은 융해하여 물이 된다.
바로 알기 (2) 시계 접시 아랫면에 생긴 액체 방울은 수증기가 액화하여 생긴 물방울이다.
(3) 비커에 든 뜨거운 물은 기화하여 수증기가 된다.

2 푸른색 염화 코발트 종이는 물과 만나면 붉은색으로 변한다. 탐구에서 푸른색 염화 코발트 종이가 모두 붉은색으로 변한 것으로부터 물의 상태 변화가 일어나더라도 물의 성질은 변하지 않는다는 것을 알 수 있다.
모범 답안 물(물질)의 상태 변화가 일어나더라도 물(물질)의 성질은 변하지 않는다.

채점 기준	배점(%)
상태 변화 시 물(물질)의 성질이 변하지 않는다고 옳게 서술한 경우	100
상태 변화 시 물(물질)의 성질이 변하지 않는다고 서술하지 못한 경우	0

3 ㄱ. A에서는 물의 기화가 일어난다.
ㄷ. C에서는 얼음이 융해하여 물이 된다.
바로 알기 ㄴ. B에 맺힌 물방울은 수증기가 차가운 시계 접시 아랫면에 닿아 액화하여 맺힌 것이다.

꽉 잡아! 탐구

상태 변화 시 질량과 부피 변화 측정하기   개념 학습서 95쪽

정리 **1** 승화   **2** 일정   **3** 거리

확인 문제
1 (1) ◯ (2) × (3) × (4) ◯   **2** ㄷ

정리

1 드라이아이스 조각이 작아지다가 사라지는 까닭은 드라이아이스가 고체에서 기체로 승화하기 때문이다.

2 상태 변화가 일어나기 전과 일어난 후의 질량이 일정한 까닭은 상태 변화가 일어나더라도 물질을 이루는 입자의 종류, 개수, 크기는 변하지 않기 때문이다.

3 드라이아이스를 넣은 비닐 주머니가 부풀어 오르는 까닭은 드라이아이스의 상태가 변하면서 입자 배열이 불규칙적으로 변하고 입자 사이의 거리가 멀어져 부피가 증가하기 때문이다.

확인 문제

1 (1) 비닐 주머니 안에서는 드라이아이스의 승화가 일어난다.
(4) 드라이아이스의 승화가 일어나더라도 드라이아이스를 이루는 입자의 종류, 개수, 크기는 변하지 않는다.
바로 알기 (2) 드라이아이스의 상태가 변하더라도 드라이아이스를 이루는 입자의 종류, 개수, 크기는 변하지 않으므로 질량은 일정하다.
(3) 드라이아이스의 상태가 고체에서 기체로 변하면 입자 배열이 불규칙적으로 변하고 입자 사이의 거리가 멀어지므로 부피가 증가한다.

2

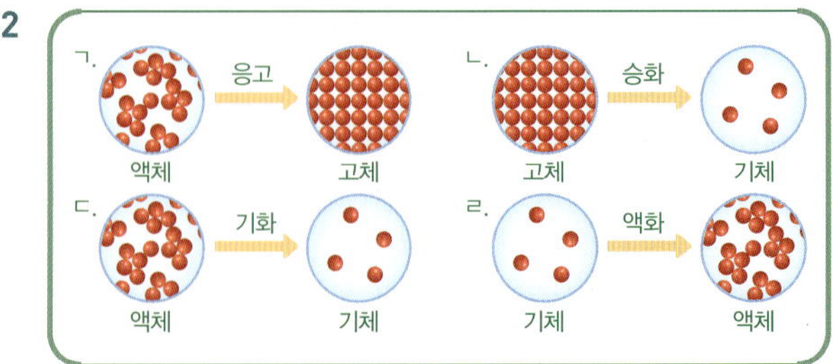

비닐 주머니 안의 아세톤은 액체에서 기체로 상태가 변한다.

01 ②	02 ⑤	03 ④	04 ④	05 ④	06 ③	07 ④
08 ③	09 ⑤	10 ③	11 ①	12 ④	13 ④	14 ③
15 ④	16 ①	17 ③				

01 그림은 거름종이에 떨어뜨린 액체 에탄올의 증발 모습이다. 증발은 물질을 이루는 입자가 스스로 운동하여 액체 표면에서 액체가 기체로 변하는 현상이다.

바로 알기 ㄴ, ㄹ. 증발은 액체 표면에서 일어나며, 액체가 기체로 변하는 현상이다.

02 시간이 지날수록 거름종이에 뿌린 향수의 흔적이 사라지고, 전자저울에 측정된 향수의 질량은 감소한다. 이는 향수 표면에서 향수 입자가 스스로 운동하여 공기 중으로 날아가기 때문이다.

바로 알기 ① 향수 입자가 스스로 운동하여 공기 중으로 날아가는 것으로 향수 입자가 사라지는 것은 아니다.

②, ③, ④ 증발이 일어나더라도 향수 입자의 종류, 크기, 질량은 변하지 않는다.

03 물이 든 비커 바닥에 잉크를 넣으면 물을 저어 주지 않아도 시간이 지나면서 물 전체가 잉크 색으로 변한다. 이는 잉크를 이루는 입자가 스스로 운동하여 모든 방향으로 확산하기 때문이다.

바로 알기 ① 잉크가 확산하는 현상이다.

② 물 입자는 스스로 운동한다.

③ 입자 운동은 온도가 높을수록 더 활발하게 일어난다. 따라서 온도가 높을수록 확산이 더 빨리 일어난다.

⑤ 입자는 스스로 운동하므로 물을 저어 주지 않아도 시간이 지나면 잉크를 이루는 입자는 물 전체로 퍼져 나간다.

04 ①, ② 그림은 시간이 지남에 따라 물질을 이루는 입자가 스스로 운동하여 공기 중으로 퍼져 나가는 확산 현상을 입자 모형으로 나타낸 것이다.

③ 확산은 액체 속, 기체 속, 진공 속에서 모두 일어날 수 있다.

⑤ 팝콘 냄새가 방 전체로 확산하여 퍼져 나가므로 시간이 지나면 방 안 전체에서 팝콘 냄새를 맡을 수 있다.

바로 알기 ④ 확산은 바람이 불지 않아도 입자가 스스로 운동하여 일어난다.

05 젖은 빨래가 마르는 것은 증발의 예이고, 숲길에서 피톤치드 냄새를 맡을 수 있는 것은 확산의 예이다. 증발과 확산은 물질을 이루는 입자가 스스로 운동하기 때문에 일어난다.

바로 알기 ① 증발과 확산이 일어날 때 물질을 이루는 입자는 사라지는 것이 아니라 스스로 운동하여 이동하는 것이다.

② 물질을 이루는 입자는 모든 방향으로 움직인다.

③ 증발과 확산은 공기를 이루는 입자 수와는 관계가 없다. 공기가 없어도 증발과 확산은 일어난다.

⑤ 증발은 액체 표면에서 액체가 기체로 변하는 현상으로, 액체 표면에서 물질을 이루는 입자가 스스로 운동하여 공기 중으로 날아가기 때문에 나타나는 현상이다. 확산은 물질을 이루는 입자가 스스로 운동하여 퍼져 나가는 현상이다.

06 감을 말려 곶감을 얻는 것(①), 염전에서 바닷물을 증발시켜 소금을 얻는 것(②)은 증발의 예이다. 방향제의 냄새가 퍼져 나가는 것(④)과 물에 차 성분이 퍼져 나가는 것(⑤)은 확산의 예이다.

바로 알기 ③ 난로 가까이에 있으면 따뜻한 현상은 복사에 의한 현상이다. 복사는 열이 물질을 거치지 않고 바로 이동하는 현상으로 입자 운동에 의해 나타나는 현상이 아니다.

07 ④ 고체는 담는 용기에 관계없이 모양과 부피가 일정하다.

바로 알기 ① 고체는 압축되지 않는다. 쉽게 압축되는 것은 입자 사이의 거리가 매우 먼 기체이다.

② 기체는 담는 용기에 따라 모양과 부피가 변한다.

③ 고체는 단단하여 흐르는 성질이 없고, 액체와 기체는 흐르는 성질이 있다.

⑤ 액체는 담는 용기에 따라 모양이 변하지만 부피는 일정하다.

08 25 ℃에서 물, 우유, 에탄올은 모두 액체이다. 액체는 흐르는 성질이 있으며, 담는 용기에 따라 모양이 변하지만 부피는 일정하다.

③ 액체는 거의 압축되지 않는다.

바로 알기 ①, ②, ⑤ 모두 고체의 성질이다. 고체는 단단하며 흐르는 성질이 없고, 압축되지 않는다. 또, 담는 용기에 관계없이 모양과 부피가 일정하다.

④ 담는 용기에 따라 부피가 변하는 것은 기체이다.

09 흐르는 성질이 있고 담는 용기에 따라 모양이 변하며, 힘을 가했을 때 부피가 쉽게 줄어드는 것은 기체이다.

25 ℃에서 금과 철은 고체, 주스와 식용유는 액체, 이산화 탄소는 기체이다.

10 전선에 사용하는 구리는 고체이다. 고체는 모양과 부피가 일정하고 흐르는 성질이 없다. 또, 입자 사이의 거리가 매우 가깝고, 입자 배열이 규칙적이다.

바로 알기 ③ 구리 입자는 매우 둔하게 운동하고 있다.

11

구분	고체 (나)	액체 (가)	기체 (다)
입자 모형			
모양	일정함.	변함.	변함.
부피	일정함.	일정함.	변함.
흐르는 성질	없음.	있음.	있음.
압축되는 정도	안 됨.	거의 안 됨.	됨.
입자 배열	규칙적임.	불규칙적임.	매우 불규칙적임.
입자 사이의 거리	매우 가까움.	비교적 가까움.	매우 멂.
입자의 운동성	매우 둔함.	비교적 활발함.	매우 활발함.

(가)는 액체, (나)는 고체, (다)는 기체이다.

① 입자 운동이 가장 활발한 상태는 기체인 (다)이다.

바로 알기 ② 흐르는 성질이 있는 것은 (가)와 (다)이다.

③ 입자 사이의 거리가 가장 가까운 것은 (나)이다.

④ 입자들이 매우 불규칙적으로 배열된 것은 (다)이다.

⑤ 입자 운동이 비교적 활발하지만 압축이 거의 되지 않는 것은 (가)이다.

12 A는 융해, B는 응고, C는 기화, D는 액화, E는 고체에서 기체로의 승화, F는 기체에서 고체로의 승화이다.

13 손 소독제가 마르는 것과 젖은 머리카락을 헤어드라이어로 말리는 것은 모두 액체가 기화하여 기체로 변하는 현상이다.

[바로 알기] ① 고드름이 녹는 것은 융해이다.

② 나뭇잎에 서리가 생기는 것은 기체에서 고체로의 승화이다.

③ 쇳물이 식어 철이 되는 것은 응고이다.

⑤ 영하의 온도에서 얼어 있는 생선이 마르는 것은 고체에서 기체로의 승화이다.

14 비닐 주머니 안에서는 고체 드라이아이스가 기체 이산화 탄소로 변하는 승화가 일어난다. 고체에서 기체로의 승화가 일어나면 물질의 부피가 증가하므로 비닐 주머니가 부풀어 오르지만, 질량은 변하지 않고 일정하다.

[바로 알기] ㄴ. 상태 변화가 일어나더라도 물질의 질량은 변하지 않으므로 전자저울이 나타내는 숫자도 변하지 않고 일정하다.

15

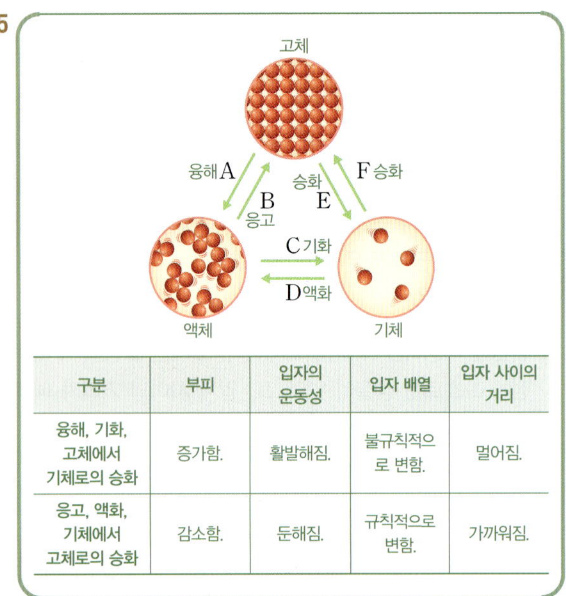

구분	부피	입자의 운동성	입자 배열	입자 사이의 거리
융해, 기화, 고체에서 기체로의 승화	증가함.	활발해짐.	불규칙적으로 변함.	멀어짐.
응고, 액화, 기체에서 고체로의 승화	감소함.	둔해짐.	규칙적으로 변함.	가까워짐.

물을 제외한 대부분의 물질은 응고(B), 액화(D), 기체에서 고체로의 승화(F)가 일어날 때 부피가 감소한다.

16 대부분의 물질은 응고(B), 액화(D), 기체에서 고체로의 승화(F)가 일어날 때 입자 사이의 거리가 가까워지고 입자 운동이 둔해지며 입자 배열이 규칙적으로 변한다. 반대로 융해(A), 기화(C), 고체에서 기체로의 승화(E)가 일어날 때 입자 사이의 거리가 멀어지고 입자 운동이 활발해지며 입자 배열이 불규칙적으로 변한다.

[바로 알기] ① 상태 변화(A~F)가 일어나더라도 물질의 성질은 변하지 않는다.

17 물질의 상태 변화가 일어나더라도 물질을 이루는 입자의 종류, 개수, 크기는 변하지 않으므로 물질의 질량과 성질도 변하지 않는다.

---

01 거름종이 위에 떨어뜨린 에탄올은 시간이 지나면서 증발한다.

[모범 답안] (1) 감소

(2) 에탄올 입자가 스스로 운동하여 증발하기 때문이다.

채점 기준		배점(%)
(1)	에탄올의 질량 변화를 옳게 쓴 경우	30
(2)	입자, 증발, 운동을 모두 언급하여 옳게 서술한 경우	70
	입자의 운동 또는 증발만 언급하여 서술한 경우	40

02 고체는 입자 배열이 규칙적이며 입자 사이의 거리가 매우 가깝고 입자 운동이 둔하다. 액체는 고체보다 입자 배열이 불규칙적이고 입자 사이의 거리가 고체보다 멀며 입자 운동도 고체보다 활발하다. 기체는 입자 배열이 매우 불규칙적이고 입자 사이의 거리가 가장 멀며 입자 운동도 매우 활발하다.

[모범 답안] (1) (가), (다)

(2) 고체는 입자들이 규칙적으로 배열되어 있고, 입자 사이의 거리가 매우 가깝기 때문이다.

채점 기준		배점(%)
(1)	고체와 기체 입자 모형을 모두 옳게 쓴 경우	40
	고체와 기체 입자 모형 중 한 가지만 옳게 쓴 경우	20
(2)	고체의 입자 배열과 입자 사이의 거리를 모두 언급하여 옳게 서술한 경우	60
	고체의 입자 배열과 입자 사이의 거리 중 한 가지만 언급하여 옳게 서술한 경우	30

03 A에서는 수증기가 차가운 시계 접시 아랫면에 닿아 물로 변하는 액화가 일어나고, B에서는 물이 수증기로 변하는 기화가 일어난다.

[모범 답안] (1) 액화

(2) A와 B에서 푸른색 염화 코발트 종이가 모두 붉은색으로 변한 것으로 보아 물의 상태 변화가 일어나더라도 물의 성질은 변하지 않는다는 것을 알 수 있다.

채점 기준		배점(%)
(1)	액화를 쓴 경우	40
(2)	푸른색 염화 코발트 종이의 색 변화를 상태 변화가 일어날 때 물의 성질이 변하지 않는 것과 관련지어 옳게 서술한 경우	60
	푸른색 염화 코발트 종이의 색 변화를 물질의 성질이 아닌 상태 변화의 다른 요소와 관련지어 서술한 경우	20

04 드라이아이스가 고체에서 기체로 승화하면서 부피가 증가한다.

[모범 답안] (1) 고체, 기체, 승화

(2) 고체에서 기체로의 승화가 일어날 때 입자 운동이 매우 활발해지고 입자 사이의 거리가 멀어져 부피가 증가하기 때문이다.

채점 기준		배점(%)
(1)	고체, 기체, 승화를 모두 옳게 쓴 경우	30
	고체, 기체, 승화 중 한 가지만 쓴 경우	각 10
(2)	비닐 주머니가 부풀어 오른 까닭을 입자의 운동성과 입자 사이의 거리 변화로 모두 옳게 서술한 경우	70
	비닐 주머니가 부풀어 오른 까닭을 입자의 운동성과 입자 사이의 거리 중 한 가지만 언급하여 옳게 서술한 경우	35

01 ⑤   02 ③   03 ④   04 ⑤   05 ③   06 ⑤   07 ②
08 ⑤

01 이 현상은 액체 표면에서 입자가 스스로 운동하여 액체가 기체로 변하는 증발 현상이다. 입자 운동은 온도가 높을수록 활발하므로 온도가 높을수록 증발도 잘 일어난다. 따라서 증발은 겨울보다 온도가 높은 여름에 더 잘 일어난다.

(바로 알기) ① 증발은 액체가 기체로 변하는 현상이다.

② 증발은 액체 표면에서 일어난다.

③, ④ 증발은 입자 운동에 의한 현상으로, 액체를 가열하지 않아도 일어나고, 바람이 불지 않아도 일어난다.

02 일정 시간이 지났을 때 에탄올의 질량이 물보다 더 많이 줄어든 까닭은 에탄올 입자가 물 입자보다 활발하게 운동하여 증발이 빠르게 일어났기 때문이다. 시간이 충분히 지나면 에탄올과 물이 모두 증발하므로 두 전자저울의 숫자는 모두 0이 된다.

(바로 알기) ㄴ. 에탄올 입자가 물 입자보다 입자 운동이 더 활발하다.

03 식초를 이루는 입자(아세트산 입자)는 BTB 용액을 노란색으로 변화시키고, 푸른색 리트머스 종이를 붉은색으로 변화시킨다.

① 식초가 증발한 이후 공기 중에서 확산이 일어난다.

② (가)와 (나)에서 모두 식초를 이루는 입자가 스스로 운동하고 있음을 확인할 수 있다.

③, ⑤ 식초가 확산함에 따라 (가)에서는 식초 가까이에 있는 BTB 용액부터 노란색으로 변하고, (나)에서는 식초 가까이에 있는 푸른색 염화 코발트 종이부터 붉은색으로 변한다.

(바로 알기) ④ 식초의 확산을 알아보는 실험으로, (가)와 (나)에서 식초 방울과 식초를 떨어뜨린 솜을 서로 바꾸어 실험해도 같은 결과가 나타난다.

04 암모니아 입자는 스스로 운동하여 모든 방향으로 퍼져 나간다. 페놀프탈레인 용액을 적신 솜은 암모니아 입자와 만나면 붉은색으로 변하는데, 솜의 색깔은 묽은 암모니아수에서 가까운 쪽에 있는 솜부터 변한다. 이를 통해 암모니아 입자의 운동을 확인할 수 있다.

(바로 알기) ⑤ 입자 운동은 온도가 높을수록 활발하므로 암모니아의 확산도 온도가 높을수록 더 빨리 일어난다. 따라서 실험 결과는 온도가 높을수록 더 빨리 나타난다.

05 (가)는 고체, (나)는 액체의 입자 모형이다.

①, ② 고체는 입자 배열이 규칙적이며 입자 사이의 거리가 매우 가까워 힘을 가해도 압축되지 않는다.

④ 액체는 담는 용기에 따라 모양이 변하지만 부피는 일정하다.

⑤ 입자 사이의 거리는 고체 (가)보다 액체 (나)가 멀다.

(바로 알기) ③ 액체는 입자들이 비교적 자유롭게 운동하므로 입자 사이의 빈 공간으로 주위에 있는 입자가 이동할 수 있다.

06

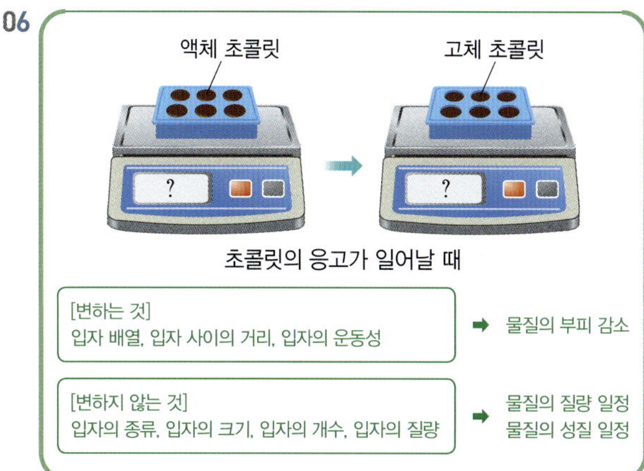

액체 초콜릿이 응고하면 초콜릿을 이루는 입자 사이의 거리가 가까워져 부피가 감소한다. 액체 초콜릿이 응고하더라도 초콜릿을 이루는 입자의 종류, 질량, 개수, 크기는 변하지 않으므로 초콜릿의 질량과 성질도 모두 변하지 않고 일정하다. 즉, 상태 변화가 일어나도 초콜릿의 맛은 상태 변화가 일어나기 전과 같다.

(바로 알기) ⑤ 고체 초콜릿을 다시 녹여도 초콜릿을 이루는 입자의 크기는 변하지 않는다.

07 ㄱ. 아세톤이 들어 있는 비닐 주머니를 감압 용기에 넣고 공기를 빼는 까닭은 에탄올의 질량을 측정할 때 공기의 영향을 줄이기 위함이다.

ㄹ. 상태 변화가 일어나더라도 물질의 질량은 변하지 않는다.

(바로 알기) ㄴ, ㄷ. (나)에서 액체 아세톤이 기화하여 입자 사이의 거리가 멀어지므로 비닐 주머니가 부풀어 오른다. 상태가 변해도 입자의 크기는 변하지 않는다.

08 ⑤ 추운 겨울 눈사람이 녹지 않았는데도 작아지는 것은 얼음이 수증기로 승화하기 때문에 나타나는 현상이다.

(바로 알기) ① (가)에서는 얼음이 녹는 융해, (나)에서는 고체 드라이아이스가 기체로 변하는 승화가 일어난다.

② 입자의 운동성 변화는 고체가 액체로 변하는 (가)에서보다 고체가 기체로 변하는 (나)에서가 더 크다.

③ 입자 배열은 (가)와 (나)에서 모두 불규칙적으로 변한다.

④ 물질의 상태가 변해도 물질의 성질은 변하지 않는다.

02 상태 변화와 열에너지

(개념) **확인하기** 개념 학습서 103, 105쪽

1 B, D, F   **2** A, C, E   **3** (1) ○ (2) × (3) ○ (4) × (5) ○
4 (1) ○ (2) × (3) ×   **5** ㉠ 활발해진다, ㉡ 둔해진다, ㉢ 불규칙적, ㉣ 규칙적, ㉤ 멀어진다, ㉥ 가까워진다   **6** B, D, F   **7** (1) F
(2) C (3) D (4) B   **8** (1) 흡수 (2) 흡수 (3) 방출 (4) 흡수 (5) 방출
9 ㉠ 기화, ㉡ 흡수, ㉢ 액화, ㉣ 방출

1 융해(D), 기화(B), 고체에서 기체로의 승화(F)가 일어날 때 열에너지를 흡수한다.

2 응고(C), 액화(A), 기체에서 고체로의 승화(E)가 일어날 때 열에너지를 방출한다.

3 물질을 가열할 때는 상태 변화가 일어나는 동안 온도가 변하지 않고 일정하게 유지된다.
(1) A 구간에서 물질은 고체로 존재한다.
(3) C 구간에서 가해 준 열에너지는 물질의 온도를 높이는 데 사용된다.
(5) E 구간에서 물질은 기체로 존재한다.
바로 알기 (2) B 구간에서는 물질의 융해가 일어난다.
(4) D 구간은 기화가 일어나는 구간으로, 액체와 기체가 함께 존재한다.

4 물질을 냉각할 때는 상태 변화가 일어나는 동안 온도가 변하지 않고 일정하게 유지된다.
(1) A 구간에서 물질은 액체로 존재한다.
바로 알기 (2) B 구간에서 물질의 응고가 일어난다. 물질이 응고하는 동안 방출하는 열에너지는 온도가 낮아지는 것을 막아 주므로 온도가 일정하게 유지된다.
(3) C 구간에서는 고체가 열에너지를 계속 잃어 온도가 낮아진다. 상태 변화가 일어나는 구간은 B 구간이다.

5 융해, 기화, 고체에서 기체로의 승화가 일어날 때는 열에너지를 흡수한다. 이때 입자 운동은 활발해지고, 입자 배열은 불규칙적으로 변하며, 입자 사이의 거리는 멀어진다. 응고, 액화, 기체에서 고체로의 승화가 일어날 때는 열에너지를 방출한다. 이때 입자 운동은 둔해지고, 입자 배열은 규칙적으로 변하며, 입자 사이의 거리는 가까워진다.

6 응고(B), 액화(D), 기체에서 고체로의 승화(F)가 일어날 때는 열에너지를 방출하므로 주위의 온도가 높아진다. 융해(A), 기화(C), 고체에서 기체로의 승화(E)가 일어날 때는 열에너지를 흡수하므로 주위의 온도가 낮아진다.

7 (1) 기체 상태의 수증기가 고체 상태의 얼음(눈)으로 승화하면서 열에너지를 방출하므로 눈이 내릴 때 날씨가 포근하다.
(2) 샤워 후 몸에 묻은 액체 상태의 물이 기체 상태의 수증기로 기화하면서 열에너지를 흡수하므로 시원함을 느낀다.
(3) 증기 난방을 이용하면 기체 상태의 수증기가 액체 상태의 물로 액화하면서 열에너지를 방출하므로 방 안이 따뜻해진다.
(4) 얼음집 안에 뿌린 액체 상태의 물이 고체 상태의 얼음으로 응고하면서 열에너지를 방출하므로 얼음집 내부가 따뜻해진다.

8 융해, 기화, 고체에서 기체로의 승화가 일어날 때는 열에너지를 흡수하고, 응고, 액화, 기체에서 고체로의 승화가 일어날 때는 열에너지를 방출한다.
(1) 얼음의 융해가 일어나는 동안 열에너지를 흡수한다.
(2) 땀의 기화가 일어나는 동안 열에너지를 흡수한다.
(3) 액체 파라핀의 응고가 일어나는 동안 열에너지를 방출한다.
(4) 드라이아이스의 승화가 일어나는 동안 열에너지를 흡수한다.

(5) 물의 응고가 일어나는 동안 열에너지를 방출한다.

9 에어컨의 실내기에서는 액체 냉매가 기체로 기화하면서 열에너지를 흡수하므로 주위의 온도가 낮아져 찬 바람이 나온다. 실외기에서는 기체 냉매가 액체로 액화하면서 열에너지를 방출하므로 주위의 온도가 높아져 더운 바람이 나온다.

꽉 잡아! 탐구 | **물을 가열할 때의 온도 변화 측정하기** | 개념 학습서 106쪽

정리 **1** ㉠ 일정, ㉡ 상태 변화(기화)

확인 문제
1 (1) ○ (2) ○ (3) × (4) ○ **2** ㄴ

정리

1 기화가 일어나는 동안에는 가해 준 열에너지가 물질의 상태 변화에 사용되므로 온도가 더 이상 높아지지 않고 일정하게 유지된다.

확인 문제

1 (1) 끓임쪽은 물질이 갑자기 끓어오르는 것을 막기 위해 넣는다.
(2) (가) 구간에서 물질은 액체로 존재한다.
(4) (나) 구간에서 가해 준 열에너지는 물이 상태 변화하는 데 사용된다.
바로 알기 (3) (나) 구간에서는 물의 기화가 일어난다. 기화는 열에너지를 흡수하는 상태 변화이다.

2 고체 물질을 가열하면 온도가 높아지다가 상태 변화가 일어나는 동안에는 일정하게 유지된다.
ㄴ. B 구간에서는 고체에서 액체로 상태가 변하는 융해가 일어난다.
바로 알기 ㄱ. 물질은 A 구간에서 고체, B 구간에서 고체와 액체, C 구간에서 액체로 존재한다.
ㄷ. 온도가 높아질수록 입자 운동이 활발해진다.

꽉 잡아! 탐구 | **로르산이 응고할 때의 온도 변화 측정하기** | 개념 학습서 107쪽

정리 **1** ㉠ 일정, ㉡ 방출

확인 문제
1 (1) 액체 (2) 방출 (3) 잃는다 **2** 해설 참조

정리

1 응고가 일어나는 동안 방출하는 열에너지가 온도가 낮아지는 것을 막아 주므로 온도가 일정하게 유지된다.

확인 문제

1 (1) (가) 구간에서 로르산은 액체로 존재한다.

⑵ (나) 구간에서는 로르산의 응고가 일어난다. 로르산의 응고가 일어나는 동안에는 주위로 열에너지를 방출하여 온도가 낮아지는 것을 막아 준다.
⑶ (가)와 (다) 구간에서 로르산은 열에너지를 잃어 온도가 낮아진다.

2 **모범 답안** 물이 응고하는 동안 방출하는 열에너지가 온도가 낮아지는 것을 막아 주기 때문이다.

채점 기준	배점(%)
물의 상태 변화와 열에너지의 출입을 언급하여 옳게 서술한 경우	100
물의 상태 변화와 열에너지의 출입 중 한 가지만 언급하여 옳게 서술한 경우	50

01 ② **02** ④ **03** ⑤ **04** ③ **05** ④ **06** ③ **07** ①
08 ⑤ **09** ② **10** ⑤ **11** ① **12** ② **13** ① **14** ④
15 ㉠ 고체, ㉡ 액체 **16** ② **17** 응고 **18** ② **19** ①
20 ④ **21** 기화, 열에너지 흡수

01

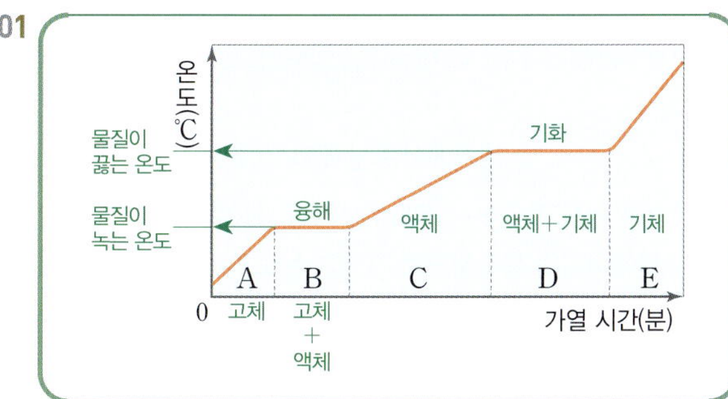

상태 변화가 일어나는 구간은 B와 D 구간이다. 상태 변화가 일어나는 동안에는 온도가 높아지지 않고 일정하게 유지된다.

02 ④ D 구간에서는 기화가 일어나며, 액체와 기체가 함께 존재한다.
바로 알기 ① A 구간에서 물질은 고체로 존재하며, 상태 변화는 일어나지 않는다.
② B 구간에서는 융해가 일어나며, 고체와 액체가 함께 존재한다.
③ C 구간에서는 온도가 높아짐에 따라 입자 운동이 점차 활발해진다.
⑤ E 구간에서 물질은 열에너지를 흡수한다.

03 ⑤ 얼음이 녹는 동안 온도가 일정하게 유지되는 까닭은 뜨거운 물로부터 가해지는 열에너지가 상태 변화에 사용되기 때문이다.
바로 알기 ① 열에너지는 물질의 상태 변화에 사용된다.
②, ③ 열에너지는 뜨거운 물에서 플라스틱 컵의 얼음으로 이동한다.
④ 컵 속 물질의 질량은 변하지 않는다.

04 ③ (가)에서 입자 운동은 활발해지고, (나)에서 입자 운동은 둔해진다.
바로 알기 ① (가)는 고체에서 기체로의 승화, (나)는 기체에서 고체로의 승화이다.
② (가)는 열에너지를 흡수하는 상태 변화이고, (나)는 열에너지를 방출하는 상태 변화이다.
④ (가)에서 입자 사이의 거리는 멀어지고, (나)에서 입자 사이의 거리는 가까워진다.
⑤ (가)에서 입자 배열은 불규칙적으로 변하고, (나)에서 입자 배열은 규칙적으로 변한다.

05 20 ℃ 물을 가열하면 A 구간에서 열에너지를 흡수하여 물의 온도가 높아진다. B 구간에서는 물이 끓어 수증기로 변하는 기화가 일어나 온도가 일정하게 유지되며, 이때 가해 준 열에너지는 물의 기화에 사용된다.
바로 알기 ①, ②, ③ 물은 100 ℃에서 끓으며, 물이 끓는 동안 온도는 더 이상 높아지지 않고 일정하게 유지된다. 즉, B 구간에서 물이 끓는다.
⑤ 가열하는 동안 물질은 열에너지를 흡수한다.

06 A 구간에서는 융해가 일어난다. 융해가 일어날 때 입자 운동이 활발해지고 입자 사이의 거리가 멀어진다.
바로 알기 ㄱ. 융해가 일어날 때 물질은 열에너지를 흡수한다.
ㄹ. 융해가 일어나면 입자 배열이 불규칙적으로 변한다.

07 B 구간에서는 액체가 기체로 상태가 변하는 기화가 일어난다. 기화가 일어날 때 입자 운동은 점점 더 활발해지고, 입자 배열은 더욱 불규칙적으로 변하며, 입자 사이의 거리는 매우 멀어진다.

08 ⑤ A 구간에서는 융해가 일어나고 B 구간에서는 기화가 일어나는데, 융해와 기화는 열에너지를 흡수하는 상태 변화이다.
바로 알기 ① 입자 운동이 활발해진다.
② 융해는 고체가 액체로 변하는 현상이고, 기화는 액체가 기체로 변하는 현상이다.
③ 입자 배열이 불규칙적으로 변한다.
④ 입자 사이의 거리가 점점 멀어진다.

09

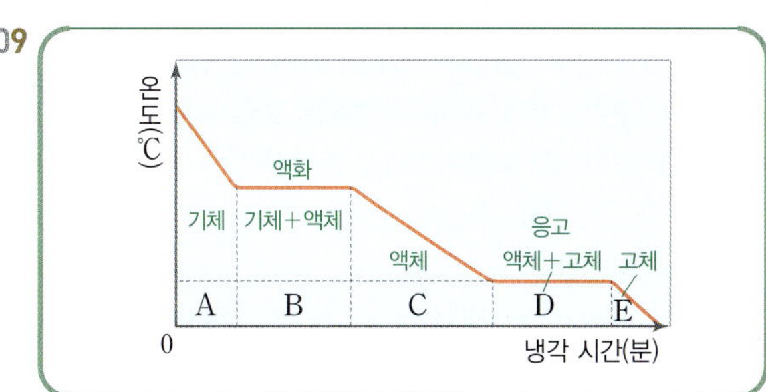

A, C, E 구간에서 물질은 열에너지를 잃으므로 온도가 낮아진다. B, D 구간에서는 상태 변화가 일어나는 동안 방출하는 열에너지가 온도가 낮아지는 것을 막아 주기 때문에 온도가 일정하게 유지된다.
② B 구간에서 물질이 액화하는 동안 입자 운동은 둔해진다.
바로 알기 ① B 구간에서 액화가 일어난다.

③ B 구간에서 물질은 열에너지를 방출한다.
④ D 구간에서 물질은 액체와 고체 두 가지 상태로 존재한다.
⑤ A, C, E 구간에서 물질은 열에너지를 잃는다.

10 B(액화)와 D(응고) 구간에서 온도가 일정하게 유지되는 까닭은 상태 변화가 일어나는 동안 방출되는 열에너지가 온도가 낮아지는 것을 막아 주기 때문이다.

11 액체 로르산은 온도가 낮아지다가 응고가 일어나는 동안 온도가 일정하게 유지되고, 응고가 끝나면 온도가 다시 낮아지기 시작한다.

12 물질이 열에너지를 흡수하는 상태 변화는 A(융해), C(기화), E(고체에서 기체로의 승화)이고, 열에너지를 방출하는 상태 변화는 B(응고), D(액화), F(기체에서 고체로의 승화)이다.
② 상태 변화가 일어날 때 물질의 온도는 일정하게 유지된다.
바로 알기 ①, ③ A와 C가 일어날 때 물질의 온도는 일정하게 유지된다.
④ A, C, E가 일어날 때 열에너지를 흡수하므로 주위의 온도가 낮아진다.
⑤ B, D, F가 일어날 때 열에너지를 방출하므로 주위의 온도가 높아진다.

13 그림은 기체에서 액체로 변하는 액화를 나타낸 것이다.
ㄱ. 액화가 일어날 때 열에너지를 방출한다.
바로 알기 ㄴ. 기체에서 액체로 상태가 변할 때 주위로 열에너지를 방출하므로 주위의 온도가 높아진다.
ㄷ. 기체에서 액체로 상태가 변할 때 입자 운동은 둔해진다.

14

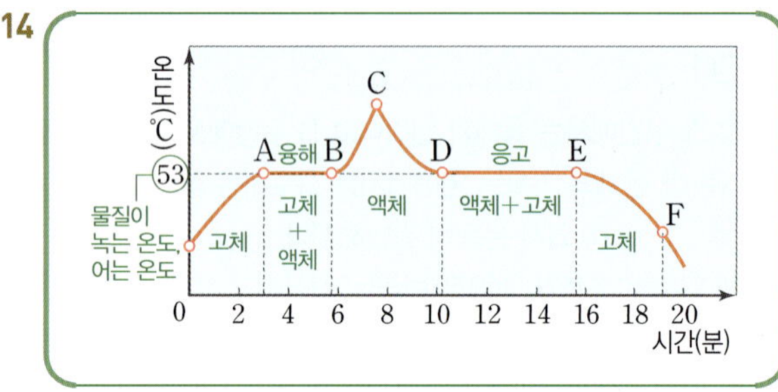

① AB 구간에서 물질이 녹는 온도와 DE 구간에서 물질이 어는 온도는 53 ℃로 같다.
② AB 구간에서 물질은 고체와 액체로 존재한다.
③ BC 구간과 CD 구간에서 물질은 모두 액체로 존재한다.
⑤ EF 구간에서 물질은 고체로 존재한다.
바로 알기 ④ DE 구간에서는 응고가 일어나 입자 배열이 규칙적으로 변한다.

15 물질의 상태가 고체에서 액체로 변하는 융해가 일어날 때 가해 준 열에너지는 상태 변화에 사용되므로 융해가 일어나는 동안 온도는 일정하게 유지된다.

16 여름철 기차 선로에 물을 뿌리는 것은 기화, 음료수에 얼음을 넣는 것은 융해, 드라이아이스를 사용하여 백신을 수송하는 것은 고체에서 기체로의 승화가 일어날 때 열에너지의 출입을 이용하는 예이다. 융해, 기화, 고체에서 기체로의 승화가 일어날 때 주위에서 열에너지를 흡수하므로 주위의 온도가 낮아진다.

17 추운 겨울날 오렌지 나무에 물을 뿌려 두면 물이 얼음으로 응고하면서 주위로 열에너지를 방출하므로 오렌지가 어는 것을 막을 수 있다.

18 얼음집 안에 물을 뿌리면 물이 응고하면서 주위로 열에너지를 방출하므로 얼음집 내부가 따뜻해진다.
② 액체 파라핀이 응고하면서 열에너지를 방출하므로 찜질 부위가 따뜻해진다.
바로 알기 ①, ④, ⑤는 기화, ③은 융해가 일어날 때 열에너지를 흡수하여 주위의 온도가 낮아지는 예이다.

19

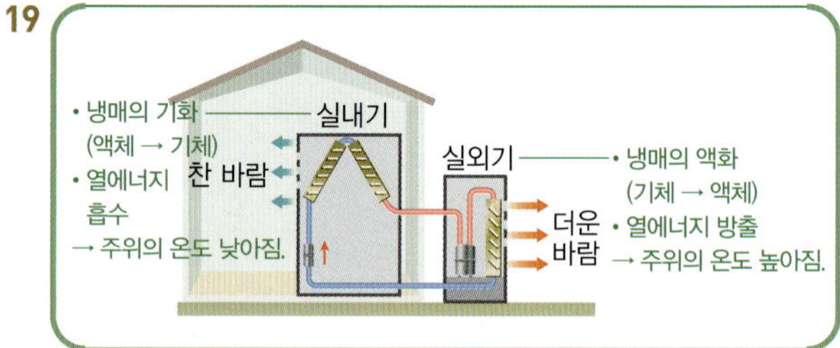

에어컨의 실내기에서는 냉매가 액체에서 기체로 변하는 기화가 일어나고, 실외기에서는 냉매가 기체에서 액체로 변하는 액화가 일어난다.

20 실내기에서는 냉매가 기화하면서 주위에서 열에너지를 흡수하므로 주위(실내)의 온도가 낮아진다. 실외기에서는 냉매가 액화하면서 주위로 열에너지를 방출하므로 주위의 온도가 높아진다.
바로 알기 ㄴ. 실내기에서는 냉매의 기화가 일어난다.

21 항아리 냉장고에서는 모래에 뿌려 둔 물이 기화하면서 주위에서 열에너지를 흡수하므로 주위의 온도가 낮아져 음식을 신선하게 보관할 수 있다.

단계별 문제로 **서술형 연습하기** 개념 학습서 113쪽

01 A 구간에서 액체로 존재하며, C 구간에서 기체로 존재한다. B 구간에서 액체와 기체가 함께 존재하며, 액체가 기체로 변하는 기화가 일어나 온도가 일정하게 유지된다.
모범 답안 (1) B, 기화
(2) 가해 준 열에너지를 에탄올의 기화에 사용하기 때문에 온도가 일정하게 유지된다.

	채점 기준	배점(%)
(1)	상태 변화가 일어난 구간과 상태 변화의 종류를 모두 옳게 쓴 경우	40
	상태 변화가 일어난 구간과 상태 변화의 종류 중 한 가지만 옳게 쓴 경우	20
(2)	온도가 일정하게 유지되는 까닭을 상태 변화와 열에너지의 출입과 관련지어 옳게 서술한 경우	60
	온도가 일정하게 유지되는 구간에서 일어나는 상태 변화의 종류와 열에너지의 출입 중 한 가지만 관련지어 옳게 서술한 경우	30

02 얼음이 들어 있는 아이스박스에 음료를 넣어두면 얼음이 융해하면서 열에너지를 흡수하여 주위의 온도가 낮아지므로 음료를 시원하게 보관할 수 있다.

모범답안 ⑴ 융해

⑵ 얼음이 물로 융해하면서 열에너지를 흡수하므로 주위의 온도가 낮아지기 때문이다.

	채점 기준	배점(%)
⑴	얼음의 상태 변화를 옳게 쓴 경우	20
⑵	음료의 온도가 낮아지는 까닭을 상태 변화와 열에너지 출입, 주위의 온도 변화로 옳게 서술한 경우	80
	음료의 온도가 낮아지는 까닭을 융해로만 설명하거나 열에너지 흡수로만 옳게 서술한 경우	40

03 A는 융해, B는 응고, C는 기화, D는 액화, E는 고체에서 기체로의 승화, F는 기체에서 고체로의 승화이다.

⑴ 응고(B), 액화(D), 기체에서 고체로의 승화(F)가 일어날 때 열에너지를 방출하므로 주위의 온도가 높아진다.

⑵ 안개형 냉각 장치로 물을 뿌리면 물이 수증기로 기화하면서 주위에서 열에너지를 흡수하므로 주위의 온도가 낮아진다.

모범답안 ⑴ B, D, F, 방출

⑵ C, 물이 수증기로 기화하면서 열에너지를 흡수하므로 주위의 온도가 낮아지기 때문이다.

	채점 기준	배점(%)
⑴	주위의 온도가 높아지는 상태 변화 세 가지와 열에너지의 출입 관계를 모두 옳게 쓴 경우	40
	주위의 온도가 높아지는 상태 변화 세 가지와 열에너지의 출입 관계 중 한 가지만 옳게 쓴 경우	각 10
⑵	C를 고르고, 시원함을 느끼는 까닭을 옳게 서술한 경우	60
	C만 고르거나, 시원함을 느끼는 까닭만 서술한 경우	30

04 증기 난방기에서는 수증기가 액화하면서 열에너지를 방출하고, 보일러에서는 물이 기화하면서 열에너지를 흡수한다.

모범답안 ⑴ 액화, 기화

⑵ 증기 난방기에서 수증기가 물로 액화하면서 열에너지를 방출하므로 주위의 온도가 높아져 실내가 따뜻해진다.

	채점 기준	배점(%)
⑴	증기 난방기와 보일러에서 나타나는 상태 변화를 모두 옳게 쓴 경우	40
	증기 난방기와 보일러에서 나타나는 상태 변화 중 한 가지만 옳게 쓴 경우	20
⑵	증기 난방기에서 나타나는 상태 변화와 열에너지 출입을 모두 옳게 서술한 경우	60
	증기 난방기에서 나타나는 상태 변화와 열에너지 출입 중 한 가지만 옳게 서술한 경우	30

01 ④ 02 ② 03 ③ 04 ④ 05 ② 06 ③ 07 ⑤
08 ③

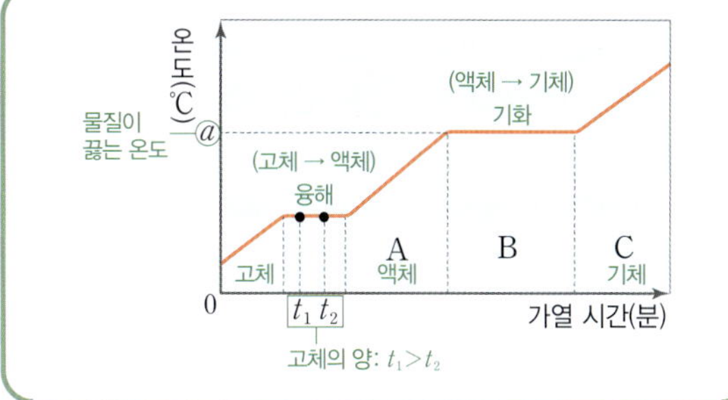

물질은 A 구간에서 액체, B 구간에서 액체와 기체, C 구간에서 기체로 존재한다. B 구간에서는 기화가 일어나며, 기화가 일어나는 동안 온도가 일정하게 유지된다.

④ 동일한 조건에서 가열할 때 물질의 양을 늘리면 상태 변화가 일어나는 동안 걸리는 시간이 길어진다.

바로 알기 ① a ℃는 물질이 끓는 온도이다.

② 첫 번째 수평 구간이 시작되는 시간에서 고체가 녹기 시작하고, 첫 번째 수평 구간이 끝나는 시간에서 대부분의 고체가 액체로 변한다. 즉 시간이 지날수록 고체가 더 많이 녹으므로 고체의 양은 t_1에서가 t_2에서보다 많다.

③ 입자 운동은 기체가 액체보다 활발하므로 A 구간에서보다 C 구간에서 입자 운동이 더 활발하다.

⑤ 가열하는 동안 물질은 열에너지를 흡수한다.

02 물질을 냉각하는 동안 온도가 일정하게 유지되는 구간이 2번 나타나므로 기체 물질을 냉각하면서 온도 변화를 측정한 것임을 알 수 있다. B 구간에서는 액화, D 구간에서는 응고가 일어나 온도가 일정하게 유지되며, 액화와 응고가 일어날 때 물질은 열에너지를 방출하며 입자 사이의 거리는 가까워진다.

바로 알기 ㄴ. (가) ℃는 물질이 응고하는 동안 일정하게 유지되는 온도이다.

ㄹ. A, C, E 구간에서 물질은 열에너지를 방출하여 잃는다.

03 종이 냄비에 라면을 끓여도 종이 냄비가 타지 않는 까닭은 가해 준 열에너지가 물의 상태 변화에 사용되어 종이가 탈 수 있는 온도까지 높아지지 않기 때문이다. 종이 냄비에 들어 있는 물이 모두 기화하면 종이 냄비는 결국 타게 된다.

바로 알기 ㄴ. 종이가 타는 온도는 물이 끓는 온도보다 높다.

04 ① 상태 변화가 일어나는 동안 온도는 일정하게 유지된다. 4~7분 사이에 온도가 0 ℃로 일정하게 유지되는 것으로 보아 물이 어는 온도는 0 ℃임을 알 수 있다.

② 얼음과 소금을 섞는 까닭은 온도를 0 ℃보다 낮추기 위해서이다.

③ 물의 응고가 일어나는 4~7분 사이에는 고체와 액체가 함께 존재한다.

⑤ 8~11분 사이에 온도가 계속 낮아지는 까닭은 물질이 열에너지를 잃기 때문이다.

바로 알기 ④ 4~7분 사이에 온도가 일정하게 유지되는 까닭은 물이 얼음으로 응고하면서 방출하는 열에너지가 온도가 낮아지는 것을 막아 주기 때문이다.

05 A는 융해, B는 응고, C는 기화, D는 액화, E는 고체에서 기체로의 승화, F는 기체에서 고체로의 승화이다.
① 물이 증발하거나 끓는 것은 모두 액체가 기체로 변하는 현상이므로 기화(C)에 해당한다.
③, ④ 대부분의 물질은 융해(A), 기화(C), 고체에서 기체로의 승화(E)가 일어나면 입자 운동이 활발해지고 입자 사이의 거리가 멀어진다.
⑤ 열에너지를 방출하는 상태 변화는 응고(B), 액화(D), 기체에서 고체로의 승화(F)이다.
[바로 알기] ② 입자 배열이 불규칙적으로 변하는 상태 변화는 융해(A), 기화(C), 고체에서 기체로의 승화(E)이다.

06 ①, ② (가)에서는 얼음이 물로 융해할 때 주위에서 열에너지를 흡수하므로 주위의 온도가 낮아지고, (다)에서는 드라이아이스가 고체에서 기체로 승화하면서 주위에서 열에너지를 흡수하므로 주위의 온도가 낮아진다.
④ (나)에서는 물이 얼음으로 응고하면서 주위로 열에너지를 방출한다.
⑤ 얼음집 안쪽에 물을 뿌리면 얼음집 내부가 따뜻해지는 원리는 물의 응고가 일어날 때 열에너지를 방출하여 주위의 온도가 높아지는 것으로 (나)의 원리와 같다.
[바로 알기] ③ 과일나무에 뿌린 물(ⓒ)이 얼면서 과일나무(⊙)로 열에너지를 방출한다.

07 냉장고의 응축기에서는 냉매가 기체에서 액체로 액화하면서 주위로 열에너지를 방출한다. 증발기에서는 냉매가 액체에서 기체로 기화하면서 열에너지를 흡수하므로 주위의 온도가 낮아져 냉장고 안이 시원해진다.

08 ㄱ, ㄴ. 젖은 수건으로 감싼 음료수 캔 (나)의 온도는 그대로 둔 음료수 캔 (가)의 온도보다 낮다. 이는 젖은 수건의 물이 기화하면서 열에너지를 흡수하므로 주위의 온도가 낮아져 음료수의 온도를 낮추기 때문이다.
[바로 알기] ㄷ. 음료수 캔에 들어 있는 액체는 열에너지를 잃어 온도가 조금 낮아지지만 상태 변화가 일어나지는 않는다.

<생각 그물로> **단원 정리하기**　　　개념 학습서 116쪽

⊙ 증발　　ⓒ 확산　　ⓒ 고체　　ⓔ 액체　　ⓜ 기체
ⓗ 응고　　ⓢ 융해　　ⓞ 액화　　ⓩ 기화　　ⓧ 승화
ⓚ 승화　　ⓔ 흡수　　ⓟ 방출

<대단원 문제로> **실력 완성하기**　　　개념 학습서 117~119쪽

01 ②	02 ⑤	03 ②	04 ④	05 ④	06 ③	07 ④
08 ⑤	09 ⑤	10 ①	11 ④	12 ④	13 ⑤	14 ④
15 ⑤	16 ①	17 응고	18 해설 참조			

01 물질을 이루는 모든 입자는 스스로 끊임없이 운동한다. 액체 속, 기체 속, 진공 속에서도 입자는 스스로 운동한다. 입자 운동의 증거로는 증발과 확산이 있다.

[바로 알기] ② 0 ℃에서도 입자는 스스로 운동한다.

02 ⑤ 젖은 빨래가 마르는 현상은 물 표면에 있는 입자가 스스로 운동하여 공기 중으로 날아가기 때문에 나타난다.
[바로 알기] ① 증발 현상이다.
② 젖은 빨래 표면의 물(액체)이 수증기(기체)로 변한다.
③ 물 입자와 옷감 입자 모두 운동한다.
④ 옷감 입자는 제자리에서 움직이며, 공기 중으로 이동하지 않는다. 물 표면에 있던 물 입자가 스스로 운동하여 공기 중으로 이동한다.

03 ㄱ, ㄹ. 향수 입자는 스스로 운동하고 공기 중으로 퍼져 나가 멀리까지 이동한다.
[바로 알기] ㄴ, ㄷ. 향수 입자는 모든 방향으로 스스로 운동하며 공기 중으로 퍼져 나간다.

04 페트리 접시에 담긴 물에 잉크를 떨어뜨리면 잠시 후 물 전체가 잉크 색으로 변한다. 이는 잉크 입자가 물속에서 확산하기 때문이다. 이때 잉크 입자와 물 입자는 모두 운동하며 잉크 입자는 물 입자 사이로 퍼져 나간다. 모기향을 피워 모기를 쫓는 것도 확산 현상 중 하나이다.
[바로 알기] ④ 물에 떨어뜨린 잉크 입자는 스스로 운동하여 물 전체로 퍼져 나간다. 잉크를 떨어뜨린 이후 잉크 입자의 개수는 증가하거나 감소하지 않고 일정하게 유지된다.

05 ④ 물이 온도에 따라 얼음(고체), 물(액체), 수증기(기체)로 존재하는 것처럼 같은 물질이라도 다른 온도에서는 상태가 달라질 수 있다.
[바로 알기] ① 쉽게 압축되는 것은 기체이다. 액체는 거의 압축되지 않는다.
② 흐르는 성질은 액체와 기체의 특징이다. 고체는 단단하며 흐르는 성질이 없다.
③ 액체는 담는 용기에 따라 모양이 변하지만 부피는 일정하다. 기체는 담는 용기에 따라 모양과 부피가 변한다.
⑤ 담는 용기에 따라 모양이 변하지만 부피는 일정한 상태는 액체이다. 고체는 담는 용기에 관계없이 모양과 부피가 일정하다.

06

구분	(가)	(나)	(다)
입자 모형			
물질의 상태	액체	기체	고체
입자 배열	불규칙적임.	매우 불규칙적임.	규칙적임.
입자 사이의 거리	비교적 가까움.	매우 멂.	매우 가까움.
입자의 운동성	비교적 활발함.	매우 활발함.	둔함.

ㄱ. (나)는 기체이다. 물질은 상태에 따라 입자 배열, 입자 사이의 거리, 입자의 운동성이 다르다.
ㄹ. 입자 운동은 (다)가 가장 둔하고, (나)가 가장 활발하다. 따라서 입자 운동이 활발한 정도는 (다)<(가)<(나) 순이다.

ㄷ. 입자 사이의 거리는 (다)<(가)<(나) 순이다.

07 흐르는 성질이 있고 담는 용기에 따라 모양과 부피가 변하는 물질의 상태는 기체이다. 기체는 입자 운동이 가장 활발하고 입자 사이의 거리가 멀며, 힘을 가하면 쉽게 압축된다.
④ 25 ℃에서 기체로 존재하는 물질은 산소와 이산화 탄소이다.
바로 알기 ① 설탕과 소금은 고체이다.
② 식초는 액체, 밀가루는 고체이다.
③ 식용유는 액체, 금은 고체이다.
⑤ 공기는 기체, 에탄올은 액체이다.

08 ⑤ 모래, 밀가루와 같은 가루 물질은 알갱이 하나하나의 모양이 변하지 않으므로 고체이다.
바로 알기 ① 물이 끓을 때 나오는 김은 수증기가 차가운 공기와 만나서 액화한 물방울(액체)이다.
② 스펀지는 고체이지만 빈 공간에 기체가 많아서 쉽게 압축된다.
③ 풍선은 공기를 불어 넣으면 부피가 쉽게 변하지만, 가만히 놓아두면 모양과 부피가 일정한 고체이다.
④ 밀가루는 고체이다.

09 A는 융해, B는 응고, C는 기화, D는 액화, E는 고체에서 기체로의 승화, F는 기체에서 고체로의 승화이다.
① 아이스크림이 녹는 것은 융해(A)이다.
② 액체 촛농이 굳는 것은 응고(B)이다.
③ 물걸레로 닦아 둔 교실 바닥이 마르는 것은 기화(C)이다.
④ 새벽녘 풀잎에 이슬이 맺히는 현상은 액화(D)이다.
바로 알기 ⑤ 아이스크림 포장에 사용한 드라이아이스가 점점 작아지는 것은 고체에서 기체로의 승화(E)이다.

10 ㄱ. 가열에 의해 일어나는 상태 변화는 융해(A), 기화(C), 고체에서 기체로의 승화(E)이다.
바로 알기 ㄴ. 물질의 부피가 줄어드는 상태 변화는 응고(B), 액화(D), 기체에서 고체로의 승화(F)이다.
ㄷ. 입자 운동이 활발해지는 상태 변화는 융해(A), 기화(C), 고체에서 기체로의 승화(E)이다.

11 액체 올리브유가 응고하면 부피는 감소하지만 질량은 일정하다.

12

아세톤의 질량	아세톤의 부피	아세톤의 성질	입자 수	입자의 운동성	입자 사이의 거리	입자 배열이 불규칙한 정도
(가)=(나)	(가)<(나)	(가)=(나)	(가)=(나)	(가)<(나)	(가)<(나)	(가)<(나)

①, ③ 아세톤이 기화할 때 아세톤 입자의 종류, 개수, 크기는 변하지 않으므로 아세톤의 질량과 성질도 변하지 않는다.
②, ⑤ 아세톤이 기화하면 아세톤 입자의 운동이 활발해지고, 입자 배열이 불규칙적으로 변한다.
바로 알기 ④ 아세톤이 액체에서 기체로 상태가 변하면 입자 사이의 거리는 멀어진다.

13 ① 물질이 어는 온도는 물질이 응고하는 동안 일정하게 유지되는 온도이다. 물질이 어는 온도는 (가) ℃이다.
② B 구간에서는 기체와 액체가 함께 존재한다.
③ 온도가 높을수록 입자 운동이 활발하므로 A 구간에서 입자 운동이 가장 활발하다.
④ 입자 배열이 가장 규칙적인 구간은 물질이 고체로 존재하는 E 구간이다.
바로 알기 ⑤ 냉각하는 동안 물질은 열에너지를 방출한다. 따라서 물질은 A∼E 구간에서 모두 열에너지를 방출한다.

14 A는 융해, B는 응고, C는 기화, D는 액화, E는 고체에서 기체로의 승화, F는 기체에서 고체로의 승화이다.
ㄴ, ㄷ. 응고(B), 액화(D), 기체에서 고체로의 승화(F)가 일어날 때 열에너지를 방출하므로 주위의 온도가 높아지고, 이때 입자 운동은 둔해진다.
바로 알기 ㄱ. 열에너지를 방출하는 상태 변화는 응고(B), 액화(D), 기체에서 고체로의 승화(F)이고, 열에너지를 흡수하는 상태 변화는 융해(A), 기화(C), 고체에서 기체로의 승화(E)이다.

15 액체 파라핀이 고체로 변하는 응고가 일어나면서 열에너지를 방출하므로 주위의 온도가 높아진다.
⑤ 추운 날 과일 창고에 물을 놓아두면 물이 응고하면서 열에너지를 방출하므로 과일이 냉해를 입지 않는다.
바로 알기 ①, ②, ④는 물이 수증기로 기화할 때 열에너지를 흡수하여 주위의 온도가 낮아지는 것을 이용하는 예이다.
③은 드라이아이스가 고체에서 기체로 승화할 때 열에너지를 흡수하여 주위의 온도가 낮아지는 것을 이용하는 예이다.

16 실내기에서는 냉매가 액체에서 기체로 기화하면서 열에너지를 흡수하므로 주위의 온도가 낮아져 찬 바람이 나온다. 실외기에서는 냉매가 기체에서 액체로 액화하면서 열에너지를 방출하므로 주위의 온도가 높아져 더운 바람이 나온다.

17 쇳물을 틀에 넣어 굳히거나, 고깃국이 식으면 기름이 굳는 것은 모두 액체가 고체로 변하는 응고이다.

18 상태 변화가 일어날 때 온도가 일정하게 유지되는 까닭은 가열하는 동안 가해 준 열에너지가 상태 변화에 사용되기 때문이다.
모범 답안 가열하는 동안 가해 준 열에너지가 물이 기화하는 데 사용되기 때문이다.

채점 기준	배점(%)
가해 준 열에너지를 상태 변화(기화)에 사용한다고 옳게 설명한 경우	100
상태 변화 또는 기화가 일어난다고만 서술한 경우	60

Ⅰ. 과학과 인류의 지속가능한 삶

01 과학과 인류의 지속가능한 삶

쪽지 시험 시험 대비서 3쪽

1 문제 인식 **2** 가설 설정 **3** ⊙ 탐구 설계 및 수행, ⓒ 결론 도출
4 가설 **5** 원리 **6** 증기 기관 **7** 인공지능 **8** 지속가능한 **9** 신
재생 **10** 분리배출

학교 시험 미리보기 시험 대비서 4~5쪽

01 ② **02** ② **03** ④ **04** ⑤, ⑦ **05** ⑤ **06** ④
07 ⑤ **08** ③ **09** 해설 참조 **10** 해설 참조
11 해설 참조

01 과학적 탐구 방법의 단계는 문제 인식 → 가설 설정 → 탐구
설계 및 수행 → 자료 해석 → 결론 도출 순서이다. 결론 도출
단계에서 가설이 맞을 경우 일반화하여 과학 지식을 얻고, 가
설이 틀릴 경우 가설을 수정하거나 새로운 가설을 설정하여
다시 탐구한다.

02 **바로 알기** ② 의문에 대한 잠정적인 결론은 가설이다. 따라서
②번은 가설 설정에 대한 설명이다. 결론 도출은 실험 결과를
종합하여 가설이 맞는지 판단하고 결론을 내리는 단계이다.

03 ㄱ. 탐구 문제를 정할 때는 탐구할 내용이 분명하게 드러나야
하고, 탐구 범위는 좁고 구체적이어야 한다.
ㄴ. 실험 방법은 가설을 검증할 수 있도록 구체적으로 정해야
한다.
바로 알기 ㄷ. 실험을 할 때는 같게 할 조건과 다르게 할 조건
을 확인하고, 다른 조건들이 실험에 영향을 주지 않도록 통제
하면서 실험을 해야 한다.

04 ① 증기 기관의 발명으로 제품의 대량 생산이 가능해졌고, 많
은 물건을 먼 곳까지 옮길 수 있게 되었다.
② 인쇄술이 발달하면서 책의 대량 인쇄가 가능해져 사람들이
책에서 많은 지식을 얻을 수 있게 되었다. 현재는 종이가 아닌
전자 기기에서 볼 수 있는 전자 출판이 발달하면서 수많은 책
을 간편하게 휴대할 수 있게 되었다.
④ 과거에는 밤에는 횃불로, 낮에는 연기로 급한 소식을 전달
하였으나, 현재는 인터넷을 통해 수많은 정보를 공유할 수 있
고, 인공위성으로 원거리 통신이 가능하게 되었다.
바로 알기 ⑤ 백신의 원리를 발견함으로써 페니실린과 같은
항생제를 개발할 수 있게 되었으며, 이로 인해 인류의 평균 수
명이 크게 늘어났다.
⑦ 암모니아 합성 기술이 개발되어 질소 비료가 대량 생산되
면서 식량 생산량이 크게 증가하였다.

05 ㄱ. 첨단 바이오 기술은 생물의 유전 정보를 이용하여 각종 유
용한 물질을 생산하는 기술로, 이를 이용하여 개인 맞춤형 치
료제를 개발할 수 있다.

ㄷ. 현재 우주 탐사나 수술 등에 로봇이 이용되고 있으며, 로
봇 공학의 발달은 사람들이 더 편리하고 안전한 환경에서 일
할 수 있도록 할 것이다.
바로 알기 ㄴ. 첨단 과학기술의 발전은 사회·경제 구조와 생
활 환경을 바꾼다. 첨단 과학기술은 우리 생활 속 다양한 분야
에 활용되고 있으며, 앞으로도 계속 발달할 것으로 기대된다.

06 과학의 발달로 환경오염, 자원 고갈, 기후 변화 등의 문제가
발생하였다.
바로 알기 ㄴ, ㅁ. 질병 퇴치, 평균 수명 연장은 과학기술이 인
류 문명에 미친 긍정적인 영향이다.

07 **바로 알기** ①, ② 지속가능한 삶이란 현재의 삶을 발전시키면
서도 미래 세대가 이용할 환경과 자연을 훼손하지 않는 삶을
말한다.
③ 현재 인류는 화석 연료의 지나친 사용으로 에너지 자원 고
갈, 환경오염, 기후 변화 등의 문제를 겪고 있다. 따라서 지속
가능한 삶을 위해서는 화석 연료의 사용량을 줄여야 하며, 과
학기술을 활용해 화석 연료를 대체할 수 있는 신재생 에너지
를 더욱 적극적으로 개발해야 한다.
④ 과학기술은 지속가능한 삶을 위해 환경오염이나 자원 고갈
등의 문제와 관련하여 해결 방안을 제시할 수 있으므로 계속
발전시켜야 한다.

08 **바로 알기** ㄷ. 지속가능한 삶을 위해서는 지하자원의 사용량
을 늘리는 것보다는 자원을 절약하고 재활용해야 한다.

09 식물이 자라는 데 햇빛이 필요하다는 가설을 검증하기 위해서
는 햇빛이 있는 경우와 햇빛이 없는 경우에 식물이 자라는 정
도를 비교하여 가설을 검증할 수 있다.
모범 답안 햇빛의 유무이다.

채점 기준	배점(%)
'햇빛의 유무'라는 의미를 포함하여 옳게 서술한 경우	100
그 외의 경우	0

10 **모범 답안** 처음의 가설과 다른 가설로 수정하고, 다시 탐구 설계 및
수행, 자료 해석, 결론 도출의 과정을 거친다.

채점 기준	배점(%)
처음의 가설과 다른 가설로 수정하고, 다시 탐구 설계 및 수행, 자료 해석, 결론 도출의 과정을 거친다고 옳게 서술한 경우	100
'가설을 수정한다.' 또는 '새로운 가설을 세운다.' 또는 '가설 수정의 단계를 거친다.'라고만 서술한 경우	80

11 **모범 답안** (1) 개인적 차원: 재활용 및 분리배출, 에너지 절약, 대중
교통 이용, 자전거와 같은 친환경 운송 수단 이용, 사용하지 않는 물건
나누기 등
(2) 사회적 차원: 국제 협력, 녹지 및 생태 공원 조성, 친환경 제품 생
산 등

	채점 기준	배점(%)
(1)	개인적 차원의 활동 방안 한 가지를 옳게 서술한 경우	50
	그 외의 경우	0
(2)	사회적 차원의 활동 방안 한 가지를 옳게 서술한 경우	50
	그 외의 경우	0

01 생물의 구성

시험 대비서 7쪽

1 세포   2 ㉠ 단세포생물, ㉡ 다세포생물   3 핵   4 마이토콘드리아
5 C: 엽록체, E: 세포벽   6 세포벽   7 엽록체   8 세포막   9 핵
10 엽록체

시험 대비서 9쪽

1 산소   2 신경세포   3 기능(하는 일)   4 유기적   5 조직   6 조
직계   7 기관   8 기관계   9 ㉠ 세포, ㉡ 기관계, ㉢ 조직계, ㉣ 기
관   10 ㉠ 조직계, ㉡ 기관계

 미리보기

시험 대비서 10~13쪽

01 ①   02 ②   03 ④, ⑤   04 ④   05 ③
06 ③, ⑤   07 ⑤   08 ①   09 ①   10 ③, ⑥
11 ⑤   12 ④   13 ②   14 ③   15 ⑤   16 ③
17 해설 참조   18 해설 참조   19 해설 참조
20 해설 참조   21 해설 참조   22 해설 참조

01 세포는 생물의 몸을 구성하는 기본 단위이자 생명활동이 일어
나는 기본 단위이다.

바로 알기 ㄷ. 생물 중에는 몸이 하나의 세포로 이루어진 단
세포생물도 있다.
ㄹ. 사람의 몸을 구성하는 세포는 여러 종류가 있으며, 하는
일에 따라 모양과 크기가 다양하다.

02 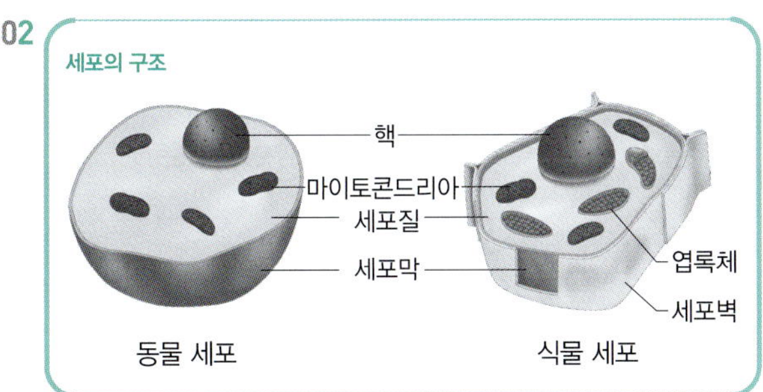

A는 핵, B는 마이토콘드리아, C는 엽록체이다.

03 세포는 세포막으로 둘러싸여 있으며, 세포 안에는 유전물질을
지닌 핵이 있다. 세포막 내부에서 핵을 제외한 나머지 공간을
세포질이라고 하며, 세포질에는 마이토콘드리아, 엽록체와 같
은 세포소기관이 있다.

바로 알기 ④ 엽록체는 동물 세포에는 없고 식물 세포에만 있다.
⑤ 세포벽은 대부분의 물질을 통과시키므로 물질의 출입을 조
절하는 기능이 없다. 세포 안팎으로 드나드는 물질의 출입을
조절하는 것은 세포벽이 아니라 세포막이다.

04 B는 마이토콘드리아이다. 마이토콘드리아는 발전기와 같이
세포의 생명활동에 필요한 에너지를 생산한다.

바로 알기 ① 마이토콘드리아는 동물 세포와 식물 세포에 모
두 있다.
② 세포의 생명활동을 조절하는 것은 핵(A)이다.
③ 빛을 이용하여 영양분을 합성하는 것은 엽록체(C)이다.
⑤ 세포 안팎으로 드나드는 물질의 출입을 조절하는 것은 세
포막(D)이다.

05 ㉠은 엽록체이다. A는 핵, B는 마이토콘드리아, C는 엽록체,
D는 세포막, E는 세포벽이다. 엽록체는 초록색을 띠는 작은
알갱이 모양으로 관찰된다.

06 엽록체(C)와 세포벽(E)은 동물 세포에는 없고 식물 세포에만
있다.

07 (가)는 양파 표피세포, (나)는 입안 상피세포이다. 양파 표피세
포와 입안 상피세포를 염색액으로 염색하여 현미경으로 관찰
하면 크고 둥근 모양의 핵을 뚜렷하게 관찰할 수 있다. 식물
세포는 세포벽이 있어서 동물 세포에 비해 세포의 모양이 일
정한 편이고 세포가 규칙적으로 배열되어 있다.

바로 알기 ㄱ. (가)는 양파 표피세포이고, (나)는 입안 상피세
포이다.
ㄴ. (가)에서 관찰되는 둥근 모양의 구조는 핵이다. 양파의 표
피세포에서는 엽록체가 관찰되지 않는다.

08 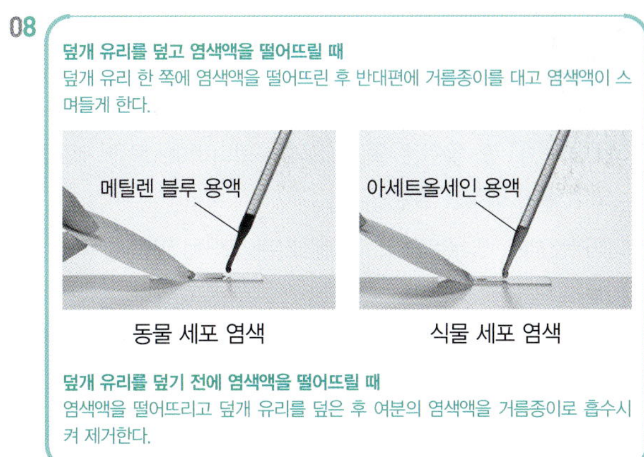

염색액의 색소는 핵 속의 유전물질과 잘 결합하기 때문에 핵
을 뚜렷하게 관찰하기 위해서 사용한다. 메틸렌 블루 용액처럼
푸른색을 띠는 염색액은 동물 세포를 염색하는 데 주로 사용
하고, 아세트올세인 용액 또는 아세트산 카민 용액처럼 붉은
색을 띠는 염색액은 식물 세포를 염색하는 데 주로 사용한다.

09 핵은 세포의 생명활동을 조절하는 역할을 하므로 중앙 통제실
에 비유할 수 있다. 마이토콘드리아는 세포의 생명활동에 필
요한 에너지를 생산하므로 공장에 필요한 에너지를 만드는 발
전기에 비유할 수 있다. 출입문은 빵을 생산하는 데 필요한 재
료를 들이고, 최종 생산물은 내보내는 역할을 하므로 세포 안
팎으로 드나드는 물질의 출입을 조절하는 세포막에 비유할 수
있다.

10 동물 몸의 구성 단계는 세포 → 조직 → 기관 → 기관계 → 개체이며, 식물 몸의 구성 단계는 세포 → 조직 → 조직계 → 기관 → 개체이다.

바로 알기 ③ 동물 몸의 구성 단계에는 조직계가 없고, 여러 조직이 모여 기관을 형성한다.

⑥ 뿌리, 줄기, 잎, 꽃은 식물의 기관이다. 식물 몸의 구성 단계에는 기관계가 없으며, 여러 기관이 모여 하나의 독립된 개체가 된다.

11 (가)는 개체, (나)는 기관, (다)는 조직, (라)는 기관계, (마)는 세포이다. 동물 몸의 구성 단계를 기본 단위부터 순서대로 나열하면 세포 → 조직 → 기관 → 기관계 → 개체의 순서이다.

12 조직계는 동물 몸의 구성 단계에는 없고 식물 몸의 구성 단계에만 있다.

13 동물 몸의 구성 단계에서 상피조직, 근육조직, 신경조직과 같은 조직들이 모여서 기관을 형성한다. 연관된 기능을 가진 여러 기관이 모여 기관계가 되며, 기관계는 서로 협력하여 통합적으로 작용한다. 따라서 하나의 기관계만 떨어져 독자적으로 생명활동을 할 수 없다.

14 (가)는 조직, (나)는 기관계, (다)는 조직계, (라)는 기관이다. 기관계는 동물 몸의 구성 단계에만 있고, 조직계는 식물 몸의 구성 단계에만 있다.

바로 알기 ㄱ. (가)는 조직이며, 조직은 동물 몸과 식물 몸에 모두 있는 구성 단계이다.

ㄹ. (라)는 기관이다.

15 꽃, 잎, 줄기, 뿌리는 모두 식물 몸의 구성 단계에서 기관에 해당하며, 여러 조직계가 모여 기관을 이룬다.

바로 알기 ⑤ 물관은 물관 조직을 의미하며, 물관 세포들이 모여 물관 조직을 형성한다.

16 (가)는 세포, (나)는 조직, (다)는 기관, (라)는 기관계, (마)는 개체이다.

바로 알기 ③ (다)는 기관이므로 사람, 즉 동물 몸의 구성 단계에도 있고 식물 몸의 구성 단계에도 있다.

17 사람 몸을 구성하는 세포 중 상피세포는 피부나 기관의 안쪽 표면을 둘러싸 보호하는 작용을 하고, 신경세포는 신호를 받아들이고 전달하는 역할을 한다. 적혈구는 혈관을 돌아다니며 산소를 운반하는 역할을 한다. 세포의 기능, 즉 하는 일에 따라 세포의 모양과 크기는 다양하게 나타난다.

모범 답안 세포의 종류에 따라 각각의 세포가 하는 일(기능)이 다르기 때문이다.

채점 기준	배점(%)
하는 일(기능)이 다르기 때문이라는 내용을 옳게 서술한 경우	100
그 외의 경우	0

18 (가)는 입안 상피세포로 동물 세포이고, (나)는 검정말잎 세포로 식물 세포이다. 동물 세포는 식물 세포와 달리 엽록체가 없으며, 세포벽이 없어서 세포의 모양이 일정하지 않고 세포의 배열도 불규칙적이다.

모범 답안 (나), 작은 알갱이로 보이는 엽록체가 있으며, 세포벽이 있어서 세포의 모양이 일정하고 배열이 규칙적이기 때문이다.

채점 기준	배점(%)
(나)라고 옳게 쓰고, 엽록체가 있으며 세포벽이 있어 세포의 모양이 일정하고 배열이 규칙적이라는 내용을 모두 옳게 서술한 경우	100
(나)라고 옳게 쓰고, 엽록체가 있다는 내용과 세포벽이 있어 세포의 모양이 일정하고 배열이 규칙적이라는 내용 중 한 가지만 포함하여 옳게 서술한 경우	70
(나)라고만 옳게 쓴 경우	40

19 마이토콘드리아는 세포의 생명활동에 필요한 에너지를 만들기 때문에 에너지 소모가 많은 근육세포에 특히 많다.

모범 답안 마이토콘드리아는 세포의 생명활동에 필요한 에너지를 만드는 세포소기관이기 때문이다.

채점 기준	배점(%)
마이토콘드리아가 세포의 생명활동에 필요한 에너지를 만든다는 내용을 옳게 서술한 경우	100
그 외의 경우	0

20 핵 속의 유전물질은 염색액의 색소와 잘 결합하는 성질이 있어서 현미경으로 세포를 관찰할 때 염색액을 사용하면 핵을 뚜렷하게 관찰할 수 있다. 핵은 세포의 생명활동을 조절하고 통제하는 역할을 한다.

모범 답안 핵, 핵은 세포의 생명활동을 조절하는 역할을 한다.

채점 기준	배점(%)
핵이라고 옳게 쓰고, 핵의 기능을 옳게 서술한 경우	100
핵이라고만 옳게 쓴 경우	50

21 태양 전지는 빛에너지를 흡수하는 특징을 가지고 있으므로 태양 전지를 이용해 빵을 만드는 과정을 빛에너지를 흡수하여 영양분을 만드는 엽록체의 기능에 비유할 수 있다.

모범 답안 엽록체는 빛을 흡수하여 영양분을 만드는 광합성을 하기 때문에 태양 전지를 이용해 빵을 생산하는 과정에 비유할 수 있다.

채점 기준	배점(%)
엽록체의 기능이 빛에너지를 흡수하여 영양분을 만드는 것이라는 내용을 포함하여 옳게 서술한 경우	100
엽록체가 빛을 이용하기 때문이라고만 서술한 경우	50

22 동물 몸의 구성 단계는 세포 → 조직 → 기관 → 기관계 → 개체 순이고, 식물 몸의 구성 단계는 세포 → 조직 → 조직계 → 기관 → 개체 순이다.

모범 답안 동물 몸의 구성 단계에는 기관과 개체 사이에 기관계가 있고, 식물 몸의 구성 단계에는 조직과 기관 사이에 조직계가 있다.

채점 기준	배점(%)
동물 몸의 구성 단계에는 기관계가 있다는 내용과 식물 몸의 구성 단계에는 조직계가 있다는 내용을 모두 옳게 서술한 경우	100
동물 몸의 구성 단계에 기관계가 있다는 내용과 식물 몸의 구성 단계에 조직계가 있다는 내용 중 한 가지만 옳게 서술한 경우	50

02 생물의 다양성

시험 대비서 15쪽

1 생물다양성 **2** 생태계, 생태계 **3** 종류, 종류 **4** 갯벌 **5** 변이
6 변이(특징) **7** 자손 **8** ㉠ 변이, ㉡ 낮아 **9** 페루 **10** 높다

시험 대비서 17쪽

1 생물분류 **2** 특징 **3** 종 **4** 같은 **5** 다른 **6** 종 **7** ㉠ 과, ㉡
계 **8** ㉠ 원핵생물계, ㉡ 핵막 **9** ㉠ 엽록체, ㉡ 광합성 **10** 균계

학교 시험 미리보기

시험 대비서 18~21쪽

01 ②   **02** ④   **03** ②, ⑤   **04** ⑤   **05** ④   **06** ①
07 ②   **08** ④   **09** ⑤   **10** ④, ⑥   **11** ⑤   **12** ④
13 ④   **14** ③   **15** ③   **16** ①   **17** 해설 참조
18 해설 참조   **19** 해설 참조   **20** 해설 참조
21 해설 참조   **22** 해설 참조

01 생물다양성은 숲, 습지, 갯벌, 바다, 사막 등 생물이 살아가는 생태계의 다양함, 한 생태계에서 살고 있는 생물 종류의 다양함, 같은 종류의 생물 사이에서 조금씩 다르게 나타나는 특징의 다양함을 모두 포함한다.

02

학생 A, B, C가 풀밭에서 관찰한 생물은 한 종류의 무당벌레이다. 한 종류의 무당벌레인데도 겉날개의 색깔과 무늬가 다른 것은 개체마다 유전정보가 다르기 때문이다. 이처럼 한 종류의 생물 사이에서 나타나는 특징의 차이를 변이라고 한다.

03 변이는 같은 종류의 생물 사이에서 나타나는 특징의 차이를 의미한다.

바로 알기 ② 뱀과 지렁이는 서로 다른 종류의 생물이다.
⑤ 고래와 사람은 서로 다른 종류의 생물이다.

04 한 종류의 생물이 많은 것보다 여러 종류의 생물이 골고루 있을 때 생물다양성은 더 높다. (가)처럼 한 종류의 생물이 많은

경우 전염병에 취약할 수 있다.

05 **바로 알기** ㄱ. 같은 종류의 생물 사이에서 나타나는 특징이 다양할수록 생물다양성은 높다.
ㄴ. 환경이 다르면 각각의 환경에 적응하여 살아가는 생물의 종류가 달라지므로 생태계가 다양할수록 생물다양성이 높다.

06

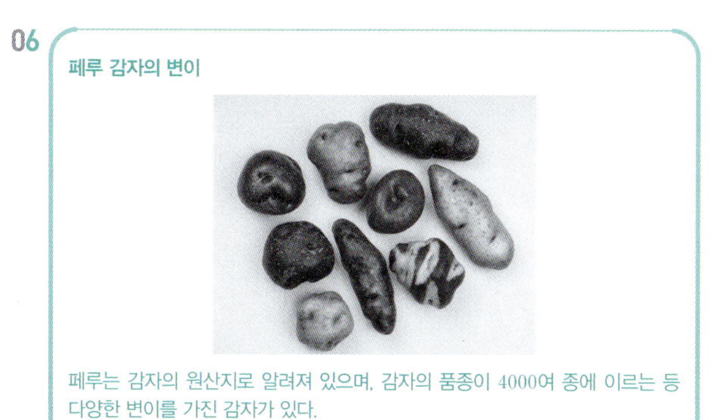

페루는 감자의 원산지로 알려져 있으며, 감자의 품종이 4000여 종에 이르는 등 다양한 변이를 가진 감자가 있다.

아일랜드의 감자 '럼퍼'는 모양과 색깔 등이 같고 변이가 거의 없다. 변이가 다양한 감자는 색깔, 맛, 모양 등에서 다양한 차이가 나타난다.

07 변이가 다양한 한 종류의 핀치 무리가 서로 다른 환경에 흩어져 살게 되면 각각의 환경에 적합한 변이를 가진 핀치가 더 많이 살아남아 자손을 남기며, 자손에게 생존에 유리한 변이를 전달한다. 이 과정이 오랜 시간 반복되면 핀치 사이에 차이가 커져서 서로 다른 종류의 핀치로 나누어질 수 있다.

바로 알기 ② 각 섬으로 흩어지기 전에 원래 한 종류였던 핀치의 부리에는 다양한 변이가 있었다.

08 자연 상태에서 짝짓기를 하여 번식 능력이 있는 자손을 낳을 수 있는 생물 무리를 종이라고 한다.

09

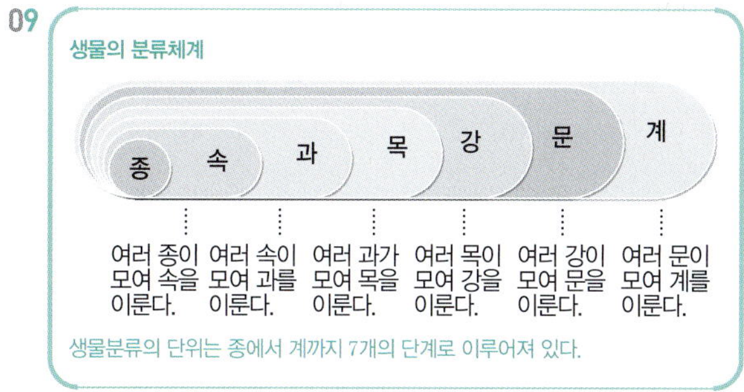

생물분류의 단위는 종에서 계까지 7개의 단계로 이루어져 있다.

생물분류에서 기본이 되는 단위는 종, 가장 큰 단위는 계이다.

10 생물분류에서 분류의 단위는 종<속<과<목<강<문<계로 이루어진다.

바로 알기 ④ 공통의 특징을 가지는 여러 속이 모여서 과로 묶이므로 같은 과에 속하는 생물이라고 해서 모두 같은 속에 포함된다고 할 수 없다.
⑥ 여러 종에서 공통의 특징을 가진 것끼리 무리를 지어 속으로 분류한다.

11 민들레, 벼, 고사리는 모두 식물계에 속하는 생물이다.

바로 알기 ⑤ 몸이 가는 실 모양의 균사로 이루어져 있는 것은 균계에 속하는 생물의 특징이다.

12 핵막이 없어 핵이 관찰되지 않는다는 설명으로 이 생물은 원핵생물계에 속한다는 것을 알 수 있다. 원핵생물계에 속하는 생물은 단세포생물이며 대부분 광합성을 못하지만, 남세균처럼 광합성을 하는 생물도 있다.

13 아메바, 짚신벌레, 미역은 모두 원생생물계에 속하는 생물이다. 이들 모두 핵막이 있어서 핵을 뚜렷하게 관찰할 수 있다. 아메바, 짚신벌레는 단세포생물이고 몸이 균사로 되어 있지 않으므로 동물계, 식물계, 균계에 속하지 않는다. 미역은 광합성을 할 수 있지만 뿌리, 줄기, 잎이 뚜렷하게 구별되지 않아 식물계에 속하지 않는다.

14 (가)는 원핵생물계, (나)는 원생생물계, (다)는 식물계, (라)는 동물계, (마)는 균계이다.

[바로 알기] ① (가) 원핵생물계에 속하는 생물의 세포에는 유전물질을 둘러싸고 있는 핵막이 없어 핵을 관찰할 수 없다.
② (나) 원생생물계에는 아메바, 짚신벌레와 같은 단세포생물도 있고 파래, 미역, 다시마, 해캄과 같은 다세포생물도 있다.
④ (라) 동물계에 속하는 생물은 세포에 세포벽이 없다.
⑤ 세균은 (마) 균계가 아니라 (가) 원핵생물계에 속한다.

15 표고버섯은 식물계가 아니라 균계에 속하는 생물이다.

16 균계, 식물계, 동물계에 속하는 생물은 모두 세포에 유전물질을 둘러싸고 있는 핵막을 가지고 있어서 핵을 뚜렷하게 관찰할 수 있다는 공통점이 있다.

[바로 알기] ② 식물계에 속하는 생물은 광합성을 하지만, 균계와 동물계에 속하는 생물은 광합성을 못한다.
③ 균계와 식물계에 속하는 생물은 세포에 세포벽이 있지만, 동물계에 속하는 생물은 세포에 세포벽이 없다.
④ 운동성은 동물계에 속하는 생물의 특징이다.
⑤ 균계에 속하는 생물은 대부분 다세포생물이지만, 효모와 같은 단세포생물도 있다. 식물계와 동물계에 속하는 생물은 모두 다세포생물이다.

17 생물다양성은 어떤 지역에 있는 생태계의 다양함, 하나의 생태계에서 살고 있는 생물 종류의 다양함, 같은 종류의 생물 사이에서 나타나는 특징(변이)의 다양함을 모두 포함하는 의미를 가진다.

[모범 답안] (가)는 생태계의 다양함을, (나)는 하나의 생태계 안에서 살고 있는 생물 종류(종)의 다양함을, (다)는 같은 종류의 생물 사이에서 나타나는 특징(변이)의 다양함을 의미한다.

채점 기준	배점(%)
(가), (나), (다)를 모두 옳게 서술한 경우	100
(가), (나), (다) 중 두 가지만 옳게 서술한 경우	70
(가), (나), (다) 중 한 가지만 옳게 서술한 경우	30

18 같은 종류에 속하는 생물의 변이가 다양하면 환경이 급격하게 변하거나 전염병이 발생하더라도 그 변화에 적응하여 살아남을 가능성이 높다. 따라서 변이가 다양할수록 멸종할 가능성이 낮다. (가)의 감자는 변이가 거의 없고 (나)의 감자는 변이가 매우 다양하다.

[모범 답안] (가), (가)는 (나)보다 변이가 다양하지 않아서 전염병이 발생할 때 살아남을 가능성이 낮다.

채점 기준	배점(%)
(가)를 옳게 쓰고, 변이가 다양하지 않아서 전염병이 발생할 때 살아남을 가능성이 낮다는 내용을 옳게 서술한 경우	100
(가)를 옳게 쓰고, (가)는 변이가 다양하지 않아서라고만 서술한 경우	70
(가)만 옳게 쓴 경우	30

19 자연 상태에서 짝짓기를 하여 번식 능력이 있는 자손을 낳을 수 있는 생물 무리를 같은 종으로 분류한다.

[모범 답안] 고양이, 삵, 스라소니는 자연 상태에서 서로 짝짓기를 하여 번식 능력이 있는 자손을 낳을 수 없으므로 서로 다른 종이다.

채점 기준	배점(%)
종의 개념을 근거로 옳게 서술한 경우	100
그 외의 경우	0

20 공통된 특징이 있는 종끼리 묶어 속으로 분류하고, 공통된 특징이 있는 속끼리 묶어 과로 분류한다. 따라서 작은 단위에서 같은 무리로 묶일수록 더 많은 특징을 공유하며 더 가까운 관계라고 판단할 수 있다.

[모범 답안] 호랑이는 고양이보다 사자와 더 가까운 관계이다. 호랑이와 고양이는 같은 과에 속하고 호랑이와 사자는 같은 속에 속하는데, 더 작은 단위에 함께 속할수록 공통된 특징을 많이 가지고 있으며 더 가까운 관계이기 때문이다.

채점 기준	배점(%)
사자와 더 가까운 관계라고 옳게 쓰고, 분류체계에 근거하여 가깝고 먼 관계를 옳게 서술한 경우	100
사자와 더 가까운 관계라고만 옳게 쓴 경우	50

21 고사리, 장미, 소나무는 식물계에 속하는 생물로 광합성을 할 수 있다. 푸른곰팡이, 표고버섯은 균계에 속하는 생물로 광합성을 못한다.

[모범 답안] 광합성을 하여 스스로 영양분을 합성할 수 있는가? 또는 광합성을 할 수 있는가? 또는 세포에 엽록체가 있는가? 등

채점 기준	배점(%)
분류 기준을 광합성을 할 수 있는가?, 세포에 엽록체가 있는가?, 스스로 영양분을 합성할 수 있는가? 등으로 옳게 서술한 경우	100
그 외의 경우	0

22 대장균과 짚신벌레는 둘 다 단세포생물이라는 공통점을 가지고 있으나 핵막의 유무에 따라 서로 다른 계에 포함된다.

[모범 답안] 유전물질을 둘러싸고 있는 핵막의 유무에 따라 대장균과 짚신벌레를 다른 계로 분류할 수 있다. 대장균은 유전물질을 둘러싸고 있는 핵막이 없으므로 원핵생물계에 속하고, 핵막이 있는 짚신벌레는 원생생물계에 속한다.

채점 기준	배점(%)
분류 기준을 옳게 쓰고, 대장균과 짚신벌레가 속하는 계를 옳게 서술한 경우	100
분류 기준에 대한 설명 없이 대장균과 짚신벌레가 속하는 계만 옳게 서술한 경우	50
분류 기준만 옳게 쓴 경우	30

03 생물다양성보전

1 생태계평형   2 높을   3 복잡할   4 생물자원   5 ㉠ 식량, ㉡ 섬유(의복 재료)   6 의약품   7 서식지   8 남획   9 외래종   10 생태통로

01 ③   02 ③   03 ②, ④   04 ④   05 ④
06 해설 참조   07 해설 참조   08 해설 참조
09 해설 참조   10 해설 참조   11 해설 참조

01 먹이그물이 복잡할수록 어떤 생물이 멸종해도 이를 대신할 수 있는 생물이 있어서 생태계가 안정적으로 유지된다. 개구리가 사라지면 (가)에서는 매의 먹이가 없지만 (나)에서는 매의 먹이로 참새, 뱀이 있어서 매까지 사라지지 않는다.

바로 알기 ㄴ. (나)보다 (가)에서 매가 사라지기 쉽다.

02 안정적인 생태계는 맑은 공기, 비옥한 토양, 깨끗한 물 등 생물이 살아가기에 알맞은 환경을 조성하므로 그 자체로 소중하다. 또 사람이 살아가는 데 필요한 식량, 섬유, 목재, 의약품, 관광 자원 등을 제공하여 사람에게 다양한 혜택을 준다. 이러한 혜택에는 발명품, 로봇 등을 만드는 데 필요한 아이디어도 포함된다.

03

외래종 유입

아이슬란드 황무지   루핀 밭

제2차 세계대전 이후 아이슬란드에서는 북부의 황무지에 식물이 자라게 할 수 있는 방법을 고민하다가 1970년대 후반부터 북아메리카에서 들여온 '루핀'을 본격적으로 심기 시작하였다. 그런데 2018년부터 루핀 권장 정책이 전격 중단되고, 루핀을 제거하는 축제가 열리고 있다. 토양 침식을 막기 위해 루핀을 도입하였지만 현재는 아이슬란드의 이끼 등 토종 식물의 성장을 저해하는 생태계 교란종으로 판단하기 때문이다.

서식지파괴, 불법 포획과 남획, 외래종 유입, 환경오염, 기후 변화에 의해 생물다양성이 감소하고 있다. 생태통로를 만들고 외래종을 관리하는 것은 생물다양성을 유지하기 위한 방안이다.

바로 알기 ② 고속도로에 설치되는 생태통로는 도로로 인해 단절된 서식지를 연결하여 야생동식물의 이동과 번식 활동에 도움을 준다.
④ 뉴트리아는 외래종이며 토종 생물의 생존을 위협하므로 발견하면 관련 기관에 신고하고 포획해야 생물다양성의 감소를 막을 수 있다.

04 갯벌은 오염된 해양 생태계를 정화하고 이산화 탄소를 흡수하는 능력이 뛰어나며, 많은 생물이 살고 있어 생물다양성이 매

우 높다. 갯벌을 메워 논을 만드는 것은 생물의 서식지를 파괴하여 생물다양성을 감소시키는 원인이 된다.

바로 알기 ㄱ. 갯벌을 메워 논을 만들면 한 종류의 생물만 늘어나게 되므로 생물다양성이 감소한다. 최근에는 갯벌을 메워 만들었던 간척지를 원래의 갯벌로 되돌리려고 노력하고 있다.

05 고속도로로 인해 서식지가 나뉘면 생물의 이동이 제한되어 먹이 활동, 번식 활동에 영향을 미쳐 생물다양성이 감소한다. 분할된 서식지를 이어 주는 생태통로를 설치하면 생물다양성을 유지하는 데 기여할 수 있다.

바로 알기 ① 붉은귀거북은 토종 생물을 위협하는 생태계 교란종이므로 함부로 구입하여 방생하지 말아야 한다.
② 멸종 위기 식물을 무분별하게 채집하는 행위는 생물다양성을 위협하는 행동이므로 해서는 안된다.
③ 가죽이나 털로 된 제품을 만들기 위해 많은 동물을 불법적으로 포획하거나 남획하는 문제로 연결될 수 있다.
⑤ 해충을 죽이기 위해 강력한 살충제를 사용할 경우 오히려 해충의 천적을 죽이고 살충제에 내성이 있는 해충이 나타날 수 있으므로 신중하게 사용해야 한다.

06 생물다양성이 낮은 생태계에서는 어떤 생물이 멸종하면 그 생물을 먹고 살아가는 생물도 멸종할 위험이 커진다. 반면 생물다양성이 높은 생태계는 어떤 생물이 멸종해도 이를 대신할 수 있는 생물이 있어 생태계가 안정적으로 유지된다.

모범 답안 (가), 생물다양성이 낮아 개구리가 사라지면 뱀의 먹이로 개구리를 대체할 수 있는 다른 생물이 없기 때문이다.

채점 기준	배점(%)
(가)라고 옳게 쓰고, 생물다양성이 낮아 개구리가 사라지면 뱀의 먹이로 개구리를 대체할 수 있는 생물이 없기 때문이라는 내용을 옳게 서술한 경우	100
(가)라고 옳게 쓰고, 생물다양성이 낮기 때문이라고만 서술한 경우	70
(가)만 옳게 쓴 경우	40

07 원래 살고 있던 지역을 벗어나서 새로운 지역으로 들어가 자리를 잡고 사는 생물을 외래종이라고 한다. 외래종이 유입된 서식지에는 외래종의 천적이 없어 원래 살고 있던 생물의 생존을 위협하고 생태계평형을 파괴할 수 있다. 나일농어가 도입되기 전과 후를 비교하였을 때 먹이그물이 단순해진 것으로 보아 생물다양성이 감소하였음을 알 수 있다.

모범 답안 나일농어와 같은 생물을 외래종이라고 한다. 새로운 서식지에서 나일농어는 원래 그곳에 살고 있던 생물의 생존을 위협하여 생물다양성을 감소시켰다.

채점 기준	배점(%)
외래종이라고 옳게 쓰고, 나일농어가 생물다양성을 감소시켰다는 내용을 옳게 서술한 경우	100
나일농어가 외래종이라고만 옳게 쓰거나 나일농어가 생물다양성을 감소시켰다는 내용만 옳게 서술한 경우	50

08 어업으로 잡을 수 있는 생물이라고 하더라도 남획한다면 특정 생물의 개체수가 줄어 멸종에 이를 수 있으므로 수산자원을 보호하기 위한 여러 가지 규제가 필요하다.

모범 답안 수산자원의 남획을 금지함으로써 생물의 개체수를 유지하고 멸종을 방지하여 생물다양성 유지에 기여할 수 있다.

채점 기준	배점(%)
남획을 금지하여 생물다양성을 유지한다는 내용을 옳게 서술한 경우	100
남획을 금지할 수 있다고만 서술하거나 생물다양성 유지에 기여할 수 있다고만 서술한 경우	50

09 생태통로는 끊어진 서식지를 이어 주어 야생동식물의 이동 및 번식 활동을 돕는 구조물이다. 생태통로는 로드킬을 방지하는 등 생물다양성을 유지하는 데 도움을 준다.

모범 답안 생태통로이다. 생태통로는 끊어진 서식지를 이어 주어 야생동식물의 이동과 번식 활동을 원활하게 하므로 생물다양성을 유지하는 데 도움을 준다.

채점 기준	배점(%)
생태통로라고 옳게 쓰고 생물다양성을 유지하는 데 도움을 준다는 내용을 옳게 서술한 경우	100
생태통로만 옳게 쓴 경우	50

10 남획은 특정 생물을 멸종에 이르게 할 수 있으므로 생물다양성을 감소시키는 원인이 된다.

모범 답안 남획을 금지하여 생물다양성을 유지하기 위함이다.

채점 기준	배점(%)
남획을 금지하여 생물다양성을 유지하기 위함이라는 내용을 옳게 서술한 경우	100
남획을 금지하기 위해서라고만 서술한 경우	50

11 개인의 지속적인 관심과 노력은 생물다양성을 유지하는 데 있어 중요한 출발점이 될 수 있다. 개인의 실천에서 나아가 사회적, 국가적, 국제적 노력이 필요하다.

모범 답안 생물의 서식지 주변에 있는 쓰레기 줍기, 생활 속 탄소 배출 줄이기, 일회용품 사용 줄이기 등

채점 기준	배점(%)
생물다양성 유지를 위한 개인적 차원의 실천 방안 한 가지를 옳게 서술한 경우	100
그 외의 경우	0

고난도 문제 정복하기 시험 대비서 **26~27**쪽

1 ③ 2 ③ 3 ②, ⑥ 4 ③ 5 ④ 6 ④ 7 ①
8 ③

1 A는 핵, B는 마이토콘드리아, C는 엽록체, D는 세포벽이다. 엽록체와 세포벽이 있는 (나)는 식물 세포, 그렇지 않은 (가)는 동물 세포이다. 핵 속의 유전물질은 염색액의 색소 성분과 잘 결합하기 때문에 염색액으로 세포를 염색하면 크고 둥근 핵을 뚜렷하게 관찰할 수 있다. 엽록체는 빛에너지를 흡수하여 영양분을 만드는 광합성을 한다. 세포벽은 두껍고 단단하여 세포의 모양을 일정하게 유지하고 세포를 보호한다.

바로 알기 ③ 마이토콘드리아(B)는 세포의 생명활동에 필요한 에너지를 생산하는 역할을 한다. 세포의 생명활동을 조절하고 통제하는 역할을 하는 것은 핵(A)이다.

2

(가)는 사람의 입안 상피세포를, (나)는 검정말잎 세포를 현미경으로 관찰한 것이다. (나)에서 관찰되는 작은 알갱이는 엽록체로, 엽록체에서 광합성이 일어난다. 식물 세포는 세포벽이 있어서 세포의 배열이 규칙적이다.

바로 알기 ㄱ. 세포막은 동물 세포와 식물 세포에 공통적으로 존재하므로 (가), (나)에는 모두 세포막이 있다.

ㄹ. (가), (나)에는 모두 핵이 있다. 다만, (가)는 염색액으로 염색을 해서 둥근 모양의 핵이 뚜렷하게 관찰되고, (나)는 염색을 하지 않아서 핵이 뚜렷하게 관찰되지 않는 것이다. 염색액으로 염색하면 (나) 세포에서도 핵을 관찰할 수 있다.

3 (가)는 세포, (나)는 조직, (다)는 기관, (라)는 기관계, (마)는 개체이다. 하나의 세포가 개체인 단세포생물에는 대장균, 아메바 등이 있다. 식물에서는 뿌리, 줄기, 잎, 꽃, 열매 등이 기관이고 동물의 기관에는 위, 간, 이자, 작은창자 등이 있다. 기관계는 동물 몸에만 있는 단계이며, 개체는 하나의 독립적인 생명활동이 가능한 생물체이다.

바로 알기 ② 표피조직, 유조직은 식물 몸의 구성 단계에서 조직에 해당한다. 동물의 조직에는 상피조직, 결합조직, 근육조직, 신경조직 등이 있다.

⑥ (라)는 기관계이다. 동물의 기관계에는 소화계, 순환계, 호흡계, 배설계 등이 있다.

4 생물다양성은 생태계의 다양함, 한 생태계 안에서 생물 종류의 다양함, 같은 종류의 생물 사이에서 나타나는 특징의 다양함을 모두 포함한다. 생물의 종류에는 잘 알려진 동물과 식물뿐만 아니라 알려지지 않은 모든 생물을 포함한다.

5

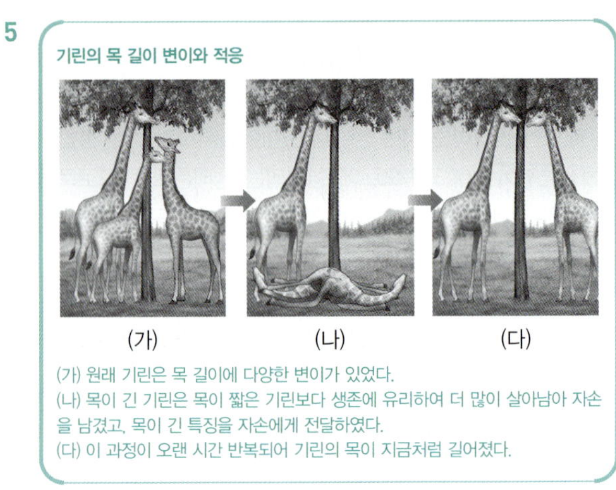

변이가 다양한 한 종류의 생물 무리가 서로 다른 환경에서 살게 되면 각각의 환경에 적합한 변이를 가진 생물이 더 많이 살아남아 자손을 남긴다. 이 과정이 오랜 시간 반복되면 생물 무리 사이에 차이가 커져서 서로 다른 생물 무리로 나누어질 수 있다.

[바로 알기] ㄴ. 거북의 목 길이에 나타나는 변이는 자손에게 전달된다.

6

생물을 분류할 때 가장 기본이 되는 단위는 종이다. 여러 종 중에서 공통된 특징을 가진 것끼리 무리 지어 속으로 묶을 수 있다. 즉, 속은 종보다 큰 단위이다.

[바로 알기] ㄱ. 원생생물, 식물, 동물은 분류체계에서 가장 큰 단위인 계의 이름을 나타낸다.

ㄷ. 자연 상태에서 짝짓기를 하여 자손을 낳을 수 있고 그 자손이 번식 능력이 있을 때 같은 종이라고 한다.

7 (가)는 균계, (나)는 원핵생물계이다. 균계에 속하는 버섯과 곰팡이는 엽록체가 없어서 광합성을 못한다.

[바로 알기] ② 균계, 식물계, 원핵생물계에 속하는 생물은 세포에 세포벽이 있지만, 원생생물계에 속하는 일부 생물과 동물계에 속하는 생물은 세포에 세포벽이 없다.

③ 푸른곰팡이는 (가) 균계에 속한다.

④ 원핵생물계에 속하는 생물은 5계의 생물 중 유일하게 세포에 핵막이 없어서 핵을 관찰할 수 없다.

⑤ 원핵생물계에 속하는 생물 중에서 남세균 등은 광합성을 한다.

8 폐렴균은 원핵생물계에 속하는 단세포생물이고, 아메바는 원생생물계에 속하는 단세포생물이다. 소나무는 식물계, 송이버섯은 균계, 해파리는 동물계에 속한다.

[바로 알기] ㄱ. (가)를 기준으로 원핵생물계인 폐렴균과 나머지 진핵생물이 나뉘었고 분류 기준 (가)에 대해 폐렴균은 '아니요'로 구분되었으므로 (가)는 '세포에 핵막이 있는가?'이다. 폐렴균, 소나무, 송이버섯은 세포에 세포벽이 있고, 아메바, 해파리는 세포에 세포벽이 없다.

ㄹ. (라)를 기준으로 균계인 송이버섯과 동물계인 해파리가 나뉘었고 분류 기준 (라)에 대해 송이버섯이 '아니요'로 구분되었으므로 (라)는 '운동성이 있는가?' 또는 '기관이 발달하였는가?'가 될 수 있다. 해파리와 송이버섯은 둘 다 세포에 핵막이 있고 엽록체가 없어 광합성을 못하는 다세포생물이다.

01 열의 이동

 시험 대비서 29쪽

1 온도 2 ㉠ 높고, ㉡ 낮다 3 ㉠ 높은, ㉡ 낮은 4 열평형 5 전도
6 대류 7 복사 8 ㉠ 대류, ㉡ 전도, ㉢ 복사 9 ㉠ 입자, ㉡ 열의 이동 10 ㉠ 복사, ㉡ 대류, ㉢ 전도

 시험 대비서 30~33쪽

01 ①, ④	02 ③	03 ⑤	04 ④, ⑥	05 ④
06 ①	07 ③	08 ③	09 ④	10 ③ 11 ④
12 ④, ⑤	13 해설 참조	14 해설 참조		
15 해설 참조	16 해설 참조	17 해설 참조		
18 해설 참조				

01 온도는 물질을 구성하는 입자 운동의 활발한 정도를 나타낸 것이고, 열은 온도가 다른 두 물체 사이에서 이동하는 에너지이다.

[바로 알기] ① 물질이 열을 잃으면 온도가 낮아지므로 입자 운동이 둔해진다.

④ 물질의 온도가 높아지면 입자 운동이 활발해진다.

02 A: (가)의 입자 사이의 거리가 더 먼 것으로 보아 (가)가 (나)보다 입자 운동이 활발하다.

C: 열은 온도가 높은 물체에서 온도가 낮은 물체로 이동한다. 따라서 (가)와 (나)가 접촉하면 온도가 높은 (가)에서 온도가 낮은 (나)로 열이 이동한다.

[바로 알기] B: (가)가 (나)보다 입자 운동이 활발한 것으로 보아 (가)가 (나)보다 온도가 높다.

03 ㄱ, ㄴ, ㄷ. 물질의 온도가 낮을수록 입자 운동이 둔하고, 물질의 온도가 높을수록 입자 운동이 활발하다. (가)의 물에서가 (나)의 물에서보다 잉크가 잘 퍼지므로 (가)의 물이 (나)의 물보다 입자 운동이 활발하고 온도가 높다.

04 ④ 온도가 높은 A에서 온도가 낮은 B로 열이 이동하여 시간이 지나면 두 물체의 온도가 같아지는 열평형에 도달한다.

⑥ A에서 B로 열이 이동하므로 시간이 지날수록 B를 구성하는 입자의 운동이 활발해진다.

[바로 알기] ① 열은 온도가 높은 A에서 온도가 낮은 B로 이동한다.

② A는 열을 잃으므로 온도가 낮아진다.

③ B는 열을 얻으므로 온도가 높아진다.

⑤ A는 온도가 낮아지므로 시간이 지날수록 A를 구성하는 입자의 운동이 둔해진다.

⑦ B는 열을 얻어 온도가 높아지므로 시간이 지날수록 입자 운동이 활발해지고 입자 사이의 거리가 멀어진다.

05 ㄴ, ㄷ. 물과 온도계가 접촉하면 열이 이동하여 물과 온도계의 온도가 같아지는 열평형에 도달하므로 온도계를 이용하여 온도를 측정할 수 있다.

[바로 알기] ㄱ. 온도가 높은 물에서 온도가 낮은 온도계로 열이 이동한다.

06

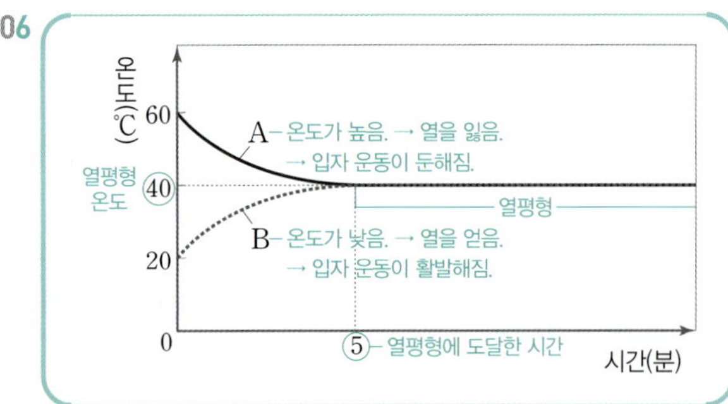

② 온도가 높은 A에서 온도가 낮은 B로 열이 이동하여 5분 이후 A, B의 온도가 같아진다.

③, ④ 0~5분 동안 A의 온도는 점점 낮아지면서 입자 운동은 둔해지고, B의 온도는 점점 높아지면서 입자 운동은 활발해진다.

⑤ 열은 A와 B 사이에서만 이동하므로 A가 잃은 열의 양과 B가 얻은 열의 양은 같다.

[바로 알기] ① 0~5분 동안 A에서 B로 열이 이동하여 5분 이후 A와 B의 온도가 같아지는 열평형에 도달한다.

07 ③ 비커 속 뜨거운 물에서 수조 속 찬물로 열이 이동하여 두 물의 온도가 30 ℃로 같아진다.

[바로 알기] ① 수조 속 물의 온도가 6분 이후부터 일정하므로 6분 이후부터 열평형이고 ㉠과 ㉡은 30으로 같다.

② 수조 속 물의 온도는 점점 높아지다가 일정해진다.

④ 4분일 때 비커 속 물의 온도가 수조 속 물의 온도보다 높으므로 비커 속 물이 수조 속 물보다 입자 운동이 더 활발하다.

⑤ 8분일 때 열평형이므로 비커 속 물과 수조 속 물의 입자 운동의 활발한 정도가 같다.

08 ㄱ. A는 대류, B는 전도, C는 복사이다.

ㄴ. B는 전도로, 물질을 구성하는 입자의 운동이 다른 이웃한 입자에 차례대로 전달되어 열이 이동하는 방법이다.

[바로 알기] ㄷ. 에어컨을 켜면 방 전체가 시원해지는 것은 대류로 설명할 수 있다. C는 복사이다.

09 (가)의 양산은 태양으로부터 오는 복사열을 차단하므로 양산을 쓰면 시원하다.

(나)의 손난로에서 손으로 열이 전도된다.

(다)의 뜨거워진 물 입자는 위쪽으로, 차가운 물 입자는 아래쪽으로 이동하여 대류에 의해 물 전체가 뜨거워진다.

10 ㄱ. 열선에서 발생한 열이 복사 형태로 이동하여 주변 공기를 데운다.

ㄴ. 팬으로 따뜻한 공기를 아래로 이동시키면 대류에 의해 에어프라이어 전체가 데워진다. 즉, ㉡에서는 입자가 직접 이동하는 대류에 의해 열이 이동한다.

[바로 알기] ㄷ. 데워진 공기에 의해 기름의 온도가 높아지고 기름의 입자 운동이 음식의 입자에 전도되어 음식이 튀겨진다. 적외선 온도계는 물체에서 방출하는 복사열을 측정한다. 즉, 적외선 온도계로 체온을 측정하는 원리는 복사이다.

11 전도는 주로 고체에서 물질을 구성하는 입자 운동이 이웃한 입자에 차례대로 전달되어 열이 이동하는 방법이다.

④ 프라이팬 몸체는 음식을 빠르게 익히기 위해 전도가 빠르게 일어나는 금속으로, 손잡이는 안전을 위해 전도가 느리게 일어나는 플라스틱으로 만든다.

[바로 알기] ①, ②, ⑥ 복사에 의한 현상이다.

③, ⑤ 대류에 의한 현상이다.

12 ①, ② 사람은 물질을 구성하는 입자, 공의 전달은 열의 이동에 해당한다.

③ (가)는 열이 직접 이동하는 복사에 비유할 수 있다.

[바로 알기] ④ (나)는 사람이 직접 공을 들고 가므로 입자가 열을 직접 이동시키는 대류에 비유할 수 있다. 대류는 주로 액체나 기체에서 열이 이동하는 방법이며, 주로 고체에서 열이 이동하는 방법은 전도이다.

⑤ (다)는 열이 차례로 전달되는 전도에 비유할 수 있다. 물질의 도움 없이 열이 직접 이동하는 것은 복사이다.

13 온도는 물질을 구성하는 입자 운동이 활발한 정도를 나타낸다.

[모범 답안]

(1)

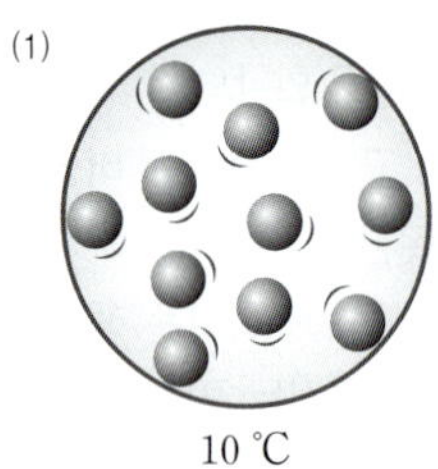 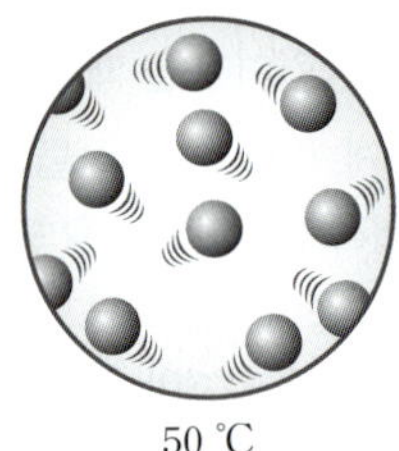

(2) 물질의 온도가 낮을수록 입자 운동이 둔하고, 물질의 온도가 높을수록 입자 운동이 활발하다.

	채점 기준	배점(%)
(1)	10 ℃와 50 ℃인 물 입자의 운동을 모두 옳게 그린 경우	50
	10 ℃와 50 ℃인 물 입자의 운동 중 한 가지만 옳게 그린 경우	20
(2)	온도와 입자 운동의 관계를 옳게 서술한 경우	50
	온도와 입자 운동이 관련 있다고만 서술한 경우	20

14 열을 잃으면 온도가 낮아져 입자 운동이 둔해지고, 열을 얻으면 온도가 높아져 입자 운동이 활발해진다.

[모범 답안] 음료를 이루는 입자의 운동은 처음보다 둔해지고, 손을 이루는 입자의 운동은 처음보다 활발해진다.

채점 기준	배점(%)
음료와 손의 입자 운동을 모두 옳게 서술한 경우	100
음료나 손의 입자 운동 중 한 가지만 옳게 서술한 경우	50

15 온도가 높은 물체에서 온도가 낮은 물체로 열이 이동하며, 열을 잃은 물체는 온도가 낮아지고 열을 얻은 물체는 온도가 높아진다.

 주스에서 얼음으로 열이 이동하여 주스의 온도가 낮아지기 때문이다.

채점 기준	배점(%)
온도가 낮아지는 까닭을 열의 이동과 관련지어 서술한 경우	100
온도가 낮아진다고만 서술한 경우	50

16 물질을 구성하는 입자의 운동이 다른 이웃한 입자에 차례대로 전달되어 열이 이동하는 현상을 전도라고 하며, 열이 전도되는 정도는 물질에 따라 다르다.

 안전을 위해 열이 느리게 전도되는 플라스틱이나 나무로 손잡이를 만든다.

채점 기준	배점(%)
열이 전도되는 정도와 관련지어 옳게 서술한 경우	100
손잡이를 잡을 때 뜨겁지 않기 위해서라고 서술한 경우	40

17 액체와 기체에서 입자가 직접 이동하면서 열이 전달되는 방법을 대류라고 한다.

 찬 공기는 아래로 내려가고 따뜻한 공기는 위로 올라가면서 대류에 의해 방 안 전체가 시원해진다.

채점 기준	배점(%)
공기의 이동 방향을 제시하여 옳게 서술한 경우	100
대류에 의해서라고만 서술한 경우	50

18 열이 다른 물질을 거치지 않고 직접 이동하는 현상을 복사라고 한다.

 열이 복사에 의해 이동하는 것을 막기 때문이다.

채점 기준	배점(%)
복사와 관련지어 옳게 서술한 경우	100
열이 전달되지 않기 때문이라고만 서술한 경우	40

02 비열과 열팽창

쪽지 시험

시험 대비서 35쪽

1 열량 **2** ㉠ 비열, ㉡ kcal/(kg·℃) 또는 J/(kg·℃) **3** 작다
4 B **5** 많은 **6** 물 **7** 열팽창 **8** ㉠ 활발, ㉡ 멀어 **9** 비슷
10 ㉠ 다른, ㉡ 작은

미리 보기

학교 시험 시험 대비서 36~39쪽

01 ④, ⑥, ⑧	02 ②	03 ④	04 ①	05 ⑤	06 ①
07 ③	08 ④, ⑤	09 ⑤	10 ③	11 ②	12 ④
13 ①	14 ①	15 해설 참조	16 해설 참조		
17 해설 참조	18 해설 참조				

01 ④ 비열은 물질의 특성이므로 같은 물질이면 질량에 관계없이 비열이 같다.
⑥ 같은 열량을 가했을 때 비열이 큰 물질일수록 느리게 데워진다.
⑧ 비열은 어떤 물질 1 kg을 1 ℃ 높이는 데 필요한 열량이고, 열량은 어떤 물질이 잃거나 얻은 열의 양이다.

02
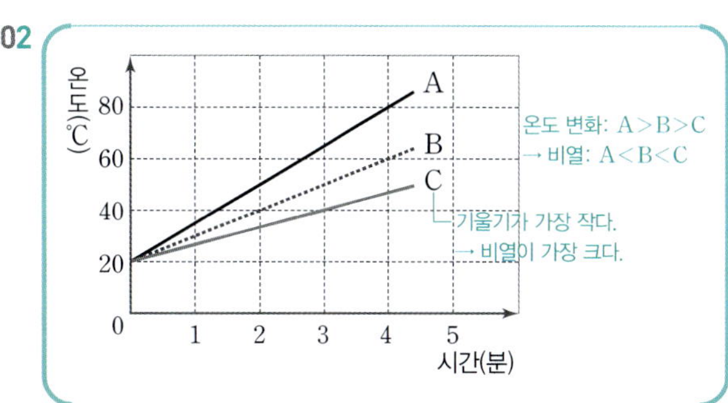

ㄷ. 같은 열량을 가했을 때 온도 변화가 작을수록 비열이 크므로 비열은 C>B>A 순으로 크다.

 ㄱ. 같은 가열 장치로 동시에 가열했으므로 0~4분 동안 A, B, C가 얻은 열량은 같다.

ㄴ. 시간에 따른 온도를 나타낸 그래프에서 기울기가 클수록 온도 변화가 크다. 따라서 같은 시간 동안 온도 변화가 가장 큰 물질은 기울기가 가장 큰 A이고, 온도 변화가 가장 작은 물질은 기울기가 가장 작은 C이다.

03 ① 열은 A와 B 사이에서만 이동하므로 0부터 t까지 A가 잃은 열량은 B가 얻은 열량과 같다.
② 0부터 t까지 열은 온도가 높은 A에서 온도가 낮은 B로 이동한다.
③ t 이후 A와 B의 온도가 같으므로 A와 B는 열평형에 있다.
⑤ 비열은 물질마다 서로 다른 물질의 특성이다. A와 B의 비열이 다르므로 A와 B는 다른 종류의 물질이다.

 ④ 두 물질의 질량이 같다면 비열이 큰 물질일수록 온도 변화가 작다. A가 B보다 온도 변화가 작으므로 A가 B보다 비열이 크다.

04

액체	질량(g)	처음 온도 (℃)	나중 온도 (℃)	온도 변화 (℃)
A	100	10	30	20
B	100	10	40	30
C	200	10	30	20

• A와 B의 질량은 같은데 온도 변화는 A가 B보다 크다. ➡ A의 비열이 B보다 크다.

같은 열량을 가했을 때 비열이 클수록 온도 변화가 작고, 질량이 클수록 온도 변화가 작다.
질량이 같은 A와 B를 비교할 때 B의 온도 변화가 A의 1.5배이므로 A의 비열이 B의 1.5배이다.
A와 C를 비교할 때 질량이 2배인 C와 A의 온도 변화가 같으므로 A의 비열이 C의 2배이다.
따라서 비열을 비교하면 A>B>C이다.

05

> • 같은 종류의 물질에 같은 열량을 가할 때, 물질의 질량이 클수록 온도 변화가 작다.

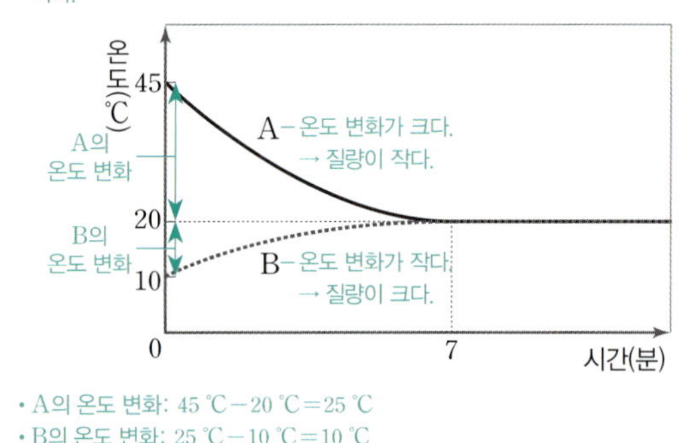

> • A의 온도 변화: 45 ℃−20 ℃=25 ℃
> • B의 온도 변화: 25 ℃−10 ℃=10 ℃
> ➡ 온도 변화는 B가 A의 $\frac{2}{5}$ 배이다.

열은 A와 B 사이에서만 이동하므로 A가 잃은 열량과 B가 얻은 열량은 같다. 물질의 비열과 가한 열량이 같을 때 질량은 온도 변화에 반비례한다. B의 온도 변화가 A의 $\frac{2}{5}$ 배이므로 B의 질량은 A의 $\frac{5}{2}$ 배이다.

따라서 B의 질량은 $2 \, kg \times \frac{5}{2} = 5 \, kg$이다.

06

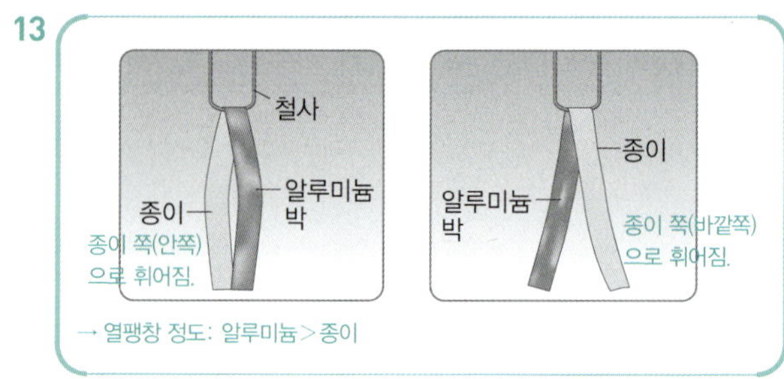

낮	밤
비열이 작은 육지가 바다보다 더 빨리 가열된다.	비열이 작은 육지가 바다보다 더 빨리 냉각된다.
→ 육지 쪽이 바다 쪽보다 기온이 높아진다.	→ 육지 쪽이 바다 쪽보다 기온이 낮아진다.
→ 육지 쪽 따뜻한 공기가 위로 올라가고, 바다 쪽 찬 공기가 아래로 내려간다.	→ 육지 쪽 찬 공기가 아래로 내려가고, 바다 쪽 따뜻한 공기가 위로 올라간다.
→ 바다에서 육지로 해풍이 분다.	→ 육지에서 바다로 육풍이 분다.

ㄱ. 낮에 해안가에서 바다에서 육지로 해풍이 부는 것은 물이 모래보다 비열이 크고, 바다와 육지의 온도 차이에 의해 대류가 일어나 열이 이동하기 때문에 나타나는 현상이다.

바로 알기 ㄴ. 물은 비열이 매우 큰 물질이므로 바다가 육지보다 비열이 크다.

ㄷ. 밤에는 육지에서 바다로 육풍이 분다. 즉, 바람에 부는 방향은 낮과 밤에 서로 반대이다.

07 ① 비열이 큰 뚝배기에 따뜻한 국밥을 담으면 따뜻함을 오래 유지할 수 있다.

② 찜질팩에 비열이 커서 온도 변화가 작은 물을 넣어 찜질을 한다.

④ 자동차 냉각 장치에 비열이 큰 물을 사용한다.

⑤ 라면을 끓일 때 비열이 작아 빨리 끓일 수 있는 금속 냄비를 사용한다.

바로 알기 ③ 알코올 온도계 속 에탄올이 열에 의해 열팽창하므로 관 속 에탄올의 높이가 변한다.

08 물질의 온도가 높아지면 물질을 구성하는 입자의 운동이 활발해져 길이나 부피가 증가한다. 이를 열팽창이라고 한다.

바로 알기 ④ 같은 물질이라도 상태에 따라 열팽창 정도가 다른데, 일반적으로 기체>액체>고체 순으로 열팽창 정도가 크다.

⑤ 가열해도 물질을 이루는 입자 수는 변하지 않는다.

09 온도가 높아지면 물질을 구성하는 입자의 운동이 활발해져 길이가 증가하므로 다리나 선로가 휠 수 있다. 이를 방지하기 위해 다리의 이음매와 선로에 틈을 만든다.

10 ㄱ, ㄴ. (가)가 (나)보다 입자 운동이 활발하고, 입자 사이의 거리가 멀다. 또한 (가)가 (나)보다 부피가 크다.

바로 알기 ㄷ. 고체의 온도가 높아지면 물질을 구성하는 입자의 운동이 활발해져 입자 사이의 거리가 멀어지고 열팽창이 일어난다. 따라서 가열 전의 모습은 (나)이고, 가열 후의 모습은 (가)이다.

11 액체의 온도가 높아지면 물질을 구성하는 입자의 운동이 활발해져 입자 사이의 거리가 멀어지므로 부피가 늘어난다. 이때 액체마다 열팽창하는 정도가 달라 유리관을 따라 올라간 높이가 다르다.

12 **바로 알기** ④ 열이 출입하더라도 물질을 구성하는 입자의 크기는 변하지 않는다.

13

① 종이보다 알루미늄이 열팽창 정도가 커서 알루미늄 테이프를 가열하면 종이 쪽으로 휘어진다.

바로 알기 ② 종이와 알루미늄을 가열하면 열팽창에 의해 길이가 증가한다.

③ 물질에 열을 가하면 입자 운동이 활발해져 입자 사이의 거리가 증가한다.

④ 열에 의해 입자 사이의 거리가 멀어져 열팽창한다. 이때 입자의 크기는 변하지 않는다.

⑤ 열팽창 정도는 물질의 특성으로, 고체와 액체의 경우 물질에 따라 열팽창 정도는 다르다.

14 물질이 열을 얻으면 팽창하는데, 물질마다 열팽창 정도가 다르다. 일상생활에서 다양한 물질을 함께 사용하기 때문에 물질의 열팽창 정도를 고려해야 한다.

ㄱ. 내열 유리는 열팽창하는 정도가 일반 유리에 비해 작아 열팽창으로 변형되는 것을 막아준다.

15 액체의 종류를 제외한 모든 조건을 일정하게 해 주어야 하는
데, 특히 두 액체의 질량과 두 액체에 가하는 열량을 일정하게
하는 것이 중요하다. 질량이 같은 물과 콩기름에 같은 양의 열
을 가하면 콩기름의 온도 변화가 물의 온도 변화보다 크다. 이
는 콩기름보다 물의 비열이 크기 때문이다.

모범 답안 (1) 물과 콩기름의 질량, 물과 콩기름에 가하는 열량
(2) 물이 콩기름보다 비열이 크다. 질량이 같은 물질에 같은 열량을 가
할 때 비열이 큰 물질일수록 온도 변화가 작기 때문이다.

채점 기준	배점(%)
(1) 두 가지 모두 옳게 쓴 경우	60
한 가지만 옳게 쓴 경우	30
(2) 비열을 옳게 비교하고 그 까닭을 서술한 경우	40
비열만 옳게 비교한 경우	20

16 물질의 온도 변화 정도는 비열과 질량에 각각 반비례한다.

모범 답안 (1) $A-B-C$
(2) 온도 변화는 질량이 클수록, 비열이 클수록 작다. B의 비열은 A의
비열의 2배이고 A의 질량은 B의 질량의 2배이기 때문에, 같은 온도
만큼 변화시키기 위해 A와 B에 가해 주어야 하는 열량은 같다.

채점 기준	배점(%)
(1) $A-B-C$를 옳게 쓴 경우	30
(2) 열량을 옳게 비교하고, 그 까닭을 온도 변화와 질량, 비열의 관계로 옳게 서술한 경우	70
열량만 옳게 비교한 경우	30

17 물질이 열을 흡수하면 물질을 구성하는 입자 운동이 활발해져
입자 사이의 거리가 멀어지므로 길이가 늘어난다.

모범 답안 (가), 여름철에는 온도가 높아져 열팽창이 일어나 전선의
길이가 길어지기 때문이다.

채점 기준	배점(%)
여름철의 모습을 옳게 고르고, 그 까닭을 열팽창과 관련지어 옳게 서술한 경우	100
여름철의 모습만 옳게 고른 경우	30

18 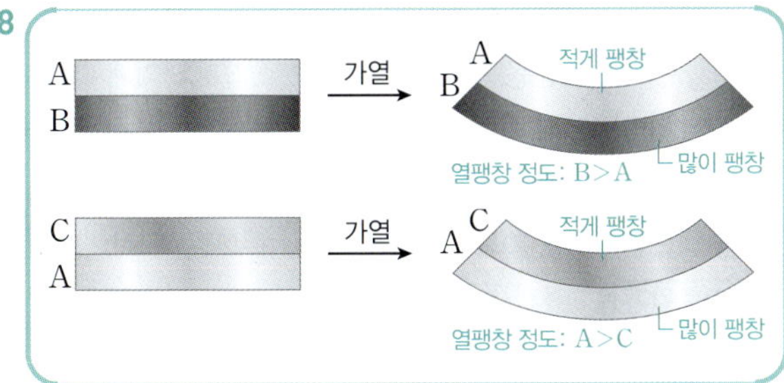

바이메탈은 열팽창 정도가 다른 두 금속을 붙여 놓은 장치로,
온도가 높아지면 열팽창 정도가 작은 금속 쪽으로 휘어진다.

모범 답안 (1) $B-A-C$
(2) B와 C, 두 금속의 열팽창 정도의 차이가 클수록 많이 휘어지기 때
문이다.

채점 기준	배점(%)
(1) $B-A-C$를 옳게 쓴 경우	30
(2) 두 금속을 옳게 고르고, 그 까닭을 열팽창 정도의 차이가 크기 때문이라고 옳게 서술한 경우	70
두 금속만 옳게 고른 경우	30

고난도 문제 정복하기   시험 대비서 **40~41**쪽

1 ③	2 ⑤	3 ④	4 ③	5 ①	6 ③	7 ②
8 ③						

1 ㄱ. 온도가 높은 물체에서 온도가 낮은 물체로 열이 이동한다.
따라서 물의 온도가 올라가는 동안 냄비에서 물로 열이 이동
한다.
ㄴ. 온도는 물질을 구성하는 입자의 운동이 활발한 정도를 나
타내므로 물의 온도가 높을수록 물 입자의 운동은 더 활발하다.
바로 알기 ㄷ. 물의 질량만 증가시키고 같은 열량을 가하면
물의 온도는 더 느리게 올라간다.

2 ㉠에어컨으로 실내를 시원하게 하는 것은 대류, ㉡토스터로
빵을 굽는 것은 복사를 이용한 사례이다.
⑤ 햇빛이 비치는 곳에 있으면 복사에 의해 열이 전달되어 따
뜻하다.
바로 알기 ①, ③ 프라이팬으로 달걀을 부치고, 손난로를 손
에 쥐면 따뜻해지는 것은 전도와 관련 있는 현상이다.
② 적외선 온도계로 체온을 측정하는 것은 복사와 관련 있는 현
상이다.
④ 주전자의 아래를 가열하여 물을 끓이는 것은 대류와 관련
있는 현상이다.

3 열은 온도가 높은 물체에서 온도가 낮은 물체로 이동하므로
온도가 높은 순서는 $B-D-A-C$이다.
④ 온도 차이가 클수록 이동하는 열량이 많으므로 온도가 가
장 높은 B와 온도가 가장 낮은 C를 접촉시켰을 때 이동하는
열량이 가장 많다.
바로 알기 ① 접촉하기 전 온도는 B가 가장 높다.
② 접촉하기 전 온도는 C가 가장 낮으므로 접촉하기 전 입자
운동이 가장 둔한 것은 C이다.
③ A와 B를 접촉시키면 열은 온도가 높은 B에서 온도가 낮
은 A로 이동한다.
⑤ C와 D를 접촉시키면 온도가 높은 D에서 온도가 낮은 C로
열이 이동하므로, D의 온도는 점점 낮아져 입자 운동이 점점
둔해진다.

4 ㄱ. 구리 막대에서 일어나는 색깔 변화가 가장 빠르므로 구리
막대에서 열이 가장 빠르게 이동한다는 것을 알 수 있다.
ㄷ. 구들장에서는 전도에 의해 열이 이동한다.

바로 알기 ㄴ. 치아 충전재로 사용하는 물질은 치아와 열팽창
하는 정도가 비슷해야 틈이 벌어지지 않는다.
ㄷ. 서로 다른 두 금속을 붙인 후 가열하면 열팽창 정도가 작
은 금속 쪽으로 휘어진다.

바로 알기 ㄴ. 금속 막대의 한쪽 끝을 가열하면 가열한 부분에서 활발해진 입자의 운동이 다른 이웃한 입자에 차례대로 전달되며 열이 이동하는 전도에 의해 막대 전체가 뜨거워진다. 입자가 직접 이동하면서 열이 이동하는 방법은 대류이다.

5 ㄱ. 0부터 t까지 온도가 높은 금속에서 온도가 낮은 물로 열이 이동한다.

바로 알기 ㄴ. 0부터 t까지 금속은 100 ℃−25 ℃＝75 ℃만큼, 물은 25 ℃−15 ℃＝10 ℃만큼 온도가 변하므로 금속이 물보다 온도 변화량이 크다.

ㄷ. 질량과 출입한 열량이 같으므로 온도 변화량이 큰 금속의 비열이 물의 비열보다 작다.

6 같은 열량을 공급할 때 비열과 질량이 작을수록 온도 변화가 크다. 질량이 같은 B와 C를 비교하면 비열이 작은 B의 온도 변화가 크고, 비열이 같은 A와 B를 비교하면 질량이 작은 A의 온도 변화가 크다. 따라서 온도 변화는 A＞B＞C 순으로 크므로 나중 온도도 A＞B＞C 순으로 높다.

7 ㄷ. 금속 공이 금속 고리를 통과하려면 금속 공의 부피가 감소하거나 금속 고리의 부피가 증가해야 한다. 금속 공의 부피가 감소하려면 금속 공을 냉각해야 하고, 금속 고리의 부피가 증가하려면 금속 고리를 가열해야 한다. 이는 열팽창과 관련된 현상이다.

바로 알기 ㄱ. 금속 공의 부피가 증가하므로 금속 공은 금속 고리를 통과하지 못한다.

ㄴ. 금속 고리를 가열하면 금속 고리의 반지름이 증가하므로 금속 공은 금속 고리를 통과한다.

8

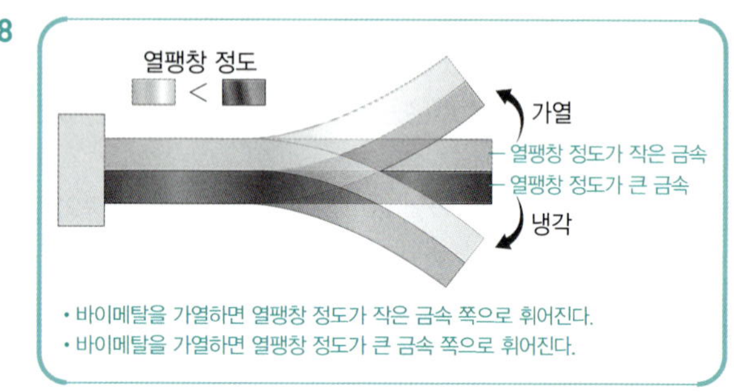

① 열을 가하면 입자 운동이 활발해지므로 입자 사이의 거리가 멀어진다.

② 바이메탈을 가열하면 열팽창 정도가 작은 금속 쪽으로 휘어진다. 바이메탈이 A 방향으로 휘어졌으므로 구리보다 납의 열팽창 정도가 더 크다.

④ 구리와 납의 위치를 바꿔 열을 가하면 바이메탈은 열팽창 정도가 작은 구리가 있는 B 방향으로 휘어진다.

⑤ 바이메탈은 전기 기구가 과열되면 열팽창 정도가 작은 금속 쪽으로 휘어져 전원이 차단되므로 전기 기구를 안전하게 사용할 수 있게 해 준다. 이처럼 바이메탈은 온도에 따라 전원이 꺼지거나 켜지는 장치에 이용된다.

바로 알기 ③ 바이메탈을 냉각시키면 열팽창 정도가 큰 금속이 더 많이 수축하므로 바이메탈은 열팽창 정도가 큰 금속 쪽인 B 방향으로 휘어진다.

Ⅳ. 물질의 상태 변화

01 입자의 운동과 상태 변화

쪽지 시험 시험 대비서 **43**쪽

1 증발 **2** 확산 **3** 증발 **4** 높을수록 **5** ㉠ 기체, ㉡ 액체, ㉢ 고체
6 (가) **7** ㉠ C, ㉡ B **8** D **9** E **10** 성질

학교 시험 미리보기 시험 대비서 **44~47**쪽

01 ③	**02** ⑤	**03** ②, ⑥	**04** ④	**05** ④	**06** ④
07 ①, ⑦		**08** ③	**09** ⑤	**10** ③, ④, ⑧	**11** ①
12 ②	**13** ④	**14** ②	**15** ①, ③	**16** ②	**17** ⑤
18 ③	**19** 해설 참조	**20** 해설 참조		**21** 해설 참조	
22 해설 참조	**23** 해설 참조	**24** 해설 참조			

01 물질을 이루는 입자가 스스로 운동하여 액체 표면에서 액체가 기체로 변하는 현상을 증발이라고 한다.

바로 알기 ③ 증발은 물을 가열하지 않아도 일어난다.

02 시간이 지남에 따라 전자저울에 측정된 향수의 질량이 줄어드는 까닭은 향수 표면에서 향수 입자가 스스로 운동하여 증발하기 때문이다.

바로 알기 ①, ②, ③ 증발은 입자 운동에 의한 현상이며, 증발 과정에서 입자의 크기, 질량, 종류는 변하지 않는다.
④ 향수 내부의 향수 입자도 모든 방향으로 운동한다.

03 젖은 빨래가 마르는 것(①), 고추를 햇볕에 건조시키는 것(③), 염전에서 바닷물로 소금을 얻는 것(④), 건조기에 젖은 손을 넣어 말리는 것(⑤)은 모두 증발의 예이다.

바로 알기 ②, ⑥ 빵집 주위에서 빵 냄새가 나는 것과 방향제 향기가 방 안 전체에 퍼지는 것은 확산의 예이다.

04 ㄴ, ㄷ. 물이 들어 있는 페트리 접시에 잉크 한 방울을 떨어뜨리면 시간이 지나 물 전체가 잉크 색으로 변한다. 이는 잉크 입자가 스스로 운동하여 모든 방향으로 퍼져 나가기 때문이다.

바로 알기 ㄱ. 페트리 접시 안 잉크 입자의 개수는 일정하다.

05 ㄴ, ㄹ. 음식 냄새가 멀리까지 퍼지는 현상과 뜨거운 물에 티백을 넣으면 차 성분이 퍼져 나가는 현상은 모두 확산의 예이다.

바로 알기 ㄱ, ㄷ. 젖은 흙이 마르는 현상과 시간이 지나면 어항의 물이 줄어드는 현상은 증발의 예이다.

06 주유소에 가면 주유를 하지 않아도 독특한 기름 냄새를 맡을 수 있다. 이는 주유소의 기름이 확산하기 때문에 나타나는 현상이다. 기름 입자가 스스로 운동하여 모든 방향으로 퍼져 나가므로 주유소에서 라이터를 사용하면 공기 중의 기름 입자로 인해 화재가 발생할 수 있다.

07 [바로 알기] ② 고체는 기체와 달리 압축되지 않는다.
③, ④ 액체는 흐르는 성질이 있고, 담는 용기에 따라 모양이
변하지만 부피는 일정하다.
⑤, ⑥ 기체는 쉽게 압축되며, 담는 용기에 따라 모양과 부피
가 변한다.

08 (가)는 기체, (나)는 고체, (다)는 액체이다. 입자의 운동성은
(나)<(다)<(가) 순이다.
[바로 알기] ① (가)는 기체이다.
② (다)는 흐르는 성질이 있다. 단단하며 흐르는 성질이 없는
것은 (나)이다.
④ 입자 배열이 가장 규칙적인 것은 (나)이다.
⑤ 입자 사이의 거리가 가장 먼 것은 (가)이다.

09 과자는 물질을 이루는 입자를 나타내며, (가)는 액체, (나)는 고
체, (다)는 기체를 나타낸다.
페트리 접시를 흔들면 (다)에서 과자가 가장 활발하게 움직이
고, (나)에서 과자가 빽빽하게 채워져 있어 거의 움직이지 않
는다. (가)에서는 과자 사이에 작은 공간이 있어 (나)와 달리 과
자가 조금 더 자유롭게 움직일 수 있다.

10 25 ℃에서 식초, 주스, 식용유는 액체이다.
[바로 알기] ①, ⑤는 고체의 성질이다.
②, ⑥, ⑦은 기체의 성질이다.

11
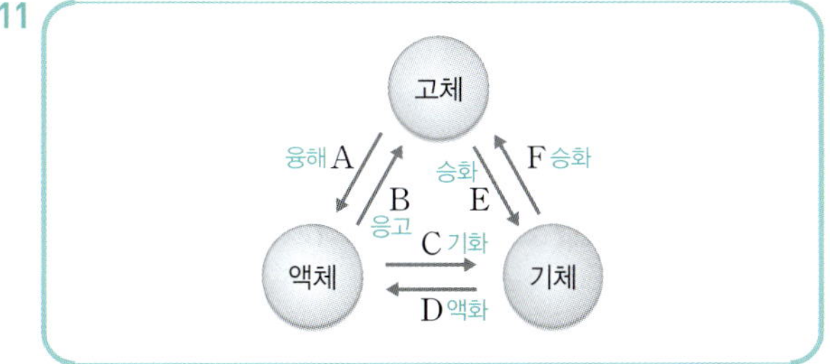

12 ② 겨울철 물이 얼어 고드름이 생기는 현상은 응고(B)이다.
[바로 알기] ① 안경에 김이 서려 뿌옇게 흐려지는 것은 액화
(D)이다.
③ 영하의 온도에서 얼어 있던 명태가 마르는 것은 고체에서
기체로의 승화(E)이다.
④ 나뭇잎에 서리가 생기는 것은 수증기가 얼음으로 변하는
승화(F)이다.
⑤ 아이스크림이 녹는 것은 융해(A)이다.
⑥ 물이 끓어 수증기가 되는 것은 기화(C)이다.

13 ①, ② 비커에 든 뜨거운 물은 기화하여 수증기가 되고, 시계
접시 위의 얼음은 융해하여 물이 된다.
③ 비커 안의 수증기는 차가운 시계 접시 아랫면에 닿아 액화
하여 물방울로 맺힌다.
⑤ 시계 접시 아랫면에 맺힌 액체 방울은 수증기가 액화하여
맺힌 물방울이므로 푸른색 염화 코발트 종이를 대어 보면 붉
은색으로 변한다.
[바로 알기] ④ 시계 접시 아랫면에 맺힌 액체 방울은 수증기가
액화하여 맺힌 물방울이다.

14 (가)에서는 고체에서 기체로 상태가 변하는 승화가 일어나고,
(나)에서는 고체에서 액체로 상태가 변하는 융해가 일어난다.
고체에서 기체로의 승화와 고체에서 액체로의 융해가 일어날
때 입자 배열은 불규칙적으로 변한다.
[바로 알기] ㄱ. (가)에서 드라이아이스의 승화가 일어난다.
ㄷ. (가)에서 드라이아이스가 승화할 때는 부피가 증가하지만,
(나)에서 얼음이 녹을 때는 부피가 감소한다. 따라서 (가)에서
만 비닐 주머니가 크게 부풀어 오른다.

15 물질의 상태가 변하면 입자 배열, 입자의 운동성, 입자 사이의
거리가 달라지므로 물질의 부피가 변한다. 한편, 물질의 상태
가 변하더라도 입자의 종류, 개수, 크기는 변하지 않으므로 물
질의 질량과 성질은 변하지 않는다.

16
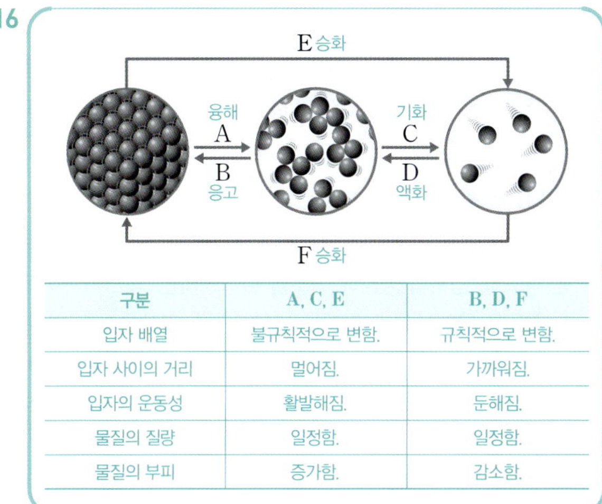

구분	A, C, E	B, D, F
입자 배열	불규칙적으로 변함.	규칙적으로 변함.
입자 사이의 거리	멀어짐.	가까워짐.
입자의 운동성	활발해짐.	둔해짐.
물질의 질량	일정함.	일정함.
물질의 부피	증가함.	감소함.

[바로 알기] ① A가 일어나도 물질의 질량은 변하지 않는다.
③ D가 일어나면 입자 사이의 거리가 가까워진다.
④ E가 일어나면 입자 배열이 더욱 불규칙적으로 변한다.
⑤ 물을 제외한 대부분의 물질은 B, D, F가 일어날 때 부피가
감소한다.

17
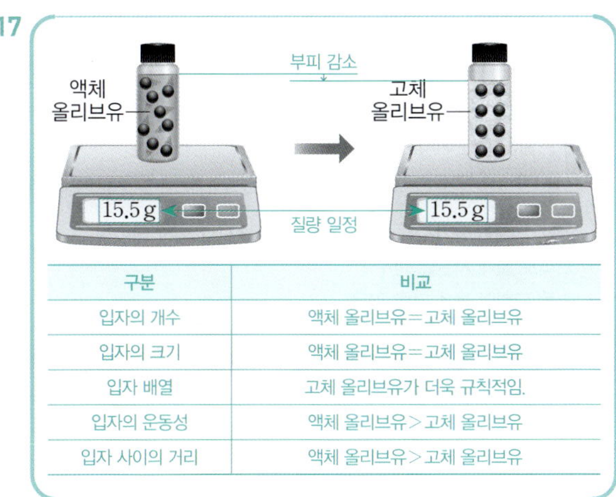

구분	비교
입자의 개수	액체 올리브유=고체 올리브유
입자의 크기	액체 올리브유=고체 올리브유
입자 배열	고체 올리브유가 더욱 규칙적임.
입자의 운동성	액체 올리브유>고체 올리브유
입자 사이의 거리	액체 올리브유>고체 올리브유

액체 올리브유가 응고하더라도 올리브유를 이루는 입자의 종
류, 크기, 개수는 변하지 않으므로 올리브유의 질량과 성질도
변하지 않는다. 하지만 이때 입자 사이의 거리가 감소하므로
부피는 줄어든다.

18 ③ 쇳물이 식어 철이 되는 것은 응고이다. 대부분의 물질은 응고가 일어날 때 입자 배열이 규칙적으로 변하고, 입자 사이의 거리가 가까워지며 입자 운동이 둔해진다.

[바로 알기] ① 손에 뿌린 손 소독제가 마르는 것은 기화의 예이다.

② 양초가 녹는 것은 융해의 예이다.

④ 기온이 영하일 때 그늘에 놓인 눈사람이 작아지는 것은 고체에서 기체로의 승화의 예이다.

⑤ 드라이아이스의 크기가 작아지는 것은 고체에서 기체로의 승화의 예이다.

19 호수의 물이 말라 수면이 낮아지는 현상은 증발의 예, 울창한 숲길에 피톤치드 냄새가 퍼지는 현상은 확산의 예이다. 증발과 확산은 모두 입자가 스스로 운동하기 때문에 일어난다.

[모범 답안] 입자가 스스로 운동하기 때문이다.

채점 기준	배점(%)
입자가 스스로 운동한다고 서술한 경우	100
단순히 입자가 운동한다고만 서술한 경우	80

20 BTB 용액은 식초를 이루는 입자(아세트산 입자)와 만나면 노란색으로 변한다. BTB 용액을 일정한 간격으로 떨어뜨려 놓은 페트리 접시의 중앙에 식초를 떨어뜨리면 식초 가까이에 있는 BTB 용액부터 멀어지는 방향으로 노란색으로 변한다. 이는 식초를 이루는 입자가 확산하기 때문에 나타나는 현상이다.

[모범 답안] 식초를 이루는 입자가 스스로 운동하여 모든 방향으로 퍼져 나간다.

채점 기준	배점(%)
입자가 스스로 운동하여 모든 방향으로 퍼져 나간다고 옳게 서술한 경우	100
입자가 스스로 운동하여 퍼져 나간다고만 옳게 서술한 경우	70
입자가 운동한다고만 서술한 경우	50

21 (가)는 고체, (나)는 기체, (다)는 액체이다. 고체는 담는 용기에 관계없이 모양과 부피가 일정하고, 액체는 담는 용기에 따라 모양이 변하지만 부피는 일정하며, 기체는 담는 용기에 따라 모양과 부피가 변한다.

[모범 답안] (나), 입자 배열이 매우 불규칙적이고, 입자 사이의 거리가 매우 멀기 때문이다.

채점 기준	배점(%)
기체 모형을 옳게 고르고, 기체의 입자 배열과 입자 사이의 거리로 옳게 서술한 경우	100
기체 모형만 옳게 고른 경우	40

22 [모범 답안] 겨울철 자동차 앞의 안쪽 유리에 김이 서리는 현상은 자동차 안의 따뜻한 수증기가 차가운 유리 표면에 닿아 물로 액화되는 것이다.

채점 기준	배점(%)
수증기가 물로 변한 것과 상태 변화의 종류를 모두 언급하여 옳게 서술한 경우	100
액화되었다고만 서술한 경우	60

23 푸른색 염화 코발트 종이는 물과 만나면 붉은색으로 변한다.

상태 변화가 일어나기 전과 일어난 후 모두 푸른색 염화 코발트 종이가 붉은색으로 변하였으므로 물의 성질이 변하지 않았음을 알 수 있다.

[모범 답안] (가)와 (나)에서 모두 푸른색 염화 코발트 종이가 붉은색으로 변한다. 이를 통해 상태 변화가 일어나더라도 물(물질)의 성질은 변하지 않음을 알 수 있다.

채점 기준	배점(%)
푸른색 염화 코발트 종이의 색 변화를 옳게 쓰고, 상태 변화가 일어나더라도 물(물질)의 성질이 변하지 않음을 옳게 서술한 경우	100
푸른색 염화 코발트 종이의 색 변화만 옳게 쓴 경우	50

24 액체 아세톤을 가열하면 기화가 일어난다. 이때 입자 운동이 활발해지고 입자 사이의 거리가 멀어져 부피가 증가한다.

[모범 답안] 액체 아세톤이 기화하면 입자 운동이 활발해지고 입자 사이의 거리가 멀어져 부피가 증가하기 때문이다.

채점 기준	배점(%)
제시한 단어를 모두 사용하여 옳게 서술한 경우	100
제시한 단어 중 3개만 사용하여 옳게 서술한 경우	80
제시한 단어 중 2개만 사용하여 옳게 서술한 경우	60
제시한 단어 중 1개만 사용하여 옳게 서술한 경우	40

02 상태 변화와 열에너지

[쪽지 시험]　　시험 대비서 49쪽

1 (나) **2** 상태 변화 **3** 응고 **4** ㉠ 방출, ㉡ 낮아 **5** ㉠ 고체, ㉡ 기체, ㉢ 흡수 **6** ㉠ 흡수, ㉡ 방출 **7** C **8** ㉠ 흡수, ㉡ 낮아 **9** ㉠ 기화, ㉡ 흡수, ㉢ 낮아 **10** ㉠ 액화, ㉡ 방출, ㉢ 높아

[학교 시험] **미리보기**　　시험 대비서 50~53쪽

01 ②	**02** ③	**03** ①	**04** ①, ②	**05** ⑤	**06** ③
07 ③, ⑥		**08** ④	**09** ①	**10** ③	**11** ④	**12** ②
13 ①, ③		**14** ③	**15** ③	**16** ③	**17** ④	
18 해설 참조		**19** 해설 참조		**20** 해설 참조		
21 해설 참조		**22** 해설 참조		**23** 해설 참조		

01 A 구간에서는 액체, B 구간에서는 액체와 기체, C 구간에서는 기체로 존재하며, B 구간에서는 액체가 기체로 상태가 변하는 기화가 일어난다.

[바로 알기] ① A 구간에서는 액체로 존재한다.

③ B 구간에서 물질은 열에너지를 흡수한다.

④ C 구간에서 물질은 입자 사이의 거리가 매우 멀다.

⑤ 상태 변화가 일어나는 동안 온도는 일정하게 유지된다.

02 ㄱ, ㄴ. 액체가 고체로 상태가 변하는 현상은 응고이다. 응고가 일어날 때 열에너지를 방출하고, 입자 운동이 둔해진다.

[바로 알기] ㄷ. 응고가 일어날 때 입자 배열이 규칙적으로 변한다.

03 물이 응고하는 동안 온도가 일정하게 유지되는 까닭은 물이 응고하는 동안 방출하는 열에너지가 온도가 낮아지는 것을 막아 주기 때문이다.

04 그래프에서 온도가 일정한 2~4분 사이에 응고가 일어나므로 액체 로르산은 시간이 지나면 모두 응고하여 고체가 된다.

[바로 알기] ③ 냉각하는 동안 액체 로르산은 열에너지를 방출한다.

④, ⑤ 4분이 지나면 로르산이 고체로 존재하는데, 고체일 때에도 입자는 스스로 운동하고 있다.

⑥ 액체 로르산이 응고하는 동안에는 온도가 일정하게 유지된다.

05

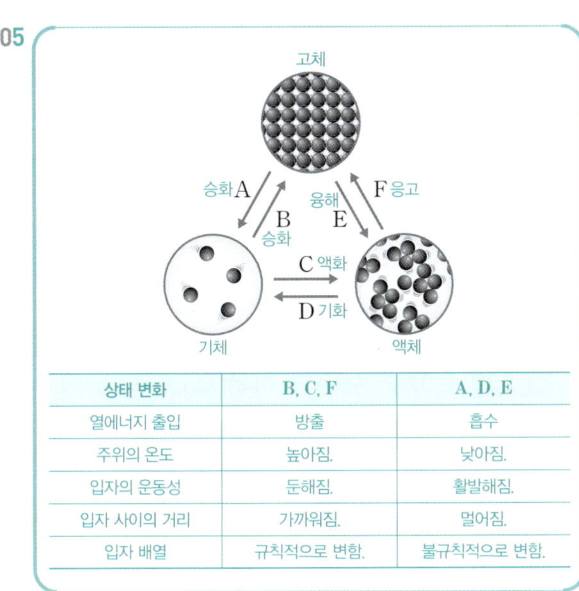

상태 변화	B, C, F	A, D, E
열에너지 출입	방출	흡수
주위의 온도	높아짐.	낮아짐.
입자의 운동성	둔해짐.	활발해짐.
입자 사이의 거리	가까워짐.	멀어짐.
입자 배열	규칙적으로 변함.	불규칙적으로 변함.

[바로 알기] ⑤ A(고체에서 기체로의 승화), D(기화), E(융해)가 일어날 때 주위에서 열에너지를 흡수하여 주위의 온도가 낮아진다.

06 무더운 여름 냉방이 잘 된 곳에서 밖으로 나오면 후텁지근하게 느껴지는 것은 공기 중의 수증기가 차가운 피부에 닿아 액화(C)하면서 피부로 열에너지를 방출하기 때문이다.

07

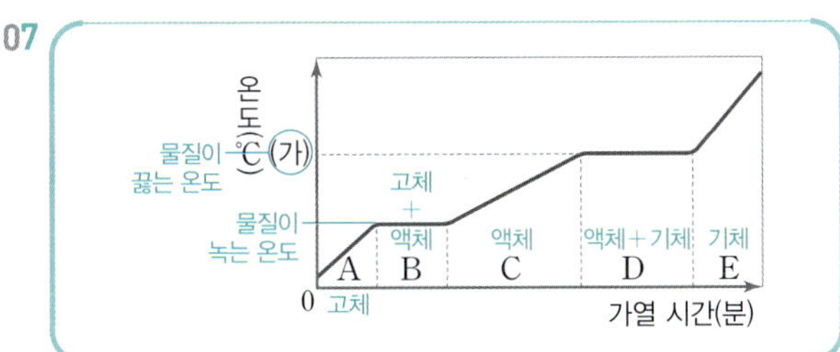

① A 구간에서 물질은 고체로 존재하며, 입자 배열이 가장 규칙적이다.

② B 구간에서는 융해가 일어나며, 물질은 고체와 액체로 함께 존재한다.

④ D 구간에서는 기화가 일어나며, 물질은 액체와 기체로 함께 존재한다.

⑤ E 구간에서 물질은 기체로 존재하며, 입자 운동이 매우 활발하다.

[바로 알기] ③ 가열하는 동안 물질은 열에너지를 흡수한다.

⑥ (가) ℃는 물질이 끓는 온도이다.

08 B 구간에서는 물질의 융해가 일어나는데, 융해 과정에서 온도가 더 이상 높아지지 않고 일정하게 유지되는 까닭은 가열하는 동안 가해 준 열에너지가 고체에서 액체로 변하는 상태 변화에 사용되기 때문이다.

09 (가)는 액체, (나)는 기체, (다)는 액체에서 기체로 변하는 기화, (라)는 액체에서 고체로 변하는 응고의 입자 모형이다. C 구간에서 물질은 액체로 존재한다. D 구간에서는 액체가 기체로 변하는 기화가 일어난다.

10

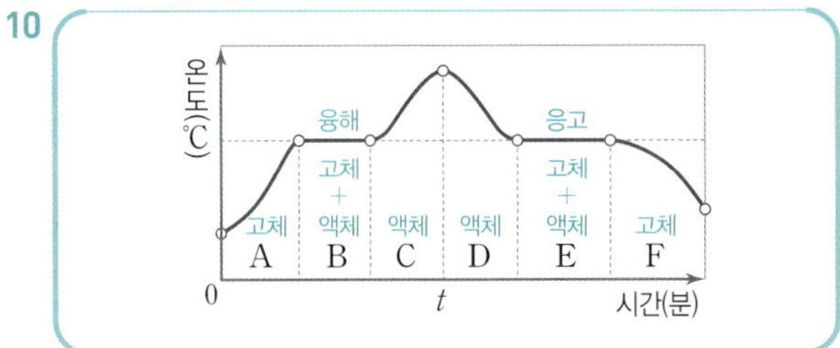

ㄱ. 물질은 t분 이후 냉각되기 시작하여 열에너지를 방출한다.

ㄴ. A 구간과 F 구간에서 물질은 고체로 존재한다. 고체는 단단하며, 흐르는 성질이 없다.

ㄹ. C 구간과 D 구간에서 물질은 모두 액체로 존재한다.

[바로 알기] ㄷ. B 구간에서는 융해가 일어나고, 융해가 일어날 때 입자 운동은 활발해진다. E 구간에서는 응고가 일어나고, 응고가 일어날 때 입자 운동은 둔해진다.

11 ㄱ. 0~4분 사이에 온도가 계속 낮아지는 까닭은 물질이 열에너지를 잃기 때문이다.

ㄷ. 얼음과 소금을 섞는 까닭은 0 ℃ 이하로 온도를 낮출 수 있기 때문이다.

[바로 알기] ㄴ. 4~8분 사이에 온도가 일정하게 유지되므로 물의 응고가 일어난다.

12 융해, 기화, 고체에서 기체로의 승화가 일어날 때는 열에너지를 흡수하고, 응고, 액화, 기체에서 고체로의 승화가 일어날 때는 열에너지를 방출한다.

ㄱ. 겨울철 과일나무에 물을 뿌리면 물이 응고하면서 열에너지를 방출하므로 냉해를 막을 수 있다.

ㄷ. 액체 파라핀이 응고하면서 열에너지를 방출하므로 따뜻한 찜질을 할 수 있다.

ㅁ. 뜨거운 수증기가 액화하면서 열에너지를 방출하므로 우유를 따뜻하게 데울 수 있다.

[바로 알기] ㄴ. 여름철 기차 선로에 물을 뿌리면 물이 기화하면서 열에너지를 흡수하므로 주변이 시원해진다.

ㄹ. 드라이아이스가 고체에서 기체로 승화할 때 열에너지를 흡수하므로 낮은 온도에서 백신을 수송할 수 있다.

13 융해, 기화, 고체에서 기체로의 승화가 일어날 때 열에너지를 흡수하여 주위의 온도가 낮아지고, 응고, 액화, 기체에서 고체로의 승화가 일어날 때 열에너지를 방출하여 주위의 온도가 높아진다.

① 개가 혀를 내밀면 혀의 수분이 기화하면서 열에너지를 흡수하므로 체온을 낮출 수 있다.

③ 신선 식품을 포장할 때 얼음 팩을 넣으면 얼음이 융해하면서 열에너지를 흡수하므로 신선 식품을 시원하게 유지할 수 있다.

[바로 알기] ② 극지방에서 얼음집 안에 물을 뿌리면 물이 응고하면서 열에너지를 방출하므로 주위의 온도가 높아진다.

④ 겨울철 눈이 내리면 기체인 수증기가 고체인 눈으로 승화하면서 열에너지를 방출하므로 주위의 온도가 높아진다.

⑤ 겨울철 과일 창고에 물을 담은 그릇을 놓아두면, 물이 응고하면서 열에너지를 방출하므로 창고 내부의 온도가 높아진다.

14 모래에 뿌려 준 물이 증발하면서 열에너지를 흡수한다.

[바로 알기] ㄷ. 항아리 냉장고는 물이 기화할 때 열에너지를 흡수하여 주위의 온도가 낮아지는 현상을 이용한다.

15

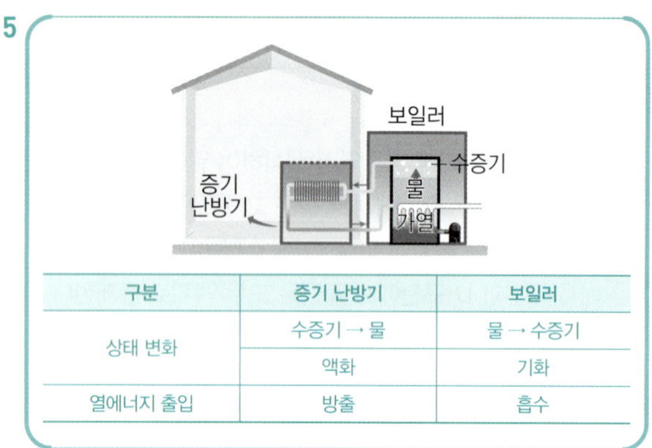

구분	증기 난방기	보일러
상태 변화	수증기 → 물	물 → 수증기
	액화	기화
열에너지 출입	방출	흡수

[바로 알기] ③ 증기 난방기에서는 수증기의 액화가 일어나면서 주위로 열에너지를 방출하므로 실내가 따뜻해진다.

16 실내기에서는 냉매가 액체에서 기체로 기화하면서 주위에서 열에너지를 흡수하므로 찬 바람이 나오고, 실외기에서는 냉매가 기체에서 액체로 액화하면서 주위로 열에너지를 방출하므로 더운 바람이 나온다.

[바로 알기] ㄴ. 실내기에서 냉매는 열에너지를 흡수한다.

ㄷ. 실외기에서 냉매는 열에너지를 방출한다.

17 젖은 옷을 입고 있으면 젖은 옷의 물이 기화하면서 열에너지를 흡수하므로 체온이 낮아져 감기에 걸릴 수 있다. 따라서 젖은 옷은 빨리 갈아입는 것이 좋다.

18 6∼10분 사이에 온도가 일정하게 유지되는 까닭은 가해 준 열에너지가 에탄올이 기화하는 데 사용되기 때문이다.

[모범 답안] 가해 준 열에너지가 에탄올의 기화에 사용되기 때문이다.

채점 기준	배점(%)
온도가 일정하게 유지되는 까닭을 기화를 언급하여 옳게 서술한 경우	100
온도가 일정하게 유지되는 까닭을 상태 변화에 사용한다고만 서술한 경우	80

19 액체의 냉각 곡선에서 온도가 일정하게 유지되는 구간은 응고가 일어나는 구간으로 액체와 고체가 함께 존재한다.

[모범 답안] 로르산은 A 구간에서 액체, B 구간에서 액체와 고체, C 구간에서 고체로 존재한다.

채점 기준	배점(%)
세 구간 모두 물질의 상태를 옳게 서술한 경우	100
세 구간 중 두 구간만 물질의 상태를 옳게 서술한 경우	60
세 구간 중 한 구간만 물질의 상태를 옳게 서술한 경우	30

20 음료수 캔을 얼음이 담긴 바구니에 넣어 두면 얼음이 융해하면서 열에너지를 흡수하므로 음료수를 시원하게 보관할 수 있다. 더운 여름 살수차가 도로에 물을 뿌리면 도로의 물이 기화하면서 열에너지를 흡수하므로 도로 주변이 시원해진다.

융해와 기화가 일어나는 동안 주위에서 열에너지를 흡수하므로 주위의 온도가 낮아진다.

[모범 답안] 상태 변화가 일어나는 동안 열에너지를 흡수하여 주위의 온도가 낮아진다.

채점 기준	배점(%)
열에너지 출입과 주위의 온도 변화를 모두 옳게 서술한 경우	100
열에너지 출입과 주위의 온도 변화 중 한 가지만 옳게 서술한 경우	50

21 융해(A), 기화(C), 고체에서 기체로의 승화(E)가 일어날 때는 열에너지를 흡수하므로 주위의 온도가 낮아지고, 응고(B), 액화(D), 기체에서 고체로의 승화(F)가 일어날 때는 열에너지를 방출하므로 주위의 온도가 높아진다.

[모범 답안] B, D, F, 응고, 액화, 기체에서 고체로의 승화가 일어날 때 입자 운동이 둔해지고 입자 사이의 거리가 가까워진다.

채점 기준	배점(%)
상태 변화 세 가지를 옳게 고르고, 입자의 운동성과 입자 사이의 거리와 관련지어 옳게 서술한 경우	100
상태 변화 세 가지를 옳게 고르고, 입자의 운동성과 입자 사이의 거리 중 한 가지만 옳게 서술한 경우	60
상태 변화 세 가지만 옳게 고른 경우	40

22 물이 기화할 때 열에너지를 흡수하여 주위의 온도가 낮아진다.

[모범 답안] 냉각 장치에서 뿌린 물이 기화하면서 열에너지를 흡수하므로 주위의 온도가 낮아지기 때문에 냉각 장치 주위가 시원하다.

채점 기준	배점(%)
안개형 냉각 장치 주위가 시원한 까닭을 상태 변화의 종류, 열에너지 흡수, 주위의 온도 변화를 모두 언급하여 옳게 서술한 경우	100
안개형 냉각 장치 주위가 시원한 까닭을 상태 변화의 종류, 열에너지 흡수, 주위의 온도 변화 중에서 두 가지만 언급하여 옳게 서술한 경우	60
안개형 냉각 장치 주위가 시원한 까닭을 상태 변화의 종류, 열에너지 흡수, 주위의 온도 변화 중에서 한 가지만 언급하여 옳게 서술한 경우	40

23 우유를 따뜻하게 데울 때 열에너지를 방출하여 주위의 온도가 높아지는 상태 변화를 이용하기도 한다.

[모범 답안] 뜨거운 수증기가 액화하면서 주위로 열에너지를 방출하므로 주위의 온도가 높아져 우유가 따뜻하게 데워진다.

채점 기준	배점(%)
제시한 단어를 모두 사용하여 옳게 서술한 경우	100
제시한 단어 중 2개만 사용하여 옳게 서술한 경우	60
제시한 단어 중 1개만 사용하여 옳게 서술한 경우	30

 정복하기 시험 대비서 54~55쪽

1 ⑤ **2** ⑤ **3** ③ **4** ④ **5** ③ **6** ② **7** ②
8 ⑤

1 입자의 운동성은 물질의 종류에 따라 다르다.

ㄱ. 같은 시간 동안 액체 A가 액체 B보다 질량이 더 크게 줄어든 것은 액체 A의 증발이 액체 B의 증발보다 더 빠르게 일어났기 때문이다.

ㄴ. 증발은 입자가 운동하기 때문에 나타나는 현상으로, 입자 운동이 활발할수록 증발이 더 잘 일어난다. 따라서 액체 A의 입자 운동이 액체 B의 입자 운동보다 활발하다.

ㄷ. 시간이 충분히 지나면 액체 A와 B가 모두 증발하여 두 전자저울이 나타내는 질량은 0이 된다.

2 만능 지시약 종이를 넣은 빨대의 한쪽 끝에 암모니아수를 묻힌 솜을 넣으면 암모니아 입자의 확산이 일어나기 때문에 암모니아수를 묻힌 솜에서 가까운 쪽부터 먼 쪽으로 만능 지시약 종이의 색이 변한다.

⑤ 온도를 높여 주면 암모니아 입자의 운동이 활발해져 만능 지시약 종이에 더 빨리 도달하게 되어 만능 지시약 종이의 색이 더 빨리 변한다.

 ① 암모니아 입자는 모든 방향으로 운동하여 퍼져 나간다.

② 암모니아의 입자 운동을 확인하는 실험이다.

③ 시간이 지나면서 암모니아가 확산하여 만능 지시약 종이의 색이 변한다.

④ 암모니아수를 묻힌 솜에서 가까운 쪽부터 만능 지시약 종이의 색이 변하기 시작한다.

3 (가)는 담는 용기에 따라 물의 모양은 다르지만 부피는 같은 모습이고, (나)는 담는 용기에 따라 공기의 모양과 부피가 다른 모습이다.

ㄱ. 액체는 담는 용기가 달라져도 입자 사이의 거리가 거의 일정하게 유지되기 때문에 부피가 일정하다.

ㄷ. 물과 공기는 모두 담는 용기에 따라 모양이 변한다.

 ㄴ. 기체는 담는 용기에 따라 부피가 변하므로 입자 사이의 거리도 용기에 따라 다르다.

4 ④ 유리컵에 드라이아이스를 넣고 비누막을 만들어 유리컵 입구에 씌우면 시간이 지남에 따라 비누막이 부풀어 오르는데, 이는 고체 상태의 드라이아이스가 기체로 승화하여 부피가 증가하기 때문이다. 드라이아이스가 고체에서 기체로 승화하면 드라이아이스의 크기는 작아지고, 비누막 속 이산화 탄소 기체의 양은 증가한다.

5 A에서는 액체인 물이 끓어 기체인 수증기가 존재하고 있기 때문에 눈에 보이는 물질이 없다. B에서는 수증기가 차가운 공기를 만나 액화하여 생긴 김이 눈에 보이는 것이다. 즉, 김은 액체, 수증기는 기체로, 상태 변화가 일어나더라도 물질의 성질은 변하지 않으므로 김과 수증기에 각각 푸른색 염화 코발트 종이를 가져다 대면 모두 붉은색으로 변한다.

 ㄱ. A에 푸른색 염화 코발트 종이를 가져다 대면 붉은색으로 변한다.

ㄴ. B에서 보이는 김은 액체이다.

6 액체 질소는 기화하면서 열에너지를 흡수하므로 주위의 온도를 낮출 수 있다. 우유 방울이 액체 질소에 닿으면 빠른 시간 안에 얼어 고체인 구슬 아이스크림이 된다. 이때 우유는 액체에서 고체로 응고하면서 입자 배열이 규칙적으로 변한다.

 ㄴ. 액체 질소는 상태가 변하면서 열에너지를 흡수한다.

ㄷ. 액체인 우유는 고체인 아이스크림으로 상태가 변하면서 열에너지를 방출한다.

7

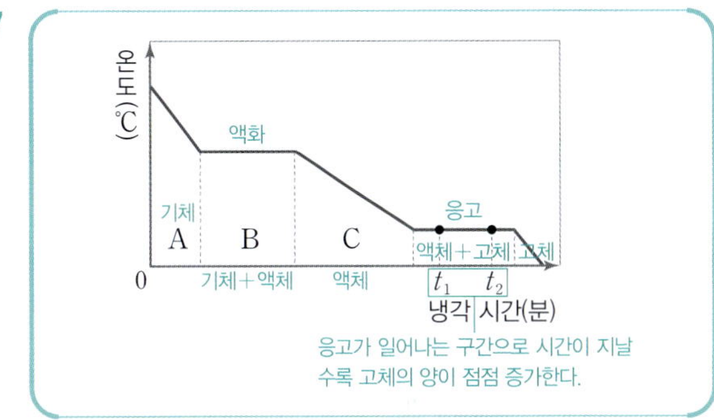

A 구간에서는 기체, B 구간에서는 기체와 액체, C 구간에서는 액체로 존재한다.

② B 구간에서는 기체가 액체로 변하는 액화가 일어나 입자 운동이 둔해진다.

 ① A 구간에서 물질은 기체로 존재한다.

③ C 구간에서는 물질이 열에너지를 잃는다.

④ 고체의 양은 $t_1 < t_2$이다.

⑤ 기체의 양이 증가하면 B 구간의 길이는 길어진다. 물질의 양이 많을수록 물질의 상태가 변하는 데 더 많은 시간이 걸리므로 온도가 일정하게 유지되는 구간의 길이가 길어진다.

8 ⑤ 드라이아이스가 고체에서 기체로 승화하는 동안 주위에서 열에너지를 흡수하므로 주위의 온도가 낮아져 물의 온도가 낮아진다.

 ① 고체 드라이아이스가 기체 이산화 탄소로 변하여 물 밖으로 빠져 나가는 모습이다.

②, ③ 물이 담긴 비커에 드라이아이스를 넣으면 드라이아이스가 이산화 탄소 기체로 승화하고, 이 기체가 기포가 되어 물 밖으로 빠져 나간다.

④ 수면 위에 생긴 흰 연기는 공기 중의 수증기가 물로 액화한 것이다. 이산화 탄소 기체는 눈에 보이지 않는다.

중간·기말고사 대비 **대단원 최종 점검**

1회 Ⅰ. 과학과 인류의 지속가능한 삶 시험 대비서 **58~59쪽**

1 ② **2** ④ **3** ③ **4** ② **5** ② **6** ⑤ **7** ②
8 ①

1 과학적 탐구 방법의 단계는 '문제 인식 → 가설 설정 → 탐구 설계 및 수행 → 자료 해석 → 결론 도출' 순으로 이루어진다.

2 ④ 탐구를 통해 얻은 자료를 정리하고 분석하여 결과를 얻는 단계는 자료 해석이다.

3 ③ 문제에 대한 잠정적인 답은 가설이다. 따라서 (가)는 가설 설정에 해당하고, 가설을 검증하는 단계인 (나)는 탐구 설계 및 수행에 해당한다.

4 ② '왜 이런 현상이 일어날까?'라는 궁금증을 갖는 단계는 문제 인식이다. 문제 인식 이후에는 가설을 설정해야 한다.

5 ① 수많은 과학 원리, 기술, 기기는 서로 영향을 주고받으며 발전해 왔다.
③, ④ 과학 원리는 기술, 공학, 예술, 수학 등 여러 분야와 융합하면서 인류 문명과 문화를 더 풍요롭게 하였다.
[바로 알기] ② 과학은 다양한 일상생활의 문제를 해결하면서 발전한다.

6 ㄱ, ㄴ. 증기 기관을 이용한 기계로 공장에서 제품을 대량으로 생산하였으며, 증기 기관을 이용한 증기 기관차가 개발되어 많은 물건을 먼 곳까지 빠르게 옮길 수 있었다.
ㄷ. 증기 기관이 발명되면서 기존의 수공업 중심에서 산업 사회로 변화되기 시작하였고, 이는 산업 혁명이 일어나는 원동력이 되었다.

7 ① 사물 인터넷은 무선 통신으로 각종 사물을 연결하는 기술로, 자동 결제, 가전제품 제어, 농작물 관리 등에 사용된다.
③ 인공지능은 컴퓨터가 인간처럼 학습하고 일을 처리할 수 있게 만드는 기술로, 로봇, 대화 프로그램, 자율주행 자동차 등에 사용된다.
④ 나노 기술은 물질을 나노미터 크기로 작게 만들어 다양한 소재나 제품을 만드는 기술로, 나노 입자에 백신이나 항암제를 넣어 원하는 특정 부분으로 전달하는 데 활용한다.
⑤ 자율주행 자동차는 인공지능이 활용되어 스스로 주행이 가능한 자동차이다.
[바로 알기] ② 증강 현실은 현실 세계에 가상의 정보가 실제 존재하는 것처럼 보이게 하는 기술이다. 집 밖에서 스마트폰으로 가전제품을 제어하는 기술은 사물 인터넷에 해당한다.

8 [바로 알기] ㄴ. 과학기술은 환경오염이나 자원 고갈 등의 문제와 관련하여 지속가능한 삶을 위한 해결 방안을 제시할 수 있으므로 계속 발전시켜야 한다.
ㄷ. 자원 재처리 기술이 개발되더라도 지속적인 삶을 위해서는 재활용 및 분리배출을 계속 실천해야 한다.

2회 Ⅰ. 과학과 인류의 지속가능한 삶 시험 대비서 **60~61쪽**

1 ⑤ **2** ① **3** ② **4** ① **5** ④ **6** ② **7** ③
8 해설 참조

1 [바로 알기] ③ 현상을 관찰하다 의문을 품는 단계는 문제 인식에 해당한다.

2

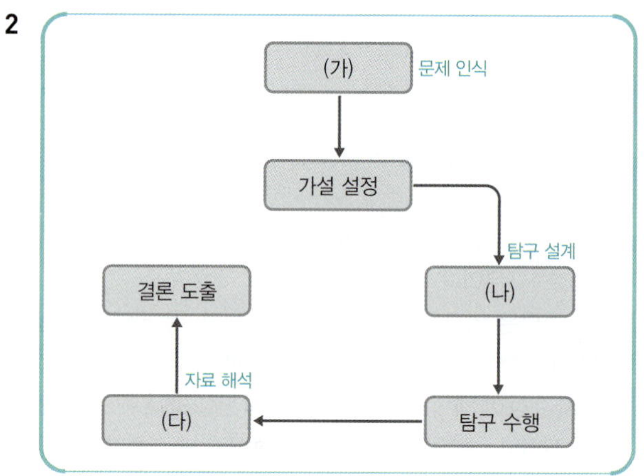

ㄱ. (가)는 문제 인식, (나)는 탐구 설계, (다)는 자료 해석 단계이다.
[바로 알기] ㄴ. 가설 수정은 실험 결과 가설이 틀렸을 때, 처음의 가설을 수정하여 다시 탐구를 수행하기 위한 과정이다.
ㄷ. 실험 결과를 종합하여 가설이 맞는지 판단하고 결론을 내리는 단계는 결론 도출에 해당한다.

3 문제에 대한 잠정적인 결론을 내리는 과정은 가설 설정이다.

4 [바로 알기] ㄴ, ㄷ. 실험에서 의도적으로 다르게 할 조건은 종이의 크기이며, 종이비행기를 접는 방법, 종이의 종류 등 실험에 영향을 주는 요인들은 모두 같게 유지해야 한다.

5 ㄴ. 인쇄 기술이 발달하면서 책의 대량 인쇄가 가능해져 사람들이 책에서 많은 지식을 얻을 수 있게 되었다.
[바로 알기] ㄱ. 증기 기관을 이용하여 증기 기관차, 증기선 등 다양한 교통수단이 개발되었다.

6 ㄴ. 무선 통신으로 각종 사물을 연결하는 기술은 사물 인터넷 기술이다. 이를 이용하면 가전제품을 집 밖에서 스마트폰으로 제어할 수 있다.
[바로 알기] ㄱ, ㄷ. 우주 탐사나 수술 등에 이용되는 첨단 로봇, 사람의 학습 능력이 필요한 작업에 이용되는 기계는 로봇공학, 인공지능 기술에 해당한다.

7 [바로 알기] ③ 과학이 발달하면서 에너지 자원 고갈, 환경오염, 기후 변화 등의 문제가 발생하였다.

8 [모범 답안] 재활용 및 분리배출하기, 에너지 절약하기, 대중교통 이용하기, 자전거와 같은 친환경 운송 수단 이용하기, 사용하지 않는 물건 나누기 등

채점 기준	배점(%)
개인적 차원의 활동 방안을 두 가지 모두 옳게 서술한 경우	100
개인적 차원의 활동 방안을 한 가지만 옳게 서술한 경우	50

1 ①	2 ①	3 ③	4 ④	5 ②	6 ①	7 ④
8 ②	9 ③	10 ②	11 ③	12 ②	13 ①	14 ②
15 ④	16 ④	17 해설 참조		18 해설 참조		
19 해설 참조		20 해설 참조				

1 지구에 사는 모든 생물의 몸은 세포로 이루어져 있으며, 세포 안에서 다양한 생명활동이 일어난다. 즉 세포는 생물의 몸을 구성하는 기본 단위이자, 생명활동이 일어나는 기본 단위이다.

바로 알기 ㄷ. 영국의 과학자 훅은 처음으로 세포를 관찰하고 세포라고 명명한 사람이지만, 훅이 관찰한 것은 살아 있는 세포가 아니라 죽은 세포의 세포벽이었다.

ㄹ. 사람은 다세포생물이다. 다세포생물의 몸은 다양한 종류의 세포로 이루어져 있다. 세포는 종류에 따라 하는 일이 다르기 때문에 모양과 크기가 다양하다.

2 (가)는 동물 세포인 입안 상피세포, (나)는 식물 세포인 검정말 잎 세포이다. 동물 세포와 식물 세포에는 공통적으로 핵, 마이토콘드리아, 세포막, 세포질이 있다. 엽록체와 세포벽은 동물 세포에는 없고 식물 세포에만 있다.

3 A는 핵, B는 마이토콘드리아, C는 엽록체, D는 세포막, E는 세포벽이다.

바로 알기 ① 핵은 세포의 생명활동을 조절하고 통제한다.
② 마이토콘드리아는 세포의 생명활동에 필요한 에너지를 생산한다.
④ 세포막은 세포를 드나드는 물질의 출입을 조절한다.
⑤ 세포벽은 두껍고 단단하여 세포를 보호한다.

4 A는 핵, B는 마이토콘드리아, C는 엽록체이다. 마이토콘드리아는 세포의 생명활동에 필요한 에너지를 생산하는 세포소기관으로, 에너지를 많이 사용하는 근육세포에 많다.

5 (가)는 조직, (나)는 기관계, (다)는 조직계, (라)는 기관이다. 모양과 기능이 비슷한 세포들이 모여 조직을 이루며, 조직계는 동물 몸의 구성 단계에는 없고, 식물 몸의 구성 단계에만 있다.

바로 알기 ㄴ. (나)는 기관계로 소화계, 호흡계, 순환계, 배설계 등이 있다. 표피조직계, 관다발조직계는 식물 몸의 구성 단계에서 조직계에 해당한다.
ㄹ. (라)는 기관이다.

6 (가)는 세포, (나)는 기관계, (다)는 조직, (라)는 기관, (마)는 개체이다. 세포는 기능에 따라 모양과 크기가 다양하다. 비슷한 모양과 기능을 가진 세포들의 모임을 조직이라고 한다.

바로 알기 ㄴ. 기관계는 식물 몸의 구성 단계에는 없고 동물 몸의 구성 단계에만 있다.
ㄹ. 동물 몸의 구성 단계에서 기관은 연관된 기능을 가진 것끼리 모여 기관계를 이루고, 여러 기관계가 모여 개체를 이룬다. 즉, 기관과 개체 사이에 기관계가 있다.

7 생물다양성에는 생태계의 다양함, 한 생태계 안에서 살고 있는 생물 종류의 다양함, 같은 종류의 생물 사이에서 나타나는 변이의 다양함이 모두 포함된다.

바로 알기 ㄷ. 같은 종류의 생물에서 나타나는 변이가 다양할수록 생물다양성은 높다.

8

바로 알기 ① 숲, 사막, 강, 바다 등의 생태계가 다양한 것은 (가)에 해당한다.
③ 벼를 심은 논보다 갯벌에 생물의 종류가 더 많은 것은 (나)에 해당한다.
④ 엽록체의 유무는 동물 세포와 식물 세포의 구조에 대한 차이를 설명한 것으로 생물다양성의 의미와 무관하다.
⑤ 동물 몸의 구성 단계와 식물 몸의 구성 단계에서 나타나는 공통점과 차이점은 생물다양성의 의미와 무관하다.

9 (가)와 (나)는 모두 감자이지만 (나)는 (가)보다 변이가 다양하다. 변이가 다양할수록 생물다양성이 높아서 환경이 급격하게 변하거나 전염병이 유행하더라도 살아남을 가능성이 높으므로 멸종할 가능성이 낮다.

바로 알기 ㄱ. (나)가 (가)보다 변이가 다양하다.
ㄹ. 환경이 변하면 특징이 모두 비슷한 (가)가 변이가 다양한 (나)보다 멸종할 가능성이 높다.

10 **바로 알기** ② 동물은 동물계에 속하고 식물은 식물계에 속하므로 동물과 식물은 서로 다른 계에 속한다.

11 생물을 분류하는 단위에는 가장 작은 단위부터 종, 속, 과, 목, 강, 문, 계가 있다. 종에서 계로 갈수록 각 단위에 속하는 생물의 종류가 많아진다.

12 아메바, 짚신벌레, 미역은 원생생물계에 속한다. 원생생물계에는 핵막으로 둘러싸인 핵이 있으면서 동물계, 식물계, 균계에 속하지 않는 생물이 포함된다. 단세포생물도 있고 다세포생물도 있지만, 다세포생물의 경우 조직이나 기관이 발달하지 않았다.

바로 알기 ㄱ. 몸이 균사로 이루어진 생물은 균계에 속한다.
ㄹ. 원생생물계에 속하는 생물 중에는 아메바, 짚신벌레처럼 광합성을 못하는 생물도 있고, 미역처럼 광합성을 하는 생물도 있다.

13 곰팡이, 효모, 버섯 등은 균계에 속한다. 곰팡이와 버섯은 몸이 균사로 이루어진 다세포생물이지만 효모는 단세포생물이다.

14 생물다양성이 높을수록 생태계평형 유지에 유리하며 안정된 생태계를 유지할 수 있다. 또한 생물다양성이 보전된 생태계는 생물자원을 제공하여 사람에게 다양한 혜택을 준다.

15 열대우림에서 살아가는 오랑우탄은 숲이 없으면 살 수가 없다. 서식지인 숲이 사람에 의해 파괴되었기 때문에 오랑우탄의 개체수가 급격하게 감소하였다.

16 황무지를 개척하기 위해 도입하는 외래종이 토종 생물을 해칠 수도 있기 때문에 외래종을 도입하는 것은 신중하게 고려해야 한다.

17 세포의 핵에 있는 유전물질은 염색액의 색소와 잘 결합하기 때문에 염색액으로 염색하면 세포의 핵을 뚜렷하게 관찰할 수 있다.

> **모범 답안** A는 핵이다. 아세트올세인 용액(또는 아세트산 카민 용액)과 같은 염색액으로 세포를 염색하면 핵을 뚜렷하게 관찰할 수 있다.

채점 기준	배점(%)
아세트올세인 용액(또는 아세트산 카민 용액)과 같은 염색액으로 세포를 염색하면 핵을 뚜렷하게 관찰할 수 있다는 내용을 옳게 서술한 경우	100
염색액으로 염색한다고만 서술한 경우	50

18 식물 몸의 구성 단계는 세포 → 조직 → 조직계 → 기관 → 개체 순이며, 동물 몸의 구성 단계는 세포 → 조직 → 기관 → 기관계 → 개체 순이다.

> **모범 답안** (라), 식물 몸의 구성 단계에는 조직과 기관 사이에 조직계가 있고, 동물 몸의 구성 단계에는 기관과 개체 사이에 기관계가 있다.

채점 기준	배점(%)
(라)라고 옳게 쓰고, 내용을 수정하여 옳게 서술한 경우	100
(라)만 옳게 쓴 경우	50

19 변이가 다양한 한 종류의 생물 무리가 서로 다른 환경에서 살게 되면 각각의 환경에 적합한 변이를 가진 생물이 더 많이 살아남아 자손을 남긴다. 이 과정이 오랜 시간 반복되면 생물 무리 사이에 차이가 커져서 서로 다른 종류의 생물 무리로 나누어질 수 있다.

> **모범 답안** 각 섬에서 먹이를 먹고 살아가기에 가장 적합한 변이를 가진 핀치가 살아남아 자손을 남겼기 때문이다.

채점 기준	배점(%)
주어진 환경에서 생존하기에 적합한 변이를 가진 핀치가 살아남아 자손을 남겼기 때문이라는 내용을 옳게 서술한 경우	100
생존에 적합한 변이를 가졌기 때문이라고만 서술한 경우	50

20 종은 생물을 분류하는 가장 기본이 되는 단위로, 자연 상태에서 짝짓기를 하여 번식 능력이 있는 자손을 낳을 수 있어야 같은 종으로 분류한다.

> **모범 답안** 말과 당나귀는 서로 다른 종이다. 말과 당나귀는 짝짓기를 하여 노새를 낳을 수 있지만 노새에게는 번식 능력이 없으므로 말과 당나귀를 같은 종으로 분류하지 않는다.

채점 기준	배점(%)
서로 다른 종이라고 옳게 쓰고, 짝짓기를 하여 노새를 낳을 수 있지만 노새는 번식 능력이 없기 때문이라는 내용을 옳게 서술한 경우	100
서로 다른 종이라고만 옳게 쓴 경우	30

2회 **Ⅱ. 생물의 구성과 다양성**   시험 대비서 67~71쪽

1 ①	2 ①	3 ①, ④, ⑤	4 ⑤	5 ②	6 ③
7 ①	8 ④	9 ③	10 ④	11 ④	12 ②	13 ②
14 ⑤	15 ④	16 해설 참조	17 해설 참조		
18 해설 참조	19 해설 참조	20 해설 참조			

1 A는 양파 표피세포의 핵이다. 핵에는 유전물질이 들어 있으며, 핵은 세포의 생명활동을 조절한다.

> **바로 알기** ㄷ. 세포의 생명활동에 필요한 에너지를 생산하는 것은 마이토콘드리아의 기능이다.
> ㄹ. A를 뚜렷하게 관찰할 수 있는 것은 아세트올세인 용액(또는 아세트산 카민 용액)으로 염색하였기 때문이다. 아세트올세인 용액을 사용하면 핵이 붉은색으로 염색되는데, 아세트올세인 용액은 주로 식물 세포의 핵을 염색할 때 사용한다.

2 A는 식물 세포에서 초록색을 띠는 작은 알갱이 모양으로 관찰되는 엽록체이다. 엽록체는 빛을 흡수하여 영양분을 만드는 광합성을 한다.

> **바로 알기** ③ 엽록체가 초록색을 띠는 것은 엽록체 속에 초록색을 띠는 색소인 엽록소가 들어 있기 때문이다. 염색을 해서 초록색을 띠는 것은 아니다.

3 동물 세포와 식물 세포는 핵, 마이토콘드리아, 세포질, 세포막을 공통적으로 가진다.

> **바로 알기** ②, ③ 세포벽, 엽록체는 동물 세포에는 없고 식물 세포에만 있다.

4

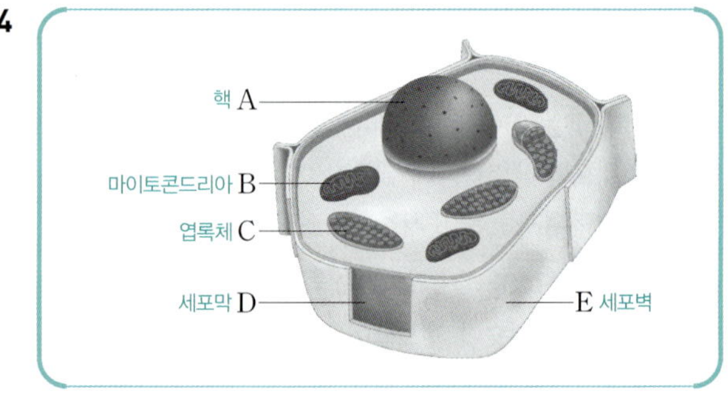

식물 세포는 세포막 바깥쪽에 단단한 세포벽이 있어서 동물 세포에 비해 규칙적으로 배열되어 있다.

5 **바로 알기** ㄴ. 식물 세포의 구조 중 엽록체와 세포벽은 동물 세포에 없는 구조로, 동물 세포와 식물 세포의 구조는 서로 다르다.
ㄷ. 세포 하나만으로 독립적인 개체가 되는 생물을 단세포생물이라고 한다.

6 (가)는 세포, (나)는 조직, (다)는 기관, (라)는 기관계이다.

> **바로 알기** ㄴ. 조직은 모양과 기능이 비슷한 세포들의 모임이다.
> ㄷ. 식물 몸의 구성 단계에 없는 단계는 (라) 기관계이다.

7 무당벌레 겉날개의 색깔과 무늬가 다양한 것은 유전정보의 차이로 같은 종류의 생물 사이에서 나타나는 특징, 즉 변이가 다양하기 때문이다.

(바로 알기) ④ 부모가 다른 경우뿐만 아니라 같은 부모에게서 태어나는 형제자매의 경우에도 특징에서 차이가 있다.

8 빛, 물, 공기 등의 환경 조건이 다르면 서로 다른 생물이 살아갈 수 있기 때문에 환경이 다양할수록 생물다양성이 높다. 한 종류의 생물만 많은 것은 여러 종류의 생물이 골고루 있는 것보다 생물다양성이 낮다. 바지락의 껍데기 무늬가 다양한 것은 변이로, 변이의 다양함은 생물다양성에 포함된다.

9 생물의 변이가 다양하면 환경이 급격하게 변하거나 전염병이 유행하더라도 살아남을 가능성이 높다. 아일랜드의 감자는 변이가 다양하지 않아서 전염병에 취약하였다.

10 생물을 분류할 때에는 몸의 생김새, 한살이, 번식 방법, 광합성 여부 등 생물이 가지는 고유한 특징을 기준으로 삼아야 한다.

11 생물을 분류하는 가장 작은 단위는 종으로, 종에서부터 점차 큰 단위로 무리 지으면 종<속<과<목<강<문<계로 나타낼 수 있다.

12 대장균, 포도상구균, 젖산균은 원핵생물계에 속한다. 원핵생물계에 속하는 생물은 단세포생물이며 핵막이 없다.
(바로 알기) ㄴ. 원핵생물계에 속하는 생물 중에는 남세균처럼 광합성을 하는 생물도 있지만 대장균, 포도상구균, 젖산균은 광합성을 못한다.
ㄷ. 몸이 균사로 이루어져 있는 생물은 균계에 속하는 생물이다.

13 제시된 내용은 동물계에 속하는 생물의 특징이다. 이외에도 동물계에 속하는 생물은 대부분 운동기관이 있어 이동할 수 있다는 특징이 있다.

14 송이버섯, 소나무는 핵막이 있어서 핵을 뚜렷하게 관찰할 수 있으며, 몸이 여러 개의 세포로 이루어져 있다. 소나무와 남세균은 광합성을 한다. 따라서 (가)는 송이버섯, (나)는 소나무, (다)는 남세균이다.

15 생물다양성을 보전하는 것은 사람이 얻는 혜택만을 위한 것이 아니다. 모든 생물은 생태계 구성원으로 지구에서 살아갈 권리가 있고 각각 소중한 가치를 지니므로 생물다양성을 보전하는 것은 그 자체로 중요하다.

16 사람과 같이 많은 수의 세포로 구성된 생물의 몸은 기능에 따라 모양과 크기가 다른 다양한 종류의 세포로 이루어져 있다.
모범 답안 세포의 종류에 따라 하는 일(기능)이 다르기 때문이다.

채점 기준	배점(%)
세포의 종류에 따라 하는 일 또는 기능이 다르기 때문이라는 내용을 옳게 서술한 경우	100
그 외의 경우	0

17 식물의 몸은 세포 → 조직 → 조직계 → 기관의 단계를 거쳐 개체를 이루고, 동물의 몸은 세포 → 조직 → 기관 → 기관계의 단계를 거쳐 개체를 이룬다.
모범 답안 (1) (가) 세포 (나) 조직 (다) 조직계 (라) 기관
(2) 식물 몸의 구성 단계에는 조직과 기관 사이에 조직계가 있고, 동물 몸의 구성 단계에 있는 기관계가 없다.

	채점 기준	배점(%)
(1)	네 가지 단계를 모두 옳게 쓴 경우	40
	세 가지 단계만 옳게 쓴 경우	30
	두 가지 단계만 옳게 쓴 경우	20
	한 가지 단계만 옳게 쓴 경우	10
(2)	식물 몸의 구성 단계에는 조직과 기관 사이에 조직계가 있으며 동물 몸의 구성 단계에는 조직계가 없다는 내용을 옳게 서술한 경우	60
	조직계가 있다고만 서술한 경우	30

18 변이가 다양한 한 종류의 생물 무리가 서로 다른 환경에서 살게 되면 각각의 환경에 적합한 변이를 가진 생물이 더 많이 살아남아 자손을 남긴다. 이 과정이 오랜 시간 반복되면 생물 무리 사이에 차이가 커져서 서로 다른 종류의 생물 무리로 나누어질 수 있다.
모범 답안 (1) 먹이의 차이와 부리 모양의 변이가 핀치의 생존에 영향을 미쳤다.
(2) 각 섬의 먹이 환경에서 생존하기에 적합한 부리의 변이를 가진 핀치가 더 많이 살아남아 자손을 남겼다. 이 과정이 오랜 시간 반복되어 서로 다른 먹이 환경에 사는 핀치 무리 사이의 차이가 커져 새로운 종류의 핀치가 나타났다.

	채점 기준	배점(%)
(1)	먹이의 차이와 부리 모양의 변이를 모두 포함하여 옳게 서술한 경우	50
	먹이의 차이와 부리 모양의 변이 중 한 가지만 포함하여 옳게 서술한 경우	25
(2)	생존에 적합한 변이를 가진 개체가 살아남아 더 많은 자손을 남겼다는 내용을 포함하여 옳게 서술한 경우	50
	생존에 적합한 핀치가 살아남았다고만 서술한 경우	25

19 생물분류의 기본 단위는 종이며, 같은 종으로 묶으려면 자연 상태에서 짝짓기를 하여 번식 능력이 있는 자손을 낳을 수 있어야 한다.
모범 답안 (1) 종
(2) 두 개체의 생물이 자연 상태에서 짝짓기를 하여 번식 능력이 있는 자손을 낳을 수 있어야 한다.

	채점 기준	배점(%)
(1)	종이라고 옳게 쓴 경우	20
(2)	짝짓기, 자손의 번식 능력을 모두 포함하여 종의 개념을 옳게 서술한 경우	80
	짝짓기와 자손의 번식 능력 중 한 가지만 포함하여 옳게 서술한 경우	60

20 (가)에서는 개구리를 대체할 수 있는 생물이 없어서 개구리를 먹이로 하는 매의 경우 개구리가 사라지면 연쇄적으로 멸종될 수 있다.
모범 답안 (나), (나)는 생물다양성이 높아 어떤 생물이 사라져도 이를 대체할 수 있는 생물이 있어서 연쇄적으로 생물이 멸종될 가능성이 낮다.

채점 기준	배점(%)
(나)라고 옳게 쓰고, 개구리를 대체할 수 있는 생물이 있다는 내용을 포함하여 (나)를 고른 까닭을 옳게 서술한 경우	100
(나)만 옳게 쓴 경우	30

1 ③	2 ④	3 ②	4 ⑤	5 ③	6 ⑤	7 ③
8 ②	9 ③	10 ④	11 ③	12 ①	13 ①	14 ①
15 ③	16 ③	17 ①	18 ④	19 ⑤	20 해설 참조	
21 해설 참조						

1 〔바로 알기〕 열량은 온도 차에 의해 이동한 열의 양으로, 단위로 kcal를 사용한다. 비열은 어떤 물질 1 kg의 온도를 1 ℃만큼 변화시키는 데 필요한 열량으로, 단위로 kcal/(kg·℃)를 사용한다.

2 ㄴ, ㄷ. 온도는 물질을 구성하는 입자의 운동이 활발한 정도를 나타내며, 열은 온도가 높은 물체에서 온도가 낮은 물체로 이동한다. 따라서 입자 운동이 활발한 물체에서 입자 운동이 둔한 물체 쪽으로 열이 이동한다.
〔바로 알기〕 ㄱ. 물질을 구성하는 입자의 운동이 활발할수록 온도가 높다.

3 ㄴ. 물의 입자 운동은 (나)−(가)−(다) 순으로 활발하며, 입자 운동이 활발할수록 온도가 높다. 따라서 (나)의 온도가 가장 높다.
〔바로 알기〕 ㄱ. 물의 입자 운동은 (나)−(가)−(다) 순으로 활발하므로 입자 운동은 (나)가 가장 활발하다.
ㄷ. 온도가 변해도 입자 크기와 수는 변하지 않는다.

4 ⑤ 물은 열을 잃어 온도가 낮아지므로 입자 사이의 간격이 줄어든다.
〔바로 알기〕 ① 열은 온도가 높은 물에서 온도가 낮은 얼음으로 이동한다. 따라서 물은 열을 잃어 온도가 낮아진다.
② 물은 열을 잃으므로 입자 사이의 간격이 줄어들어 부피가 감소한다.
③ 열은 온도가 높은 물에서 온도가 낮은 얼음으로 이동한다.
④ 물은 열을 잃어 입자 운동이 둔해진다.

5 온도가 높은 금속 캔 속 물에서 온도가 낮은 열량계 속 물로 열이 이동하여 두 물의 온도가 30 ℃로 같아진다. 따라서 금속 캔 속 물의 온도를 적절하게 나타낸 그래프는 ③이다.

6 온도가 다른 두 물을 섞으면 온도가 높은 물은 온도가 낮아지고, 온도가 낮은 물은 온도가 높아져 열평형에 도달한다. 이때 열평형 온도는 두 물의 처음 온도 사이의 값을 가진다.

7 ㄱ, ㄴ. 열은 온도가 높은 A에서 온도가 낮은 B로 이동한다. 따라서 처음 5분 동안 B의 입자 운동은 활발해지고, 5분이 되면 A와 B는 열평형에 도달한다.
〔바로 알기〕 ㄷ. 10분이 되어도 A와 B는 열평형이므로 A와 B의 온도는 같다.

8 그래프에서 A와 B는 5분이 되면 열평형에 도달하고, 이때 열평형 온도는 25 ℃이다.

9 A는 온도가 낮아지므로 입자 운동이 점점 둔해지고, B는 온도가 높아지므로 입자 운동이 점점 활발해진다.

10 ㄴ, ㄷ. 뜨거운 물에 담긴 부분부터 먼 쪽으로 차례로 색깔이 변하며, 구리판−철판−유리판 순으로 색깔이 빨리 변한다. 즉, 물질의 종류에 따라 열이 이동하는 빠르기가 다르다.
〔바로 알기〕 ㄱ. 가열한 부분의 온도가 높아지면 입자 운동이 활발해지고, 이 운동이 이웃한 입자에 차례로 전달되어 직접 가열하지 않은 부분의 입자 운동도 활발해진다. 이는 전도에 의해 열이 이동하는 것이며, 물질의 도움 없이 열이 이동하는 것은 복사이다.

11 〔바로 알기〕 ③ 비열은 물질마다 고유한 값을 가지므로, 물질이 같으면 질량이 달라도 비열이 같다.

12

물질	질량(g)	처음 온도(℃)	5분 후 온도(℃)	온도 변화(℃)
A	100	20	40	20
B	200	20	40	20
C	200	20	30	10

• 같은 열량을 가할 때 비열과 질량이 클수록 온도 변화가 작다.
• A와 B 비교: 같은 열량을 가했을 때 A와 B의 온도 변화가 같다. ➡ 질량은 B가 A의 2배이므로 비열은 A가 B의 2배이다.
• B와 C 비교: 질량이 같은 물질에 같은 열량을 가했을 때 B의 온도 변화가 C의 2배이다. ➡ 비열은 C가 B의 2배이다.
• 비열의 크기를 비교하면 A=C>B이다.

① A와 C는 비열이 같으므로 같은 물질이다.
〔바로 알기〕 ② B는 비열이 가장 작은 물질이다.
③ 같은 가열 장치로 같은 시간(5분) 동안 가열하였으므로 흡수한 열량은 모두 같다.
④ 열이 출입해도 입자의 크기나 수는 변하지 않는다.
⑤ 비열은 1 kg의 온도를 1 ℃ 높이는 데 필요한 열량이며, 비열은 B가 가장 작다.

13 ㄱ. 비열이 작은 콩기름은 온도 변화가 크고, 비열이 큰 물은 온도 변화가 작다. 따라서 시간당 온도 변화는 물이 콩기름보다 작다.
〔바로 알기〕 ㄴ. 온도 변화가 작은 물이 콩기름보다 비열이 크다.
ㄷ. 같은 세기의 불꽃으로 가열하였으므로 물과 콩기름이 얻은 열량은 같다.

14 ㄱ, ㄴ. 물의 비열이 크기 때문에 냉각수를 이용하여 과열된 기계를 식힐 수 있고, 내륙 지방보다 해안 지방이 일교차가 작은 것이다.
〔바로 알기〕 ㄷ, ㄹ. 여름철에 에펠탑과 같은 철탑의 높이가 높아지는 것이나, 가스관에 ㄷ자형 관을 이어 가스관이 휘어지는 것을 막는 것은 열팽창과 관련된 현상이다.

15 온도가 높아지면 물질의 길이와 부피가 증가하는 현상은 열팽창(㉠)으로, 물질의 온도가 높아지면 물질을 이루는 입자 운동이 활발해지고(㉡) 입자 사이의 거리가 멀어져서 부피가 증가한다.
〔바로 알기〕 열은 온도가 높은 물체에서 낮은 물체로 이동하는 에너지이고, 열평형은 온도가 서로 다른 두 물체가 접촉하였을 때 시간이 지나 온도가 같아진 상태이다.

16

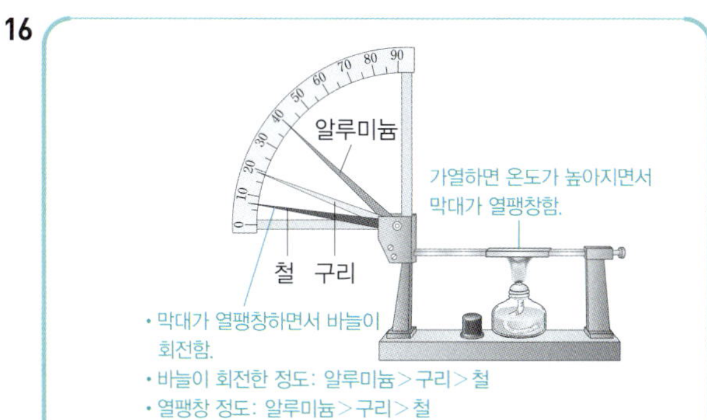

ㄱ. 막대를 가열하면 막대의 온도가 높아지므로 막대를 이루는 입자 운동이 활발해진다.

ㄴ. 열팽창에 의해 막대의 길이가 증가하기 때문에 바늘이 회전한다.

바로 알기 ㄷ. 막대가 열을 받으면 길이가 증가하고, 막대의 길이가 증가하는 정도가 클수록 바늘이 많이 회전한다. 따라서 열팽창 정도가 가장 큰 것은 가장 많이 회전한 알루미늄이다.

17 ① 열팽창하여 다리가 휘어질 수 있으므로 이를 방지하기 위해 다리의 연결 부위에 틈을 만든다.

바로 알기 ② 전도로 외부로 손실되는 열을 막기 위해 벽을 두껍게 한다.

③ 추에 작용하는 지구의 중력 때문에 용수철이 늘어난다.

④ 해안 지역의 비열이 내륙 지역보다 커서 해안 지역의 일교차가 내륙 지역보다 작다.

⑤ 금속에서 열이 더 빠르게 전도되므로 금속 의자가 나무 의자보다 차갑게 느껴진다.

18 ④ 열을 가하면 물질의 온도가 높아지며 물질의 이루는 입자 운동이 활발해진다.

바로 알기 ① 비열은 물질의 특성으로, 가열 전과 가열 후 물과 에탄올의 온도 변화를 통해 비열을 비교할 수 있다. 이 실험은 물과 에탄올의 열팽창 정도를 비교하는 실험이다.

② 물과 에탄올의 질량은 일정하다.

③ 가열 후 에탄올의 질량은 같고 에탄올의 부피가 증가하였으므로 에탄올의 밀도($\frac{질량}{부피}$)는 감소한다.

⑤ 가열 후 에탄올의 온도가 높아졌으므로 에탄올 입자의 운동은 활발해진다.

19 ㄴ. 물과 에탄올의 유리관 속 높이가 다른 것으로 보아 액체의 종류에 따라 열팽창 정도가 다르다는 것을 알 수 있다.

ㄷ. 수은 온도계는 액체의 열팽창을 이용한다.

바로 알기 ㄷ. 가열 후 물보다 에탄올의 유리관 속 높이가 더 높아진 것으로 보아 물보다 에탄올의 열팽창 정도가 크다.

20 뜨거운 공기는 위로 올라가고, 차가운 공기는 아래로 내려가면서 열이 이동하는 방법을 대류라고 한다.

모범 답안 대류에 의해 뜨거운 공기는 위로 올라가고, 뜨거운 공기가 나간 자리는 땅속 차가운 공기가 들어와 채우기 때문에 흰개미 집 내부의 온도가 낮아진다.

채점 기준	배점(%)
공기의 온도에 따른 열의 이동 방향을 대류와 관련지어 옳게 서술한 경우	100
대류에 대한 언급 없이 열의 이동 방향만 옳게 서술한 경우	40

21 질량이 같은 물질에 같은 열량을 가할 때 비열이 큰 물질일수록 온도 변화가 작다.

모범 답안 A가 B보다 비열이 작다. A가 B보다 온도 변화가 크기 때문이다.

채점 기준	배점(%)
비열을 옳게 비교하고, 그 까닭을 온도 변화와 관련지어 옳게 서술한 경우	100
비열만 옳게 비교한 경우	40

2회 III. 열
시험 대비서 77~81쪽

1 ⑤	2 ②	3 ②	4 ⑤	5 ④	6 ②	7 ④
8 ④	9 ②	10 ②	11 ②	12 ①	13 ⑤	14 ⑤
15 ⑤	16 ①	17 ④	18 ①, ⑤		19 해설 참조	
20 해설 참조						

1 물의 질량에 관계없이 물의 온도가 높을수록 입자의 운동이 활발하다.

2 온도는 물질을 구성하는 입자의 운동이 활발한 정도이므로, 물을 (가)가열했을 때 입자의 운동이 활발해지고(ㄱ), (나)냉각시켰을 때 입자의 운동이 둔해진다(ㄷ).

3 아이스박스의 음료수가 시원해지는 것은 얼음과 음료수가 열평형을 이루기 때문이다.

바로 알기 ② 다리의 이음매에 틈을 만드는 것은 열팽창으로 인해 다리가 휘어지거나 끊어지는 것을 막기 위해서이다.

4 ㄱ, ㄷ. 온도가 높은 A에서 온도가 낮은 B로 열이 이동하여 3분부터 두 물체의 온도가 같아진 열평형을 이룬다.

ㄴ. 열은 A와 B 사이에서만 이동하므로 A가 잃은 열량과 B가 얻은 열량이 같다.

5 열은 온도가 높은 물체에서 낮은 물체로 이동하므로 물체의 온도를 각각 비교하면 B>C, C>A, D>B이다. 따라서 온도가 높은 순서는 D>B>C>A이므로, 접촉시키기 전 온도가 가장 높은 물체는 D이다.

6 물의 비열이 콩기름의 비열보다 크므로 물의 온도 변화가 콩기름의 온도 변화보다 작다.

7 ㄱ. 온도가 높은 A는 달걀이고, 온도가 낮은 B는 물이다.

ㄷ. 외부와의 열 출입이 없으므로 열평형에 도달할 때까지 달걀이 잃은 열량과 물이 얻은 열량은 같다.

바로 알기 ㄴ. 처음 5분 동안 열은 온도가 높은 달걀(A)에서 온도가 낮은 물(B)로 이동하고, 5분 후에 달걀과 물은 열평형에 도달한다.

8 ② 알코올램프로 가열한 따뜻한 물은 위로 이동하고, 따뜻한 물이 나간 자리는 오른쪽 아래의 찬물이 이동하여 채운다. 따라서 붉은 잉크는 ⓒ 방향으로 이동한다.

바로 알기 ④ 따뜻한 물은 상대적으로 가벼워서 위로, 차가운 물은 상대적으로 무거워서 아래로 이동한다.

9 ㄱ. 복사는 물질의 도움 없이 열이 직접 이동하는 방법이다. 이와 같은 방법으로 태양의 열이 지구에 전달된다.

ㄷ. 열화상 카메라는 물체에서 복사의 형태로 나오는 열을 감지하여 물체의 온도 분포를 알 수 있다.

바로 알기 ㄴ. 대류에 의해 열이 전달되므로 물의 아래쪽만 가열하여도 물 전체가 뜨거워진다.

ㄹ. 금속보다 플라스틱에서 전도가 느리게 일어나므로 조리 기구의 몸체는 금속으로 만들고 손잡이는 플라스틱으로 만든다.

10 ② 식용유는 열을 얻어 입자 운동이 점점 활발해진다.

바로 알기 ① 물과 식용유의 온도가 모두 높아졌으므로 물과 식용유의 입자 운동은 점점 활발해진다.

③, ④ 비열은 물질의 고유한 특성으로, 물과 식용유의 질량을 2배 또는 절반으로 하여도 물과 식용유의 질량이 같다면, 물보다 식용유의 온도가 더 빠르게 변한다.

⑤ 전열기를 끄면 비열이 큰 물의 온도가 더 느리게 낮아진다.

11 ㄷ. 물이 모래보다 비열이 크고, 물과 모래의 온도 차이에 의해 대류가 일어나 열이 이동하기 때문에 낮에 바닷가에 바다에서 육지로 해풍이 분다.

바로 알기 ㄱ, ㄴ. 물 위의 비교적 찬 공기는 아래로, 모래 위의 비교적 따뜻한 공기는 위로 이동한다. 따라서 향 연기는 모래 쪽으로 이동하므로 ㉠에 들어갈 알맞은 말은 '모래'이다.

12 ① 비열은 물질의 종류에 따라 고유한 값을 갖는다. 따라서 비열이 같은 A와 C는 같은 종류의 물질이다.

바로 알기 ② 비열은 물질의 고유한 특성으로 크기가 달라져도 변함이 없다.

③ 비열이 작을수록 같은 열량을 가할 때 온도 변화가 크므로, 온도 변화가 가장 큰 것은 D이다.

④ 같은 시간 동안 같은 온도만큼 높이는 데 필요한 열량은 비열이 클수록 크므로, B가 D보다 많다.

⑤ 비열이 클수록 같은 열량을 가할 때 같은 온도만큼 높이는 데 걸리는 시간이 길므로, 걸리는 시간이 가장 긴 것은 비열이 가장 큰 B이다.

13 ㄴ. 물 200 g일 때 물의 온도가 2.5 ℃ 높아졌으므로, 물 400 g에 같은 열량을 가하면 물의 온도는 1.25 ℃ 높아진다.

ㄷ. 같은 열량을 가했을 때 질량이 작은 물의 온도 변화가 질량이 큰 물의 온도 변화보다 크다. 따라서 질량이 다른 물에 같은 열량을 가할 때 온도 변화는 물의 질량에 반비례한다.

바로 알기 ㄱ. 비열은 물질의 고유한 특성으로, 같은 물질이면 비열도 같다.

14 ⑤ 에탄올의 높이가 글리세린보다 높으므로 열팽창 정도는 에탄올이 글리세린보다 더 크다.

바로 알기 ① 열은 온도가 높은 수조 속 물에서 온도가 낮은 글리세린과 에탄올로 이동한다.

② 열을 흡수해도 질량이 변하지는 않는다.

③ 열평형에 도달하므로 에탄올과 글리세린의 온도는 같다.

④ 유리관 속 액체의 높이가 에탄올이 글리세린보다 높으므로 열팽창 정도는 에탄올이 글리세린보다 크다. 따라서 나중 부피는 에탄올이 글리세린보다 크다.

15 ㄴ. 온도가 높아지면 음료수 병도 팽창하지만 액체의 열팽창이 고체의 열팽창보다 크므로 병보다 음료수가 더 많이 팽창하기 때문에 병이 깨지거나 음료수가 넘칠 수 있다. 이를 막기 위해 병에 음료수를 가득 채워 놓지 않는다.

ㄷ. 알코올 온도계는 에탄올의 열팽창, 즉 액체의 열팽창을 이용하여 온도를 측정한다.

바로 알기 ㄱ. 온도가 높아지면 음료수 입자 사이의 거리가 멀어진다.

16 금속 고리를 가열하면 금속 고리의 모든 부분이 열팽창하여 부피가 늘어나므로 안쪽 원과 바깥쪽 원의 지름이 모두 커진다.

17 ㄴ, ㄷ. 전선을 구성하는 입자의 운동은 온도가 높은 여름에 겨울보다 활발하므로 전선의 길이는 여름에 겨울보다 길다. 즉, 전선을 구성하는 입자 사이의 거리는 겨울보다 여름에 더 멀다.

바로 알기 ㄱ. (가)가 (나)보다 전선이 늘어져 있으므로 (가)는 여름, (나)는 겨울일 때의 모습이다.

18 ①, ⑤ 도로의 이음매나 기차 선로의 틈은 열팽창에 의해 휘거나 갈라지는 것을 막기 위한 것이다. 여름철에 철탑은 열팽창에 의해 겨울철보다 높이가 더 높다.

바로 알기 ② 더운 물과 찬물을 섞으면 미지근해지는 것은 열평형과 관련이 있다.

③ 수박을 찬물에 담가 차갑게 하는 것은 열평형과 관련이 있다.

④ 콩기름과 물의 온도 변화가 다른 것은 비열과 관련이 있다.

19 온도는 물질을 구성하는 입자 운동이 활발한 정도를 나타낸다.

모범 답안 (가)보다 (나)의 온도가 더 높다. 온도가 높을수록 입자 운동이 활발하여 잉크가 잘 퍼지기 때문이다.

채점 기준	배점(%)
물의 온도를 옳게 비교하고, 그 까닭을 온도와 입자 운동의 관계와 관련지어 옳게 서술한 경우	100
물의 온도만 옳게 비교한 경우	40

20 전도는 물질을 구성하는 입자의 운동이 이웃한 입자에 차례대로 전달되어 열이 이동하는 현상으로, 열이 전도되는 정도는 물질에 따라 다르다.

모범 답안 금속으로 만든 프라이팬에서보다 수증기층에서 열이 느리게 전도되어 전도를 통한 열의 이동이 적기 때문이다.

채점 기준	배점(%)
열의 이동 방법 및 열의 이동 정도와 모두 관련지어 옳게 서술한 경우	100
열의 이동 방법 또는 열의 이동 정도 중 한 가지만 옳게 서술한 경우	50

1 ②	**2** ②	**3** ⑤	**4** ②	**5** ①	**6** ④	**7** ①
8 ⑤	**9** ④	**10** ①	**11** ④	**12** ④	**13** ①	**14** ①
15 ④	**16** ④	**17** ③	**18** ⑤	**19** ①	**20** ②	

21 해설 참조　　**22** 액화　　**23** ㉠ 응고, ㉡ 방출

24 해설 참조

1 ① 물질을 이루는 모든 입자는 스스로 운동한다.

④, ⑤ 음식 냄새가 퍼져 나가는 것은 확산에 의한 현상이고, 컵에 담긴 물이 서서히 줄어드는 것은 증발에 의한 현상으로 확산과 증발은 입자 운동 때문에 나타난다.

바로 알기 ② 고체, 액체, 기체 모두 물질을 이루는 입자는 스스로 운동한다.

2 거름종이를 깐 페트리 접시에 향수를 뿌려 두면 시간이 지나면서 향수가 증발하므로 전자저울에 측정된 질량이 점점 작아지다가 0이 된다. 증발은 향수의 표면에서 일어나고 시간이 지나면 증발에 의해 공기 중에 존재하는 향수 입자의 개수가 많아진다.

바로 알기 ② 향수 액체 표면에서 액체가 기체로 변한다.

3 그림은 방향제가 확산하는 것을 입자 모형으로 나타낸 것이다. 방향제 입자는 스스로 운동하여 모든 방향으로 퍼져 나간다.

바로 알기 ① 방향제 입자의 크기는 변하지 않는다.

② 고체, 액체, 기체에 관계없이 방향제 입자는 스스로 운동한다.

③ 방향제 입자는 모든 방향으로 퍼져 나간다.

④ 공기가 없어도 방향제 입자는 스스로 운동한다.

4 확산은 입자가 스스로 운동하는 증거이다.

바로 알기 ①, ⑤ 확산은 액체 속, 기체 속, 공기가 없는 진공 속에서 모두 일어난다.

③ 온도가 높을수록 확산이 빨리 일어난다.

④ 확산은 입자가 스스로 운동하기 때문에 일어나는 현상으로 바람이 불지 않아도 확산이 일어난다.

5 증발과 확산은 입자가 스스로 운동하기 때문에 나타나는 현상으로 입자 운동의 증거이다. ②와 ③은 증발, ④와 ⑤는 확산의 예이다.

바로 알기 ① 물이 끓는 현상은 외부에서 열에너지를 가하였을 때 나타날 수 있는 현상으로 입자 운동의 증거로 보기 어렵다.

6 (가)는 기체, (나)는 고체, (다)는 액체이다. 쉽게 압축할 수 있는 것은 기체 (가)이고, 흐르는 성질이 있는 것은 기체 (가)와 액체 (다)이다.

바로 알기 ④ 입자 운동이 가장 둔한 것은 고체 (나)이다.

7 A는 융해, B는 응고, C는 기화, D는 액화, E는 고체에서 기체로의 승화, F는 기체에서 고체로의 승화이다.

8 ① 가열에 의한 상태 변화는 A, C, E이다.

②, ③ 입자 운동이 둔해지고, 입자 배열이 규칙적으로 변하는 상태 변화는 B, D, F이다.

④ 영하의 온도에서 눈사람의 크기가 작아지는 것은 고체에서 기체로의 승화(E)이다.

바로 알기 ⑤ 얼음물이 든 유리컵 표면이 뿌옇게 흐려지는 현상은 공기 중의 수증기가 차가운 컵 표면에 닿아 물방울로 액화(D)하는 것이다.

9 A는 기체에서 고체로의 승화, B는 고체에서 기체로의 승화, C는 융해, D는 응고, E는 액화, F는 기화이다.

② 액체 물질이 끓는 현상은 기화(F)이다.

③ 일반적으로 물질의 부피가 감소하는 것은 응고(D), 액화(E), 기체에서 고체로의 승화(A)이다.

⑤ 상태 변화가 일어나도 물질을 이루는 입자의 종류, 개수, 크기 등은 변하지 않으므로 물질의 성질도 변하지 않는다.

바로 알기 ④ 상태 변화가 일어날 때 열에너지를 방출하여 주위의 온도가 높아지는 것은 응고(D), 액화(E), 기체에서 고체로의 승화(A)이다.

10 ② 아이스크림을 포장할 때 함께 넣은 드라이아이스가 점점 작아지는 것은 고체에서 기체로의 승화(B)이다.

③ 얼음을 손바닥 위에 올려놓으면 녹는 현상은 융해(C)이다.

④ 라면을 먹을 때 안경에 뿌옇게 김이 서리는 현상은 액화(E)이다.

⑤ 감을 말려 곶감을 만드는 것은 기화(F)를 이용하는 것이다.

바로 알기 ① 쇳물을 틀에 부어 식히면 단단한 철이 되는 현상은 응고(D)이다.

11 비커에 들어 있는 뜨거운 물의 표면인 C에서는 물이 수증기로 기화되며, 시계 접시 아랫면인 B에서는 수증기가 물로 액화된다. 또, 시계 접시 안쪽인 A에 담겨 있는 얼음은 물로 융해된다.

ㄱ. A와 C에서는 각각 융해와 기화가 일어나며 입자 운동이 활발해지고, B에서는 액화가 일어나 입자 운동이 둔해진다.

바로 알기 ㄴ. B에서는 비커 속의 수증기가 차가운 시계 접시 아랫면에 닿아 액화하여 물방울이 맺힌다.

12 액체 아세톤이 담긴 삼각 플라스크에 따뜻한 바람을 쐬어 주면 아세톤이 액체에서 기체로 기화하므로 입자 사이의 거리가 멀어진다. 이때 아세톤의 질량, 아세톤 입자의 개수, 아세톤 입자의 크기는 변하지 않는다.

13 감압 용기 안에서 드라이아이스는 고체에서 기체로 승화한다. 승화가 일어나면 입자 사이의 거리가 멀어져 부피가 증가하므로 비닐 주머니가 부풀어 오른다. 하지만 드라이아이스를 이루는 입자의 종류, 크기, 개수는 변하지 않으므로 전체 질량은 일정하다. 실험에서 질량을 측정하기 전 감압 용기의 공기를 빼는 까닭은 공기가 질량 측정에 미치는 영향을 줄이기 위해서이다.

바로 알기 ① 드라이아이스의 승화가 일어난다.

14 응고, 액화, 기체에서 고체로의 승화가 일어날 때 열에너지를 방출하고, 융해, 기화, 고체에서 기체로의 승화가 일어날 때 열에너지를 흡수한다.

ㄱ. 기체에서 고체로의 승화 ➡ 열에너지 방출

ㄷ. 응고 ➡ 열에너지 방출

바로 알기 ㄴ, ㄹ. 기화 ➡ 열에너지 흡수

ㅁ. 융해 ➡ 열에너지 흡수

ㅂ. 고체에서 기체로의 승화 ➡ 열에너지 흡수

15 A 구간에서는 고체, B 구간에서는 고체와 액체, C 구간에서는 액체, D 구간에서는 액체와 기체, E 구간에서는 기체로 존재한다.

④ 고체, 액체, 기체 중 입자 사이의 거리가 가장 먼 물질의 상태는 기체이다. 따라서 물질이 기체로 존재하는 E 구간에서 입자 사이의 거리가 가장 멀다.

바로 알기 ① B 구간에서 고체와 액체가 함께 존재한다.

② C 구간에서는 액체로 존재한다.

③ D 구간에서 시간이 지날수록 입자 배열이 불규칙적으로 변한다.

⑤ 상태 변화가 일어나는 구간은 B 구간과 D 구간이다.

16 B 구간에서 온도가 일정하게 유지되는 까닭은 가해 준 열에너지가 물질의 융해에 사용되기 때문이다.

17 D 구간에서는 기화가 일어난다.

③ 손 소독제가 마르는 현상은 기화이다.

바로 알기 ① 촛농이 굳는 현상은 응고이다.

② 이슬이 맺히는 현상은 액화이다.

④ 창에 성에가 끼는 현상은 기체에서 고체로의 승화이다.

⑤ 언 명태가 마르는 현상은 고체에서 기체로의 승화이다.

18 ① A 구간에서는 기체, B 구간에서는 기체와 액체, C 구간에서는 액체, D 구간에서는 액체와 고체, E 구간에서는 고체로 존재한다.

② B 구간에서는 액화, D 구간에서는 응고가 일어난다.

③ 액화, 응고가 일어날 때 방출되는 열에너지는 주위의 온도가 낮아지는 것을 막아 주므로 상태 변화가 일어나는 동안 온도는 일정하게 유지된다.

④ 물질의 세 가지 상태 중 입자 운동이 가장 둔한 것은 고체이다. 따라서 물질이 고체로 존재하는 E 구간에서 입자 운동이 가장 둔하다.

바로 알기 ⑤ a ℃는 응고가 일어나는 온도이다.

19 응고, 액화, 기체에서 고체로의 승화가 일어날 때 열에너지를 방출하고, 융해, 기화, 고체에서 기체로의 승화가 일어날 때 열에너지를 흡수한다. 증기 난방기에서는 수증기가 물로 액화하면서 열에너지를 방출하므로 주위의 온도가 높아져 실내가 따뜻해진다.

① 기체에서 고체로의 승화 ➡ 열에너지 방출

바로 알기 ②, ⑤ 융해 ➡ 열에너지 흡수

③ 고체에서 기체로의 승화 ➡ 열에너지 흡수

④ 기화 ➡ 열에너지 흡수

20 증발기에서는 냉매의 기화가 일어나 열에너지를 흡수하여 주위의 온도가 낮아지고, 응축기에서는 냉매의 액화가 일어나 열에너지를 방출하여 주위의 온도가 높아진다.

바로 알기 ① 증발기에서는 냉매의 기화가 일어난다.

③, ④ 응축기에서는 냉매의 액화가 일어나 열에너지를 방출하여 주위의 온도가 높아진다.

⑤ 냉매의 상태 변화가 일어날 때 출입하는 열에너지를 이용하는 예이다.

21 모범 답안 잉크가 사방으로 퍼져 나가 물 전체가 잉크 색인 푸른색으로 변한다. 그 까닭은 잉크 입자가 스스로 운동하여 확산하기 때문이다.

채점 기준	배점(%)
잉크 입자가 퍼져 나가는 방향과 물의 색 변화, 그 까닭을 모두 옳게 서술한 경우	100
잉크 입자가 퍼져 나가는 방향을 언급하여 물의 색 변화를 옳게 서술한 경우	50
물의 색 변화만 서술한 경우	30

22 새벽녘 풀잎에 이슬이 맺히는 현상과 안경에 김이 서리는 현상은 모두 수증기가 물로 액화되는 상태 변화이다.

23 겨울철 과일 창고에 물이 담긴 그릇을 놓아두는 까닭은 물이 얼음으로 응고할 때 열에너지를 주위로 방출하기 때문이다.

24 양가죽 물통 표면에서 물이 수증기로 기화할 때 주위에서 열에너지를 흡수하므로 양가죽 물통 속 물의 온도를 낮출 수 있다.

모범 답안 물통 표면의 물이 수증기로 기화하면서 주위에서 열에너지를 흡수하므로 주위의 온도가 낮아진다. 따라서 물통 속에 들어 있는 물을 시원하게 보관할 수 있다.

채점 기준	배점(%)
물의 기화, 열에너지 흡수, 주위의 온도 변화를 모두 언급하여 옳게 서술한 경우	100
물의 기화, 열에너지 흡수, 주위의 온도 변화 중 두 가지만 언급하여 옳게 서술한 경우	80
물의 상태 변화만 옳게 서술한 경우	40

2회 **Ⅳ. 물질의 상태 변화** 시험 대비서 87~91쪽

1 ③	2 ⑤	3 ④	4 ②	5 ②	6 ③	7 ③
8 ②	9 ④	10 ②	11 ⑤	12 ④	13 ①	14 ⑤
15 ④	16 ⑤	17 ③	18 ④	19 ③	20 해설 참조	
21 해설 참조		22 해설 참조				

1 증발은 물질을 이루는 입자가 스스로 운동하여 액체 표면에서 액체가 기체로 변하는 현상이다.

2 ⑤ 확산은 물질을 이루는 입자가 스스로 운동하여 퍼져 나가는 현상이다.

바로 알기 ① 물이 어는 현상은 확산의 예가 아니다.

②, ③ 확산은 낮은 온도와 바람이 불지 않는 상황에서도 일어난다.

④ 확산이 일어나도 물질을 이루는 입자의 크기는 변하지 않는다.

3 〔바로 알기〕 ④ 거름종이에 떨어뜨린 손 소독제는 시간이 지나면서 증발하기 때문에 전자저울의 숫자는 작아지다가 0이 된다.

4 물질을 이루는 입자가 스스로 운동한다는 것의 증거가 되는 현상에는 증발과 확산이 있다.
① 증발, ③ 확산, ④ 증발, ⑤ 확산
〔바로 알기〕 ② 손에 올려놓은 초콜릿이 녹는 현상은 융해로, 입자가 스스로 운동한다는 것의 증거가 되는 현상이 아니다.

5 ①, ③ (가) 동물의 젖은 털 말리기는 증발의 예이고, (나) 모기향 피우기는 확산의 예이다.
④ (나)에서 모기향을 이루는 입자는 모든 방향으로 퍼져 나가 모기를 쫓는 역할을 한다.
⑤ 증발과 확산은 모두 입자 운동의 증거이다.
〔바로 알기〕 ② 증발은 입자가 스스로 운동하기 때문에 나타나는 현상으로 바람이 불지 않아도 일어난다.

6 고체는 입자가 규칙적으로 배열되어 있어 모양과 부피가 일정하다. 액체는 고체보다 입자가 불규칙적으로 배열되어 있어 담는 그릇에 따라 모양이 변하지만 부피는 일정하다. 기체는 입자가 매우 불규칙적으로 배열되어 있어 담는 그릇에 따라 모양과 부피가 변한다.

7 25 ℃에서 물과 우유는 액체, 구리는 고체, 산소는 기체이다. 즉, (가)는 액체, (나)는 고체, (다)는 액체, (라)는 기체이다.
ㄱ, ㄹ. 액체는 흐르는 성질이 있고, 기체는 입자 운동이 매우 활발하다.
〔바로 알기〕 ㄴ. 고체는 압축되지 않는다. 쉽게 압축되는 것은 기체이다.
ㄷ. 액체는 담는 그릇에 따라 모양이 변하지만, 부피는 변하지 않고 일정하다.

8 (가)는 액체, (나)는 기체, (다)는 고체이다.

구분	고체(다)	액체(가)	기체(나)
모양	일정함.	변함.	변함.
부피	일정함.	일정함.	변함.
입자 배열	규칙적임.	불규칙적임.	매우 불규칙적임.
입자 사이의 거리	매우 가까움.	비교적 가까움.	매우 멂.
입자의 운동성	매우 둔함.	비교적 활발함.	매우 활발함.

〔바로 알기〕 ㄴ. 입자 배열이 가장 규칙적인 것은 (다)이다.
ㄹ. 담는 용기에 따라 모양과 부피가 변하는 것은 (나)이다.

9 겨울철 호수가 어는 현상은 응고, 여름철 아이스크림이 녹는 현상은 융해이다.

10 ㄱ, ㄹ. 비닐 주머니 안의 드라이아이스가 승화하면서 입자 사이의 거리가 멀어져 비닐 주머니의 부피가 증가한다.
〔바로 알기〕 ㄴ. 상태 변화가 일어나도 물질을 구성하는 입자의 종류, 개수, 크기가 변하지 않으므로 물질의 질량이 변하지 않는다. 따라서 비닐 주머니 전체의 질량도 변하지 않는다.
ㄷ. 드라이아이스는 고체에서 기체로 승화하므로 입자 운동이 매우 활발해진다.

11 A는 기체에서 고체로의 승화, B는 고체에서 기체로의 승화, C는 융해, D는 응고, E는 액화, F는 기화이다.
⑤ 융해(C), 기화(F), 고체에서 기체로의 승화(B)가 일어나면 입자 배열이 불규칙적으로 변한다.
〔바로 알기〕 ①, ② 상태 변화가 일어나도 물질을 이루는 입자의 종류, 크기, 개수가 변하지 않으므로 물질의 질량과 성질도 변하지 않는다.
③, ④ 응고(D), 액화(E), 기체에서 고체로의 승화(A)가 일어날 때 입자 운동은 둔해지고, 입자 사이의 거리는 가까워진다. 융해(C), 기화(F), 고체에서 기체로의 승화(B)가 일어날 때 입자 운동이 활발해지고, 입자 사이의 거리는 멀어진다.

12 대부분의 물질은 융해, 기화, 고체에서 기체로의 승화가 일어날 때 부피가 증가하고, 응고, 액화, 기체에서 고체로의 승화가 일어날 때 부피가 감소한다.
①, ② 기화, ③ 융해, ⑤ 승화(고체 → 기체)
〔바로 알기〕 ④ 승화(기체 → 고체)

13 대부분의 물질은 응고, 액화, 기체에서 고체로의 승화가 일어날 때 입자 사이의 거리가 가까워지고, 입자 운동이 둔해진다.
ㄱ. 쇳물이 굳어 철이 되는 현상은 응고이다.
ㄴ. 얼음물이 담긴 컵 표면에 물방울이 맺히는 현상은 액화이다.
〔바로 알기〕 ㄷ. 냉동실에 넣어 둔 얼음의 크기가 작아지는 현상은 고체에서 기체로의 승화이다.
ㄹ. 버터가 녹는 현상은 융해이다.

14 ① AB 구간에서는 물질이 열에너지를 흡수하여 온도가 높아진다.
② BC 구간에서는 융해가 일어나며, 고체와 액체 두 가지 상태로 존재한다.
③ CD 구간에서는 온도가 높아지므로 입자 운동이 활발해진다.
④ EF 구간에서는 응고가 일어나며, 입자 배열이 규칙적으로 변한다.
〔바로 알기〕 ⑤ FG 구간에서는 물질이 열에너지를 잃는다.

15 EF 구간에서 온도가 일정하게 유지되는 까닭은 물질이 응고하면서 방출하는 열에너지가 온도가 낮아지는 것을 막아 주기 때문이다.

16 ⑤ 물이 끓고 있는 동안에 일어나는 상태 변화는 기화이다. 물이 끓는 동안 가해 준 열에너지는 상태 변화에 사용된다.
〔바로 알기〕 ① 물은 열에너지를 흡수한다.
② 기화가 일어나는 동안에는 온도가 더 이상 높아지지 않고 일정하게 유지된다.
③ 기화가 일어나는 동안 물은 액체와 기체 두 가지 상태로 존재한다.
④ 액체가 기체로 변하는 기화가 일어날 때는 입자 배열이 불규칙적으로 변한다.

17 융해, 기화, 고체에서 기체로의 승화가 일어날 때 열에너지를 흡수하고, 응고, 액화, 기체에서 고체로의 승화가 일어날 때 열에너지를 방출한다.

③ 열에너지를 흡수하는 상태 변화가 일어나면 입자 배열이 불규칙적으로 변한다.

바로 알기 ① 주위의 온도가 낮아진다.

② 입자 운동이 활발해진다.

④ 융해, 기화, 고체에서 기체로의 승화가 일어날 때 열에너지를 흡수한다.

⑤ 눈이 내릴 때 날씨가 포근해지는 것은 공기 중의 수증기가 기체에서 고체로 승화하면서 열에너지를 방출하여 주위의 온도가 높아지기 때문이다.

18 **바로 알기** ㄱ. 실내기에서는 냉매가 액체에서 기체로 기화하면서 주위에서 열에너지를 흡수하므로 찬 바람이 나온다.

ㄹ. 실외기에서는 냉매가 기체에서 액체로 액화하면서 주위로 열에너지를 방출하므로 더운 바람이 나온다.

19 ㄱ. 음료에 넣은 얼음이 융해하면서 열에너지를 흡수하므로 음료가 시원해진다. ➡ 융해, 열에너지 흡수

ㄴ. 비가 오기 전에는 공기 중의 수증기가 액화하면서 열에너지를 방출하므로 후텁지근하게 느껴진다. ➡ 액화, 열에너지 방출

ㄷ. 뜨거운 수증기가 액화하면서 열에너지를 방출하므로 우유가 따뜻하게 데워진다. ➡ 액화, 열에너지 방출

ㄹ. 더운 여름날 도로에 물을 뿌리면 도로의 물이 기화하면서 열에너지를 흡수하므로 시원해진다. ➡ 기화, 열에너지 흡수

ㅁ. 추운 날씨에 오렌지 나무에 물을 뿌리면 물이 응고하면서 열에너지를 방출하므로 냉해를 막을 수 있다. ➡ 응고, 열에너지 방출

ㅂ. 무더운 여름날 건물 옥상 정원의 빗물이 기화하면서 열에너지를 흡수하므로 시원해진다. ➡ 기화, 열에너지 흡수

20 증발은 물질을 이루는 입자가 스스로 운동하여 액체 표면에서 액체가 기체로 변하는 현상이고, 확산은 물질을 이루는 입자가 스스로 운동하여 퍼져 나가는 현상이다.

모범 답안 학생 C, 잉크 입자가 물과 고르게 섞이는 확산 현상을 관찰할 수 있어.

채점 기준	배점(%)
잘못 말한 학생을 옳게 고르고, 잘못된 부분을 옳게 고쳐 서술한 경우	100
잘못 말한 학생만 옳게 고른 경우	50

21 비커 안에서는 뜨거운 물이 기화하여 수증기가 되고, 수증기가 차가운 시계 접시 아랫면에 닿아 물방울로 액화한다. 따라서 시계 접시 아랫면에 맺힌 물방울과 비커에 담긴 뜨거운 물의 성질이 같다는 것을 확인하면 물의 상태가 변해도 물의 성질이 변하지 않음을 알 수 있다.

모범 답안 비커의 뜨거운 물과 시계 접시 아랫면에 맺힌 액체 방울에 푸른색 염화 코발트 종이를 대어 본다.

채점 기준	배점(%)
푸른색 염화 코발트 종이를 대어 보는 위치를 정확히 언급하여 실험 과정을 옳게 서술한 경우	100
푸른색 염화 코발트 종이를 대어 본다고만 서술한 경우	50

22 **모범 답안** 드라이아이스가 고체에서 기체로 승화하면서 열에너지를 흡수하여 주위의 온도가 낮아지기 때문이다.

채점 기준	배점(%)
드라이아이스의 승화, 열에너지 흡수, 주위의 온도 변화를 모두 언급하여 옳게 서술한 경우	100
드라이아이스의 승화와 열에너지 흡수만 서술한 경우	70
드라이아이스의 승화만 쓴 경우	30

MEMO